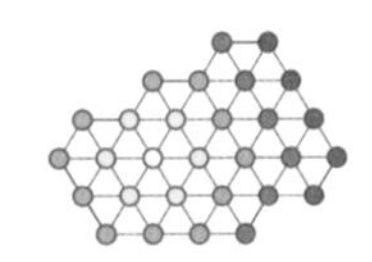
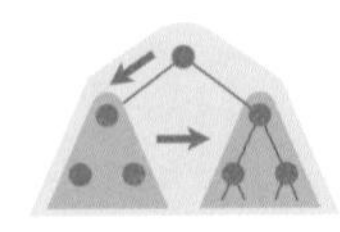

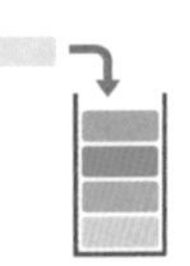

會動的演算法

61個演算法動畫+全圖解逐步拆解，人工智慧、資料分析必備

アルゴリズム ビジュアル大事典～図解でよくわかるアルゴリズムとデータ構造

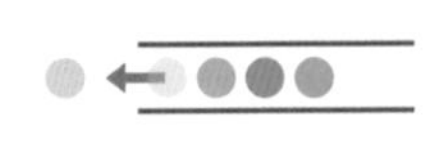
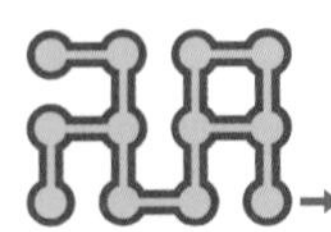
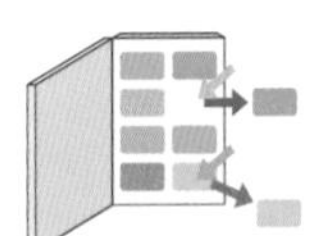
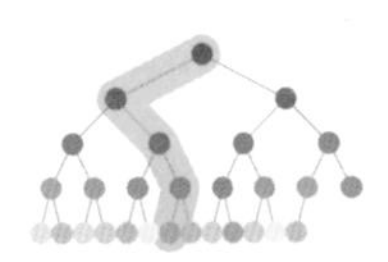
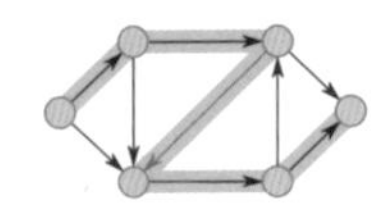
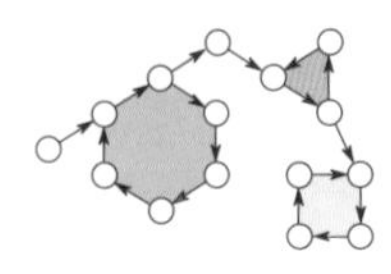
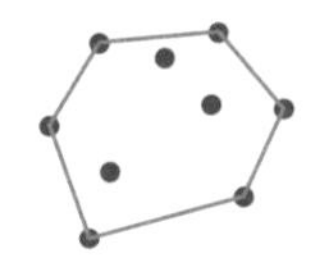
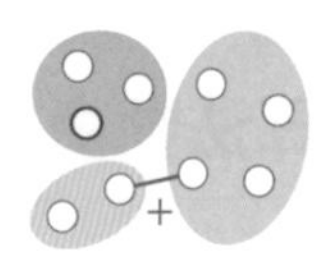

渡部有隆、Mirenkov Nikolay 著、王心薇 譯

瀏覽演算法動畫

您可以透過以下網址瀏覽本書的演算法圖示對照表、動畫、動畫說明及虛擬碼：

https://www.flag.com.tw/activity/F2708/exercise/books/

前言

我們生活在一個具有空間與時間的世界裡，例如住家、道路、教室等，都是空間；而執行計畫，則體現時間的流動。而我們必須在這樣的空間、時間因素下，思考如何定義問題、解決問題，以達成各種目標。

舉例來說，想要快速提供美味的食物，就要先挑選食材、準備工具並妥善規劃製作流程。想要與家人外出旅行，就要先安排前往各個景點的出遊計畫。為了達成目標，我們必須設法在有限的預算與時間內，做出各種選擇並決定執行的內容。

達成目標所需的步驟，就是我們所說的「演算法」。演算法是進行思考與決策的基礎，因此從日常生活、商業往來到研究開發，各種需要解決問題的場合，都能見到演算法的蹤影。演算法可以由人執行，還能藉由程式設計自動運行。而且電腦可以處理人腦無法輕鬆解決的複雜問題。因此演算法除了是**資訊**及**通訊科技**(information and communications technology，ICT) 領域中最重要的學科與研究範圍之一，也非常值得做為一般通識教育供大眾學習。相信演算法今後應該會像閱讀、寫作、數學和英文一樣，成為基礎教育的一部分。

程式設計的本質就是演算法。因此成為一位程式設計師所需的條件並不是程式語言或相關工具的知識，而是思考力，也就是以數學邏輯理解問題、解決問題，並正確建構出演算法的能力。這是一種通用於各個領域，且即使大環境發生變化 (例如程式語言的改變) 也依然適用的能力。

演算法的目的在於有效地使用電腦資源，就像人類使用有限的資源一樣。要做到這點，可以透過流程設計盡可能減少計算步驟，進而降低 CPU (計算設備) 的使用頻率。另一方面，由於程式在執行過程中，會將用到的資料及計算結果儲存於記憶體裡，因此除了減少記憶體的使用量之外，還可以針對資料在記憶體上的邏輯關係進行設計，將事物模組化，使計算更有效率。

因此我們也可以將演算法視為是以邏輯關係 (結構) 為基礎，「使用空間結構的執行步驟」。這也是演算法較難用文字或程式內容來呈現或說明的原因。不過演算法的結構與動態執行步驟非常適合以圖片及動畫來呈現與說明。本書藉由將資料的結構與計算步驟轉換成圖片，並提供更直覺的理解方式，方便你吸收相關知識。

本書將以下幾種與演算法相關的特性視覺化，用「一致性的呈現方式」以插圖及動畫解說演算法與資料結構。

- **空間結構**：資料之間的邏輯關係
- **時間結構**：在空間結構中的處理流程
- **資料**：利用空間結構來表示的值
- **計算**：處理的內容及狀態

每一種演算法的說明，都會整合這 4 項特性，以視覺化的方式呈現計算過程中的各個步驟。由於書上只能以靜態圖片呈現，所以我們也將計算過程製作成動畫，你可以透過 QR code 來觀看。要觀看動畫的方法非常簡單，只要以智慧型手機或平板電腦的相機鏡頭掃描 QR code 即可。動畫中可以看到計算步驟之間的轉換，也會呈現處理的重點及資料的變化，相信能讓你更輕鬆、直覺地學習演算法。

此外，我們也為每一種演算法及資料結構設計了圖示，並以視覺化的方式呈現兩者之間的關係，希望讀者能更容易理解。除了視覺化的部分，本書為了讓讀者更進一步理解演算法，為之後的實作做好準備，我們會使用**虛擬碼** (pseudo code)※ 來進行解說。

本書將介紹的演算法與資料結構

本書收錄許多知名的演算法與資料結構，其中有些演算法已經被主流的程式語言編寫成方便使用的函式庫。不過函式庫是一種將工作原理藏在內部的「黑箱」，因此大多數人在使用時不見得對演算法有充分的理解。想要建立出一套沒有錯誤的程式 (或即使有，也能夠維護)，並按照期望的效率來執行程式，你得確實理解演算法的工作原理。即使是要開發全新的原創演算法，這些也都是非常重要的基礎概念。

若能透過本書掌握演算法與資料結構的工作原理，將可提升思考力與解決問題能力。此外，許多演算法中的巧妙構思，相信也能讓各位在學習過程中獲得不少樂趣。

※ 編註：虛擬碼 (pseudo code) 並不是真的可以執行的程式，而是一種類似程式碼的流程表達方式，用來描述我們試圖解決的問題，寫法雖然與一般程式語法雷同，但是更貼近我們平常說話的方式，好讓寫程式的人可以用任何程式語言 (如：Python、C、C++、…等) 來撰寫。

本書的閱讀方式

本書的結構

本書是由「準備篇」、「空間結構」以及「演算法與資料結構」等 3 個篇章所組成。

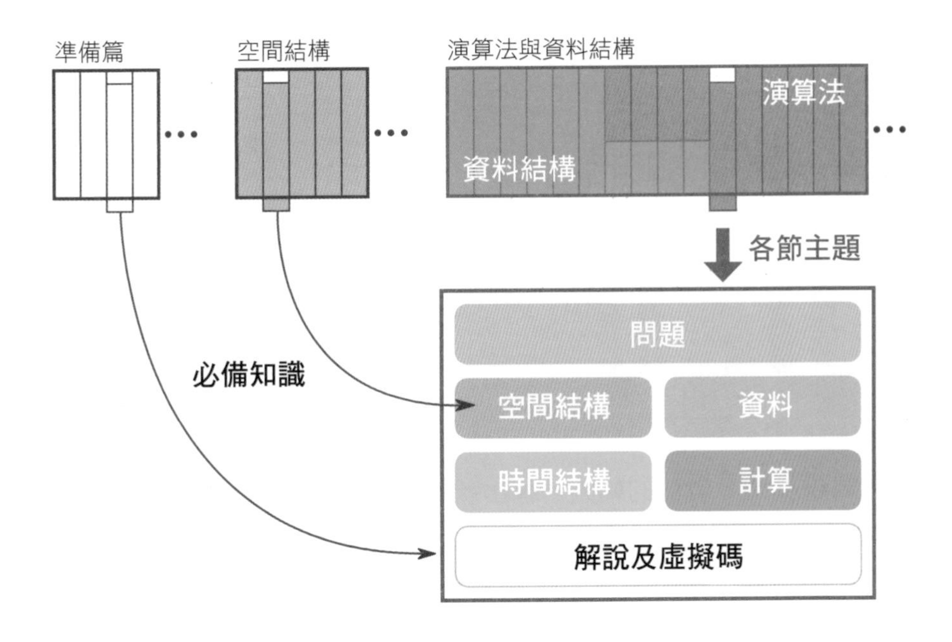

「準備篇」說明閱讀本書所需的基礎知識。我們會介紹程式設計最基本的術語及相關知識，以便理解「虛擬碼」。也會介紹演算法中非常重要的概念，例如：時間複雜度等。

「空間結構」的部份，則有系統地介紹各種空間結構、相關術語及實作方式。

「演算法與資料結構」是本書最主要的內容。本書將演算法視為「解決問題的步驟」，資料結構則視為「根據規則接受操作的資料集」。資料結構有時也會直接應用在演算法中，以達成更有效率的實作。

各節主題的組成元素

問題

演算法與資料結構都是為了解決「問題」。因此我們在介紹每一種演算法時，都會在開頭說明該演算法能夠解決的問題。在這段說明中，輸入與輸出的狀態會以插圖呈現。例如下圖代表的就是資料排序的問題。

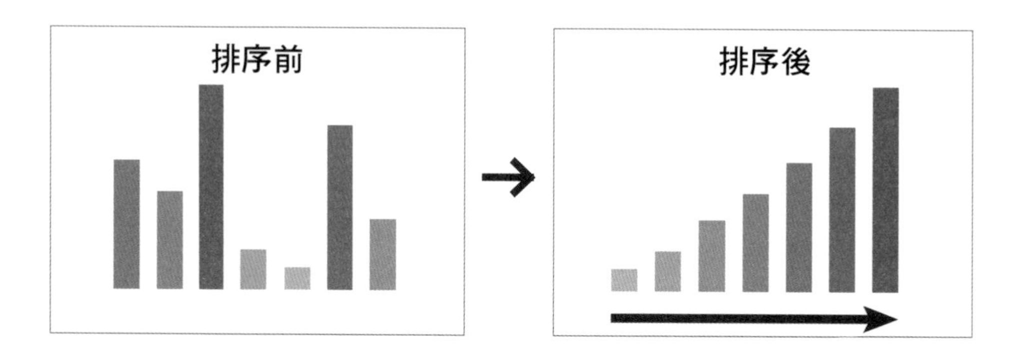

介紹資料結構時，資料的輸入、輸出狀態，也會以插圖呈現。例如下圖所呈現的就是資料的存取狀態（輸入與輸出資料）。

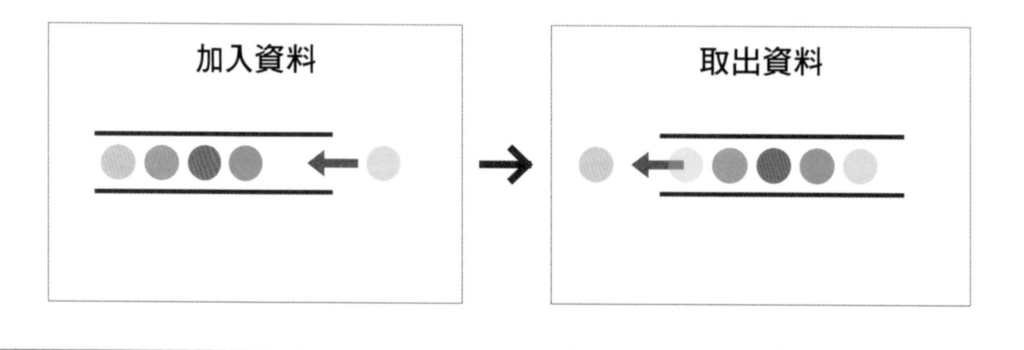

演算法與資料結構

每一種演算法都包含以下 4 種組成元素，我們會以一致性的呈現方式進行解說。

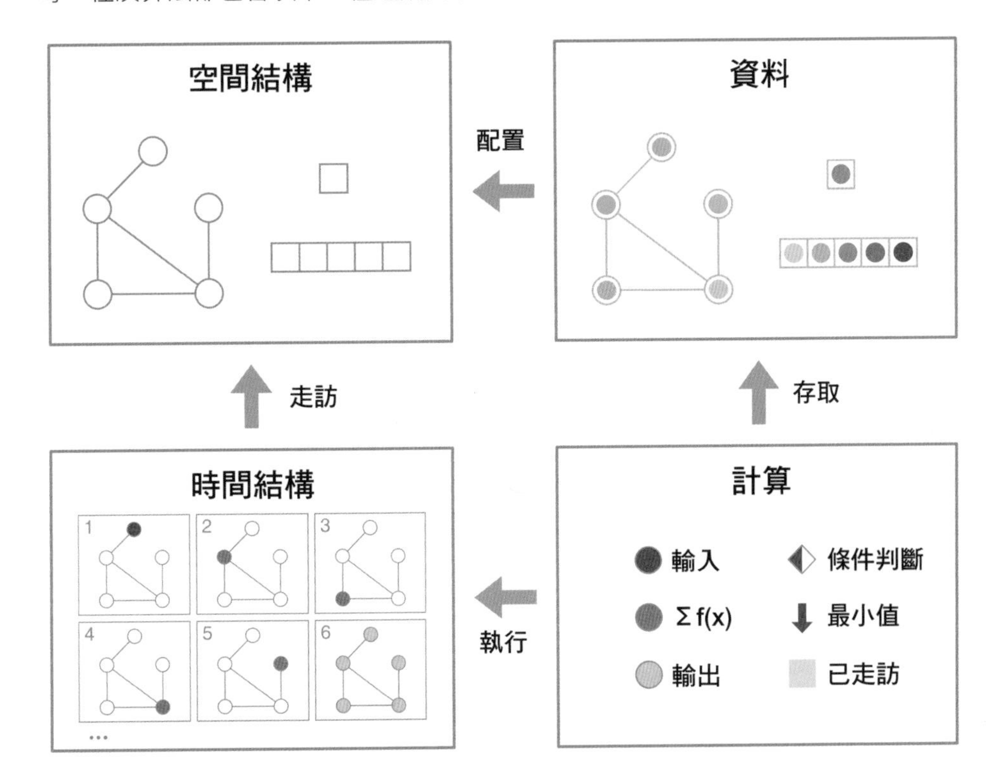

空間結構

空間結構是演算法與資料視覺化的框架。它是以節點（圓形或正方形）及連接節點的邊（直線或箭頭）來呈現。不過有些結構是沒有邊的。空間結構有許多種類，如以下的陣列、樹狀結構等，我們在介紹每一種結構前，都會先做解說。

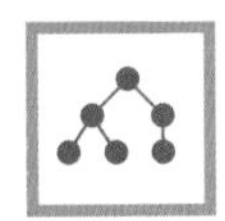

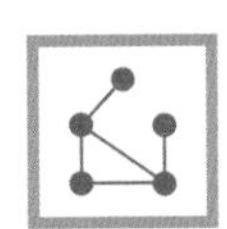

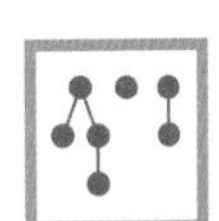

資料

演算法所處理的資料，如輸入值、中途結果和輸出值，可在空間結構的節點或邊上視覺化。藉由為記憶體命名並加上索引編號，可讓程式存取資料的「變數」及「陣列變數」，變數及陣列變數的值，會利用以下方式呈現視覺化。

以單一顏色進行視覺化

根據值的大小，以顏色深淺進行視覺化

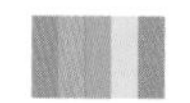
以各值對應的顏色進行視覺化

時間結構

時間結構可將演算法的流程視覺化。計算過程中的每個步驟（或數個步驟），會用 1 張圖來表示，並依序列出演算法的計算過程。每個步驟（圖片）會將空間結構的資料視覺化，並將正在執行的節點特別標示出來（以閃爍或醒目的顏色做標示）。

計算

在時間結構中特別標示的節點或符號，會用文字或虛擬碼來解說。如下所示，時間結構與計算部分除了以顏色區分處理狀態，也會以不同的符號代表不同的計算類型。此外，若有重要的索引編號或狀態，會以箭頭指出或標示在圖片裡。

或 用填滿顏色表示資料的寫入。為正在執行演算法的主要計算。

或 以框線表示資料的載入。為正在查看變數的值或節點上的資訊。

當需要根據情況做出某些判斷時，會以半邊填色的菱形表示。並在下一個步驟（圖片）中顯示判斷結果。

條件判斷的結果、重要的索引編號及變數，以箭頭指出。

特定狀態的節點，會另外標示在圖片中。有助於理解計算流程。

? 其他未提及的演算法步驟及計算內容，則以符號或文字補充說明。

每一節都會先以這 4 項特性介紹演算法的概要，再利用上述各種符號的呈現進行視覺化。不過書上只能以靜態圖片呈現，建議你觀看動畫來了解整個演算法的流程。在各節的介紹頁面中會列出動畫的 QR code，各位可以用智慧型手機的相機鏡頭掃描 QR code，請先試著掃瞄以下 QR code 測試看看能否順利取得動畫的連結。

解說及虛擬碼

各節的後半段是解說、虛擬碼、注意事項及應用。

- **解說**：以文字說明演算法的運作原理。
- **虛擬碼**：可以看到變數、迴圈處理以及更具體的計算式等。我們會從不同角度解釋處理的過程，讓讀者對如何使用其他程式語言來實作有初步的概念。雖然虛擬碼的寫法與一般程式語法雷同，但是更貼近平常說話的方式，因此某些通用型的處理也會直接以文字說明。
- **注意事項**：針對演算法的時間複雜度或程式語言的實作做補充說明。
- **應用**：介紹實際應用該演算法或資料結構的進階演算法或應用程式。

此外，Part 3 還有一些為了輔助學習而設計的編排，我們將在用到時做說明。

演算法圖示列表

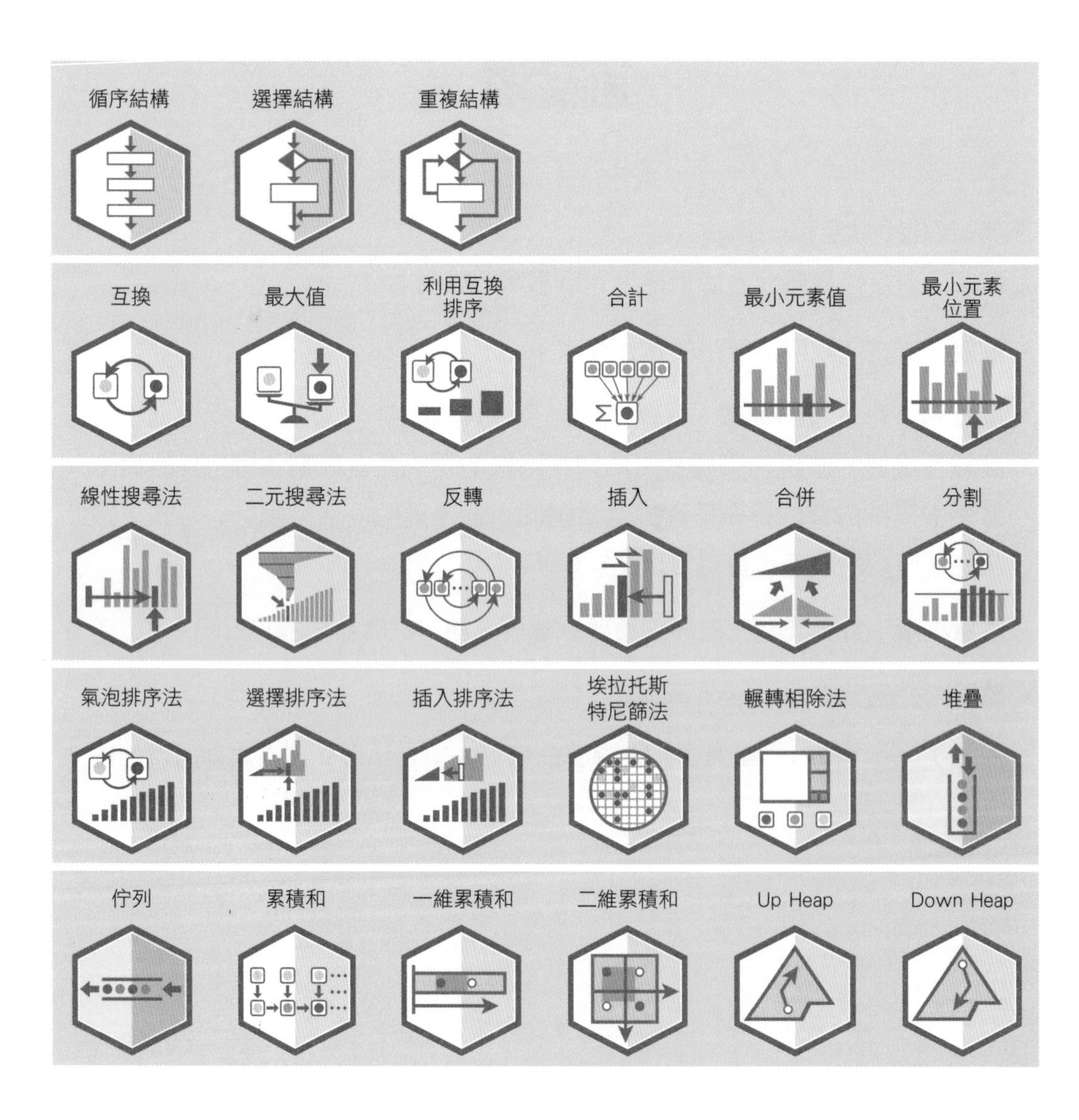

循序結構
選擇結構
重複結構
互換
最大值
利用互換排序
合計
最小元素值
最小元素位置
線性搜尋法
二元搜尋法
反轉
插入
合併
分割
氣泡排序法
選擇排序法
插入排序法
埃拉托斯特尼篩法
輾轉相除法
堆疊
佇列
累積和
一維累積和
二維累積和
Up Heap
Down Heap

建立堆積
優先佇列
前序走訪
後序走訪
中序走訪
層序走訪

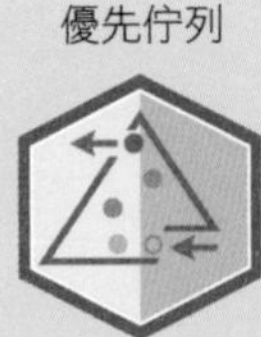

合併排序法
快速排序法
堆積排序法
計數排序法
希爾排序法
雙向鏈結串列

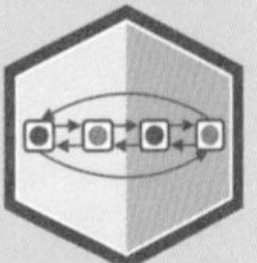
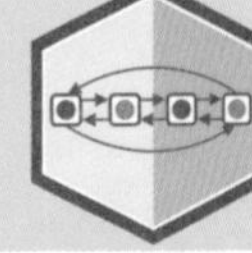

雜湊表
廣度優先搜尋（BFS）
利用廣度優先搜尋計算最短距離
卡恩演算法
深度優先搜尋（DFS）
利用深度優先搜尋區分連通元件

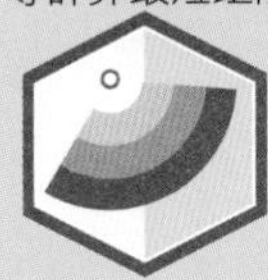
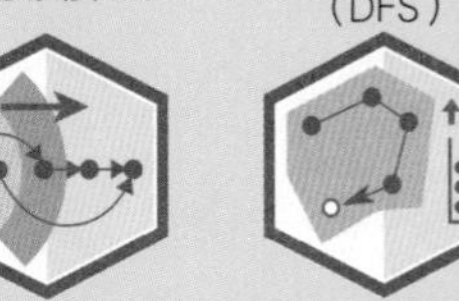

利用深度優先搜尋檢測迴路
Tarjan 演算法
Union By Rank
路徑壓縮
Union-Find Tree
普林演算法

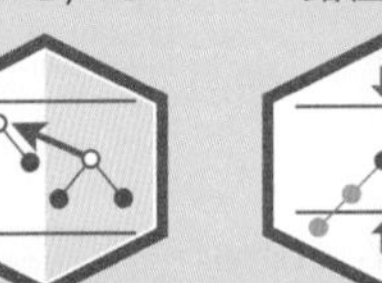
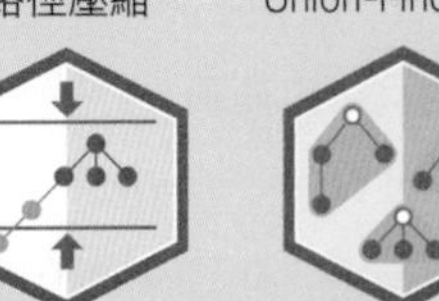
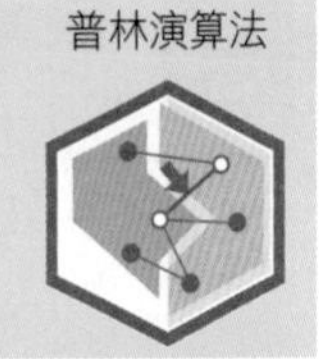

克魯斯克爾演算法
戴克斯特拉演算法
戴克斯特拉演算法（優先佇列）
貝爾曼－福特演算法
弗洛伊德演算法
包裹法

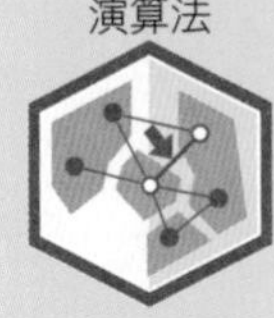

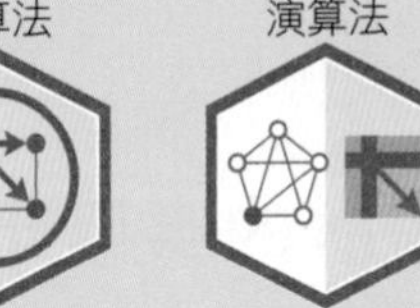
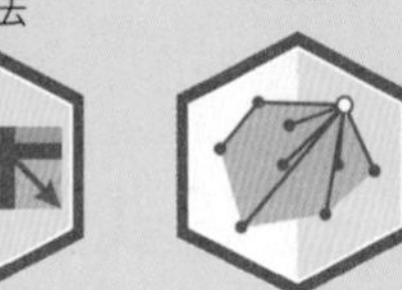

葛立恆掃描法
安德魯演算法
線段樹：RMQ
線段樹：RSQ
二元搜尋樹
旋轉

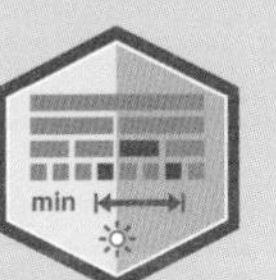
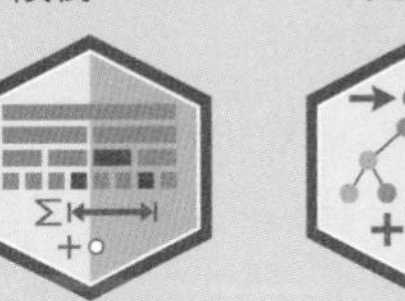
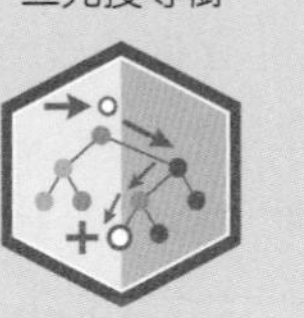
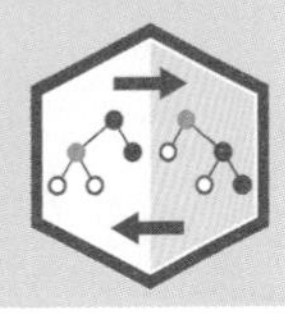

樹堆

Part 1
準備篇

Part 2
空間結構

Part 3
演算法與資料結構

Part 1
準備篇

第1章

程式設計的基本元素

「準備篇」將介紹在閱讀本書時所需具備的演算法與程式設計相關知識。尤其是程式的組成元素，以便你理解後續將會用到的「虛擬碼」。首先，我們從基本的用語及觀念開始介紹。

1-1 變數與指定運算

變數 (variable)

變數 (variable) 是一種將資料命名，以利程式存取的機制。本書與多數程式語言相同，會用英文字母與數字來為變數命名。

資料有各種不同的類型，稱為**資料型別** (data type)，如整數、實數與字元等。本書中的變數皆預設為**整數**型別，若有其他型別會另作說明。

本書使用的變數有 2 種，一種是以 1 個名稱管理 1 個元素的**變數**，另一種是以 1 個名稱管理多個元素的**陣列變數** (參見下一頁)。

指定與載入

將值寫入變數的動作稱為**指定 (assign)**。本書會以 ← 來表示指定運算 (assignment operation)，其中 ← 的左側為變數，右側為算式 (※ 許多程式語言是以 = 來表示指定運算)。例如以下的範例：

```
a ← 8    # 將 8 這個值，指定給變數 a
```

這行程式執行後，變數 a 中會放入整數 8。

本書的虛擬碼，位於 # 右側的部分皆為註解。註解只是用來說明程式內容，不會影響程式的執行。

1 個變數一次只能儲存 1 個值，變數顧名思義就是「可改變的數」，因此變數的值可配合需求改寫無限次。接續上一頁的範例，將整數 8 寫入到變數 a 後，再執行以下指令，則變數 a 的值將被改寫為 12。

```
a ← 12
```

當變數位於 ← 的右側，則變數的值會被載入。例如，變數 a 的值為 12 ，執行以下指令，則變數 a 的值會被載入，並指定給變數 b，讓 b 的值變成 12。

```
b ← a
```

請注意，此時變數 a 的值仍然是 12。

陣列變數

陣列變數可透過變數名稱及連續的編號來管理多筆相關資料。1 個陣列變數名稱代表一整塊連續的記憶體區塊，其中各個元素可利用索引來進行存取。本書與多數程式語言相同，陣列變數的索引從 0 開始，陣列元素可透過在 [ ] 中指定索引來表示。例如：

```
A[3] ← 8
```

表示陣列 A 中索引編號 3 的元素會被指定為 8※。本書設定所有儲存在同一個陣列中的元素都具有相同的資料型別（例如整數）。

陣列中的元素個數就是陣列大小。一般而言，陣列只要經過定義便無法再改變其大小。本書中，陣列變數的大小會取決於相關空間結構的大小（在多數情況下皆代表節點數的 N），這部分稍後會再另做說明。

※ 編註：陣列中的每個位置都有編號，這個編號就叫做**索引**（index）。索引是從 0 開始編起，不是從 1 開始，所以 A[3] 就是指陣列的第 4 個位置。

1-2 基本運算

四則運算

基本上在指定運算式的右側皆為算式（但如前面的範例所示，也有僅由常數與變數所構成的式子）。本書在程式中使用四則運算時，加、減、乘、除會分別以 +、-、*、/ 來表示（與多數程式語言相同）。例如，變數 a 的值為 5、變數 b 的值為 7，執行以下指令：

```
x ← a + b
```

則運算式 a + b 將分別載入變數 a 與 b 的值，透過 + 算符計算兩者的和，再將計算結果 12 指定給 x。計算的優先順序與一般數學相同，會先乘除、後加減，括號內優先計算。例如，變數 a 的值為 2 ，執行以下指令，則變數 y 的值會被指定為 6。

```
y ← 2 * (a + 1)
```

由於本書主要處理的是整數，因此除法計算結果中的小數部分皆無條件捨去。例如，執行以下指令時，變數 z 的值會被指定為 2：

```
z ← (3 + 2) / 2
```

邏輯運算式（Logical Expression）

運算結果只有**真 (true)** 或**假 (false)** 兩種的運算式，稱為**邏輯運算式**（Logical Expression）。邏輯運算式可用「等於、不等於」來判斷左、右兩側運算式的結果是否相等，或使用「比較運算」來判斷結果之間的大小關係。本書中等於和不等於會分別使用 = 和 ≠ 來表示；比較運算則使用 <、≤、> 和 ≥（※ 許多程式語言會用 == 表示**等於**運算、!= 表示**不等於**，比較運算則用 <、>、<= 及 >=）。

邏輯運算式可使用 AND 和 OR 來組合 (※ 許多程式語言會分別使用 && 和 || 來表示 AND 和 OR)，例如：

```
a = b and b < c
```

表示當「a 等於 b 且 b 小於 c」時，此運算式的結果為**真 (true)**。

此外，還有 NOT，它會回傳相反的值。例如原本為真的結果回傳為假；原本為假的結果回傳為真 (※ 某些程式語言會使用！符號表示)。

遞增與遞減算符

許多程式語言都可用**遞增算符** (Increment Operator) 和**遞減算符** (Decrement Operator) 讓變數的值加 1 或減 1。以下是針對變數 a 進行遞增運算：

```
a++
```

此算符會將變數 a 加 1，意義等同於以下程式：

```
a ← a + 1
```

而讓變數 b 減 1 的遞減運算，如下所示：

```
b--
```

當運算式出現遞增、遞減算符時，++a 與 a++ 的意義不同。++a 是將 a 加上 1 的結果直接應用在運算式中，a++ 則是在運算式執行後，才將 a 加上 1。例如，a 的值為 0：

```
x ← a++
```

執行以上算式後，x 的值為 0，a 的值為 1。

但在 a 值同樣為 0 的情況下，執行以下指令後，x 與 a 的值均為 1。

```
x ← ++a
```

1-3 控制結構 (Control Structure)

演算法的處理步驟有以下 3 種結構：

- 循序結構 (Sequential Structure)
- 選擇結構 (Selection Structure)
- 重複結構 (Repetition Structure)

循序結構 (Sequential Structure)

循序結構是依照程式敘述的先後順序逐一處理。本書的虛擬碼是由上而下 (若為同一行則由左而右) 依序執行。例如，底下的程式會由上而下，依序執行 3 個敘述：

```
a ← 7
b ← 5
c ← a + b
```

第 1 行執行結束時，a 的值為 7；第 2 行執行結束時，b 的值為 5；第 3 行執行結束時，c 的值為 12 (7+5)。

選擇結構（Selection Structure）

選擇結構是根據條件來選擇要執行的敘述。本書的虛擬碼主要使用 if、if-else 及 if-else-if 敘述。

■ if 的語法如下：

```
if 條件式 :
    敘述
```

首先在 if 後方寫下**條件式**並以 : 結尾，接著從下一行開始，以「相同縮排」寫下滿足條件時要執行的所有敘述。具有相同縮排的相關敘述稱為**區塊**（block）。例如：

```
if a < b :
    c ← b - a     } 相同縮排的敘述屬於同一區塊
    輸出 c 的值   }
```

上面的敘述表示當 a 值比 b 值小時，c 的值會被指定為 b - a 的結果並輸出。

■ if-else 的語法如下：

```
if 條件式 :
    敘述 1
else:
    敘述 2
```

else: 下方的敘述是在**條件式**未滿足時，所要執行的敘述。例如：

```
if a < b :
    c ← b - a
else:
    c ← a - b
```

以上敘述表示當 a 值小於 b 值時，c 的值會被指定為 b-a 的結果；若是 a 值大於 b 值，c 的值會被指定為 a-b 的結果。

■ if-else-if 敘述是以多個條件式建立各種分支的**流程敘述** (Flow Statement)。

```
if 條件式 A :
    敘述 1
else if 條件式 B :
    敘述 2
else if ...
    ...
else:
    ...
```

如上所示，各條件式的底下為其對應的敘述。

重複結構（Repetition Structure）

重複結構會在滿足條件的情況下，重複執行對應的敘述。本書的虛擬碼主要使用 while 及 for 敘述。

■ while 敘述是在指定條件式為真 (true) 時，重複執行對應敘述。

```
while 條件式 :
    敘述
```

首先在 while 後方寫下條件式並以 : 結尾，接著從下一行開始以相同縮排寫下滿足條件時要執行的敘述區塊。例如：

```
n ← 0
while n < 10:
    輸出 n 的值
    n ← n + 1
```

上面的敘述將依序輸出從 0 到 9 的整數。

■ for 敘述是在重複次數可事先決定時使用的流程敘述。

```
for i ← 1 to N:
    敘述
```

如上所示，重複敘述中的變數 (此處為 i) 會在重複執行的過程中，依照指定的規則或模式改變其值。以此例來說，i 值會在每次執行完敘述後加上 1，由 1 開始一直加到 N 為止 (重複處理會在 i 超過 N 時停止)。

以下是在 for 敘述中指定以數列模式進行重複處理的例子：

```
for i ← 1, 3, 5, …, N:  # 輸出奇數
    print i
```

此外，如果要像底下的範例一樣，從指定的集合或串列 (list) 中依序取出元素，並以該元素為變數重複進行處理，也可以使用 for 敘述。

```
for v in L:  # 從資料的集合 L 中逐一取得元素 v 並進行處理
    使用到 v 的敘述
```

重複結構中也可以使用 break 或 continue 等，來強行控制敘述的執行流程。**break** 是無論 while 或 for 敘述的條件如何，直接跳出該循環。**continue** 則是忽略當次循環中接下來的敘述，直接進到下一次循環。這兩種做法的具體範例，請參考後續章節中的虛擬碼。

1-4 函式 (function)

函式 (function) 是一組用於完成特定目的之敘述，函式在經過定義後，即可用外部程式來呼叫使用。函式與變數相同，會依敘述內容取一個名稱。函式在接收到**參數** (parameter) 的輸入值後，會先進行計算與處理，再將計算結果傳回給呼叫者。

以下是接收 2 個參數 a 、b，計算其和，再傳回結果 c 的函式。

```
add(a, b):
    c ← a + b
    return c
```

計算結果可使用 return 傳回。

函式定義好之後，程式便可呼叫使用，如下所示：

```
x ← 5
y ← 18
z ← add(x, y)
print z # 輸出 z 的值 23
```

在傳遞變數給函式做為輸入時，除了可複製變數的「值」給函式，也可提供變數的「位址」給函式，若提供變數位址給函式，則可在函式內更改變數的值。以下就是提供變數「位址」給函式，因此可改寫原本變數的值：

```
increment(&a): # 利用 & 表示要取得變數 a 的位址
    a ← a + 1
x ← 99
increment(x)
print x # 輸出 x 的值 100
```

若希望函式能直接修改變數值，就可以使用上一頁的做法。

本書設定將陣列變數傳入函式時，函式接收的是其位址。例如，以下的虛擬碼會接收陣列 A 的位址並改寫其元素的值。

```
# 初始化擁有 N 個元素的陣列 A 值
initialize(A, N):
    for  i ← 0 to N-1:
        A[i] ← 0
```

此外，許多程式語言中都有一種稱為**作用範圍**（scope）的概念，用來表示變數可被存取到的範圍。本書為了簡化說明，設定在函式外部定義的變數皆無作用範圍的限制，函式可存取到所有在函式外部定義的變數（但不建議在實際開發程式時如此設定）。

MEMO

第 2 章

程式設計的應用元素

2-1 命名規則

程式 (program) 中所使用的變數與函式，皆可用英文字母＋數字的組合來自由命名。但是在大型軟體的開發過程中，為了寫出讓自己和他人都易讀且易於維護的原始碼，會特別需要嚴格制定變數與函式的命名規則。因此實際上在命名時，通常是使用開發團隊所制定的規則，或配合開發使用的程式語言慣例。

本書雖然也有一套命名規範，但不如開發時所使用的那麼嚴格。一般而言，變數與函式的名稱必須要能具體地表達出含意，但本書所介紹的演算法其虛擬碼都不多，每次會用到的變數也不多，因此我們希望以不混淆為前提，盡可能用簡潔的記號來為變數命名。不過若變數及函式具有重要的含意或必須特別區分出來，我們也會使用具體而貼切的方式命名。

2-2 區間的表示法

為了方便說明及實作演算法、程式，我們有時候會使用**區間**(interval)的概念。由於本書主要處理的是整數，因此以下將說明整數區間的表示法。

本書在使用區間符號時，主要是用來表示陣列中的連續元素。區間可表示位於整數 a 與整數 b 之間的整數數列，不過其表示法會依據數列是否包含 a 與 b 而有所不同。本書使用關鍵字「區間」來表示區間，如下表所示。

表示法	含意	具體範例
區間 [a, b]	滿足 $a \leq x \leq b$ 的 x	區間 [7,10] 表示 7、8、9、10
區間 [a, b)	滿足 $a \leq x < b$ 的 x	區間 [7,10) 表示 7、8、9

a 與 b 稱為**端點**。[a, b] 表示包含兩側端點，稱為**閉區間**(Closed Interval)。[a, b) 則不包含 b，這點請務必留意。而這種只有一側端點被包含在內的，稱為**半開區間**(Half-open Interval)。

2-3 遞迴 (recursion)

遞迴 (recursion) 的意思是某件事在敘述當中，再次引用了正在敘述的這件事。這種概念叫做**遞迴處理**，其中遞迴函式的應用尤其重要，因為它是實作進階演算法時不可或缺的一種程式設計技巧，本書也會用到遞迴處理與遞迴函式。

遞迴函式指的是在函式內呼叫自己本身的函式。例如，計算整數 n 的階乘 n!= n x (n-1) x … x 1 的函式，可用以下方式寫成遞迴函式。

```
factorial(n):
    if n = 1:
        return 1
    return n * factorial(n - 1)
```

此遞迴函式的定義利用了 n 的階乘等於 n x ((n-1) 的階乘) 的性質。使用遞迴函式時必須要特別注意的是，一定要設定結束條件 (或遞迴函式的執行條件)※。上述範例設定的結束條件是在 n 等於 1 時傳回 1。

許多利用拆解問題提高求解效率的演算法和需要在資料結構 (Data Structure) 中進行系統性走訪的演算法，都會利用遞迴函式實作。本書介紹的演算法中會有更具體的範例可供參考。

※ 編註：由於遞迴函式會呼叫自己，所以一不小心就會寫出無限循環的函式，所以必須告訴它什麼時候停止遞迴，才能避免程式無法結束，形成「無窮迴圈」。

2-4 類別 (class)

雖然說變數已經有整數、實數及字串等「型別」了，但還是有許多程式語言允許程式設計師利用**類別** (class) 或**結構體** (structure) 等機制自行定義所需的型別。**類別**就像是型別的規格書，其定義方式會隨程式語言而有所不同。以下會說明本書在虛擬碼中如何敘述**類別**。例如，用來表示 2D 平面上的點的類別，其敘述方式如下：

```
class Point:
    x
    y
```

此類別的名稱為 Point，擁有 x 和 y 兩個變數。由於本書主要處理的都是整數，因此我們會省略整數的型別定義，只在必要時以註解補充說明。定義類別時，類別中的資料 (變數) 與要對這些資料進行的處理 (函式) 可以一起定義。例如，我們可以在 Point 類別中定義一個移動點的函式：

```
class Point:
    x
    y
    move(dx, dy):
        x ← x + dx
        y ← y + dy
```

以下是實際使用此類別的範例。

```
Point p         # 表示 p 為 Point 類別
p.x ← 5         # 初始化 p 中的 x 值
p.y ← 18        # 初始化 p 中的 y 值
```

```
p.move(2, -8)  # 移動點

輸出 p.x       # 顯示 7
輸出 p.y       # 顯示 10
```

本書的虛擬碼，由類別生成的變數都會在開頭寫出其類別名稱。類別中的變數與函式可使用「.(點號)」存取。這種做法讓我們在使用由類別生成的變數時，能夠以更直覺的方式來處理資料。類別也能與陣列搭配使用，例如以下的範例：

```
Point points[10]     # 定義一個含有 10 個點的陣列，
                       其元素為 Point 類別

# 初始化座標
for i ← 0 to 9:
      points[i].x ← 0
      points[i].y ← 0

# 若要依序把陣列元素歸 0，也可以使用以下寫法：
for p in points:
       p.x ← 0
       p.y ← 0
```

2-5 指標(pointer)

本節要講解的「**指標**(pointer)」是一種比較困難的概念。但因為只有在講解第 21 章與第 29 章的虛擬碼時才需要用到，因此一開始先跳過不讀也沒有關係。

指標(pointer)是記錄變數位址的一種機制。指標變數不會真的擁有資料，只會指向資料所在的位址，因此若想要在實作中節省記憶體空間，建立出有效率的資料結構，指標就是一個不可或缺的概念(※ 指標的概念會隨程式語言而有所不同。有些變數看起來像是一般變數，但在內部卻會被當成指標使用。因此若要實際寫出做好記憶體管理的程式，必須先對程式語言的運作方式有深入地了解)。本書會用較簡單的方式來描述與指標相關的運算，以下利用 2 個簡單的範例做說明。

第 1 個例子是使用以下 2 種類別來模擬矩形繪圖。

```
class Point:
    x
    y

    move(dx, dy):
         x ← x + dx
         y ← y + dy

class Rectangle:
    Point *o   # 原點(指標)
    w          # 寬度
    h          # 高度

    print():
        輸出 o.x, o.y, w, h
```

Point 類別是以座標變數 x、y 來表示一個點。Rectangle 類別是以原點 o、寬度 w、高度 h 來表示一個矩形。Rectangle 的 o 是指向原點實際位址的指標，本書會在指標變數前加上「*」，表示它是一個指到 Point 變數的指標。以下虛擬碼將利用這些類別進行簡單的模擬（請搭配下方的示意圖來對照）。

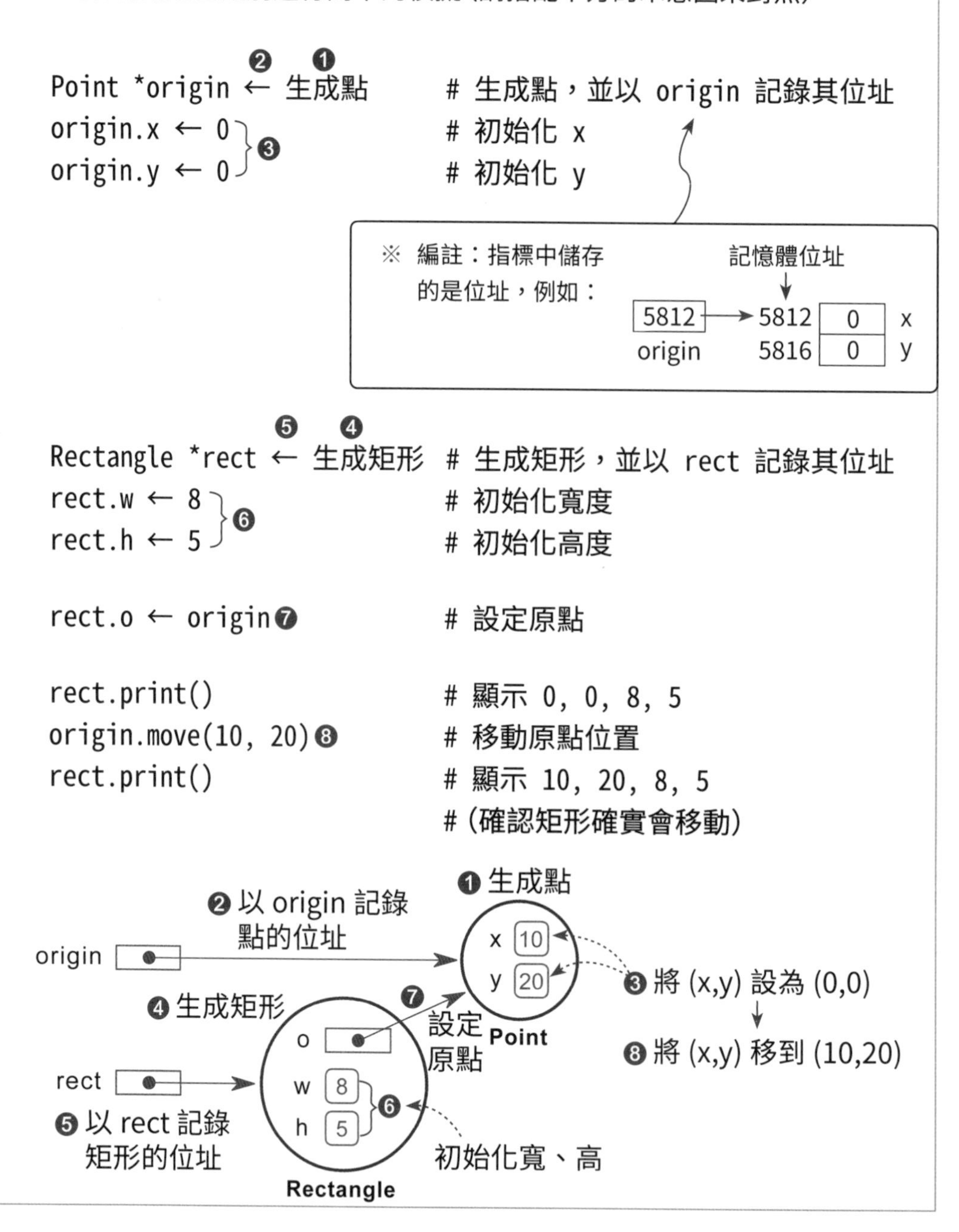

執行這段虛擬碼時，記憶體中的狀態將如上圖所示。圖中以箭頭表示指標儲存的是資料的位址，而非資料本身。由於此矩形的原點為指標，因此設定原點的虛擬碼 rect.o ← origin，是將一個指標指定給該指標。經此指定後，rect.o 便會指向由 origin 指向的資料。本書是以「.(點號)」來存取「指標所指向的」變數或函式 (有的程式語言是使用特殊算符，但本書為求簡化而使用點號)。

此模擬的本意是要確認矩形的原點會不會隨著 origin.move(10, 20) 而移動。執行 rect.o.move(10, 20) 也會得到相同的結果。

以下第 2 個範例是修改 Point 類別，建立一個用指標將多個點連起來的程式。

```
class Point:
    x
    y
    Point *t   # 可指到另一個點的指標

    print():
       輸出 (x, y) 座標
```

這個 Point 類別的特別之處，在於其中包含了一個指標 t，它可以指向另一個 Point。以下虛擬碼將以此類別建立出幾個點，並依序輸出其座標。

```
                ❸  ❶          ❷
Point *root     ← 生成座標為 (1, 1) 的點
                ❻  ❹          ❺
root.t          ← 生成座標為 (2, 4) 的點
                ❾  ❼          ❽
root.t.t        ← 生成座標為 (3, 9) 的點
                ❿
root.t.t.t      ← 最後一個 t 要指向 NULL(空指標)
Point *cur      ← root      # 設定目前所在地
while cur ≠ NULL:
    cur.print()             # 依序輸出 (1, 1), (2, 4), (3, 9)
    cur ← cur.t
```

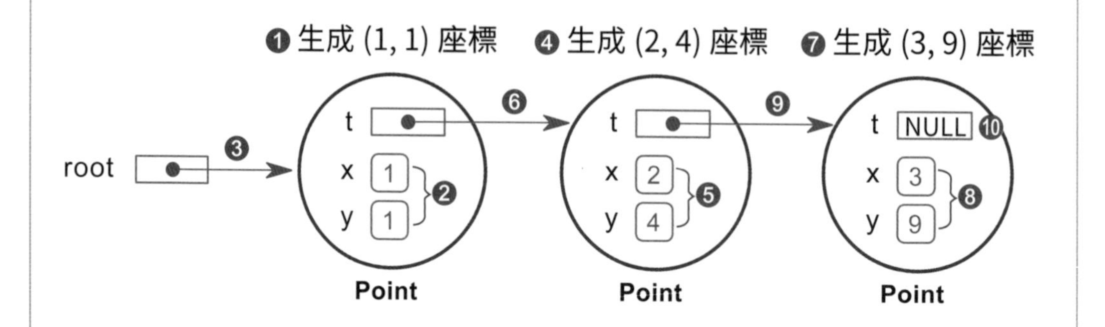

上圖為追蹤指標，以存取記憶體上生成的變數等資料實體的過程。

NULL 是「無」的意思，表示指標沒有指向任何東西。本書以 NIL 及 NULL 表示「無」的符號或常數，不過指標一律是使用 NULL。

第3章

演算法的基礎概念

3-1 大 O 符號 (Big O notation)

為了比較各種演算法以及選擇最適合的方法，我們可以用**時間複雜度** (time complexity) 來當作判斷的標準。時間複雜度是根據資料的大小，來估算演算法需要多少執行步驟，其估算方法有很多種，一般是使用**大 O 符號** (Big O notation)。

假設演算法 A 在處理 n 個元素的數列時，需要 cn 個計算步驟 (※ 編註：其中 c 為固定不變的常數，而 n 為可變的數量，例如要處理 n 個資料，而每個資料都需要 c 個步驟)，則演算法 A 的時間複雜度會以 O(n) 來表示。這個 O 是「量級 (order)」的意思，因此我們也可以說其「量級為 n」。

例如某個陣列的大小 n 變成了 100 倍，執行時的計算步驟會由 cn 變成 100cn。即使計算步驟變成 cn+ c_0，當 n 夠大時，c_0 可以忽略，因此時間複雜度仍會是 O(n)。

同樣地，若演算法 B 在計算相同問題時需要 cn^2 個步驟，則其時間複雜度將會是 $O(n^2)$。此時若陣列的大小 n 變成了 100 倍，執行時的計算步驟將會變成 $(100)^2$ = 10,000 倍。

以大 O 符號估算增長速度時，除了會省略常數外，也會省略較小的量級 (order)。例如，計算步驟為 $cn^3+c_1n^2+c_2n^2+c_0$ (其中 c_i 為常數)，則其時間複雜度為 $O(n^3)$。

大 O 符號雖然只是時間複雜度的一種粗略估算，但卻是一個適合分析、比較演算法優劣的好工具。

本書將時間複雜度分成下表中的幾個類別，相關說明之後也會出現在介紹演算法與資料結構的章節當中。

圖示	增長速度	時間複雜度	特色
	常數	O(1)	表示時間複雜度與資料數量無關。效率最佳。
	對數	O(log n)	時間複雜度與資料大小的對數成正比。即使是較大的 n，取對數後也會變得非常小，執行效率非常好。
	平方根	O($\sqrt{n}$)	時間複雜度與資料大小的平方根成正比。可視為效率較佳的演算法。
	線性	O(n)、O(n+m)	時間複雜度直接與資料大小成（線性）正比。可視為效率較佳的演算法，但若應用程式中需反覆執行這類操作（如對資料結構的處理），實作時仍需多加考慮。
	線性、對數	O(n log n)、O((n+m) log n)	O(n log n) 的執行速度很快，在某些問題上幾乎可視為線性，因此算是效率較佳的演算法。
	二次函數	O(n^2)	時間複雜度與資料大小的二次方成正比。資料的增加執行時間會大幅增加，因此算是效率較差的演算法。當資料大小超過數千筆時就必須多加留意。
	三次函數	O(n^3)	時間複雜度與資料大小的三次方成正比。資料的增加會使時間複雜度呈現爆發式的增長，因此算是效率較差的演算法。當資料大小超過數百筆時就必須多加留意。

※ 編註：還有更高時間複雜度的情況，例如：m^n`n!、……。這是演算法、人工智慧常遇到的棘手問題。

3-2 問題的限制

軟體與演算法的設計必須要考慮到應用程式及問題的規模對於時間複雜度的影響。例如，輸入資料的元素數最多可接受到多少，各元素 (整數) 之值的上限與下限又各是多少。軟體與問題一定都會有規格與限制，設計演算法時都必須將其納入考量。

在本書中，當資料的大小為演算法設計的重要影響因素時，問題說明欄會寫出其限制。例如，同樣是資料數列的排序問題，資料數的上限為 100 或 100,000，設計出來的演算法也會不同。本書列出的限制雖然較為單純，並未對應到所有問題的特徵，但是對於掌握問題的規模與估算時間複雜度，仍有一定程度的參考價值。

Part 2
空間結構

第 4 章　空間結構的概要

第 5 章　陣列（Array）

第 6 章　樹狀結構（Tree）

第 7 章　圖形（Graph）

第 8 章　點群（Point Group）

第 9 章　動態結構

第4章

空間結構的概要

4-1 空間結構：概要

空間結構是指記憶體的邏輯結構，它提供一個框架讓我們可以將演算法的步驟與資料視覺化。以下是幾個表現空間結構的例子：

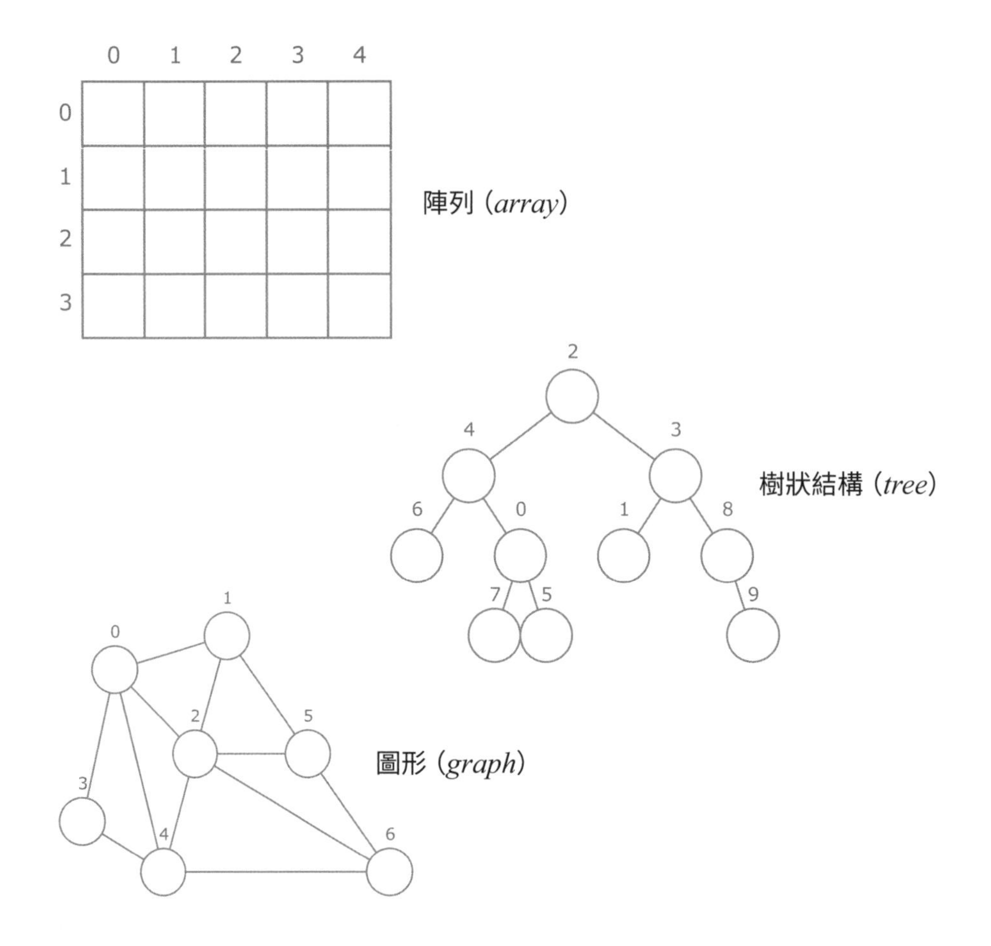

空間結構由**節點** (node) 與**邊** (edge) 組成，節點代表要討論的事物，邊則代表事物之間的關係。節點是空間結構的組成元素，在繪製時會使用圓形或正方形表示。連接節點的邊則會以直線或箭頭表示。不過也有一些空間結構是沒有邊的。

本書介紹的各種空間結構依形狀及特色分類如圖所示：

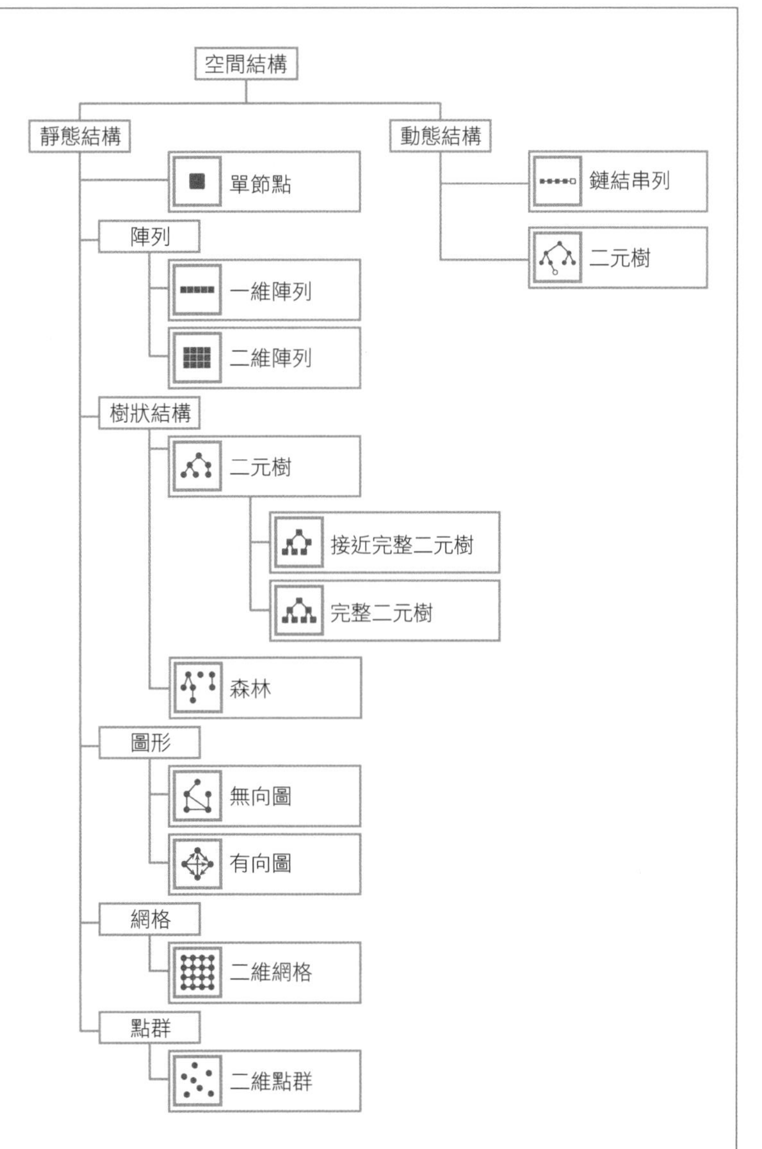

空間結構大致可分為**靜態結構**（Static Structure）與**動態結構**（Dynamic Structure）。靜態結構的大小（節點數）一旦決定了就無法更改。動態結構則可在演算法的執行過程中改變大小。

陣列、樹狀結構與圖形等一般結構，又都各自根據不同的條件限制細分出幾個類別。這部分在之後介紹各空間結構時會再詳細說明，本章先說明一般結構的概念與相關術語。

4-2 陣列 (Array)

陣列 (array) 結構是一種將節點並列排放的空間結構。陣列結構沒有邊，只有節點。依資料排列的方向數 (維度)，可分為一維、二維、三維、…… 或 n 維。陣列結構的大小是固定的，一旦建立後就無法再更改其大小與維度。

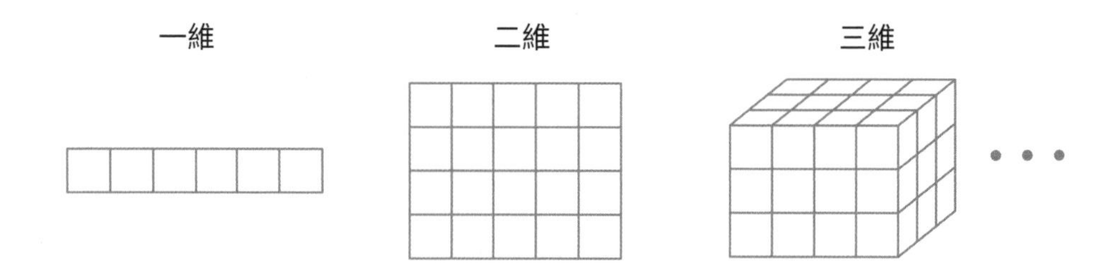

陣列結構中的每個節點都會依序分配到 1 個編號。在 n 維陣列中，每一個維度都會各自分配連續的號碼給節點，因此每個節點都是由 n 個號碼所組成的專屬編號。

本書會用到一維與二維陣列結構，第 5 章會再針對這部分進行詳細的說明。

4-3 圖形 (Graph)

圖形 (graph) 是將事物與事物之間的關係以視覺化表現的一種手法，由代表事物的**節點** (node，或稱**頂點** vertice) 與連接節點的**邊** (edge) 所組成 (節點與邊有許多不同的稱呼，本書統一使用**節點**與**邊**)。

圖形大致可分成兩種，一種是邊具有方向性的**有向圖** (Directed Graph)，另一種是邊沒有方向性的**無向圖** (Undirected Graph)。

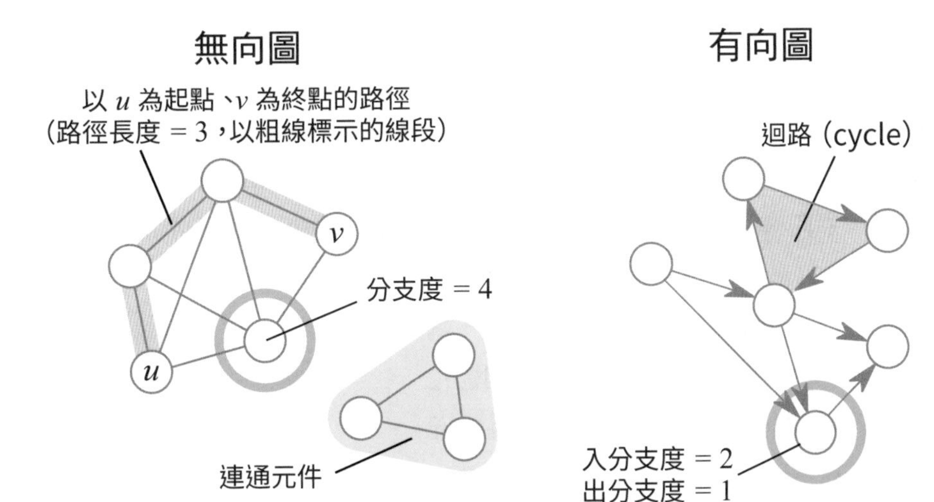

圖形的專有名詞

■ **相鄰** (adjacent)：若是節點 u 與節點 v 有直接連起來的邊，則稱 u 與 v **相鄰**。

■ **分支度** (degree)：在無向圖中，連接到節點 v 的邊數，稱為 v 的**分支度** ※。在有向圖中，離開節點 v 的邊稱為**出分支度** (outdegree)，進入該節點的邊稱為**入分支度** (indegree)。

※ 編註：別被**分支度**這樣的專有名詞嚇到，白話一點的說法就是 1 個節點含有幾個邊，而邊依據方向有分為「進」與「出」兩種。

■ **路徑** (path)：連接 2 個節點之間的邊，稱為**路徑**。例如上面的左圖，從節點 u 到節點 v 所經過的邊就是一條路徑 (以橘色粗線標示)。

- **路徑長度** (Path Length)：簡單地說，**路徑長度**就是路徑上共有幾條邊，例如上頁的圖，節點 u 到節點 v 共經過 3 條邊，其路徑長度為 3。
- **迴路** (cycle)：路徑有起點和終點，若是起點和終點為同一個節點的路徑，稱為**迴路** (或稱為**循環**)。
- **連通圖** (Connected Graph)：在無向圖中，任意 2 個節點 (如上頁左圖的 u 和 v) 之間有路徑可以相通，則此圖形稱為**連通圖** (或**相連圖**)。
- **子圖** (subgraph)：從圖形中取出部分的點與邊出來，稱為原圖形的**子圖**。

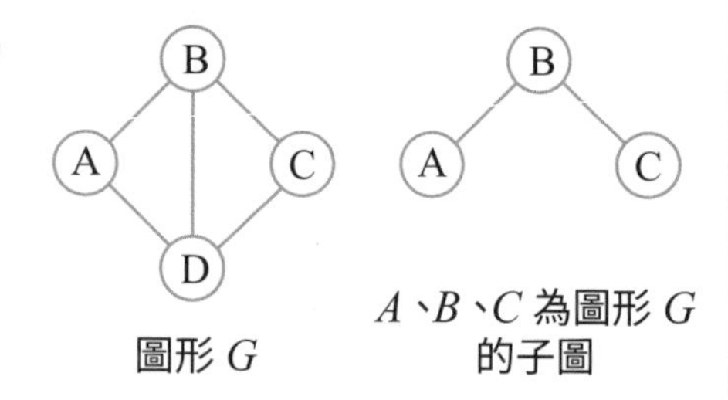

圖形 G　　A、B、C 為圖形 G 的子圖

- **連通元件** (Connected Component)：亦稱**相連單元**、**相連元件**、**分量**。**連通元件**是指無向圖中各個互不相連的最大連通子圖，例如下圖的無向圖即是由 2 個連通元件 (最大連通子圖) 所組成。名稱中的『連通』是指在每個子圖中，任一端點均可與其他端點連通 (有路徑可以到達)；而『元件』則是指它是無向圖的組成元件，且所有連通的端點均屬於同一個元件。

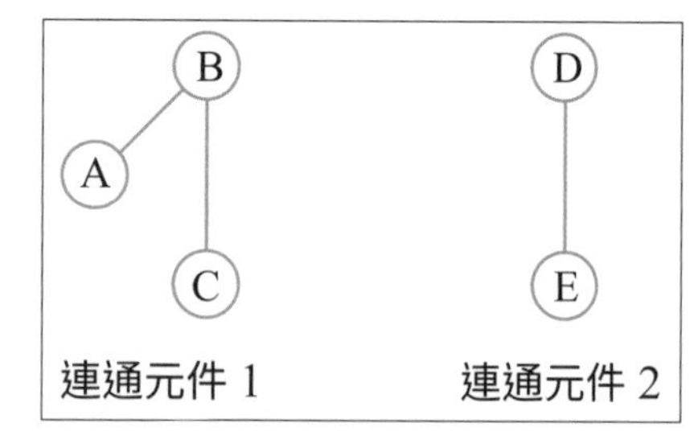

分離成不相連的最大子圖

- **加權圖形** (Weighted Graph)：若圖形上的每個邊都有一個附加的**權重** (weight)，則此圖形稱為**加權圖形** (Weighted Graph)。權重指的是要處理的各種值 (例如道路的往返成本或關聯性的強度等)。雖然本書的重點放在圖形中與節點相關的值，但當空間結構中的邊上需要有權重 (變數或值) 時，將會以右圖的方式呈現。

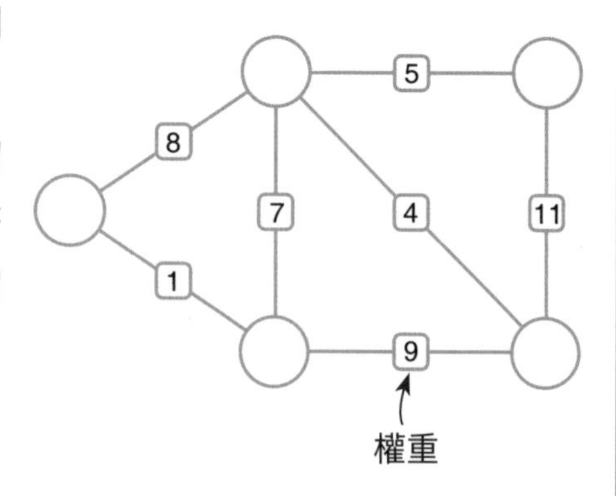

4-4 樹狀結構

樹狀結構是一種可以快速儲存與取得資料的結構，依其形狀限制分成**無序樹**及**有序樹**，無序樹是指樹中任一個節點的子節點之間沒有順序關係（亦稱**自由樹**或**一般樹**）；**有序樹**是樹中任一個節點的子節點之間有順序關係，例如，**二元樹**、**接近完整二元樹**、**完整二元樹**等，詳細說明請參考第 6 章。樹狀結構也是圖形的一種，由節點與連接節點的邊所組成，其中不可有迴路存在。

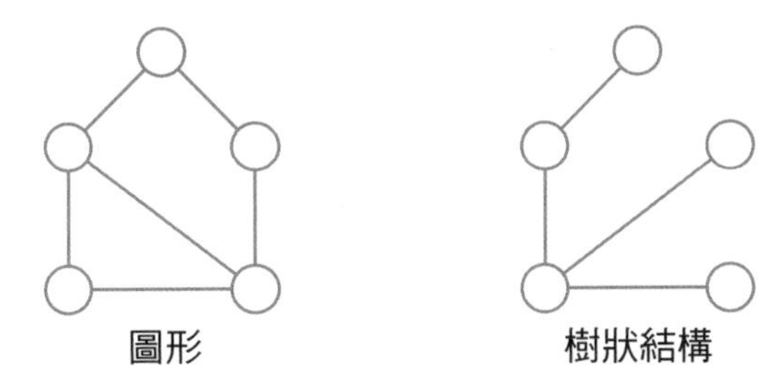

本書使用的樹狀結構是以 1 個稱為**根節點**（Root Node）的特殊節點做為頂點，往下延伸出邊，如下圖所示。這種樹狀結構稱為**有根樹**（Rooted Tree）。

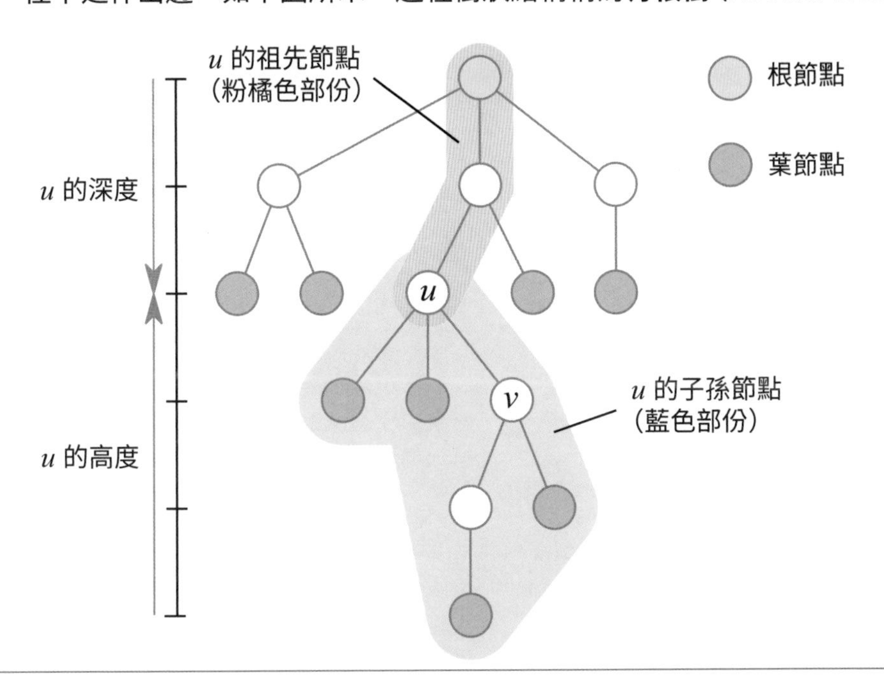

以上頁的圖為例，節點 u 向下連接到節點 v，則節點 v 為 u 的**子節點**（Child Node），而 u 則為 v 的**父節點**（Parent Node）。沒有子節點的節點稱為**葉節點**（Leaf Node）。葉節點以外的節點稱為**內部節點**（Internal Node）或**非終端節點**（Non-terminal Node）。

從節點 u 到根節點之間經過的所有節點，稱為 u 的**祖先節點**（Ancestor Node）。反過來從節點 u 到葉節點之間經過的所有節點，稱為 u 的**子孫節點**（Descendant Node）。祖先節點和子孫節點皆包括節點 u 本身在內。

從根節點到節點 u 之間所經過的邊數，稱為節點 u 的**深度**（depth）或階層（level）。上頁圖中節點 u 的深度為 2。而從最深的葉節點到節點 u 所經過的邊數，稱為節點 u 的**高度**（height）。上頁圖中節點 u 的高度為 3。根節點的高度即為樹的高度。上頁圖中樹的高度為 5。

擁有相同父節點的節點，互為**兄弟節點**（Sibling Node）。節點 u 的子節點數，稱為 u 的**分支度**。上頁圖中節點 u 的分支度為 3（※ 編註：子節點是由某個節點向下連接到的節點；而子孫節點是從某個節點到葉節點之間經過的所有節點，請勿混淆）。

由節點 u 及其子孫節點組成的有根樹，稱為以 u 為根節點的**子樹**（subtree）。

第5章

陣列
(Array)

5-1 單節點 (Single Node)

單節點 (Single Node)

這部分為空間結構的概要

單節點結構只由 1 個節點所構成，就像沒有維度的陣列。它是視覺化「變數」時，最單純的一種空間結構。

這部分會介紹控制結構大小與形狀的參數或其他相關說明

節點數永遠只有 1 個，因此沒有用來控制結構大小的參數。

單節點結構可利用變數來表示。變數值在視覺化時可標示於節點上。

這部分會補充說明如何將變數或陣列變數視覺化

任何需要處理變數的演算法中都會出現單節點結構。雖然本書大多數的演算法及資料結構使用的是陣列變數，但在處理一些不需要用到陣列的簡單計算時，或只有單一資料需要儲存或視覺化時，仍會使用單節點 (變數)。

※ 編註：為方便你做對照，在此以圖解泡泡說明本書內容的編排結構。

這部分會介紹應用範圍

在虛擬碼中不會為了單節點特別定義**類別** (class)。而是當成一般變數處理。

這部分會補充說明虛擬碼的處理方式

5-2 一維陣列 (1 Dimensional Array)

一維陣列（1 Dimensional Array）

一維陣列結構是將 N 個節點按順序排成一行或一列的一種空間結構。也是視覺化陣列變數的最基本結構。

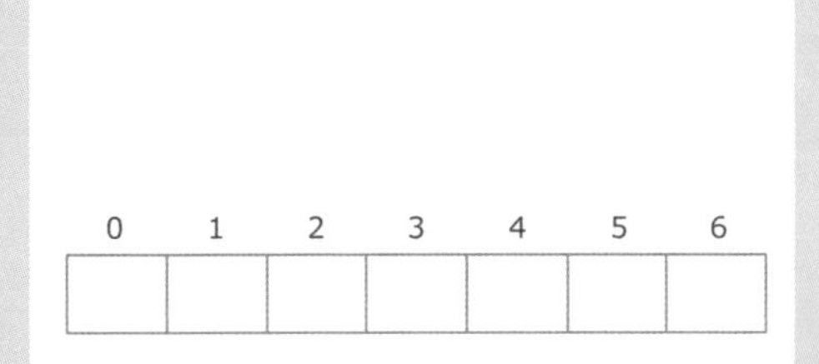

一維陣列結構的大小與形狀由陣列中的節點數 N 決定。每個節點都會依序分配到 1 個編號，範圍為 0 到 N-1。

本書在將一維陣列視覺化時，有時也會根據演算法與資料結構的需求，以垂直方向排列或在水平方向上排成多列。

陣列變數的各個值可標示在各節點上。陣列變數的索引依序對應到各節點的編號，陣列變數的大小為 N。

一維陣列是處理（視覺化）資料數列時，最常使用的一種空間結構。在搜尋及排序等各種演算法中都會出現。

在虛擬碼中，不會特別定義其**類別**（class）。而是當成一般大小為 N 的一維「陣列變數」。

5-3 二維陣列 (2 Dimensional Array)

二維陣列（2 Dimensional Array）

二維陣列結構是將節點依序排列在水平及垂直 2 種方向上的空間結構。

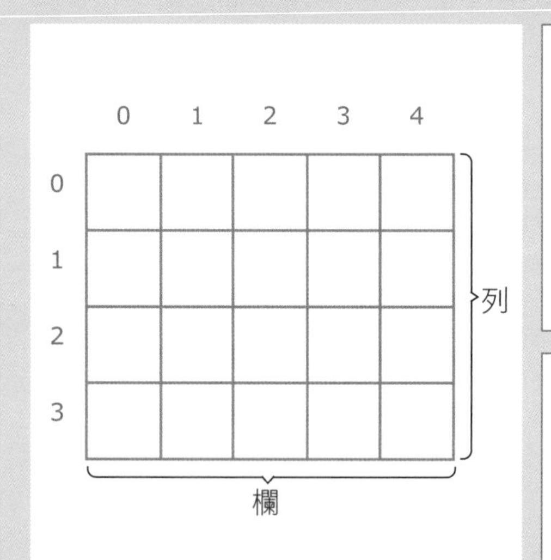

二維陣列結構是由 M 個列和 N 個欄（行）所組成。每個節點都會分配到 1 個列編號與 1 個欄編號，這兩種編號都是連續的。列編號為 0 到 M-1，欄編號則為 0 到 N-1。每個節點都擁有 1 組專屬的列編號與欄編號。二維陣列結構的大小與形狀由列數 M 及欄數 N 決定，節點數為 M×N 個。

二維陣列結構是用來視覺化二維陣列變數的結構。陣列變數的各個值可標示於各節點上。二維陣列變數中的列索引及欄索引依序對應到陣列結構中的列編號及欄編號，陣列變數的大小為 M×N。

此結構用在以二維方式呈現狀態或資料的演算法中，例如呈現影像的像素、平面地圖以及試算表等。

在虛擬碼中，不會特別定義其**類別** (class)。而是當成一般大小為 M×N 的二維陣列變數。

補充說明：一維陣列變數是以 A[i] 的形式利用 [ ] 中的索引存取各元素，二維陣列變數則是以 A[i][j] 的形式來進行存取。

第 6 章

樹狀結構

(Tree)

6-1 二元樹 (Binary Tree)

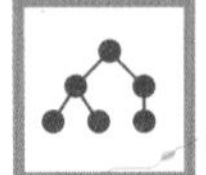

二元樹 (Binary Tree)

二元樹是「每個節點最多只能有 2 個子節點」的有根樹。二元樹會將各節點的子節點嚴格區分為左子節點和右子節點 (但這兩種子節點都有可能不存在)。

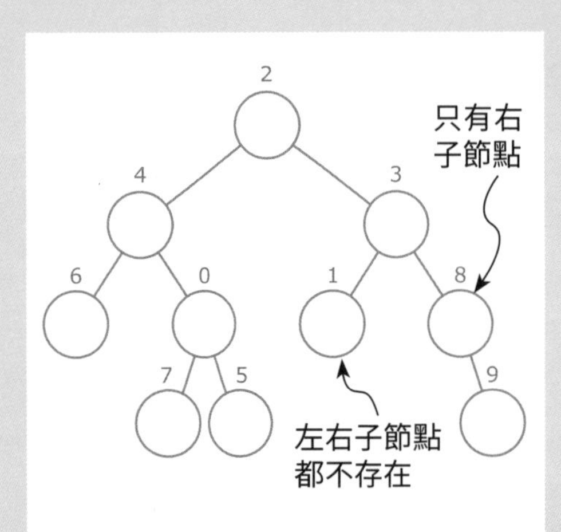

二元樹結構的大小與形狀由節點數 N 及各節點的父節點、左子節點 (若存在的話) 和右子節點 (若存在的話) 的編號決定。每個節點都有編號，範圍為 0 到 N-1。

二元樹的節點可利用一維陣列變數來表示。一維陣列變數在視覺化時，各元素的值可標示於二元樹的節點圓圈內。陣列變數的索引依序對應各節點的編號，陣列變數的大小為 N。

二元樹結構可應用在需要快速新增或搜尋元素的資料結構，許多高階演算法也會以其做為計算模式。靜態二元樹結構的應用領域較有限，但動態二元樹結構對於需要有效利用記憶體的高階資料結構來說，是實作上不可或缺的 (參考第 9 章的說明)。

用虛擬碼來呈現二元樹的形狀，會將二元樹結構的類別定義如下：

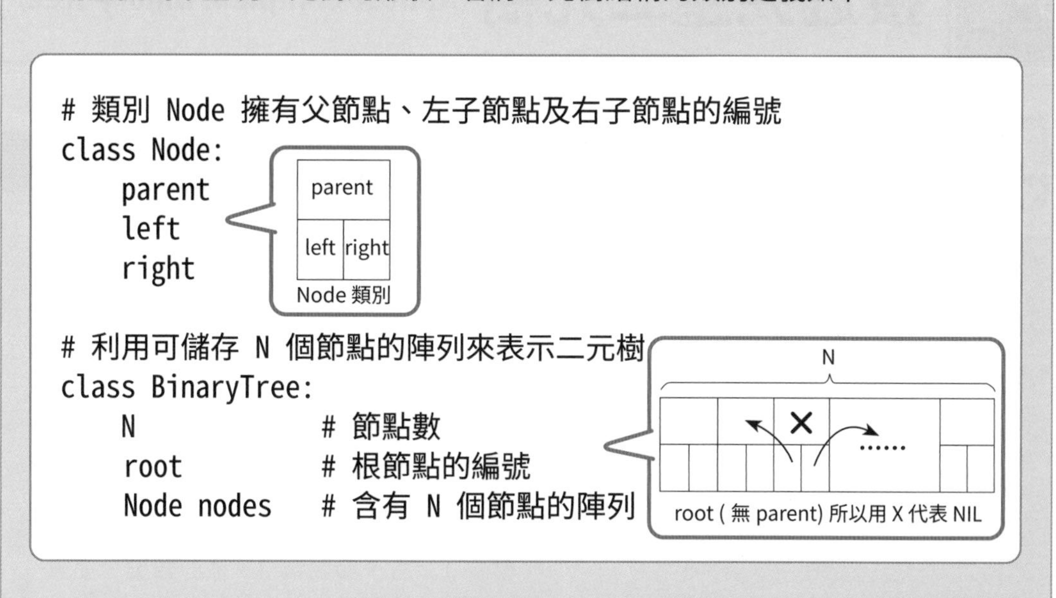

```
# 類別 Node 擁有父節點、左子節點及右子節點的編號
class Node:
    parent
    left
    right

# 利用可儲存 N 個節點的陣列來表示二元樹
class BinaryTree:
    N              # 節點數
    root           # 根節點的編號
    Node nodes     # 含有 N 個節點的陣列
```


若 Node 類別中的 parent、left 和 right 分別用來儲存上、左、右所連接的節點編號，其值的範圍為 0 到 N-1。若未連結，則為 NIL。NIL 雖然是「無」的意思，但實作時必須指定 1 個適當的常數給它。

BinaryTree 類別擁有根節點的編號。nodes 是大小為 N 的陣列，陣列中第 i 個元素會儲存節點 i 的資訊。以上頁畫的二元樹來看，其 nodes 陣列中包含 10 個節點資料如下：

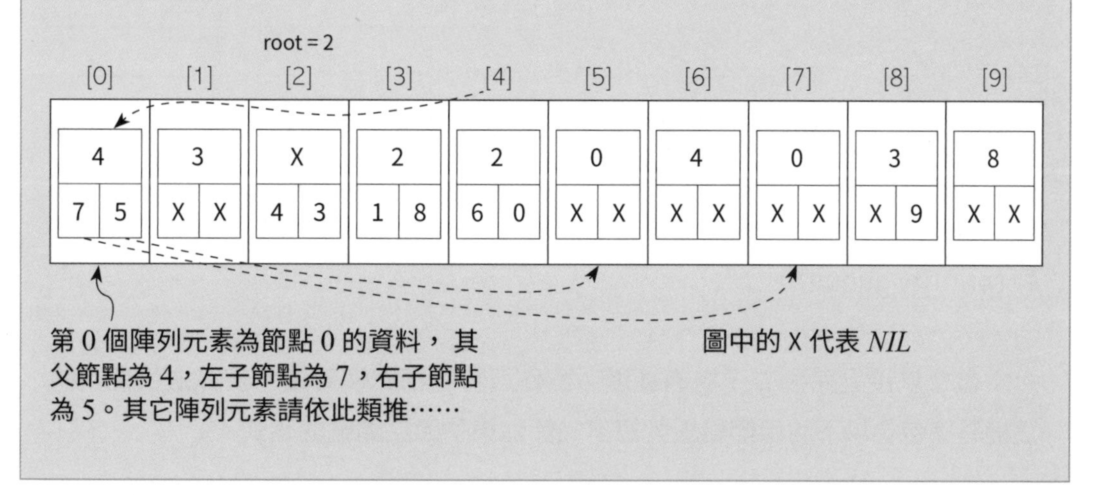

6-2 接近完整二元樹 (Almost Complete Binary Tree)

接近完整二元樹（Almost Complete Binary Tree）

當二元樹滿足「每一層的**內部節點**(葉節點以外的節點)都有 2 個子節點，但最下面一層的最右側節點有部分例外(只有 1 個子節點或沒有子節點)」的條件時，稱為**接近完整二元樹**。

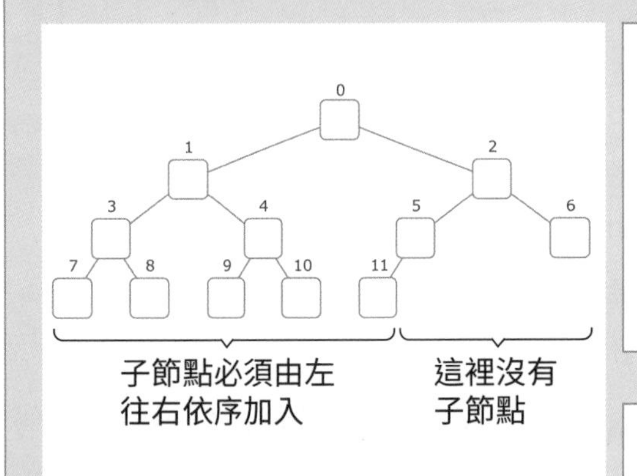

※ 編註：此範例的內部節點為 0、1、2、3、4、5。

接近完整二元樹的節點編號是由根節點開始依序往下加入，根節點為 0，其左子節點為 1、右子節點為 2，依此類推，節點 k 的左子節點為（2xk+1）、右子節點為（2xk+2）。節點 k 的父節點為（k-1）÷2（小數點後無條件捨去）。接近完整二元樹的大小與形狀只由節點總數 N 決定。

接近完整二元樹的節點可利用一維陣列變數來表示。一維陣列變數在視覺化時，各元素的值可標示於二元樹的節點圓圈內。陣列變數的索引依序對應各節點的編號。

接近完整二元樹的實作非常簡單，因其形狀只由 1 個表示大小的整數 N 決定，且其高度必為 $\log_2 N$(去小數) 的特性也非常實用。可應用在對節點值有條件限制的資料結構上。例如會先從優先權 (priority) 高的資料開始取出的優先佇列 (priority queue)。

本書會以接近完整二元樹為基礎，實作資料結構與演算法。演算法所使用的虛擬碼會包含以下利用節點編號算出父節點與子節點編號的函式。

```
# 節點 i 的父節點編號
parent(i):
    return (i-1)/2

# 節點 i 的左子節點編號
left(i):
    return 2*i+1

# 節點 i 的右子節點編號
right(i):
    return 2*i+2
```

※ 編註：本書的虛擬碼主要是用來說明演算法的運作，並非完整的程式。例如本例 left(i) 和 right(i) 必須先檢查 i 的值是否小於 N，但為了簡化說明，這些細節在虛擬碼中將不予處理。

此外，資料結構會在虛擬碼中將接近完整二元樹的類別定義如下：

```
class AlmostCompleteBinaryTree:
    N      # 節點數
    key    # 與節點相關的各種資料
    ....
    # 上述 3 種函式以及其他操作
    parent(i): ...
    left(i): ...
    right(i): ...
```

6-3 完整二元樹 (Complete Binary Tree)

完整二元樹（Complete Binary Tree）

當二元樹滿足「每個**內部節點**（葉節點以外的節點）必須有 2 個子節點，且所有葉節點的深度相同」的條件時，稱為完整二元樹。

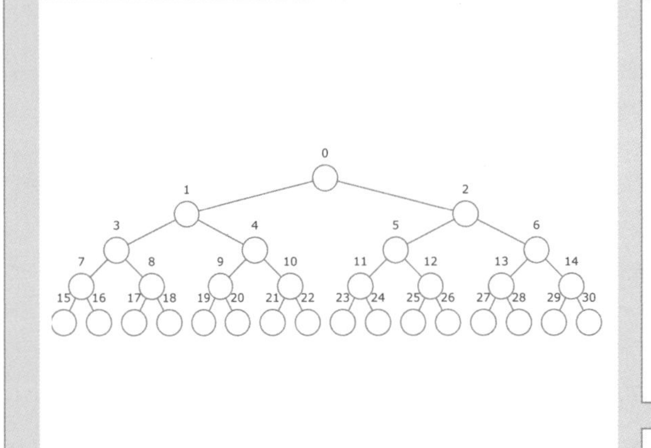

節點編號的分配方式與接近完整二元樹相同。完整二元樹的大小與形狀由節點數 N 決定。但本書的演算法與資料結構會將最後一個階層的節點（也就是葉節點）數調整為 2 的冪次方。

※ 編註：2 的冪次方是指 2^N 型式。例如，2 的 3 次方 =2*2*2 = 8，2 是底數，3 是指數，8 是冪（結果）。

完整二元樹的節點同樣可利用一維陣列變數來表示。

在完整二元樹中，由左側開始依序排列的各個葉節點可利用 1 個數列來表示，而內部節點則可利用此數列的區間來表示。換句話說，我們可以將完整二元樹視為**線段樹**（Segment Tree）或**區間樹**（Interval Tree），也可以應用在需要針對區間進行快速處理的演算法和資料結構中。

實作方式大致與接近完整二元樹相同，但中間會增加一個調整葉節點數量的步驟，當最低所需的葉節點數不足以形成完整二元樹時，會在此步驟加以調整。

6-4 森林 (Forest)

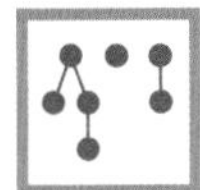

森林（Forest）

森林是多棵互不相交的無序樹（參見 4-9 頁）集合（例如下圖即是由 4 棵樹所構成的森林）。在此集合中，每個節點最多只能有 1 個父節點。

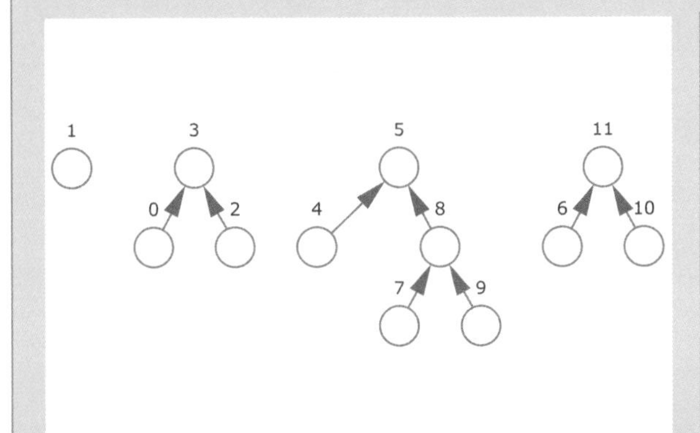

森林的大小與形狀由節點數 N 及各節點的父節點是誰所決定。每個節點都有編號，範圍為 0 到 N-1。森林的形狀會隨著各節點與其父節點之間的連結改變而產生變化，因此各節點編號及其位置也是可以任意改變的。

森林的節點與其他樹狀結構相同，皆可利用一維陣列變數來表示。

樹狀結構可用來表示集合，其節點可視為集合中的元素。由於 1 個節點不可同時屬於 2 個以上的樹狀結構，因此需要管理互不相交的集合資料結構時，可利用森林來實作。

由於森林中每個節點都只有 1 個編號，因此可利用 1 個陣列來表示。以森林為基礎的資料結構，會在虛擬碼中將類別定義如下。

```
class Forest:
    N        # 節點數
    parent   # 大小為 N 的陣列。parent[i] 為節點 i 的父節點編號
    ...
```

MEMO

第 7 章

圖形
(Graph)

7-1 無向圖 (Undirected Graph)

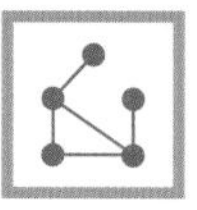

無向圖（Undirected Graph）

無向圖是每個邊 (edge) 都沒有方向性的圖形，每個邊的 2 個方向都可通行。也就是說，無向圖的每個邊都可由 2 個「無順序性」的節點編號來表示。

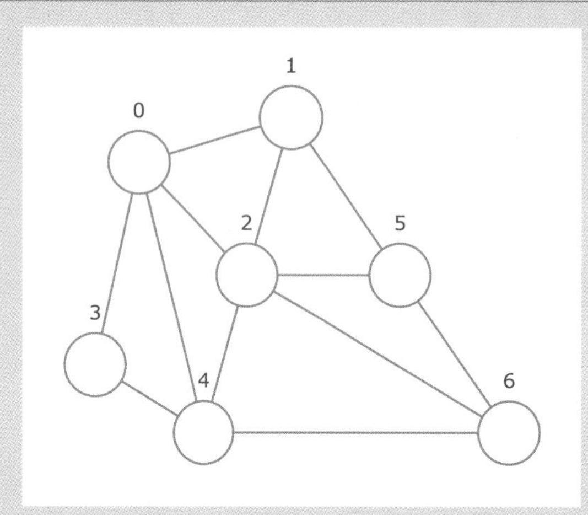

無向圖結構的大小與形狀由節點數 N 及連結節點的邊數 M 決定。每個節點都有編號，範圍為 0 到 N-1。圖形中的邊有 2 種儲存方式：**相鄰矩陣**與**相鄰串列**（參考下方的説明）。

圖形中的節點可利用一維陣列變數來表示。一維陣列變數在視覺化時，各元素的值可標示於圖形的節點圓圈內。陣列變數的索引依序對應各節點的編號，陣列變數的大小為 N。

圖形結構是將事物與事物之間的關係以視覺化呈現的一種方法。

圖形結構主要是用**相鄰矩陣** (Adjacency Matrix) 及**相鄰串列** (Adjacency List) 來表示。

相鄰矩陣（Adjacency Matrix）表示法

此方法是利用 N×N 的二維陣列變數 adjMatrix 來表示圖形的邊。在變數 adjMatrix 中，若節點 i 與 j 之間有邊，則 adjMatrix[i][j] 為 1，否則為 0。若 adjMatrix[i][j] 為 1，則 adjMatrix[j][i] 也為 1(參考下頁的**小編補充**)。相鄰矩陣表示法的優點是每個邊都可使用 1 組節點指定，因此新增或刪除邊只需要 O(1) 的執行時間。在要列舉與節點 u 相鄰的節點 v 時，執行時間為 O(N)。由於必須用到與 N^2 成正比的記憶體空間，因此不適用於大型圖形。

小編補充

底下的無向圖，有 7 個節點，可用 7x7 的二維矩陣來表示，逐一觀察每個節點與其它節點之間有沒有邊，若有邊則填入 1、沒有邊則填入 0，依此規則填滿矩陣中的值。

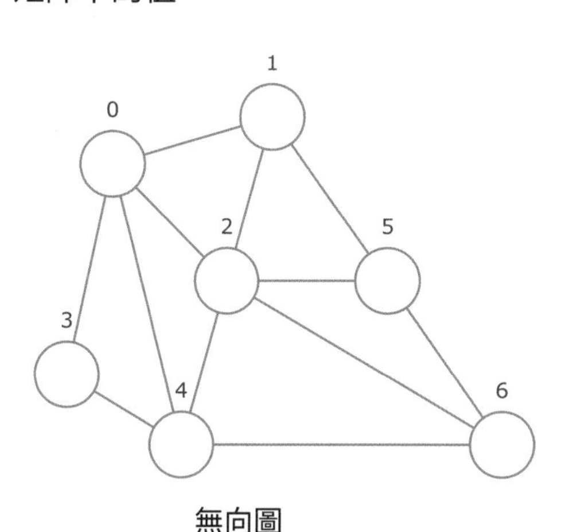

無向圖

[0,1]

欄

列

	0	1	2	3	4	5	6
0	0	1	1	1	1	0	0
1	1	0	1	0	0	1	0
2	1	1	0	0	1	1	1
3	1	0	0	0	1	0	0
4	1	0	1	1	0	0	1
5	0	1	1	0	0	0	1
6	0	0	1	0	1	1	0

二維矩陣

填入矩陣的步驟

1. **節點 0** 與節點 1、節點 2、節點 3、節點 4 之間都有邊，所以在矩陣中的 [0,1] (列 , 欄)、[0,2]、[0,3]、[0,4] 中填入 1。
2. **節點 1** 與節點 0、節點 2、節點 5 之間都有邊，所以在矩陣中的 [1,0]、[1,2]、[1,5] 中填入 1。
3. **節點 2** 與節點 0、節點 1、節點 4、節點 5、節點 6 之間都有邊，所以在矩陣中的 [2,0]、[2,1]、[2,4]、[2,5]、[2,6] 填入 1。

其餘節點依此類推……

圖形與陣列值的關係

- 陣列中 [0,1] (列 , 欄) 的值為 1，表示圖形中節點 0 與節點 1 之間有一條邊。
- 陣列中 [3,1] (列 , 欄) 的值為 0，表示圖形中節點 3 與節點 1 之間沒有邊。
- 無向圖的矩陣是**對稱的**，陣列 [1,3] = [3,1]，對角線皆為 0。

以相鄰矩陣來表示的圖形，可用如下的虛擬碼定義類別：

```
class Graph:
    N           # 節點數
    adjMatrix   # 相鄰矩陣的 N×N 二維陣列變數（元素值為 0 或 1）
    ...
```

若圖形的邊上有權重，則類別會定義如下：

```
class Graph:
    N           # 節點數
    adjWeight   # 元素值為「相鄰狀況（0 或 1）與權重」的 N×N 二維陣列變數
    ...
```

相鄰串列(Adjacency List)表示法

串列 (list) 是一種可保持元素順序並動態新增、刪除或搜尋資料的資料結構 (參見第 21 章)。相鄰串列表示法是利用含有 N 個串列的陣列 adjLists 來表示圖形。adjLists[i] 代表與節點 i 有關的串列，會儲存與節點 i 相鄰的節點編號。

由於相鄰串列只需要使用與邊數成正比的記憶體空間，因此在表示圖形時比較有效率。缺點是在尋找與節點 u 相鄰的節點 v 時，必須走訪（遍歷，traversal) 串列。不過大多數演算法進行此操作時，每個節點的相鄰串列只需走訪 1 次，因此這個缺點不會造成困擾。

以相鄰串列來表示的圖形，可用如下的虛擬碼定義類別：

```
class Graph:
    N        # 節點數
    adjLists # 含有 N 個相鄰串列的陣列。第 u 個串列會儲存所有連結到節點 u 的
    ...        節點編號
```

若邊上有權重，則類別會定義如下。

```
class Edge:
    v        # 儲存邊的終點的節點編號
    weight   # 儲存邊的終點的節點權重
    ...
class Graph:
    N        # 節點數
    adjLists # 含有 N 個相鄰串列的陣列。第 u 個串列會儲存所有以節點 u 為起點
    ...        的邊 (edge)
```

小編補充

光看**相鄰串列**的說明會覺得很抽象，底下我們以一個簡單的無向圖來說明其運作方式。圖中每個節點都有自己的**串列**，每個串列中包含一個**節點**和相鄰節點的**指標**。

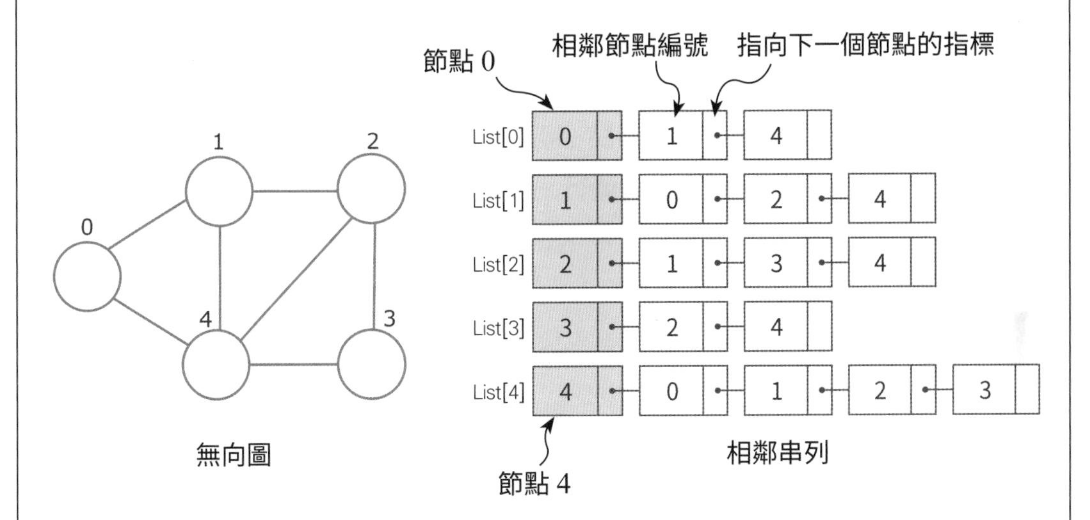

填入相鄰串列的步驟

1. 上圖的無向圖有 5 個節點，所以需要可以儲存 5 個串列的陣列，其元素為 List[0]～List[4]。
2. **節點 0** 串列：與節點 1、節點 4 之間有邊，所以在串列中新增這兩個節點。
3. **節點 1** 串列：與節點 0、節點 2、節點 4 之間有邊，所以在串列中新增這三個節點。
4. **節點 2** 串列：與節點 1、節點 3、節點 4 之間有邊，所以在串列中新增這三個節點。
5. **節點 3** 串列：與節點 2、節點 4 之間有邊，所以在串列中新增這兩個節點。
6. **節點 4** 串列：與節點 0、節點 1、節點 2、節點 3 之間有邊，所以在串列中新增這四個節點。

7-2 有向圖 (Directed Graph)

有向圖（Directed Graph）

有向圖是每個邊 (edge) 都有方向性的圖形，每個邊都可由一組「有順序性」的節點編號來表示。當要從一個節點 (起點) 前往另一個節點 (終點) 時，只能順著箭頭所指的方向前進，不能反向通行。

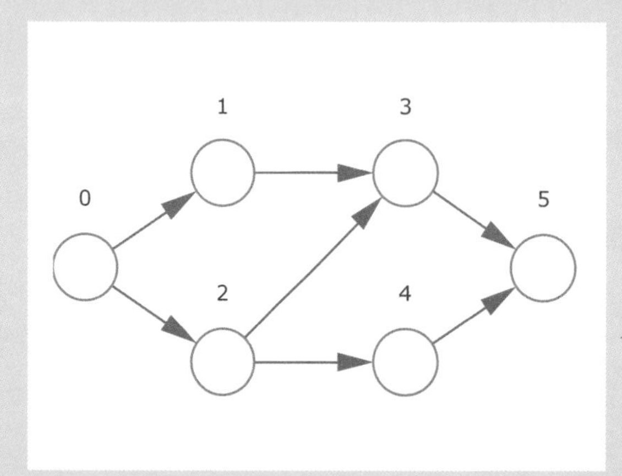

有向圖結構的大小與形狀也是由節點數 N 及連結節點的邊數 M 決定，這點與無向圖是相同的。每個節點都有編號，範圍為 0 到 N-1。圖形中的邊也有 2 種儲存資訊的方式：**相鄰矩陣**與**相鄰串列**。

圖形中的節點可利用一維陣列變數來表示，這點也與無向圖相同。

有向圖可用來呈現許多事物或現象，例如需要標示單行道的地圖或是任務的執行步驟等。

有向圖與無向圖相同，皆可利用相鄰矩陣及相鄰串列來表示。

在相鄰矩陣中，若存在由節點 i 到節點 j 的邊，則 adjMatrix[i][j] 為 1。由於有向圖的邊有方向性，因此 adjMatrix[j][i] 不一定為 1。

在相鄰串列中，若存在由節點 i 到節點 j 的邊，則串列 adjLists[i] 中會含有 j。撰寫虛擬碼時，有向圖使用的類別與圖形結構相同。

第 8 章

點群
(Point Group)

8-1 二維點群

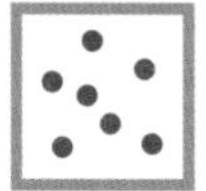

二維點群（Points in 2D）

二維點群是由 N 個分布在二維平面上的節點來表示**點**(point) 的結構。

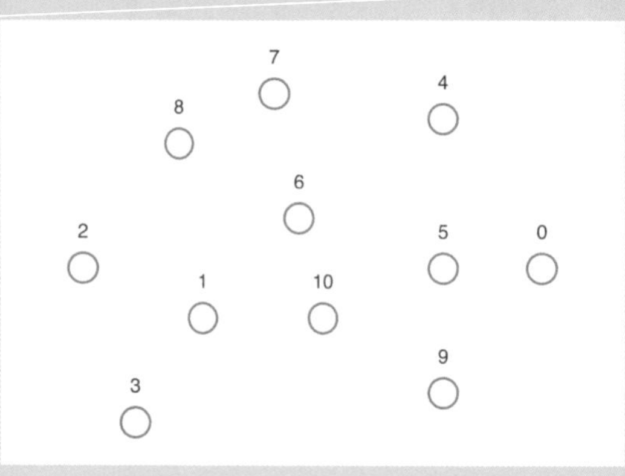

二維點群是由點的個數 N 及每個點（節點）的 (x, y) 座標來定義。本書只會用到整數座標。每個節點都有編號，範圍為 0 到 N-1。

本書介紹的演算法中，剛好沒有需要在二維點群結構的節點上標示變數的演算法。基本上都只會使用各節點（點）的 (x, y) 座標。

二維平面上的點群在計算幾何的領域中是最基本的一種結構。可應用於多種領域，例如處理位置資訊 (Location Information) 的應用程式、遊戲或圖像 (graphics) 等。

二維點群結構可利用點的陣列來表示，如下所示。

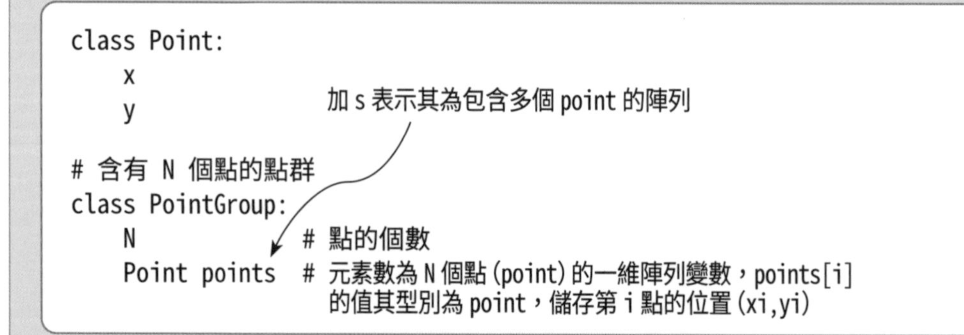

```
class Point:
    x
    y

# 含有 N 個點的點群
class PointGroup:
    N              # 點的個數
    Point points   # 元素數為 N 個點 (point) 的一維陣列變數，points[i]
                     的值其型別為 point，儲存第 i 點的位置 (xi,yi)
```

第 9 章

動態結構

本章所要介紹的空間結構，內容比較難一點。但因為只有在講解第 21 章與第 29 章的虛擬碼時才需要用到，因此一開始想先跳過不讀也沒有關係。

9-1 鏈結串列 (Linked List)

鏈結串列（Linked List）

鏈結串列 (Linked List) 是利用指標將一組節點串接起來的結構。鏈結串列有幾種不同類型，本書使用的都是節點之間可雙向走訪的**雙向鏈結串列** (Doubly Linked List)。每個節點都含有 2 個指標，分別指向前一個及後一個節點。

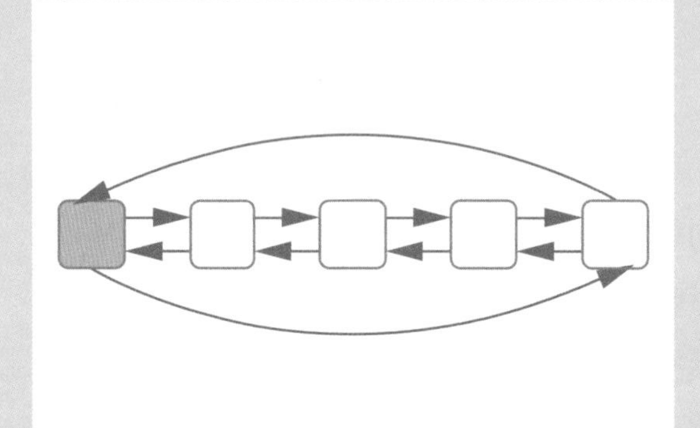

鏈結串列的節點數為 N。鏈結串列的初始狀態為空串列（N = 0），隨著新增與刪除節點，其大小與形狀會產生動態變化，所以節點無法指定編號。

鏈結串列的每個節點都必須使用變數來儲存必要資料，包括指向其前一個節點與後一個節點的指標，以及節點本身要儲存的資料。若程式中要存取節點的變數，可透過追蹤指標抵達該節點。

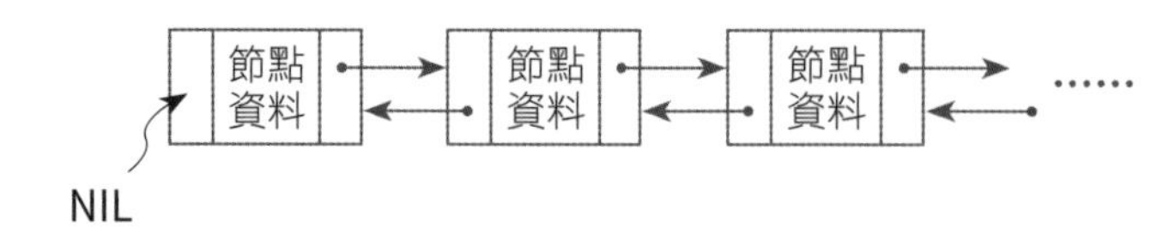

鏈結串列是管理動態資料集合最基本的結構之一。由於能夠有效使用記憶體並維持元素間的順序性，因此是很實用的資料結構基礎。

鏈結串列結構可用如下的虛擬碼定義類別：

```
class Node:
    Node *prev          # 指向前一個節點的指標
    Node *next          # 指向後一個節點的指標
    key※                #  定義儲存在節點中的各種資料
    ...                 #  ※ 編註：key 代表可用來搜尋節點的鍵值，
                              例如學號、會員編號、……等，但不一定
                              要有 Key 資料。

class LinkedList:
    Node *sentinel      # 做為串列起點的哨兵
```

LinkdedList 中定義的 *sentinel 是一種特殊節點，稱為**哨兵**。哨兵不是實際資料，只是用來代表 (指向) 串列的起點。

鏈結串列為動態結構，一般陣列變數無法直接對應到串列的節點。因此虛擬碼中會另外使用變數來儲存節點資料。

9-2 動態二元樹 (Binary Tree (Dynamic))

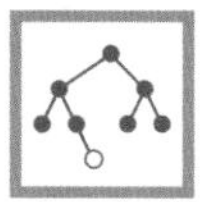

動態二元樹（Binary Tree（Dynamic））

動態二元樹是利用指標串接節點而成的二元樹。每個節點內都含有 3 個指標，分別指向其左子節點、右子節點及父節點。

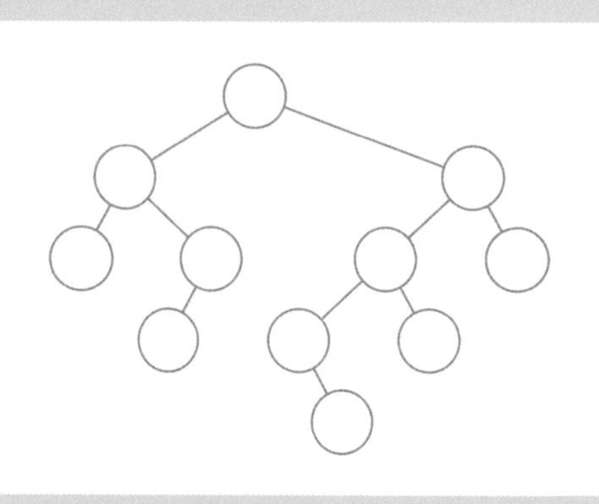

二元樹的初始狀態有 N 個節點，但之後其大小與形狀會隨著新增和刪除節點而產生動態變化。

二元樹的每個節點都會定義變數以儲存必要資料，變數值可標示於節點上。程式中若要存取節點的變數，可透過追蹤指標抵達該節點。

二元樹的動態特性能更有效地使用記憶體並快速存取資料，為高階的資料結構提供基礎。

動態二元樹結構可用如下的虛擬碼定義類別。其特性與鏈結串列結構相同。

```
class Node:
    Node *parent    # 指向父節點的指標
    Node *left      # 指向左子節點的指標
    Node *right     # 指向右子節點的指標
    key             # 定義儲存在節點中的各種資料
    ...             # ...

class BinaryTree:
    Node *root      # 指向根節點的指標
```

Part 3

演算法與資料結構

第 10 章

入門
(Getting Started)

本章將介紹互換變數值的技巧以及如何找出最大值。熟悉互換的技巧，在進行資料排序時，非常有幫助。此外，我們在介紹互換演算法的過程中，會順帶講解本章的閱讀方式。

- 互換 (swap)
- 最大值 (max)
- 利用互換排序 (sorting by swaps)

10-1 互換(Swap) ★

2 個元素的互換（Swapping Two Elements）

互換 (swap) 就是把 2 個變數的內容交換，交換過程中需進行資料的讀取與寫入。

交換 2 個變數的值。

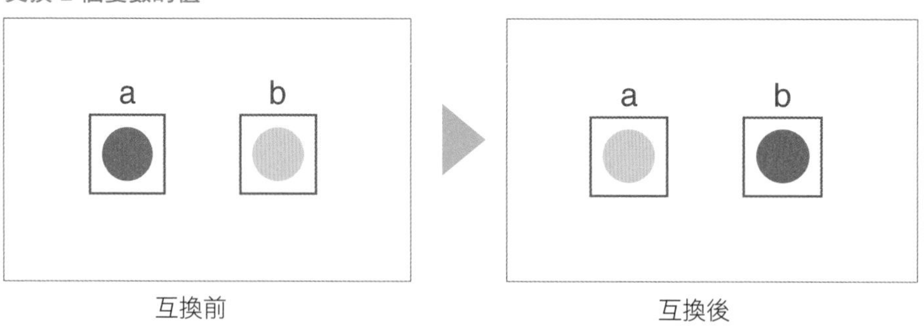

互換（Swap）

交換變數內容的處理稱為**互換** (swap)。在互換處理中，除了要交換的 2 個變數外，還需另外準備 1 個變數來暫存其中一個變數值。

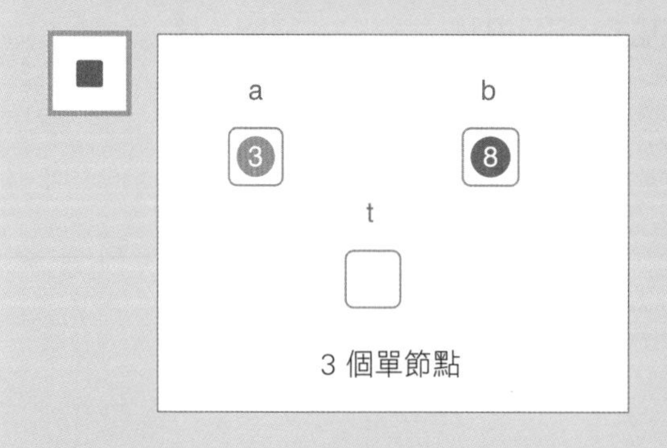

第 1 個變數	a
第 2 個變數	b
暫存用的變數	t

每章開頭會先概略說明空間結構與變數

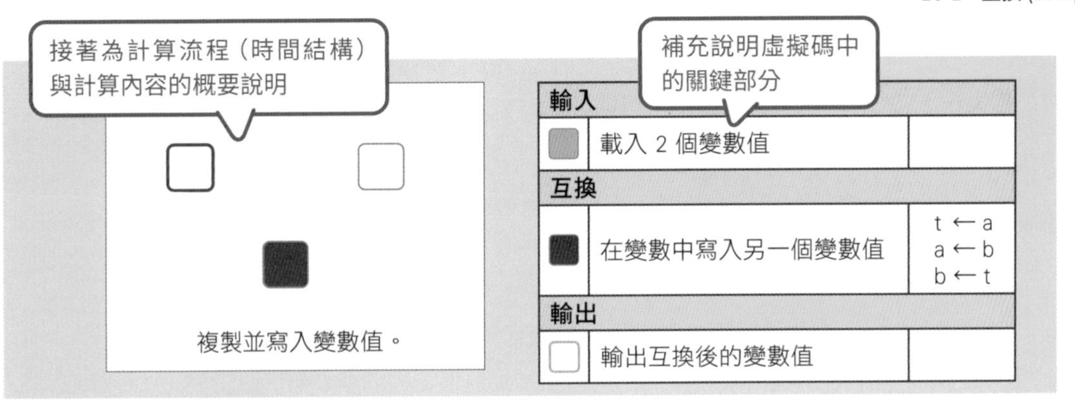
接著為計算流程（時間結構）與計算內容的概要說明
補充說明虛擬碼中的關鍵部分
複製並寫入變數值。
輸入
載入 2 個變數值
互換
在變數中寫入另一個變數值
t ← a
a ← b
b ← t
輸出
輸出互換後的變數值

演算法的執行過程

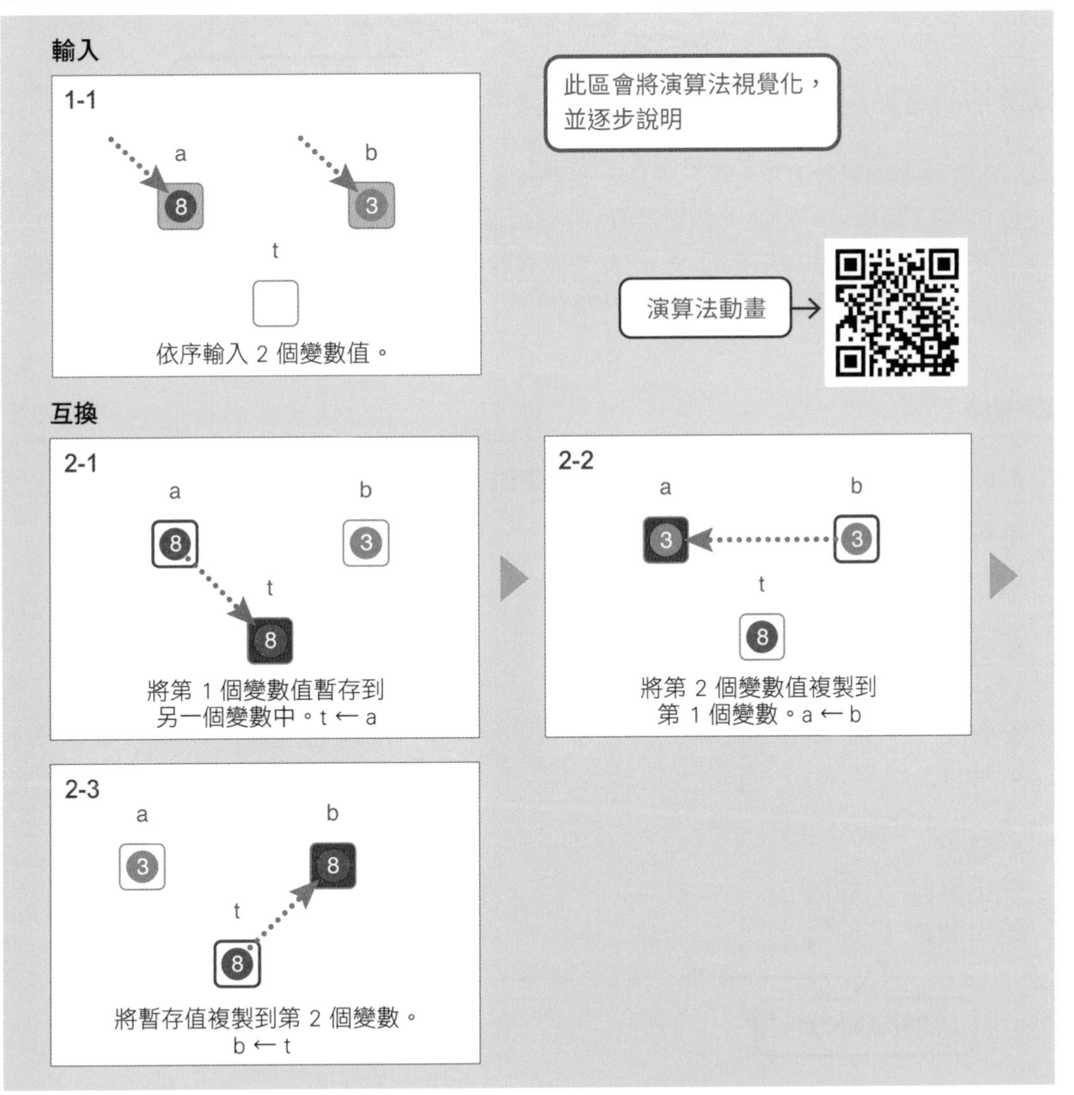
輸入
1-1
a
b
8
3
t
依序輸入 2 個變數值。
此區會將演算法視覺化，並逐步說明
演算法動畫
互換
2-1
a
b
8
3
t
8
將第 1 個變數值暫存到另一個變數中。t ← a
2-2
a
b
3
3
t
8
將第 2 個變數值複製到第 1 個變數。a ← b
2-3
a
b
3
8
t
8
將暫存值複製到第 2 個變數。b ← t

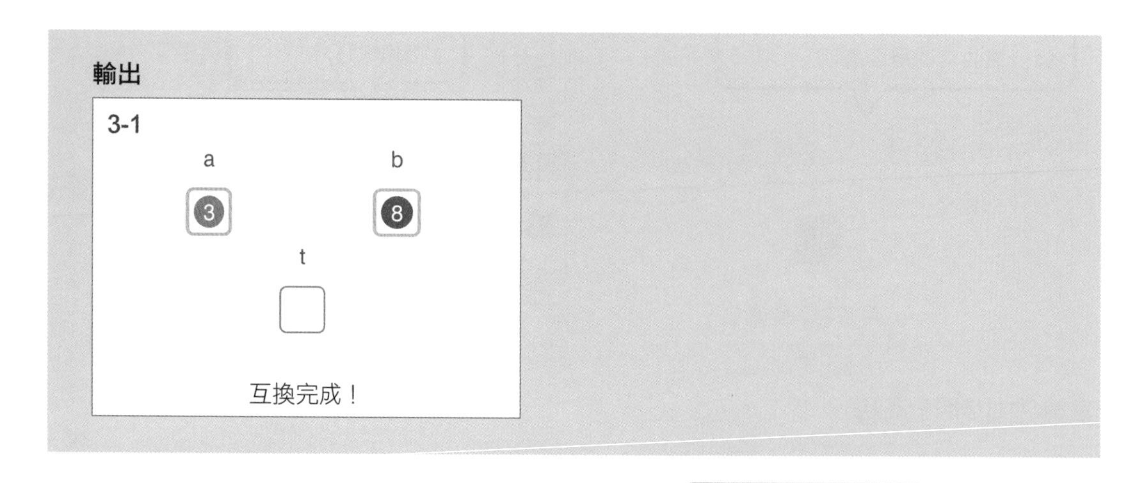

演算法的重點說明

說明剛才進行的處理

在交換 2 個變數值時，首先將第 1 個變數值（a）「暫時存放」到另外準備的第 3 個變數（t）中。這樣可避免第 1 個變數值（a）被覆蓋而消失。接下來，將第 2 個變數值（b）寫入到第 1 個變數（a）裡（此時 a、b 兩個變數值相同），再將暫存變數（t）的值寫入到第 2 個變數（b），互換處理就完成了。

虛擬碼

```
# 輸入（井字號後方的文字為註解，用來說明虛擬碼的作用）
a ← 輸入變數值
b ← 輸入變數值

# 互換
t ← a
a ← b
b ← t

# 輸出
輸出變數 a 的值
輸出變數 b 的值
```

以虛擬碼補充說明

上述程式也可以用函式實作如下。

```
swap(a, b):
    t ← a
    a ← b
    b ← t
```

針對時間複雜度與實作做說明

接下來的章節，我們會直接使用 swap(a,b) 函式來進行互換處理。swap 函式接收的是變數的位址，變數 a 與變數 b 的值在執行 swap(a,b) 函式後會互相交換。

應用 互換處理通常會用在資料的排序，或是資料結構的操作等。

介紹應用領域及應用程式

10-2 最大值(Max) ★

2 個數值間的最大值（Maximum of Two Elements）

當資料有大小關係時，可用程式來判斷並選出 2 個數值間較大或較小者。

從 2 個數值中選出較大者。

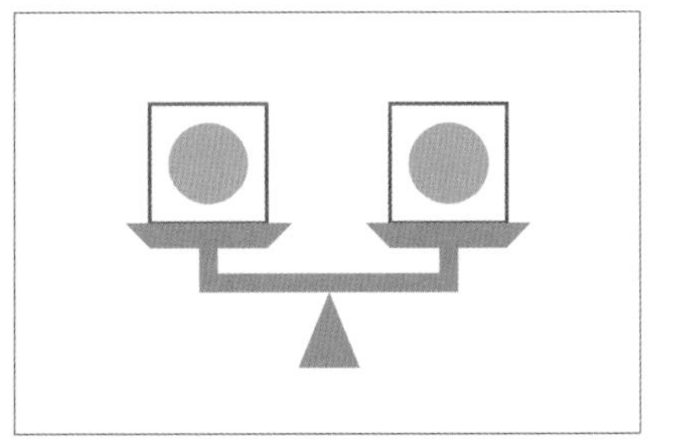

2 個數值

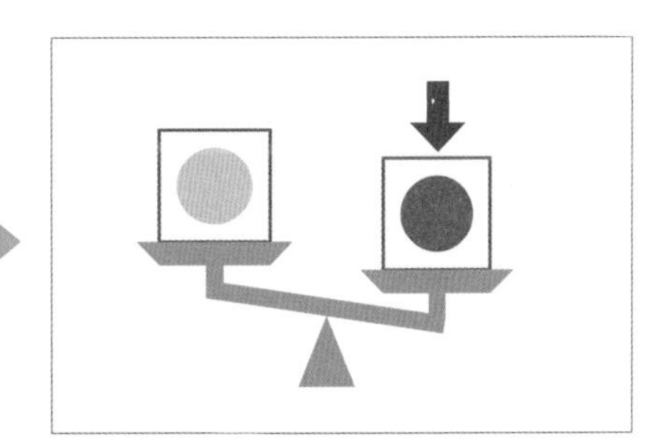

選出較大的數值

最大值（Max）

利用條件判斷選出 2 個數值中的較大值。若 2 個數值相同，則以該值為最大值。

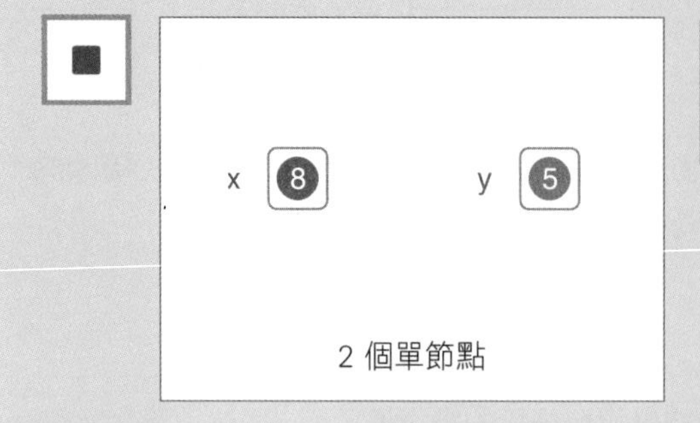

	第 1 個數值	x
	第 2 個數值	y

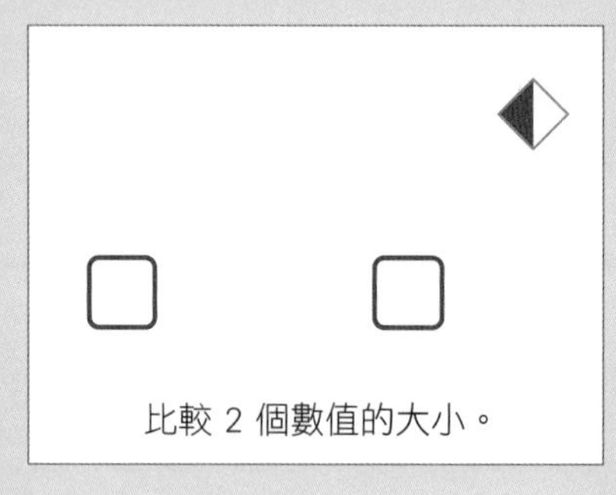

輸入		
	輸入 2 個數值。	
選擇		
	檢查 x 是否比 y 大。	if x > y:
	指向較大值。	x 或 y
	輸出較大的數值。	

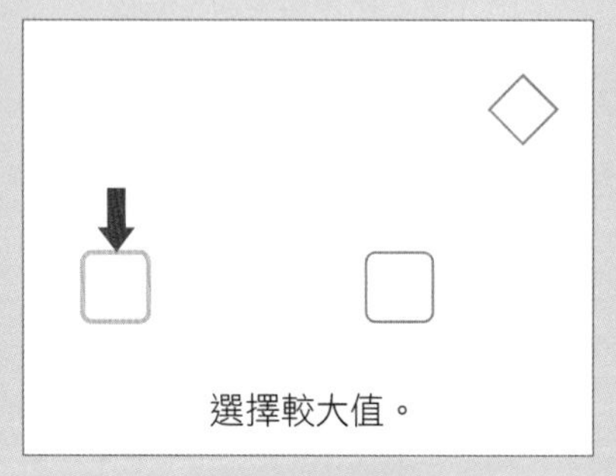

演算法的執行過程

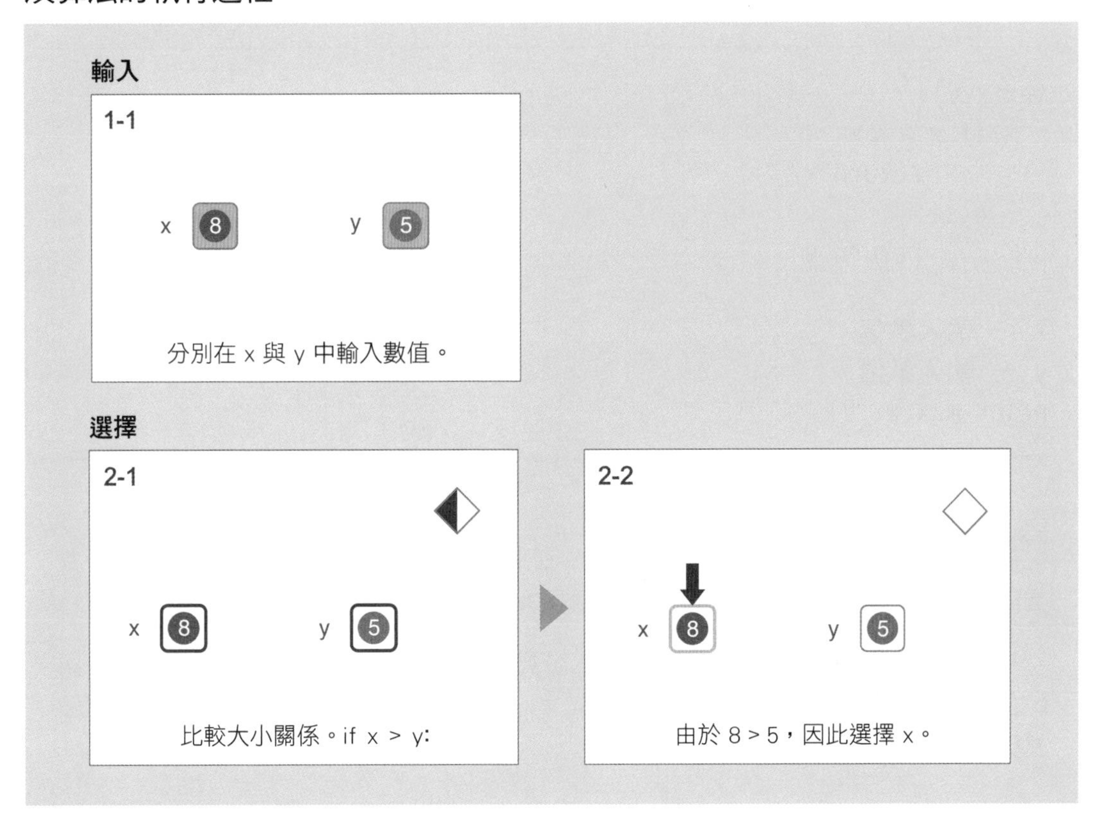

演算法的重點說明

變數值與條件運算式的判斷結果會影響決策。本例 x > y 的條件成立，所以選擇 x。本書會用 2 個步驟來呈現判斷過程以及決策結果。

虛擬碼

```
x ← 輸入數值
y ← 輸入數值

if x > y:
    print x
else:
    print y
```

上述程式也可以用函式實作如下：

```
max(x,y):
    if x > y:
        return x
    else:
        return y

x ← 輸入數值
y ← 輸入數值
print max(x, y)
```

許多程式語言都會提供 max(a,b) 函式。在實作函式時，可用 2 個變數 x 和 y 來接收數值，並設定滿足 if x > y : 時 return x，否則 return y。

接下來的章節，我們會直接使用 max(a,b) 函式來找出最大值。max(a,b) 會回傳 a 與 b 之間的較大值。此外，若將 x > y 改寫成 x < y，即可取得 2 個值之間的較小值，其函式為 min(a,b)。

選取最大值的函式 max 與選取最小值的函式 min，是演算法最基本的函式。

10-3 利用互換做排序(Sorting by Swaps) ★

3 個整數的排序（Sorting Three Integers）

演算法其實就是各種解決問題的方法組合，例如以下的排序問題可以透過先前介紹過的互換 (swap) 來解決。

請將 3 個整數依升冪 (由小至大) 排列。

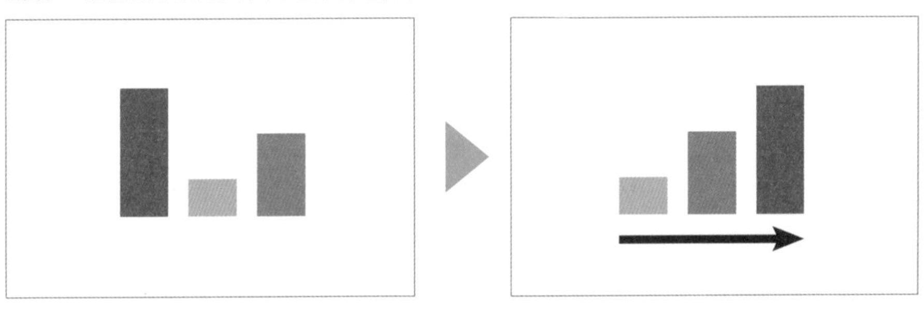

排序前的 3 個整數　　依升冪排序後的 3 個整數

利用互換排序（Sorting by Swaps）

3 個整數的排序只要利用條件判斷將 6 種順序全部列出來確認即可完成，不過結合條件判斷與互換的解決方法會更簡潔。

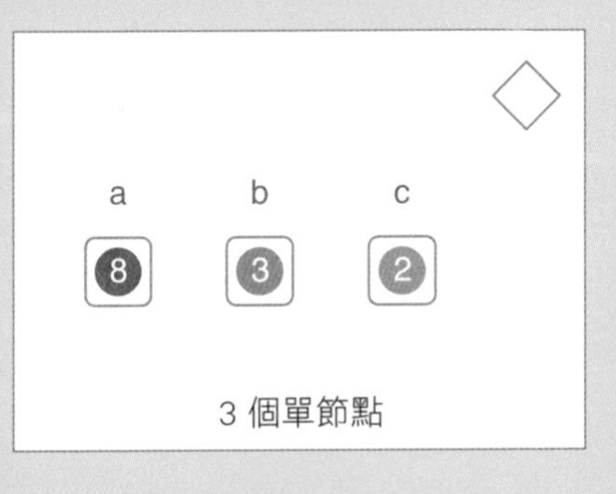

3 個單節點

	第 1 個整數	a
	第 2 個整數	b
	第 3 個整數	c

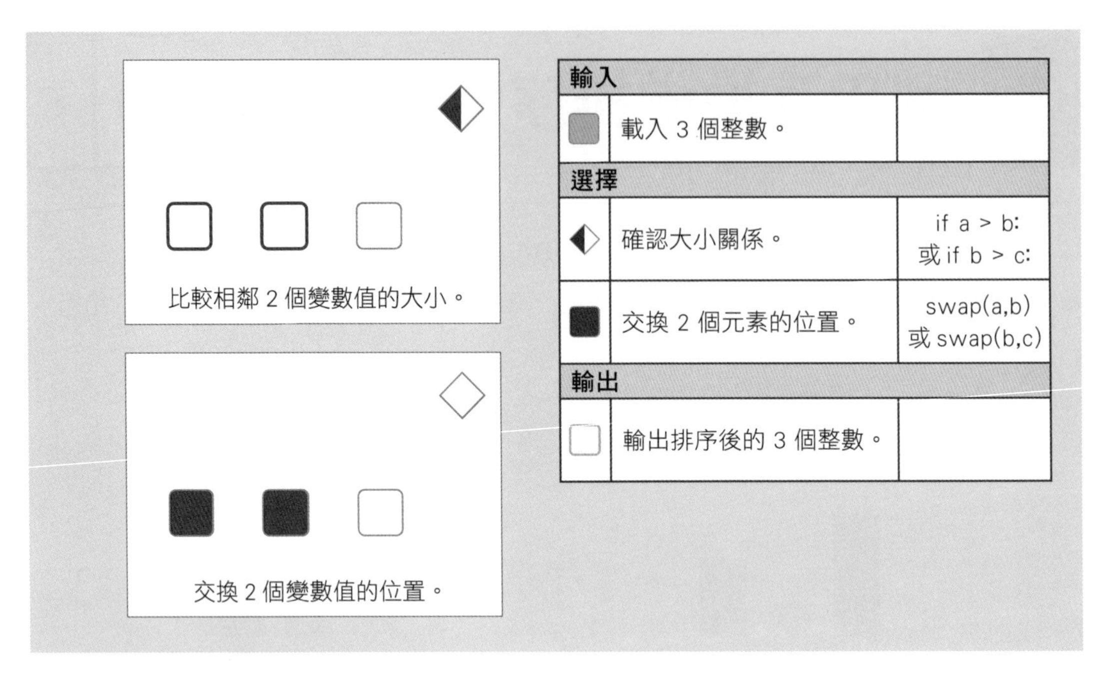
比較相鄰 2 個變數值的大小。
交換 2 個變數值的位置。
輸入
載入 3 個整數。
選擇
確認大小關係。
if a > b:
或 if b > c:
交換 2 個元素的位置。
swap(a,b)
或 swap(b,c)
輸出
輸出排序後的 3 個整數。

演算法的執行過程

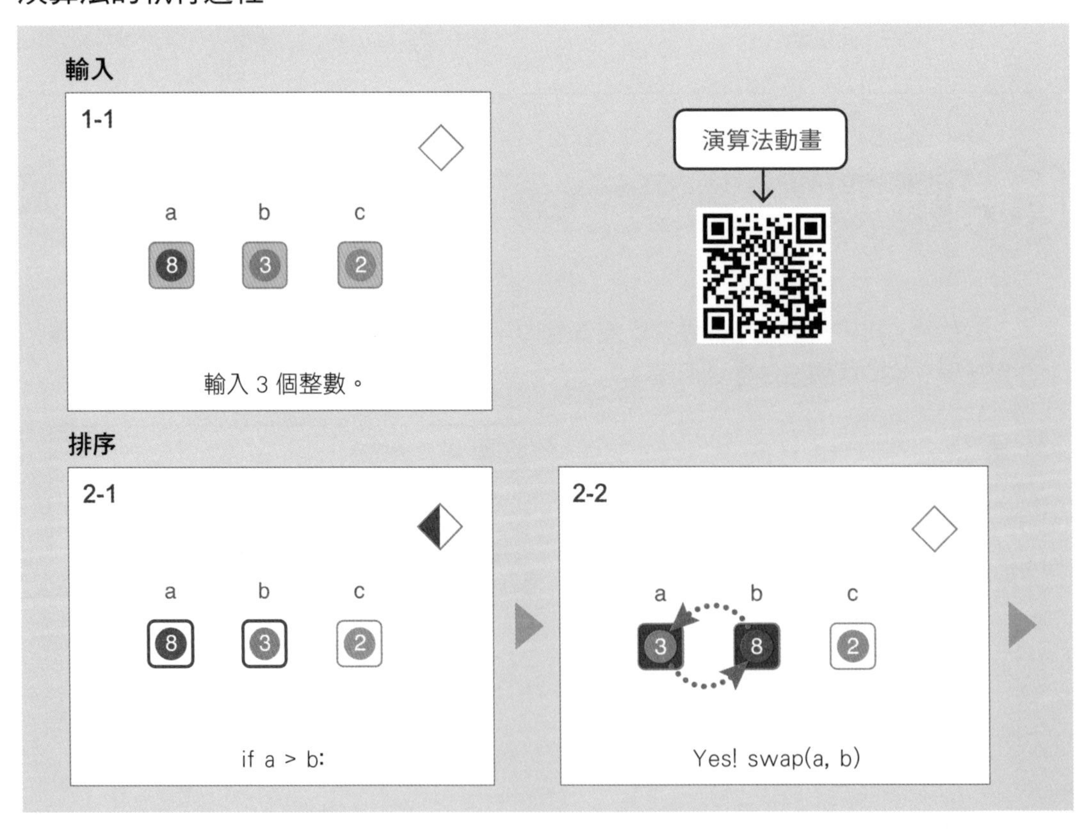
輸入
1-1
a b c
8 3 2
輸入 3 個整數。
演算法動畫
排序
2-1
a b c
8 3 2
if a > b:
2-2
a b c
3 8 2
Yes! swap(a, b)

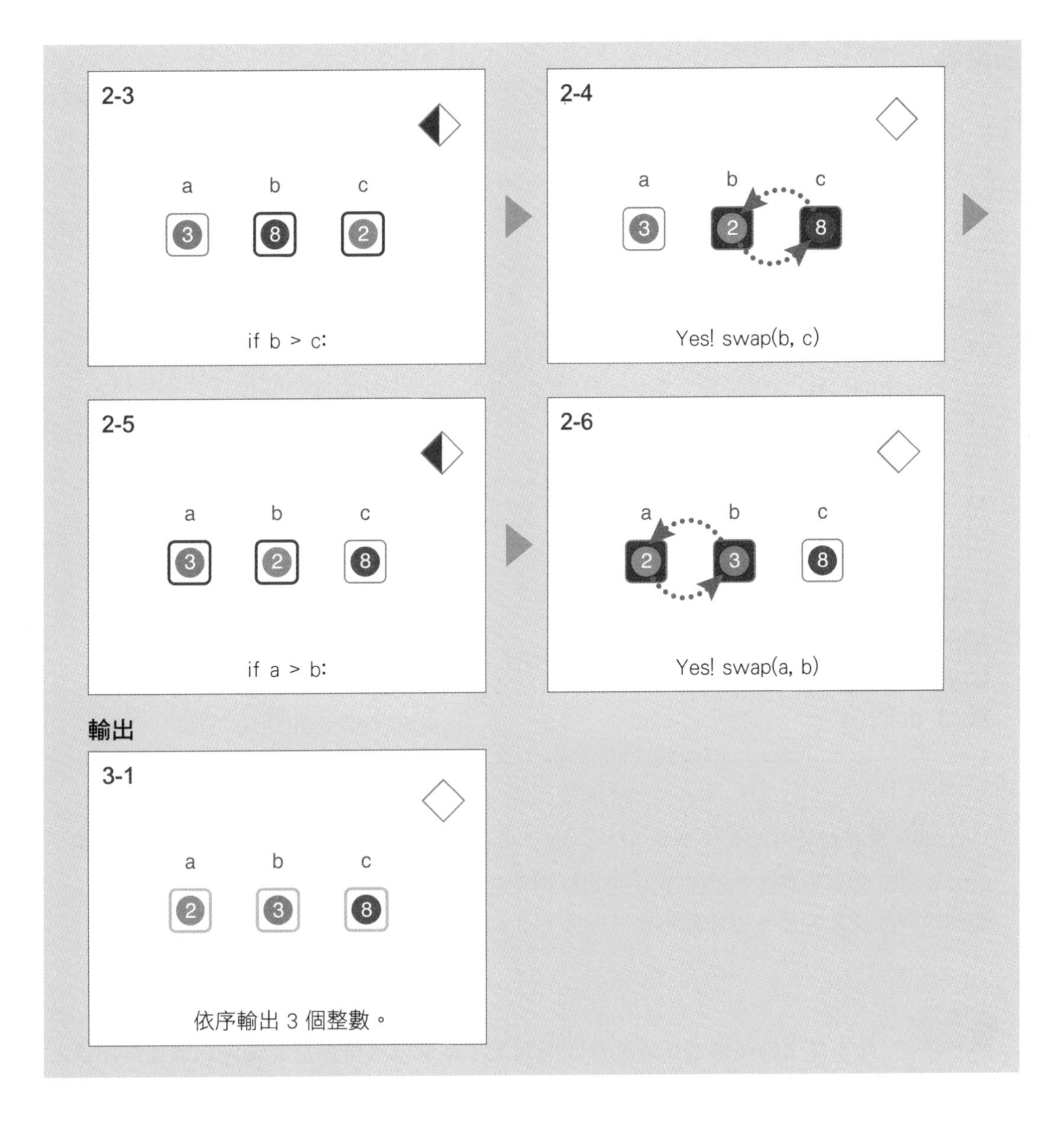

演算法的重點說明

一開始最多只需進行 2 次互換，便能將最大值移動到第 3 個變數。接下來則視判斷結果而定，頂多只要再對第 1、第 2 個值進行 1 次互換，即可完成排序。也就是說，最多只需進行 3 次互換，便能將變數依照升冪排列。

虛擬碼

```
# 輸入
a ← 輸入整數
b ← 輸入整數
c ← 輸入整數

# 排序
if a > b:
    swap(a, b)
if b > c:
    swap(b, c)
if a > b:
    swap(a, b)

# 輸出
輸出 a 的值
輸出 b 的值
輸出 c 的值
```

由於 3 個變數的排序方式共有 3! = 6 種，因此直接列出 6 個條件運算式 (例如 a ≤ b and b ≤ c) 與其對應的排列方式，也可以得到結果，不過利用互換的方法，只需使用 2 個條件判斷便能完成，實作起來會更簡潔。

此演算法的概念若拓展到整數陣列上，就會成為排序演算法中的**氣泡排序法**（Bubble Sort）。

第 11 章

陣列基本查詢（Basic Query on Array）

電腦可以透過陣列來存取具有關聯性的元素，並進行相關的查詢與操作，為了存取所有元素，會使用重複處理。本章將介紹 3 個簡單的演算法，帶你了解重複處理與陣列變數的使用方式。

- 合計（sum）
- 最小元素值（minimum）
- 最小元素位置（Index of Minimum Value）

11-1 合計(Sum) ★

整數的合計（Sum of Integers）

要計算陣列元素的合計值，得先載入所有元素的資訊才能夠計算。

想計算 N 個整數的總和。

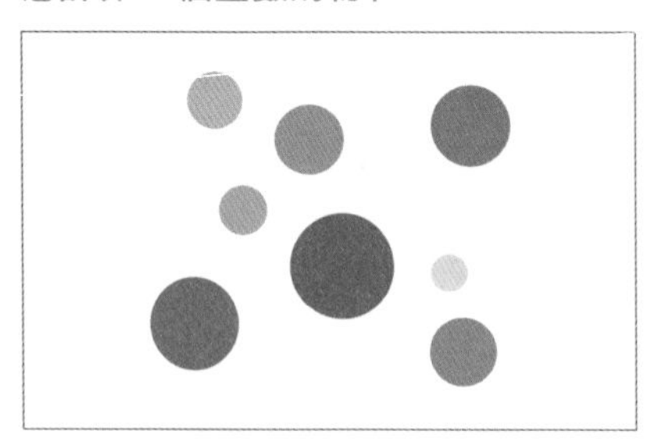

含有 N 個整數的序列

所有整數的合計值

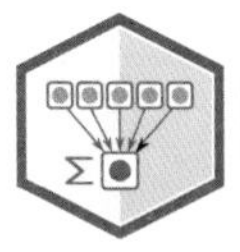

合計（Sum）

我們用一維陣列變數來管理給定的整數，並另外準備 1 個記錄合計值的變數。

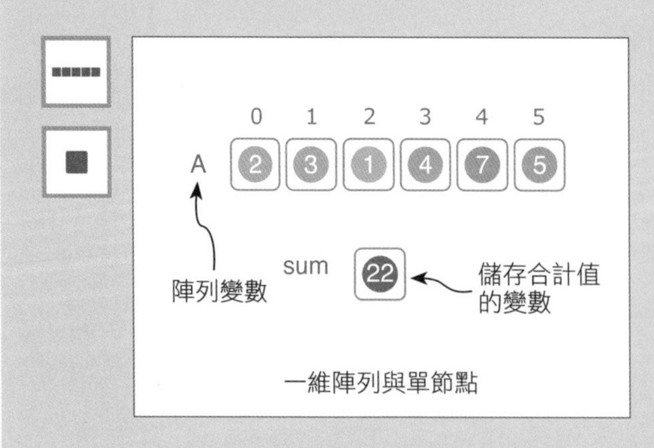

一維陣列與單節點

	整數序列	A
	元素的合計值	sum

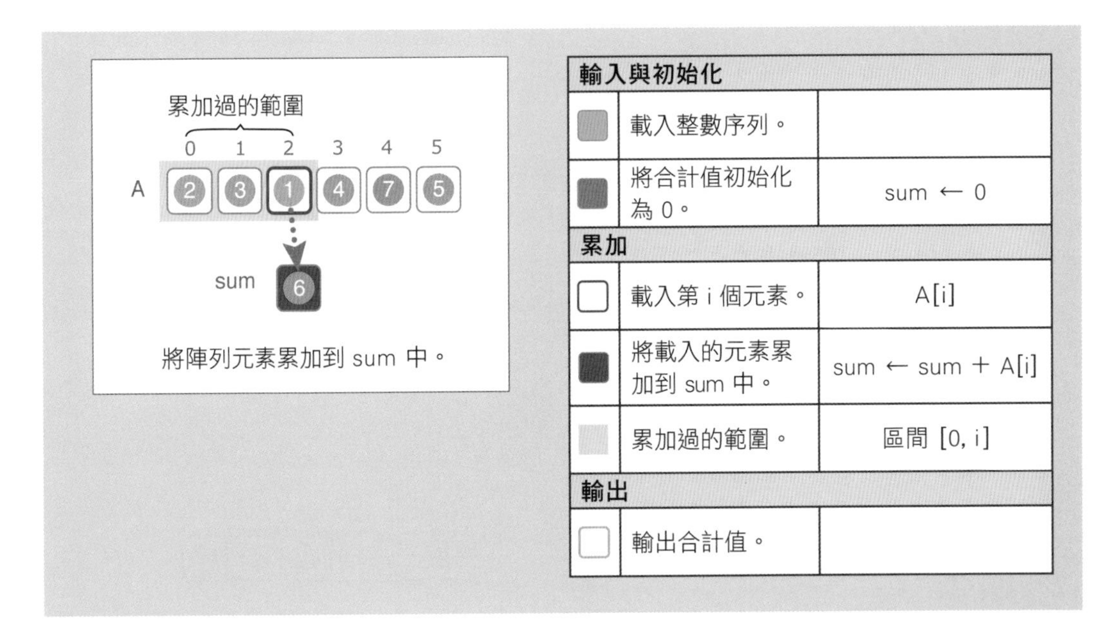

輸入與初始化		
	載入整數序列。	
	將合計值初始化為 0。	sum ← 0
累加		
	載入第 i 個元素。	A[i]
	將載入的元素累加到 sum 中。	sum ← sum + A[i]
	累加過的範圍。	區間 [0, i]
輸出		
	輸出合計值。	

演算法的執行過程

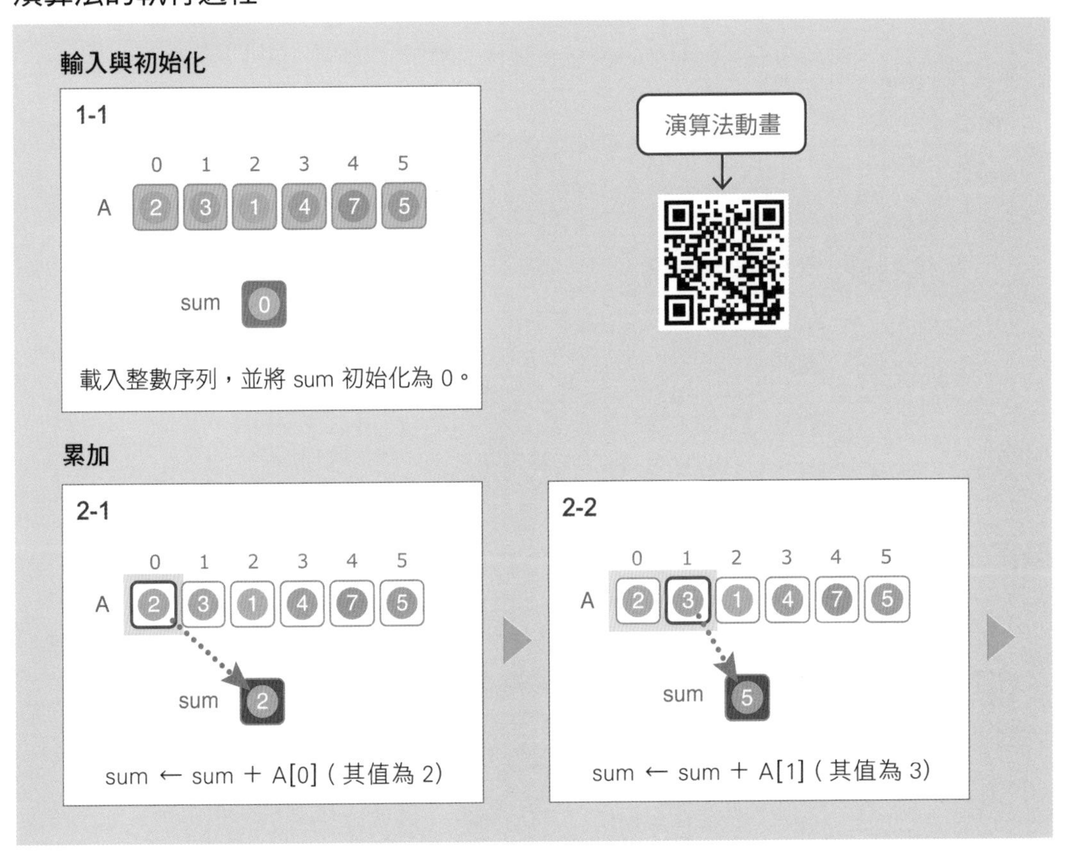

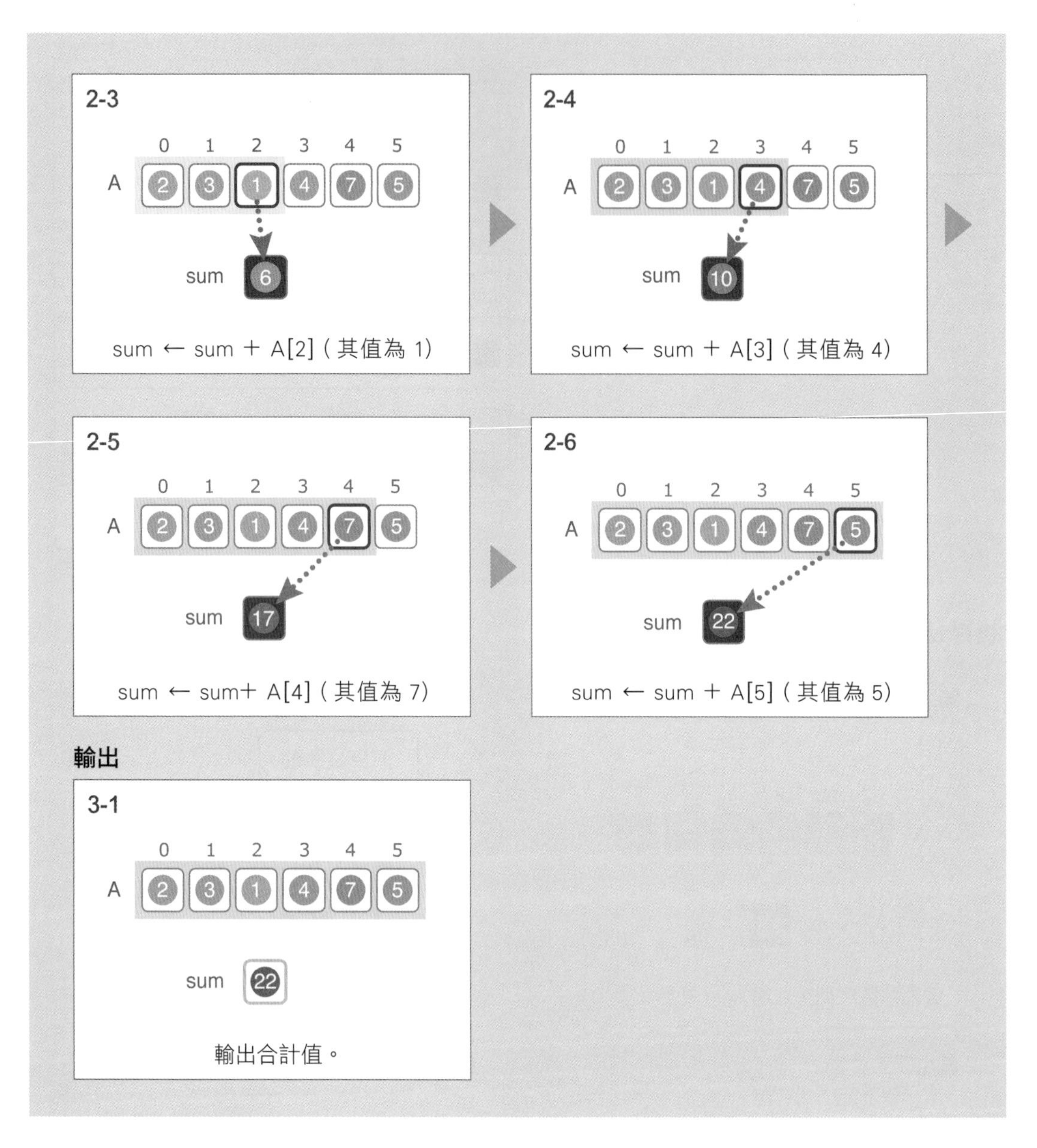

演算法的重點說明

本書在視覺化演算法時，會將重複處理分成幾個連續的步驟（框）來表示。透過重複處理，我們可以從陣列 A 的最前端開始，依序載入元素並將其值累加到 sum 變數中。sum 需先初始化為 0。

虛擬碼

```
# 輸入與初始化
A ← 整數序列
sum ← 0                    # 將 sum 變數初始化為 0

# 累加計算
for i ← 0 to N-1:
    sum ← sum + A[i]  # 將載入的元素累加到 sum 中

輸出 sum 的值
```

許多程式語言都有內建計算陣列元素總和的 sum() 函式。不過有些程式語言需要先初始化記錄合計值的變數！此外，由於要將多個元素累加到 1 個變數中，因此必須注意是否會出現**溢位** (overflow) 問題 (編註：溢位是指超過資料型別所能儲存的範圍)。

應用　計算陣列元素的合計值是一個經常會用到的演算法喔！

11-2 最小元素值(Minimum) ★

整數中的最小值（Minimum Element in Integers）

我們常需要在陣列中找出最大值或最小值，通常應用程式或演算法中，都有尋找這些值的函式可直接使用。

從 N 個整數中找出最小值。

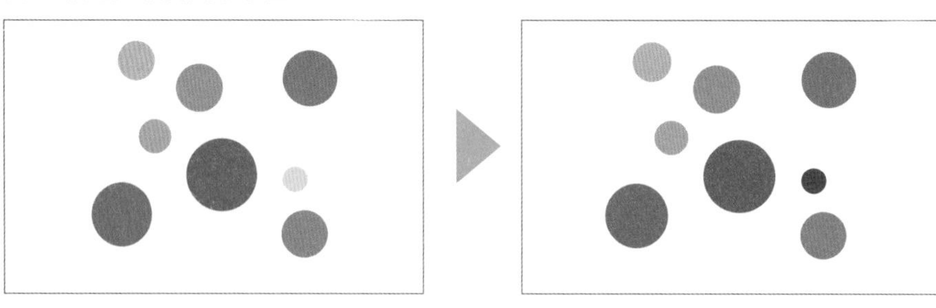

N 個整數　　找出最小值

最小元素值（Minimum）

我們用一維陣列變數來儲存整數資料，並另外準備 1 個記錄最小值的變數。

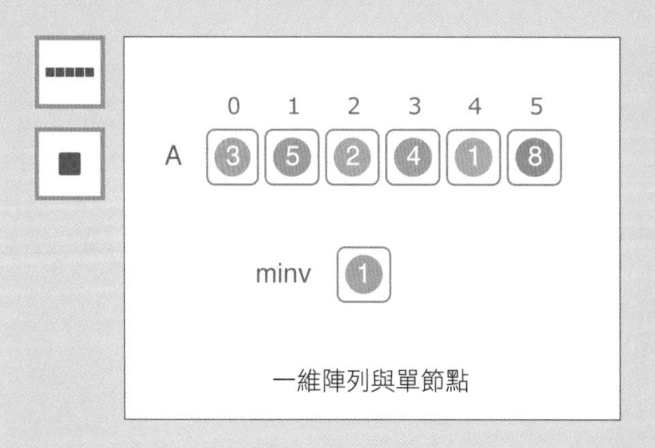

一維陣列與單節點

	整數序列	A
	最小值	minv

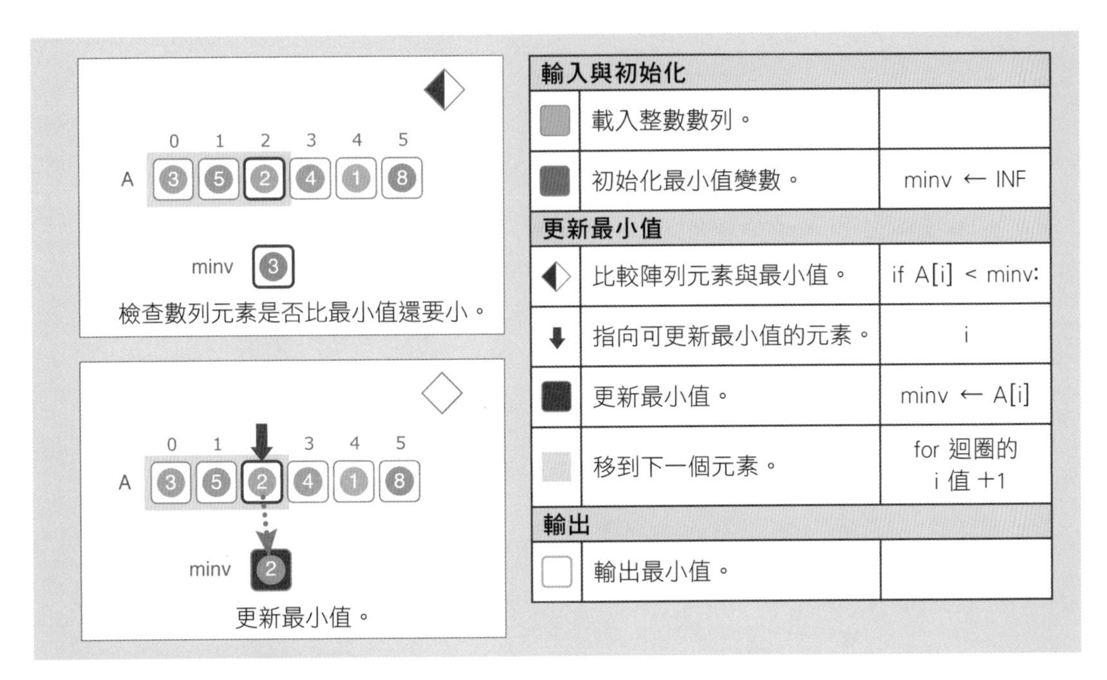

輸入與初始化		
	載入整數數列。	
	初始化最小值變數。	minv ← INF
更新最小值		
	比較陣列元素與最小值。	if A[i] < minv:
	指向可更新最小值的元素。	i
	更新最小值。	minv ← A[i]
	移到下一個元素。	for 迴圈的 i 值 +1
輸出		
	輸出最小值。	

演算法的執行過程

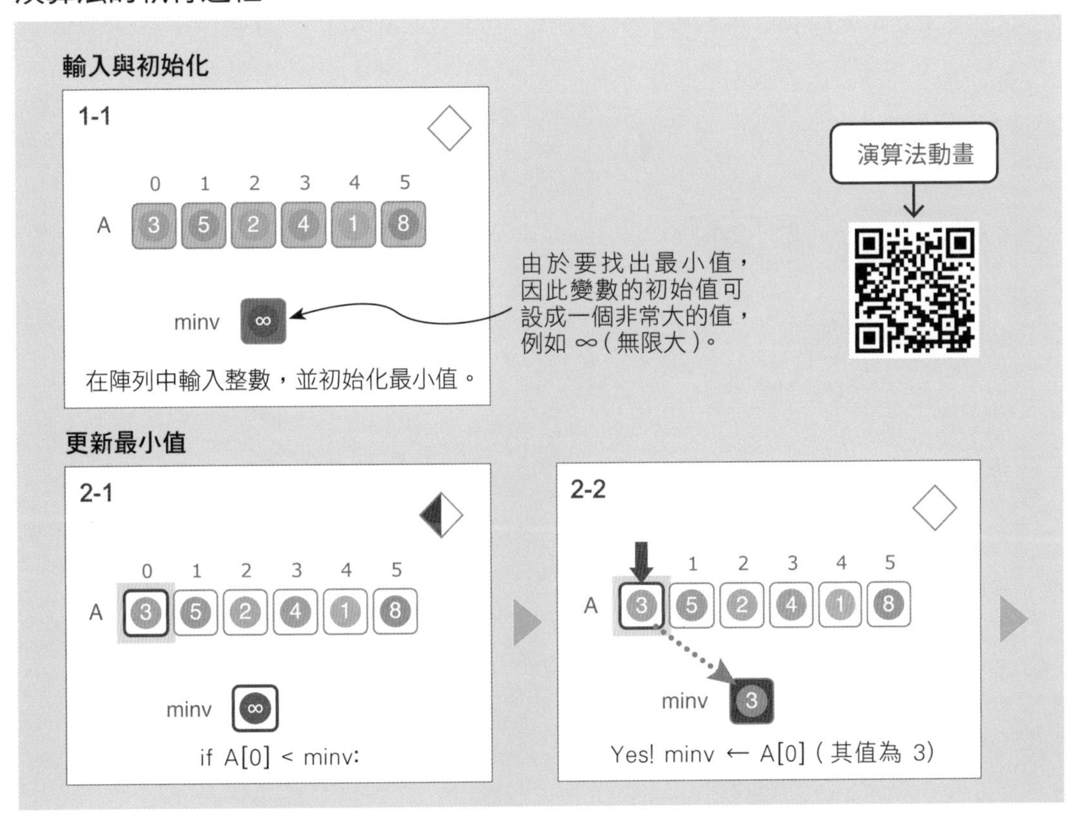

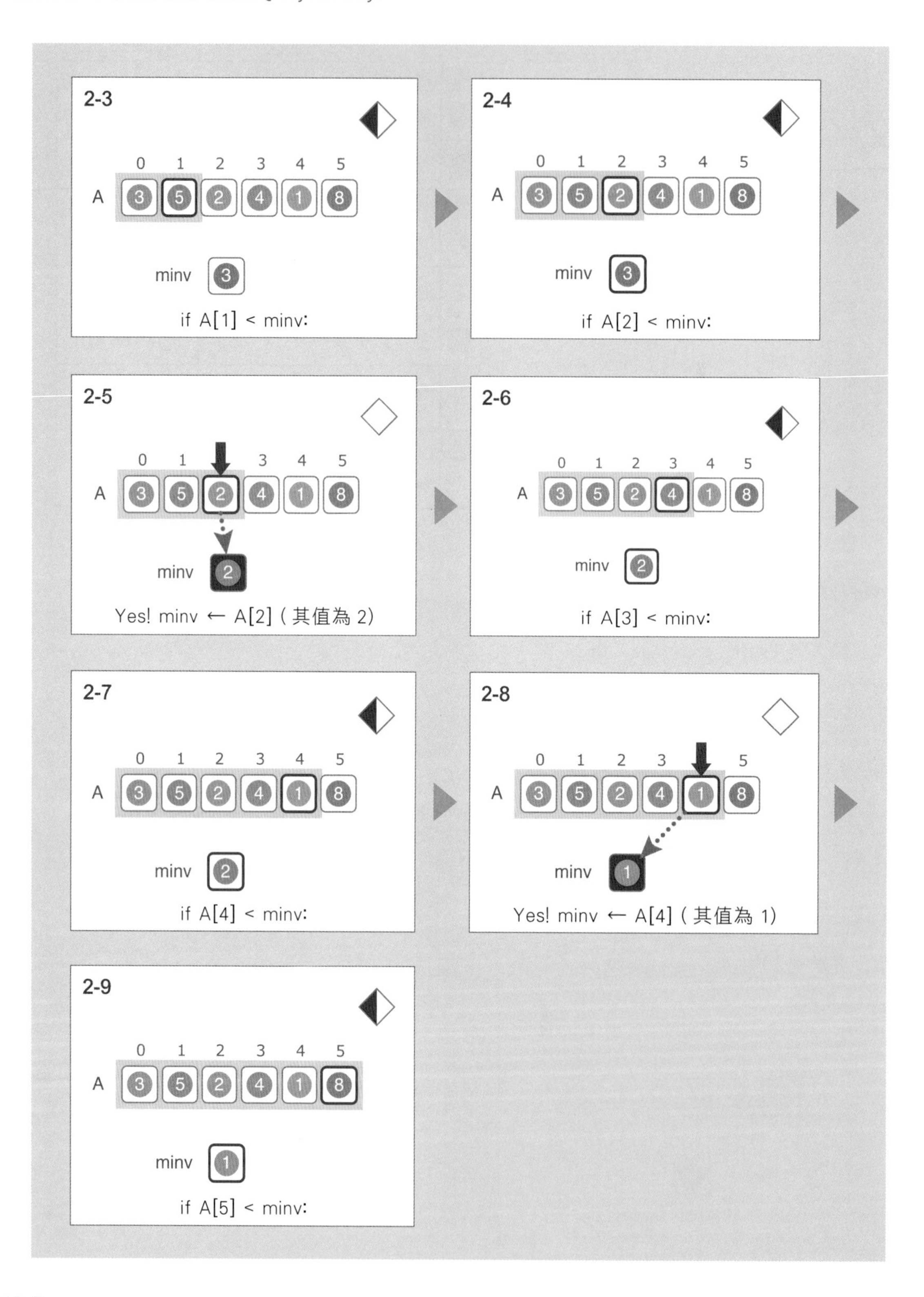
2-3
0 1 2 3 4 5
A 3 5 2 4 1 8
minv 3
if A[1] < minv:
2-4
0 1 2 3 4 5
A 3 5 2 4 1 8
minv 3
if A[2] < minv:
2-5
0 1 3 4 5
A 3 5 2 4 1 8
minv 2
Yes! minv ← A[2] (其值為 2)
2-6
0 1 2 3 4 5
A 3 5 2 4 1 8
minv 2
if A[3] < minv:
2-7
0 1 2 3 4 5
A 3 5 2 4 1 8
minv 2
if A[4] < minv:
2-8
0 1 2 3 5
A 3 5 2 4 1 8
minv 1
Yes! minv ← A[4] (其值為 1)
2-9
0 1 2 3 4 5
A 3 5 2 4 1 8
minv 1
if A[5] < minv:

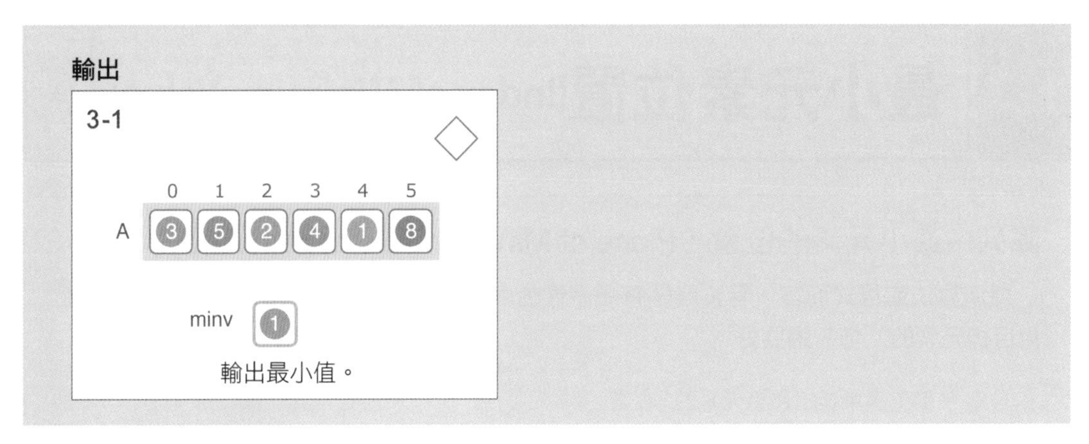

演算法的重點說明

從陣列前端開始依序檢視元素，並與目前的最小值進行比較，若比對到的元素較小，則更新最小值。最小值一開始應以適當的值進行初始化。由於目的是要找出最小值，因此變數的初始值可設成一個非常大的值或是陣列中的某個元素 (例如第 1 個元素)。本書是以 ∞ 符號來表示非常大的值，對應的虛擬碼則是以常數 INF 表示。

虛擬碼

```
# 輸入與初始化
A ← 整數序列
minv ← INF                # 將變數的初始值設成無限大 ∞

# 更新最小值
for i ← 0 to N-1:
    if A[i] < minv:       # 比較陣列元素與最小值
        minv ← A[i]       # 若陣列元素小於最小值，就更新最小值

輸出 minv
```

若要尋找最大值，則可準備 1 個變數 maxv，並將 A[i] < minv 的部分改成 A[i] > maxv。不過要注意的是，在尋找最大值時，maxv 的初始值應設為一個非常小的值。

各種演算法和應用程式，都會用到在陣列或其子陣列中尋找最小值或最大值的處理，請務必學會喔！

11-3 最小元素位置(Index of Minimum Value) ★

陣列中最小元素的位置（Place of Minimum Element in Array）

對演算法或程式而言，若資料是有順序性的序列，使用目標元素的「位置」，會比使用目標元素的「值」還要好。

從 N 個整數中找出最小元素的「位置」。

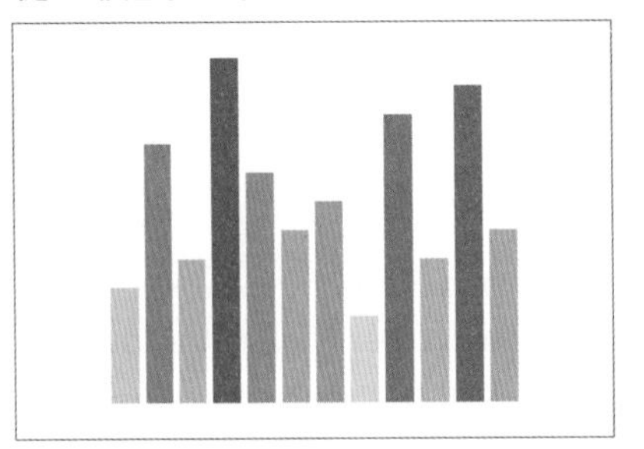

含有 N 個整數的序列

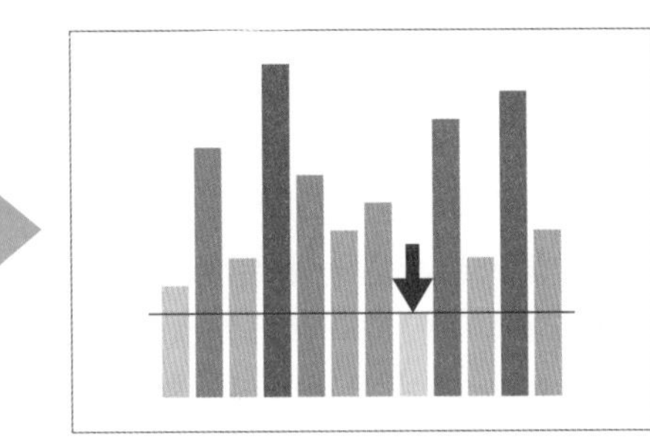

最小值的位置

最小元素位置（Index of Minimum Value）

我們用一維陣列變數來儲存整數序列，並標示出陣列元素中最小值的「位置」(index)，過程中不需使用變數 minv 來記錄最小值，而是用變數 mini 來記錄目前最小值所在的索引值。

0	1	2	3	4	5
4	5	3	6	1	8

A

一維陣列

整數序列	A

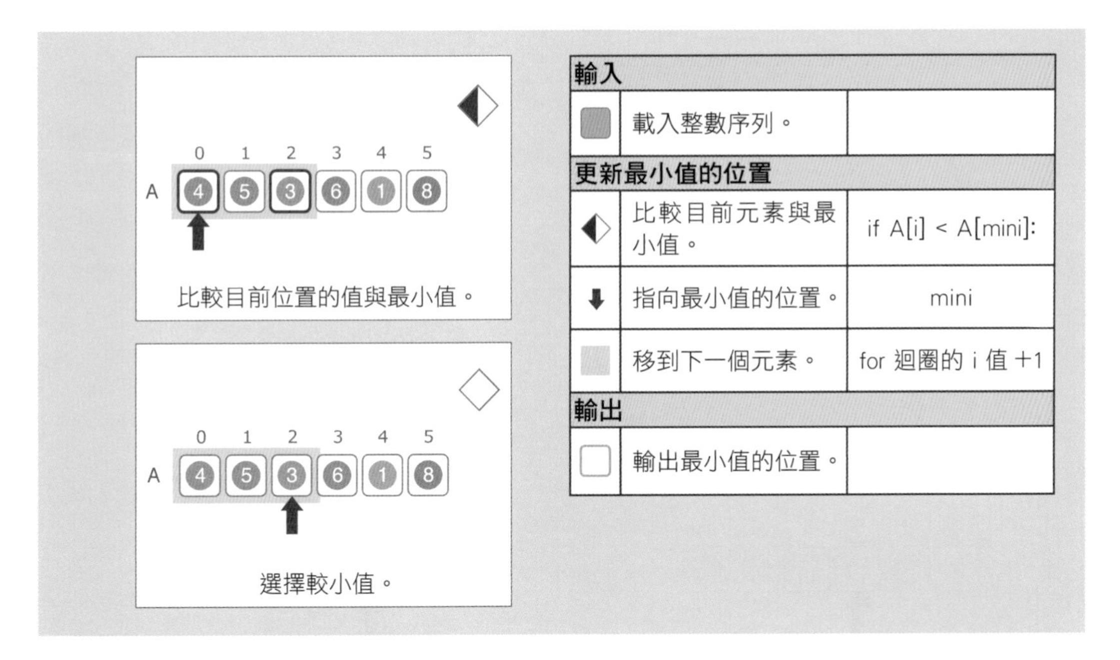

輸入		
	載入整數序列。	
更新最小值的位置		
	比較目前元素與最小值。	if A[i] < A[mini]:
	指向最小值的位置。	mini
	移到下一個元素。	for 迴圈的 i 值 +1
輸出		
	輸出最小值的位置。	

演算法的執行過程

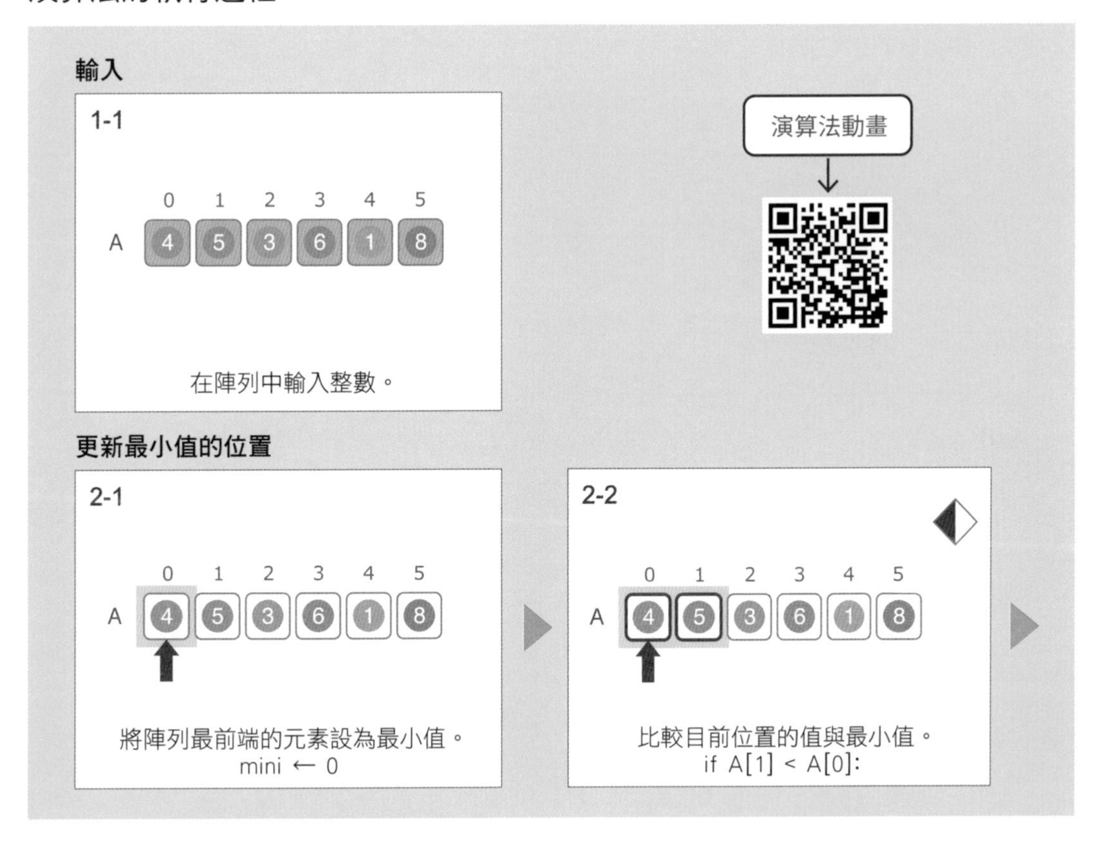

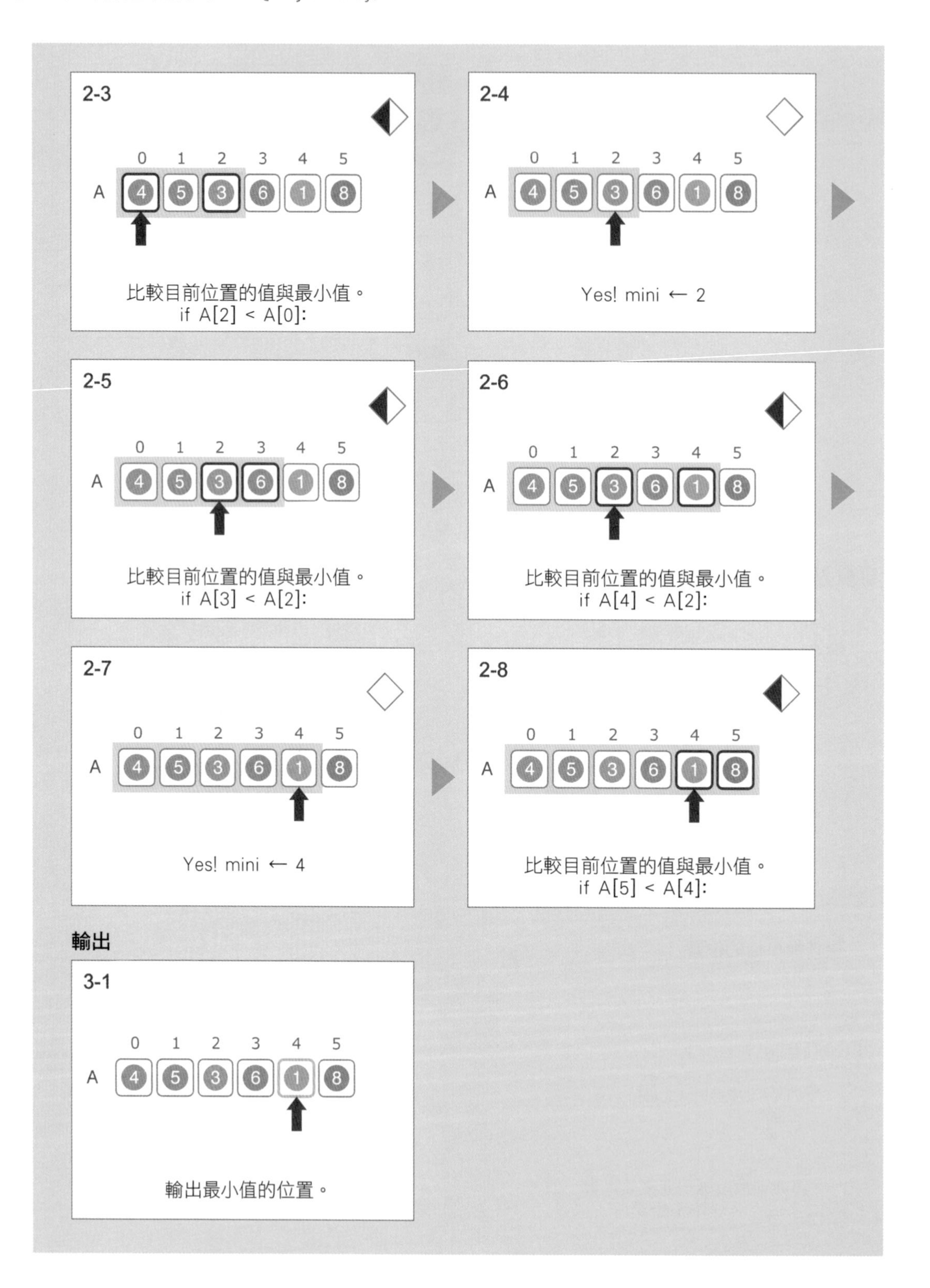
2-3
0 1 2 3 4 5
A 4 5 3 6 1 8
比較目前位置的值與最小值。
if A[2] < A[0]:
2-4
0 1 2 3 4 5
A 4 5 3 6 1 8
Yes! mini ← 2
2-5
0 1 2 3 4 5
A 4 5 3 6 1 8
比較目前位置的值與最小值。
if A[3] < A[2]:
2-6
0 1 2 3 4 5
A 4 5 3 6 1 8
比較目前位置的值與最小值。
if A[4] < A[2]:
2-7
0 1 2 3 4 5
A 4 5 3 6 1 8
Yes! mini ← 4
2-8
0 1 2 3 4 5
A 4 5 3 6 1 8
比較目前位置的值與最小值。
if A[5] < A[4]:
輸出
3-1
0 1 2 3 4 5
A 4 5 3 6 1 8
輸出最小值的位置。

演算法的重點說明

一開始先將箭頭指向陣列的最前端，並從陣列前端開始依序比對各個元素。將各元素與箭頭所指的目前最小值進行比較，若比對到的值較小，則移動箭頭指向新的最小值位置 (index)。最後箭頭落在整個陣列比對完所指的元素即為最小值，而箭頭停留處即為所求的位置。

虛擬碼

```
# 輸入
A ← 整數序列

# 更新最小值的位置
mini ← 0                        # 一開始將陣列最前端的元素設為最小值

for i ← 1 to N-1:
    if A[i] < A[mini]:          # 比較目前元素與最小值
        mini ← i

輸出 mini
```

上述程式也可以用函式實作如下：

```
# 在陣列 A 的區間 [b, e) 中尋找最小值的元素位置
minimum(A, b, e):
    mini ← b                    # 一開始將陣列最前端的元素設為最小值
    for i ← b to e-1:
        if A[i] < A[mini]:      # 比較目前元素與最小值
            mini ← i

    return mini
```

接下來的章節，我們會直接使用 minimum(A, a, b) 函式來進行此處理。此函式會在陣列 A 的第 a 個元素到第 b-1 個元素之間尋找最小值，並傳回其位置 (索引值)。

各種演算法都會用到在陣列或其子陣列中尋找最小值或最大值的位置。例如**選擇排序法** (Selection Sort)，就需要在陣列的特定範圍內找出最小值的位置。

第 12 章

搜尋
（Search）

從大量資料中「搜尋」目標值是資訊處理中最基本的操作。在選擇演算法時，除了考量資料的大小外，資料的排列方式與特性也是非常重要的考量因素。

本章將介紹最單純的**線性搜尋法**（Linear Search）以及善用資料特性的**二元搜尋法**（Binary Search）。

- 線性搜尋法（Linear Search）
- 二元搜尋法（Binary Search）

12-1 線性搜尋法(Linear Search) ★

從序列中搜尋目標值（Search from Sequence）

搜尋的意思是從有順序性的資料中找出特定的資料。搜尋演算法為資訊處理的基本，在許多應用程式中都會用到。

請在陣列中尋找指定值。若指定值不存在，請傳回不存在；若存在，請傳回其最先出現的位置。

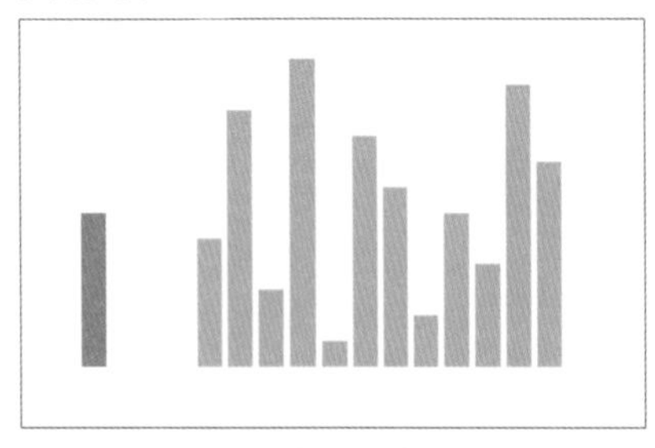

序列與目標值（藍色長條）
元素數 N ≤ 1,000,000

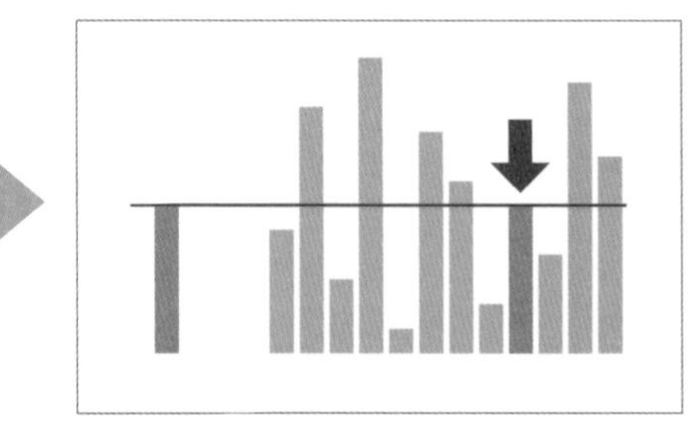

目標值第 1 次出現的位置

線性搜尋法（Linear Search）

從陣列最前端的元素開始，依序比較每一個元素是否與目標值相等。

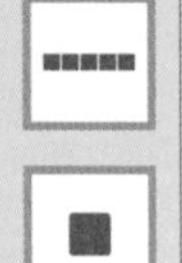

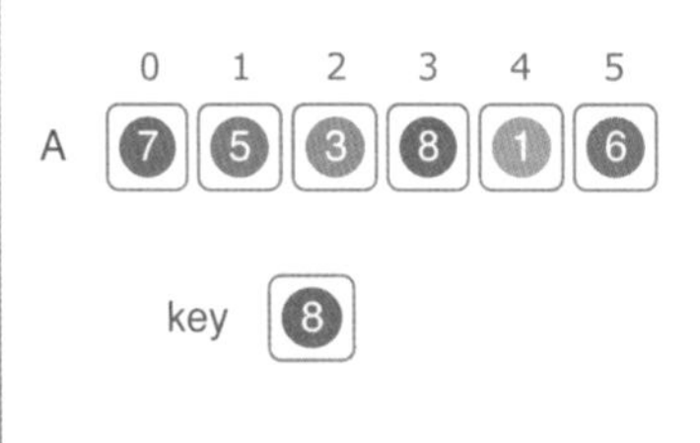

一維陣列與單節點

	要進行搜尋的序列	A
	目標值	key

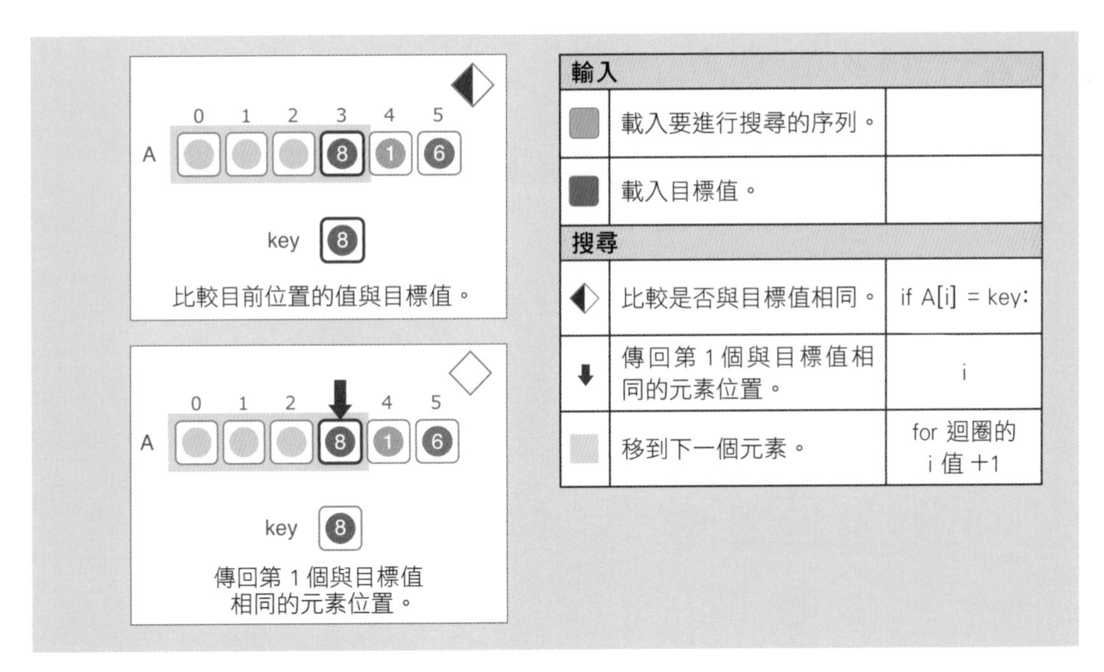

輸入		
	載入要進行搜尋的序列。	
	載入目標值。	
搜尋		
	比較是否與目標值相同。	if A[i] = key:
	傳回第 1 個與目標值相同的元素位置。	i
	移到下一個元素。	for 迴圈的 i 值 +1

演算法的執行過程

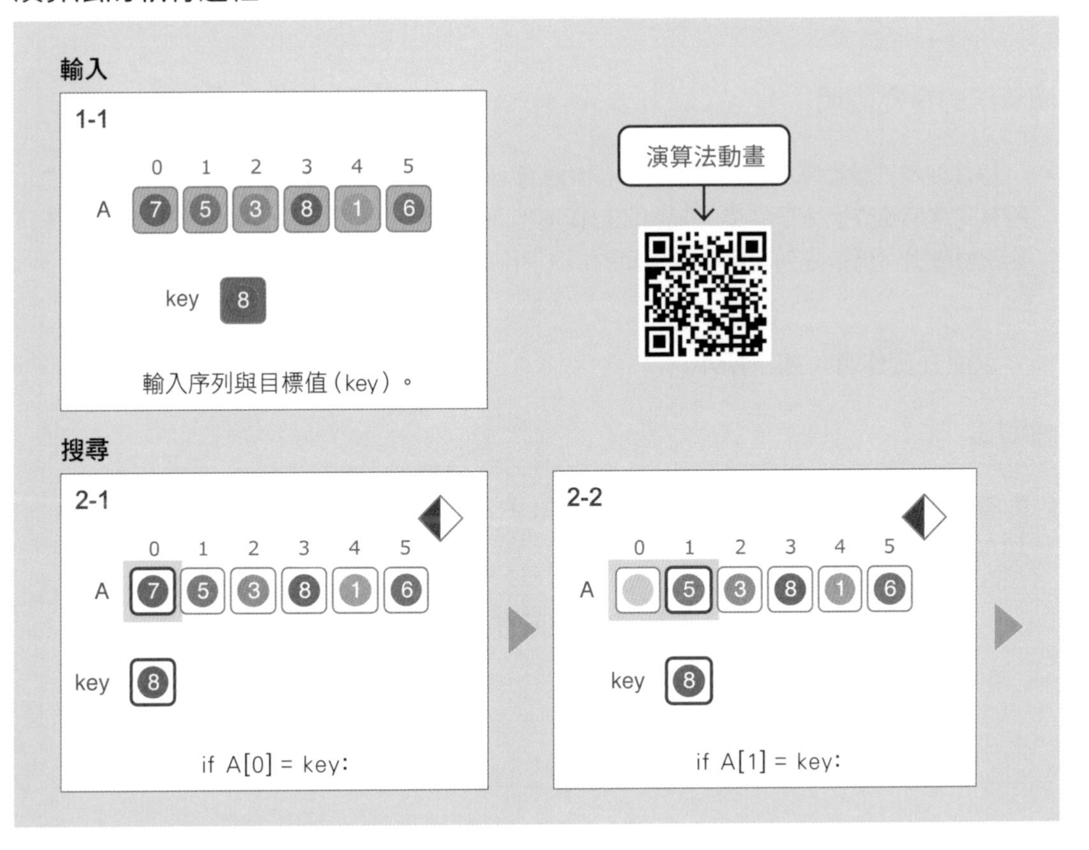

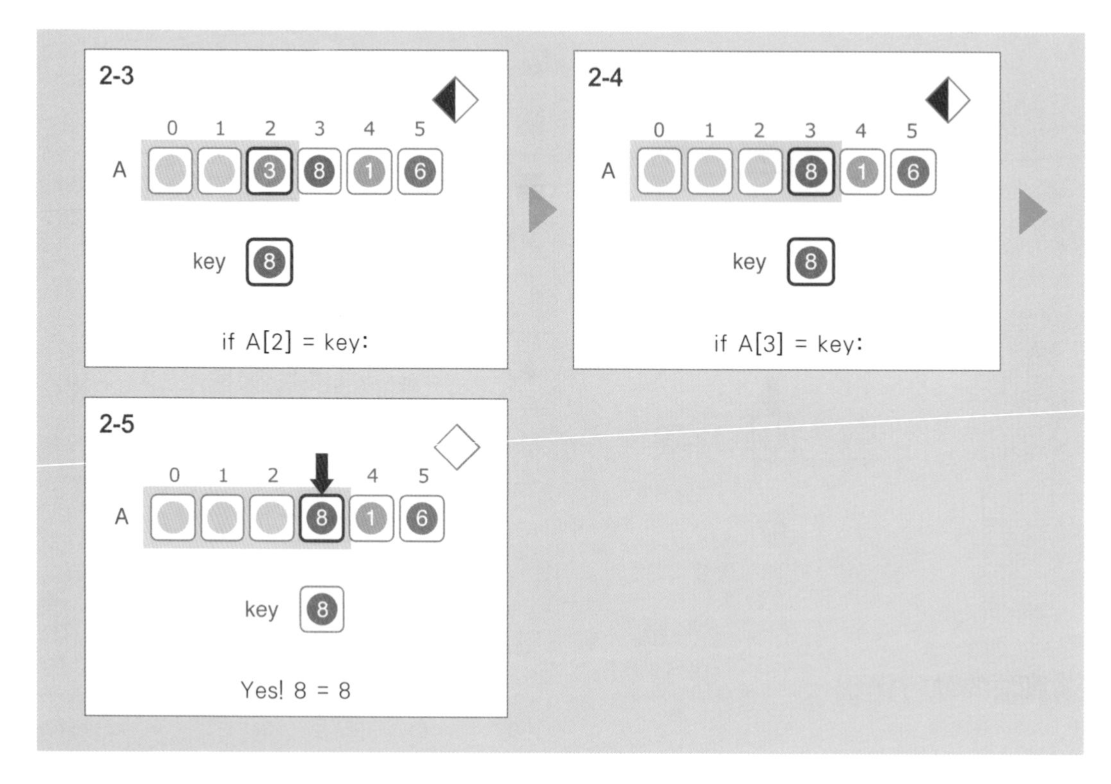

演算法的重點說明

線性搜尋法會從陣列最前端的元素開始依序比較各元素，待找到與目標值相同的值或所有元素都檢查過後便結束。找到與目標值相同的值時，傳回其位置並結束。若所有元素都檢查過，仍未找到與目標值相同的值，則判斷陣列中不存在該值。

以函式實作時，如下所示。

虛擬碼

```
# 在陣列 A 的區間 [0, N) 中尋找 key 的位置
linearSearch(A, N, key):
    for i ← 0 to N-1:
        if A[i] = key: # 比較目前所在位置的值是否與目標值相同
            return i

    return NIL # 不存在
```

時間複雜度

若目標值不在陣列中，則所有元素都會被檢查到一次。這表示線性搜尋法的時間複雜度為 O(N)。對於單一查詢來說，這樣的時間複雜度是實用的，但若搜尋必須進行 Q 次，時間複雜度就會變成 O(QN)，因此線性搜尋法在需要進行多次查詢時，會被視為效率較差的演算法。

應用　線性搜尋法對於要進行搜尋的陣列元素，沒有任何排列方式的限制。雖然計算效率不高，但適用各種類型的資料序列。

12-2 二元搜尋法(Binary Search) ★★

搜尋已排序的序列（Search from Sorted Sequence）

要透過電腦處理的資料，通常都會先進行組織與管理，就像字典中的單字會依照字母順序排列（字典順序，lexicographical order）一樣。這麼做的目的，就是為了讓資料的查找更加方便，因此只要善用這項特性，就能有效提升搜尋演算法的速度。

在升冪（由小到大）排序的陣列中尋找指定值。若指定值不存在，請傳回不存在；若指定值存在，則傳回其位置。

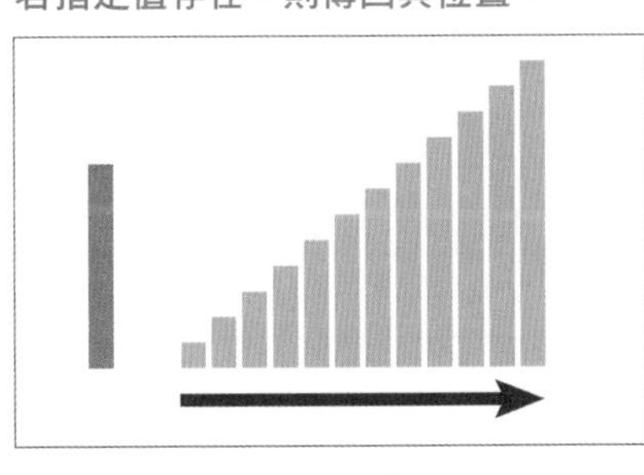

序列與目標值（藍色長條）
序列元素為升冪排列（由小到大）
元素數 N ≤ 1,000,000

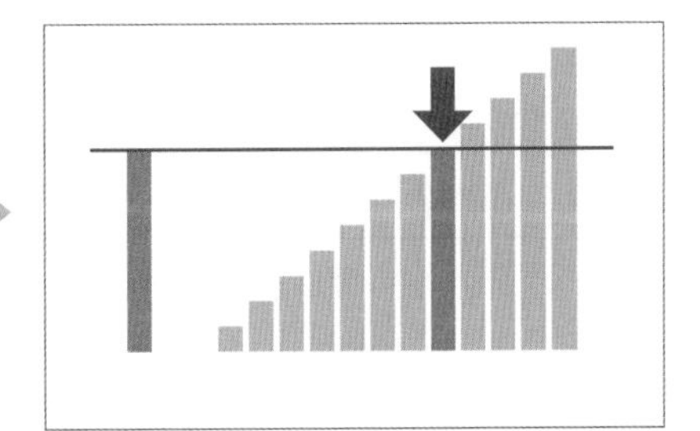

目標值的位置

二元搜尋法（Binary Search）

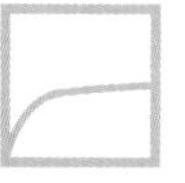

利用陣列元素與目標值（key）的大小關係，一面進行搜尋，一面縮小搜尋的範圍。

一維陣列與單節點

	要進行搜尋的序列。元素必須為升冪（由小到大）排序。	A
	目標值	key

將目標值與搜尋範圍中間的值做比較，將搜尋範圍縮小至前半段或後半段。

輸入		
	載入整數序列。	
	載入目標值。	
搜尋		
	比較搜尋範圍中間的值與鍵值（目標值）。	if A[mid] = key:
	指向搜尋範圍的最前端。	left
	指向搜尋範圍的最尾端。	right
	指向目標值的位置。	mid
	縮小搜尋範圍。	區間 [left, right)

演算法的執行過程

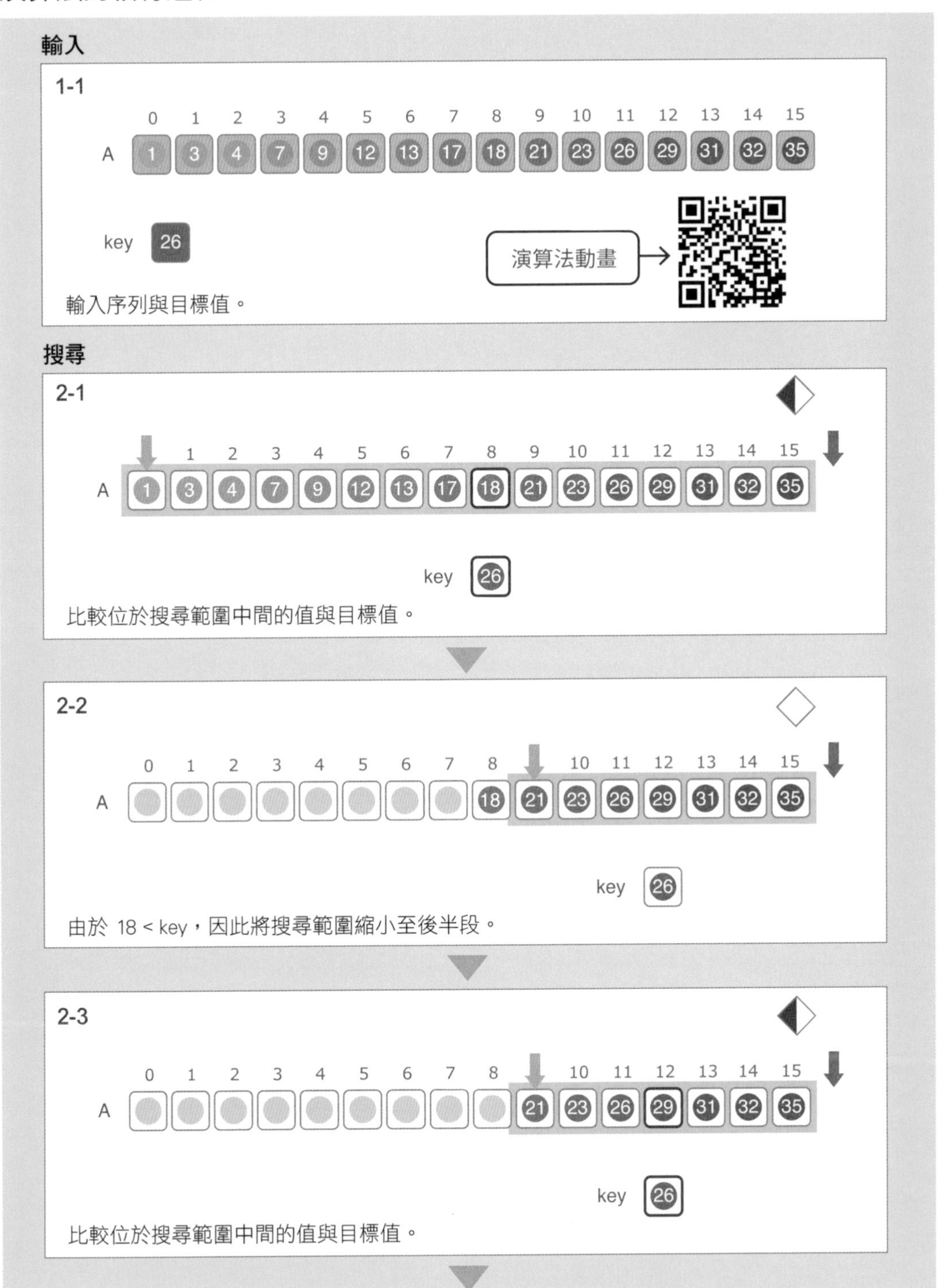
輸入
1-1
0 1 2 3 4 5 6 7 8 9 10 11 12 13 14 15
A 1 3 4 7 9 12 13 17 18 21 23 26 29 31 32 35
key 26
演算法動畫
輸入序列與目標值。
搜尋
2-1
1 2 3 4 5 6 7 8 9 10 11 12 13 14 15
A 1 3 4 7 9 12 13 17 18 21 23 26 29 31 32 35
key 26
比較位於搜尋範圍中間的值與目標值。
2-2
0 1 2 3 4 5 6 7 8 10 11 12 13 14 15
A 18 21 23 26 29 31 32 35
key 26
由於 18 < key，因此將搜尋範圍縮小至後半段。
2-3
0 1 2 3 4 5 6 7 8 10 11 12 13 14 15
A 21 23 26 29 31 32 35
key 26
比較位於搜尋範圍中間的值與目標值。

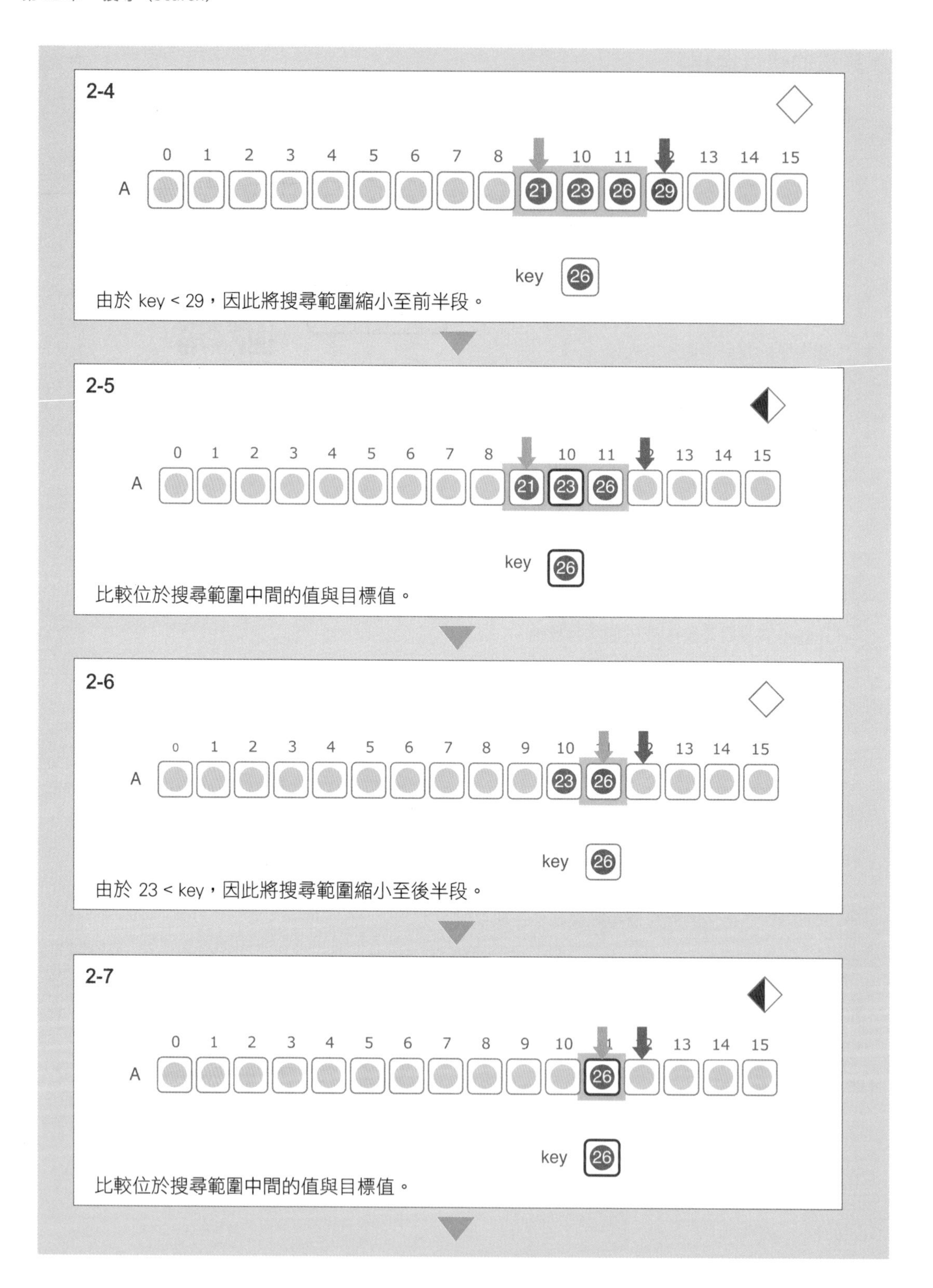
2-4
0 1 2 3 4 5 6 7 8 10 11 13 14 15
A
21 23 26 29
key 26
由於 key < 29，因此將搜尋範圍縮小至前半段。
2-5
0 1 2 3 4 5 6 7 8 10 11 13 14 15
A
21 23 26
key 26
比較位於搜尋範圍中間的值與目標值。
2-6
0 1 2 3 4 5 6 7 8 9 10 13 14 15
A
23 26
key 26
由於 23 < key，因此將搜尋範圍縮小至後半段。
2-7
0 1 2 3 4 5 6 7 8 9 10 13 14 15
A
26
key 26
比較位於搜尋範圍中間的值與目標值。

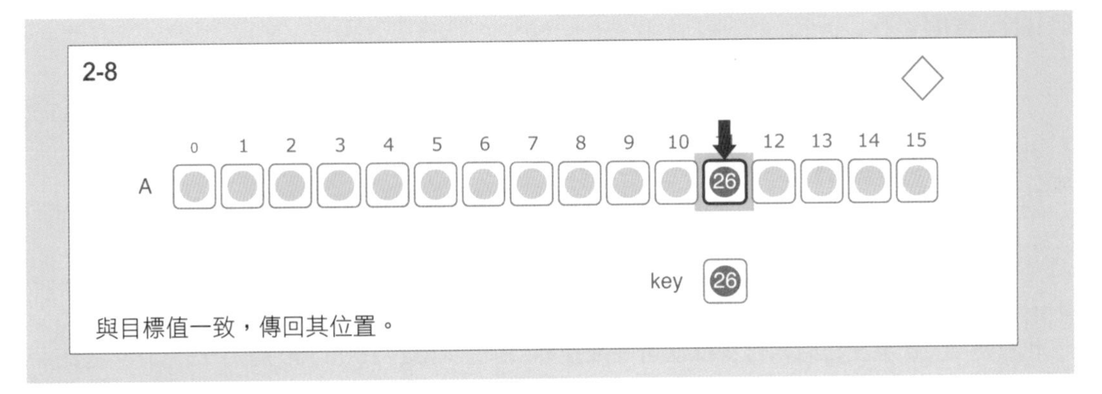

演算法的重點說明

二元搜尋法是利用目前搜尋範圍的中間值與目標值的大小關係，將搜尋範圍縮減至原本的一半。過程中的搜尋範圍以區間 [left, right) 表示。首先以 (left + right) / 2 計算出搜尋範圍中間的位置 mid。除法的計算結果若不是整數，則無條件捨去小數部分。

求出搜尋範圍的中間值後，若其值與目標值相同，表示目標值已經找到，會在傳回 mid 之後結束。若目標值大於搜尋範圍的中間值，則表示搜尋範圍可鎖定在後半段，搜尋會在 left 更新為 mid+1 之後繼續進行。若目標值小於搜尋範圍的中間值，則表示搜尋範圍可鎖定在前半段，搜尋會在 right 更新為 mid 之後繼續進行。

以函式實作時，如下所示：

虛擬碼

```
# 在元素數為 N 的陣列 A 的區間 [0, N) 中尋找 key 的位置
binarySearch(A, N, key):
    left ← 0
    right ← N
    while left < right:
        mid ← (left + right)/2      # 找出中間值
        if  A[mid] = key:           # 比較搜尋範圍的中間值與目標值
            return mid
        else if A[mid] < key:
            left ← mid + 1
        else:
            right ← mid

    return NIL # 不存在
```

請注意！在使用 Binary Search 前，必須先進行資料排序

時間複雜度

二元搜尋法最差的情況是搜尋範圍必須不斷地折半，直到最後剩下 1 為止。這表示我們只要知道元素數 N 必須連續除以 2 幾次才會變成 1，就可以知道最差情況下的執行步驟。由此可知二元搜尋法的時間複雜度為 O(log N)。關於時間複雜度，這邊要補充說明的是，雖然搜尋範圍折半的次數應為 $\log_2 N$，但使用 Big O 符號時，常數 2 可被忽略。

時間複雜度為 O(log N) 的二元搜尋法效率相當高，即使元素數高達 1,000,000 個，也只需要 20 次左右的執行步驟便可完成搜尋 (編註：$\log_2 1000000$ 約為 19.93)。這比線性搜尋法還要快上 50,000 倍 (1,000,000/20)。

應用

此演算法為許多搜尋演算法的基礎。只要演算法中需要處理的數列元素為單調遞增 (monotonically increasing) 即可適用。此外，二元搜尋法不但可用於單調遞增序列，也可以應用在單調遞增函數 f(x) 上 ※，以求出 f(x)=0 的解，是一款通用性相當高的演算法。

※ 編註：單調遞增函數是高中數學，簡單地說就是一路往上爬不會往下掉的函數。假設自變數 x 愈大，函數值 f(x) 就會愈大，就算沒有變大也會保持水平。

第 13 章

陣列元素排序
（Rearranging Array Elements）

許多演算法會利用變更陣列元素順序來整理資料。進階的排序演算法則會合併已排序的子陣列或是將陣列元素分組。

本章將介紹 4 個改變陣列元素位置的基本演算法。

- 反轉（reverse）
- 插入（insertion）
- 合併（merge）
- 分割（partition）

13-1 反轉(Reverse) ★

區間反轉（Reverse of Segment）

反轉（reverse）是很基本的操作，它會調換（顛倒）陣列內的元素順序，使陣列或指定範圍內的元素按照反序排列。

將整數序列中的元素以反序排列。

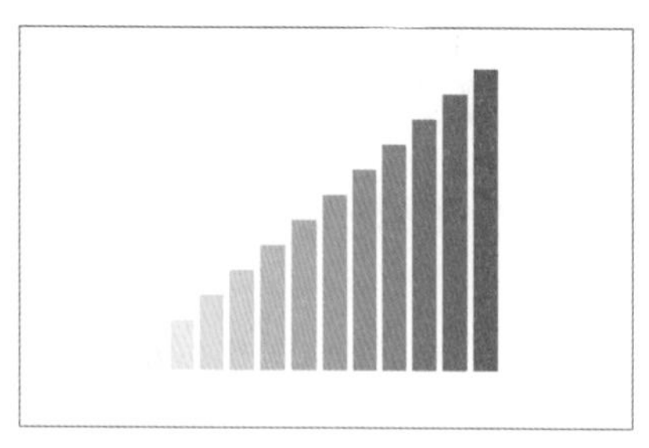

整數序列
元素數 N ≤ 1,000

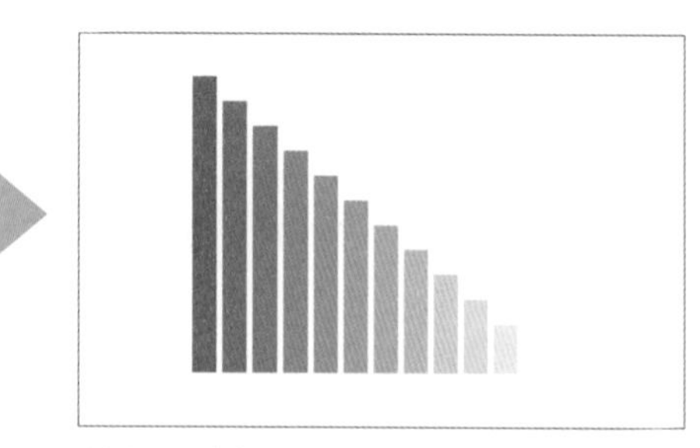

整數序列中的元素已按照反序排列

反轉（Reverse）

反轉處理若是利用互換（swap）函式進行，就只需要 1 個儲存資料的陣列。只要以陣列的中心為軸，將對應的元素兩兩互換，就可以讓陣列元素以反序排列。

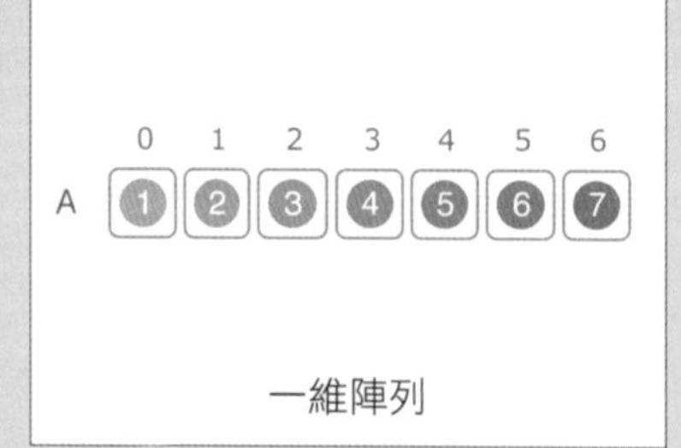

整數序列	A

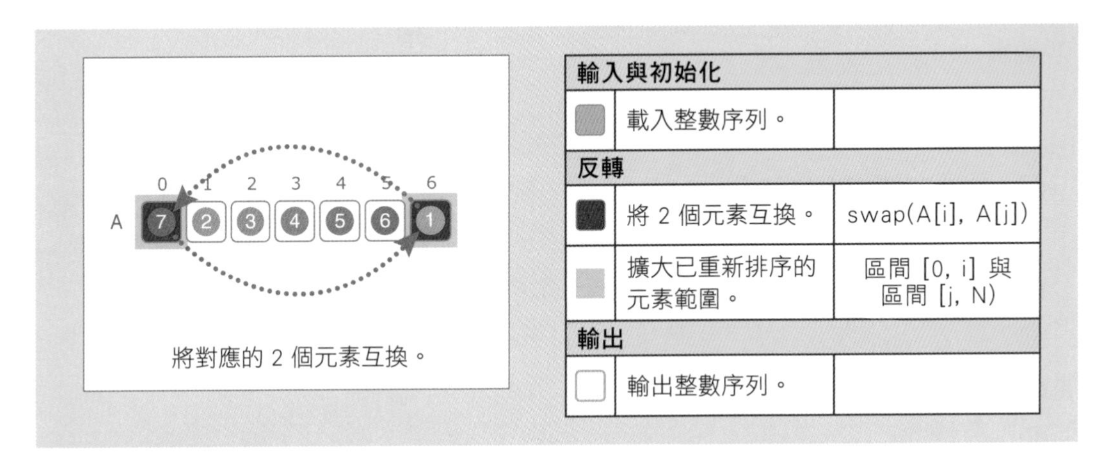

輸入與初始化		
■	載入整數序列。	
反轉		
■	將 2 個元素互換。	swap(A[i], A[j])
■	擴大已重新排序的元素範圍。	區間 [0, i] 與區間 [j, N)
輸出		
□	輸出整數序列。	

演算法的執行過程

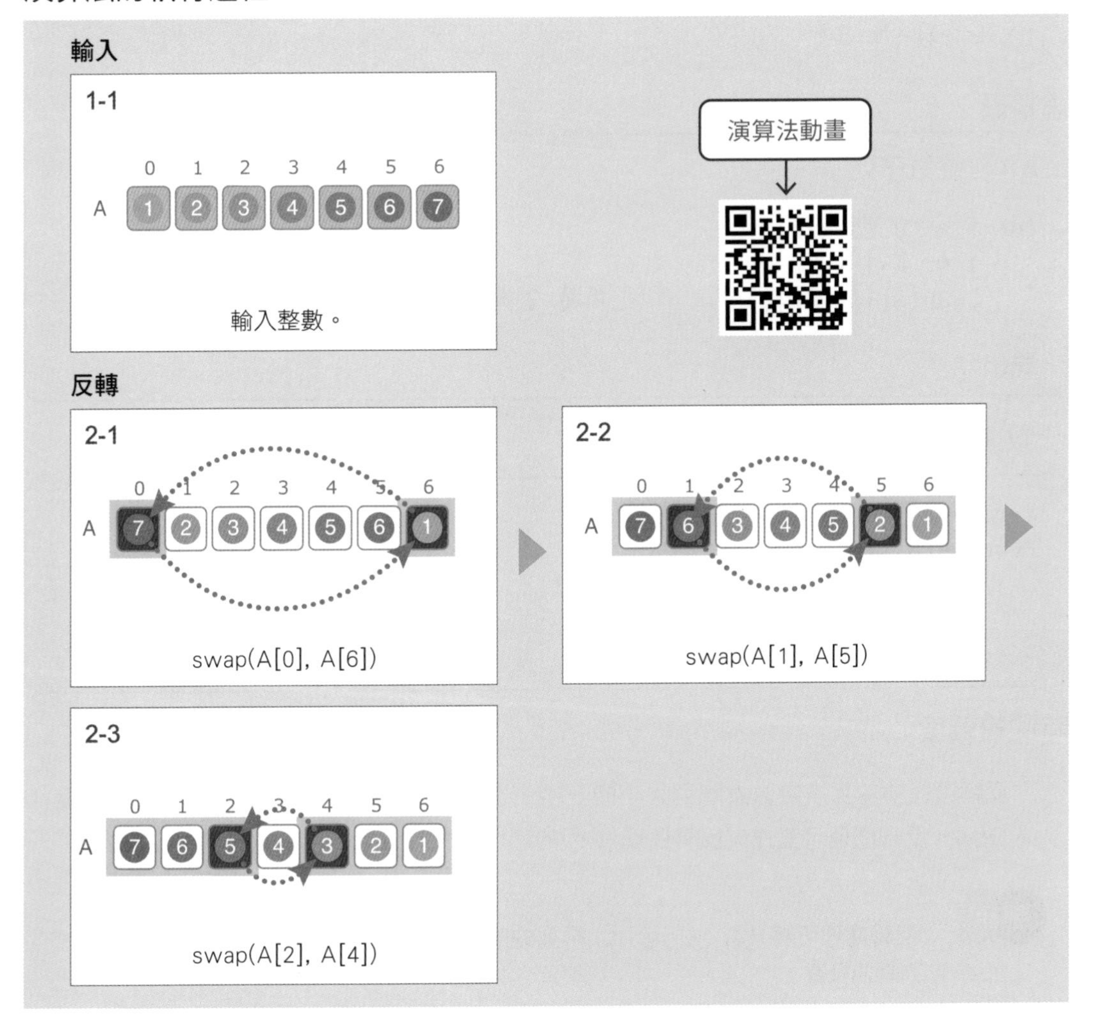

演算法的重點說明

以陣列中心為軸，將對應的元素兩兩互換，即可使陣列元素重新以反序排列。假設要互換的 2 個元素索引分別為 i 與 j，則當 i = 0, 1, 2, ..., N/2 -1 時，對應的 j 可用 i 求出為 j = N-(i+1) = N-i-1。

虛擬碼

```
A ← 整數序列

for i ← 0 to N/2 - 1:
    j ← N-i-1
    swap(A[i], A[j])          # 將 2 個元素互換

輸出 A
```

以通用函式實作時，如下所示：

```
# 反轉陣列 A 的區間 [l, r)
reverse(A, l, r):
    for i ← l to l + (r-l)/2 - 1:
          j ← r - (i-l) - 1
        swap(A[i], A[j]);
```

時間複雜度

反轉過程中的互換次數為陣列大小的一半，也就是 N/2 次。因此反轉的時間複雜度為 O(N)。反轉處理可實作成反轉區間 [ℓ,r) 的通用函式 reverse(A, ℓ, r) 函式。

反轉處理可將升冪（由小到大）排列的序列轉為降冪（由大到小），將降冪排列的序列轉為升冪。

13-2 插入(Insertion) ★

新增元素到已排序的序列中（Add an Element to Sorted Sequence）

以下將介紹如何在升冪排序的序列中新增 1 個元素，並維持序列的升冪狀態。

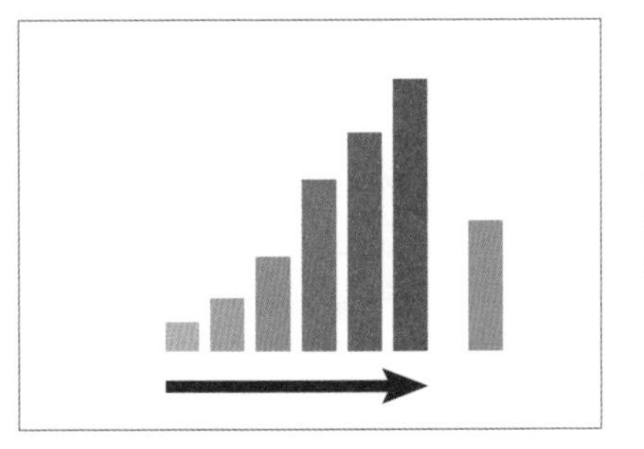

已升冪排列的序列，最後 1 個元素為要插入的元素
元素數 N ≤ 100

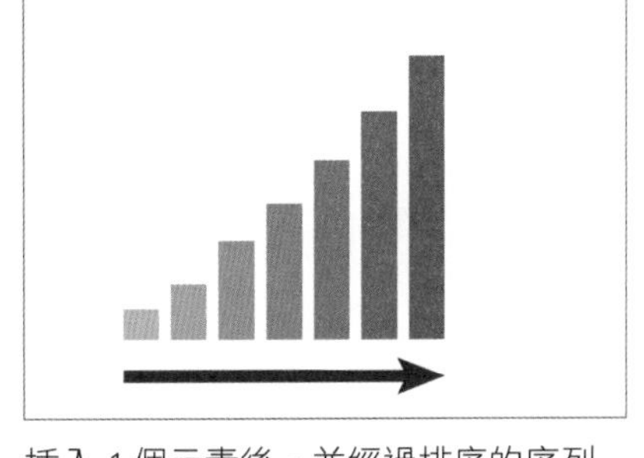

插入 1 個元素後，並經過排序的序列

元素由 6 個變 7 個

插入（Insertion）

準備 1 個臨時變數 t 以暫存要插入的值，並從序列的尾端開始往前尋找可插入 t 值的位置。若遇到的元素比 t 值大，便將其往後移動（複製）1 個位置。若遇到的元素比 t 值小，則將 t 值放到該元素後方的位置，插入操作便完成了。

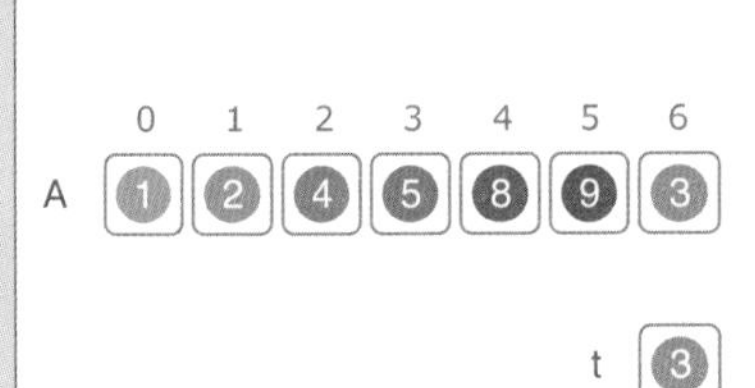

一維陣列與單節點

	整數序列	A
	暫時存放要插入的值	t

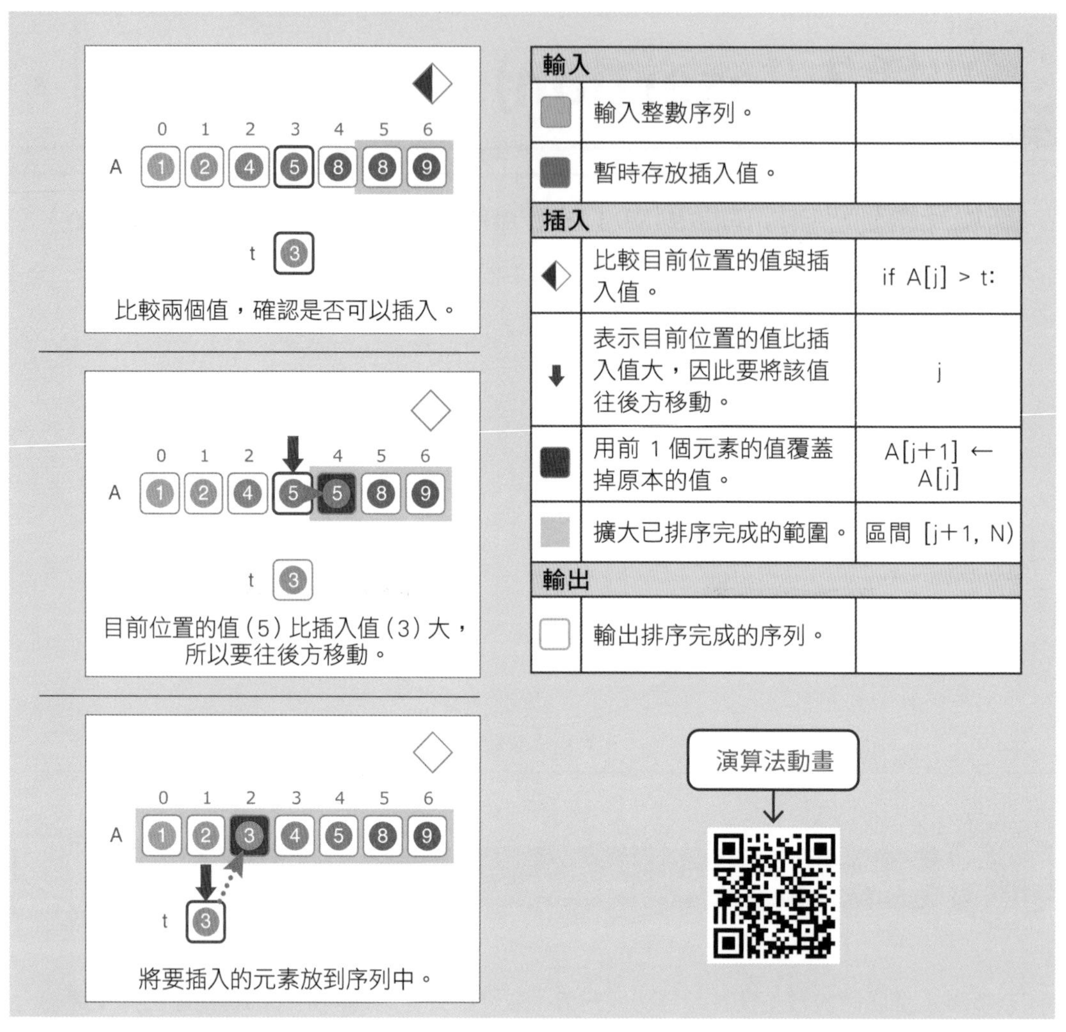

比較兩個值，確認是否可以插入。
目前位置的值（5）比插入值（3）大，所以要往後方移動。
將要插入的元素放到序列中。
輸入
輸入整數序列。
暫時存放插入值。
插入
比較目前位置的值與插入值。
if A[j] > t:
表示目前位置的值比插入值大，因此要將該值往後方移動。
j
用前 1 個元素的值覆蓋掉原本的值。
A[j+1] ← A[j]
擴大已排序完成的範圍。
區間 [j+1, N)
輸出
輸出排序完成的序列。
演算法動畫

演算法的執行過程

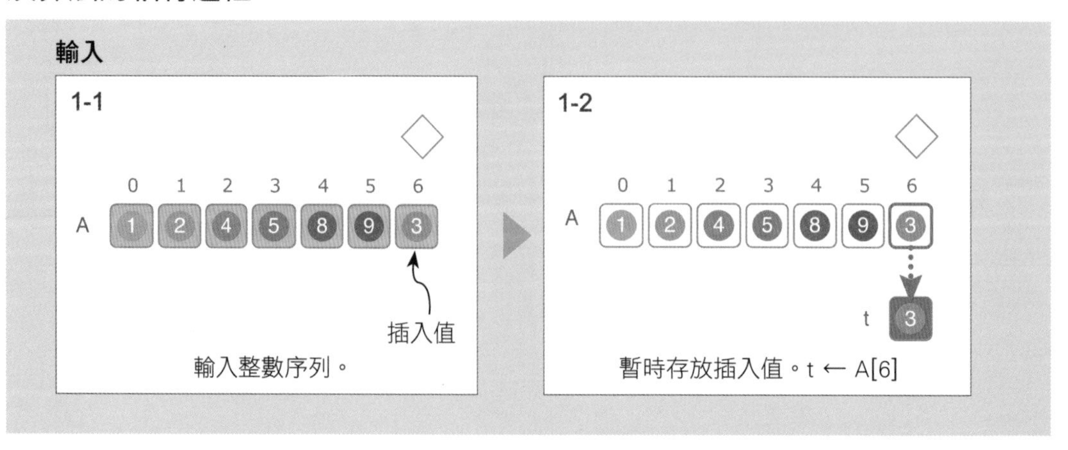

輸入
1-1
插入值
輸入整數序列。
1-2
暫時存放插入值。t ← A[6]

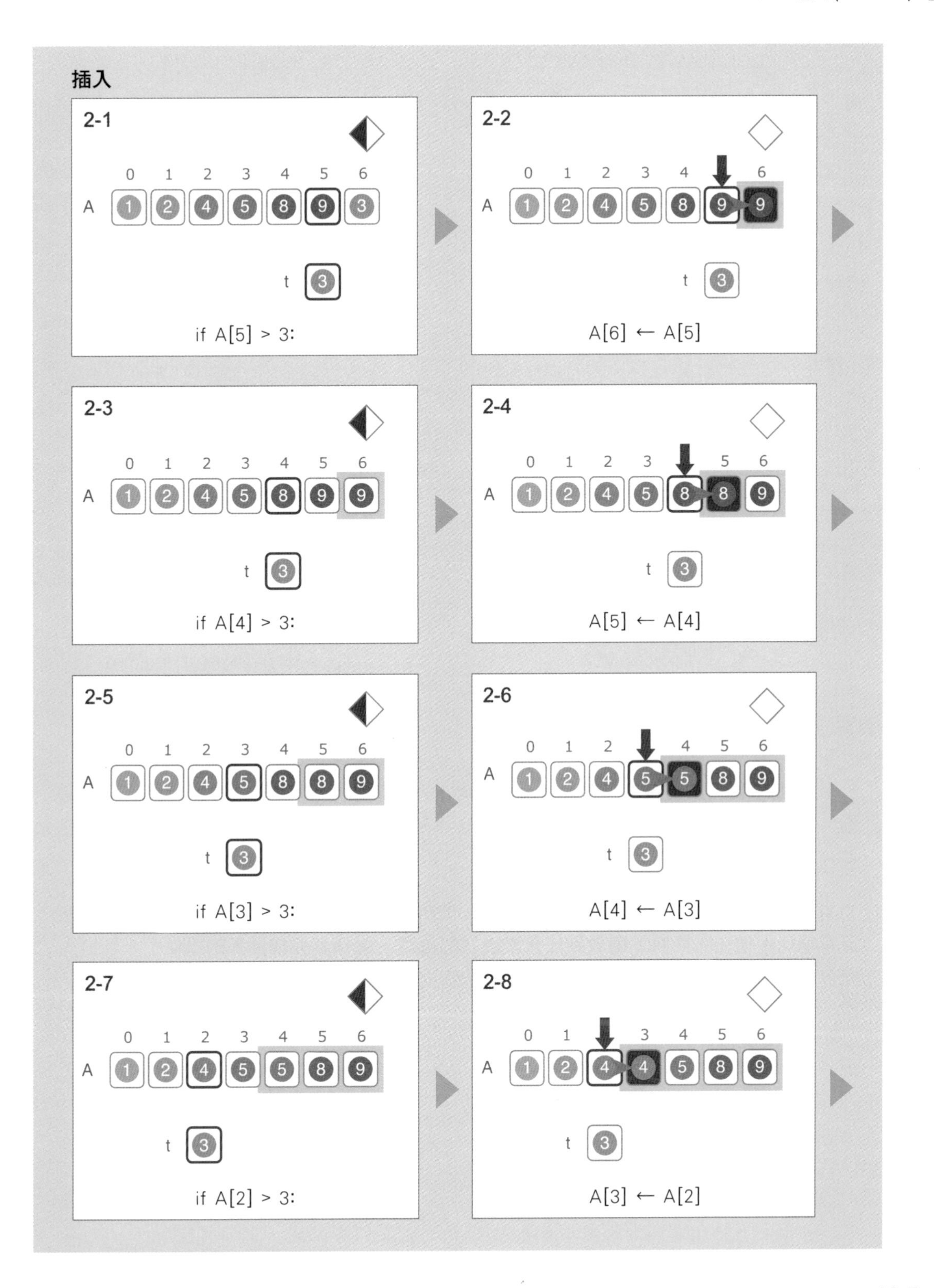
插入
2-1
0 1 2 3 4 5 6
A 1 2 4 5 8 9 3
t 3
if A[5] > 3:
2-2
0 1 2 3 4 6
A 1 2 4 5 8 9 9
t 3
A[6] ← A[5]
2-3
0 1 2 3 4 5 6
A 1 2 4 5 8 9 9
t 3
if A[4] > 3:
2-4
0 1 2 3 5 6
A 1 2 4 5 8 8 9
t 3
A[5] ← A[4]
2-5
0 1 2 3 4 5 6
A 1 2 4 5 8 8 9
t 3
if A[3] > 3:
2-6
0 1 2 4 5 6
A 1 2 4 5 5 8 9
t 3
A[4] ← A[3]
2-7
0 1 2 3 4 5 6
A 1 2 4 5 5 8 9
t 3
if A[2] > 3:
2-8
0 1 3 4 5 6
A 1 2 4 4 5 8 9
t 3
A[3] ← A[2]

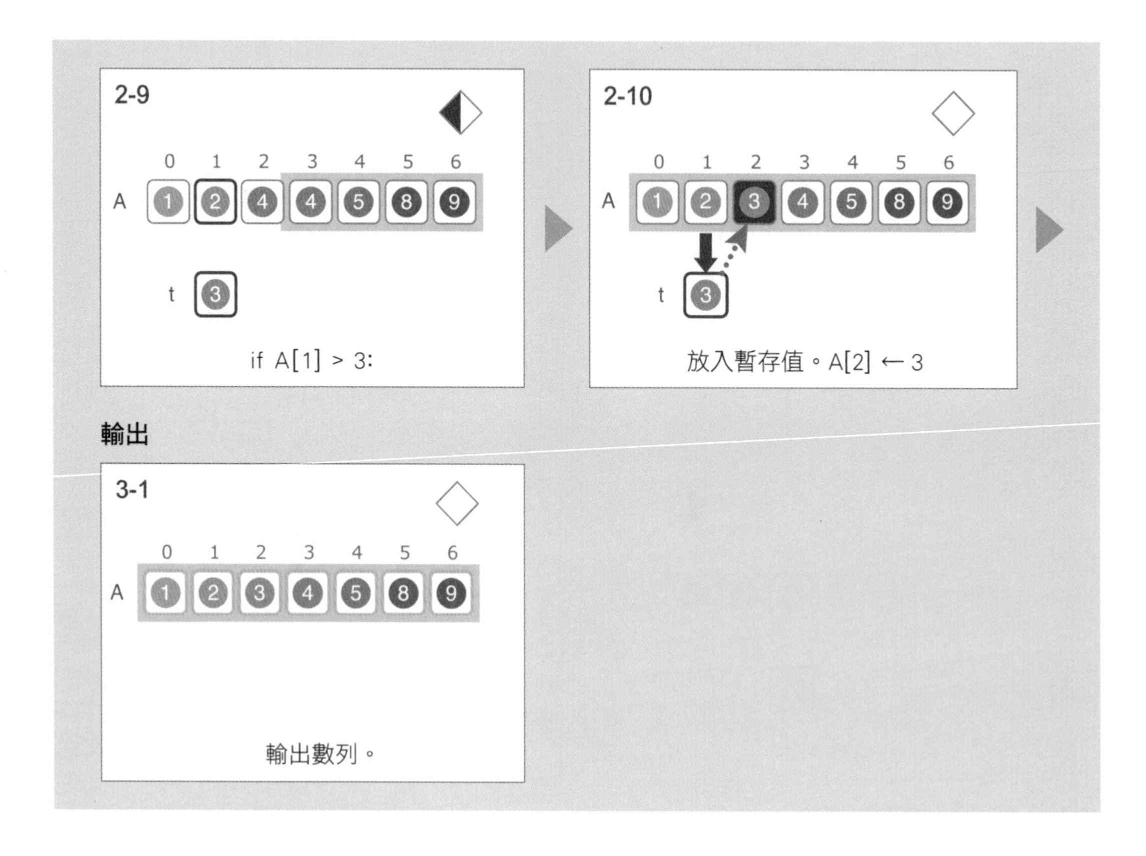

演算法的重點說明

要改變陣列元素的排列方式時，我們可以在陣列以外，準備一個方便計算的臨時變數。插入元素的做法是，先將陣列最尾端的插入值暫存到臨時變數 t，再由後往前於已排序的部分尋找可插入 t 值的位置。

此過程中，若是遇到的元素值比 t 值大，便將其往後移動（複製）1 個位置。若遇到的元素值比 t 值小，則將 t 值放到該元素後方的位置，這樣就完成插入的操作了。若插入值為最小值，則所有元素都將被往後移動 1 個位置，而插入值會放在陣列的最前端。

虛擬碼

```
# 插入陣列 A 的元素 i
# 區間 [0, i) 已升冪排列
insertion(A, i):
    j ← i - 1
    t ← A[i]

    while True:
        if j < 0:
            break
        if not (j ≥ 0 and A[j] > t):
            break
        A[j+1] ← A[j] # 若元素值大於 t 值，便往後移動 (複製)1 個位置
        j ← j - 1

    A[j+1] ← t
```

時間複雜度

在插入操作中，比插入值大的元素都必須往後移動。因此最差情況就是插入值比所有元素都小，每個元素都必須往後移動。這表示插入操作的時間複雜度為 O(N)。

在接下來的章節中，我們會直接使用 insertion(A, i) 函式進行插入操作，將陣列 A 最尾端的元素 i 插入到陣列。

insertion 函式是「插入排序法」中的基本操作。

13-3 合併(Merge) ★

將 2 個已排序序列合併並重新排序（Sorting Two Sorted Sequences）

想將 2 個依升冪排序的序列合併在一起，並希望合併後的序列也依升冪排序，該怎麼做才有效率呢？

將 2 個升冪排列的序列，合併成 1 個依升冪排列的序列。

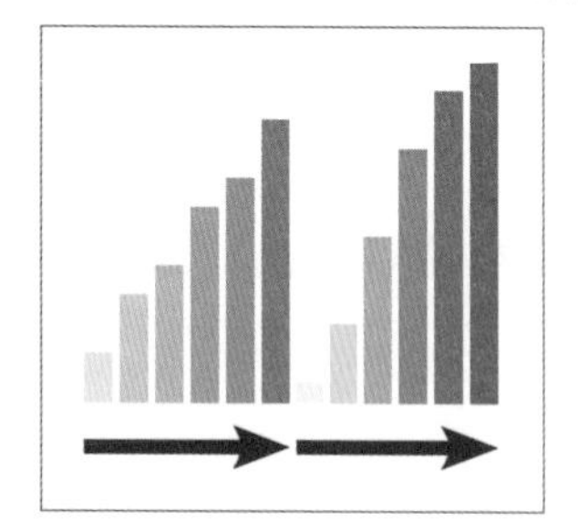

前、後 2 個序列都已各自完成升冪排序
序列元素數 N ≤ 100,000

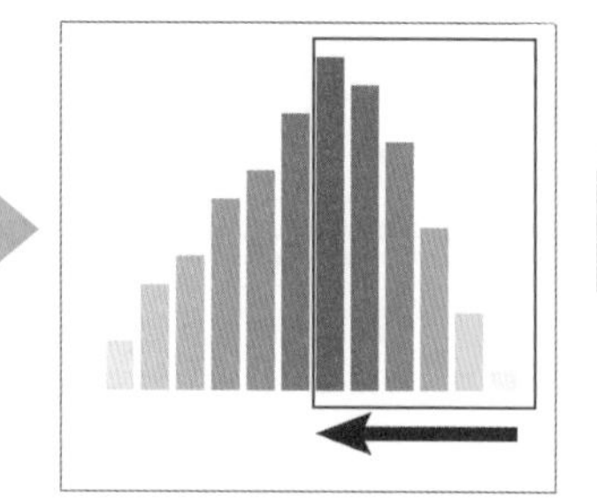

反轉後半段的序列，逐一比較最前端及最後端的元素，選出元素值較小者

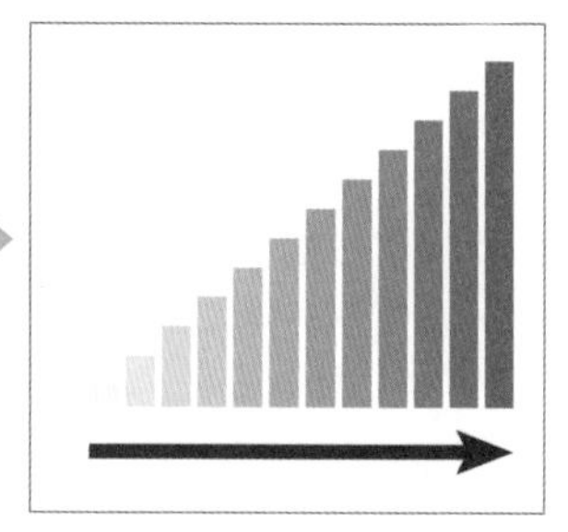

合併後且完成升冪排序的序列

合併（Merge）

合併的操作需要準備 1 個暫存陣列，首先將 2 個已升冪排序過的序列暫存到陣列 T，接著將後半段的序列反轉（變成降冪）。逐一比較最前及最後端的元素，選出元素值較小者，從暫存陣列 T 放回到原陣列 A，當暫存陣列變成空陣列時，就完成兩個序列的合併並依照升冪排列了。

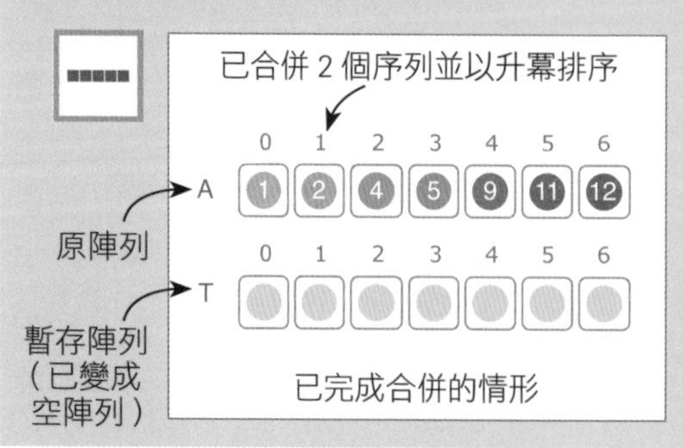

	整數序列	A
	暫存用的整數陣列	T

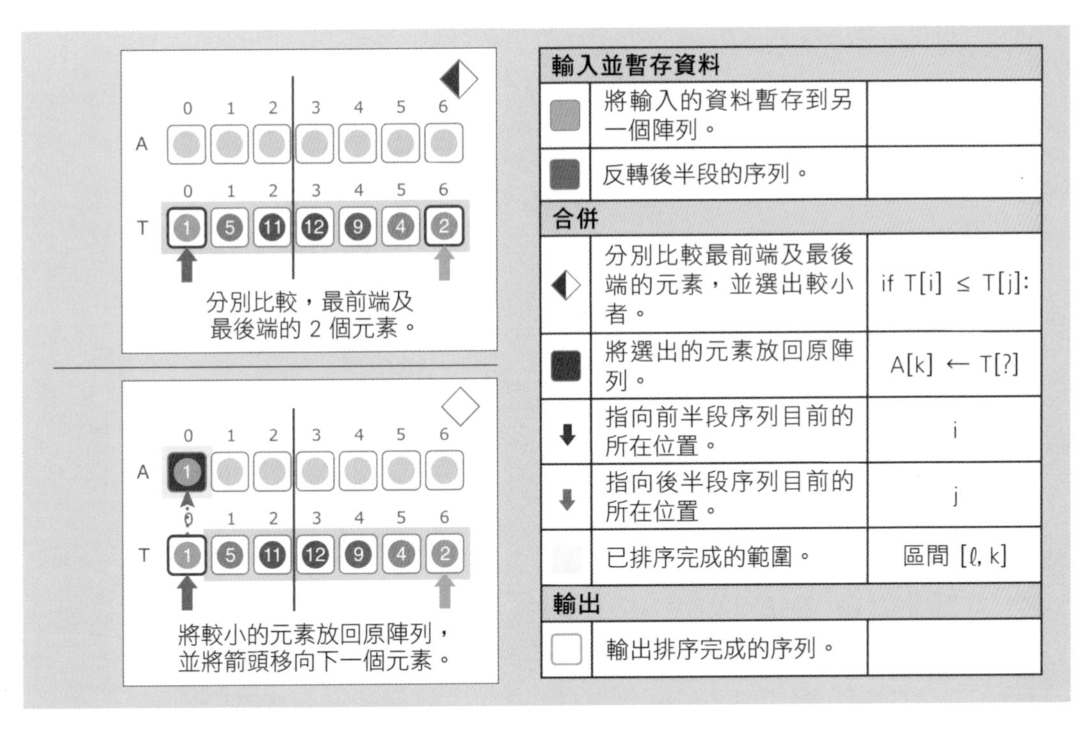

輸入並暫存資料		
	將輸入的資料暫存到另一個陣列。	
	反轉後半段的序列。	
合併		
	分別比較最前端及最後端的元素，並選出較小者。	if T[i] ≦ T[j]:
	將選出的元素放回原陣列。	A[k] ← T[?]
	指向前半段序列目前的所在位置。	i
	指向後半段序列目前的所在位置。	j
	已排序完成的範圍。	區間 [ℓ, k]
輸出		
	輸出排序完成的序列。	

演算法的執行過程

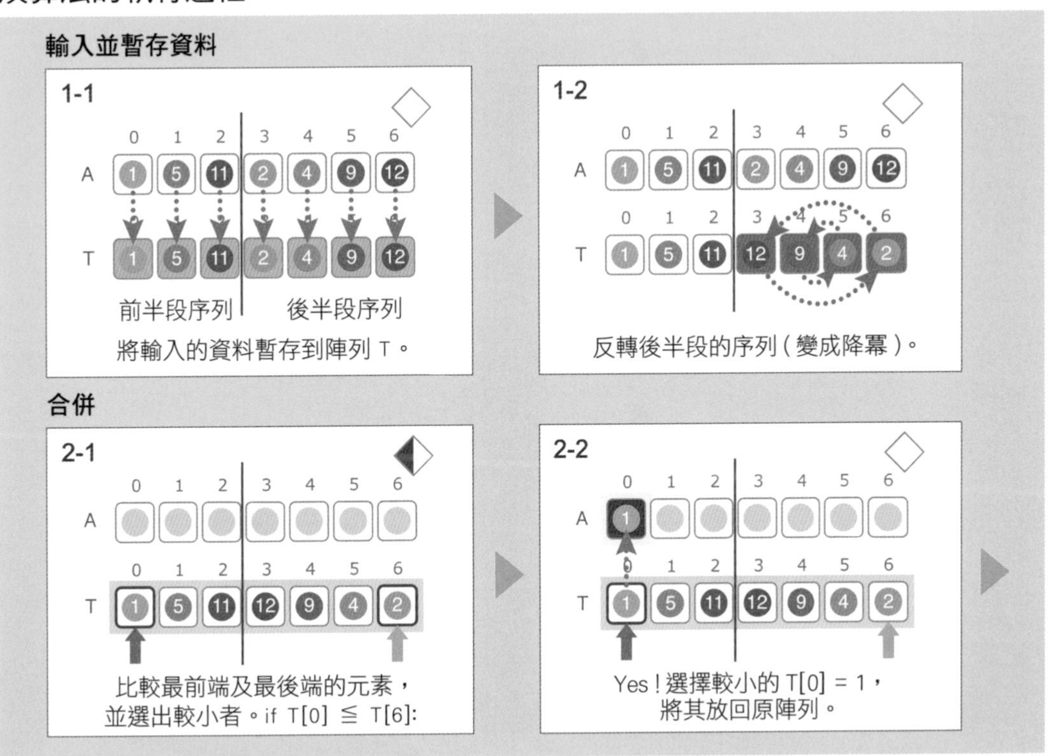

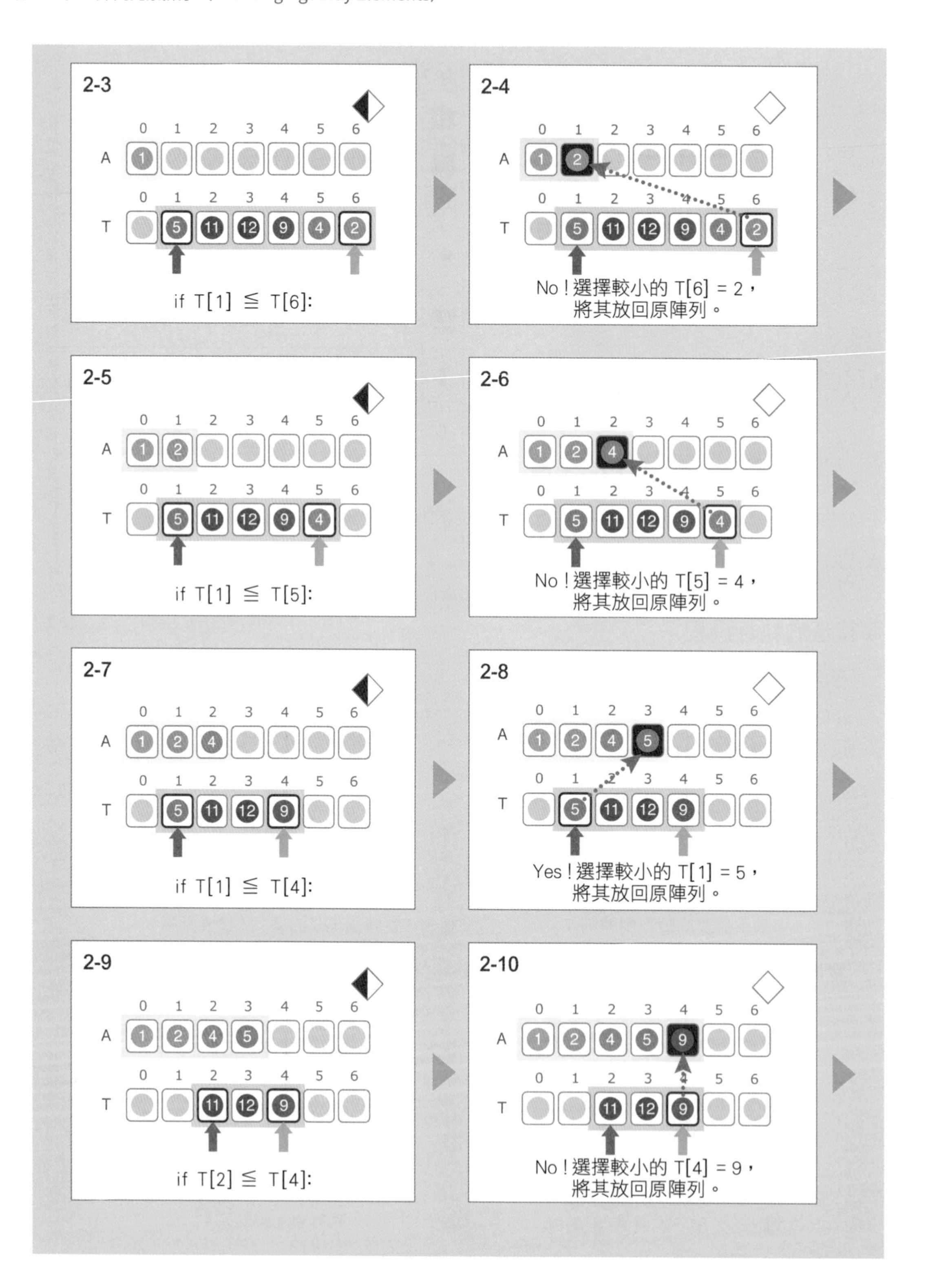
2-3
A
T
if T[1] ≦ T[6]:
2-4
No！選擇較小的 T[6] = 2，
將其放回原陣列。
2-5
if T[1] ≦ T[5]:
2-6
No！選擇較小的 T[5] = 4，
將其放回原陣列。
2-7
if T[1] ≦ T[4]:
2-8
Yes！選擇較小的 T[1] = 5，
將其放回原陣列。
2-9
if T[2] ≦ T[4]:
2-10
No！選擇較小的 T[4] = 9，
將其放回原陣列。

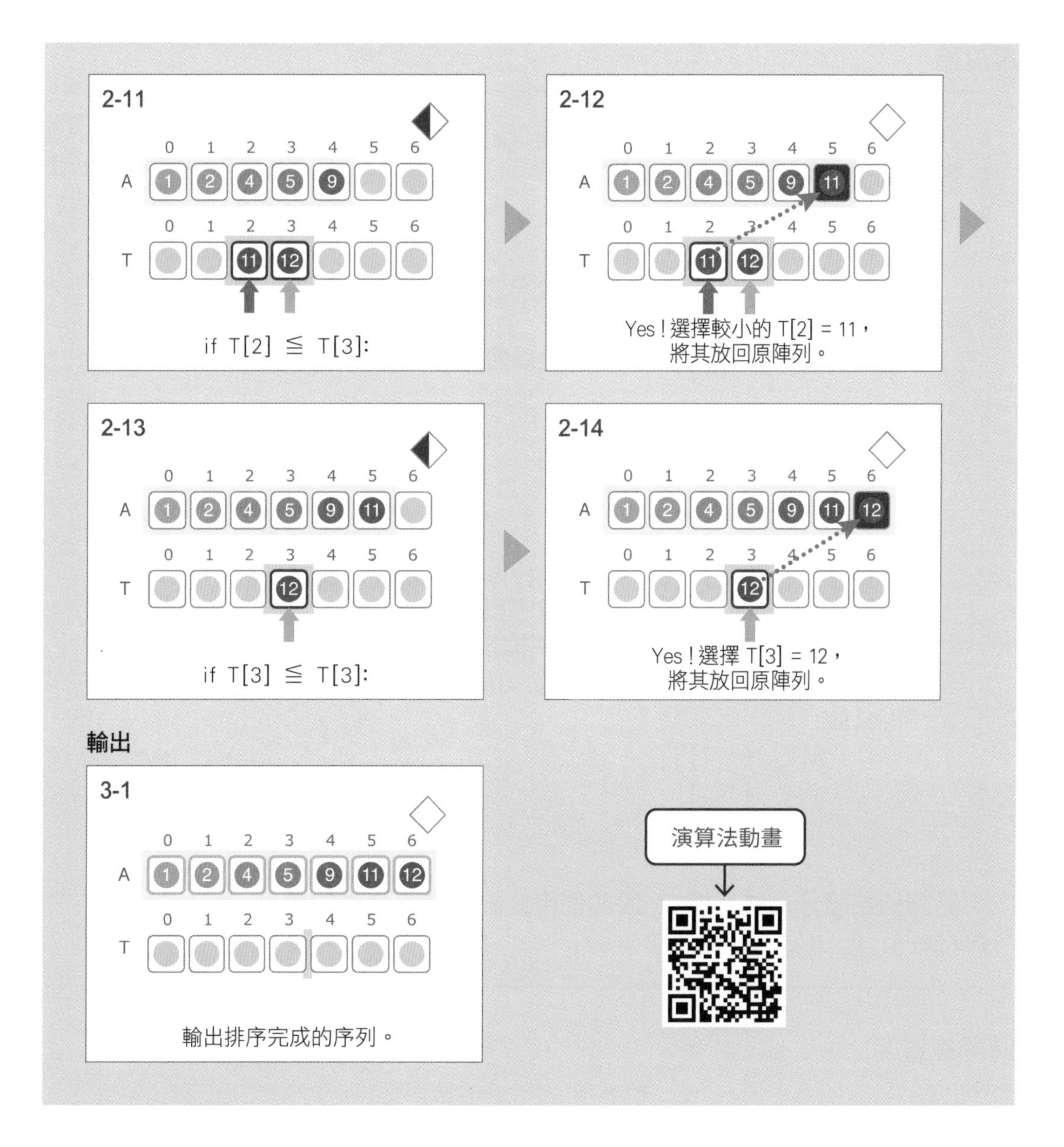

演算法的重點說明

首先將前、後 2 個已排序序列的元素都複製到暫存用的陣列中。接著，反轉後半段的序列，然後進行合併處理：將前端序列由前往後，後段序列由後往前，逐一取出元素做比較，選出值較小者，將其放回原陣列中。當暫存陣列變成空陣列時，就完成兩個序列的合併並依照升冪排列了。

虛擬碼

```
# 合併陣列 A 中區間 [l, m) 與區間 [m, r) 的元素
# 各區間的元素皆已按升冪排序完成
merge(A, l, m, r):
    for i ← 1 to r-1:
        T[i] ← A[i]              # 將陣列 A 的所有元素暫存到陣列 T

    reverse(T, m, r)             # 反轉暫存陣列 T 的後半部序列

    i ← l
    j ← r-1

    for k ← 1 to r-1:
        if T[i] ≤ T[j]:          # 比較序列最前端及最後端的元素，
                                   並選出較小者
            A[k] ← T[i]          # 將選出的較小元素放回原陣列
            i ← i + 1
        else:
            A[k] ← T[j]
            j ← j - 1


# 將陣列整體分為前、後 2 段並使用此函式進行合併的範例
merge(A, 0, N/2, N)
```

時間複雜度

若陣列前、後段的元素皆已各自按升冪排序，則整體的排序便能更有效率地完成。由於比較最前端及最後端的元素以及複製元素的次數皆為 N 次，因此合併處理的時間複雜度為 O(N)。此外，由於陣列中的所有元素都必須先暫存到另一個陣列中，因此所需的記憶體大小為輸入資料的 2 倍。

應用　合併 2 個已排序的序列處理，是進階排序演算法「合併排序法」的基本操作。

13-4 分割(Partition)

★★

與基準值做比較，將元素分組（Grouping Elements）

分割 (partition) 是排序效率高的演算法，其運作方式是從序列中找出一個基準值 (pivot)，接著逐一和序列中的各個元素做比較，小於基準值的元素放在左邊；大於基準值的元素放在右邊。所有元素都比較過一輪後，再分別從左、右兩邊的資料裡找出基準值，重複上述的步驟，直到完成排序。本節將帶你實作第一輪各個元素與基準值的比較，後續的排序你可以用同樣的方法自行練習。

從序列中挑選 1 個適當的元素做為基準，將序列分成比基準小和比基準大的 2 個群組。

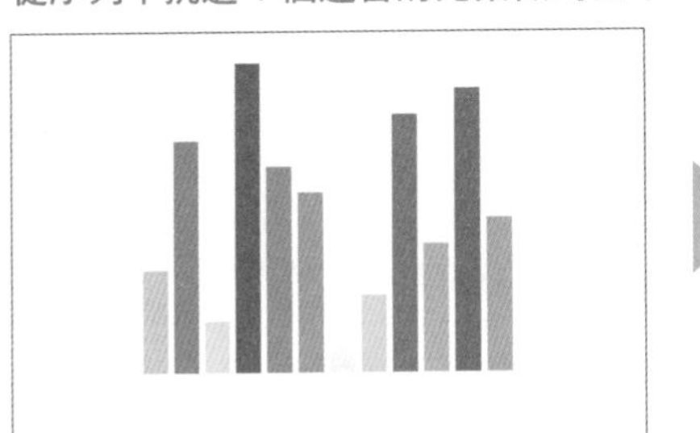

序列
元素數 N ≤ 100,000

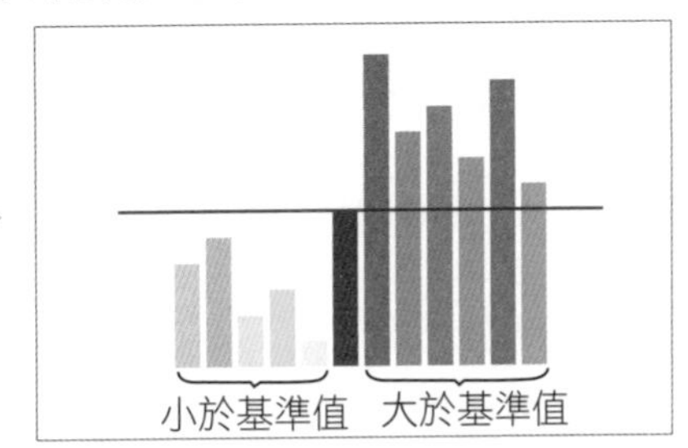

比基準值（紅色長條）小的群組放在左邊，比基準值大的群組放在右邊

分割（Partition）

分割處理會從陣列前方開始逐一檢查各元素，並將小於基準值的元素移到陣列左方，大於基準值的元素移到右方。本節介紹的做法是以陣列最尾端的值為基準值。由於分割處理可利用「互換」完成所有元素的移動，因此只需要使用 1 個陣列。

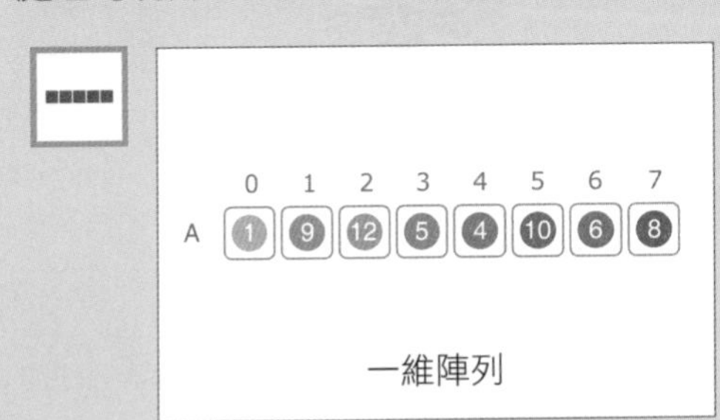

整數陣列	A

請注意！陣列元素並未排序，最尾端的元素並非最大值，而是我們刻意放進去的基準值！

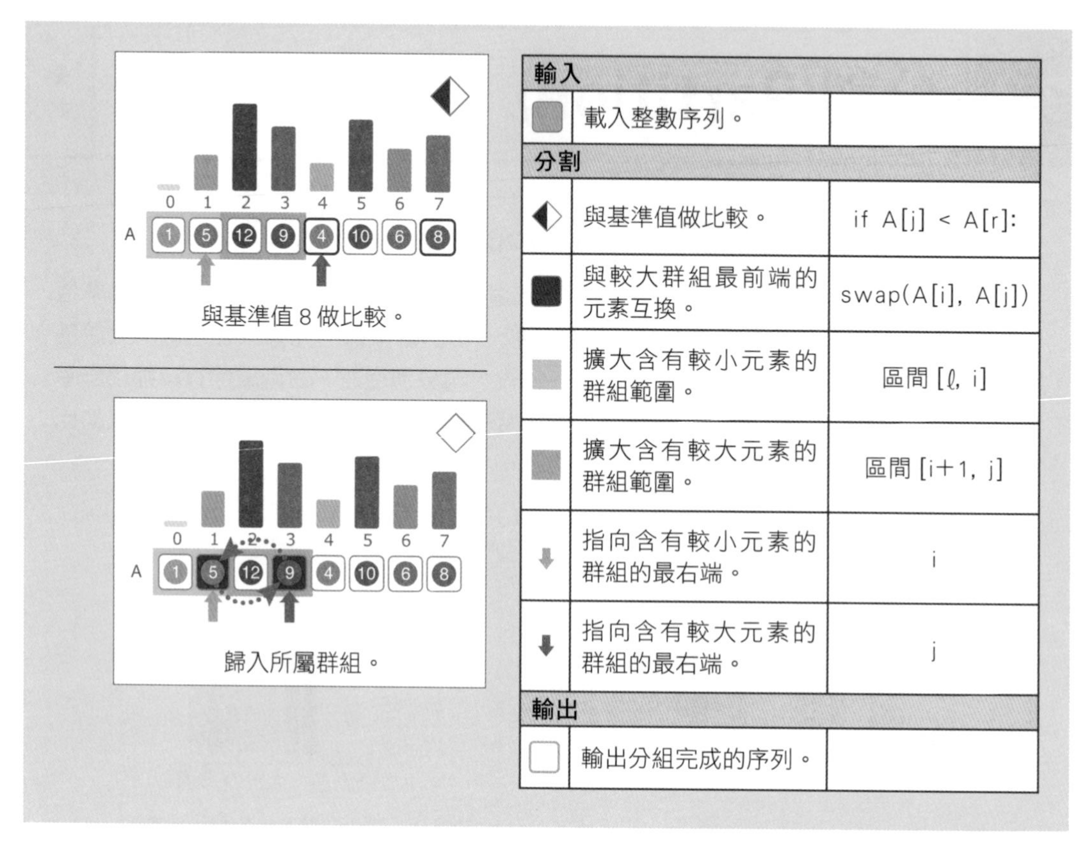

輸入		
	載入整數序列。	
分割		
	與基準值做比較。	if A[j] < A[r]:
	與較大群組最前端的元素互換。	swap(A[i], A[j])
	擴大含有較小元素的群組範圍。	區間 [ℓ, i]
	擴大含有較大元素的群組範圍。	區間 [i+1, j]
	指向含有較小元素的群組的最右端。	i
	指向含有較大元素的群組的最右端。	j
輸出		
	輸出分組完成的序列。	

演算法的執行過程

分割

2-1

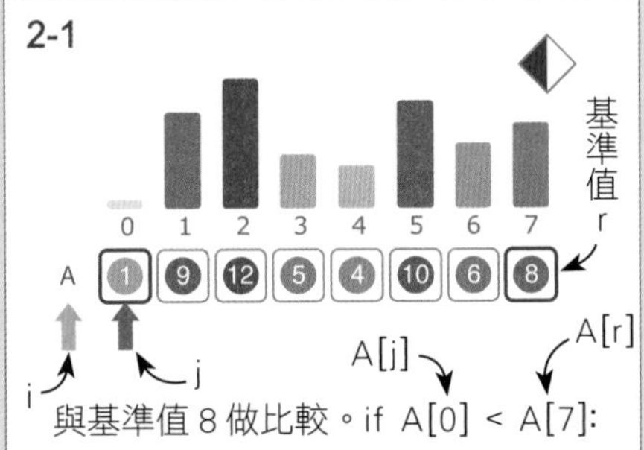

與基準值 8 做比較。if A[0] < A[7]:

2-2

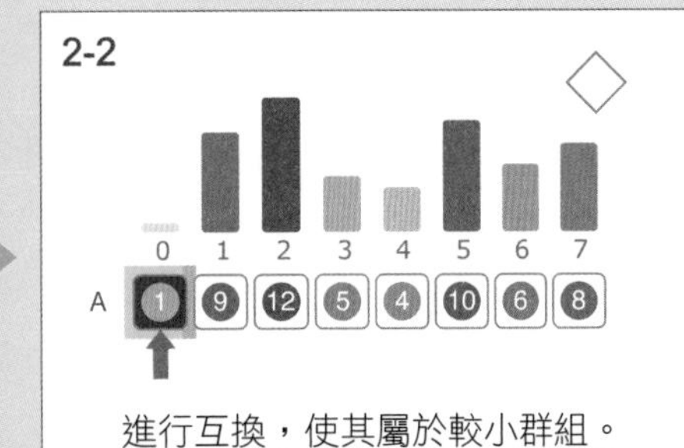

進行互換，使其屬於較小群組。
swap(A[0], A[0])，這時 i、j 值都是 0。

2-3

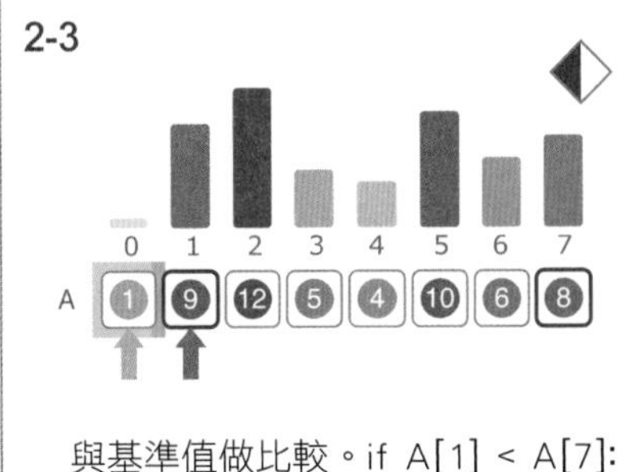

與基準值做比較。if A[1] < A[7]:

2-4

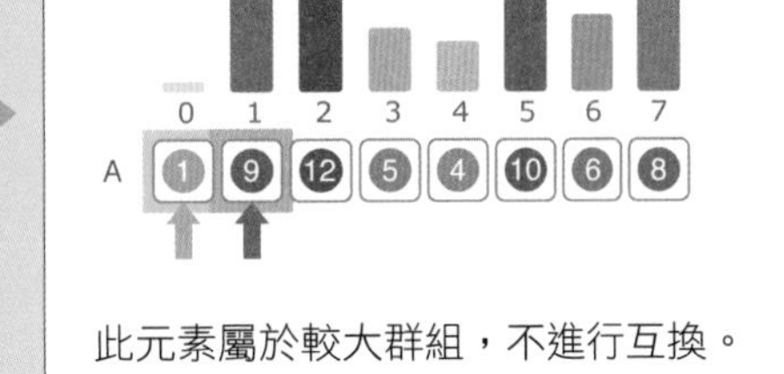

此元素屬於較大群組，不進行互換。

2-5

與基準值做比較。if A[2] < A[7]:

2-6

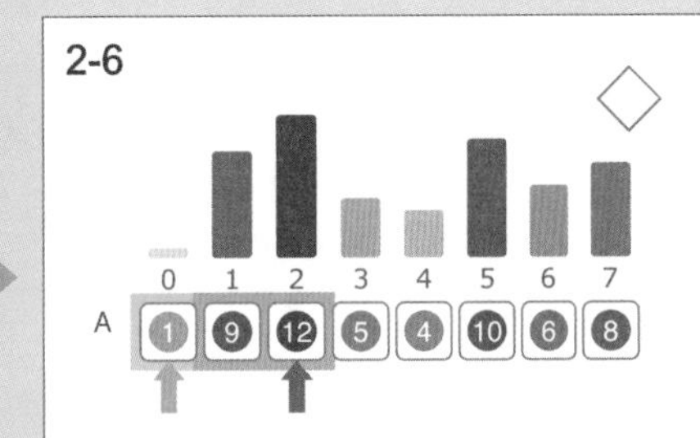

此元素屬於較大群組，不進行互換。

2-7

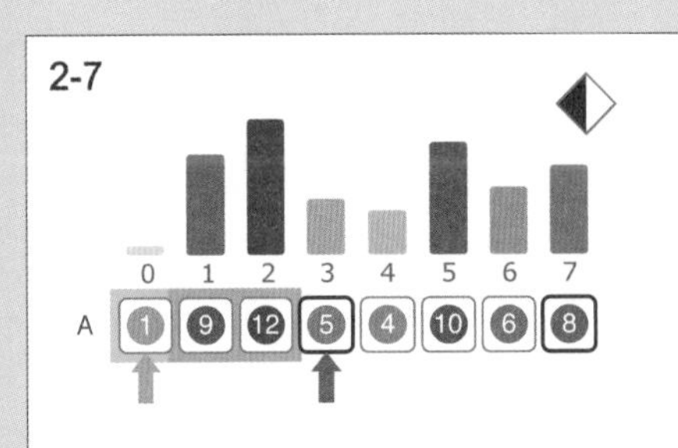

與基準值做比較。if A[3] < A[7]:

2-8

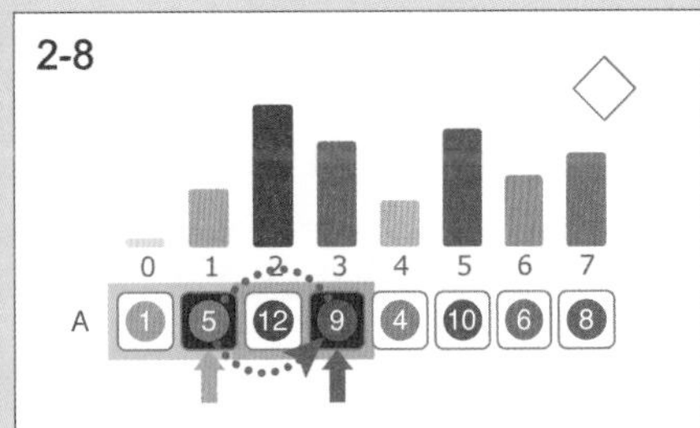

進行互換，A[3] 屬於較小群組。
swap(A[1], A[3])

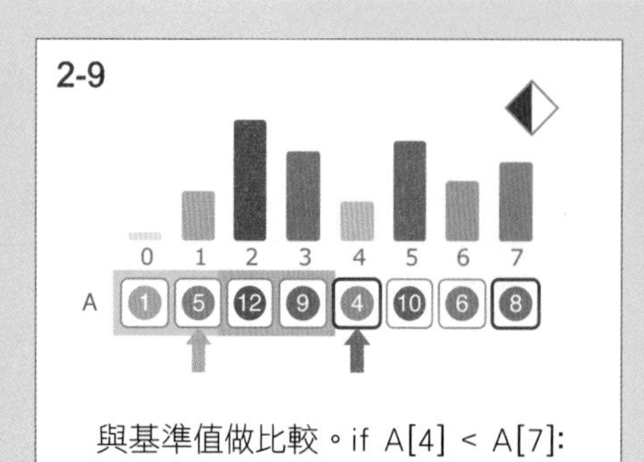

與基準值做比較。if A[4] < A[7]:

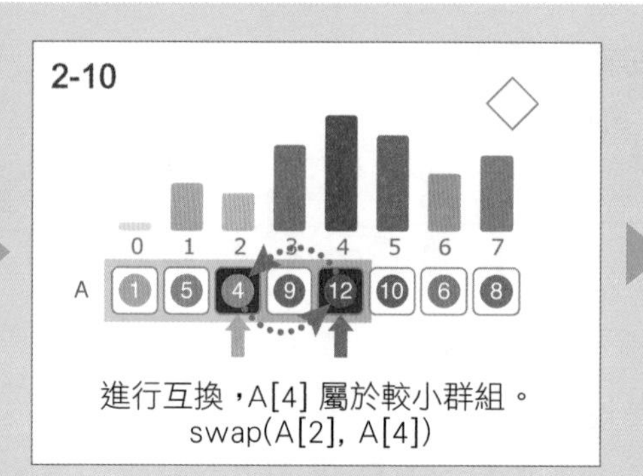

進行互換，A[4] 屬於較小群組。
swap(A[2], A[4])

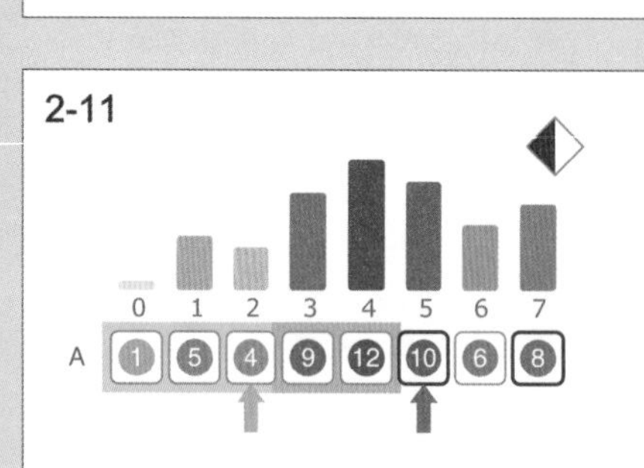

與基準值做比較。if A[5] < A[7]:

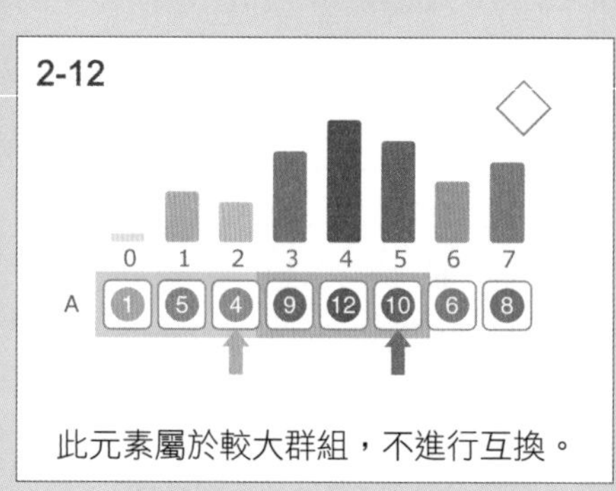

此元素屬於較大群組，不進行互換。

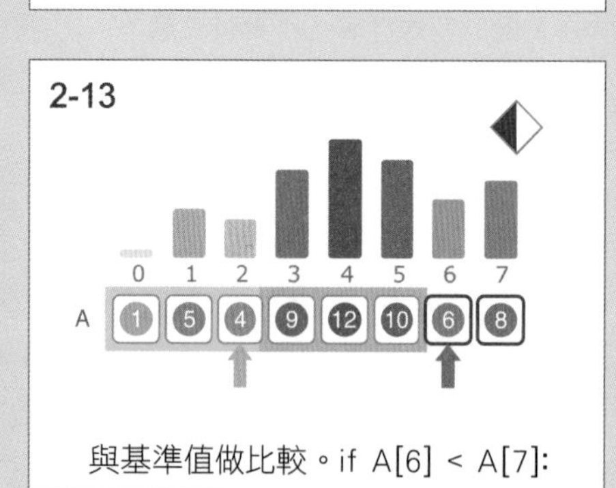

與基準值做比較。if A[6] < A[7]:

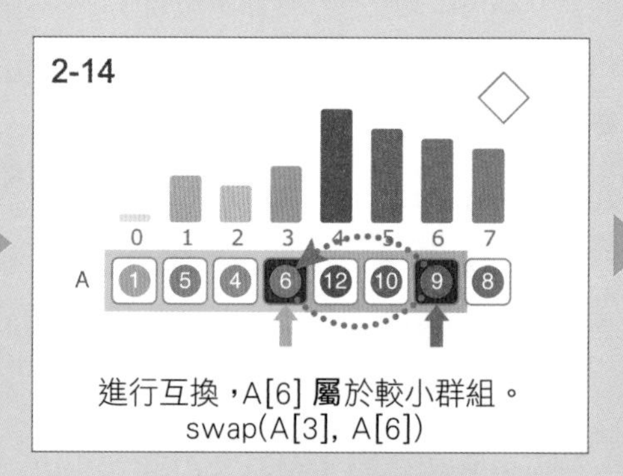

進行互換，A[6] 屬於較小群組。
swap(A[3], A[6])

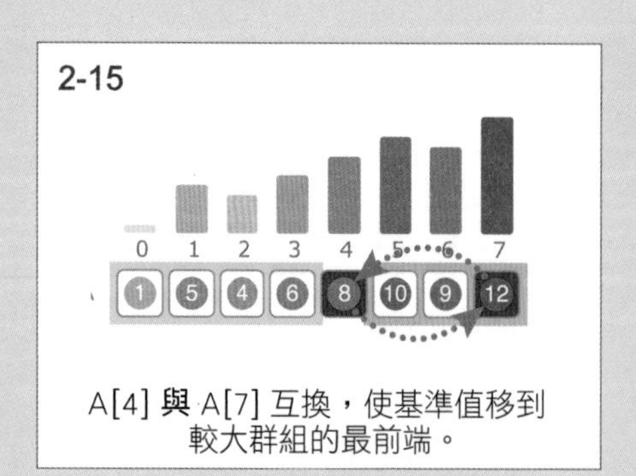

A[4] 與 A[7] 互換，使基準值移到
較大群組的最前端。

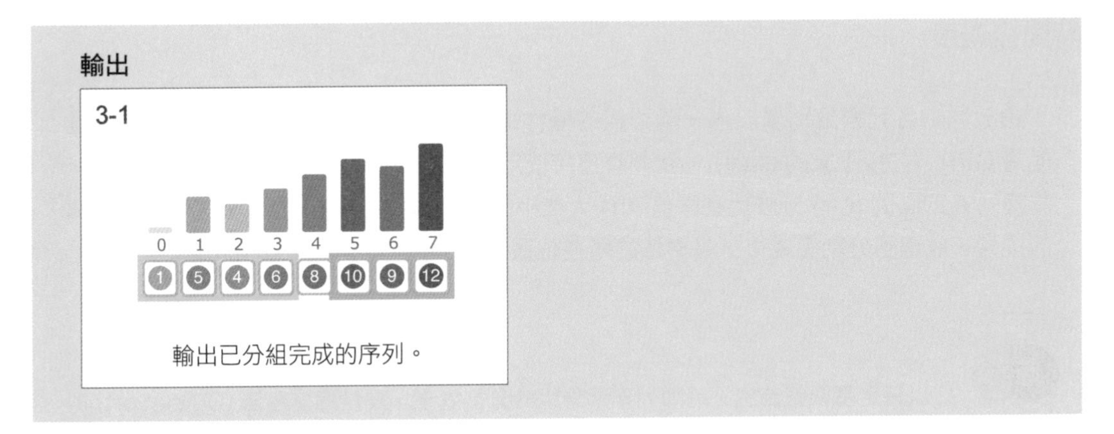

演算法的重點說明

由陣列前端開始依序比較各元素與基準值 (r) 的大小，以判斷元素應該屬於哪一個群組 (if A[j] < A[r])。大於或等於基準值的元素不需移動，但要將較大群組的範圍加 1 (i+1) 以擴及該元素。小於基準值的元素則需與較大群組的最前端元素進行互換 (swap(A[i], A[j]))，較小群組的範圍需加 1 (i+1) 以擴及該元素。

除了基準值以外的所有元素皆比較完畢後，將較大群組最前端的元素與最尾端的元素 (基準值) 互換 (swap(A[i], A[r])，使基準值移到較小群組與較大群組的中間。至此，就連基準值在陣列中的位置也定位完成了。

虛擬碼

```
# 以 A[r] 的值為基準分割陣列 A 的區間 [l, r]
partition(A, l, r):
    p ← l
    i ← p-1
    for j ← p to r-1:
        if A[j] < A[r]:       # 與基準值做比較
            i ← i+1
            swap(A[i], A[j]) # 與較大群組最前端的元素互換

    i ← i + 1
    swap(A[i], A[r])          # 將基準值 A[r] 移到較大群組的最前端
    return i

# 使用此函式對陣列 A 進行分割的範例
q ← partition(A, 0, N-1)
```

時間複雜度

由於判斷各元素分別屬於哪一個群組的操作需進行 N 次，因此分割處理的時間複雜度為 O(N)。在接下來的章節中，我們會直接使用 partition(A, ℓ, r) 函式進行分割操作，將陣列 A 的區間 [ℓ, r] 分成比基準值 A[r] 大或小的 2 個群組。partition 函式會改變元素的排列，並傳回分割完成後，基準值的所在位置。

應用

以特定基準值為主，將陣列元素分組的分割處理，是**快速排序法** (Quick Sort) 的基本操作。

第 14 章

必學的排序法（Sorting）

經過排序的資料可以提升搜尋的效率。一般資料會用某些基準來做排序，例如電話簿會依筆劃、字典會依字母排序。而人們也因此設計出各種不同的排序演算法。

本章將介紹 3 個利用目前所學的基本操作，就能完成排序的演算法。

- 氣泡排序法 (Bubble Sort)
- 選擇排序法 (Selection Sort)
- 插入排序法 (Insertion Sort)

14-1 氣泡排序法 (Bubble Sort)

整數序列的排序（Sorting Integers）

資訊處理的基礎就是以資料之間共通的鍵值 (key) 為基準，將資料排序。本節將介紹元素數較少的整數序列排序方式。

請將整數序列 $\{a_0, a_1, \ldots, a_{N-1}\}$ 按照升冪排列。

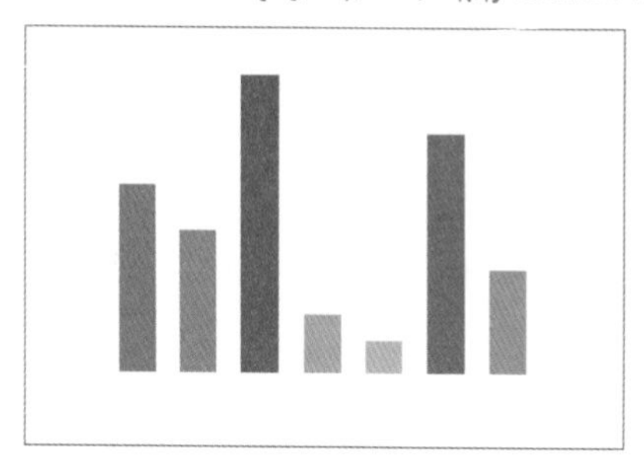

整數序列
$N \leq 100$
$a_i \leq 10^9$

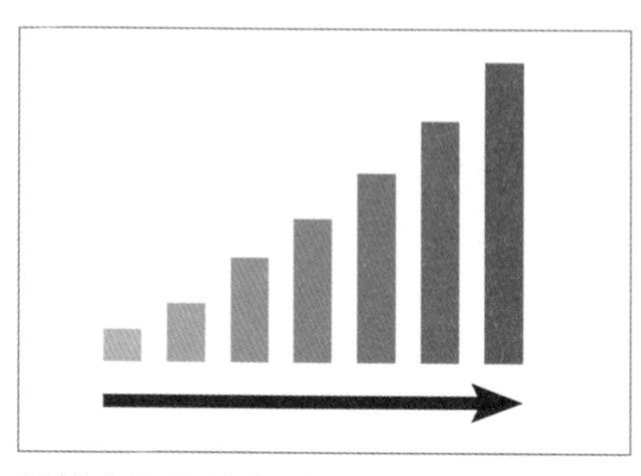

已排序的整數序列

氣泡排序法（Bubble Sort）

氣泡排序法將陣列分為前方已排序和後方待排序的 2 個部分，一開始已排序的元素數目為 0，未排序元素數目為 N。排序時，從待排序部分的尾端開始，比較相鄰元素的大小順序，若相反則互換 (編註：意思是前一個數值若大於後一個數值則交換)，並繼續比較下一組相鄰元素，直到當次比較中最小的元素抵達序列的最前端，並把此元素列入已排序部分。

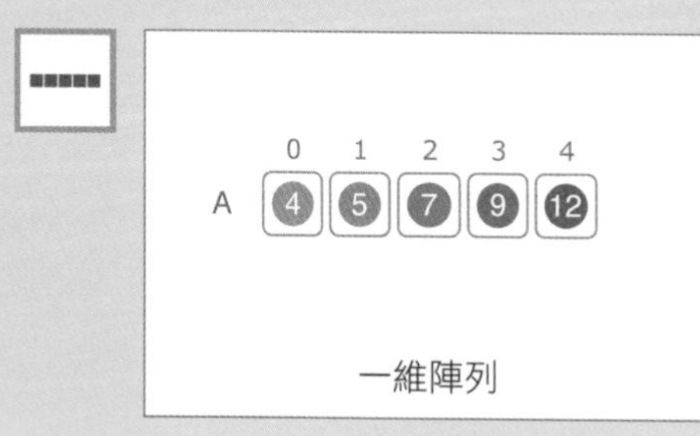

	整數序列	A

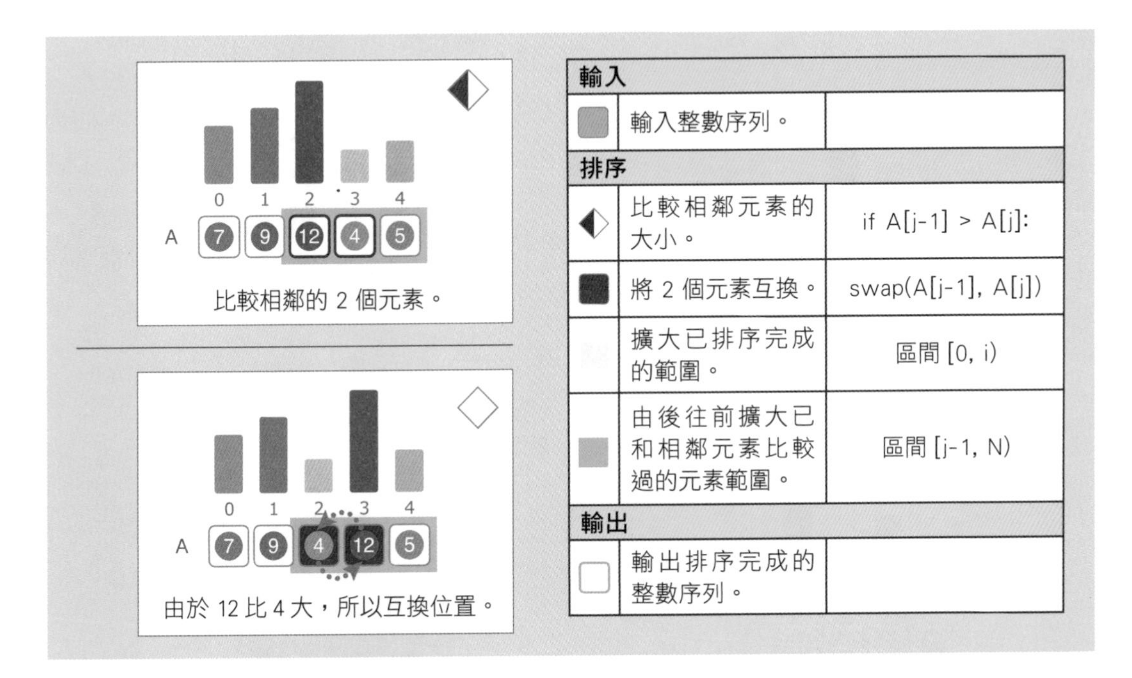

輸入		
	輸入整數序列。	
排序		
	比較相鄰元素的大小。	if A[j-1] > A[j]:
	將 2 個元素互換。	swap(A[j-1], A[j])
	擴大已排序完成的範圍。	區間 [0, i)
	由後往前擴大已和相鄰元素比較過的元素範圍。	區間 [j-1, N)
輸出		
	輸出排序完成的整數序列。	

演算法的執行過程

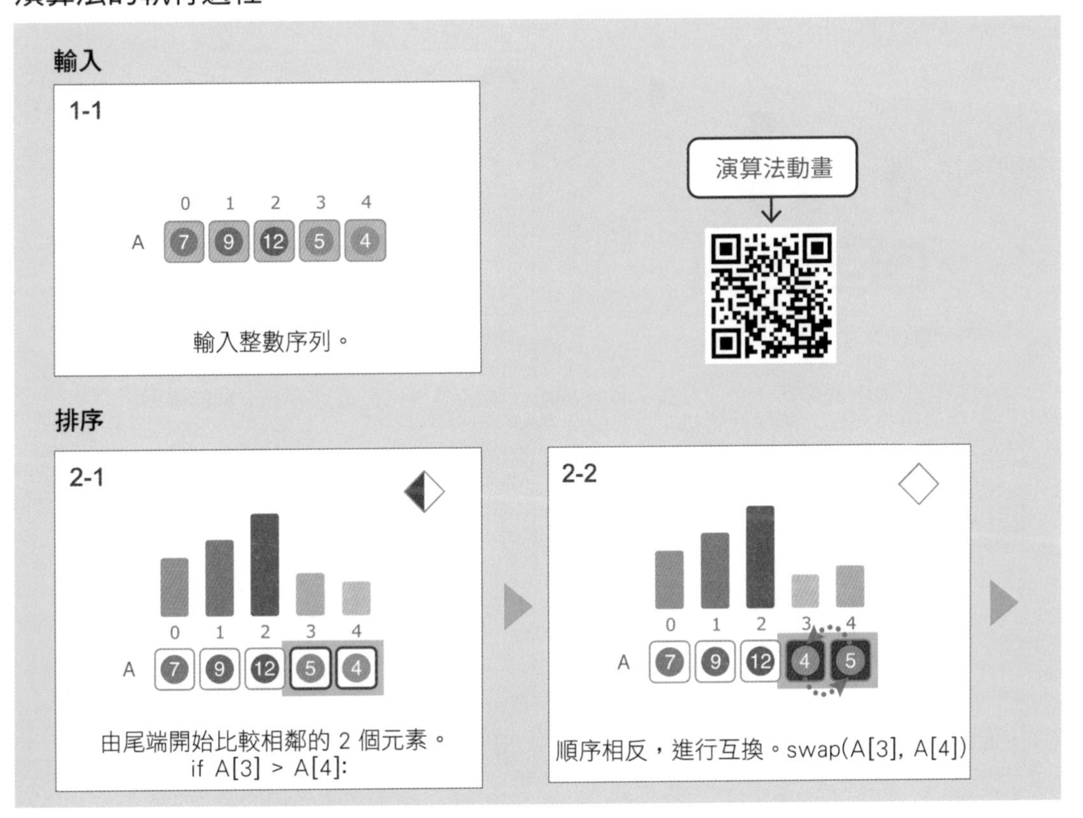

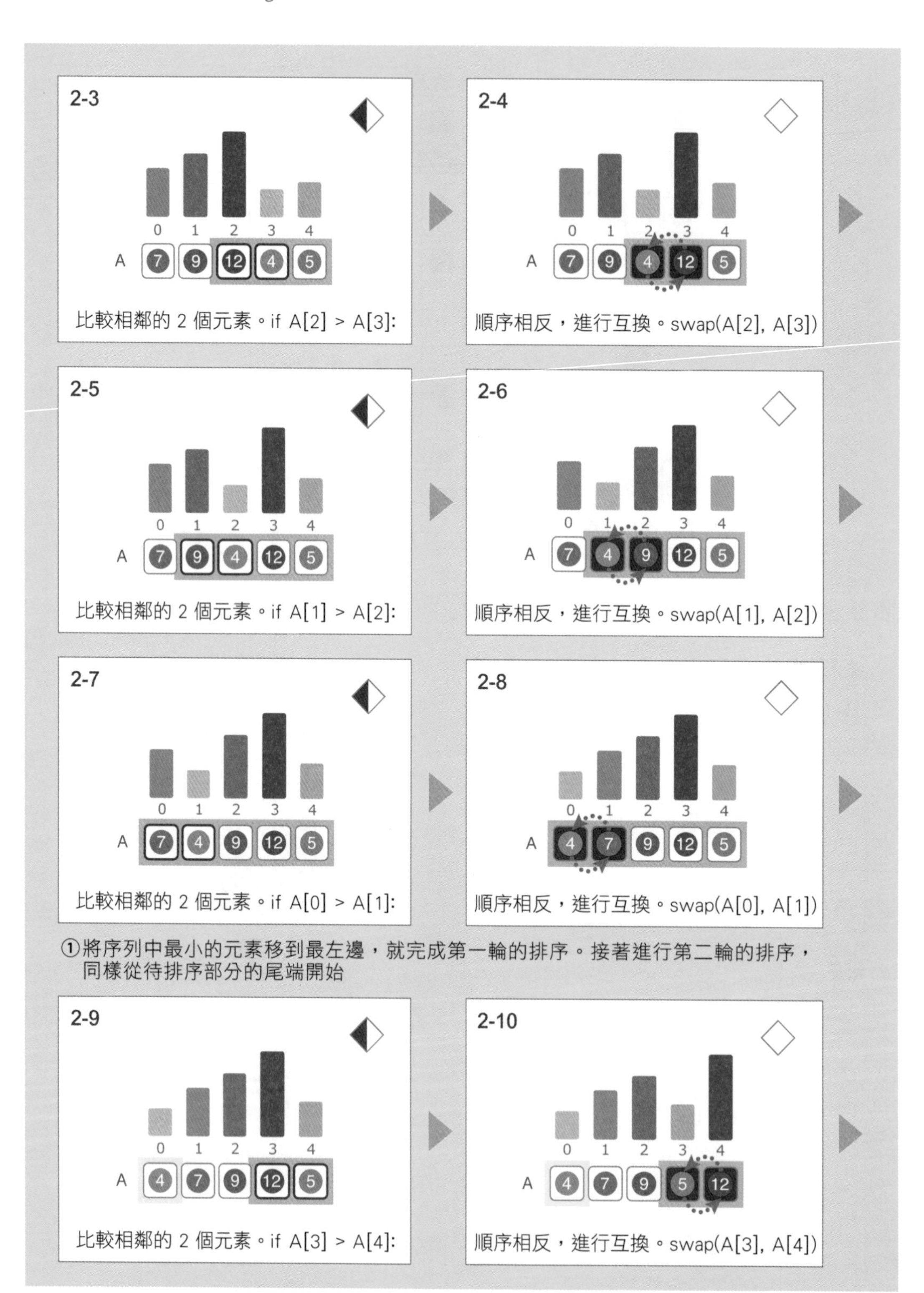
2-3
0 1 2 3 4
A 7 9 12 4 5
比較相鄰的 2 個元素。if A[2] > A[3]:
2-4
0 1 2 3 4
A 7 9 4 12 5
順序相反，進行互換。swap(A[2], A[3])
2-5
0 1 2 3 4
A 7 9 4 12 5
比較相鄰的 2 個元素。if A[1] > A[2]:
2-6
0 1 2 3 4
A 7 4 9 12 5
順序相反，進行互換。swap(A[1], A[2])
2-7
0 1 2 3 4
A 7 4 9 12 5
比較相鄰的 2 個元素。if A[0] > A[1]:
2-8
0 1 2 3 4
A 4 7 9 12 5
順序相反，進行互換。swap(A[0], A[1])
①將序列中最小的元素移到最左邊，就完成第一輪的排序。接著進行第二輪的排序，同樣從待排序部分的尾端開始
2-9
0 1 2 3 4
A 4 7 9 12 5
比較相鄰的 2 個元素。if A[3] > A[4]:
2-10
0 1 2 3 4
A 4 7 9 5 12
順序相反，進行互換。swap(A[3], A[4])

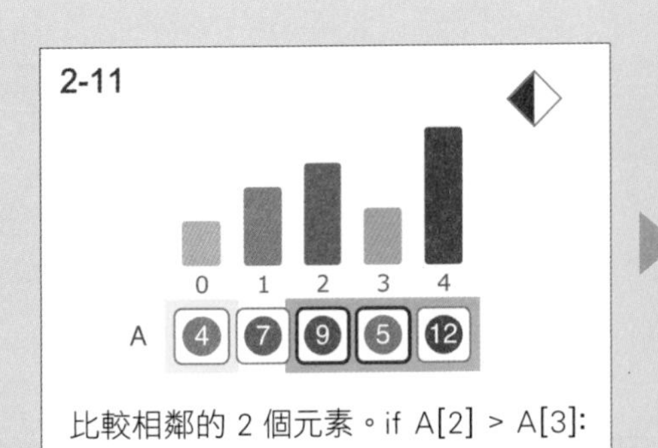

比較相鄰的 2 個元素。if A[2] > A[3]:

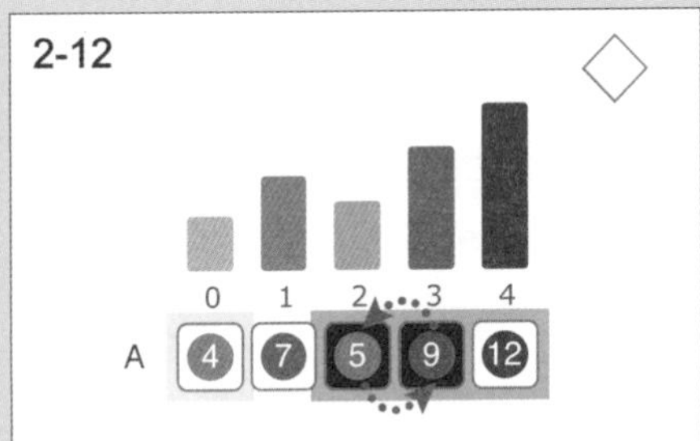

順序相反，進行互換。swap(A[2], A[3])

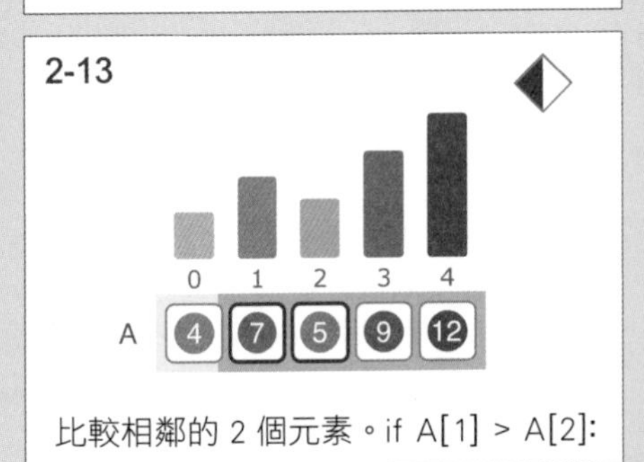

比較相鄰的 2 個元素。if A[1] > A[2]:

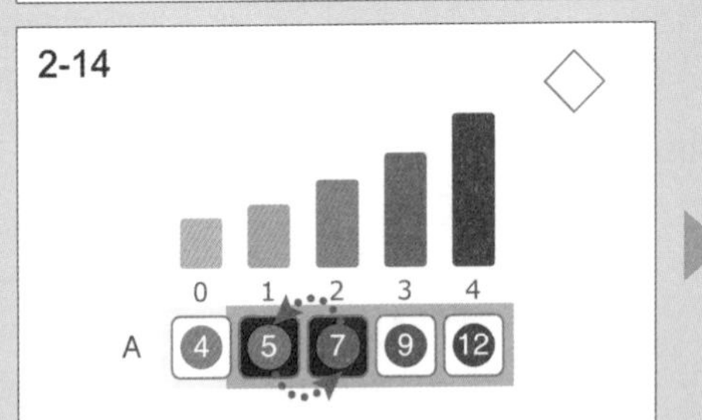

順序相反，進行互換。swap(A[1], A[2])

②當抵達序列左邊數來的第二個位置，就表示已經完成序列第二小的數值排序。接著，再回到待排序部分的尾端，反覆進行相同的操作。

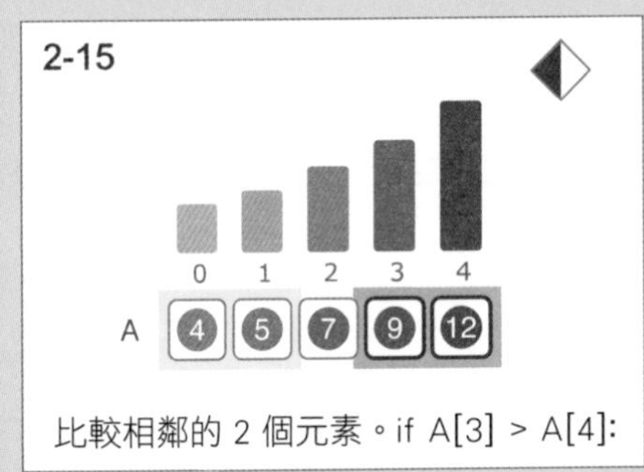

比較相鄰的 2 個元素。if A[3] > A[4]:

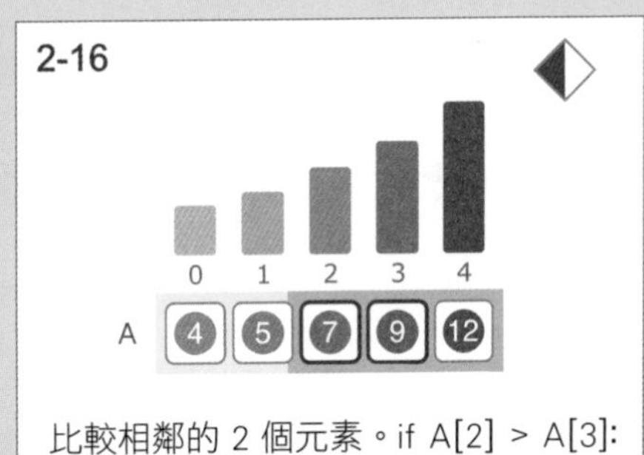

比較相鄰的 2 個元素。if A[2] > A[3]:

③由於 A[0] 及 A[1] 已經比較過，所以不用再進行比較。

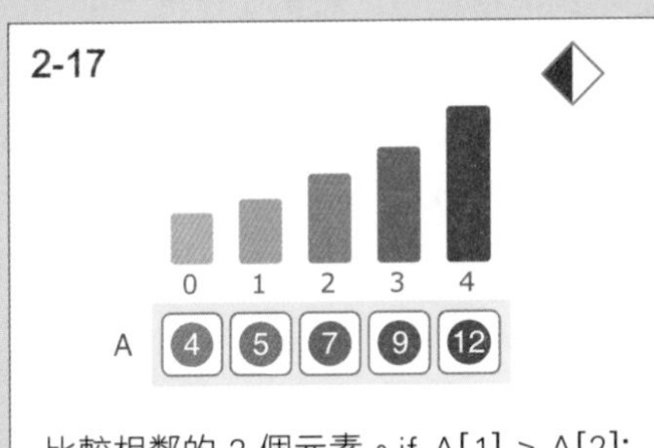

比較相鄰的 2 個元素。if A[1] > A[2]:

輸出

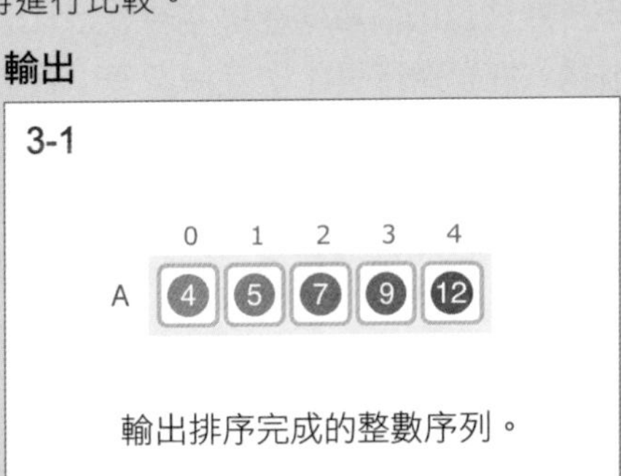

輸出排序完成的整數序列。

④沒有需要再交換的元素了。

演算法的重點說明

此排序法是反覆從最尾端開始將相鄰的元素兩兩相比，如果前者大於後者，則將兩者互換排列，重複走訪要排序的序列，直到沒有需要再交換的元素為止（序列已經由小到大排列），就完成排序。

虛擬碼

```
bubbleSort(A, N):
    for i ← 0 to N-2:
        for j ← N-1 downto i+1
            if A[j-1] > A[j]:
                swap(A[j-1], A[j])
```

從上面的範例來看，其 N 為 5，所以 i 會是 0 到 3，而 j 則是 4 到 i+1

外圈的 i 代表每次由右往左、兩兩相比時，要比到最左邊的第幾個索引。首圈會由右往左比到索引 0，因此最小值會由右往左逐步移到索引 0；次圈則會比到索引 1（索引 0 已經是最小值所以不用再比了），因此次小值會移到索引 1；再下一圈則以此類推......

內圈則是要由最右邊的索引 (N-1) 開始，由右往左逐一兩兩相比，若左值大於右值則左右交換。首圈會比較索引 N-2(左值）和 N-1（右值），次圈則比較 N-3（左值）和 N-2（右值），以此類推，一直比到索引 i（左值）和 i+1（右值）

※ 編註：本書虛擬碼主要是用來說明演算法的運作，因此並未處理一些細節，例如上、下限檢查等等。

時間複雜度

氣泡排序法是因為資料在排序時會如氣泡般浮上水面而得此名。將第 1 小的元素移動到最前端，需要進行 N-1 次互換處理；將第 2 小的元素移動到已排序部分的最尾端，需要進行 N-2 次互換處理，以此類推，像這樣透過互換處理將最小值移動到已排序部分最尾端的處理，共需要進行 N-1 次。因此整體的比較、互換次數應為 $(N-1)+(N-2) +...+1 = N(N-1)/2$ 次，所以氣泡排序法的時間複雜度為 $O(N^2)$。

應用

氣泡排序法是最單純的排序演算法之一。雖然因計算效率差而不實用，但當中反覆互換相鄰元素以移動資料的操作，在許多演算法中都會用到。

14-2 選擇排序法 (Selection Sort) ★★

整數序列的排序（Sorting Integers）

資訊處理的基礎就是以資料之間共通的鍵值 (key) 為基準，將資料排序。本節將介紹元素數較少的整數序列排序方式。

請將整數序列 $\{a_0, a_1, \ldots, a_{N-1}\}$ 按照升冪排列。

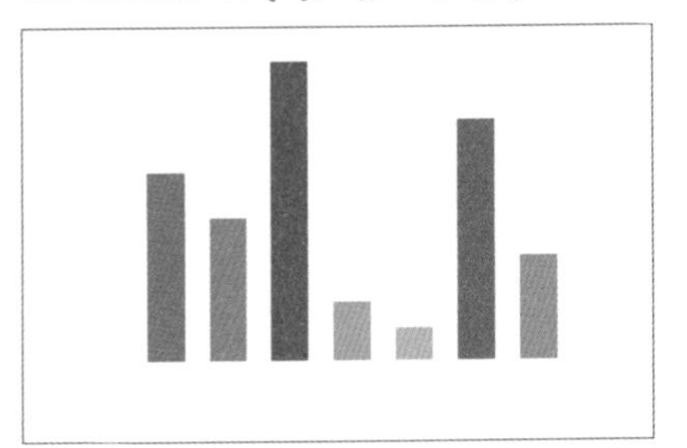

整數序列
$N \leq 100$
$a_i \leq 10^9$

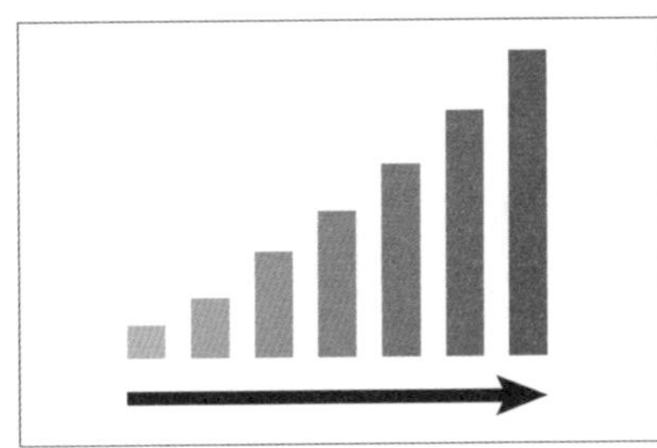

排序完成的整數序列

選擇排序法（Selection Sort）

選擇排序法和氣泡排序法一樣將陣列分為前方已排序、後方待排序的 2 個部分。排序時，從待排序部分搜尋出最小值，與待排序部分的最前端互換，使其成為已排序部分的最尾端 (編註：其實就是反覆搜尋序列中的最小值，把它與最左邊的元素對調)。

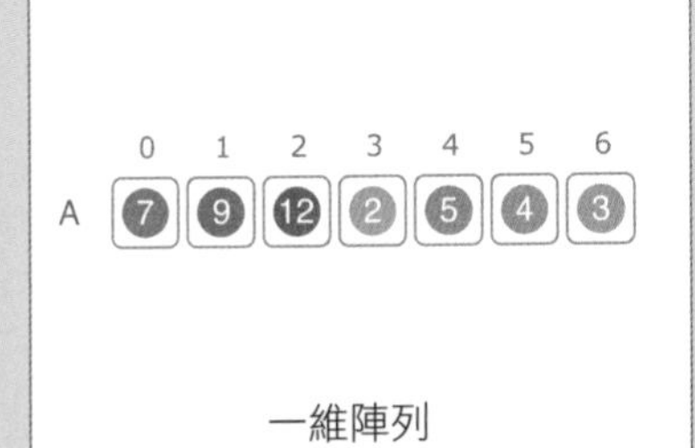

一維陣列

整數序列	A

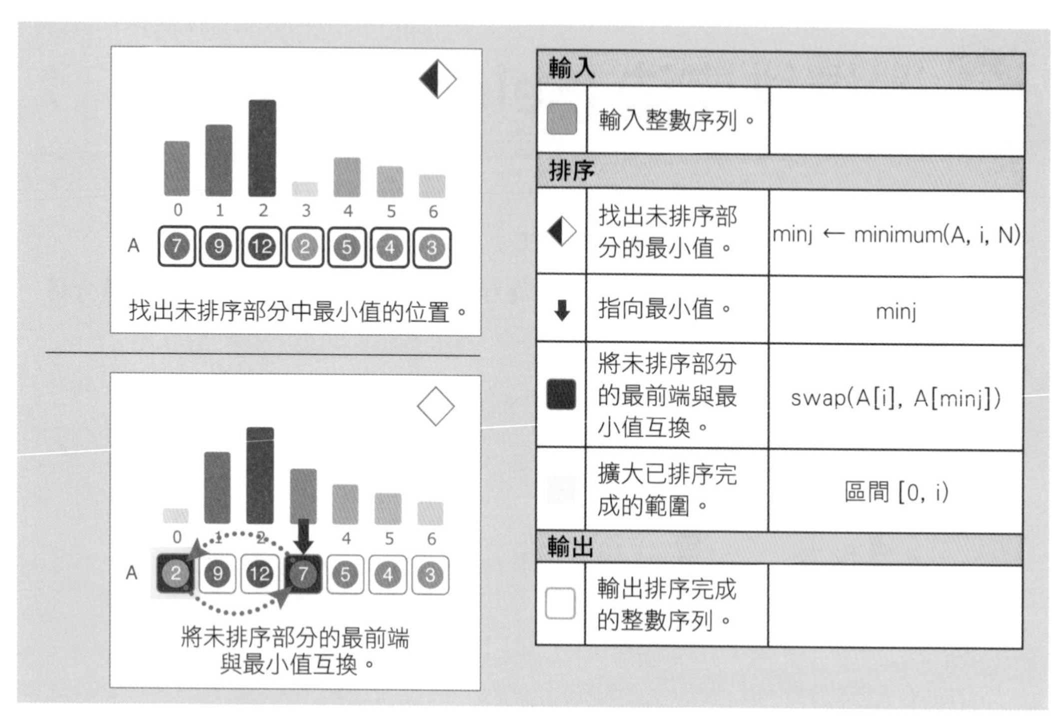

輸入		
	輸入整數序列。	
排序		
	找出未排序部分的最小值。	minj ← minimum(A, i, N)
	指向最小值。	minj
	將未排序部分的最前端與最小值互換。	swap(A[i], A[minj])
	擴大已排序完成的範圍。	區間 [0, i)
輸出		
	輸出排序完成的整數序列。	

演算法的執行過程

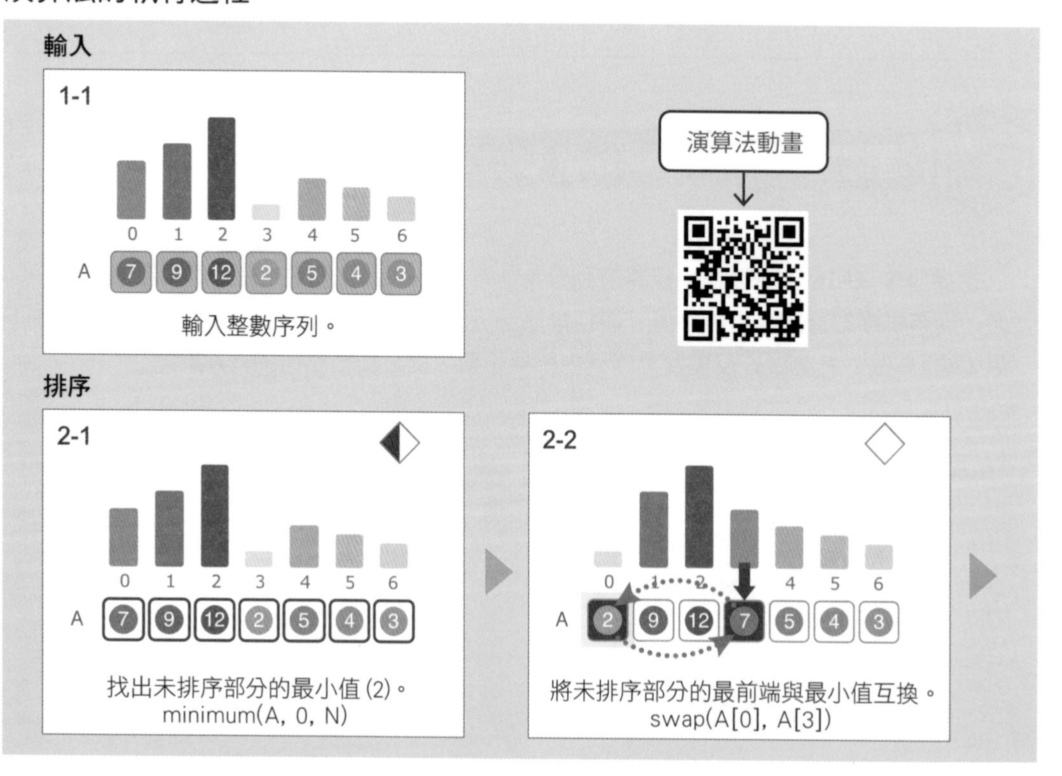

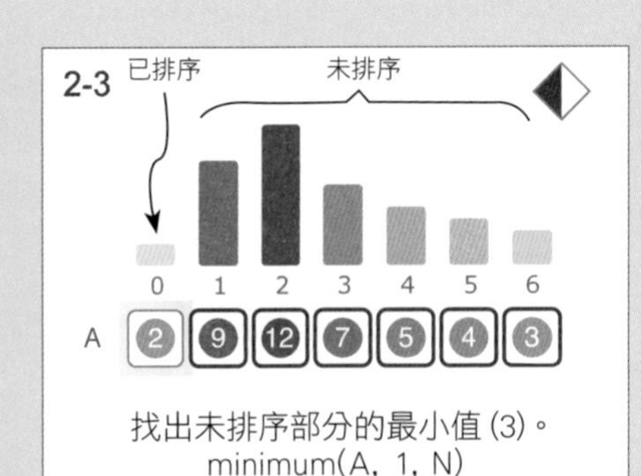

找出未排序部分的最小值 (3)。
minimum(A, 1, N)

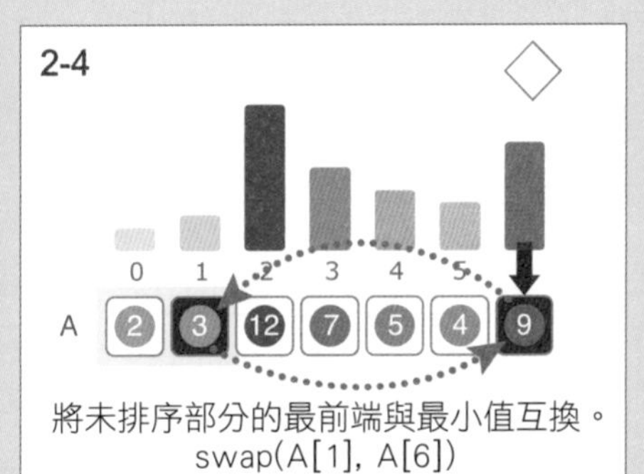

將未排序部分的最前端與最小值互換。
swap(A[1], A[6])

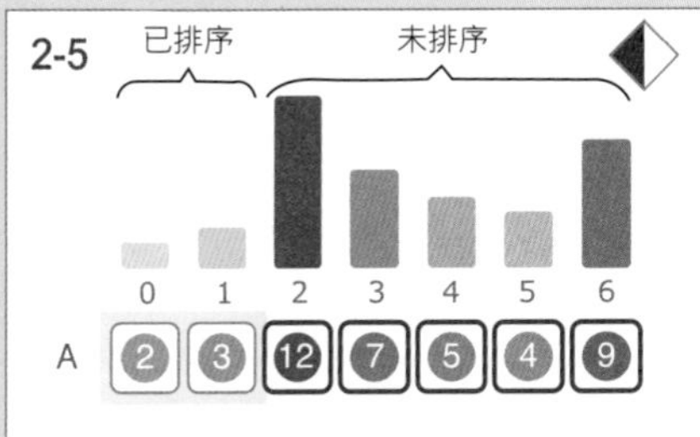

找出未排序部分的最小值 (4)。
minimum(A, 2, N)

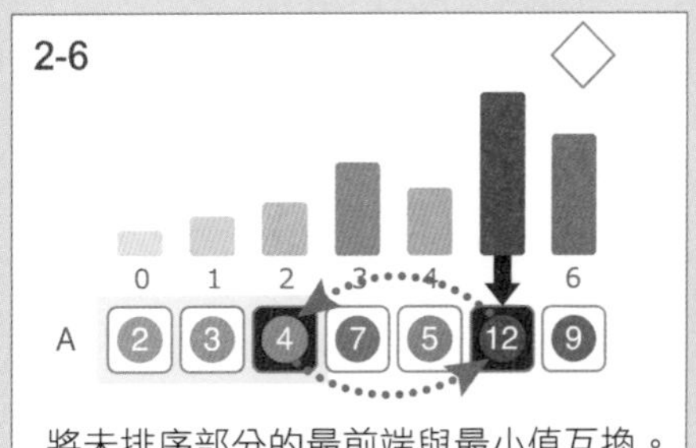

將未排序部分的最前端與最小值互換。
swap(A[2], A[5])

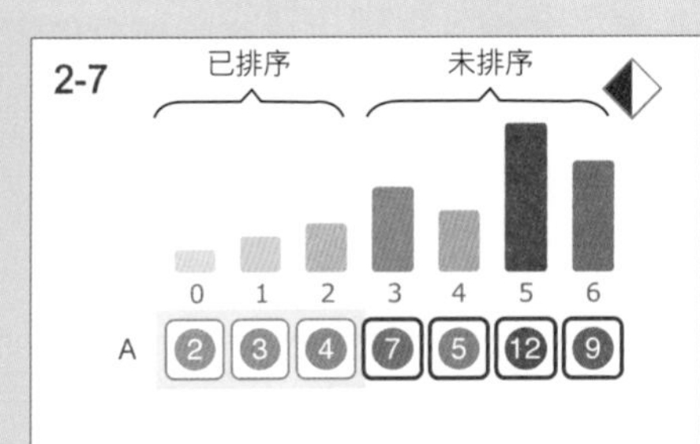

找出未排序部分的最小值 (5)。
minimum(A, 3, N)

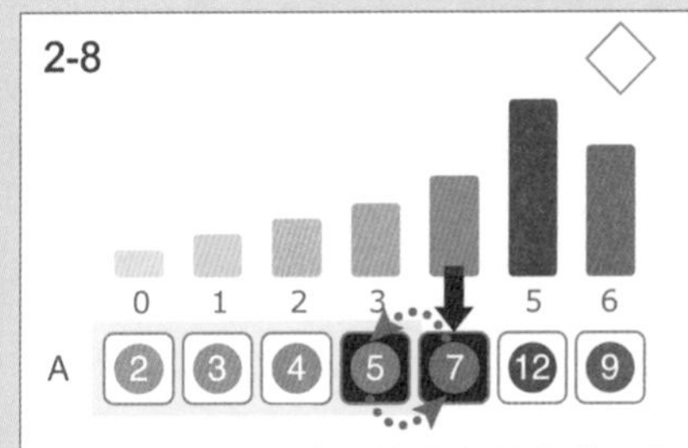

將未排序部分的最前端與最小值互換。
swap(A[3], A[4])

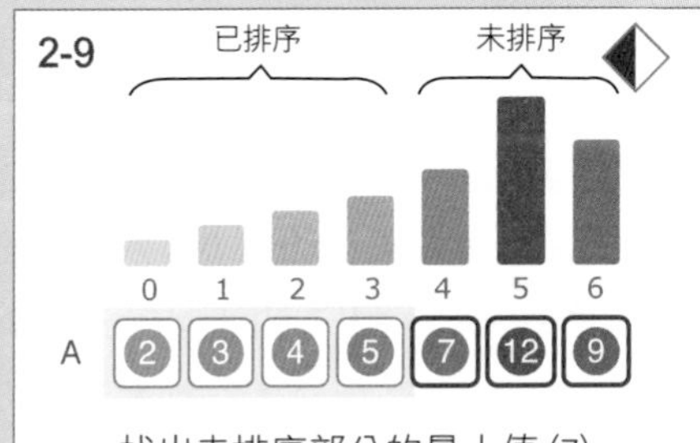

找出未排序部分的最小值 (7)。
minimum(A, 4, N)

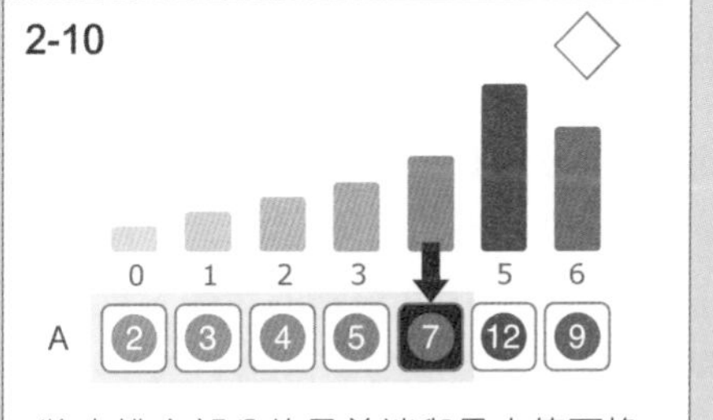

將未排序部分的最前端與最小值互換。
swap(A[4], A[4])

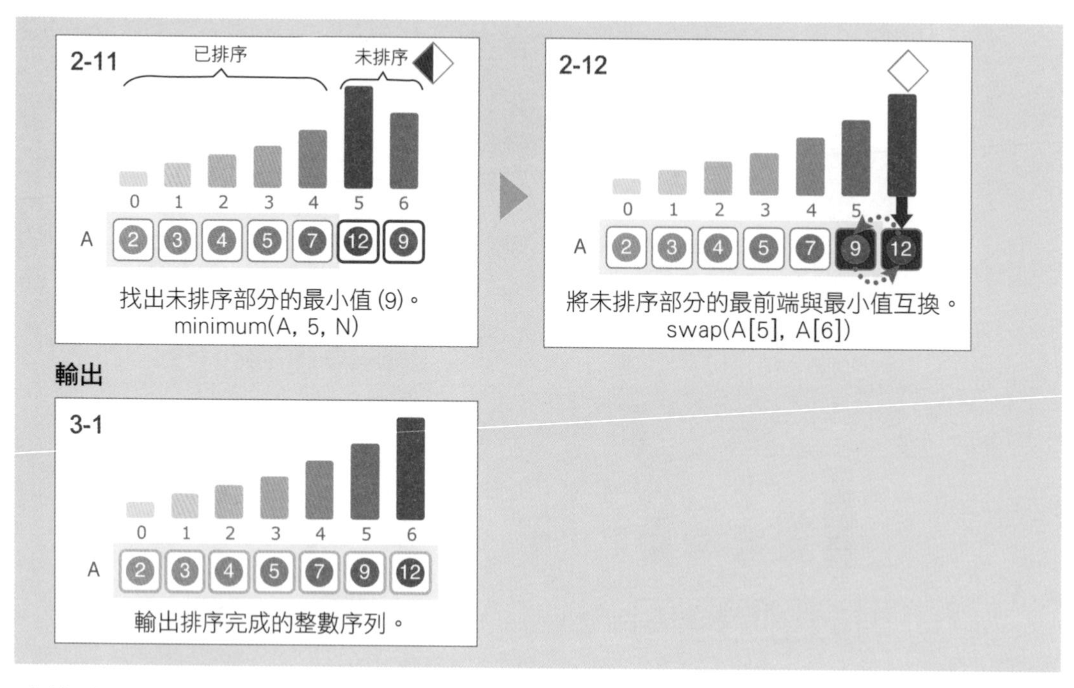

演算法的重點說明

此排序法會從前方開始逐一獲得排序完成的元素。其做法是對未排序的部分使用 minimum(A, i, N)，找出陣列 A 的區間 [i, N] 中最小值的元素位置 minj，再將此元素與未排序部分的最前端互換。如此一來，已排序部分會往後擴及該元素。

虛擬碼

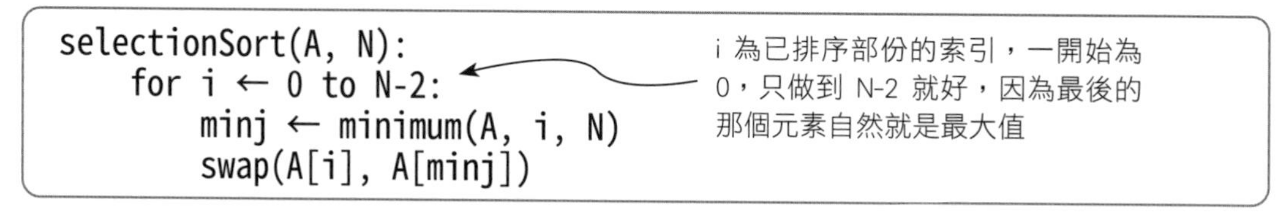

```
selectionSort(A, N):
    for i ← 0 to N-2:
        minj ← minimum(A, i, N)
        swap(A[i], A[minj])
```


時間複雜度

為了將第 1 小的元素移動到最前端而使用的最小值搜尋，需要進行 N-1 次的比較；為了移動第 2 小的元素，則需要進行 N-2 次的比較，以此類推，像這樣的最小值搜尋，必須進行 N-1 次。因此整體的比較、互換次數應為 (N-1)+(N-2) +...+1 = N(N-1)/2 次，表示選擇排序法的時間複雜度為 $O(N^2)$。

應用

選擇排序法是最單純的排序演算法之一，雖然因計算效率差而不實用，但其操作直覺，適合做為初學演算法的練習教材。

14-3 插入排序法 (Insertion Sort) ★★

整數序列的排序（Sorting Integers）

資訊處理的基礎就是以資料之間共通的鍵值 (key) 為基準，將資料排序。本節將介紹元素數較少的整數序列排序方式

請將整數序列 $\{a_0, a_1, \ldots, a_{N-1}\}$ 按照升冪排列。

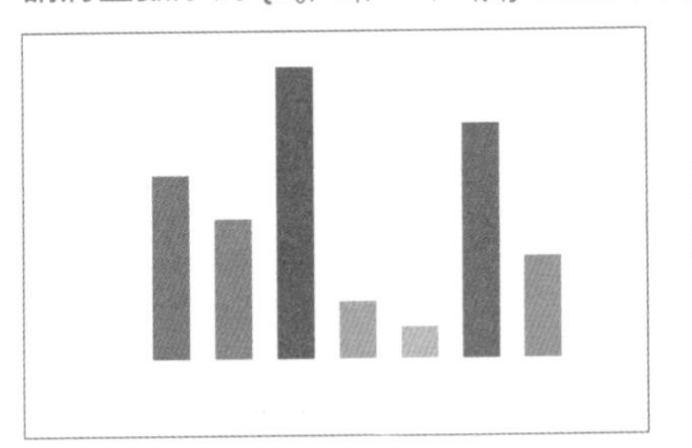

整數序列
$N \leqq 100$
$a_i \leqq 10^9$

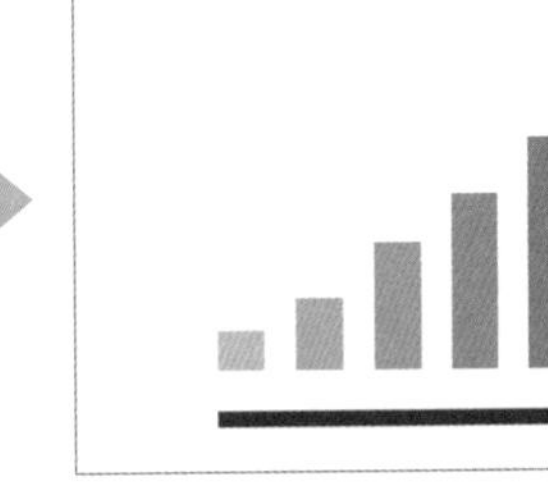

排序完成的整數序列

插入排序法（Insertion Sort）

插入排序法的做法是從最前端開始依序使用插入 (insertion) 操作，以逐步完成資料的排序。

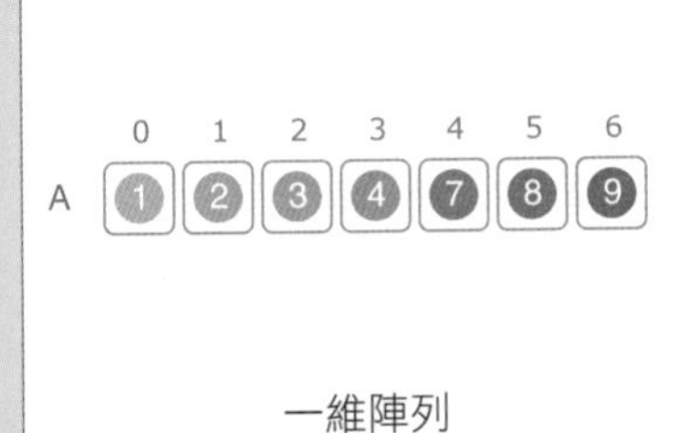

一維陣列

	整數序列	A

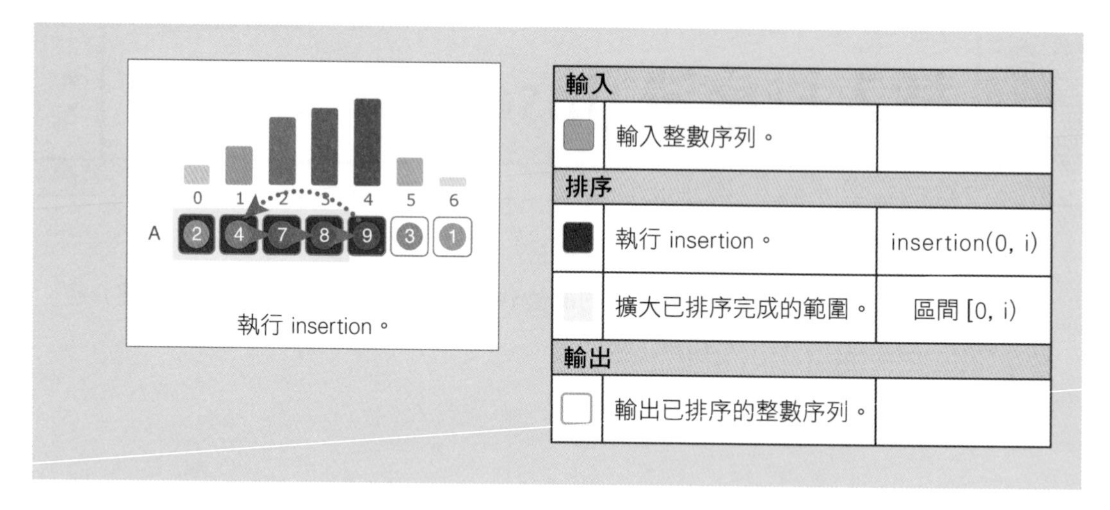

輸入		
	輸入整數序列。	
排序		
	執行 insertion。	insertion(0, i)
	擴大已排序完成的範圍。	區間 [0, i)
輸出		
	輸出已排序的整數序列。	

演算法的執行過程

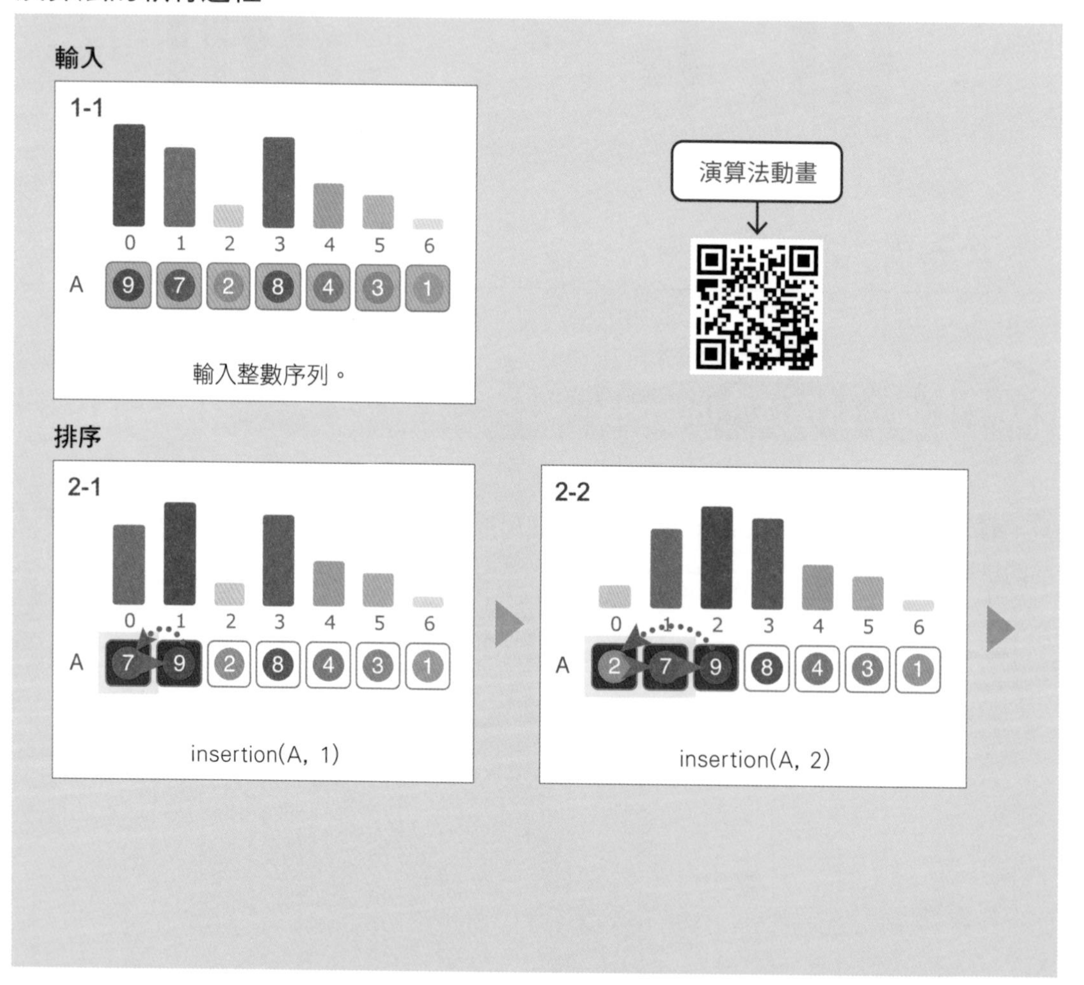

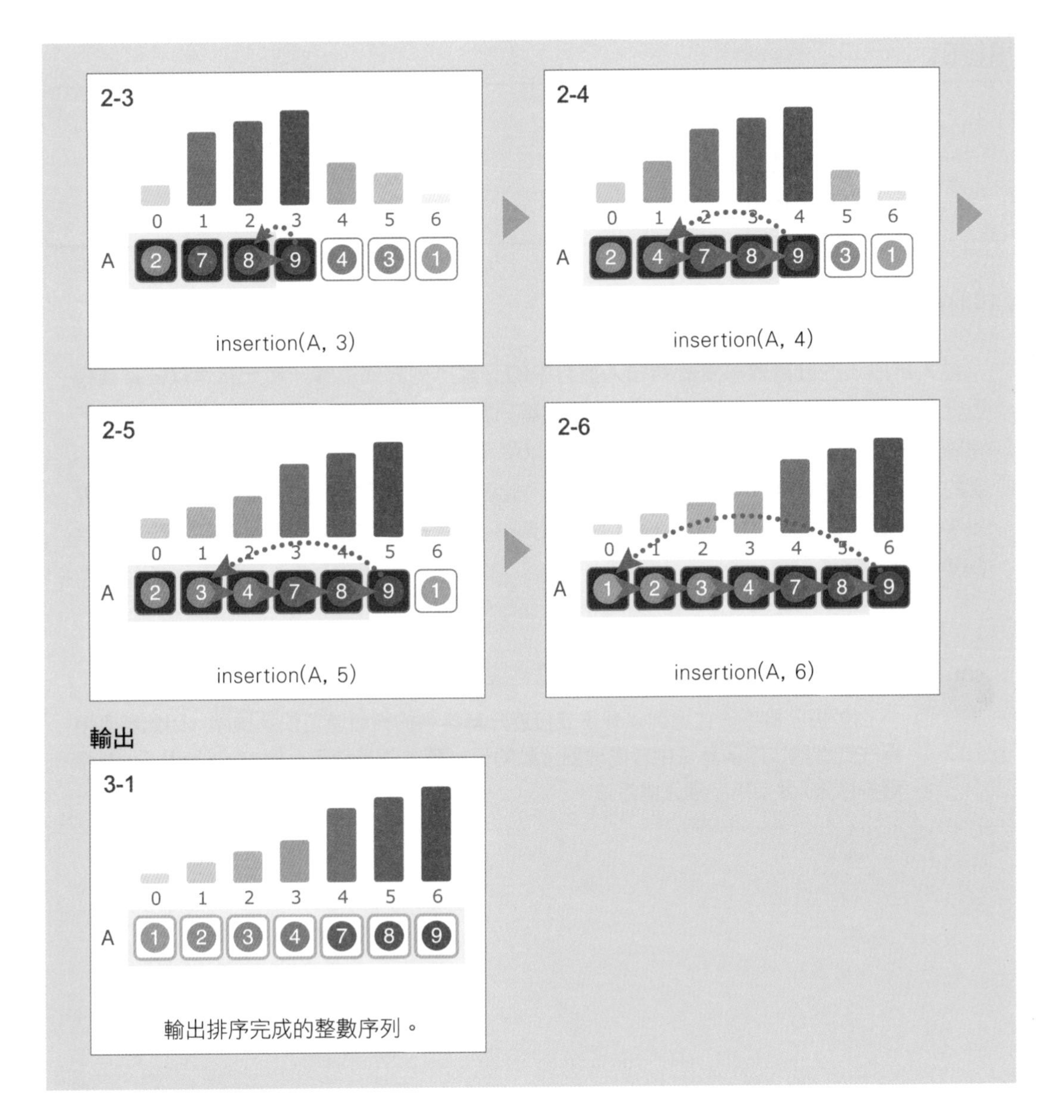

演算法的重點說明

由於元素數為 1 的子陣列已排序完成，因此我們會從陣列的第 2 個位置 (索引為 1) 開始，依序選定要插入的元素並執行 insertion。當第 i 次的 insertion 結束之後，由最前端算起的 i+1 個元素都會是已排序完成的元素，已排序部分會從前方開始 1 次增加 1 個元素。

虛擬碼

```
insertionSort(A, N):
    for i ← 1 to N-1:
        insertion(A, i)
```

時間複雜度

插入排序法的計算效率會受到輸入資料中的元素排列方式影響。若元素是以升冪或接近升冪的方式排列，則每次 insertion 操作都只需要 O(1) 即可完成，此時插入排序法的時間複雜度為 O(N)。但相反地，若元素是以降冪或接近降冪的方式排列，則在進行第 i 次的 insertion 操作時，會需走訪 i 個元素，此時插入排序法的時間複雜度為 $O(N^2)$。若以平均來看，則第 i 次的 insertion 需要比較、移動元素 i/2 次，因此時間複雜度仍為 $O(N^2)$。

應用

由於插入排序法在遇到以升冪或接近升冪排列的資料時可快速排序，因此若應用程式或進階排序演算法中會處理到這類的資料時，便可使用。例如，**Shell Sort**（希爾排序法）就使用了插入排序法。

第 15 章

與整數相關的演算法（Integer Algorithms）

研究整數性質的數學領域稱為整數論。整數論在資料加密領域有重要的貢獻，也能提升演算法與資料結構的效率。因此人們設計出各種與整數相關的演算法，例如：

- 埃拉托斯特尼篩法（Sieve of Eratosthenes）
- 輾轉相除法（Euclidean Algorithm，或稱「歐幾里得演算法」）

15-1 埃拉托斯特尼篩法 (Sieve of Eratosthenes) ★★

質數表（Prime Number Table）

質數指的是除了 1 與該數本身之外，沒有其他因數的正整數。由於密碼及高速演算法的實作等，都會用到質數的特性，因此我們需要可判斷是否為質數以及可產生質數的高效演算法。

請建立 1 個質數表，其中第 i 個元素在整數 i 為質數時為 1，合數時為 0（編註：合數是除了 1 與該數本身之外，還有其他因數的正整數）。

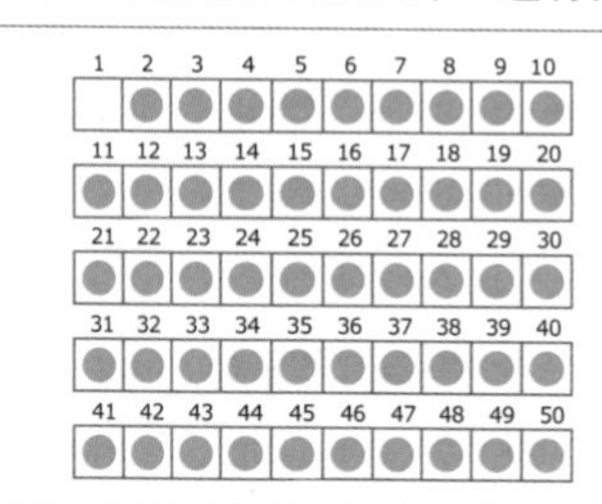

整數 N
2 ≤ N ≤ 1,000,000

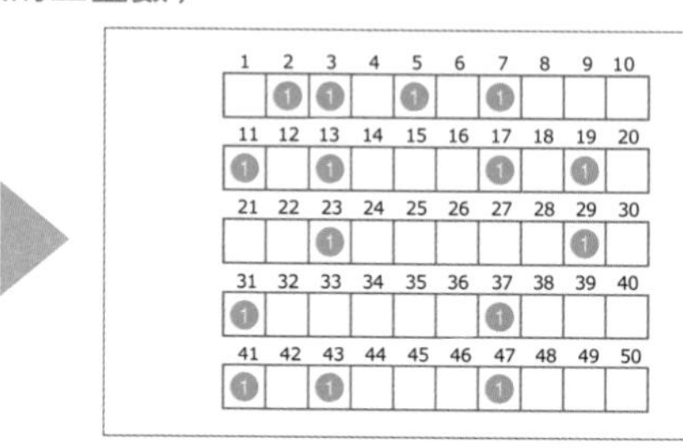

到 N 為止的質數表，圖中的 ❶ 表示質數，空白表示 0（合數）。

埃拉托斯特尼篩法（Sieve of Eratosthenes）

「埃拉托斯特尼篩法」是以大小為 N 的陣列做為質數表，列出從 2 到 (N-1) 的質數演算法。本範例雖然陣列大小 N 為 50，但由於第 0 個元素沒用到，所以只計算 1～49 的整數。

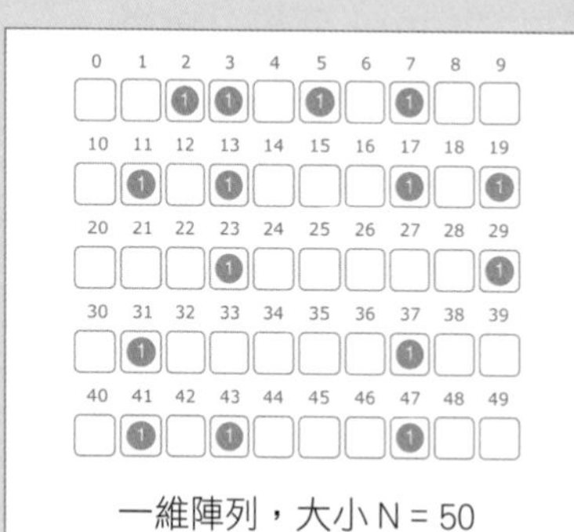

一維陣列，大小 N = 50

	若 P[i] 為 1，則表示 i 為質數的質數表	P

※ 編註：埃拉托斯特尼篩法，簡稱「埃氏篩法」或「質數篩」，用來找出一定範圍內 (如 1～100) 的所有質數。其概念就像是用篩子把質數的倍數層層過濾掉，剩下來的數就是質數。

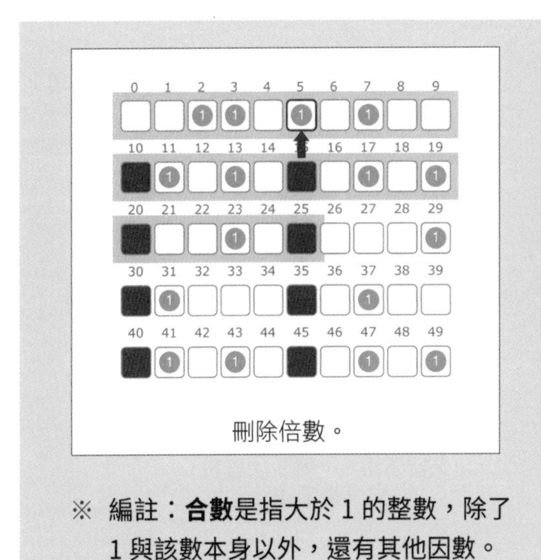

刪除倍數。

※ 編註：**合數**是指大於 1 的整數，除了 1 與該數本身以外，還有其他因數。

圖示	說明	程式
初始化		
（灰色）	將 2 以上的數都初始化為質數的候選數。	
刪除 2 的倍數		
（黑色）	將 2 的倍數視為合數 ※。	P[j] ← 0
刪除奇數質數的倍數		
（箭頭）	保留質數。	i
（黑色）	將未被刪除的質數倍數視為合數。	P[j] ← 0
（淺灰色）	完成質數表。	區間 [0, i*i]
輸出質數清單		
（白色）	列出質數。	

演算法的執行過程

刪除奇數的倍數

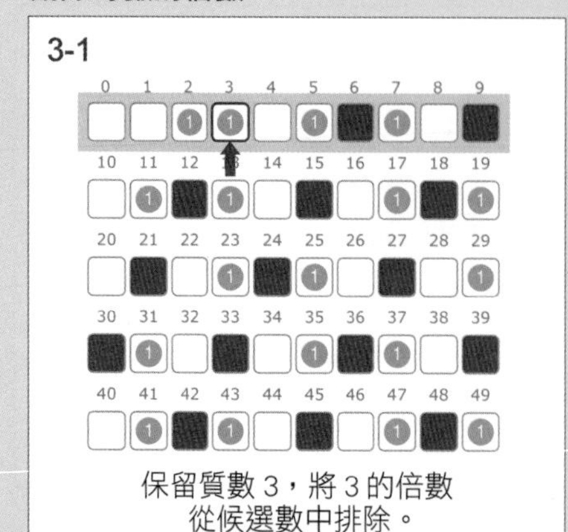

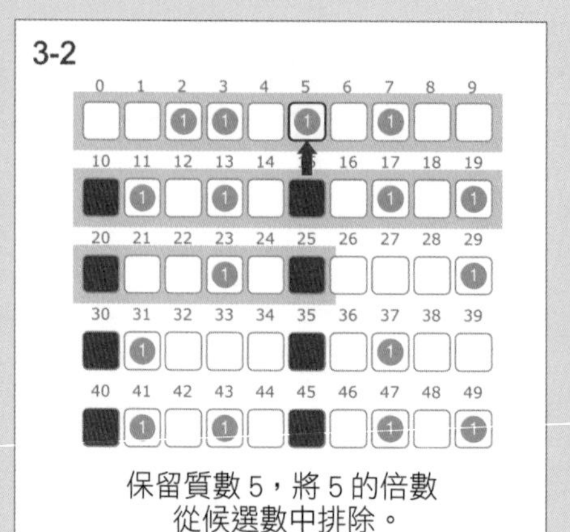

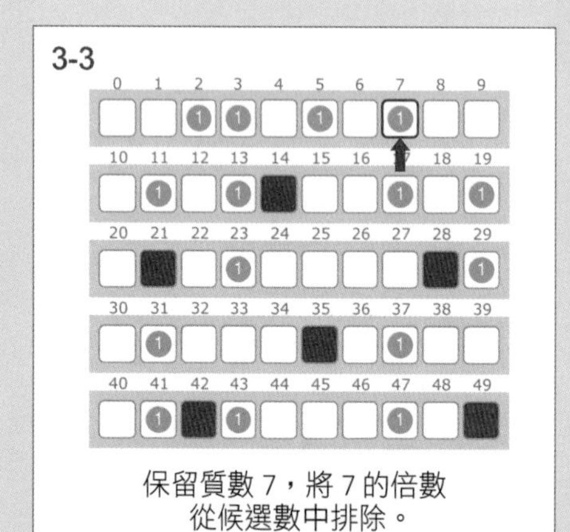

輸出質數清單

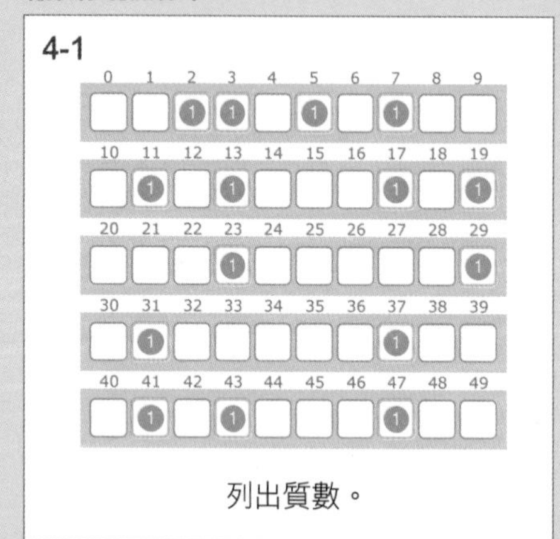

演算法的重點說明

埃氏篩法的運作原理如下：

1. 首先列出 2 以上的整數，將它們視為質數的候選數並初始化為 1。
2. 保留第一個質數「2」。從候選數中刪掉 2 的倍數 (4、6、8、...)，也就是填入 0。
3. 保留第二個質數「3」。從候選數中刪掉 3 的倍數 (6、9、12、...)，也就是填入 0。

※ 編註：由於 6、12、18、24、30、42、48，在刪除 2 的倍數時已經被篩掉了 (填入 0)，所以進行 3 的倍數篩選時，就可以略過這些已經被填入 0 的整數。

4. 繼續從候選數中找出奇數 i(因為偶數是 2 的倍數，不是質數)，然後篩掉所有 i 的倍數 (因為 i 的倍數不是質數)，即可得到由 2 到 i^2 的質數表，例如此範例保留質數 7，並刪除所有 7 的倍數後，即可得到 49 以下的質數表。同理可證，在篩選奇數 i 的倍數時，只要篩選到 N 的平方根為止。

※ 編註：埃氏篩法的優點是以系統性的方法篩掉非質數，因此不用一一去判斷每個數是否為質數，效率較高。

※ 編註：埃氏篩法的另一個優點是：當你要找出 2～N 之間的質數時，只要篩選 2～$\sqrt{N}$ 的整數。例如要找出 2～10000 之間的質數時，只要從 2 篩到 100 就好了。

虛擬碼

```
for i ← 2 to N-1:                    # 列出 2 以上的整數，並初始化為 1
    P[i] ← 1

for j ← 4, 6, 8, ... N-1:            # 將 2 的倍數設為 0(也就是刪除 2 的倍數)
    P[j] ← 0

for i ← 3, 5, 7, ... sqrt(N):        # 繼續找出奇數 i，並篩掉所有 i 的倍數，直到
                                       N 的平方根為止
    if P[i] = 0:                     # 若是 P[i]=0，表示我們之前已經篩過了，這裡
                                       直接從 i 的倍數開始篩，以提升執行速度
        continue
    for j ← i*2, i*3, ..., N-1:      # 保留奇數 (3、5、7、...)，接著將奇數的倍數
                                       (3 的倍數、5 的倍數、7 的倍數 ...) 填入 0，
                                       直到 N-1
       P[j] ← 0
```

時間複雜度

埃氏篩法的時間複雜度已知為 O(N $\log^2$ N)，或寫成 O(N loglog N)。

應用

質數可用於加密等各種應用程式中，電腦安全領域也會使用埃氏篩法快速建立質數表。此外，產生亂數的演算法及資料結構的實作，也都會用到質數。

15-2 輾轉相除法 (Euclidean Algorithm) ★★

最大公因數（GCD，Greatest Common Divisor）

最大公因數是幾個整數的最大共同因數。在尋找最大公因數時，直接將這些整數的共同因數都列出來比較也是一種做法，但這種做法在遇到較大的數時，效率就會變差。

請求出 2 個整數的最大公因數。

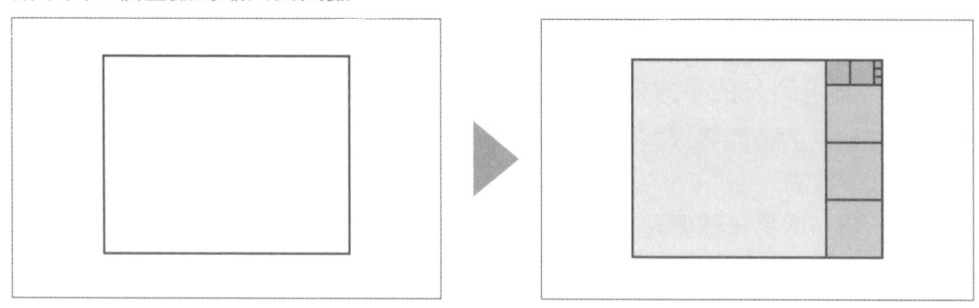

2 個整數 a、b
$1 \leq a \leq 10^9$
$1 \leq b \leq 10^9$

a 與 b 的最大公因數

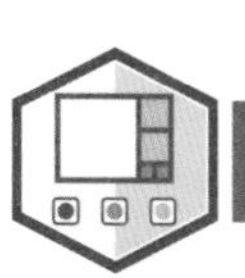

輾轉相除法（Euclidean Algorithm）

輾轉相除法（又稱歐幾里得演算法）是一種可快速求出最大公因數的演算法，其原理是 a 與 b(a > b) 的最大公因數會等於 b 與「a 除以 b 的餘數」的最大公因數的特性。本節的做法會使用 3 個變數，分別儲存 2 個整數 a 與 b，以及 a 除以 b 的餘數 r。

	第 1 個整數	a
	第 2 個整數	b
	a 除以 b 的餘數	r

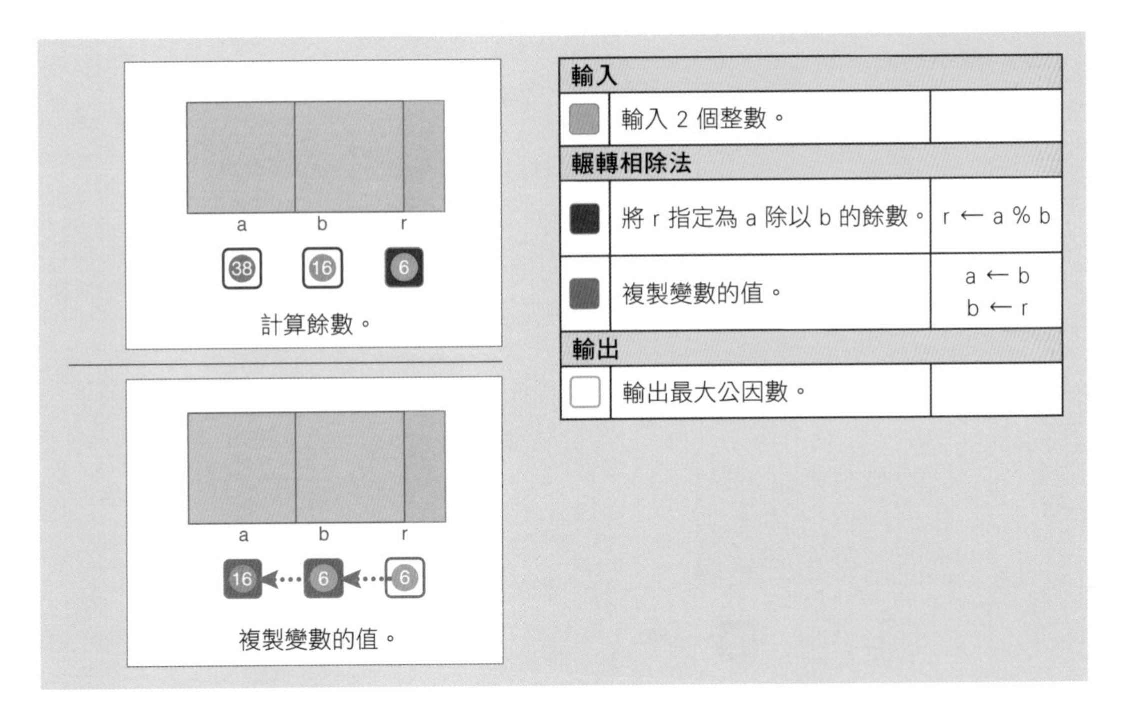

輸入		
	輸入 2 個整數。	
輾轉相除法		
	將 r 指定為 a 除以 b 的餘數。	r ← a % b
	複製變數的值。	a ← b b ← r
輸出		
	輸出最大公因數。	

演算法的執行過程

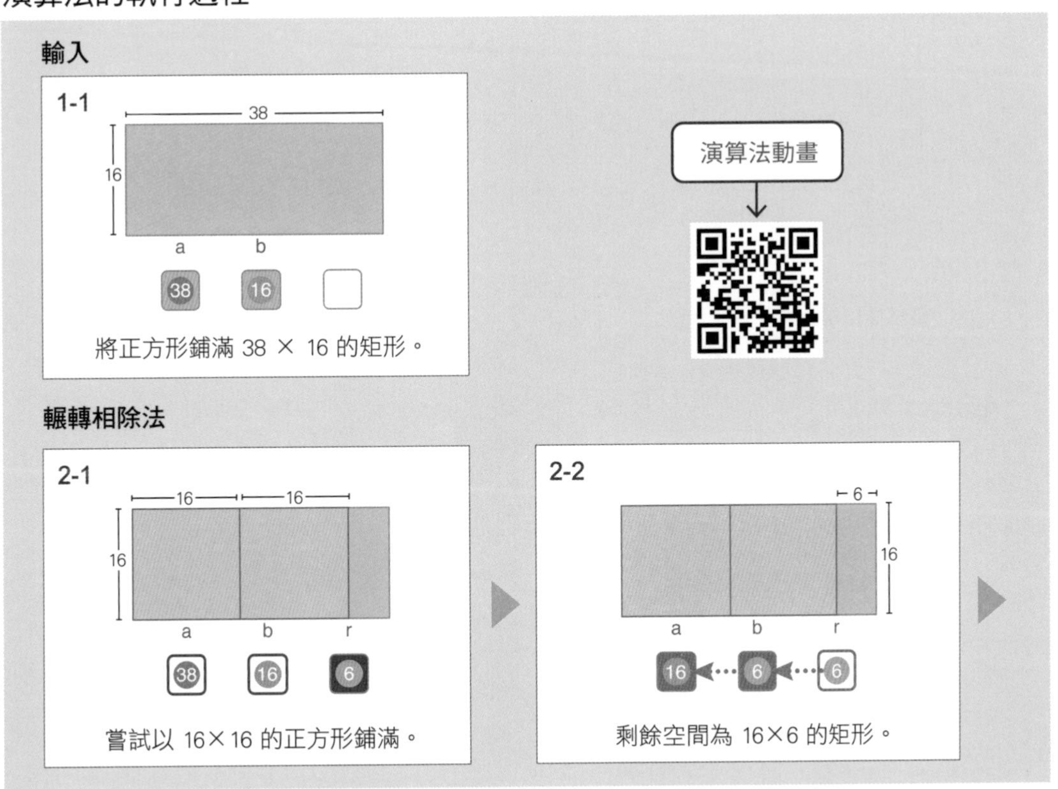

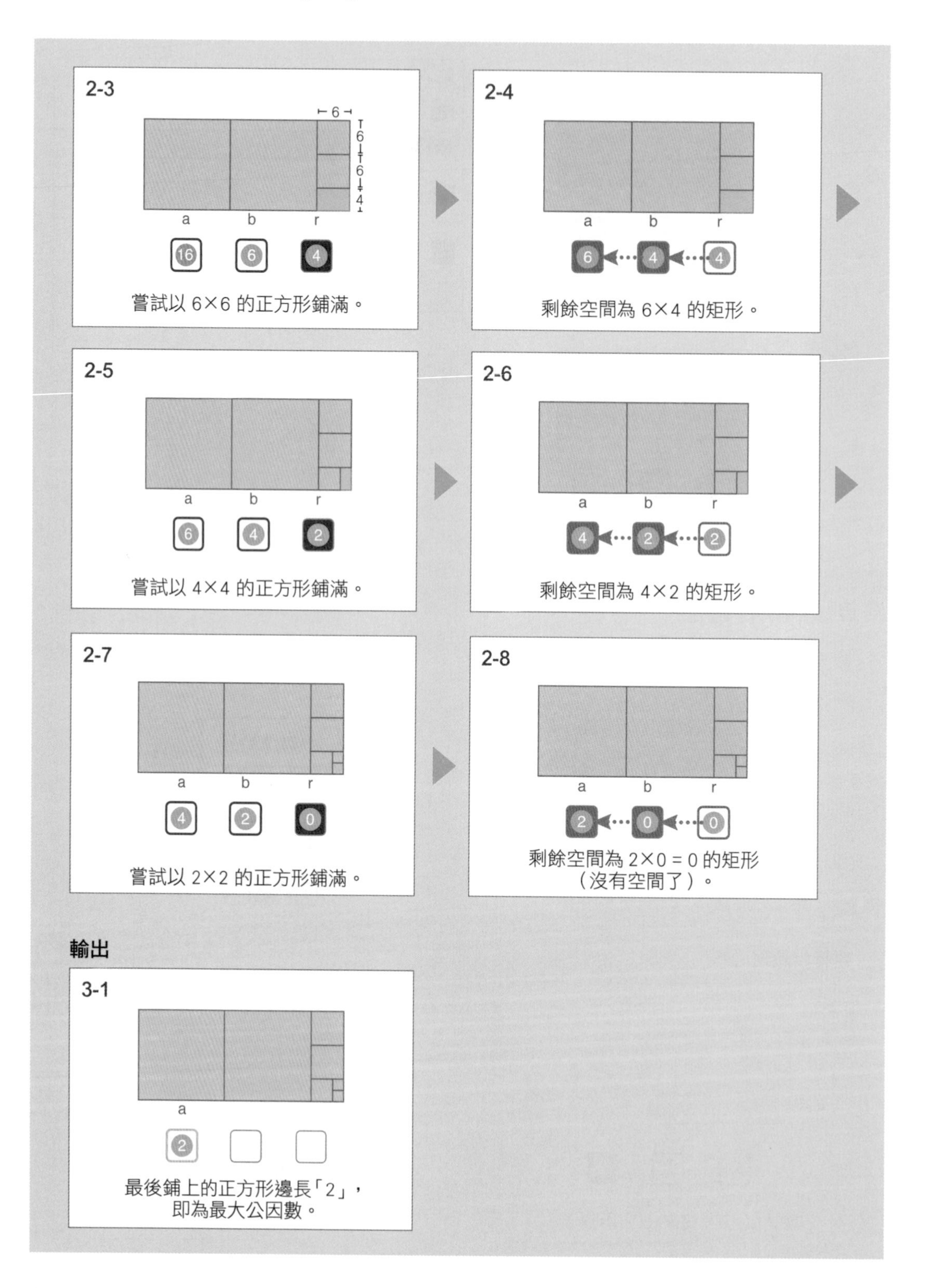
2-3
6
6
6
4
a
b
r
16
6
4
嘗試以 6×6 的正方形鋪滿。
2-4
a
b
r
6
4
4
剩餘空間為 6×4 的矩形。
2-5
a
b
r
6
4
2
嘗試以 4×4 的正方形鋪滿。
2-6
a
b
r
4
2
2
剩餘空間為 4×2 的矩形。
2-7
a
b
r
4
2
0
嘗試以 2×2 的正方形鋪滿。
2-8
a
b
r
2
0
0
剩餘空間為 2×0 = 0 的矩形
（沒有空間了）。
輸出
3-1
a
2
最後鋪上的正方形邊長「2」，
即為最大公因數。

演算法的重點說明

求 a 與 b 的最大公因數，等於在找出一個最大的正方形剛好鋪滿 a×b 的矩形且不會剩下空間，這個正方形的邊長同時可以整除 a 和 b，因為我們要找出最大的正方形，所以其邊長就是 a 和 b 的最大公因數。一開始，我們看 b×b 的正方形是否能鋪滿 a×b (a > b) 的矩形，若不能，則剩餘空間將會是 b × (a%b) 的矩形 (其中 a%b 為 a 除以 b 的餘數)。可以鋪滿 b × (a%b) 的正方形，同樣也能鋪滿原本 a×b 的矩形。因此我們可藉此方式漸漸縮小矩形，直到矩形被正方形鋪滿為止。

虛擬碼

```
gcd(a, b):

    while 0 < b:
        r ← a % b       # 將 a 除 b 的餘數指定給 r
        a ← b           # 將 b 的值指定給 a
        b ← r           # 將 r 的值指定給 b

    return a
```

時間複雜度

輾轉相除法的過程就是反覆地計算餘數 r，因此只要分析 r 會如何縮小，即可估算出時間複雜度。而 r 最多只需要計算 2 次，就會變成原本的一半。意即整個過程最多也只需要進行 $2 \log_2(b)$ 次的計算。因此可知此演算法的時間複雜度為 O(log b)。

最大公因數通常寫成 GCD (Greatest Common Divisor)，我們將計算 2 個整數的最大公因數的函式定義為 gcd(a, b)。

應用

最大公因數在整數論中是非常基本的問題，但它在許多應用程式與計算中扮演著重要的角色。最常見的應用為分數的約分 (例如將 39/52 的分子、分母都除以 gcd(39, 52) = 13，即可得到 3/4，這樣計算起來會更方便)。此外，最小公倍數 LCM (Least Common Multiple) 只要利用 GCD 即可輕鬆求出：lcm(a, b) = (a×b)/gcd(a, b)。

MEMO

第 16 章

基本資料結構 1
(Elementary Data Structure 1)

資料結構（Data Structure）是一種用於管理資料集，並根據預定規則存取與操作資料的機制。資料結構不但可以控制程式的處理順序，還可用來實作出高效率的演算法。

本章將介紹 2 種以一維陣列實作的資料結構。

- 堆疊（Stack）
- 佇列（Queue）

16-1 堆疊 (Stack)

後進先出（LIFO，Last-In Fist-Out）

許多演算法與系統控制在執行過程中，常常需要將未處理完的資料或狀態暫時儲存起來，之後再從最後暫存的資料或狀態開始接續處理，像這樣從最後的資料開始取出處理，就稱為**後進先出** (LIFO，Last-In Fist-Out)。

請實作一個採取後進先出（LIFO）原則，優先取出最後插入資料的資料結構。

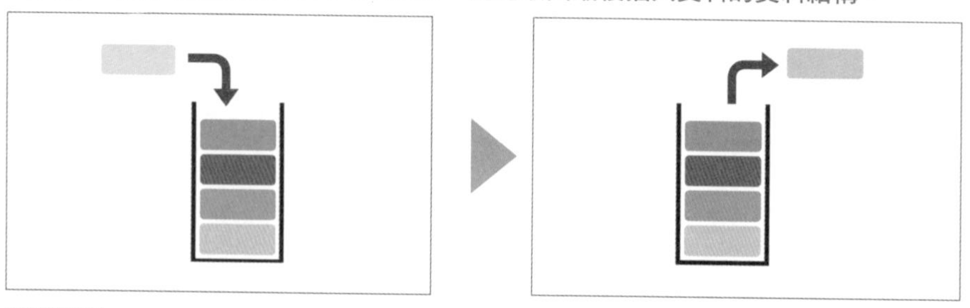

堆疊（Stack）

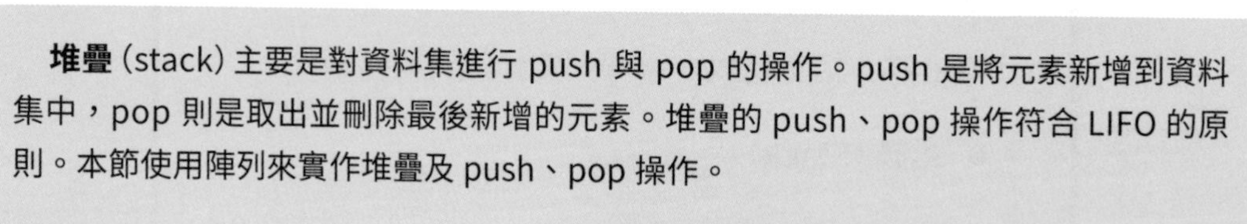

堆疊 (stack) 主要是對資料集進行 push 與 pop 的操作。push 是將元素新增到資料集中，pop 則是取出並刪除最後新增的元素。堆疊的 push、pop 操作符合 LIFO 的原則。本節使用陣列來實作堆疊及 push、pop 操作。

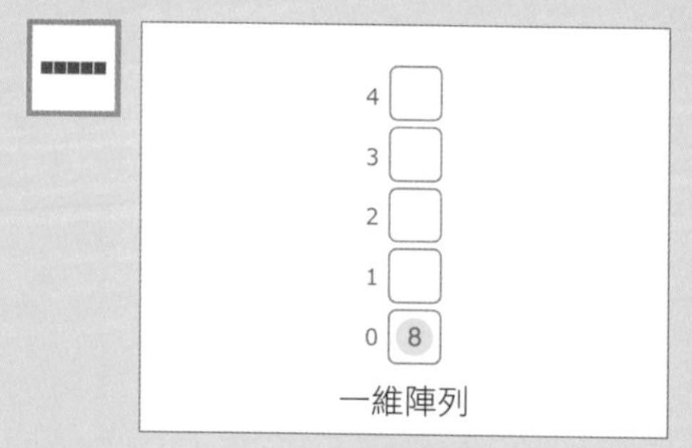

堆疊的元素	S

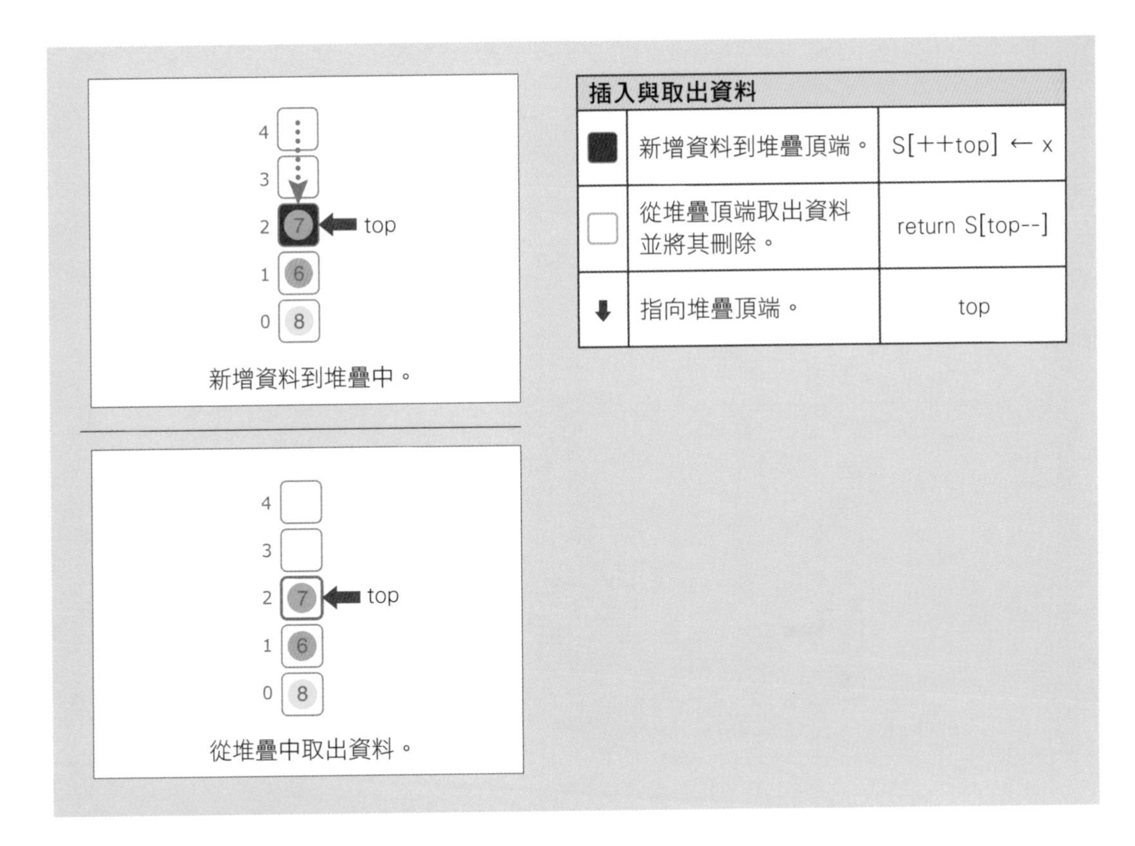

插入與取出資料

圖示	說明	運算
■	新增資料到堆疊頂端。	S[++top] ← x
□	從堆疊頂端取出資料並將其刪除。	return S[top--]
⬇	指向堆疊頂端。	top

演算法的執行過程

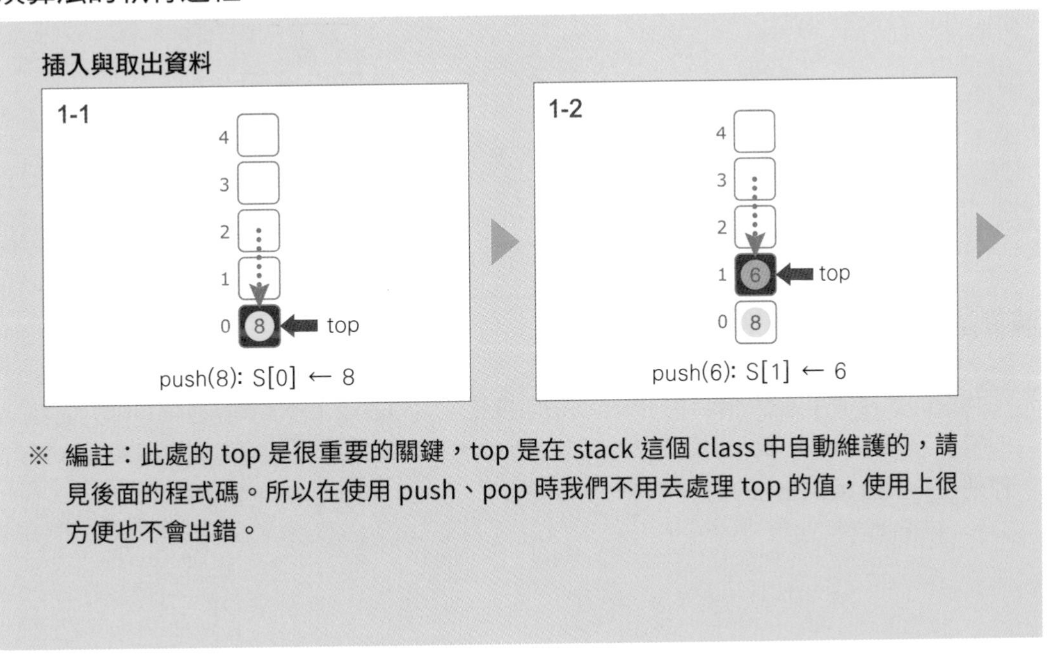

※ 編註：此處的 top 是很重要的關鍵，top 是在 stack 這個 class 中自動維護的，請見後面的程式碼。所以在使用 push、pop 時我們不用去處理 top 的值，使用上很方便也不會出錯。

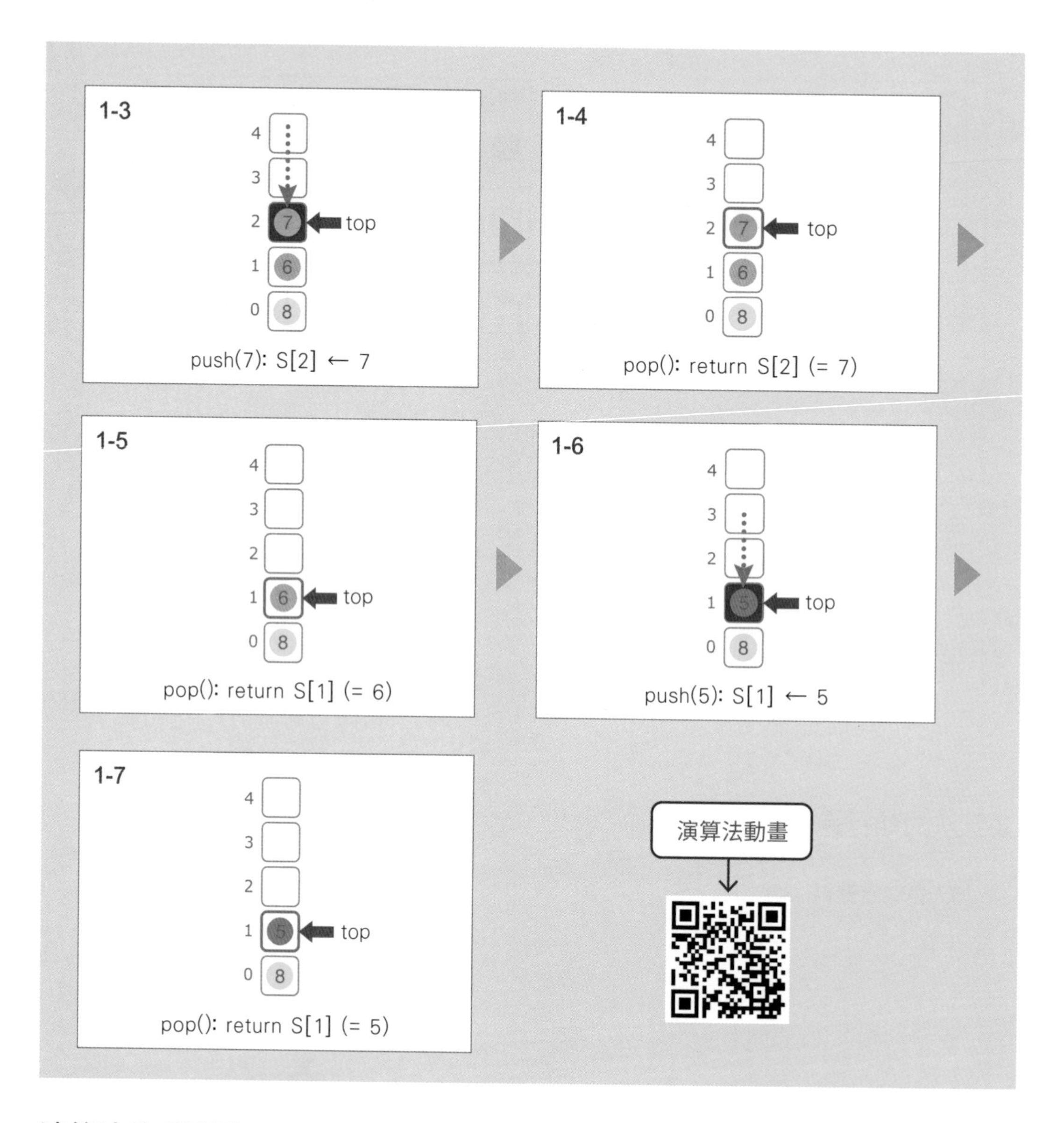

演算法的重點說明

堆疊的實作使用的是一維陣列與一個指向堆疊頂端的箭頭 top。top 會儲存陣列變數的索引（節點編號）。push 操作會先將 top 加 1，再將給定的資料插入該位置。pop 操作則是先傳回 top 指向的元素，再將 top 減 1。

虛擬碼

```
class Stack:
    S                           # 管理元素的陣列
    top                         # 指向堆疊頂端的箭頭

    init():
        top ← -1                # 初始化堆疊

    push(x):
        S[++top] ← x            # 先將 top 加 1 後指向的元素指定為 x

    pop():
        return S[top--]         # 傳回 S[top] 後，再將 top 減 1

    peak():
        return S[top]           # 傳回 S[top]

    empty():
        return top = -1         # 若 top 為 -1，表示為空堆疊

    size():
        return top + 1          # 將 top 加 1

# 模擬演算法動畫中的堆疊操作

Stack st
st.push(8)
st.push(6)
st.push(7)
st.pop()
st.push(5)
st.pop()
```

時間複雜度

push 操作與 pop 操作的時間複雜度皆與元素數無關，因此為 O(1)。實作時，請務必設計檢查機制，以避免在堆疊為空的狀態 (top 為 -1 的狀態) 下進行 pop 操作，或在堆疊已滿的狀態下進行 push 操作。

通常堆疊這種資料結構會定義成類別。因為定義成類別後，就能在程式中生成堆疊的物件 (object)，可以用比較直覺的方式來處理資料 (要生成多個物件也很容易)。

應用

其實日常生活中也有許多堆疊的例子，例如，桌上堆積如山的文件或是自助餐店堆積成疊的餐盤等。堆疊在計算機系統 (Computer System) 中的應用也相當廣泛，例如，遇到**中斷** (interrupt) 等情形時，即可利用堆疊暫存未完成的計算。

此外，遞迴函式 (Recursive Function) 也是利用堆疊實作而成；深度優先搜尋 (Depth First Search，第 23 章) 與點的凸包 (Convex Hull，第 27 章) 也都是使用堆疊來實作。

16-2 佇列 (Queue)

先進先出（FIFO，First-In-First-Out）

許多演算法都會優先處理最早抵達的資料，就像店家會按照排隊順序幫收銀機前的人潮結帳一樣，像這樣從前端開始取出資料進行處理，就叫做**先進先出** (FIFO，First-In-First-Out)。

請實作一個採取先進先出（FIFO）原則，優先取出最早插入資料的資料結構。

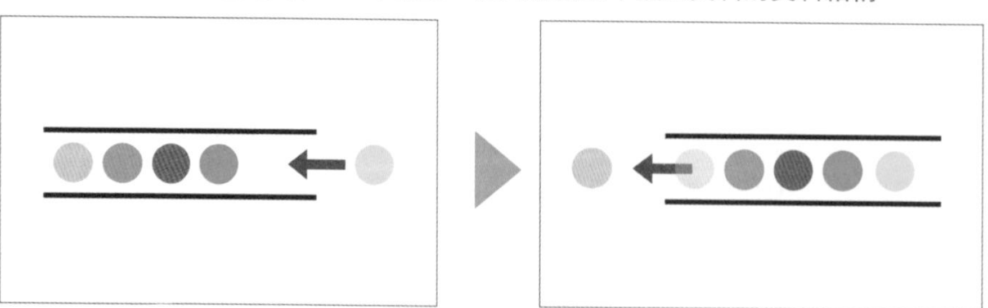

在佇列尾端新增資料　　根據 FIFO 原則從佇列前端取出資料

佇列（Queue）

佇列 (queue) 就是一列資料，我們可以對佇列進行 enqueue 與 dequeue 的操作。enqueue 是將元素新增到佇列尾端，dequeue 則是從佇列前端取出並刪除元素，本節使用陣列來實作佇列。

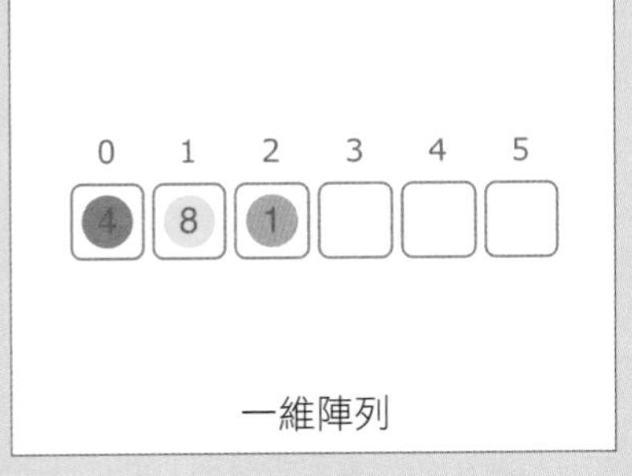

一維陣列

	佇列的元素	Q

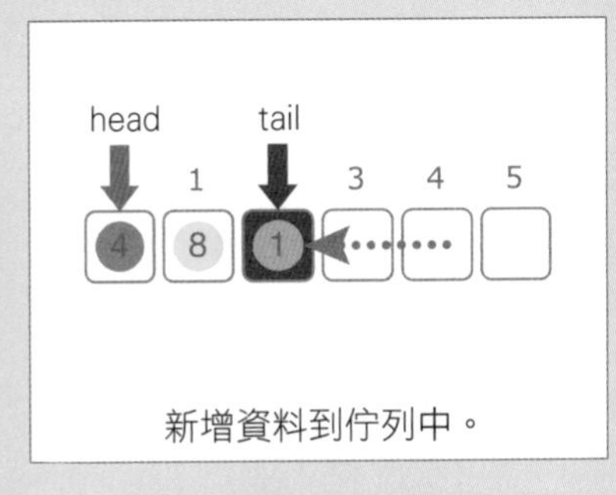

新增資料到佇列中。

插入與刪除資料		
■	新增資料到佇列尾端。	Q[tail++] ← x
□	從佇列前端取出資料。	return Q[head++]
⬇	指向佇列前端。	head
⬇	指向佇列尾端。	tail

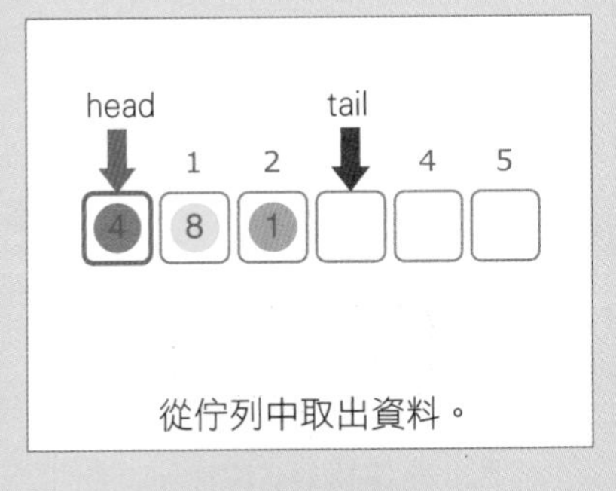

從佇列中取出資料。

演算法的執行過程

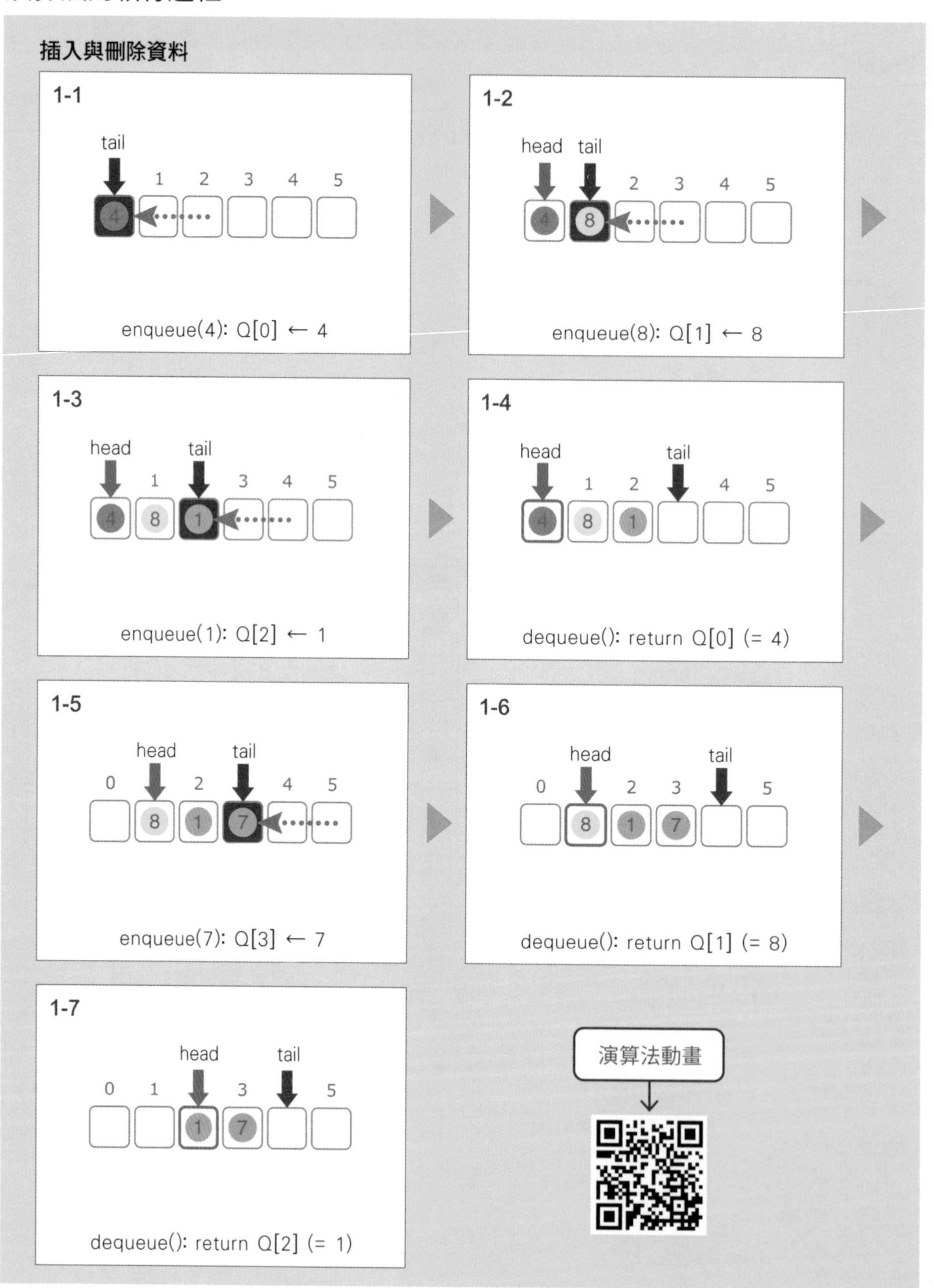
插入與刪除資料
1-1
tail
1 2 3 4 5
4
enqueue(4): Q[0] ← 4
1-2
head tail
2 3 4 5
4 8
enqueue(8): Q[1] ← 8
1-3
head tail
1 3 4 5
4 8 1
enqueue(1): Q[2] ← 1
1-4
head tail
1 2 4 5
4 8 1
dequeue(): return Q[0] (= 4)
1-5
head tail
0 2 4 5
8 1 7
enqueue(7): Q[3] ← 7
1-6
head tail
0 2 3 5
8 1 7
dequeue(): return Q[1] (= 8)
1-7
head tail
0 1 3 5
1 7
dequeue(): return Q[2] (= 1)
演算法動畫

演算法的重點說明

本節使用一維陣列來實作佇列，並且用箭頭 head 和 tail 分別指向佇列的前端與尾端。enqueue 操作是先將給定的資料插入 tail 的位置，再將 tail 加 1。dequeue 操作則是先傳回 head 指向的元素，再將 head 加 1。以這種方式實作時，當 head 與 tail 相等，即表示佇列是空的。

虛擬碼

```
# 利用類別實作佇列
class Queue
    Q # 儲存佇列元素的陣列
    head ← 0
    tail ← 0

    init():
        head ← 0        } 初始化 head 及 tail
        tail ← 0

    enqueue(x):
        Q[tail++] ← x      # 指定 x 之後，將 tail 加 1

    dequeue():
        return Q[head++]   # 傳回 Q[head] 的值後，將 head 加 1

    empty():
        return head = tail # 當 head 等於 tail 時，傳回真

# 模擬演算法動畫中的佇列操作
Queue que
que.enqueue(4)
que.enqueue(8)
que.enqueue(1)
que.dequeue()
que.enqueue(7)
que.dequeue()
```

時間複雜度

enqueue 操作與 dequeue 操作的時間複雜度皆與元素數無關，因此為 O(1)。實作時與堆疊相同，都要避免對空的佇列（head 與 tail 相同時）進行 dequeue 操作，或在佇列已滿時（滿足 tail+1=head 時）進行 enqueue 操作。

應用

其實日常生活中也可以看到許多佇列的例子，比如餐廳的排隊隊伍等。佇列在計算機系統與演算法中的應用也相當廣泛，當希望按照抵達順序處理任務等情形時，即可利用佇列來管理。而**廣度優先搜尋**（Breadth First Search，第 22 章）演算法，就是用佇列來實作的。

第 17 章

陣列的計算
(Computation on Array)

本章將介紹累積和 (Accumulation) 演算法。此演算法會先進行**資料預處理** (Data Preprocessing)，以提高執行時的計算效率。其原理為：先算出整個數列的累積和 (儲存在 AC 陣列中)，之後要累加數列中某個區間的總和 (區間和) 時，例如：A[ℓ]+A[ℓ+1]+...+A[r]，就不必再做一連串的累加，只要將 AC[r]-AC[ℓ-1]，就可以快速完成計算。

- 累積和 (Accumulation) 的概念
- 一維累積和的應用
- 二維累積和的應用

※ 編註：Accumulation 沒有統一的中文譯名，本書譯為「累積和」。

17-1 累積和 (Accumulation) 的概念 ★★

區間和（Range Sum）：區間內各元素值的總和

對資料進行預處理，可以提高未來特定運算的執行效率，這是一個非常重要的觀念，就像之前介紹過的二元搜尋法，只要事先將資料排序，就可以進行快速搜尋。這個概念同樣可以應用在整數序列的求和問題，只要事先算出序列的**累積和**（由前往後逐一累加元素值到另一個新陣列），之後就可以快速求得每段的**區間和**（區間內各元素值的總和）。

從整數序列的一或多個區間，求出各區間的區間和。

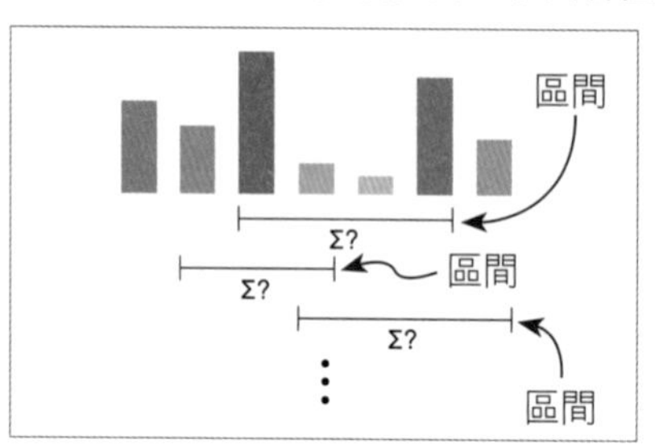

整數序列與多個區間
序列的元素數 N ≤ 100,000

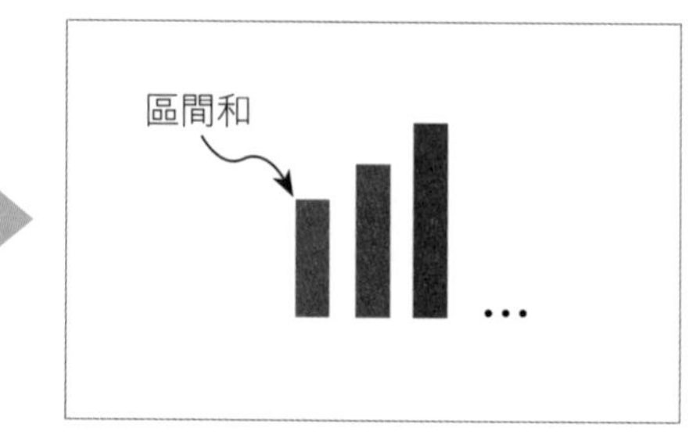

各指定區間的區間和

計算累積和與區間和

在計算區間和之前，我們要先求出整數序列的累積和。本節會使用 2 個陣列，一個用來儲存輸入的資料，一個用來計算累積和。

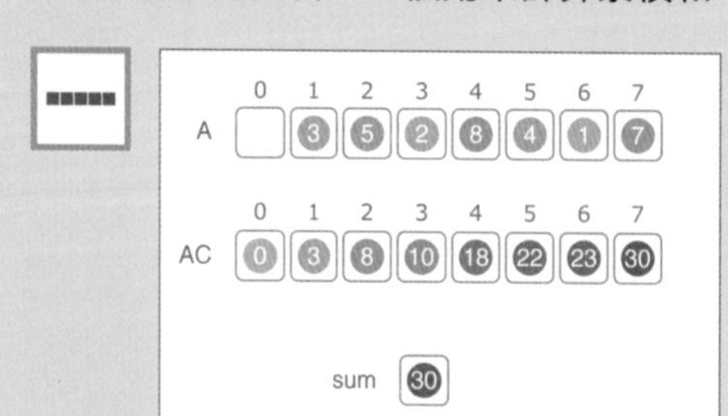

2 個一維陣列與 1 個單節點

	輸入的整數序列	A
	整數序列的累積和	AC
	區間和	sum

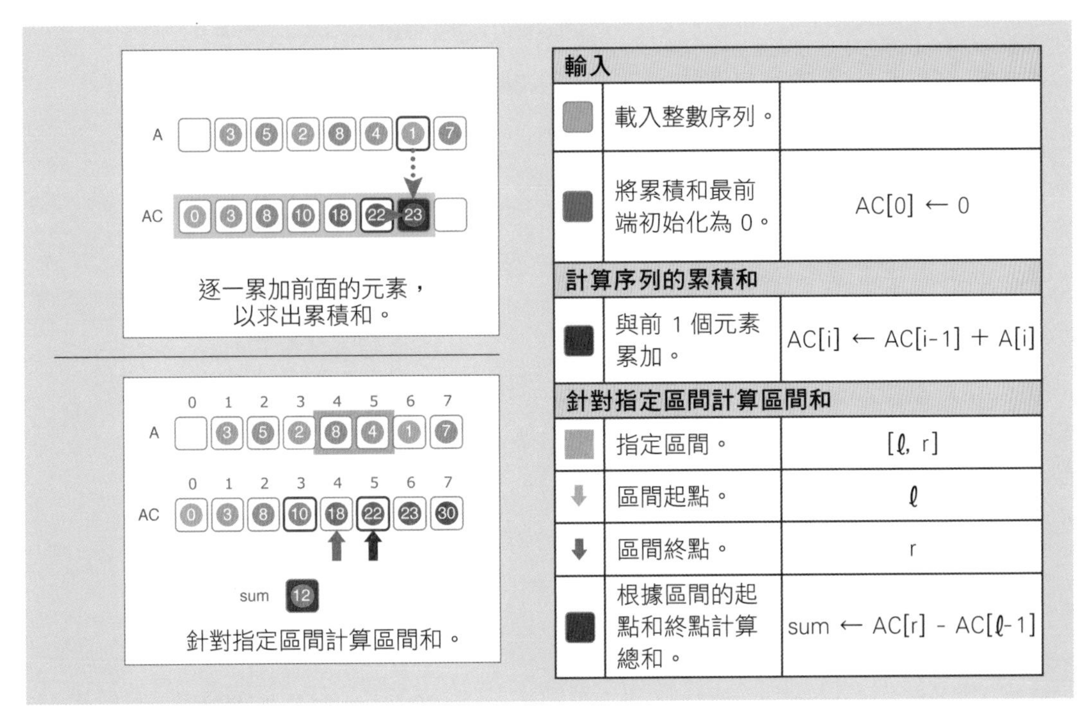

輸入		
(淺灰色方塊)	載入整數序列。	
(深灰色方塊)	將累積和最前端初始化為 0。	AC[0] ← 0
計算序列的累積和		
(黑色方塊)	與前 1 個元素累加。	AC[i] ← AC[i-1] + A[i]
針對指定區間計算區間和		
(淺灰色方塊)	指定區間。	[ℓ, r]
(淺灰色箭頭)	區間起點。	ℓ
(黑色箭頭)	區間終點。	r
(黑色方塊)	根據區間的起點和終點計算總和。	sum ← AC[r] - AC[ℓ-1]

演算法的執行過程

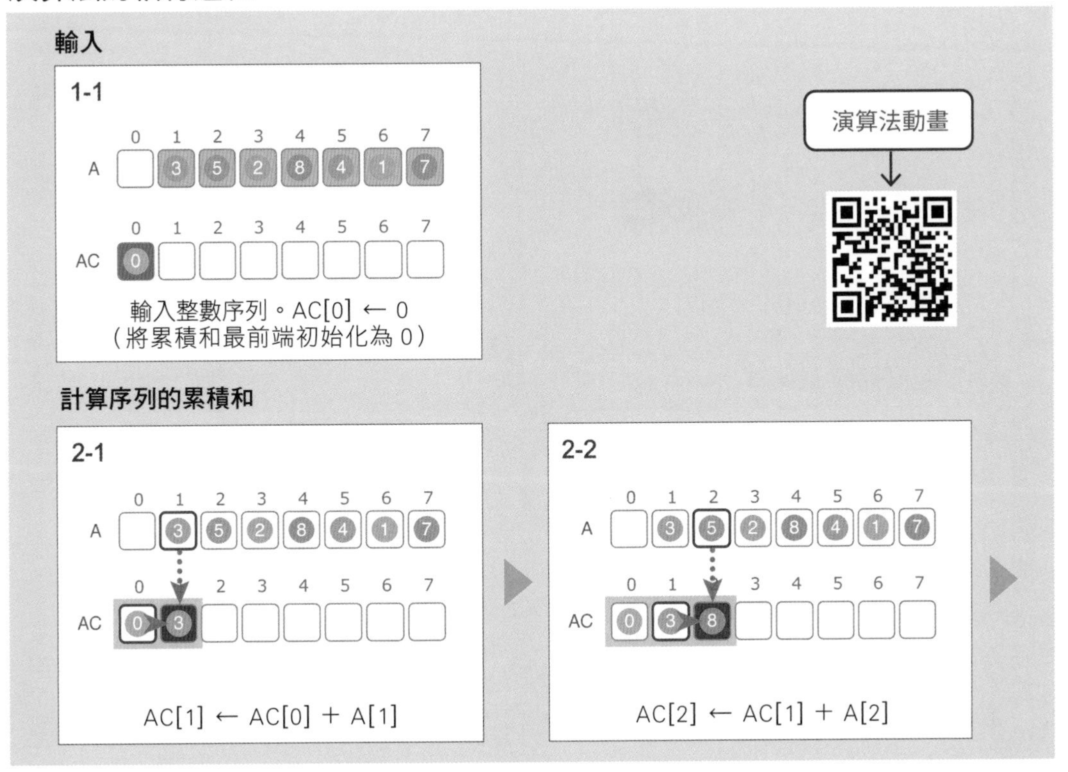

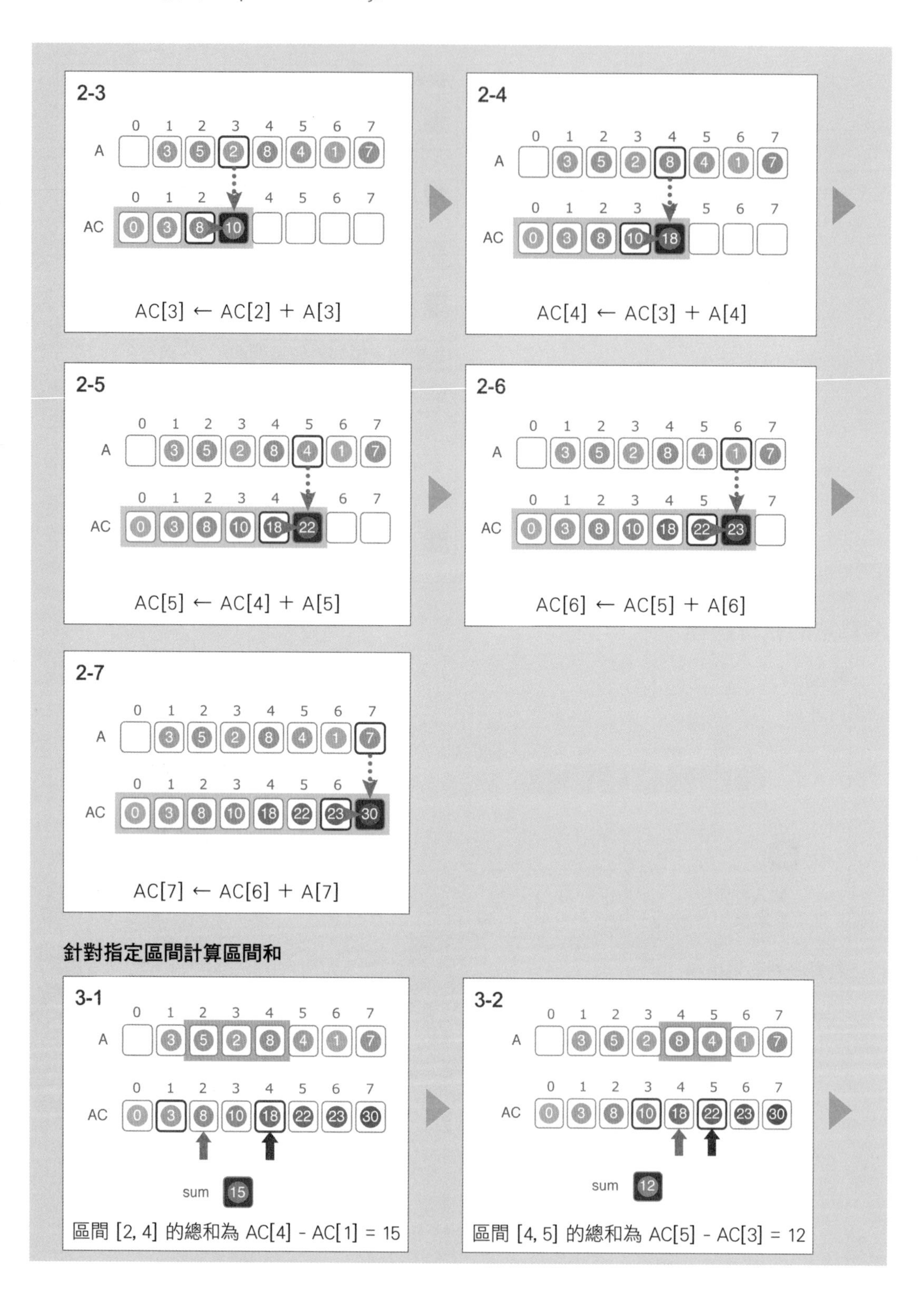
2-3
A
AC
AC[3] ← AC[2] + A[3]
2-4
AC[4] ← AC[3] + A[4]
2-5
AC[5] ← AC[4] + A[5]
2-6
AC[6] ← AC[5] + A[6]
2-7
AC[7] ← AC[6] + A[7]
針對指定區間計算區間和
3-1
sum
區間 [2, 4] 的總和為 AC[4] - AC[1] = 15
3-2
區間 [4, 5] 的總和為 AC[5] - AC[3] = 12

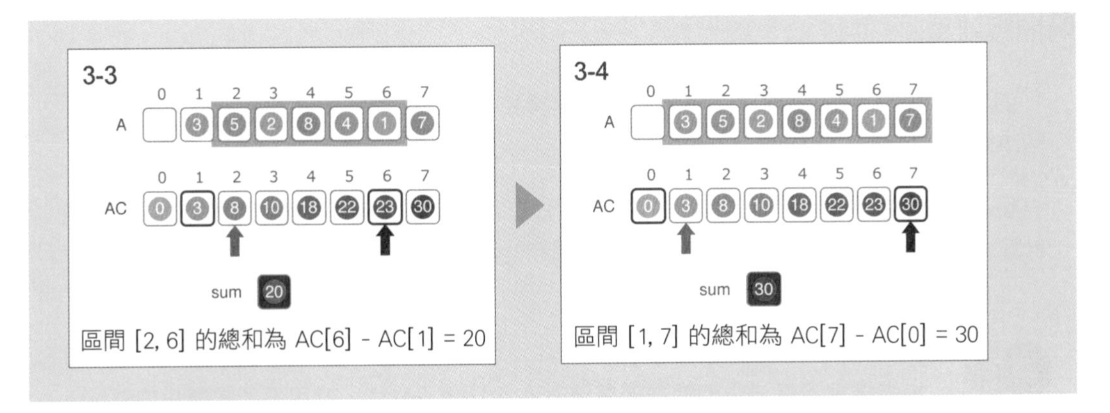

演算法的重點說明

累積和也可以只用 1 個陣列變數 A 來計算，只要以計算結果覆蓋掉元素上原本儲存的輸入資料即可，不過本節是以另一個陣列變數 AC 來記錄 A 的累積和。輸入資料時，請跳過 A 的第 0 個索引，從索引 1 的位置開始輸入。AC 的第 0 個元素需初始化為 0。

計算累積和時，起始位置為索引 1。計算方式是從 i 為 1 開始，計算 AC[i] ← AC[i-1] + A[i]。到了第 i 次計算時，AC[i] 中就會記錄從 A[1] 到 A[i] 的總和。

計算出累積和後，即可藉由 AC[r] - AC[ℓ-1] 求出 A[ℓ] 到 A[r] 的總和，算出區間 [ℓ, r] 的區間和。這是因為 AC[r] 為 A[1] 到 A[r] 的總和，而 AC[ℓ-1] 為 A[1] 到 A[ℓ-1] 的總和，因此兩者相減即可求出區間和。

虛擬碼

```
A ← 整數序列 # 由索引 1 開始輸入
AC[0] ← 0    # AC 的第 0 個元素需初始化為 0


for i ← 1 to N-1:
    AC[i] ← AC[i-1] + A[i]   # 與前 1 個元素累加

Q ← [l, r]                   # 要計算區間和的區間

for q in Q:
    l ← q.l
    r ← q.r
    sum ← AC[r] - AC[l-1]    # 根據區間的起點和終點計算總和
```

時間複雜度

如果使用較單純的演算法，不預先計算累積和，而是針對每個區間逐一計算區間和，則時間複雜度將達 O(NQ)。

使用累積和，則各區間和皆只需要 1 次減法即可求得，時間複雜度為 O(1)。因此先計算累積和，再利用累積和來計算 Q 個區間和的演算法，時間複雜度為 O(N+Q)。

進階排序演算法中的**計數排序法**（Counting Sort），就用到了累積和的概念。此外，累積和也能應用在一維與二維（多維）的重疊問題，請看接下來兩節的說明。

※ 編註：累積和的用意就是把數列 A 先做好累積和，等到要累加某段數列和，例如：A[ℓ]+A[ℓ+1]+...+A[r]，就不必再做一連串的累加，只要將 AC[r]-AC[ℓ-1]，就可以很快完成計算。

17-2 一維累積和的應用 ★★★

計算重疊線段（Overlapped Segments）的數量

一維整數座標區間的問題，可以用累積和的概念有效率地解決。

請從多條線段，求出各整數 x 座標上的重疊線段數量。

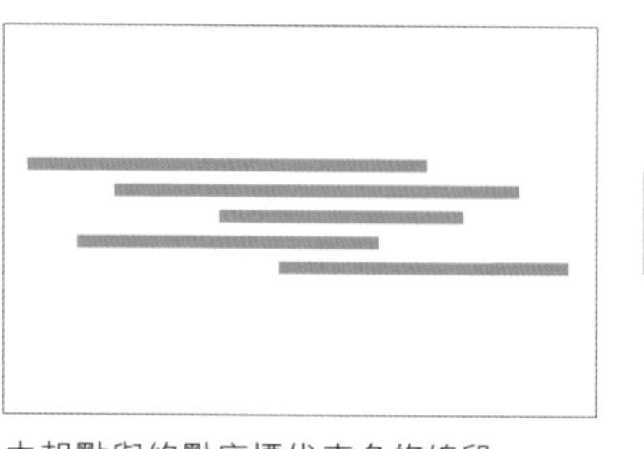

由起點與終點座標代表多條線段
1 ≤ x 座標 ≤ 100,000
線段數 Q ≤ 100,000

重疊線段的數量

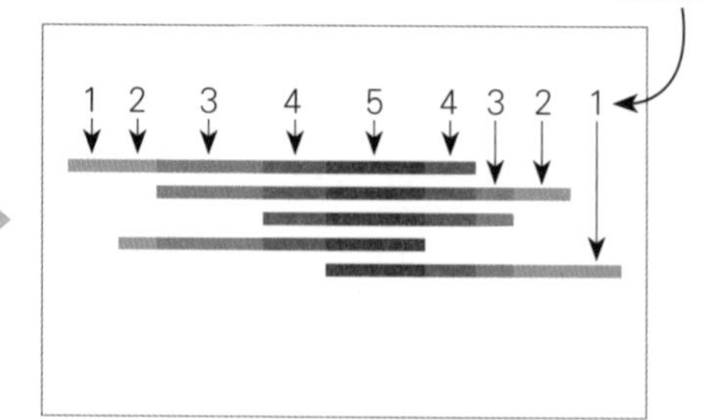

各整數 x 座標上的重疊線段數量

一維累積和（1 Dimensional Accumulation）

我們用一維陣列來存放（標示）重疊線段的數量，而線段則是用 x 座標來標示頭尾但不含尾，例如 [2,6] 表示由 2 到 5 的線段（不含 6），所以一維陣列的大小 N 必須要大於或等於所有線段終點的最大值 +1(例如最右邊的線段為 [4,10]，則 N 必須大於等於 11。左下圖的 N=12(座標 0～11)， 否則會放不下。請注意！本節所指的線段長度不包含線段的終點（例如起點為 2，終點為 6，則線段會由 2 畫到 5，不含 6）。

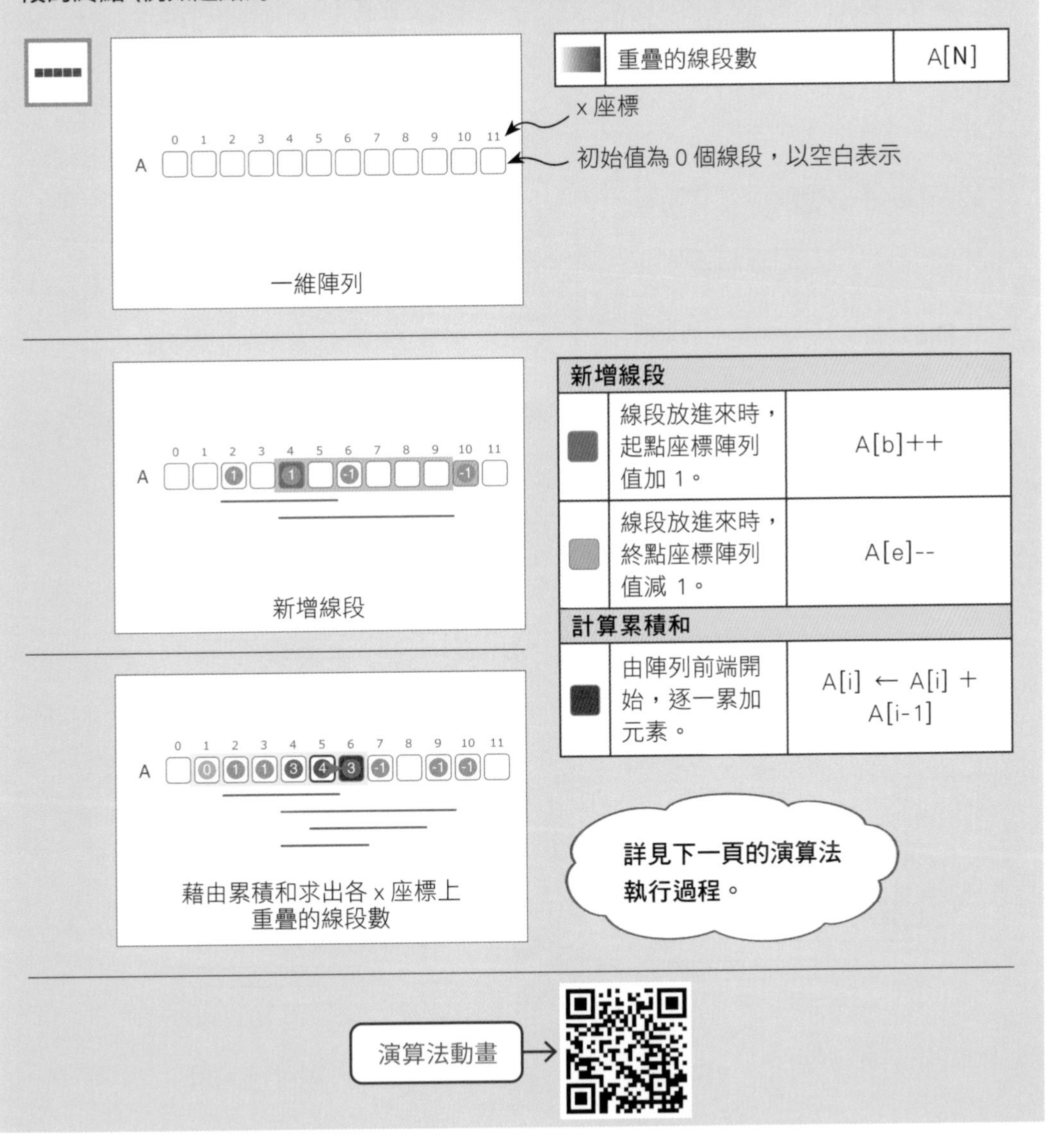

演算法的執行過程

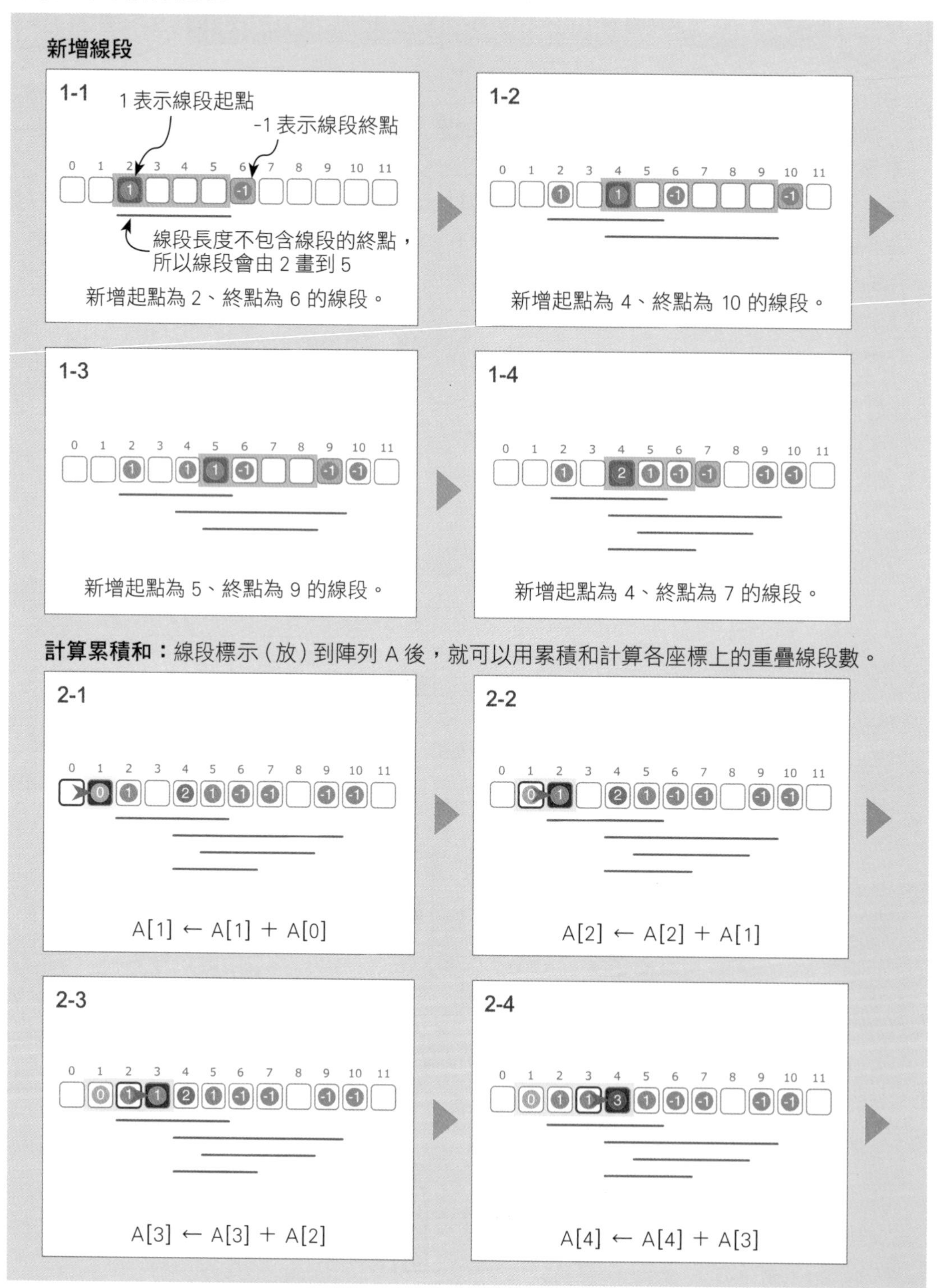
新增線段
1-1
1 表示線段起點
-1 表示線段終點
0 1 2 3 4 5 6 7 8 9 10 11
線段長度不包含線段的終點，所以線段會由 2 畫到 5
新增起點為 2、終點為 6 的線段。
1-2
新增起點為 4、終點為 10 的線段。
1-3
新增起點為 5、終點為 9 的線段。
1-4
新增起點為 4、終點為 7 的線段。
計算累積和：線段標示（放）到陣列 A 後，就可以用累積和計算各座標上的重疊線段數。
2-1
A[1] ← A[1] + A[0]
2-2
A[2] ← A[2] + A[1]
2-3
A[3] ← A[3] + A[2]
2-4
A[4] ← A[4] + A[3]

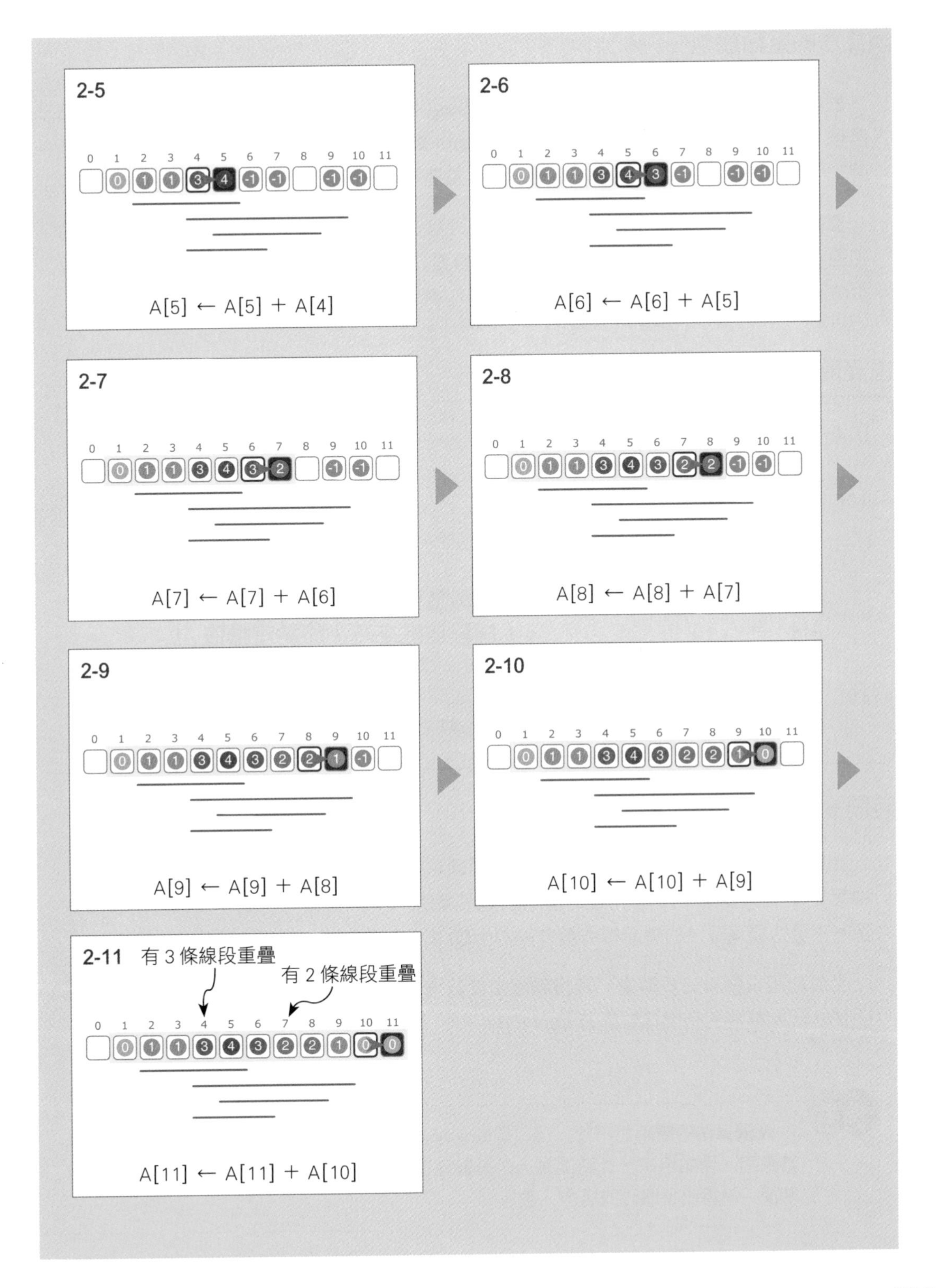
2-5
A[5] ← A[5] + A[4]
2-6
A[6] ← A[6] + A[5]
2-7
A[7] ← A[7] + A[6]
2-8
A[8] ← A[8] + A[7]
2-9
A[9] ← A[9] + A[8]
2-10
A[10] ← A[10] + A[9]
2-11
有 3 條線段重疊
有 2 條線段重疊
A[11] ← A[11] + A[10]

演算法的重點說明

假設線段的 2 個端點座標分別為 b 與 e(begin 與 end)，當線段放到陣列後，將起點座標 A[b] 加 1、終點座標 A[e] 減 1。如此一來，從陣列前端開始計算重疊的線段數時，就可知道從座標 b 開始增加 1 條線段，從座標 e 開始減少 1 條線段。

當新增線段的階段處理完成後（下列虛擬碼第 1 個 for），陣列元素上的數值便代表增加的線段數量（若為負值則表示減少的線段數量），接下來（虛擬碼第 2 個 for）我們只要從陣列 A 的前端開始取累積和，便能求出各座標上重疊的線段數。

虛擬碼

```
Q ← 線段序列

for segment in Q:
    b ← segment.begin.x
    e ← segment.end.x
    A[b]++                      # 線段放進來時，起點座標值 +1
    A[e]--                      # 線段放進來時，終點座標值 -1

for i ← 1 to N-1:
    A[i] ← A[i] + A[i-1]        # 從陣列前端開始逐一累加元素
```

時間複雜度

此範例也有比較單純的方法，當線段的兩端點座標分別為 b 與 e 時，我們可以將陣列中第 b 個元素到第 e-1 個元素的值（線段數）都加 1，如此便可得到各座標上的線段數量。不過這種演算法的時間複雜度會是 O(NQ)。

至於利用累積和的演算法，其複雜度由於新增 Q 條線段時為 O(Q)，計算累積和時為 O(N)，因此整體的時間複雜度為 O(N+Q)。

應用

此演算法的應用並不限於線段等幾何學上的問題，只要換個角度思考，就能擴大其應用。例如用來計算時間軸上的重疊區間，這樣就能藉由每位客人的入店、離店時間，計算出各時段的店內人數等。

17-3 二維累積和的應用 ★★★

重疊的矩形（Overlapped Rectangles）

上一節利用一維累積和快速算出各 x 座標上重疊的線段數量，同樣的概念也可以應用在二維的問題上。

從多個矩形求出各座標上重疊（1 個以上）的矩形數量。

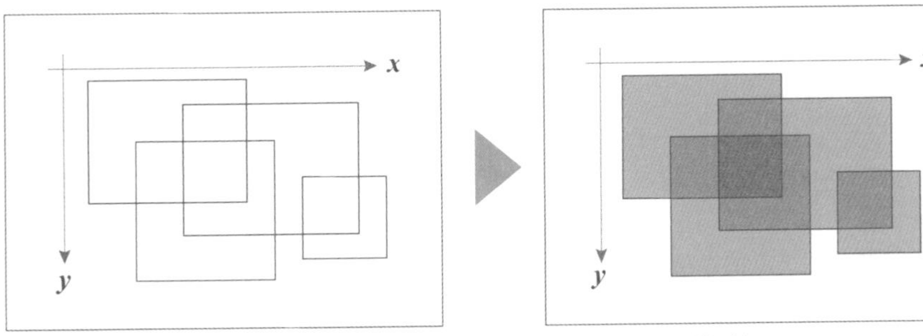

由左上角與右下角的一組座標表示重疊的矩形數量
1 ≦ x、y 座標 ≦ 1,000
矩形數 Q ≦ 100,000

重疊處的矩形個數

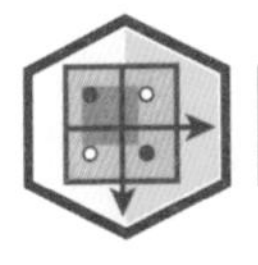

二維累積和（2 Dimensional Accumulation）

我們用二維陣列來存放矩形，矩形是用 x 與 y 座標來標示頂點位置，並將各座標上的矩形數量記錄在對應的陣列元素中。二維陣列結構的大小 N×M 必須分別大於或等於 x 與 y 座標的最大值 +1，否則會放不下。

當矩形新增到陣列後，利用累積和演算法分別掃描陣列的水平及垂直方向，將各元素的值加上其前 1 欄（或前 1 列）元素的值，經過累加處理後，就能算出對應座標值上重疊的矩形數量。

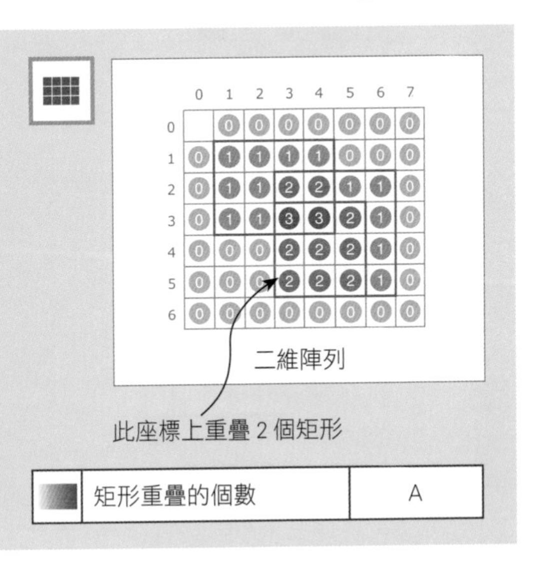

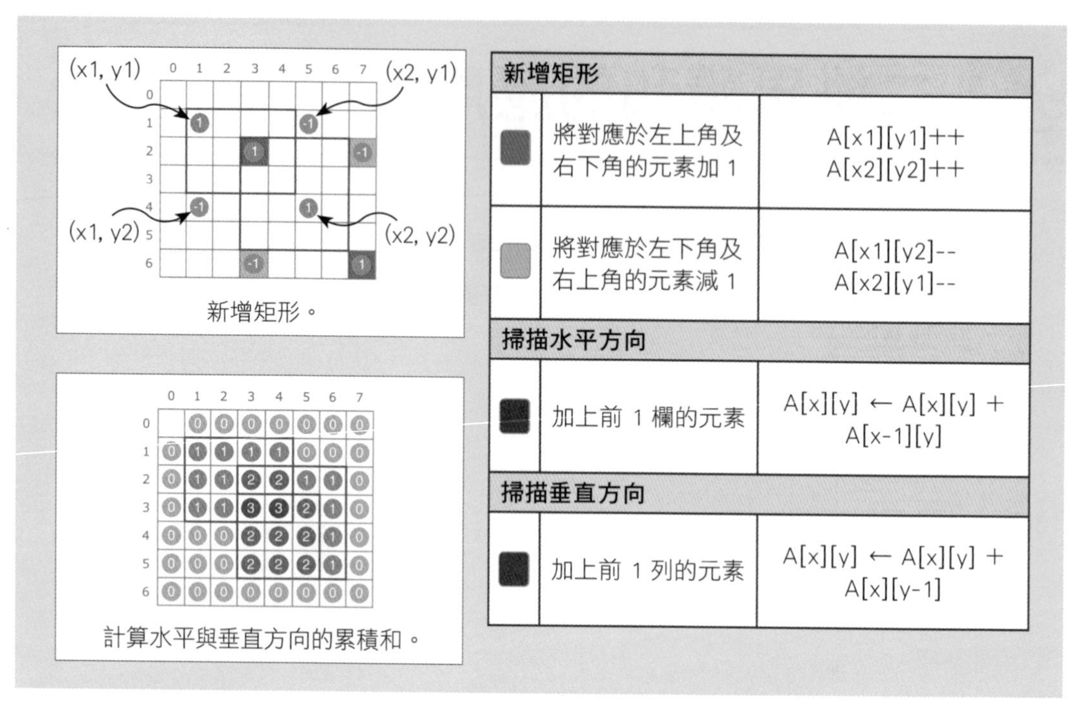

新增矩形		
	將對應於左上角及右下角的元素加 1	A[x1][y1]++ A[x2][y2]++
	將對應於左下角及右上角的元素減 1	A[x1][y2]-- A[x2][y1]--
掃描水平方向		
	加上前 1 欄的元素	A[x][y] ← A[x][y] + A[x-1][y]
掃描垂直方向		
	加上前 1 列的元素	A[x][y] ← A[x][y] + A[x][y-1]

演算法的執行過程

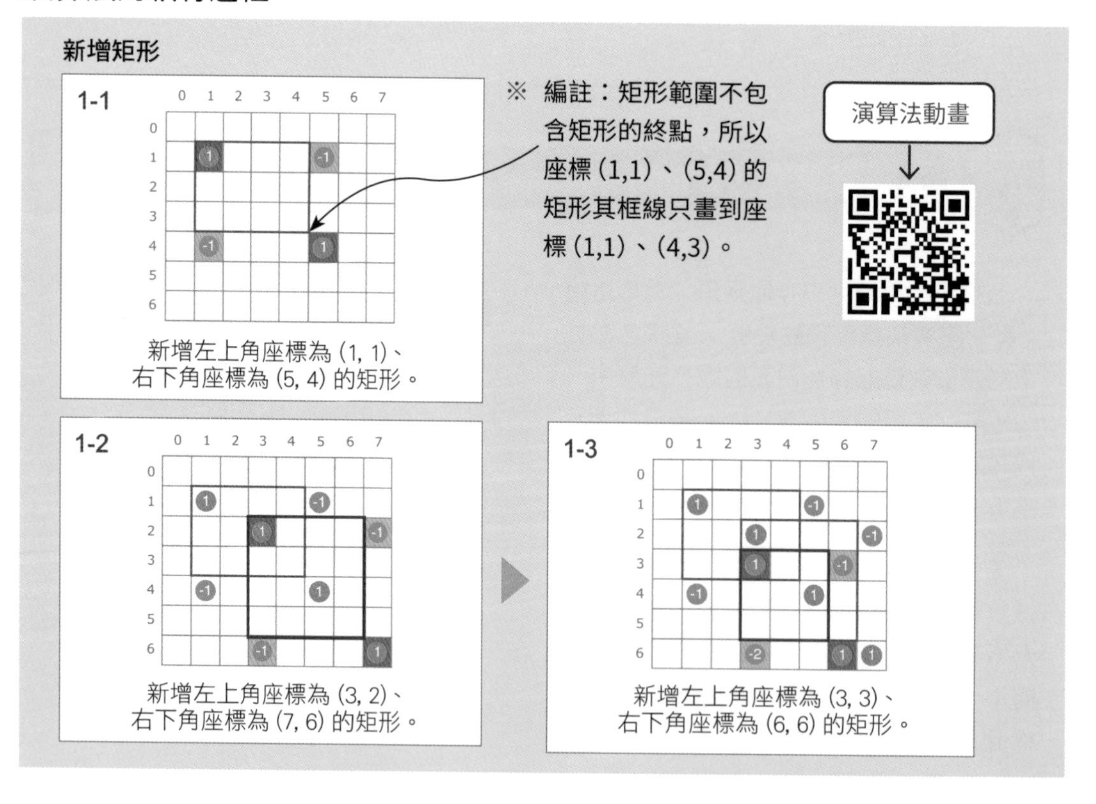

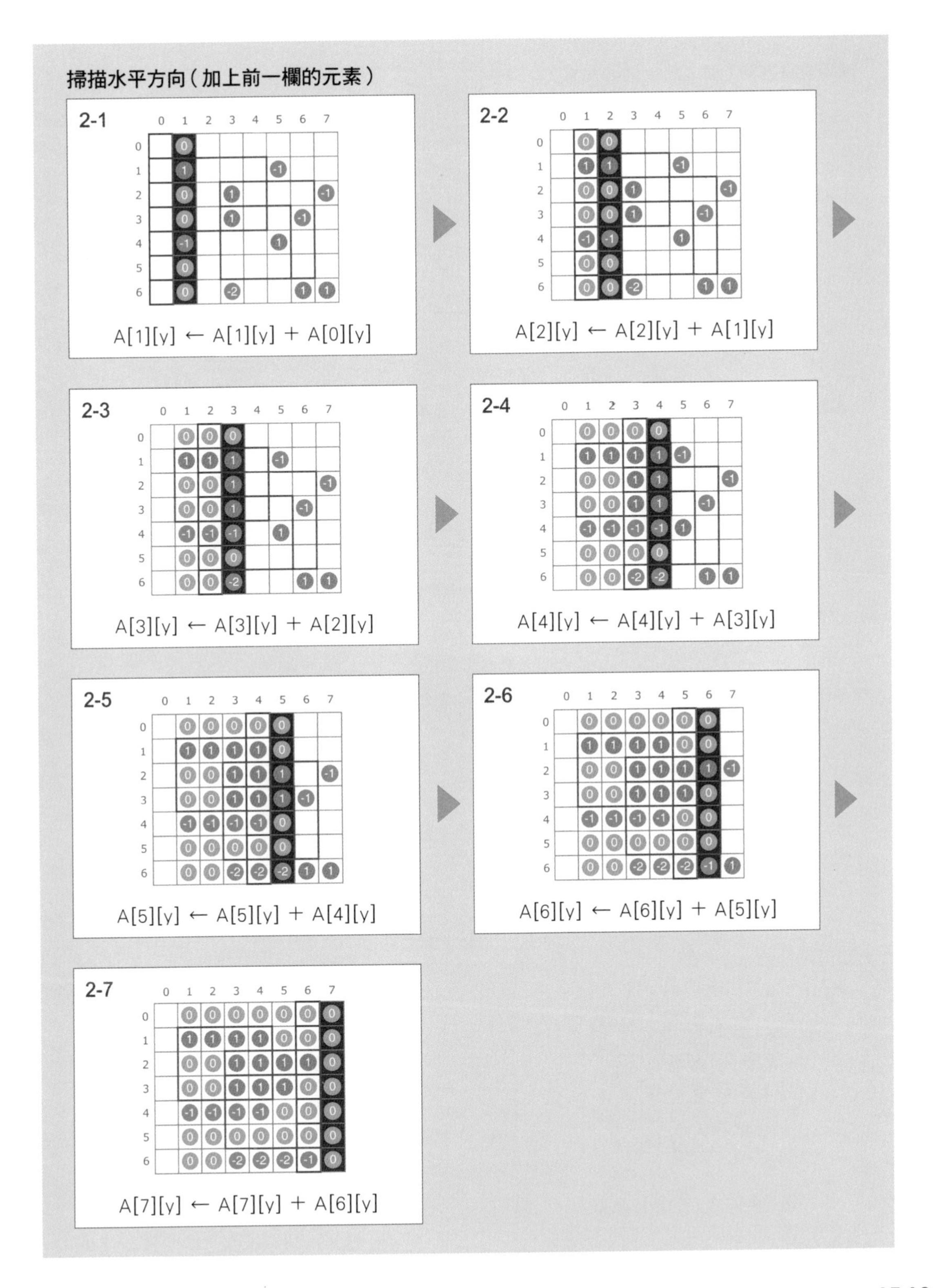
掃描水平方向（加上前一欄的元素）
2-1
A[1][y] ← A[1][y] + A[0][y]
2-2
A[2][y] ← A[2][y] + A[1][y]
2-3
A[3][y] ← A[3][y] + A[2][y]
2-4
A[4][y] ← A[4][y] + A[3][y]
2-5
A[5][y] ← A[5][y] + A[4][y]
2-6
A[6][y] ← A[6][y] + A[5][y]
2-7
A[7][y] ← A[7][y] + A[6][y]

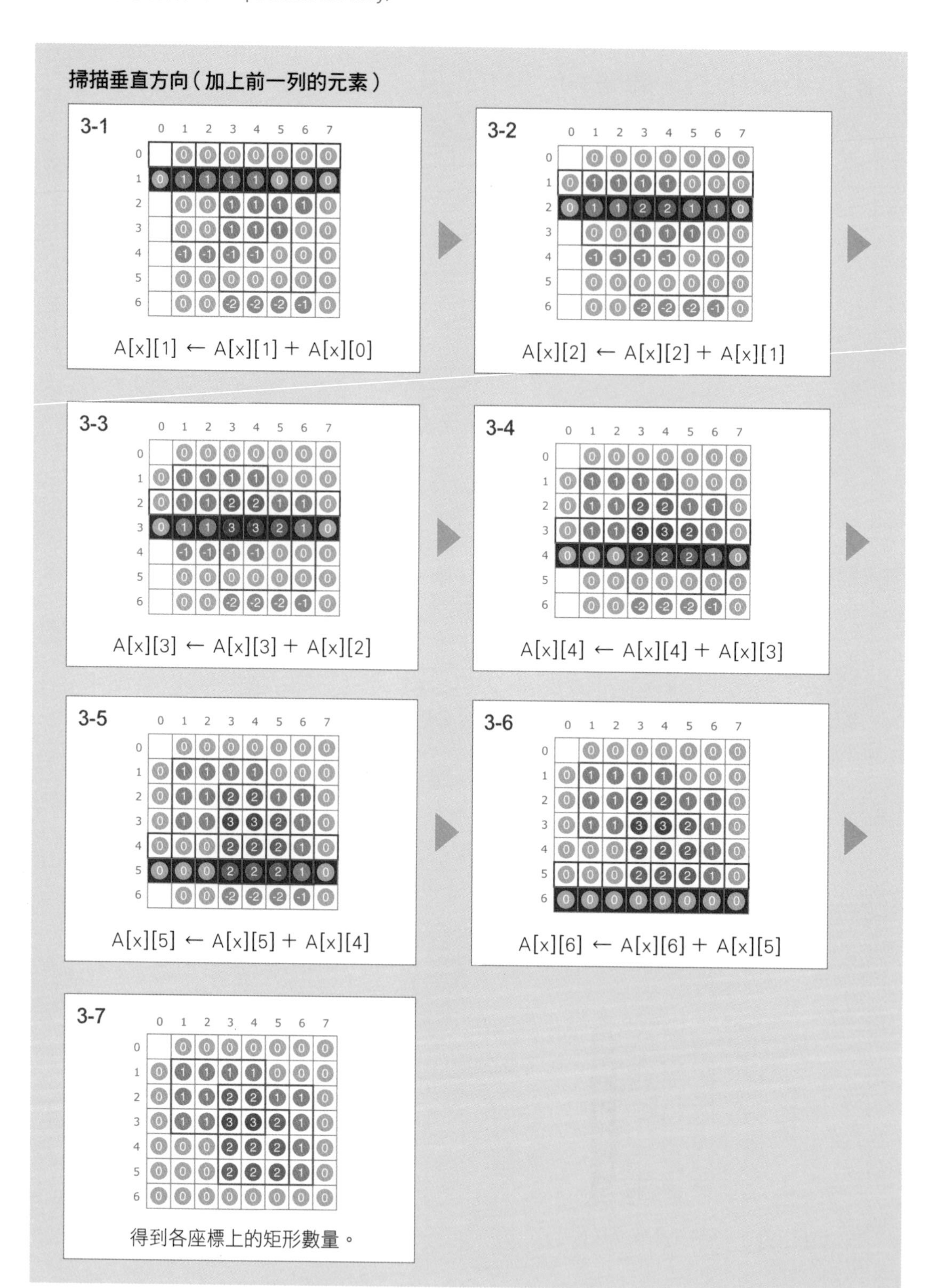
掃描垂直方向（加上前一列的元素）
3-1
A[x][1] ← A[x][1] + A[x][0]
3-2
A[x][2] ← A[x][2] + A[x][1]
3-3
A[x][3] ← A[x][3] + A[x][2]
3-4
A[x][4] ← A[x][4] + A[x][3]
3-5
A[x][5] ← A[x][5] + A[x][4]
3-6
A[x][6] ← A[x][6] + A[x][5]
3-7
得到各座標上的矩形數量。

演算法的重點說明

本節將一維累積和的做法擴展到二維累積和上。當矩形放到二維陣列後，假設矩形的左上角與右下角頂點座標分別為 (x1, y1) 與 (x2, y2)，則將 A[x1][y1] 與 A[x2][y2] 加 1 (表示增加 1 個矩形)，將 A[x1][y2] 與 A[x2][y1] 減 1(表示減少 1 個矩形)。

請注意，矩形範圍不包含矩形的終點，例如座標 (1,1)、(5,4) 的矩形其框線只會畫到座標 (1,1)、(4,3)。

接著，累積和演算法會先掃描水平方向 (沿著 x 值增長的方向)，將各元素的值加上其前 1 欄元素的值，再以同樣做法掃描垂直方向 (沿著 y 值增長的方向)，將各元素的值加上其前 1 列元素的值。經過累加後，各元素的值就是對應座標值上重疊的矩形數量。

虛擬碼

```
rects ← 矩形序列

# 新增矩形
for rect in rects:
    x1 = rect. 左上角的頂點 .x
    y1 = rect. 左上角的頂點 .y
    x2 = rect. 右下角的頂點 .x
    y2 = rect. 右下角的頂點 .y
    A[x1][y1]++                 # 將對應於左上角的元素加 1
    A[x2][y2]++                 # 將對應於右下角的元素加 1
    A[x1][y2]--                 # 將對應於左下角的元素減 1
    A[x2][y1]--                 # 將對應於右上角的元素減 1

# 水平方向的累積和
for x ← 1 to N-1:
    for y ← 0 to M-1:
        A[x][y] ← A[x][y] + A[x-1][y]    # 加上前一欄的元素

# 垂直方向的累積和
for y ← 1 to M-1:
    for x ← 0 to N-1:
        A[x][y] ← A[x][y] + A[x][y-1]    # 加上前一列的元素
```

時間複雜度

此問題也可以用較單純的演算法解決，只要將陣列中對應到矩形的範圍都加 1（整塊填滿）即可，這項操作的時間複雜度為 O(NM)。由於此操作需對每一塊矩形執行，因此整體來說，此演算法的時間複雜度將為 O(QNM)。

至於利用累積和的方法，其複雜度由於新增 Q 個矩形時為 O(Q)，計算累積和時為 O(NM)，因此整體的時間複雜度為 O(Q+NM)。

值得一提的是，累積和概念也適用於比二維更高維度的空間，並且可應用在像素處理等相關的影像處理 (Image Processing) 及訊號處理 (Signal Processing) 領域。

第 18 章

堆積
(Heap)

堆積 (heap) 是一種資料結構，適合用來取出資料集合裡的最大值或最小值，也常用來實作**優先佇列** (Priority Queue)。優先佇列是指依照優先權的高低從資料集合裡取出、插入與刪除資料的操作。

本章介紹的堆積演算法與優先佇列，會以二元樹中的**完整二元樹** (Complete Binary Tree) 來實作。

- Up Heap
- Down Heap
- 建立堆積 (Building Heap)
- 優先佇列 (Priority Queue)

18-1 Up Heap

★★

認識堆積、最大堆積與最小堆積

堆積（heap）是一種資料結構，可以快速插入或刪除元素。其性質為一棵**完整二元樹**（Complete Binary Tree），**完整二元樹**是指除了最後一層以外，每一層的節點都要有 2 個子節點，最後一層可以不用填滿，但是填入的順序要由左至右。

堆積的形式有兩種：一種是**最大堆積**（Max Heap），一種是**最小堆積**（Min Heap）。**最大堆積**是指所有父節點的值都大於（或等於）子節點的值，根節點為整棵樹的最大值，適合做遞增排序。而**最小堆積**是指所有父節點的值都小於（或等於）子節點的值，根節點為整棵樹的最小值，適合做遞減排序。

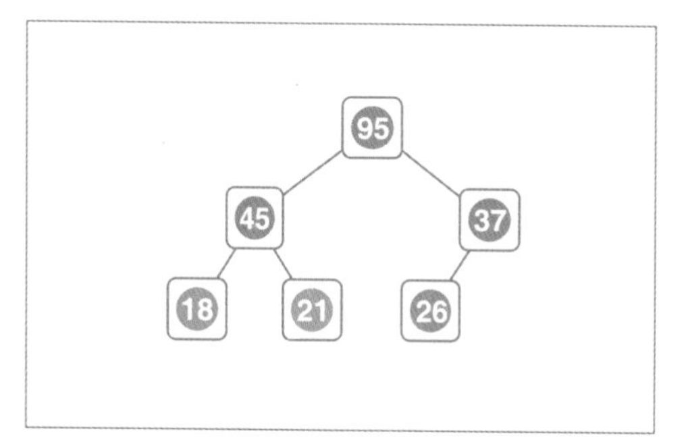

此圖為**最大堆積**，根節點 95 是整棵樹的最大值，其左、右子節點 45、37，皆小於根節點的 95，樹中的各個子節點也都小於父節點

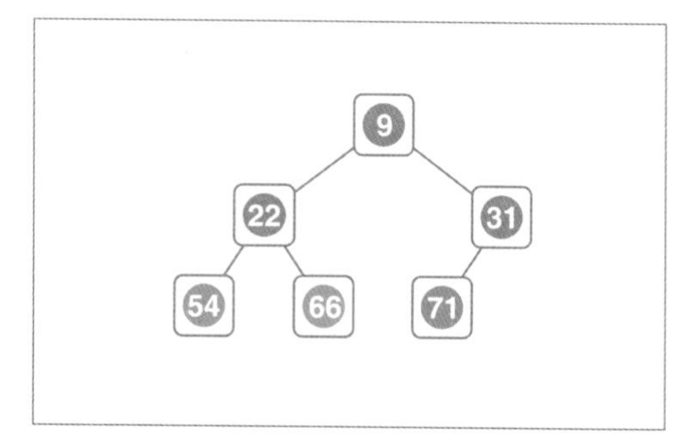

此圖為**最小堆積**，根節點 9 是整棵樹的最小值，其左、右子節點 22、31，皆大於根節點的 9，樹中的各個子節點也都大於父節點

本章我們以樹的結構來講解堆積，那麼要如何與陣列對應呢？以右圖為例，灰色的數字為陣列的索引，陣列會依照樹的結構由上而下、由左而右對應索引。

至於如何將未排序的陣列元素建立成最大（或最小）堆積，請參考 18-3 節的說明。

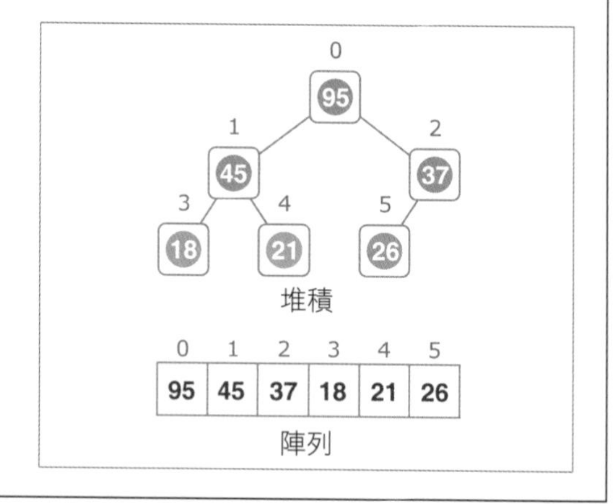

當最大堆積的節點因更新而「使值變大」，要如何調整堆積？

最大堆積 (Max Heap) 的特性是「所有父節點的值都大於 (或等於) 子節點的值」，因此當堆積中的某個節點值有變更時，必須與該節點的父節點及其他祖先節點做比較，重新調整堆積以符合最大堆積特性。

變更最大堆積其中 1 個節點的值 (值變大)，並依最大堆積的特性，重新調整堆積。

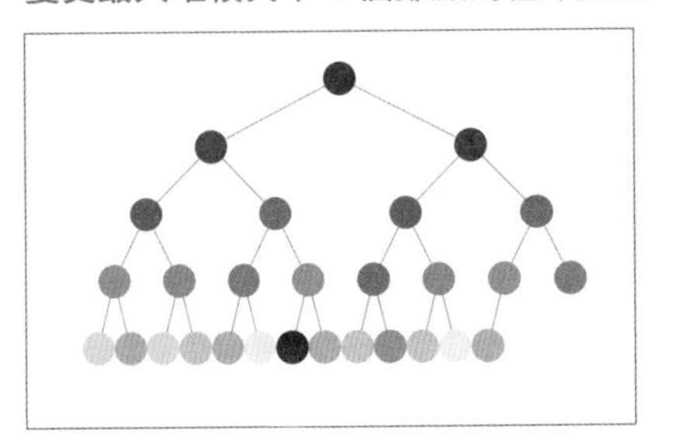

變更最大堆積的其中 1 個節點值
堆積的節點數 N ≤ 100,000

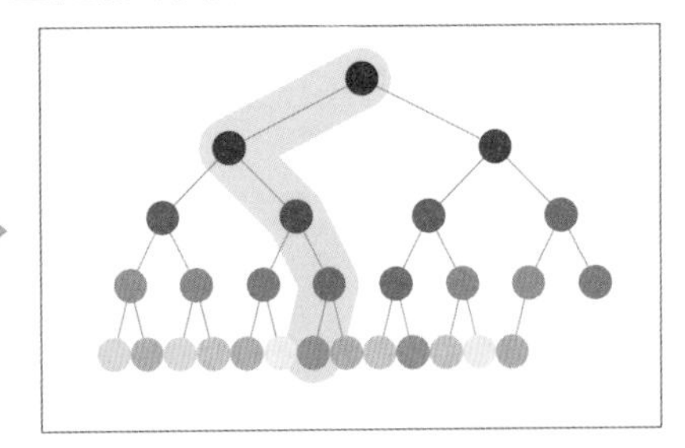

調整後的最大堆積

Up Heap

本節將使用 1 個陣列變數來表示最大堆積。當最大堆積的節點值因更新而「變大」時，必須將該元素往根節點的方向移動，以確保堆積能夠繼續滿足最大堆積特性 (max-heap property)，此操作就稱為 **Up Heap**。本節將以「互換」(swap) 來移動元素。

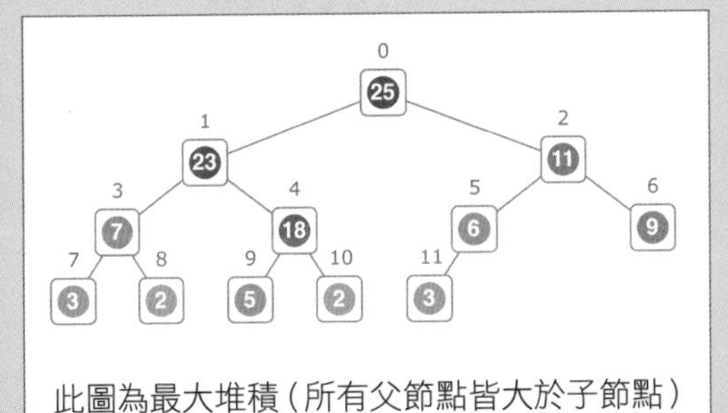

此圖為最大堆積 (所有父節點皆大於子節點)

	0	1	2	3	4	5	6	7	8	9	10	11
A	25	23	11	7	18	6	9	3	2	5	2	3

	最大堆積的元素	A

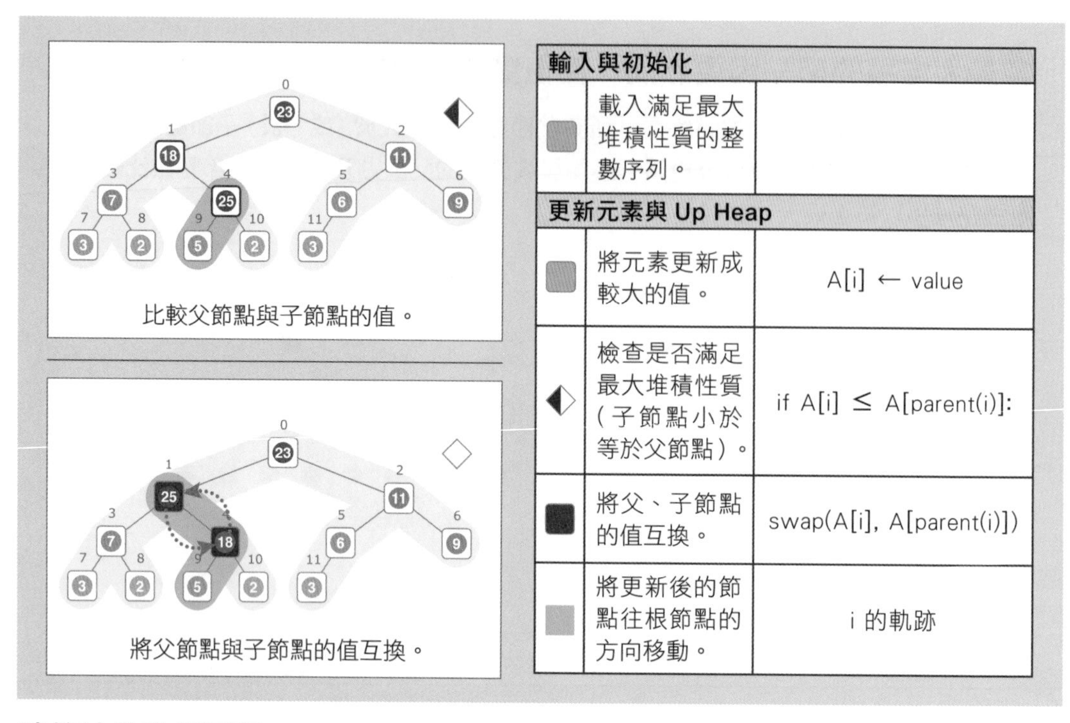
比較父節點與子節點的值。
將父節點與子節點的值互換。
輸入與初始化
載入滿足最大堆積性質的整數序列。
更新元素與 Up Heap
將元素更新成較大的值。
A[i] ← value
檢查是否滿足最大堆積性質（子節點小於等於父節點）。
if A[i] ≤ A[parent(i)]:
將父、子節點的值互換。
swap(A[i], A[parent(i)])
將更新後的節點往根節點的方向移動。
i 的軌跡

演算法的執行過程

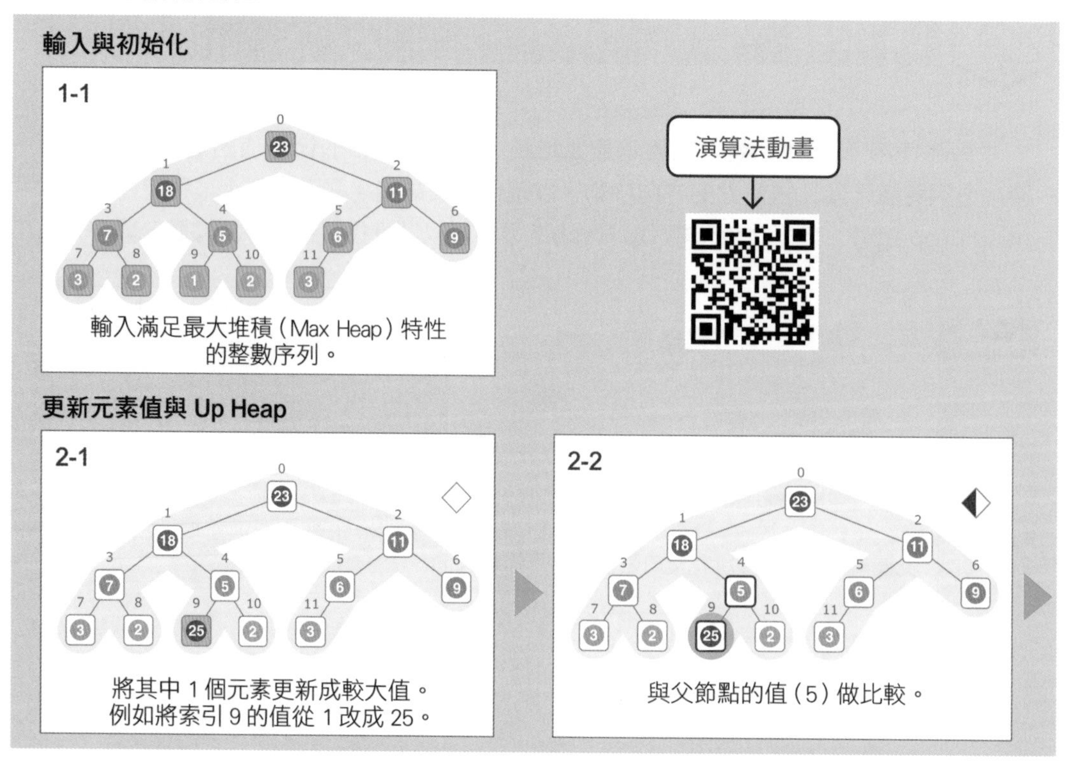
輸入與初始化
1-1
輸入滿足最大堆積（Max Heap）特性的整數序列。
演算法動畫
更新元素值與 Up Heap
2-1
將其中 1 個元素更新成較大值。例如將索引 9 的值從 1 改成 25。
2-2
與父節點的值（5）做比較。

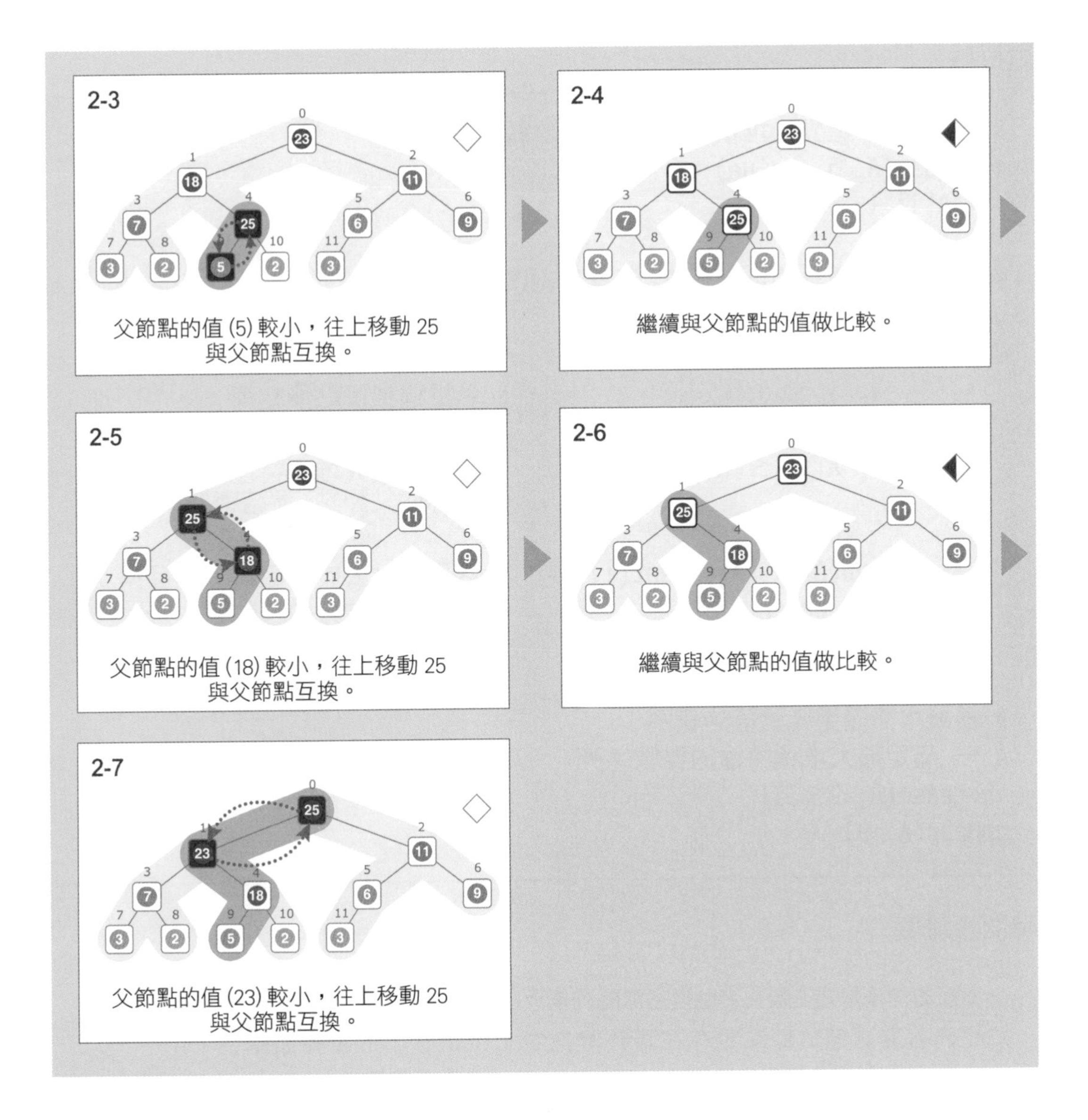

演算法的重點說明

當最大堆積 (Max Heap) 的節點值因更新而變成較大值時 (例如從 1 變成 25)，應以該節點為起點，比較起點與父節點的值，若父節點的值小於起點的值，則進行互換。互換節點後，再以原本的父節點位置為新的起點，反覆進行以上操作。此處理會在父節點滿足最大堆積性質，或是根節點被設定為起點時結束。

虛擬碼

```
# 將陣列 A 建立的堆積元素 i 更新為較大值
increase(A, i, value):
    A[i] ← value

# 以陣列 A 建立的堆積元素 i 為起點進行 Up Heap
upHeap(A, i):
    while True:
        if  i ≤ 0:                 # 若抵達根節點便結束
            break
        if  A[i] ≤ A[parent(i)]:   # 若滿足最大堆積特性 (子節點小
                                     於等於父節點) 便結束
            break
        swap(A[i], A[parent(i)])   # 若子節點大於父節點，則互換
        i ← parent(i)              # 往根節點的方向移動


# 模擬本節變更元素值的範例
A ← 滿足最大堆積特性的整數序列
increase(A, 9, 25)
upHeap(A, 9)
```

時間複雜度

本節的作法是先比較父節點與子節點的值大小，再以 swap 函式進行互換。另一種作法是先將變更值的節點暫存在臨時變數中，讓值較小的祖先節點往下降，再以 insertion 將暫存的節點插入適當位置。不論是使用 swap 還是 insertion，各節點的移動範圍都會被限縮在完整二元樹的高度內，因此 Up Heap 的時間複雜度為 O(log N)。

應用

Up Heap 可做為實作優先佇列 (Priority Queue) 的一個元件。

18-2 Down Heap

當最大堆積的節點因更新而「使值變小」，要如何調整堆積？

最大堆積 (Max Heap) 的節點值更新為較小值時，必須根據其子節點及其他子孫節點的值重新調整堆積，以符合最大堆積特性。

變更最大堆積其中 1 個節點值（使其值變小），並依最大堆積的特性（所有父節點的值都大於子節點的值），重新調整堆積。

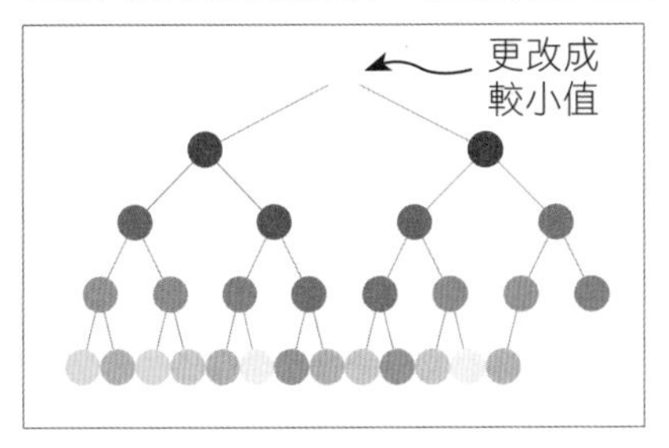

將最大堆積的節點值變小
堆積的節點數 N ≤ 100,000

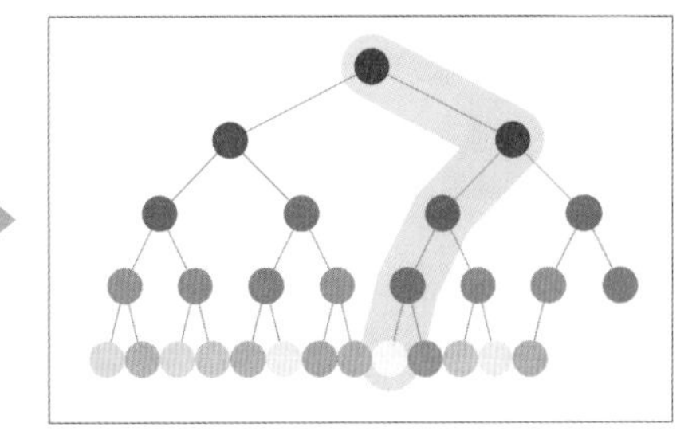

調整後的最大堆積

Down Heap

當最大堆積的某個節點因更新而「使值變小」時，必須將該節點往葉節點的方向移動，以確保堆積能夠繼續滿足最大堆積性質，此操作稱為 **Down Heap**。本節將以「互換」(swap) 來移動元素。

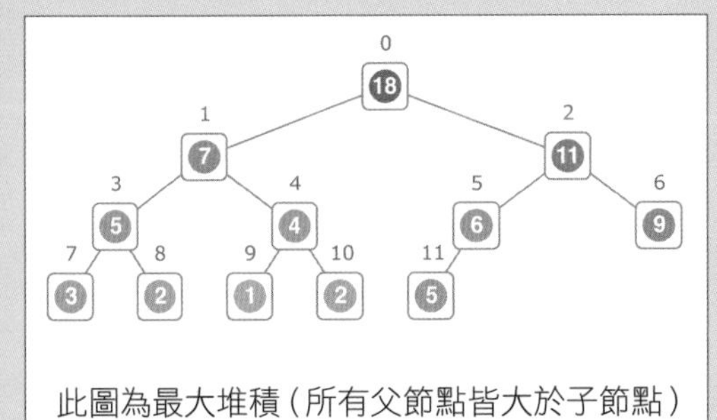

此圖為最大堆積（所有父節點皆大於子節點）

最大堆積的陣列	A

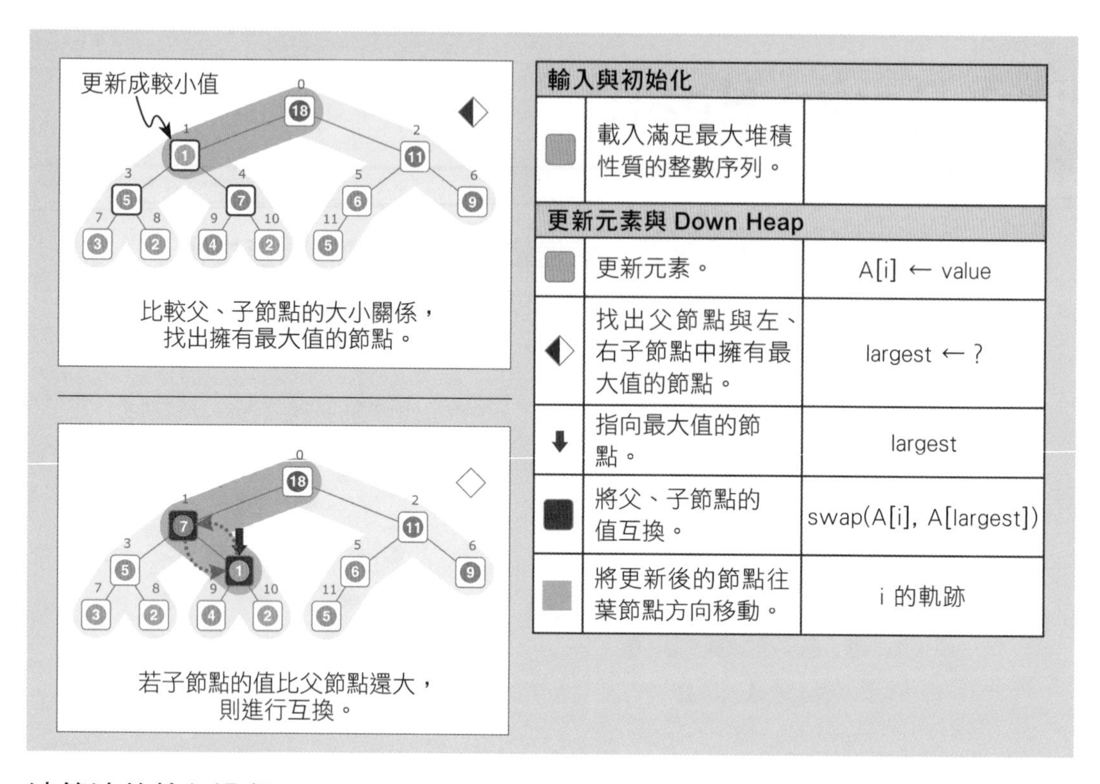

輸入與初始化		
	載入滿足最大堆積性質的整數序列。	
更新元素與 Down Heap		
	更新元素。	A[i] ← value
	找出父節點與左、右子節點中擁有最大值的節點。	largest ← ?
	指向最大值的節點。	largest
	將父、子節點的值互換。	swap(A[i], A[largest])
	將更新後的節點往葉節點方向移動。	i 的軌跡

演算法的執行過程

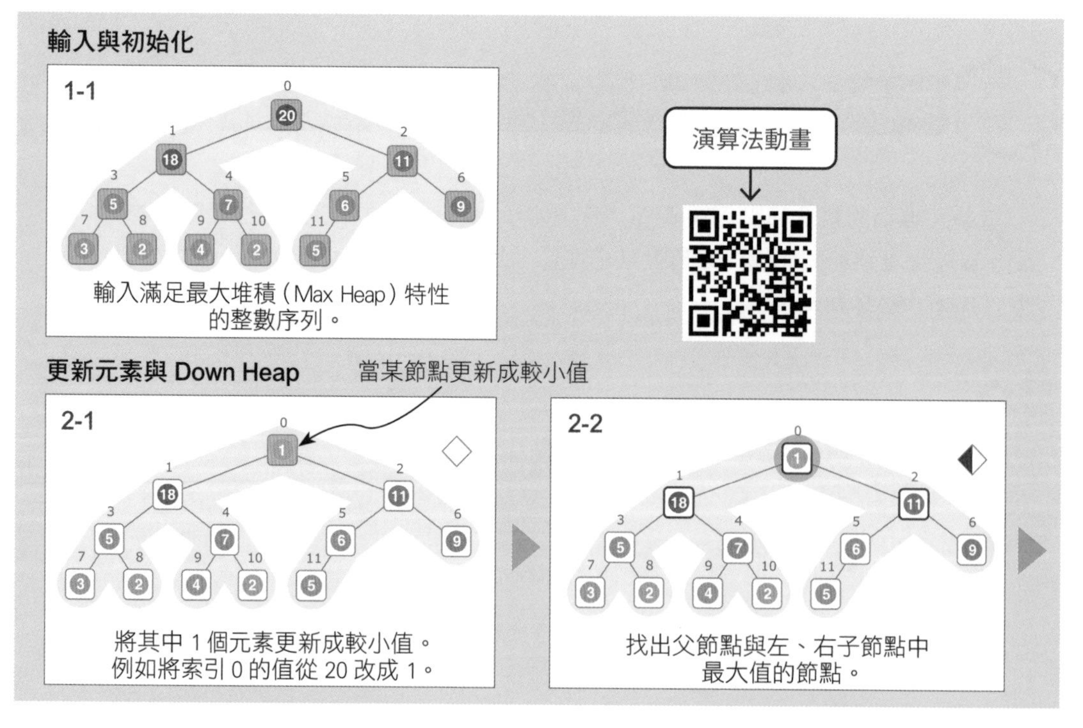

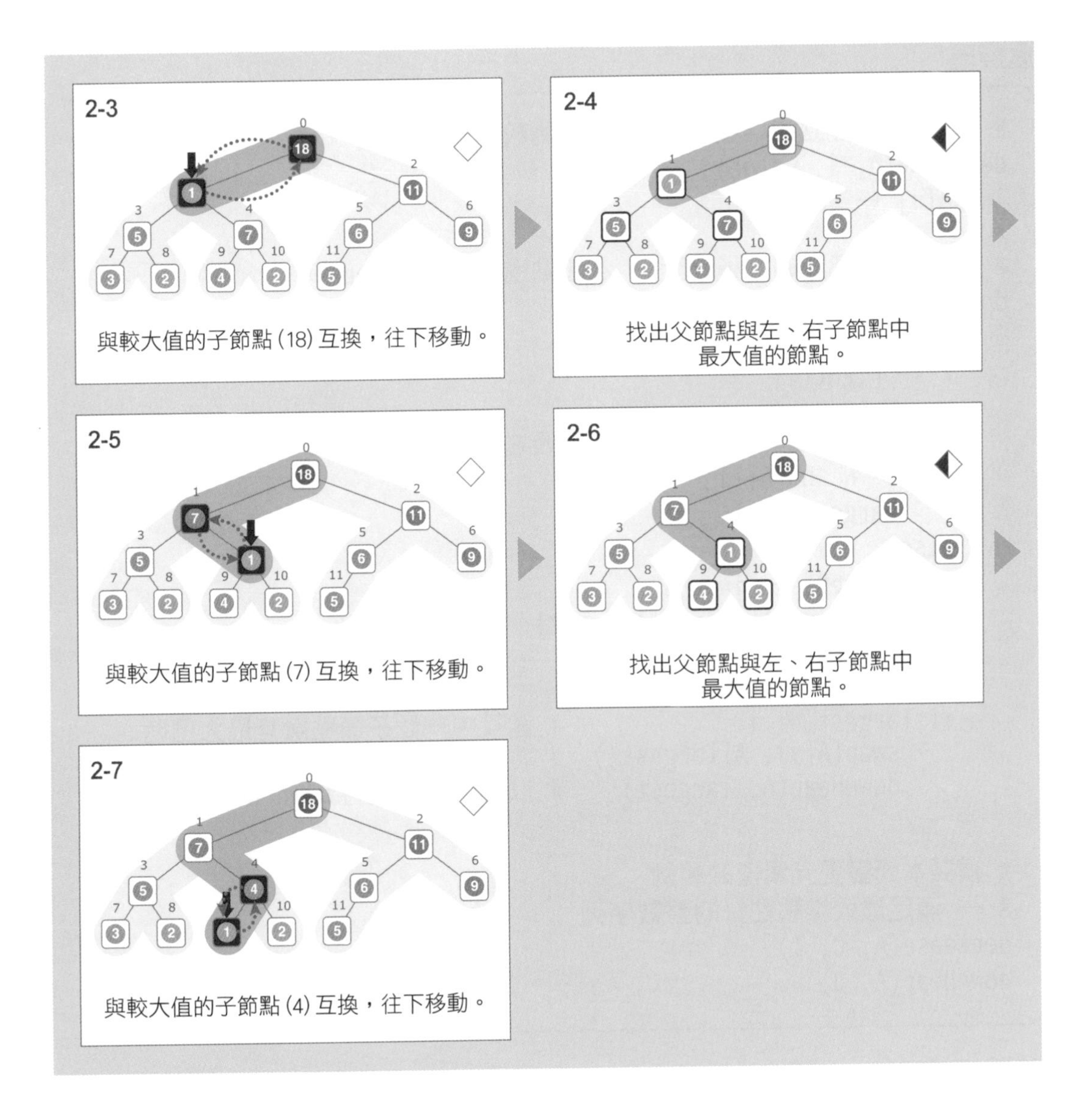

演算法的重點說明

當最大堆積的某一節點值因更新而變成較小值時 (例如從 20 變成 1)，應以該節點為起點，反覆與子節點比較大小，並在子節點的值較大時進行互換。本節的做法是先找出父節點與左、右子節點中最大值的節點，再判斷應該如何互換 (或不互換)。元素互換之後，再將之前選中的子節點位置設為新的起點。此處理會在左、右子節點皆滿足最大堆積性質 (父節點擁有最大值)，或葉節點被設為起點時結束。

虛擬碼

```
# 將陣列 A 建立的堆積元素 i 更新為較小值
decrease(A, i, value):
    A[i] ← value

# 以陣列 A 建立的堆積元素 i 為起點進行 Down Heap
downHeap(A, i):
    l ← left(i)
    r ← right(i)

    # 找出父節點(自己)、左子節點及右子節點中擁有最大值的節點
    if l < N and A[l] > A[i]:
        largest ← l
    else:
        largest ← i
    if r < N and A[r] > A[largest]:
        largest ← r

    if largest ≠ i:                  # 當其中一個子節點擁有最大值時
        swap(A[i], A[largest])  # 將父、子節點的值互換
        downHeap(A, largest)     # 以遞迴方式進行 Down Heap

# 模擬本節變更元素值的範例
A ← 滿足最大堆積性質的整數序列
decrease(A, 0, 1)
downHeap(A, 0)
```

時間複雜度

本節的作法是先比較父節點與子節點的值大小，再以 swap 函式進行互換。另一種作法是先將欲變更值的節點值暫存在臨時變數中，讓大於該節點的子孫節點往上升，再以 insertion 將臨時變數的值插入適當位置。不論使用 swap 還是 insertion，各節點的移動範圍都會被限縮在完整二元樹的高度內，因此 Down Heap 的時間複雜度為 O(log N)。

應用

Down Heap 可做為實作優先佇列的一個元件。此外，堆積排序法也會在實作中用到 Down Heap。

18-3 建立堆積 (Building Heap) ★★

建立堆積（Building Heap）

建立堆積有兩種方法，第一種是載入整數序列後，藉由反覆執行 Up Heap 來建立；第二種方法是載入整數序列後，利用 Down Heap 搭配插入排序法 (Insertion Sort，參見 14-3 節) 來建立，本節將以第二種方法來建立最大堆積。建立最小堆積只要依此類推即可。

將整數序列建立成最大堆積。

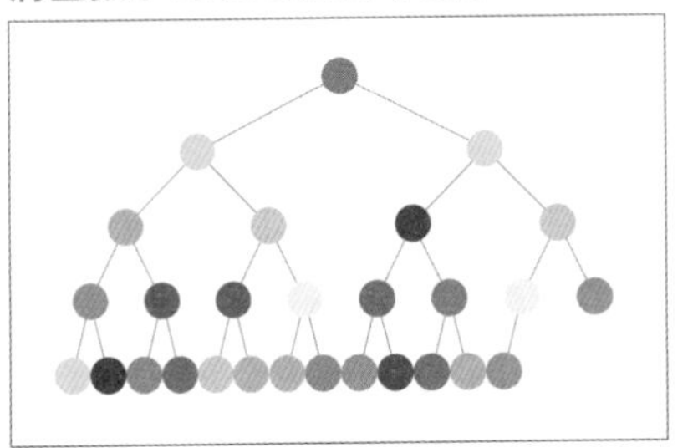

整數序列
元素數 N ≤ 100,000

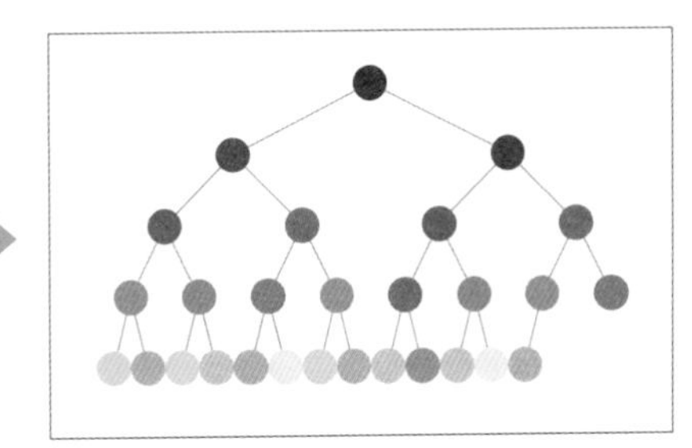

建立成最大堆積

建立堆積（Building Heap）

建立堆積時，只要由下而上 (bottom-up) 執行 Down Heap，即可將整數序列建立成最大堆積。本節使用的演算法是從葉節點以外的節點中，按照節點編號的降冪 (往根節點前進的方向) 依序選擇起點，由下而上進行 Down Heap。

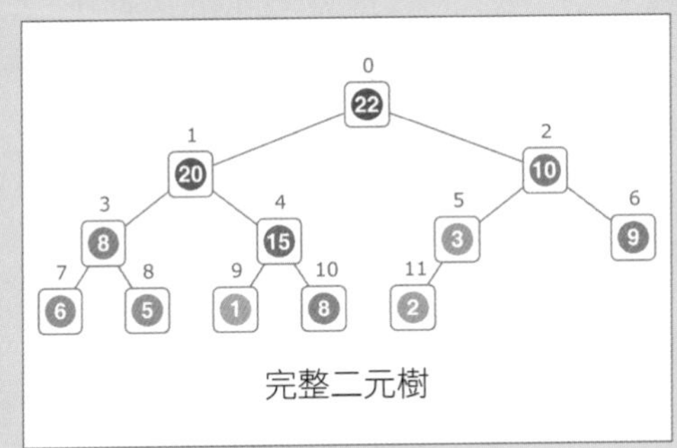

完整二元樹

	最大堆積的元素	A

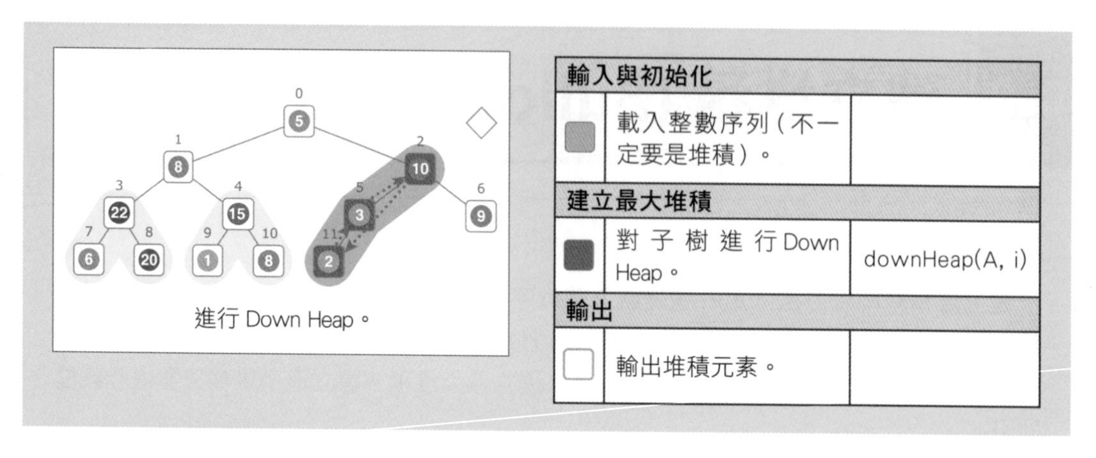
0
5
1
8
2
10
3
22
4
15
5
3
6
9
7
6
8
20
9
1
10
8
11
2
進行 Down Heap。
輸入與初始化
載入整數序列（不一定要是堆積）。
建立最大堆積
對子樹進行 Down Heap。
downHeap(A, i)
輸出
輸出堆積元素。

演算法的執行過程

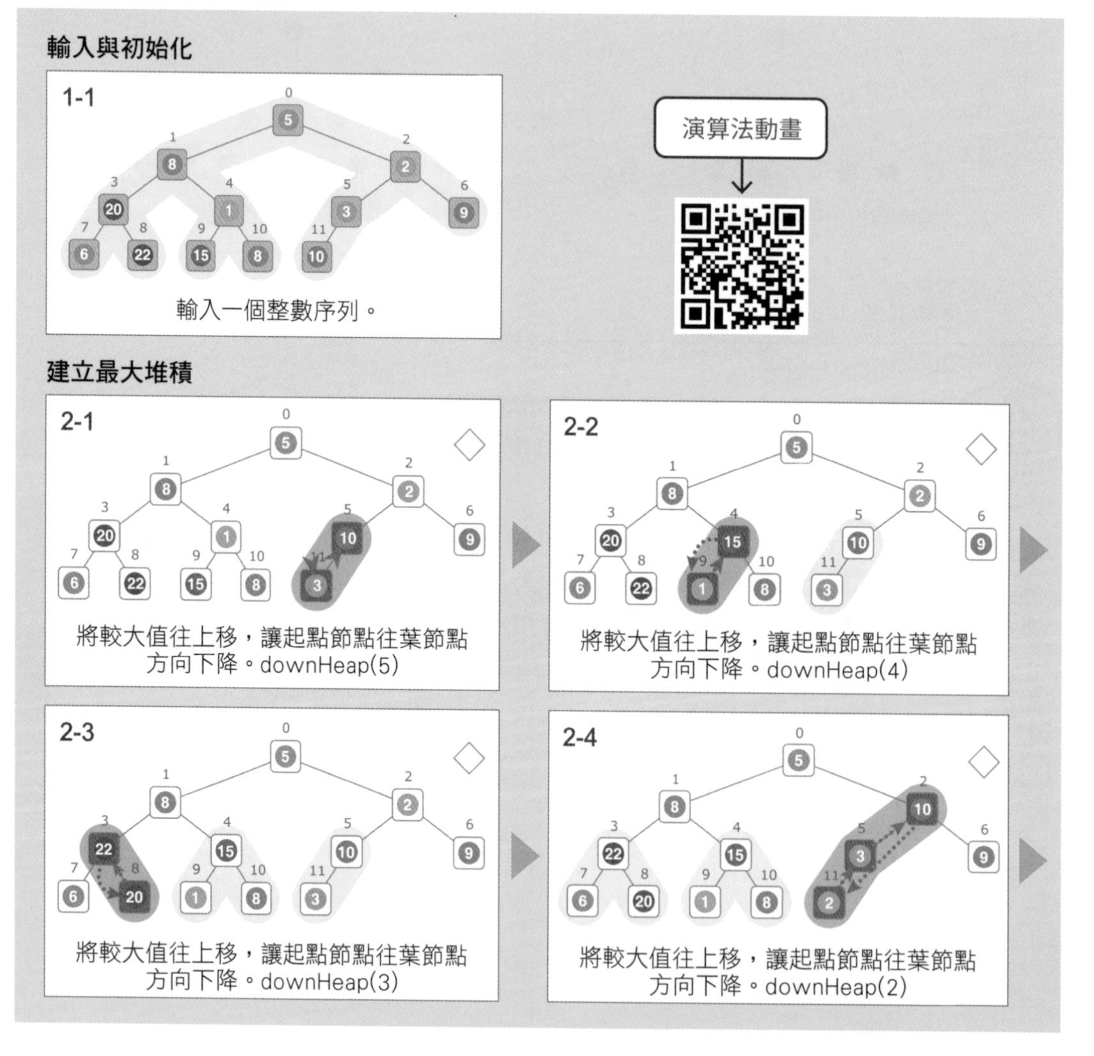
輸入與初始化
1-1
輸入一個整數序列。
演算法動畫
建立最大堆積
2-1
將較大值往上移，讓起點節點往葉節點方向下降。downHeap(5)
2-2
將較大值往上移，讓起點節點往葉節點方向下降。downHeap(4)
2-3
將較大值往上移，讓起點節點往葉節點方向下降。downHeap(3)
2-4
將較大值往上移，讓起點節點往葉節點方向下降。downHeap(2)

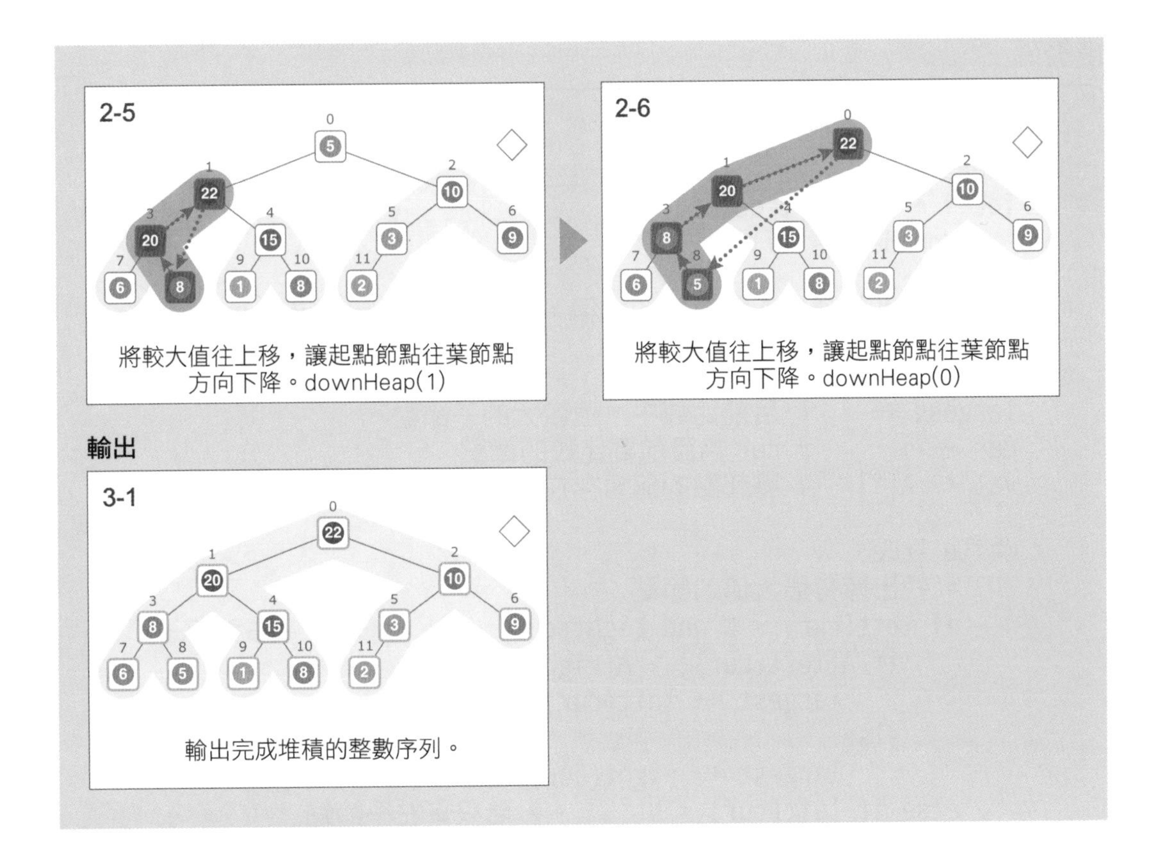

演算法的重點說明

為了符合最大堆積性質，最大堆積在建立時必須從較深的節點開始進行 Down Heap。Down Heap 的起點只要按照完整二元樹的節點編號反向走訪，即可由深到淺依序選擇。在大小為 N 的完整二元樹中，內部節點最大的編號為 (N/2)-1，Down Heap 可由此節點開始依序進行，直到抵達根節點 0 為止。

虛擬碼

```
# 將元素數為 N 的陣列 A 建立堆積
buildHeap(A):
    for i ← N/2 - 1 downto 0:
        downHeap(A, i)

# 由元素數為 N 的陣列 A 所建立的堆積，以節點 i 為起點進行 Down Heap
# 利用插入實作
downHeap(A, i):
    largest ← i   # 目前比較中，值較大的子節點
    cur ← i       # cur 為目前要比較的節點
    val ← A[i]    # 將起點的值暫存在變數中

    while True:
        # 找出擁有最大值的節點
        if left(cur) < N and right(cur) < N:  # 若左、右都有子節點
            if A[left(cur)] > A[right(cur)]:
                largest ← left(cur)
            else:
                largest ← right(cur)
        else if left(cur) < N:      # 若只有左子節點
            largest ← left(cur)
        else if right(cur) < N:     # 若只有右子節點
            largest ← right(cur)
        else:
            largest ← NIL

        if largest = NIL: break     # 若 cur 為葉節點便結束
        if A[largest] ≤ val: break # 若比起點的值小便結束

        A[cur] ← A[largest]         # 將較大值往上移
        cur ← largest               # 往值較大的方向下降

    A[cur] ← val                    # 將起點的值放回目前要比較的節點
```

時間複雜度

本節的實作中，Down Heap 操作使用的是**插入** (insertion) 而非之前使用的**互換** (swap)。Down Heap 1 次的時間複雜度為 O(樹的高度)。建立堆積時，Down Heap 會按照以下方式進行：

對高度為 1 的 N/2 個子樹進行 Down Heap

對高度為 2 的 N/4 個子樹進行 Down Heap

對高度為 3 的 N/8 個子樹進行 Down Heap

...

對高度為 $\log_2 N$ 的 1 (N/N=1) 個子樹 (整棵樹) 進行 Down Heap

假設樹的高度為 h，則將上述過程相加可得 $1(N/2)+2(N/4)+...+h(N/2^h)=N\{(1/2)+(2/4)+...(h/2^h)\}$。{ } 當中的數字趨近於 2，由於常數的大小不影響時間複雜度，因此建立堆積的時間複雜度為 O(N)。

應用

堆積也可以藉由反覆執行 Up Heap 來建立，但時間複雜度會是 O(N log N)，因此相較之下利用 Down Heap 建立堆積會是比較好的方式 (時間複雜度為 O(N))。堆積排序法中的預處理，就是以 Down Heap 方式建立堆積。

18-4 優先佇列 (Priority Queue) ★★★

高優先權資料先出（Dequeue by Priority）

許多演算法都需要 " 持續新增資料，並從優先權最高者開始取出 " 的資料結構。

請實作一個會優先取出優先權最高的資料（本節以最大值為例）的資料結構。

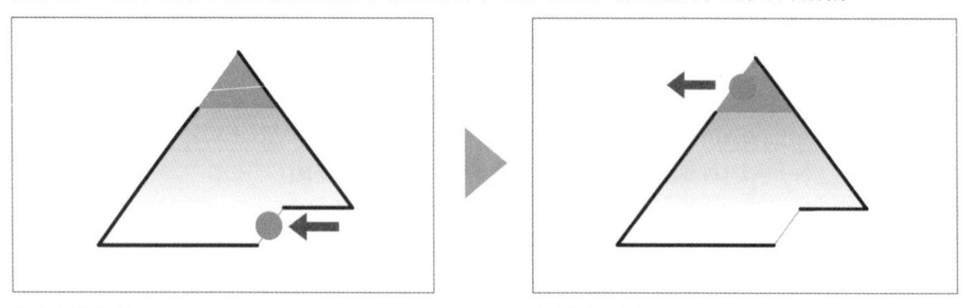

新增的資料
操作次數 Q 100,000

根據優先權取出的資料

優先佇列（Priority Queue）

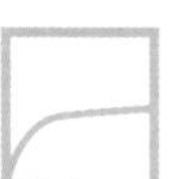

優先佇列是一種從優先權最高者取出資料的佇列。實作上可使用堆積結構來儲存資料，以便快速回應操作及查詢。由於優先佇列中的元素數會動態變化，因此除了大小為 N 的完整二元樹之外，還需要另外準備 1 個變數來記錄堆積中的元素數。

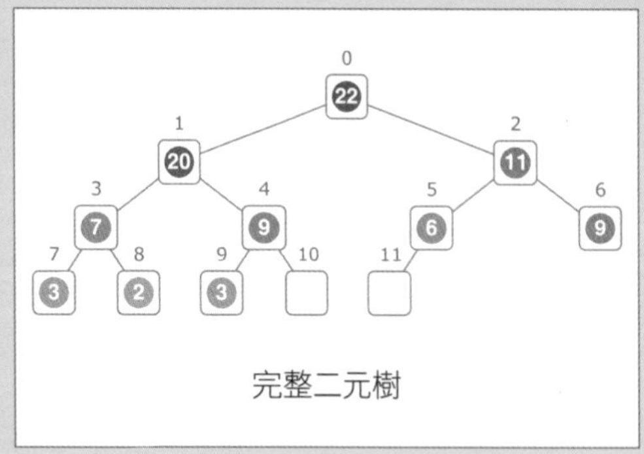

完整二元樹

佇列的元素	A

※ 編註：**佇列** (queue) 的運作方式為**先進先出** (Fist In First Out，FIFO)，也就是先加入者會最先被取出。而優先佇列 (Priority Queue)，則是打破 FIFO 規則，讓優先權高者可以插隊，就像 VIP 會員享有更多權利一樣。

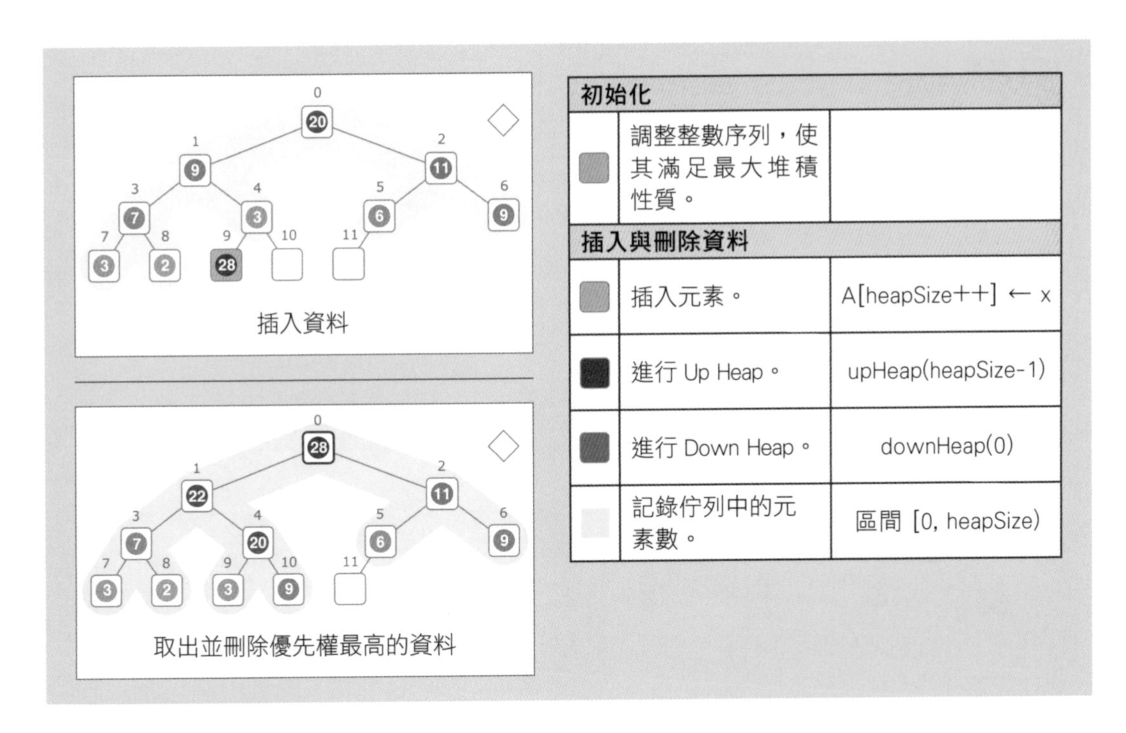

初始化		
	調整整數序列，使其滿足最大堆積性質。	
插入與刪除資料		
	插入元素。	A[heapSize++] ← x
	進行 Up Heap。	upHeap(heapSize-1)
	進行 Down Heap。	downHeap(0)
	記錄佇列中的元素數。	區間 [0, heapSize)

演算法的執行過程

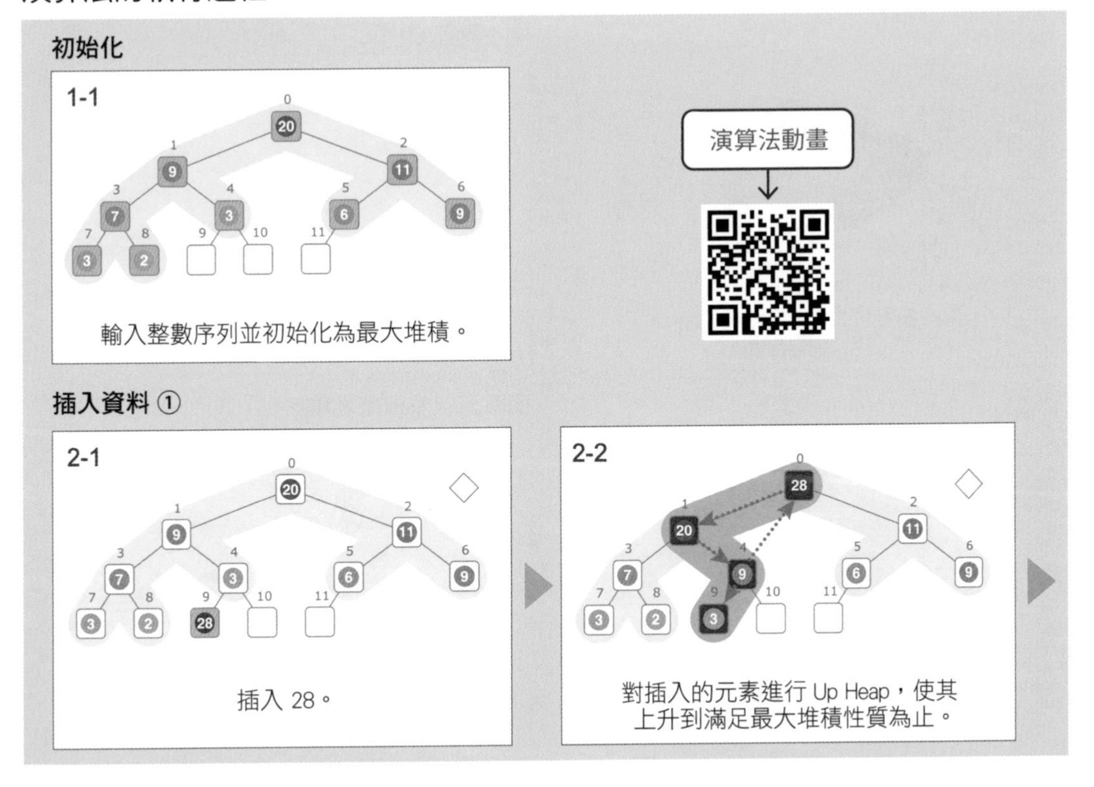

插入資料 ②

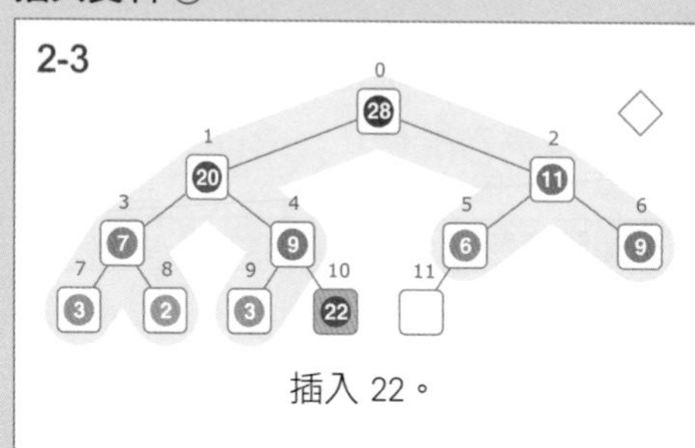

插入 22。

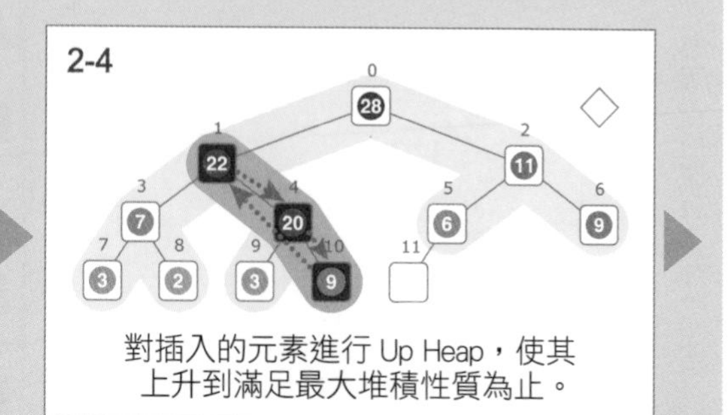

對插入的元素進行 Up Heap，使其上升到滿足最大堆積性質為止。

刪除資料並調整堆積

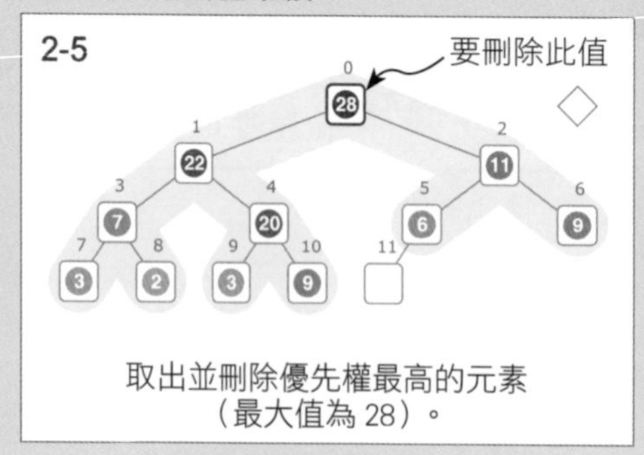

取出並刪除優先權最高的元素（最大值為 28）。

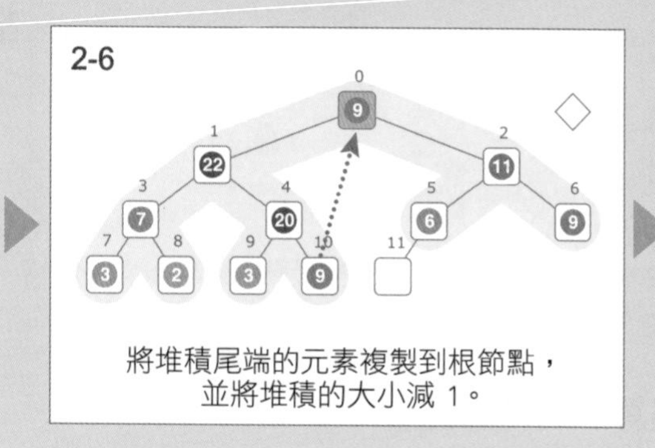

將堆積尾端的元素複製到根節點，並將堆積的大小減 1。

2-7

由根節點開始進行 Down Heap，重新調整堆積。

插入資料 ③

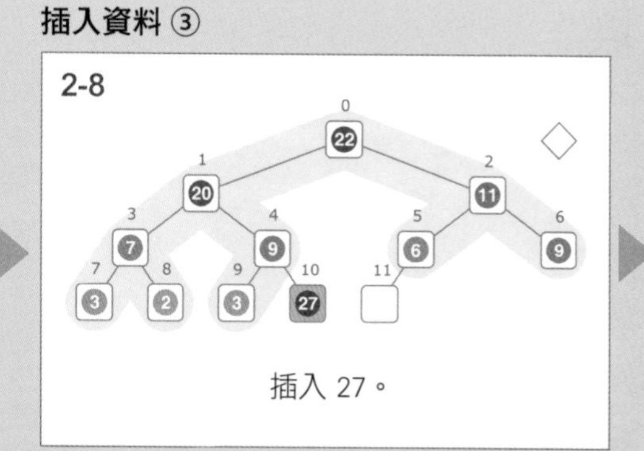

插入 27。

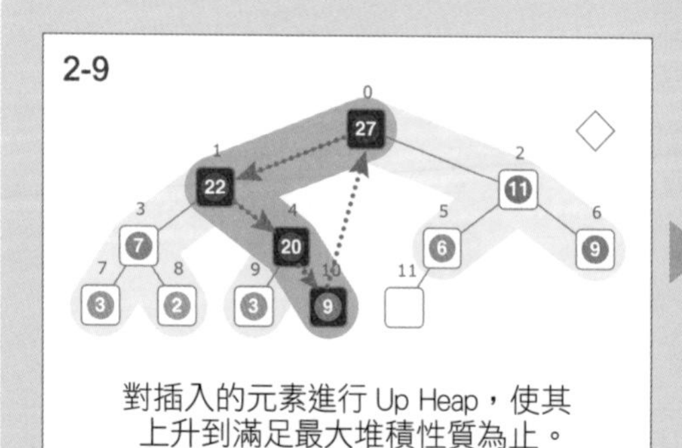

對插入的元素進行 Up Heap，使其上升到滿足最大堆積性質為止。

刪除資料並調整堆積

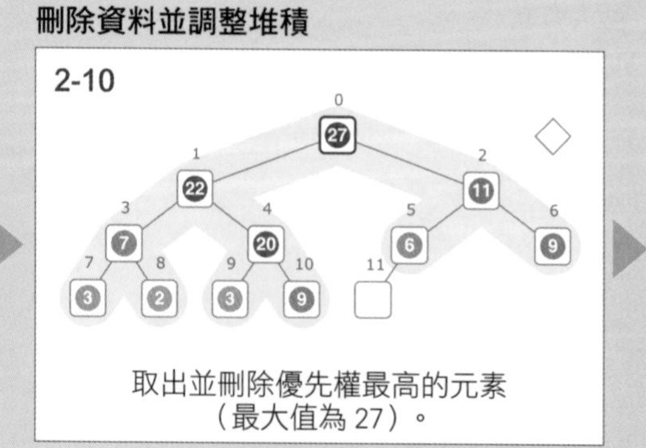

取出並刪除優先權最高的元素（最大值為 27）。

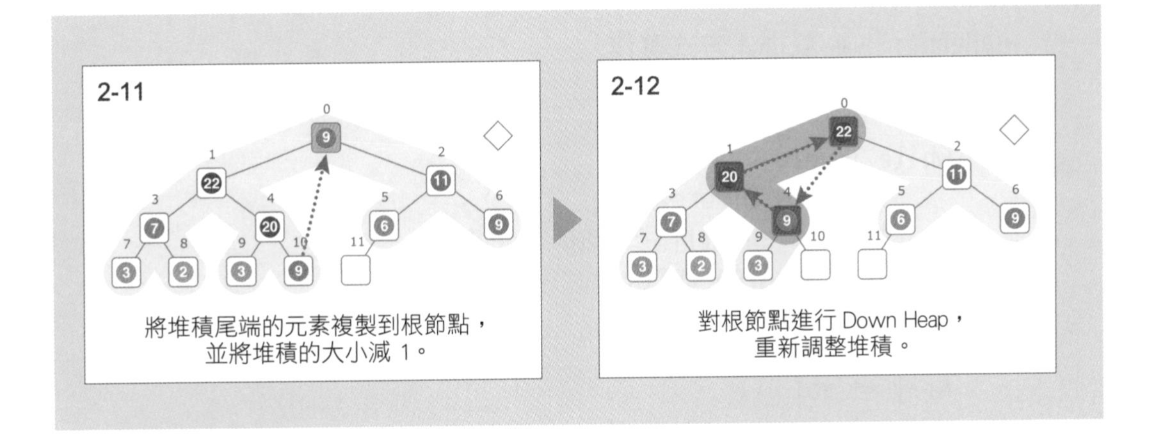

演算法的重點說明

元素在插入優先佇列時，會先新增到堆積尾端，再視情況以該位置為起點進行 Up Heap。相反地，在取出資料時，則是從堆積的根節點取出（刪除）。資料被取出後，必須將記錄堆積大小的變數減 1，並將堆積尾端的元素複製到空白的根節點，再從根節點進行 Down Heap，以重新調整為最大堆積。

虛擬碼

```
class PriorityQueue:
    A           # 儲存佇列元素的陣列
    heapSize    # 實際上有儲存資料的堆積大小

    insert(x):
        A[heapSize++] ← x    # 插入元素
        upHeap(heapSize-1)   # 進行 Up Heap

    top():
        return A[0]

    extract():
        val ← A[0]
        A[0] ← A[heapSize-1]
        heapSize--
        downHeap(0)          # 進行 Down Heap
        return val
```

```
upHeap(i): # 以插入方式實作
    val ← A[i]

    while True:
        if  i ≤ 0: break
        if A[parent(i)] ≥ val: break
        A[i] ← A[parent(i)]
        i ← parent(i)

    A[i] ← val

downHeap(i): # 以插入方式實作
    cur ← i
    val ← A[i]

    while True:
        if left(cur) < heapSize and right(cur) < heapSize:
            if A[left(cur)] > A[right(cur)] ):
                largest ← left(cur)
            else:
                largest ← right(cur)
        else if left(cur) < heapSize:
            largest ← left(cur)
        else if right(cur) < heapSize:
            largest ← right(cur)
        else:
            largest ← NIL

        if largest = NIL: break
        if A[largest] ≤ val: break

        A[cur] ← A[largest]
        cur ← largest

    A[cur] ← val
```

時間複雜度

插入資料時會使用 Up Heap，因此對優先佇列執行插入的時間複雜度為 O(log N)。取出 (刪除) 資料時會用 Down Heap，因此取出資料的時間複雜度也同樣是 O(log N)。

應用 優先佇列被廣泛應用到需管理順序的應用程式當中，例如作業系統中的排程 (process) 處理等。此外，尋找最短路徑的 Dijkstra（戴克斯特拉）演算法等進階演算法，也是以優先佇列為其基礎資料結構。

基本資料結構：比較表

資料結構		時間複雜度	原則	技巧
	堆疊		後進先出（LIFO：Last-In-First-Out）	
	佇列		先進先出（FIFO：First-In-First-Out）	
	優先佇列		優先取出優先權高者	

MEMO

第 19 章

二元樹的走訪 (Binary Tree Traversal)

二元樹的結構具備 1 個節點最多只有 2 個子節點的特性，因此可提升搜尋資料的速度。許多快速演算法也是以二元樹為其邏輯結構 (Logical Structure)。

本章將介紹系統性走訪二元樹節點的演算法，以做為後續章節的基礎。二元樹的走訪是一種**遞迴** (recursion) 走訪，依遞迴函式所呼叫的順序不同，分成以下 4 種走訪方式：

- 前序走訪 (Pre-order Traversal)
- 後序走訪 (Post-order Traversal)
- 中序走訪 (In-order Traversal)
- 層序走訪 (Level-order Traversal)

19-1 前序走訪 (Pre-order Traversal) ★★

二元樹的走訪：父節點優先（Traversal on Binary Tree：Parent First）

將父節點的計算結果交給子節點，可以實作出計算效率更高的演算法。

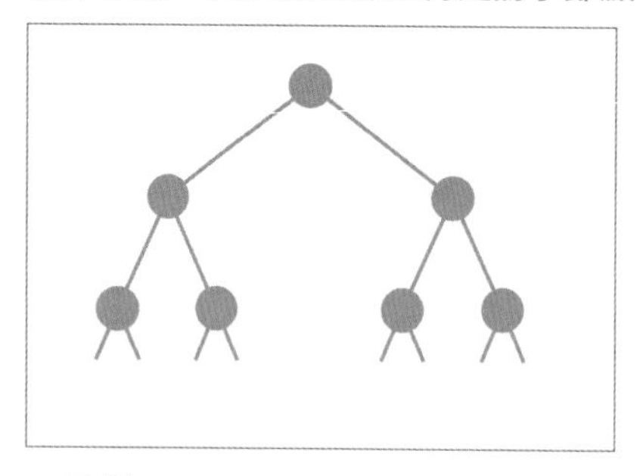

二元樹
節點數 N ≤ 100,000

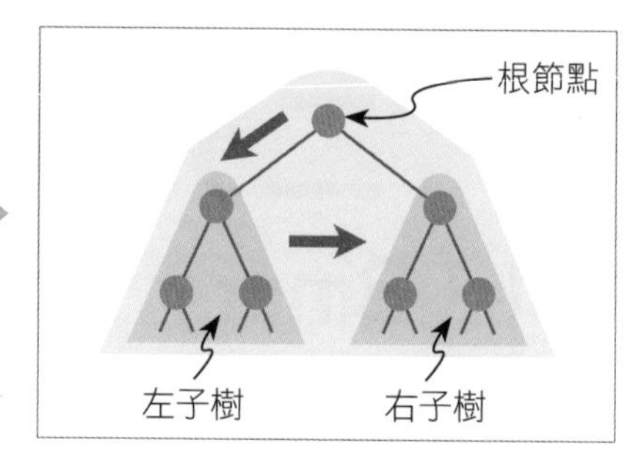

先走訪父節點再走訪子節點的走訪方式

※ 編註：二元樹中的每個節點最多只有 2 個子節點，節點的分支稱為子樹，依順序分成**左子樹** (Left Subtree) 及**右子樹** (Right Subtree)。

前序走訪（Pre-order Traversal）

前序走訪 (Pre-order Traversal) 演算法會依**根節點→左子樹→右子樹**的順序走訪二元樹的節點。本節會在二元樹的各節點寫下前序走訪的走訪順序。

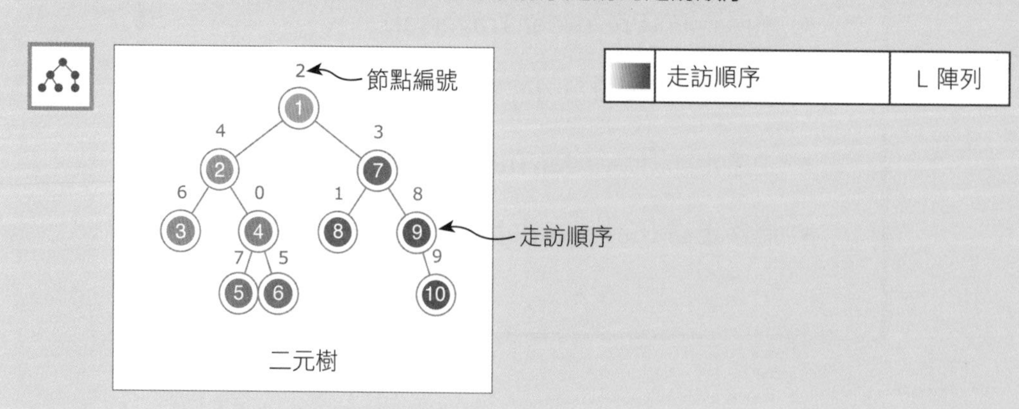

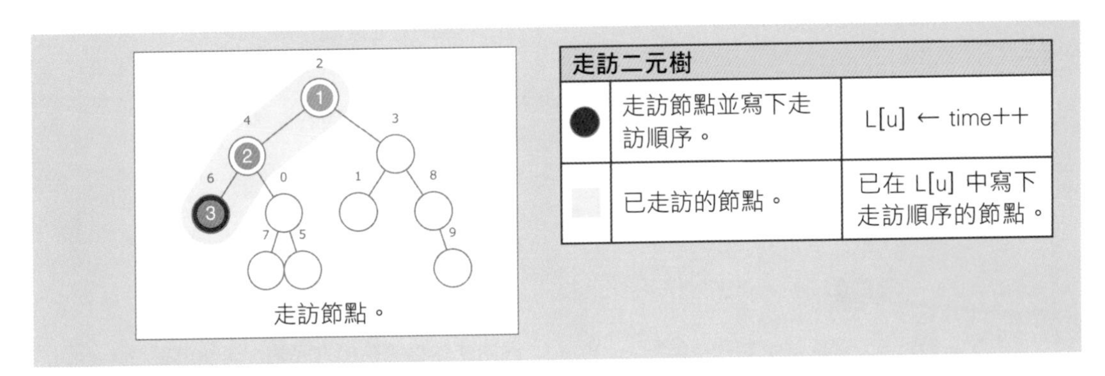

走訪二元樹		
●	走訪節點並寫下走訪順序。	L[u] ← time++
	已走訪的節點。	已在 L[u] 中寫下走訪順序的節點。

演算法的執行過程

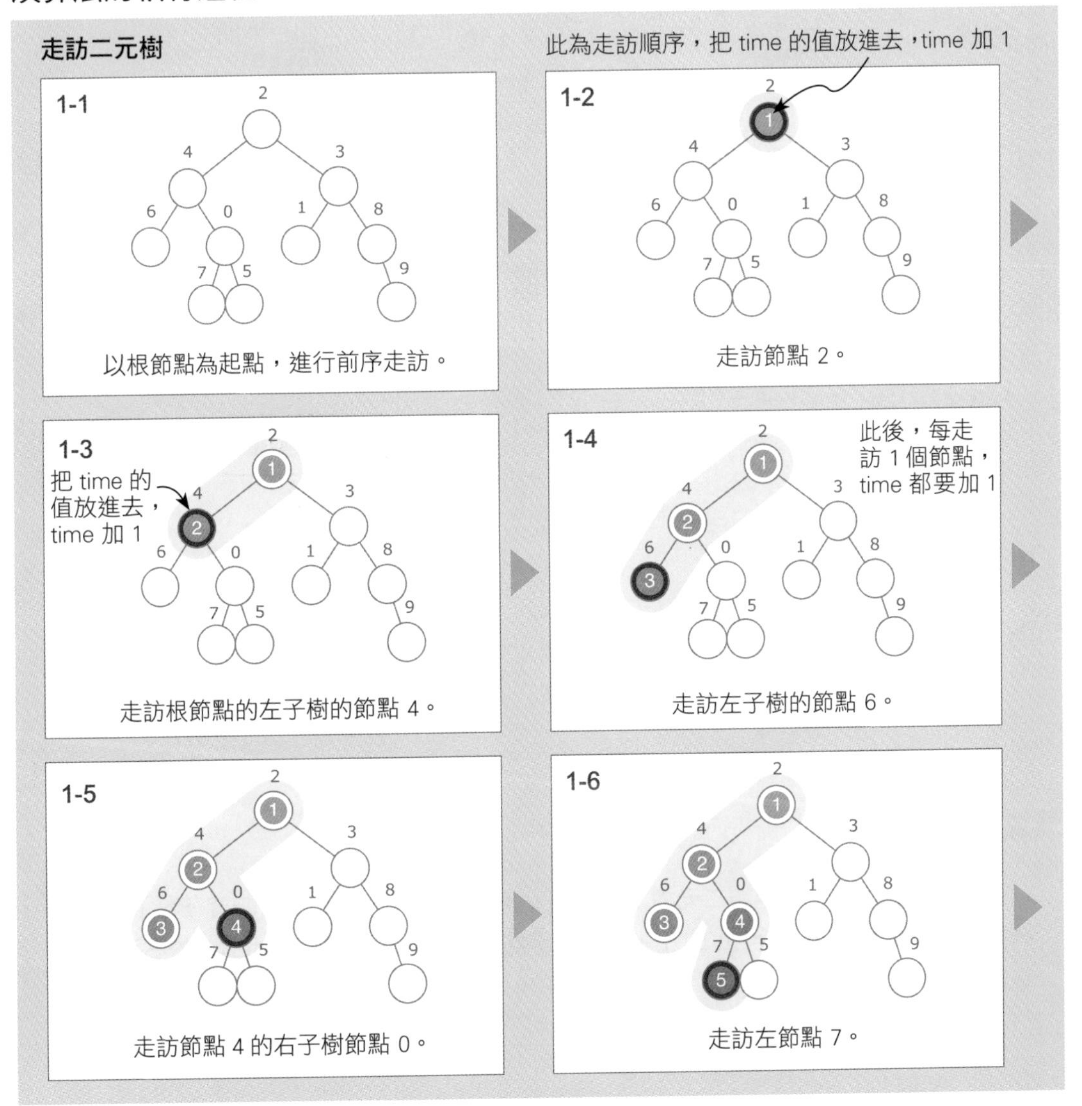

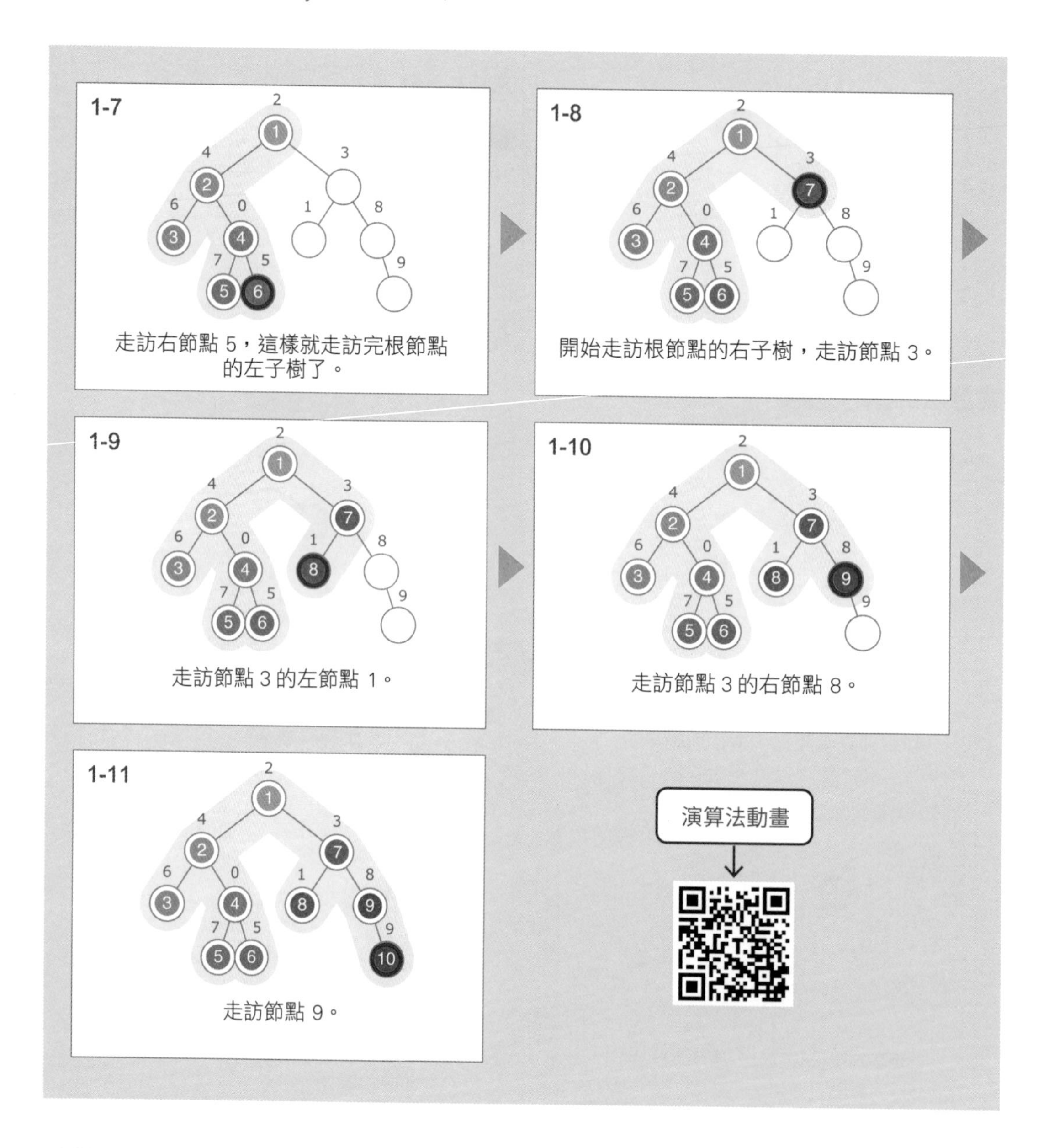

演算法的重點說明

若以 preorder(u) 為走訪二元樹 t 的節點 u 的遞迴函式，則前序走訪會在寫下 u 的走訪順序後，先以 preorder(u 的左子節點) 走訪左子樹，再以 preorder(u 的右子節點) 走訪右子樹的節點。

虛擬碼

```
BinaryTree t ← 產生二元樹
time ← 1
# 走訪二元樹 t 的節點 u 的函式
preorder(u):
    if u = NIL:     # u 不存在
        return
    L[u] ← time++ # 先把 time 值存入 L[u]，再把 time 值加 1 (編註：
                    此處把 time++ 存入 L[u] 只是示意性的運算，
                    你也可以把它代換成其它你想要的運算)
    preorder(t.nodes[u].left)  # 走訪 u 的左子節點
    preorder(t.nodes[u].right) # 走訪 u 的右子節點

# 以二元樹的根節點為起點，開始走訪

preorder(t.root)
```

時間複雜度

二元樹的走訪會將每個節點各走訪一次，因此時間複雜度為 O(N)。

在前序走訪演算法中，父節點的處理順序會優先於其子節點。這項特點可以應用在一些會利用父節點的計算結果來對其子樹進行計算的演算法中。例如**快速排序法**(Quick Sort)，就是用前序走訪的順序為基礎。此外，針對文字進行解析的**語法分析** (Syntactic Analysis) 演算法也是使用前序走訪。

19-2 後序走訪 (Post-order Traversal)

二元樹的走訪：子節點優先（Traversal on Binary Tree：Children First）

運用子節點的計算結果到父節點的計算中，可實作出更有效率的演算法。

後序走訪：先走訪子節點再走訪父節點

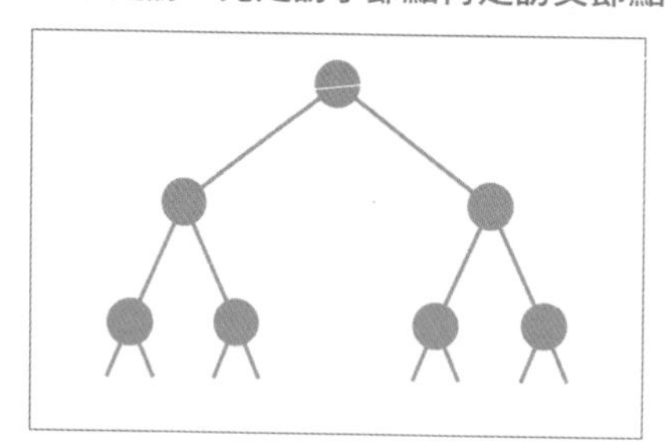

二元樹
節點數 N ≤ 100,000

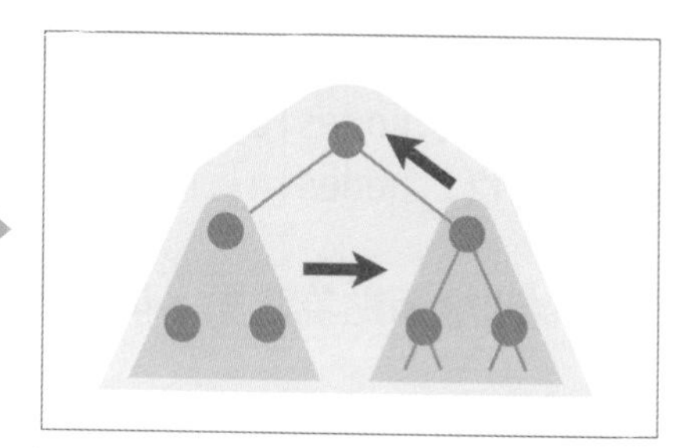

先走訪子節點再走訪父節點的走訪方式

後序走訪（Post-order Traversal）

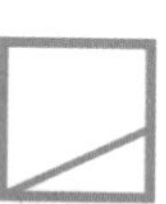

後序走訪演算法會依**左子樹→右子樹→根節點**順序走訪二元樹的節點。本節會在二元樹的各節點寫下後序走訪的走訪順序。

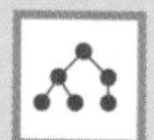

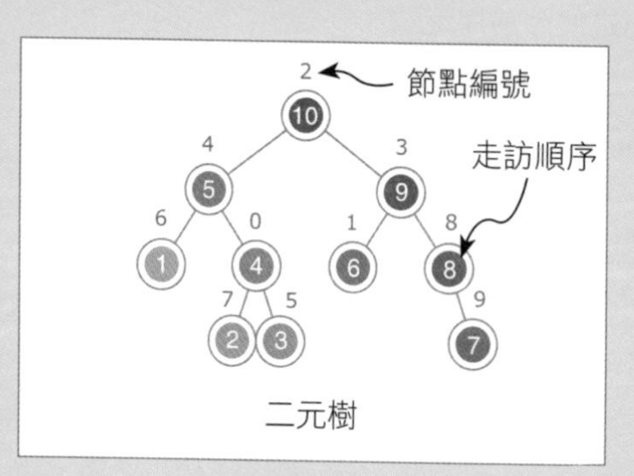

二元樹

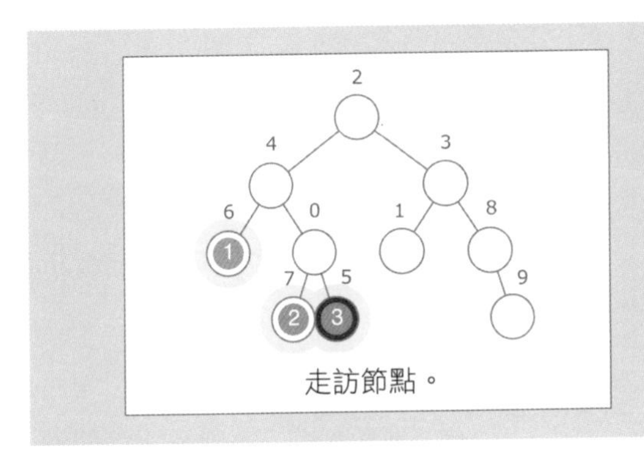

走訪二元樹		
●	走訪節點並寫下走訪順序。	L[u] ← time++
	已走訪的節點。	已在 L[u] 中寫下走訪順序的節點。

演算法的執行過程

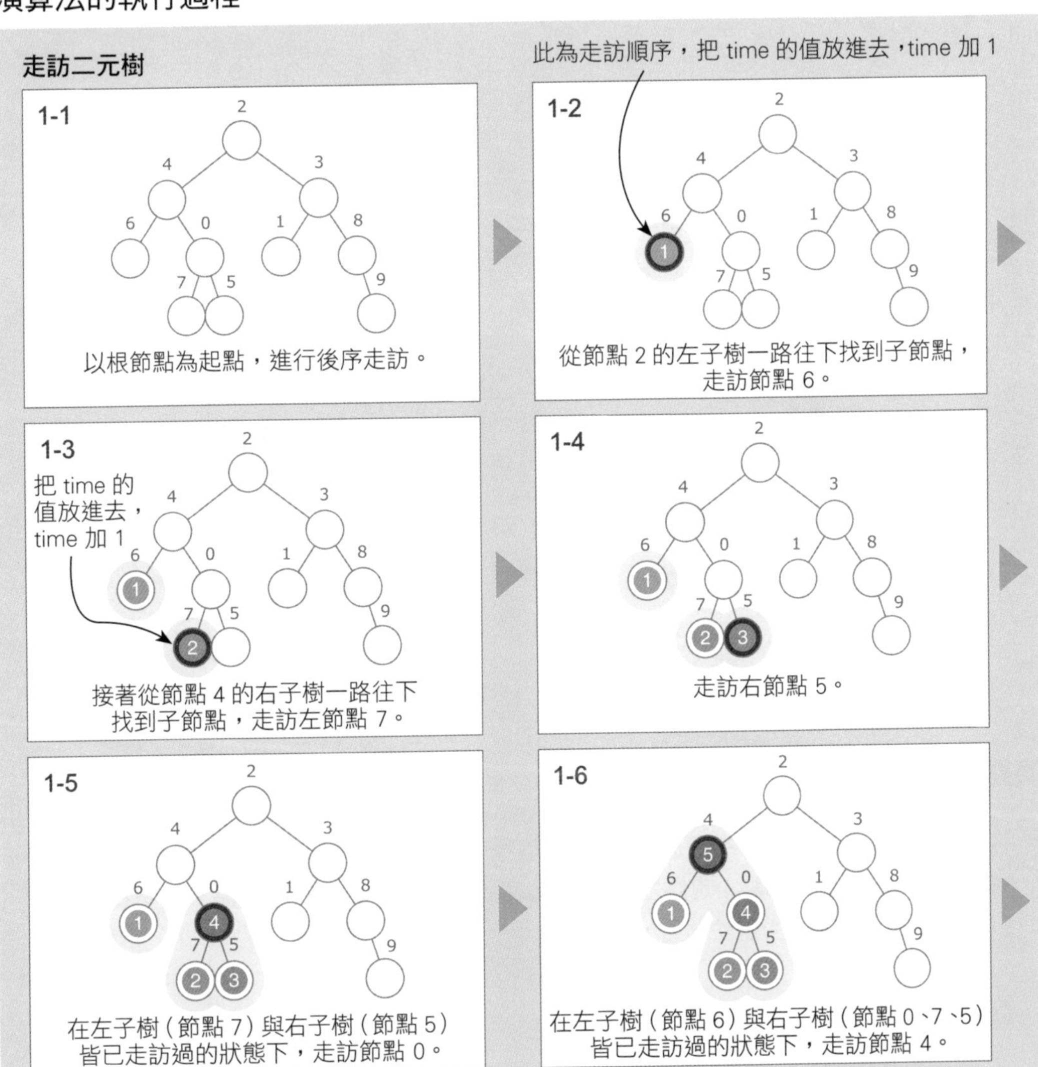

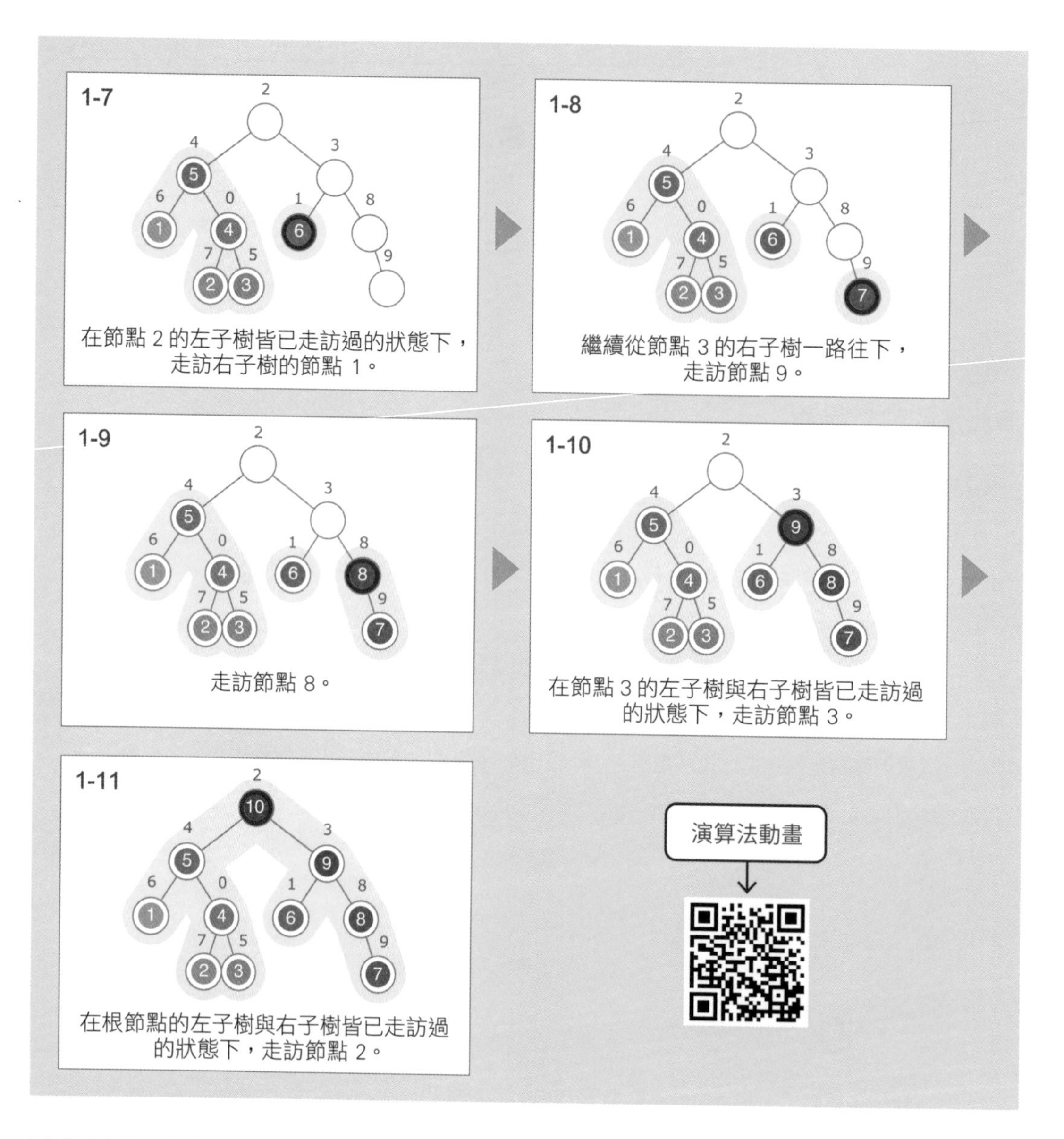

演算法的重點說明

若以 postorder(u) 為走訪二元樹 t 的節點 u 的遞迴函式，則後序走訪會先以 postorder(u 的左子節點) 走訪左子樹，再以 postorder(u 的右子節點) 走訪右子樹的節點，最後才寫下 u 的走訪順序。

虛擬碼

```
BinaryTree t ← 產生二元樹
time ← 1

# 走訪二元樹 t 的節點 u 的函式
postorder(u):
    if u = NIL:        # u 不存在
        return
    postorder(t.nodes[u].left)      # 走訪 u 的左子節點
    postorder(t.nodes[u].right)     # 走訪 u 的右子節點
    L[u] ← time++    # 將 time 值存入 L[u]，再把 time 值加 1

# 以二元樹的根節點為起點，開始走訪

postorder(t.root)
```

時間複雜度

二元樹的走訪會將每個節點各走訪一次，因此時間複雜度為 O(N)。

應用

在後序走訪演算法中，子節點的處理順序會優先於其父節點。這項特點可以應用在一些會利用子節點的計算結果，來對其父節點進行計算的演算法中。像是**合併排序法**採用的**分治法** (Divide-and-conquer Algorithm) 及**動態規劃法** (Dynamic Programming)，都有非常廣泛的應用。

19-3 中序走訪 (In-order Traversal) ★★

二元樹的走訪：左子節點、父節點優先（Traversal on Binary Tree：Left Child-Parent First）

中序走訪除了父、子節點的順序之外，也規定了兄弟節點之間的優先順序，這種走訪方式在節點值具有大小關係的資料結構中，扮演非常重要的角色。

中序走訪：先走訪完左子樹的所有節點，再走訪根節點，最後再走訪右子樹的所有節點。

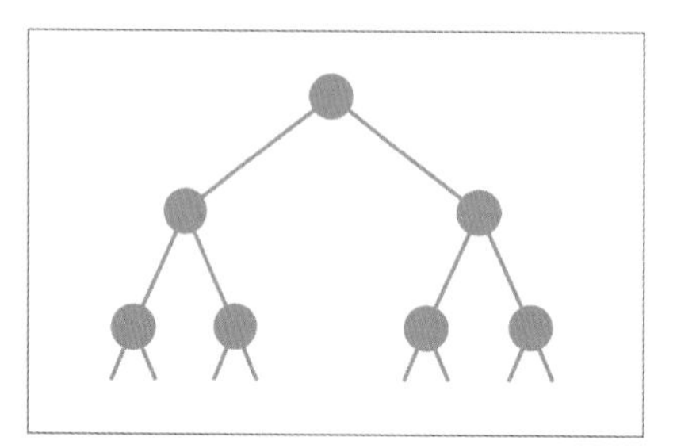

二元樹
節點數 N ≤ 100,000

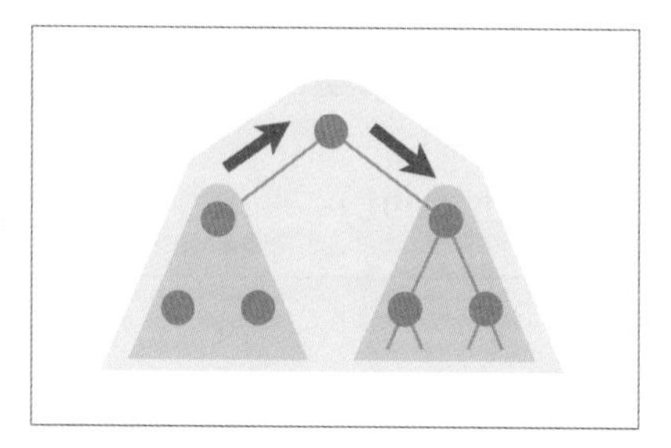

先走訪完左子樹，再走訪根節點，最後才走訪右子樹的走訪方式

中序走訪（In-order Traversal）

中序走訪 (In-order Traversal) 演算法會依**左子樹→根節點→右子樹**的順序走訪二元樹的節點。本節會在二元樹的各節點上寫下中序走訪的走訪順序。

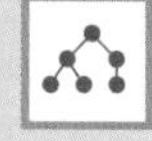

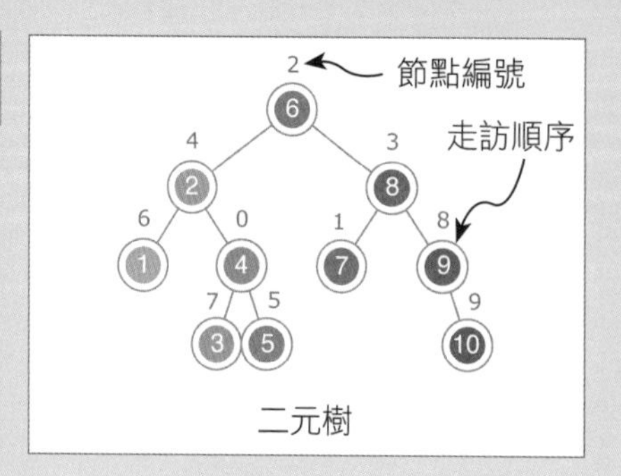

二元樹

	走訪順序	L 陣列

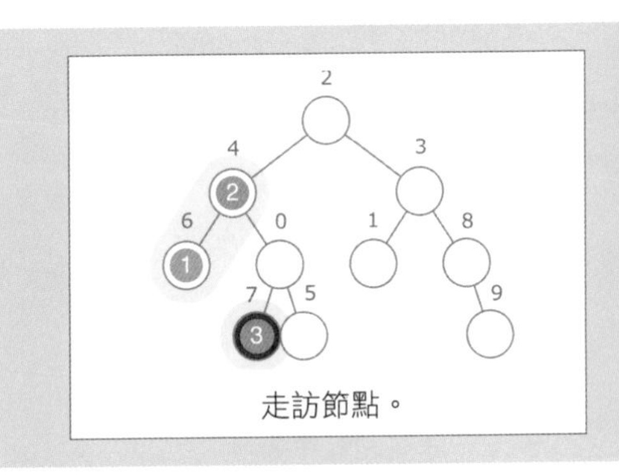

走訪節點。

走訪二元樹		
●	走訪節點並寫下走訪順序。	L[u] ← time++
	已走訪的節點。	已在 L[u] 中寫下順序的節點。

演算法的執行過程

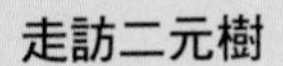

走訪二元樹

1-1

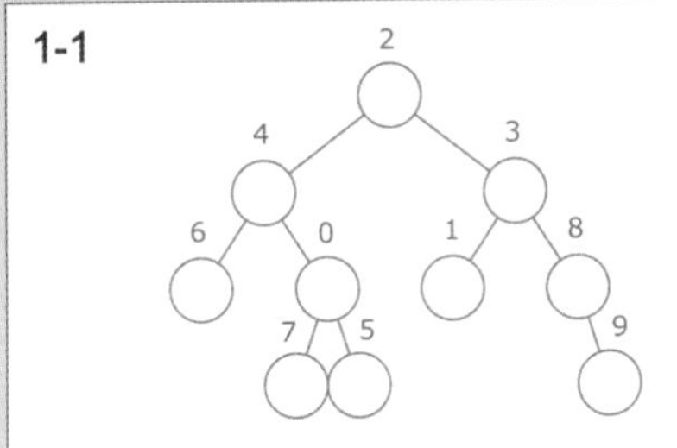

以根節點為起點，進行中序走訪。

此為走訪順序，把 time 的值放進去，time 加 1

1-2

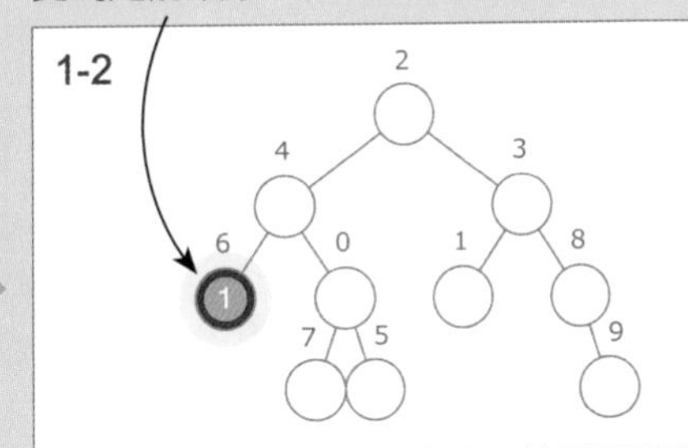

從節點 2 的左子樹一路往下找到子節點，走訪節點 6。

1-3

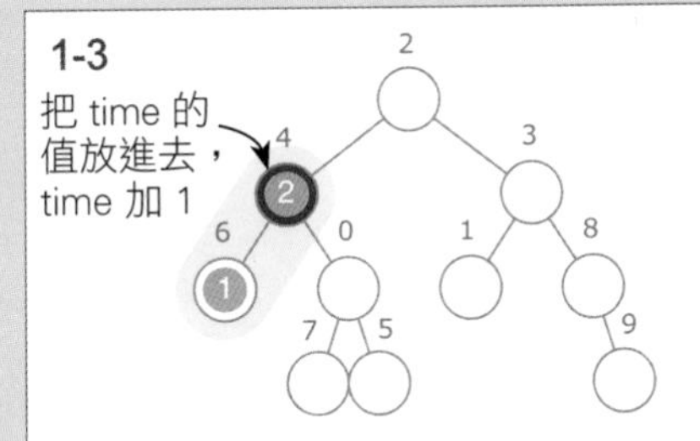

接著往上找子樹的根節點，走訪節點 4。

1-4

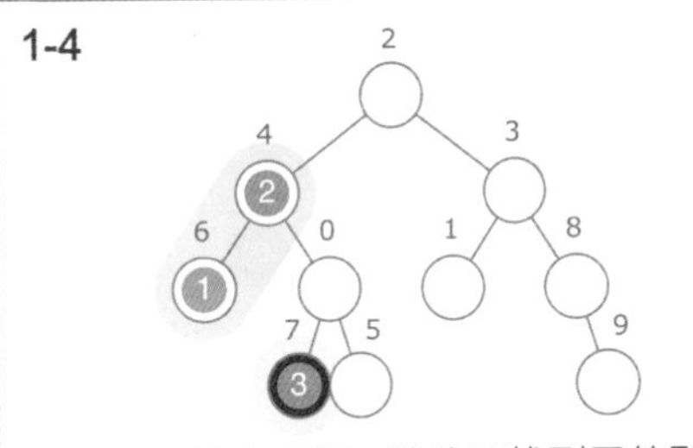

從節點 4 的右子樹一路往下找到子節點，走訪節點 7 。

1-5

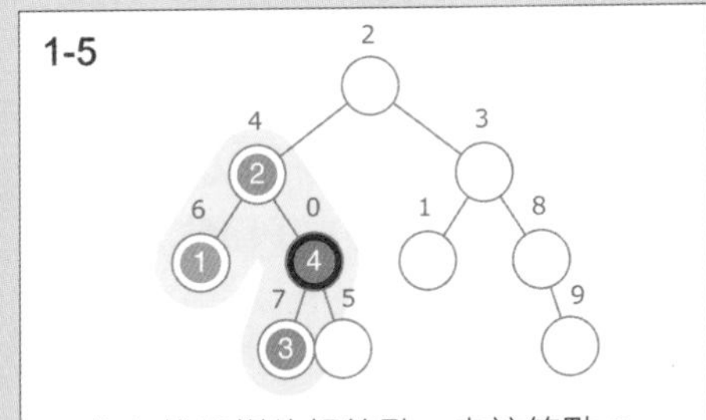

往上找子樹的根節點，走訪節點 0。

1-6

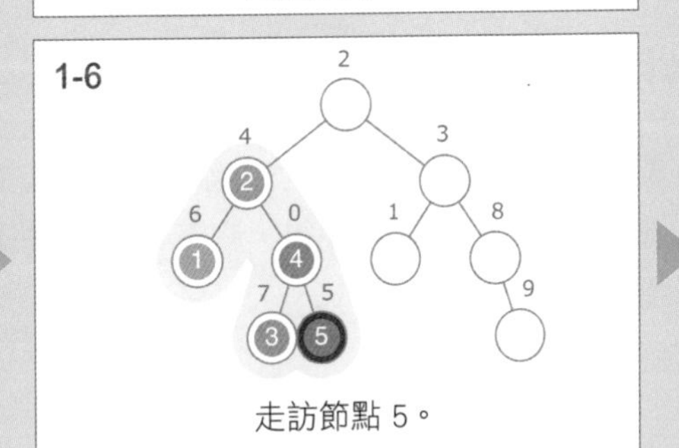

走訪節點 5。

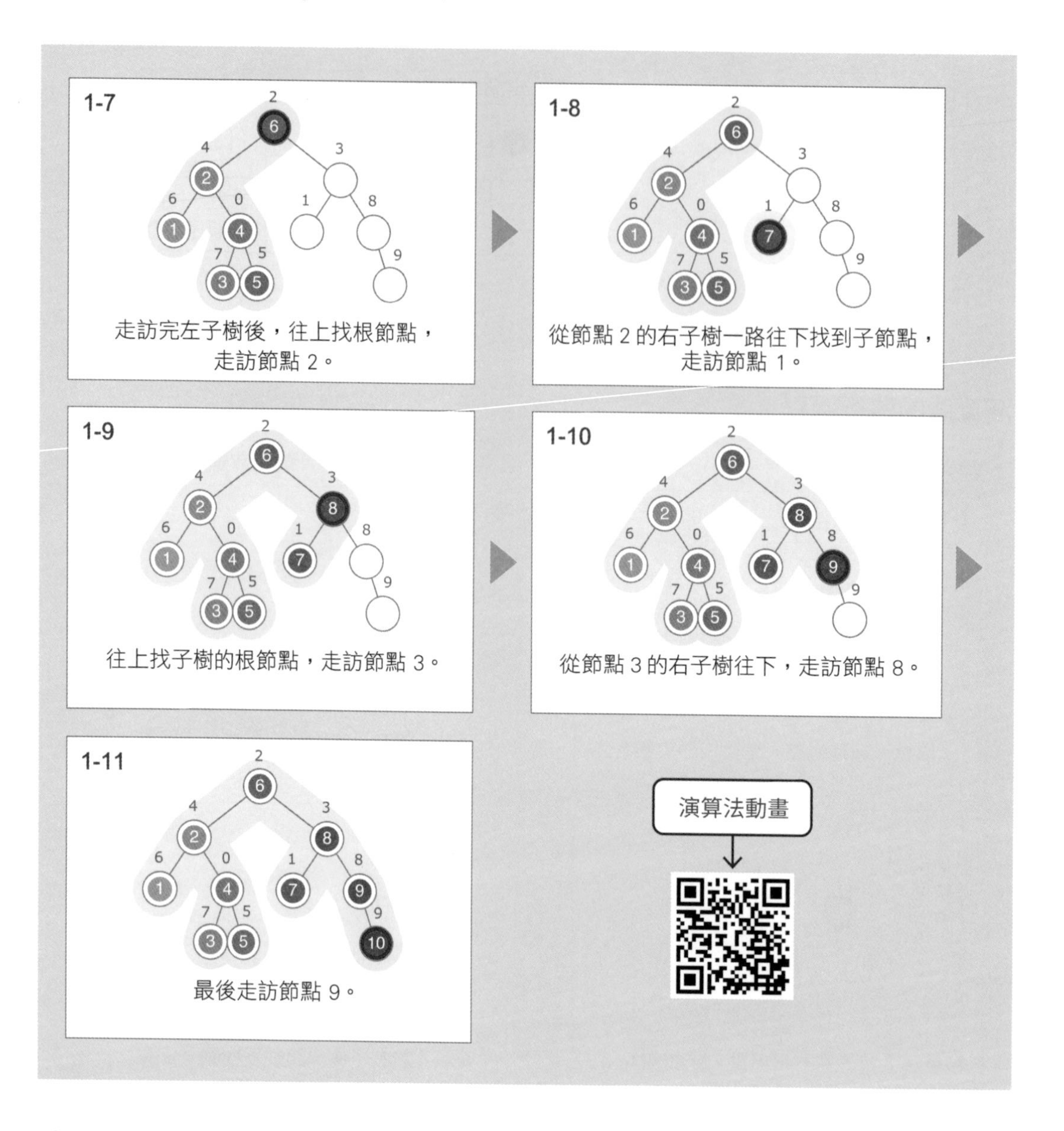

演算法的重點說明

若以 inorder(u) 為走訪二元樹 t 的節點 u 的遞迴函式，則中序走訪會先以 inorder(u 的左子節點) 走訪左子樹後，寫下 u 的走訪順序，再以 inorder(u 的右子節點) 走訪右子樹的節點。

虛擬碼

```
BinaryTree t ← 產生二元樹
time ← 1

# 走訪二元樹 t 的節點 u 的函式
inorder(u):
    if u = NIL:   # u 不存在
        return
    inorder(t.nodes[u].left) # 走訪 u 的左子節點
    L[u] ← time++            # 把 time 值存入 L[u]，再把 time 值加 1
    inorder(t.nodes[u].right)# 走訪 u 的右子節點

# 以二元樹的根節點為起點，開始走訪

inorder(t.root)
```

時間複雜度

二元樹的走訪會將每個節點各走訪一次，因此時間複雜度為 O(N)。

應用

在中序走訪演算法中，父節點的處理順序會在左子節點之後，右子節點之前。這項特點可以應用在依照值升冪排列且資料有大小關係的二元搜尋樹中存取元素的演算法。

19-4 層序走訪 (Level-order Traversal) ★★★

二元樹的走訪：距離優先（Traversal on Binary Tree：Distance First）

前序走訪雖然是以父節點為優先的走訪演算法，但它並未設定與節點深度有關的條件。若能按照與根節點的距離，由近而遠地進行走訪，不但能符合以父節點為優先的走訪方式，還能得知一些從根節點到節點距離（深度）有關的特殊性質。

層序走訪：先走訪完所有深度為 k-1 的節點，再走訪深度為 k 的節點。

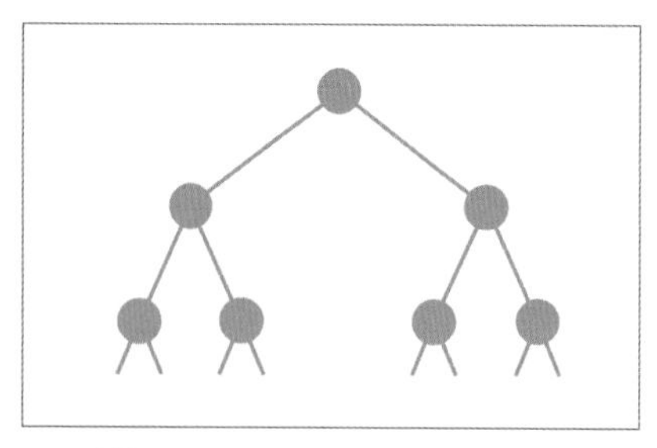

二元樹
節點數 N ≤ 100,000

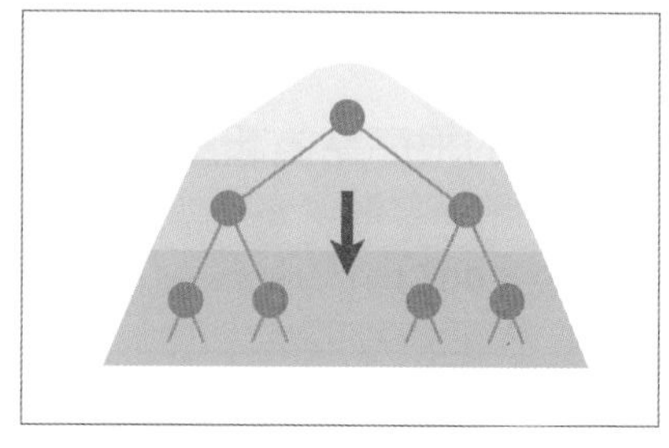

優先走訪深度較淺的節點的走訪方式

※ 編註：有關二元樹的節點深度，可參考 4-9 頁的說明。

層序走訪（Level-order Traversal）

層序走訪演算法會依據與根節點的距離，**一層一層地往下走訪節點**。本節會在二元樹的各節點上寫下層序走訪的走訪順序。

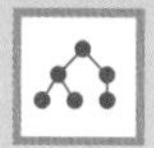

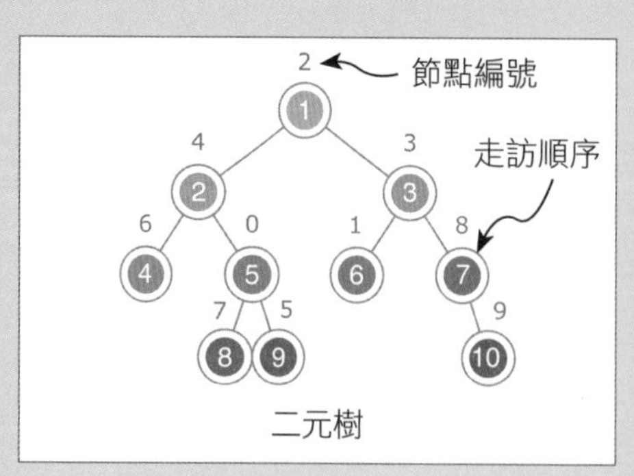

二元樹

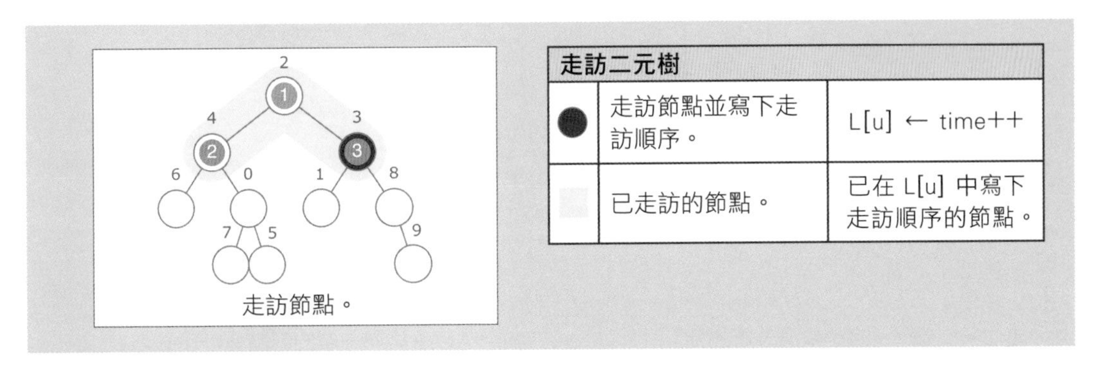
2
1
4
3
2
3
6
0
1
8
7
5
9
走訪節點。
走訪二元樹
走訪節點並寫下走訪順序。
L[u] ← time++
已走訪的節點。
已在 L[u] 中寫下走訪順序的節點。

演算法的執行過程

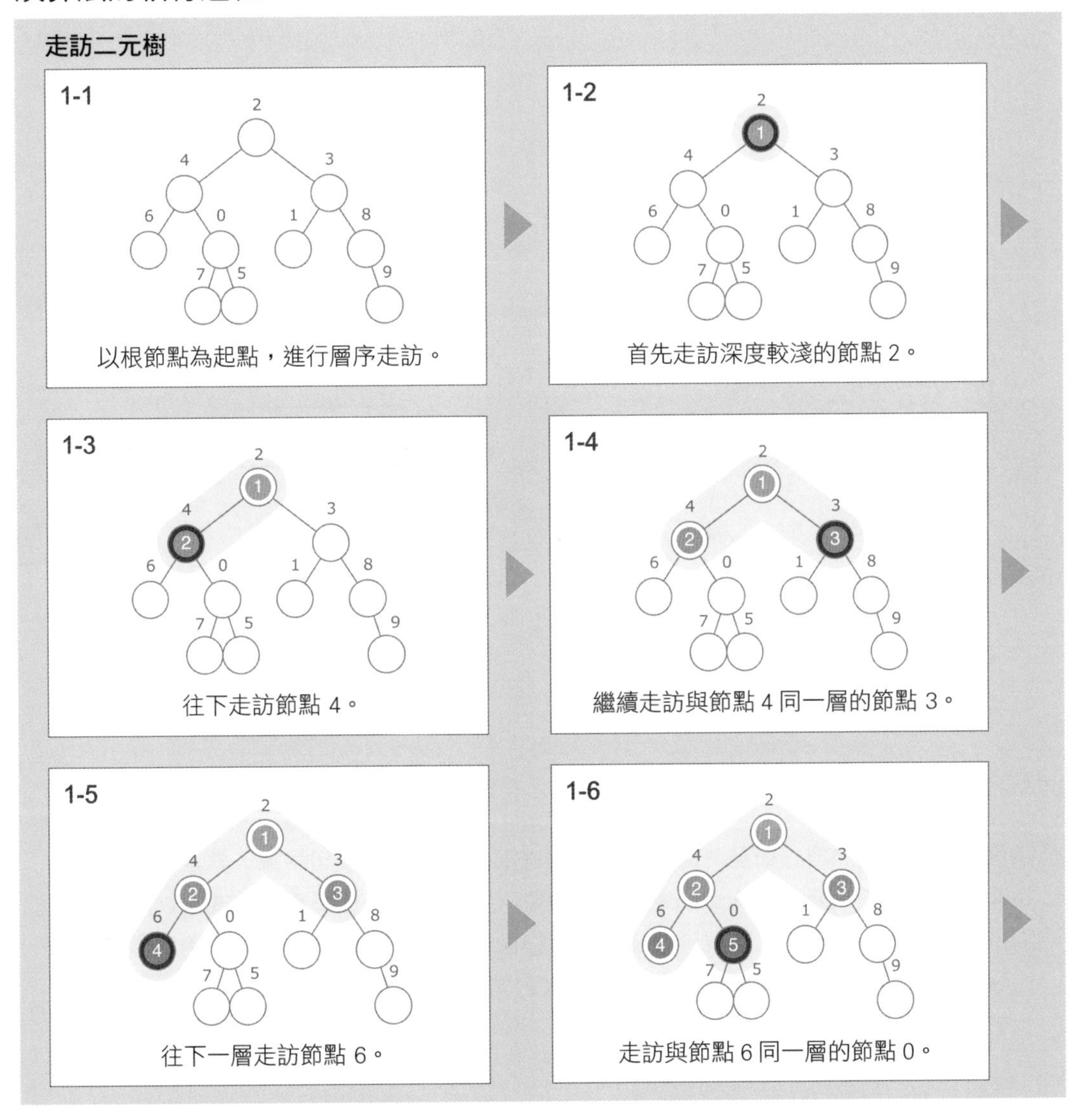
走訪二元樹
1-1
以根節點為起點，進行層序走訪。
1-2
首先走訪深度較淺的節點 2。
1-3
往下走訪節點 4。
1-4
繼續走訪與節點 4 同一層的節點 3。
1-5
往下一層走訪節點 6。
1-6
走訪與節點 6 同一層的節點 0。

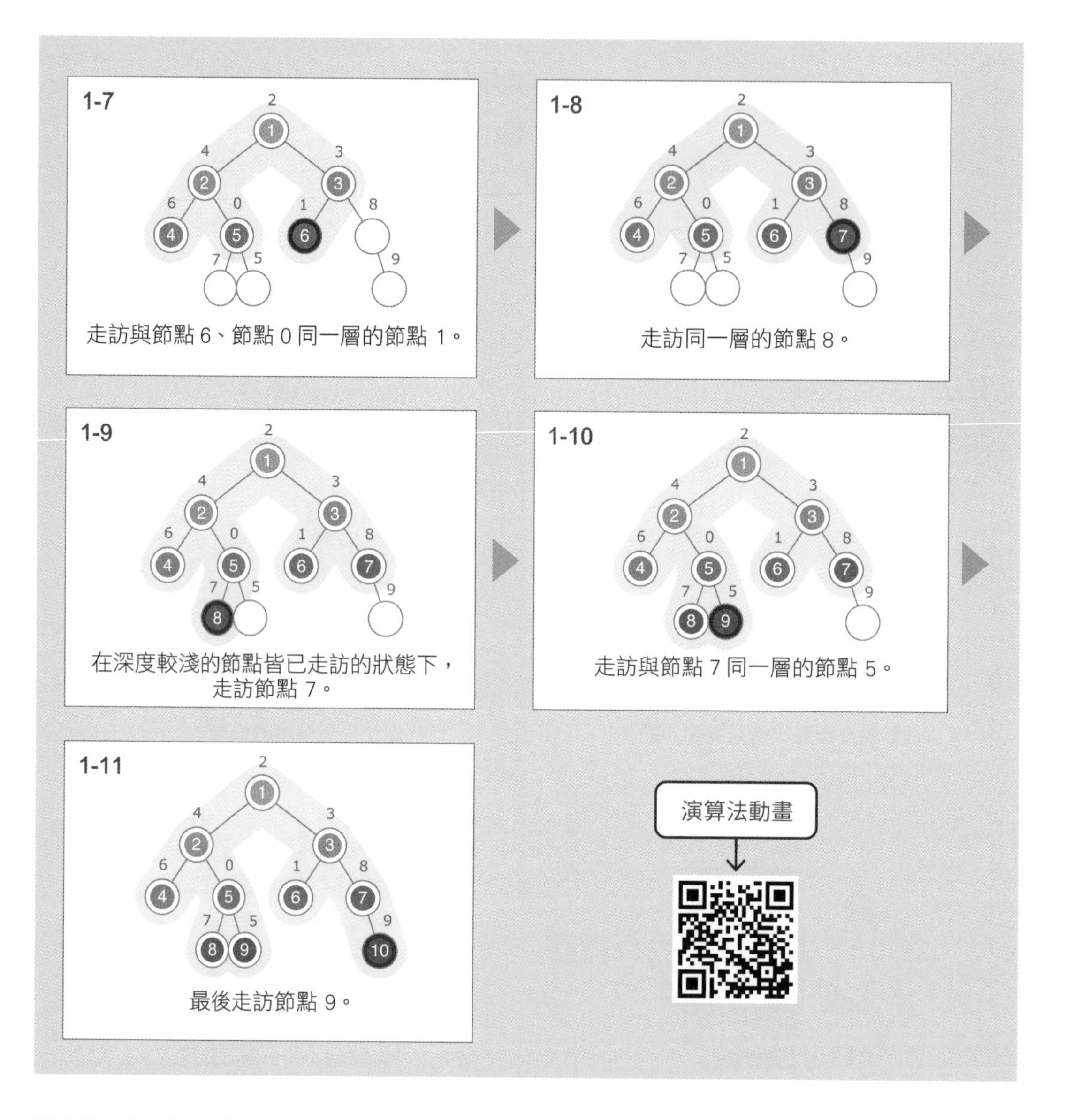

演算法的重點說明

層序走訪會依照與根節點的距離，由近而遠地走訪節點。換句話說，就是在走訪深度為 k 的節點之前，必須要先走訪完所有深度為 k-1 的節點。這種走訪方式可以透過佇列 (Queue) 管理節點的方式實現。做法是先將根節點的編號放入佇列，再開始反覆進行從佇列中取出節點，並將其子節點放入佇列的操作，直到佇列被清空為止。

虛擬碼

```
# 以 s 為起點，依階層順序走訪二元樹 t 的節點
levelorder(t, s):
    Queue que
    que.push(s)
    time ← 1
    while not que.empty():    # 若是佇列沒有被清空
        u ← que.dequeue()
        L[u] ← time++         # 把 time 值存入 L[u]，再把 time 加 1
        if t.nodes[u].left ≠ NIL:
            que.push(t.nodes[u].left)
        if t.nodes[u].right ≠ NIL:
            que.push(t.nodes[u].right)

# 以二元樹的根節點為起點，開始走訪
BinaryTree t ← 建立二元樹
levelorder(t, t.root)
```

時間複雜度

二元樹的走訪會將每個節點各走訪一次，因此時間複雜度為 O(N)。

層序走訪除了以父節點為優先外，也會依照節點的深度，也就是節點與根節點的距離 (邊的數量)，由近而遠依序走訪。這項性質可以應用在一些重視節點與根節點距離的問題或應用程式上。層序走訪的做法若拓展到圖形上時，便稱為**廣度優先搜尋** (Breadth-First Search，BFS)。

小編補充

本章介紹了**前序走訪**、**後序走訪**、**中序走訪**，以及**層序走訪**，相信大家一時之間也記不住所有走訪順序，我們將這四種走訪順序整理如下方便記憶：

■ 前序走訪 (Pre-order Traversal)

根節點優先

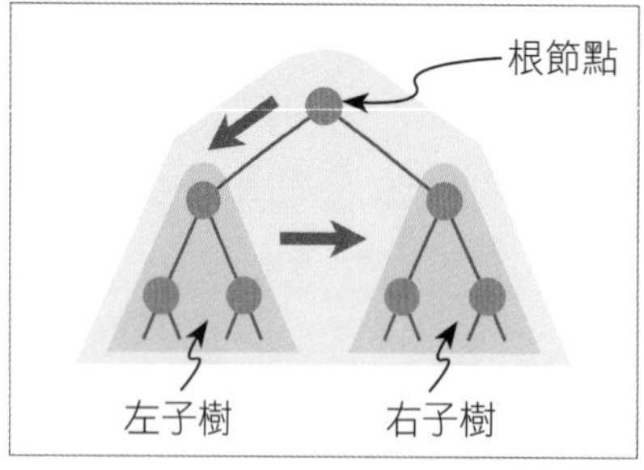

走訪順序：根節點→左子樹→右子樹

■ 後序走訪 (Post-order Traversal)

子節點優先、根節點在後

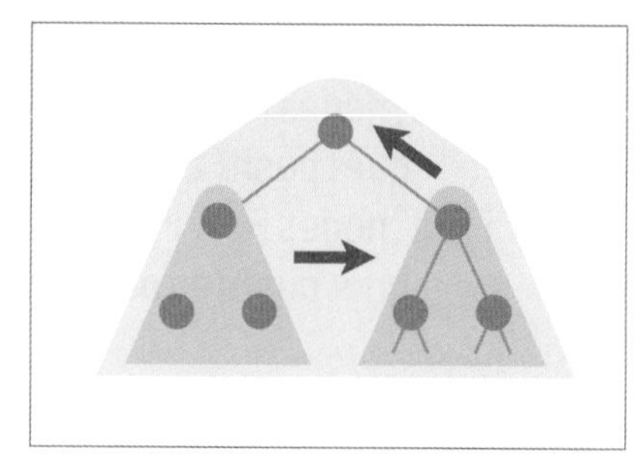

走訪順序：左子樹→右子樹→根節點

■ 中序走訪 (In-order Traversal)

根節點在中間

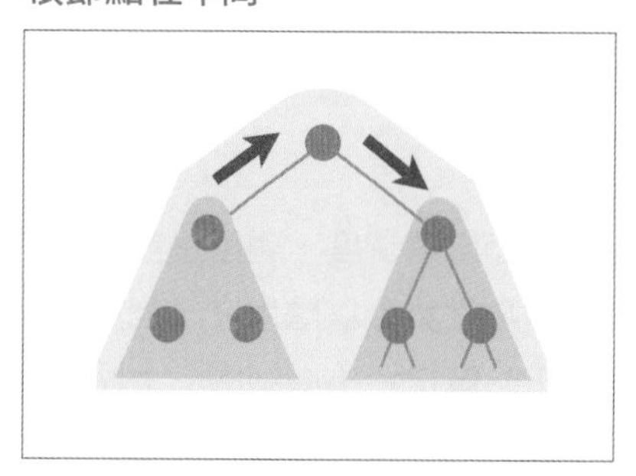

走訪順序：左子樹→根節點→右子樹

■ 層序走訪 (Level-order Traversal)

根節點在前

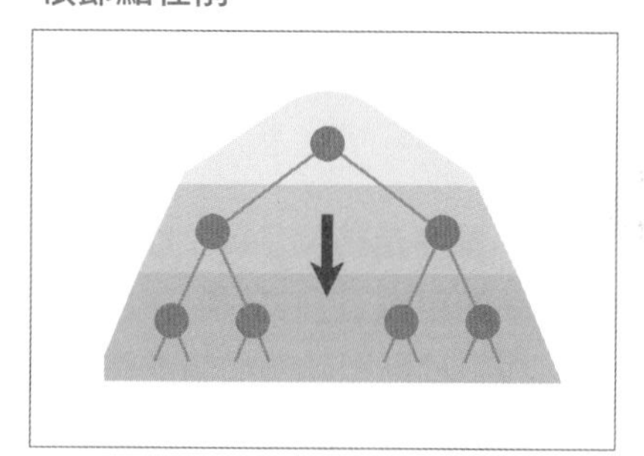

走訪順序：由根節點一層一層往下，由左到右走訪

第 20 章

高效率的排序法

通常用電腦處理的資料都非常大量，但是在前面的章節中，我們所介紹的幾款簡單排序演算法，其時間複雜度皆為 $O(N^2)$，無法在實際可行的時間內排序大量資料。因此本章將介紹透過陣列以及二元樹的操作，實作效率更高的排序演算法。

- 合併排序法（Merge Sort）
- 快速排序法（Quick Sort）
- 堆積排序法（Heap Sort）
- 計數排序法（Counting Sort）
- 希爾排序法（Shell Sort）

20-1 合併排序法 (Merge Sort) ★★★

整數序列的排序（Sorting Integers）

請由小到大重新排列整數序列。

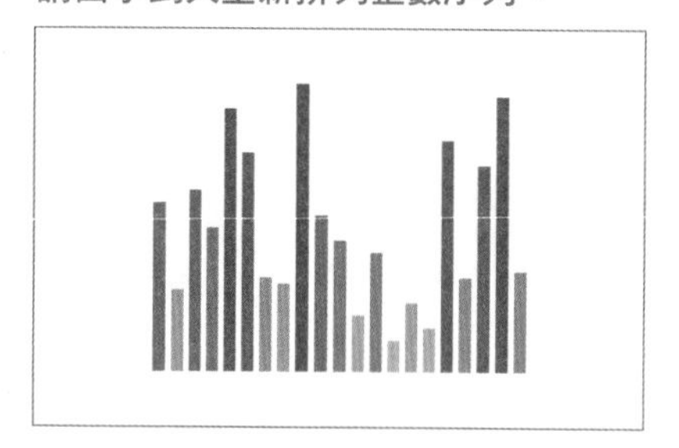

整數序列 $a_0, a_1, \ldots\ldots, a_{N-1}$
$N \leq 100{,}000$
$a_i \leq 1{,}000{,}000{,}000$

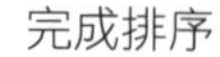

完成排序

合併排序法（Merge Sort）

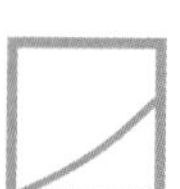

合併排序法分成「分割」及「合併」兩個階段。「分割」是先將陣列依二元樹的架構由上往下分割到只剩下一個元素的最小區間為止，接著再由下而上將各個相鄰的最小區間逐一「合併」排序，一直合併到最上層即完成排序。

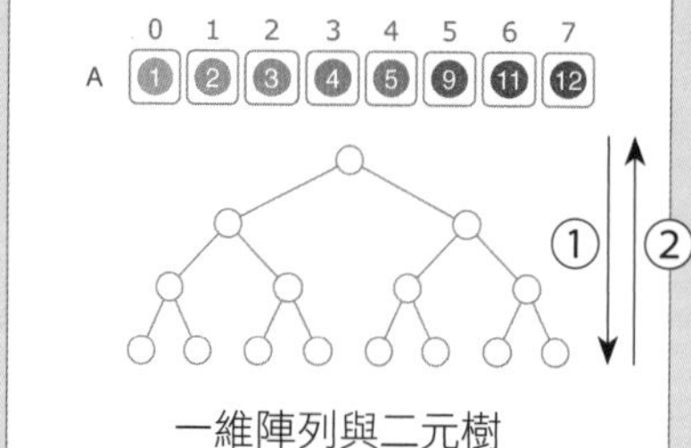

一維陣列與二元樹

	整數序列	A

① 呼叫 mergeSort(0,8) 以遞迴方式將陣列 A 一步步拆分為最小區間（只有一個元素）

② 當遞迴由底層返回時，逐一呼叫 merge ( ) 將相鄰的區間合併排序

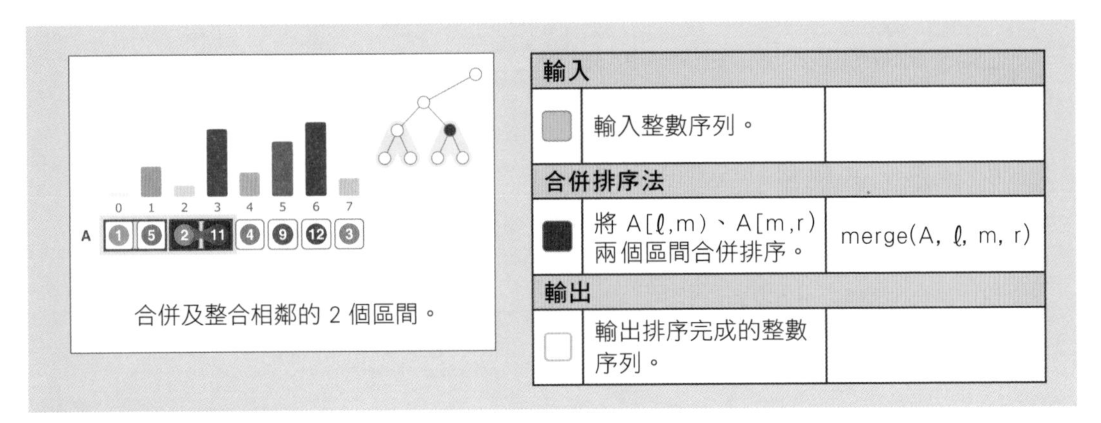

輸入		
	輸入整數序列。	
合併排序法		
	將 A[ℓ,m)、A[m,r) 兩個區間合併排序。	merge(A, ℓ, m, r)
輸出		
	輸出排序完成的整數序列。	

演算法的執行過程

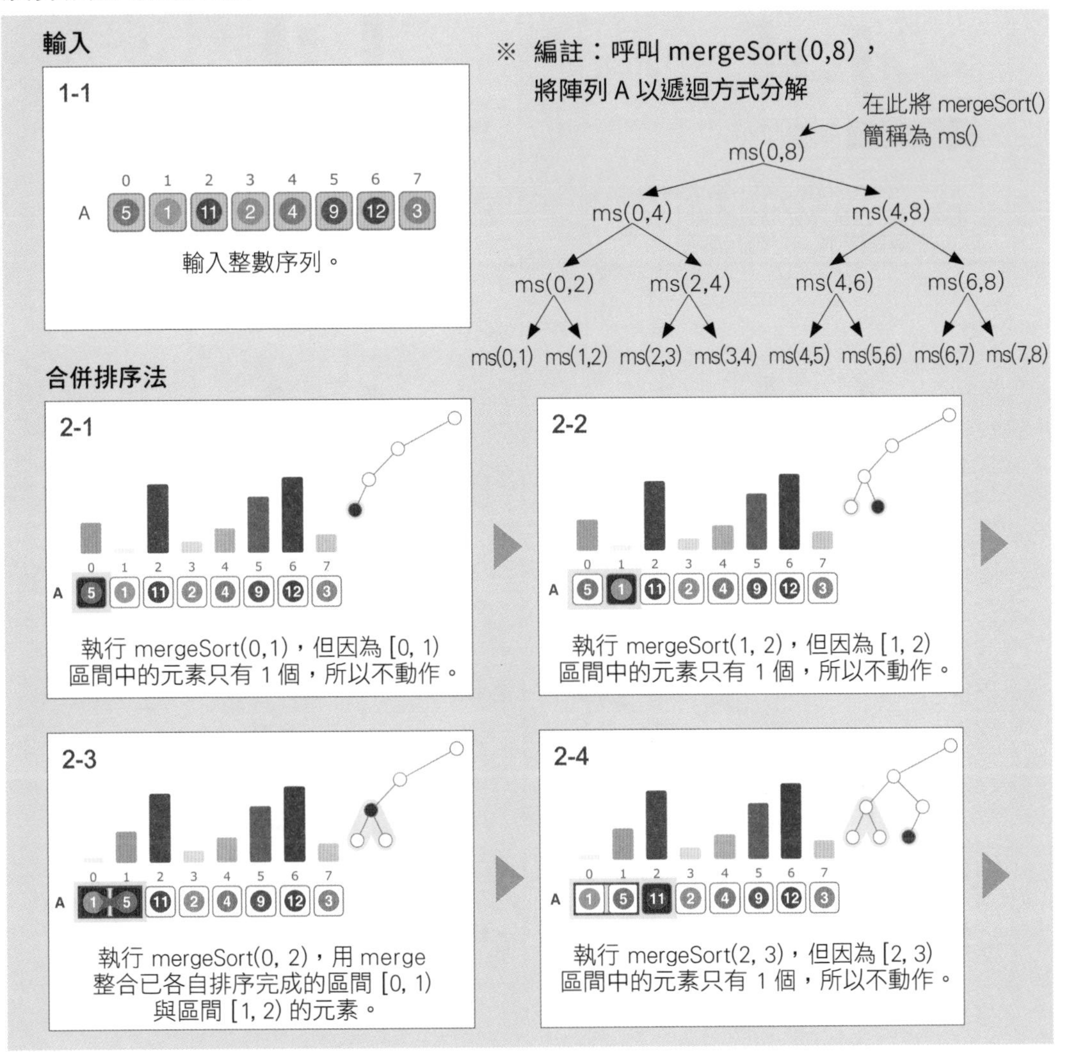

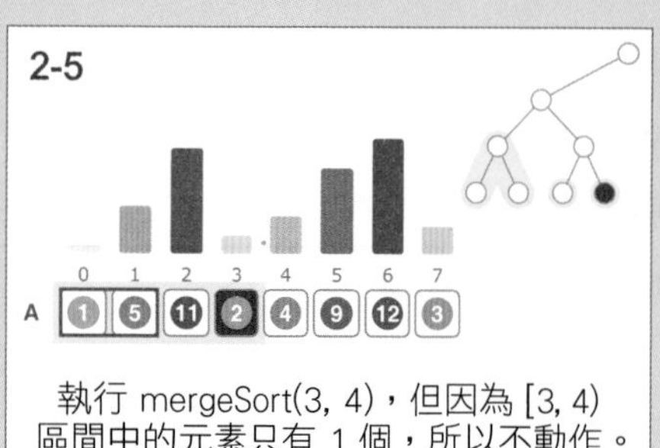

執行 mergeSort(3, 4)，但因為 [3, 4)
區間中的元素只有 1 個，所以不動作。

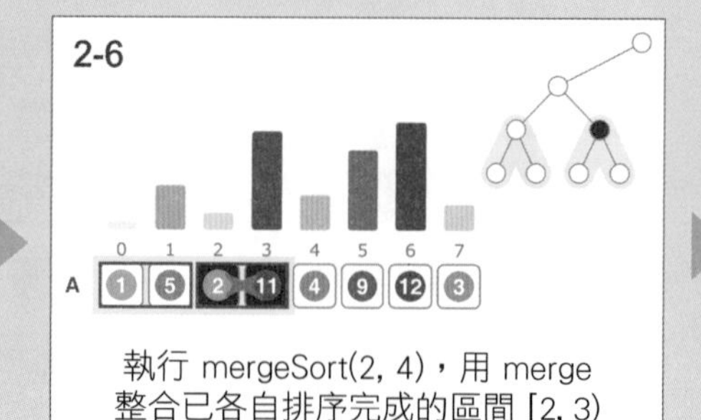

執行 mergeSort(2, 4)，用 merge
整合已各自排序完成的區間 [2, 3)
與區間 [3, 4) 的元素。

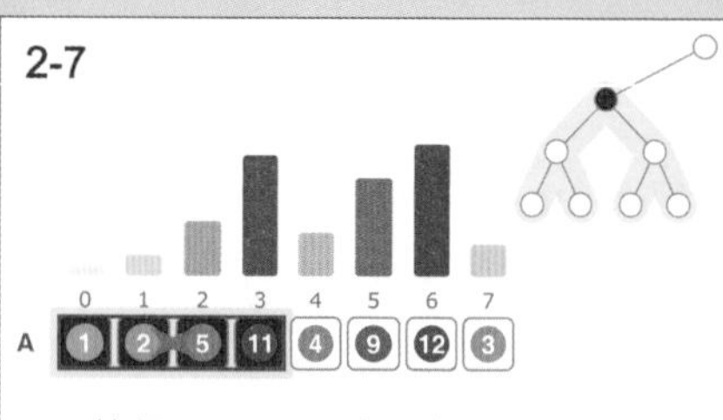

執行 mergeSort(0, 4)，用 merge
整合已各自排序完成的區間 [0, 2)
與區間 [2, 4) 的元素。

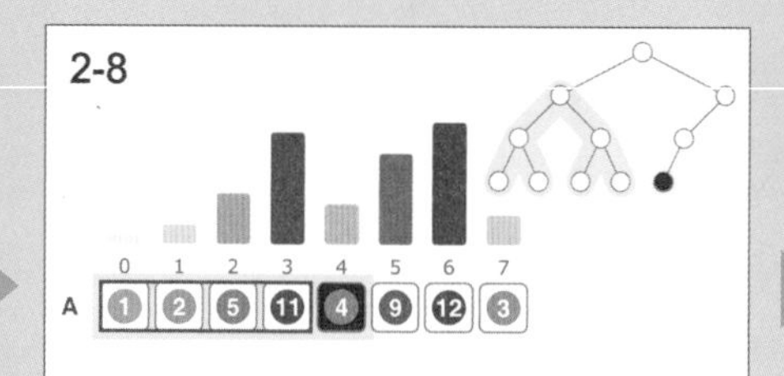

執行 mergeSort(4, 5)，但因為 [4, 5)
區間中的元素只有 1 個，所以不動作。

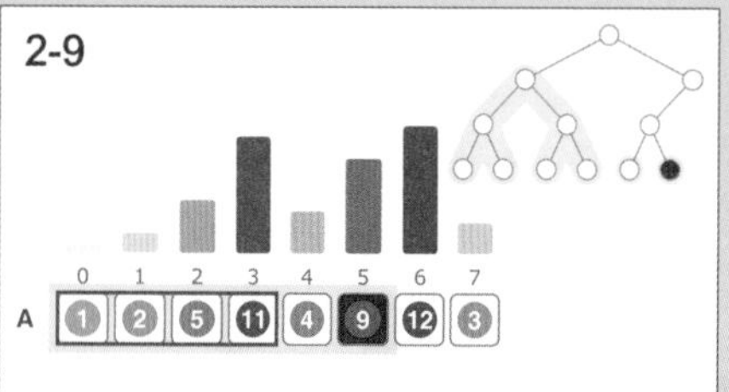

執行 mergeSort(5, 6)，但因為 [5, 6)
區間中的元素只有 1 個，所以不動作。

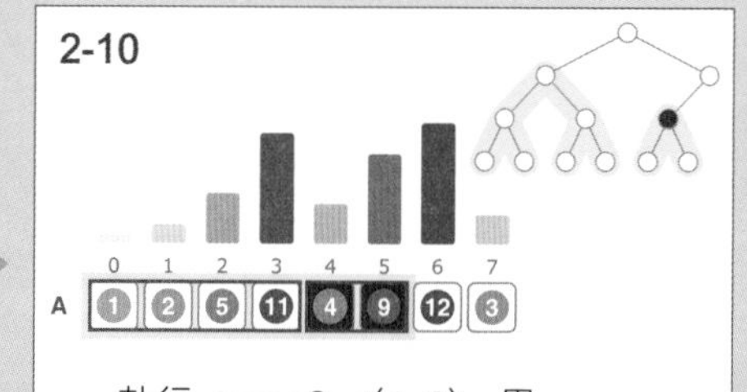

執行 mergeSort(4, 6)，用 merge
整合已各自排序完成的區間 [4, 5)
與區間 [5, 6) 的元素。

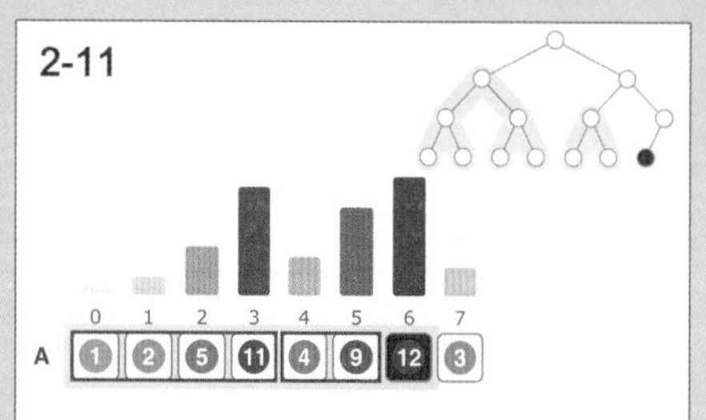

執行 mergeSort(6, 7)，但因為 [6, 7)
區間中的元素只有 1 個，所以不動作。

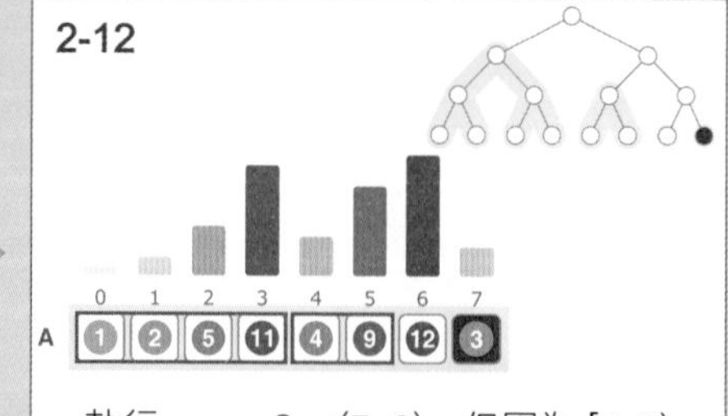

執行 mergeSort(7, 8)，但因為 [7, 8)
區間中的元素只有 1 個，所以不動作。

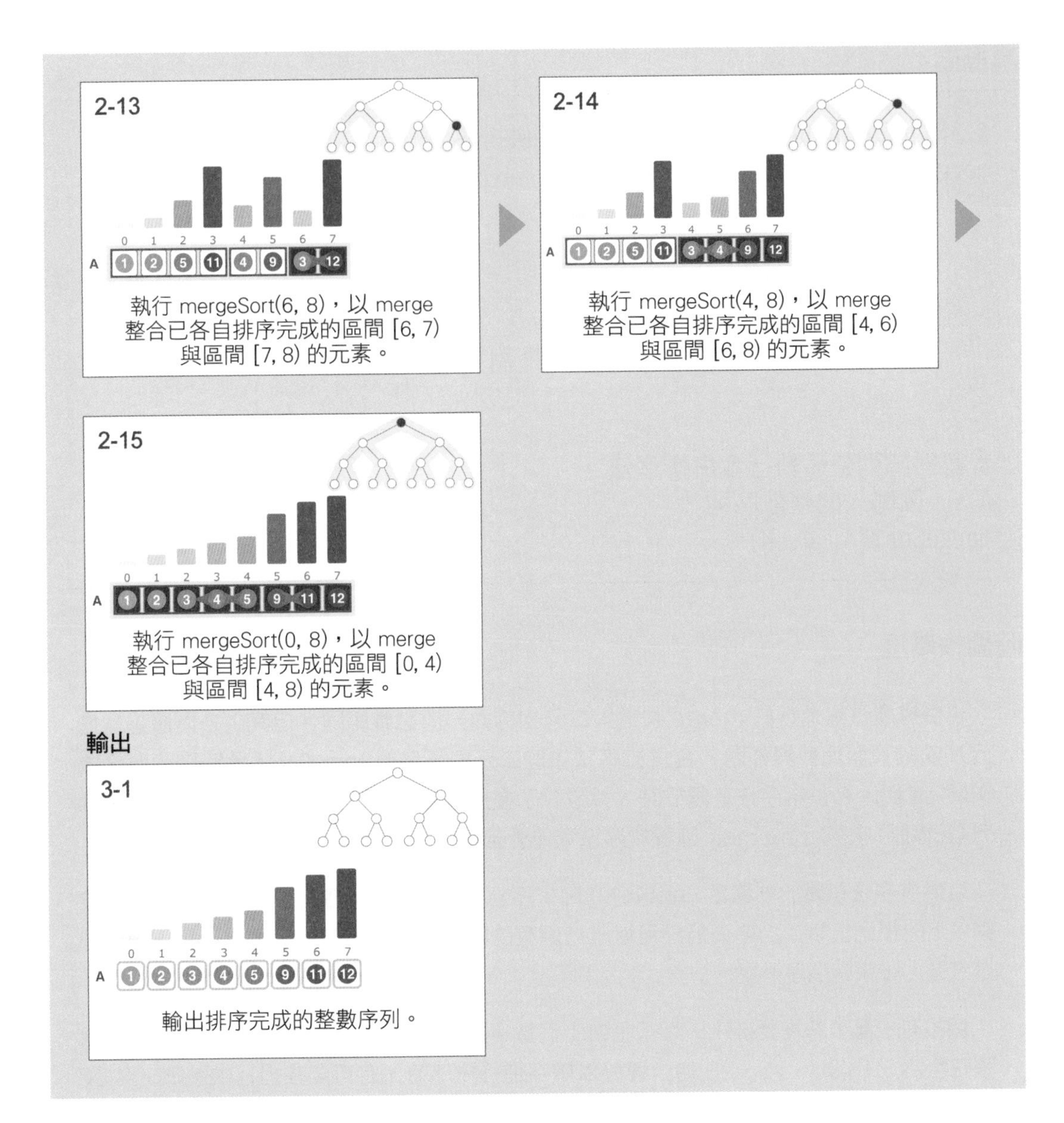

演算法的重點說明

合併排序法雖然是對陣列資料做排序，但計算順序其實是以二元樹的**後序走訪**（參見 19-6 頁）為基礎。演算法的起點是以陣列整體為排序範圍執行 mergeSort。接著再按照二元樹各節點的位置將排序範圍分成前、後半段，各自執行 mergeSort。當左、右子節點的 mergeSort 皆結束時，代表 2 個子序列皆已各自排序完成，此時再以 merge 整合兩者即可。

虛擬碼

```
# 針對陣列 A 的區間 [l, r) 執行合併排序法
mergeSort(A, l, r):
    if l+1 < r:
        m ← (l+r)/2
        mergeSort(A, l, m)
        mergeSort(A, m, r)
        merge(A, l, m, r)     # 將 A[l,m)、A[m,r) 兩個區間合併排序


# 針對陣列整體執行合併排序法
A ← 欲輸入的整數序列
mergeSort(A, 0, N)
```

時間複雜度

合併排序法需進行的 merge 次數與二元樹的內部節點數相同，但其中各階層皆需進行 N 次的資料比較與移動。合併排序法中的二元樹高度為 $\log_2 N$，因此時間複雜度為 O(N log N)。合併排序法有個缺點，就是除了要排序的資料以外，還得另外準備 1 個陣列 (記憶體) 來執行 merge，這種排序法稱為**外部排序** (External Sort)。

合併排序法是屬於「穩定 (stable)」的排序演算法，**穩定排序**是指當輸入的資料有 2 個以上的相同值時，排序後仍然可以維持原有的順序。而**不穩定排序**則是指相同值經過排序後，和原有順序不同。

假設有一套卡牌需要排序，其花色由 1 個數字及 S、D、C、H 四種字母所組成。當 4 張花色為 5H、3D、2S、3C 的卡牌只以數字進行排序時，有可能在過程中將 3D 與 3C 順序調換，使卡牌排序成 2S、3C、3D、5H，像這樣會改變排序順序的演算法，就不是穩定的排序演算法。

應用

以遞迴的方式將問題分成幾個較小的子問題來計算，再將計算結果整合起來的做法，稱為**分治法** (Divide and Conquer)。合併排序法就是以分治法為基礎的演算法。合併排序法雖然需要額外使用記憶體空間，但其時間複雜度較低又不受資料的排列方式影響，且屬於穩定排序，因此被廣泛應用在許多程式語言的標準函式庫中。

20-2 快速排序法 (Quick Sort) ★★★

整數序列的排序（Sorting Integers）

請由小到大重新排列整數序列。

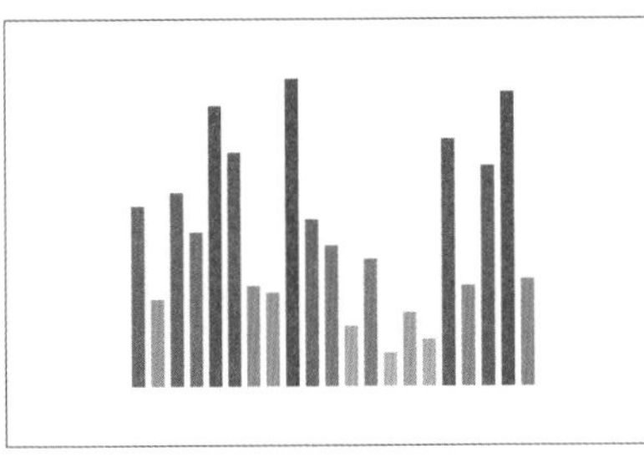

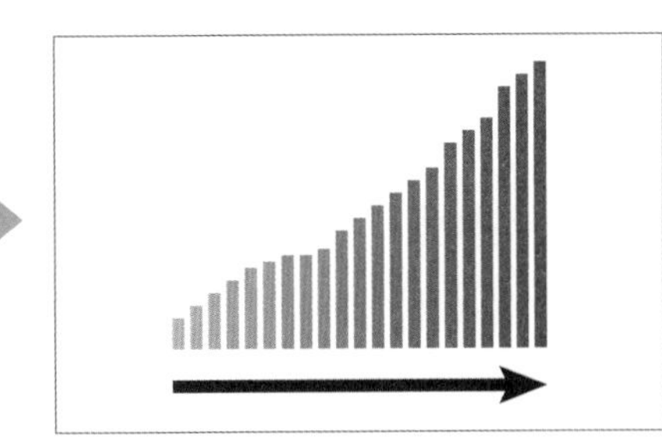

整數序列 $a_0,a_1,......,a_{N-1}$
$N \leq 100,000$
$a_i \leq 1,000,000,000$

完成排序

快速排序法（Quick Sort）

快速排序法 (Quick Sort) 是以二元樹的**前序走訪** (參見 19-2 頁) 為基礎，先利用**分割** (partition，參見 13-15 頁) 將區間分成比基準值小和比基準值大的 2 個區間，再以遞迴的方式對各區間進行排序的演算法。

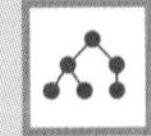

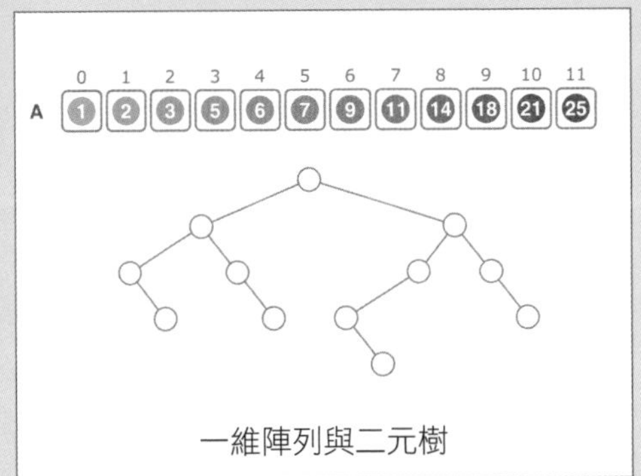

一維陣列與二元樹

整數序列	A

演算法動畫 →

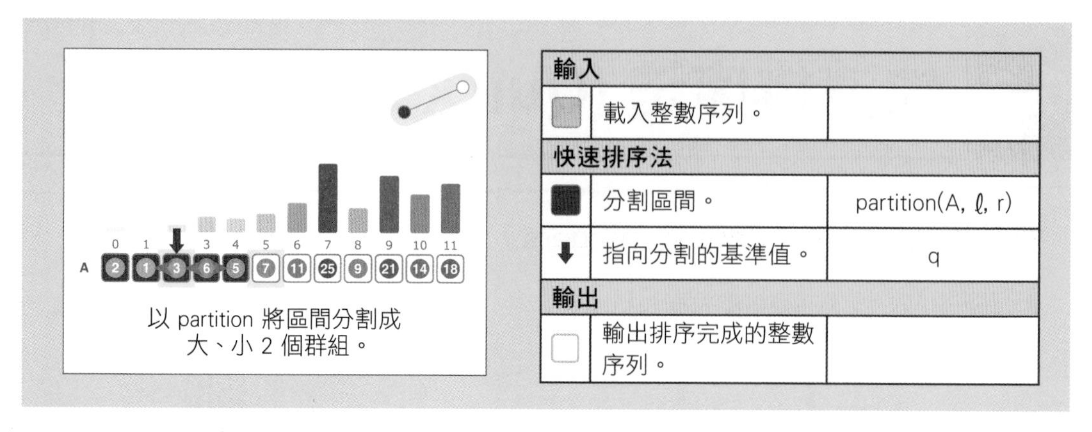

輸入		
(淺灰色方塊)	載入整數序列。	
快速排序法		
(深色方塊)	分割區間。	partition(A, ℓ, r)
⬇	指向分割的基準值。	q
輸出		
(白色方塊)	輸出排序完成的整數序列。	

演算法的執行過程

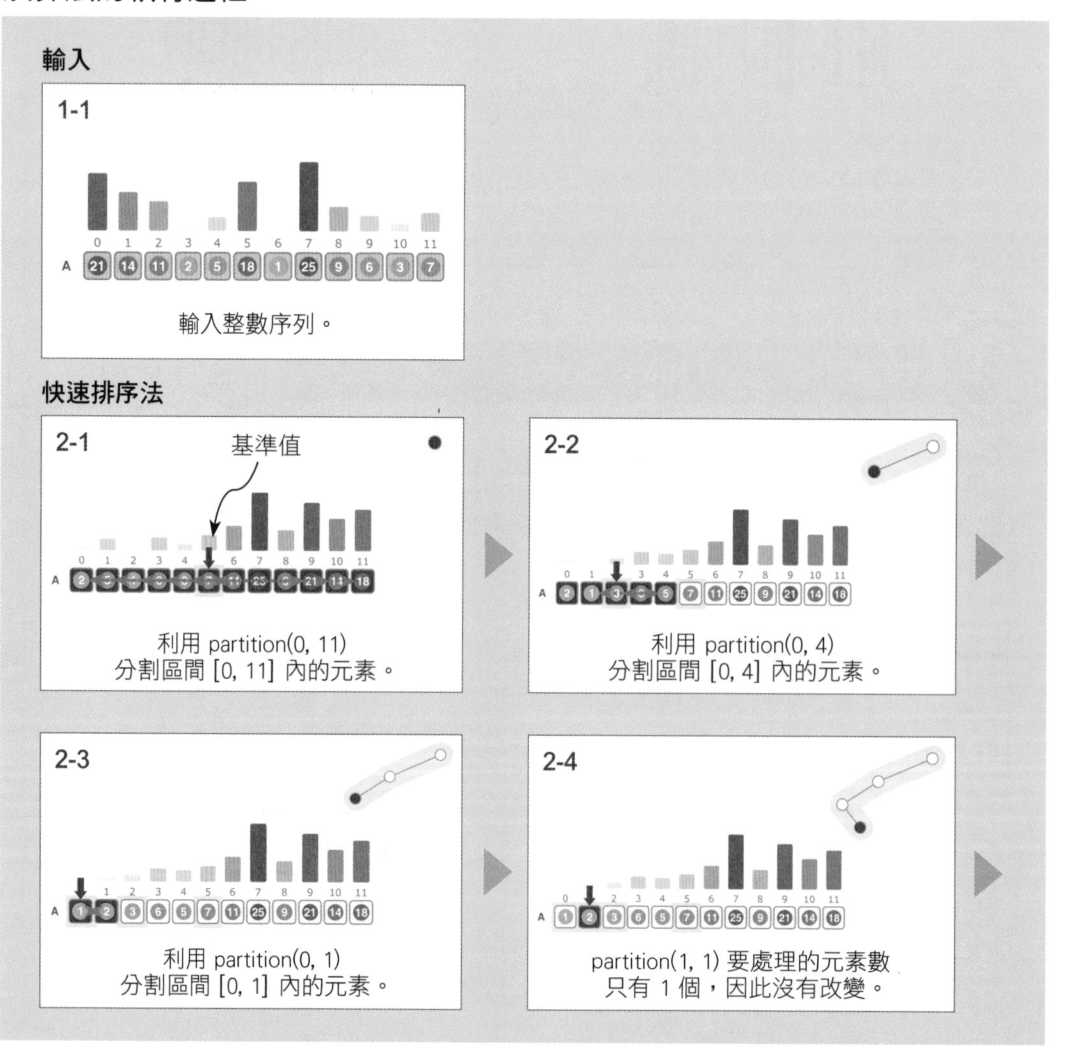

2-5

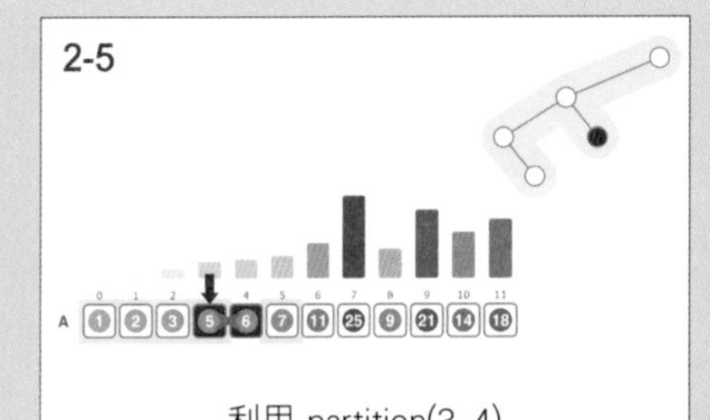

利用 partition(3, 4)
分割區間 [3, 4] 內的元素。

2-6

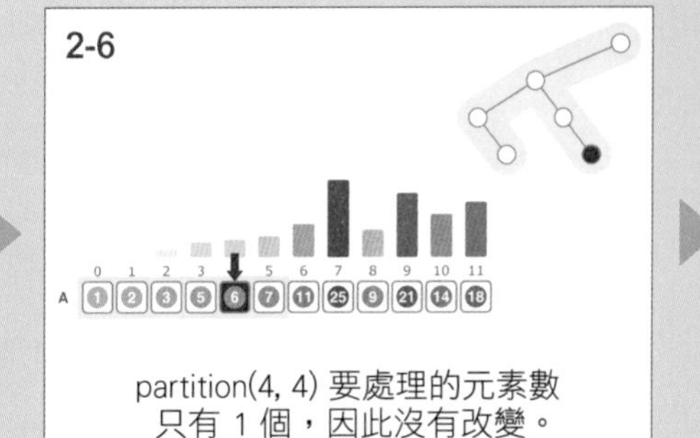

partition(4, 4) 要處理的元素數
只有 1 個，因此沒有改變。

2-7

利用 partition(6, 11)
分割區間 [6, 11] 內的元素。

2-8

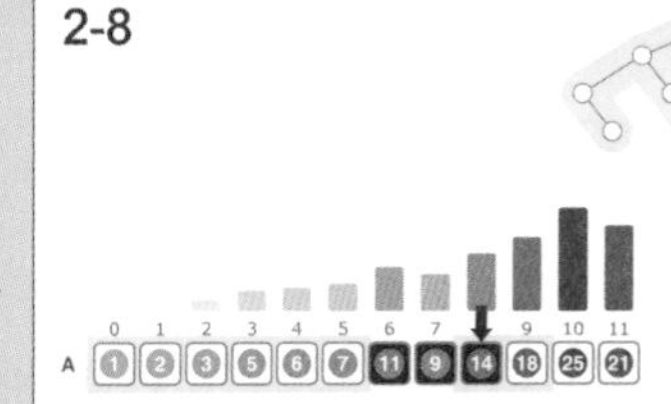

利用 partition(6, 8)
分割區間 [6, 8] 內的元素。

2-9

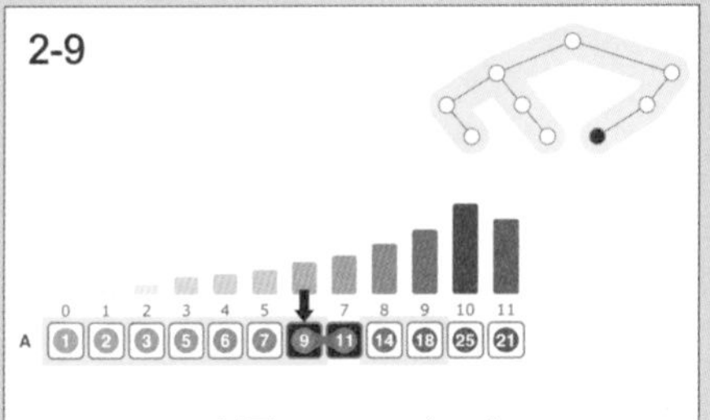

利用 partition(6, 7)
分割區間 [6, 7] 內的元素。

2-10

partition(7, 7) 要處理的元素數
只有 1 個，因此沒有改變。

2-11

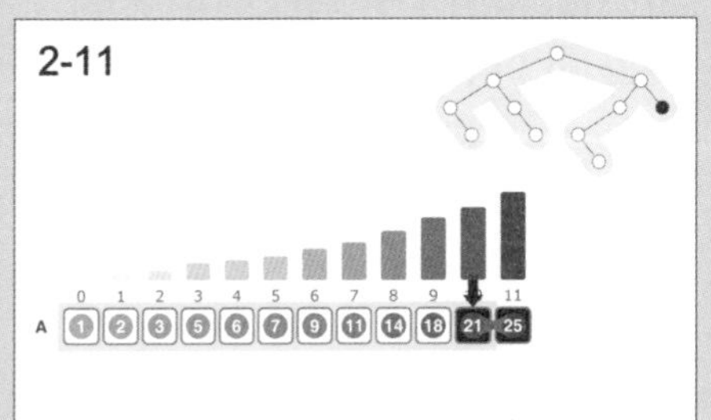

利用 partition(10, 11)
分割區間 [10, 11] 內的元素。

2-12

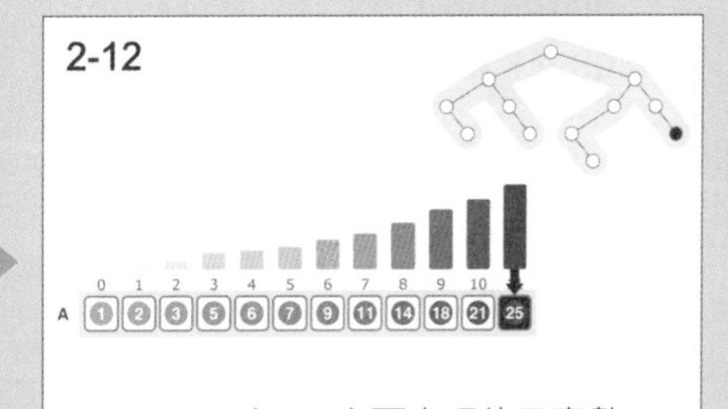

partition(11, 11) 要處理的元素數
只有 1 個，因此沒有改變。

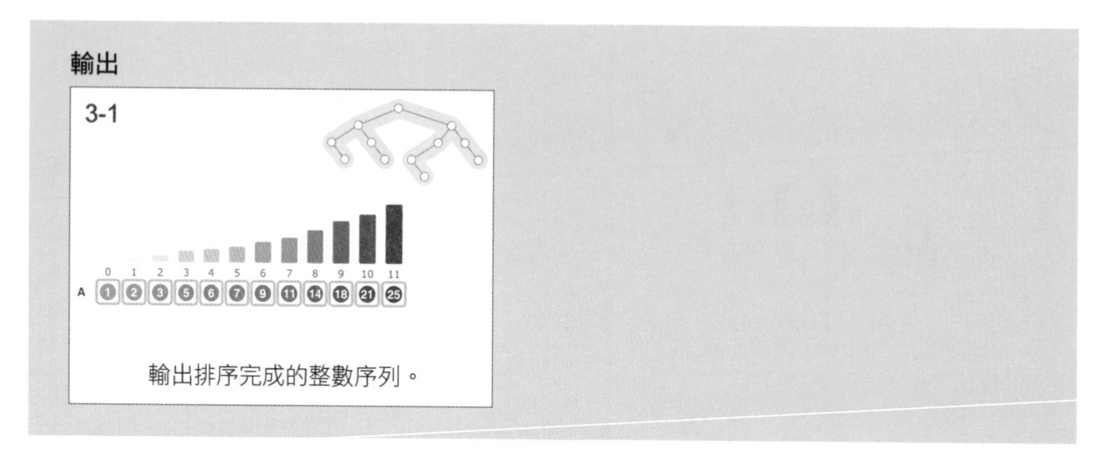

輸出排序完成的整數序列。

演算法的重點說明

快速排序法雖然是對陣列上的資料做排序，但其計算順序是以二元樹的**前序走訪**（參見 19-2 頁）為基礎。演算法的起點是以陣列整體為排序範圍執行 quickSort，接著再按照二元樹各節點的位置對目前區間 [ℓ, r] 執行 partition，將元素分成比基準值小和比基準值大的 2 個群組。此時被當成群組分界點的基準值位置應先儲存在 q 中，再以 q 為基準，將區間 [ℓ, r] 分割成前半區間 [ℓ, q-1] 與後半區間 [q+1, r]，並各自以遞迴的方式執行 quickSort。

虛擬碼

```
# 針對陣列 A 的區間 [l, r) 執行快速排序法
quickSort(A, l, r):
    if  l < r:
        q ← partition(A, l, r)
        quickSort(A, l, q-1)        # 將區間 [l,r] 分割成前半區間
        quickSort(A, q+1, r)        # 將區間 [l,r] 分割成後半區間

# 針對陣列整體執行快速排序法
A ← 欲輸入的整數序列
quickSort(A, 0, N-1)
```

時間複雜度

快速排序法的時間複雜度會受到 partition 使用的基準值位置影響。基準值的位置若接近排序範圍的中央，就能分割成一個比較平衡的二元樹，高度也會接近 $\log_2 N$。在這種情況下，由於各階層進行的比較與互換處理的時間複雜度為 O(N)，因此整體的時間複雜度會是 O(N log N)。但若基準值的位置是固定的 (例如固定選陣列的第 1 個或最後 1 個元素)，輸入的資料又是已經排序或是接近排序完成的序列，則 partition 在分割時就會不平衡，使時間複雜度變成 $O(N^2)$，不過這種情況可透過隨機選擇基準值的位置來避免。

此外，由於快速排序法是透過互換的方式來交換元素位置，具有相同值的元素在排序後其順序會被調換，因此屬於不穩定排序。快速排序法只需要 1 個陣列便可完成排序，這種排序法稱為**原地** (in-place) 排序。

應用

快速排序法雖然要多花心思在資料的排列方式與穩定性上，但由於它是目前最快速的排序演算法之一，因此應用範圍仍然相當廣泛。

20-3 堆積排序法 (Heap Sort)

★★★

整數序列的排序 (Sorting Integers)

請由小到大重新排列整數序列。

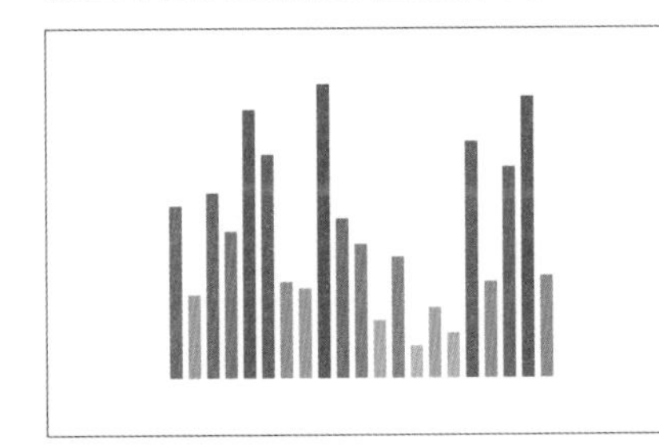

整數序列 $a_0, a_1, \ldots\ldots, a_{N-1}$

$N \leq 100{,}000$

$a_i \leq 1{,}000{,}000{,}000$

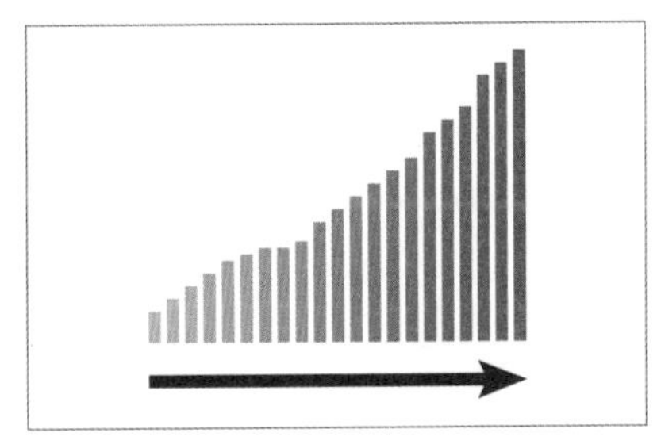

完成排序

堆積排序法（Heap Sort）

堆積排序法有兩個步驟，第一個步驟是將要排序的陣列轉換成堆積結構，如果要進行遞增排序就使用最大堆積，要進行遞減排序就使用最小堆積。第二個步驟是利用最大堆積（或最小堆積）的特性來排序。以最大堆積為例，其排序的步驟如下：

1. 將根節點與最後一個節點互換。
2. 將根節點往葉節點的方向下降，持續與較大值的子節點互換（進行 downHeap）。
3. 將堆積大小（heapSize）減 1，以區分堆積的區間（未排序）及已排序的區間。

重複以上步驟，陸續找出最大值、次大值、…依此類推，即可完成由小到大排序。

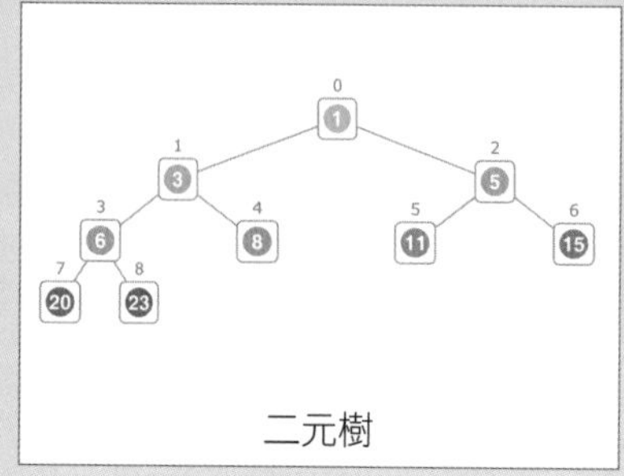

二元樹

	整數序列	A

演算法動畫

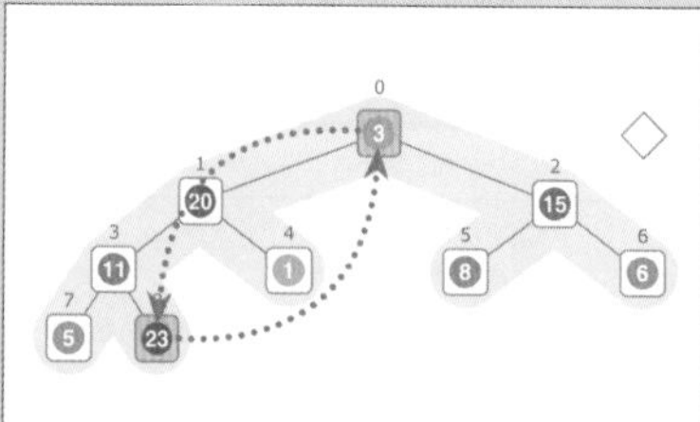

將堆積中擁有最大值的根節點與最尾端的元素互換。

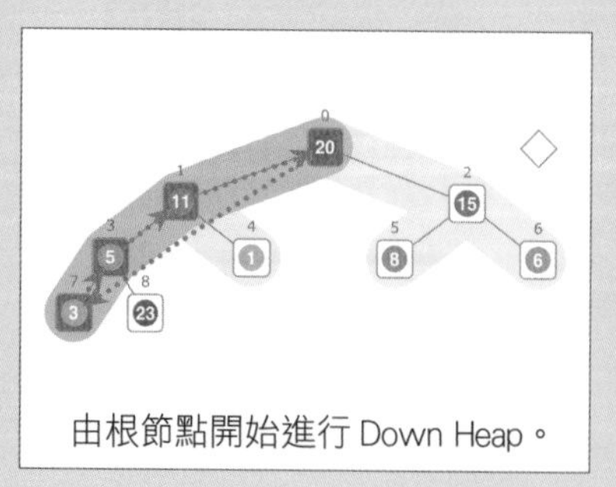

由根節點開始進行 Down Heap。

輸入		
	輸入整數序列。	
建立堆積		
	對子樹進行 Down Heap。	downHeap(A, i)
互換與 Down Heap		
	由根節點開始進行 Down Heap。	downHeap(A, 0)
	將根節點與堆積尾端的值互換。	
	swap(A[0], A[heapSize-1])	
	縮小滿足堆積性質，但尚未排序的範圍。	區間 [0, heapSize)
輸出		
	輸出排序完成的整數序列。	

演算法的執行過程

輸入

1-1

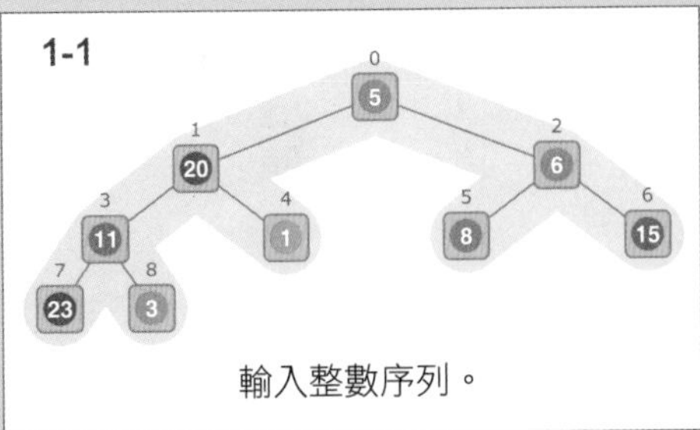

輸入整數序列。

建立堆積（此範例要由小到大排序，所以建立最大堆積）

2-1

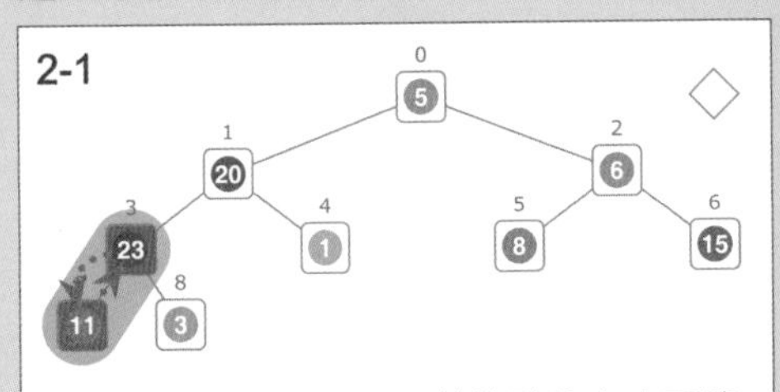

將起點元素（編號 3）往葉節點的方向下降，與較大值的子節點（值為 23）互換。downHeap(3)

2-2

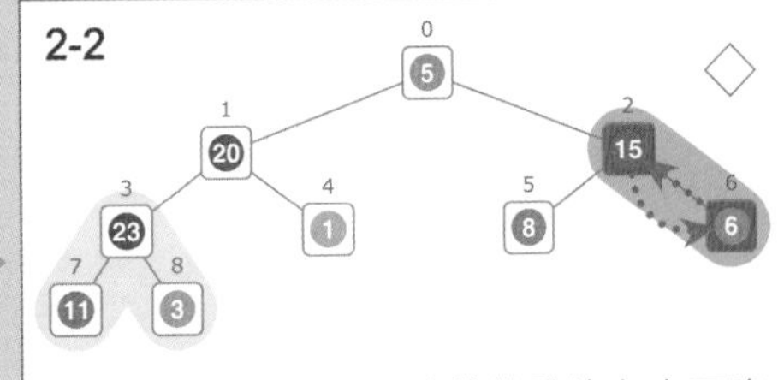

將起點元素（編號 2）往葉節點的方向下降，與較大值的子節點（值為 15）互換。downHeap(2)

2-3

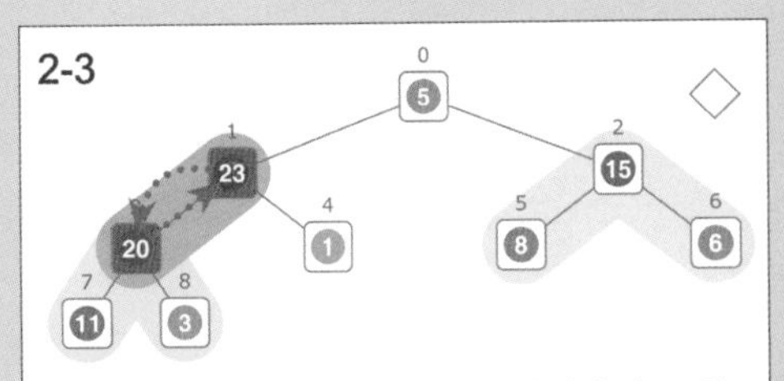

將起點元素（編號 1）往葉節點的方向下降，與較大值的子節點（值為 23）互換。downHeap(1)

2-4

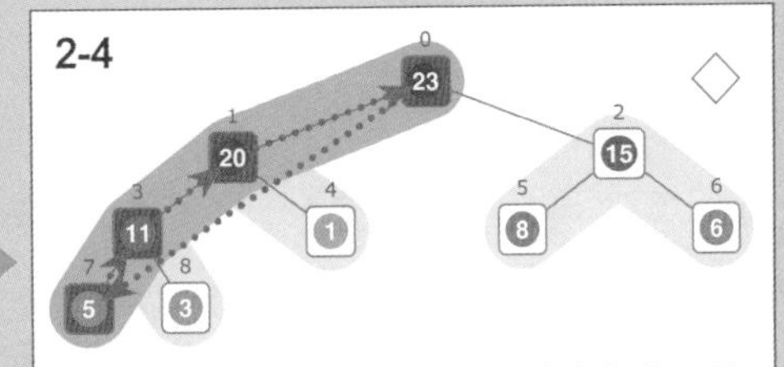

將起點元素（編號 0）往葉節點的方向下降，持續與較大值的子節點互換。downHeap(0)

互換與 Down Heap（進行由小到大的排序）

3-1

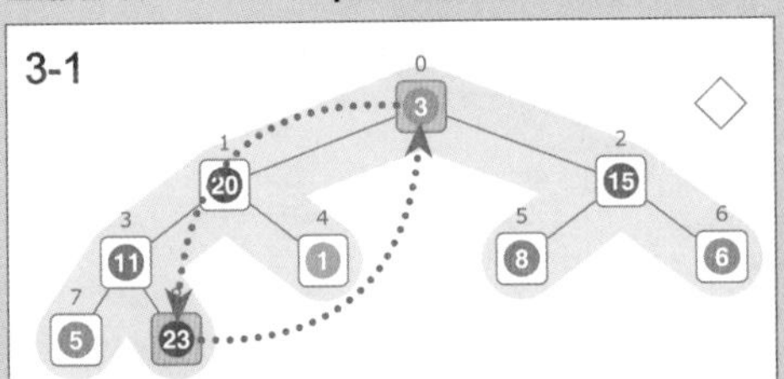

將根節點與尾端的節點互換。互換後將 heapSize 減 1，縮減堆積的大小，以區分堆積的區間和已排序的區間。

3-2

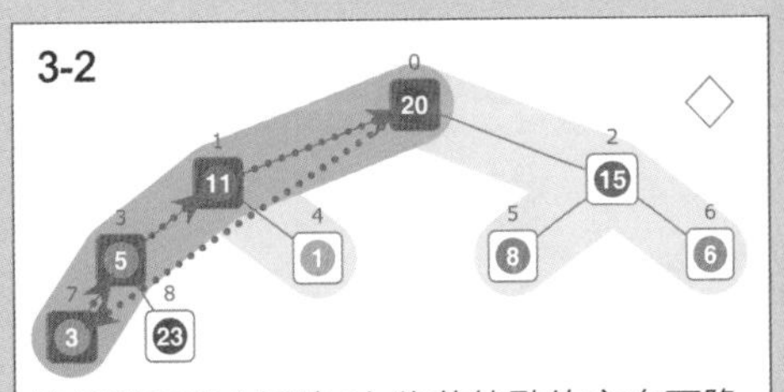

將起點元素（編號 0）往葉節點的方向下降，持續與較大值的子節點互換。downHeap(0)

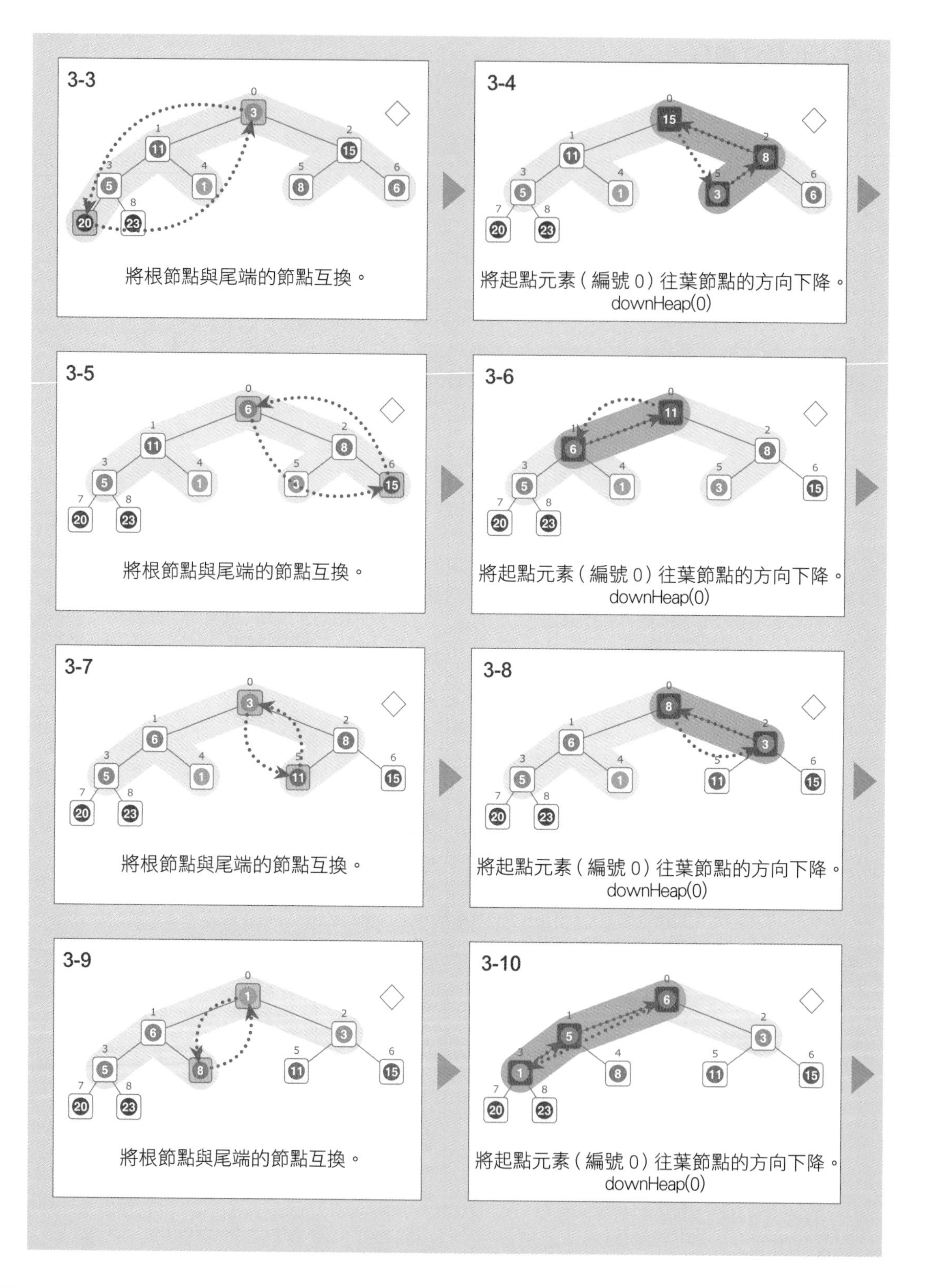
3-3
將根節點與尾端的節點互換。
3-4
將起點元素（編號 0）往葉節點的方向下降。
downHeap(0)
3-5
將根節點與尾端的節點互換。
3-6
將起點元素（編號 0）往葉節點的方向下降。
downHeap(0)
3-7
將根節點與尾端的節點互換。
3-8
將起點元素（編號 0）往葉節點的方向下降。
downHeap(0)
3-9
將根節點與尾端的節點互換。
3-10
將起點元素（編號 0）往葉節點的方向下降。
downHeap(0)

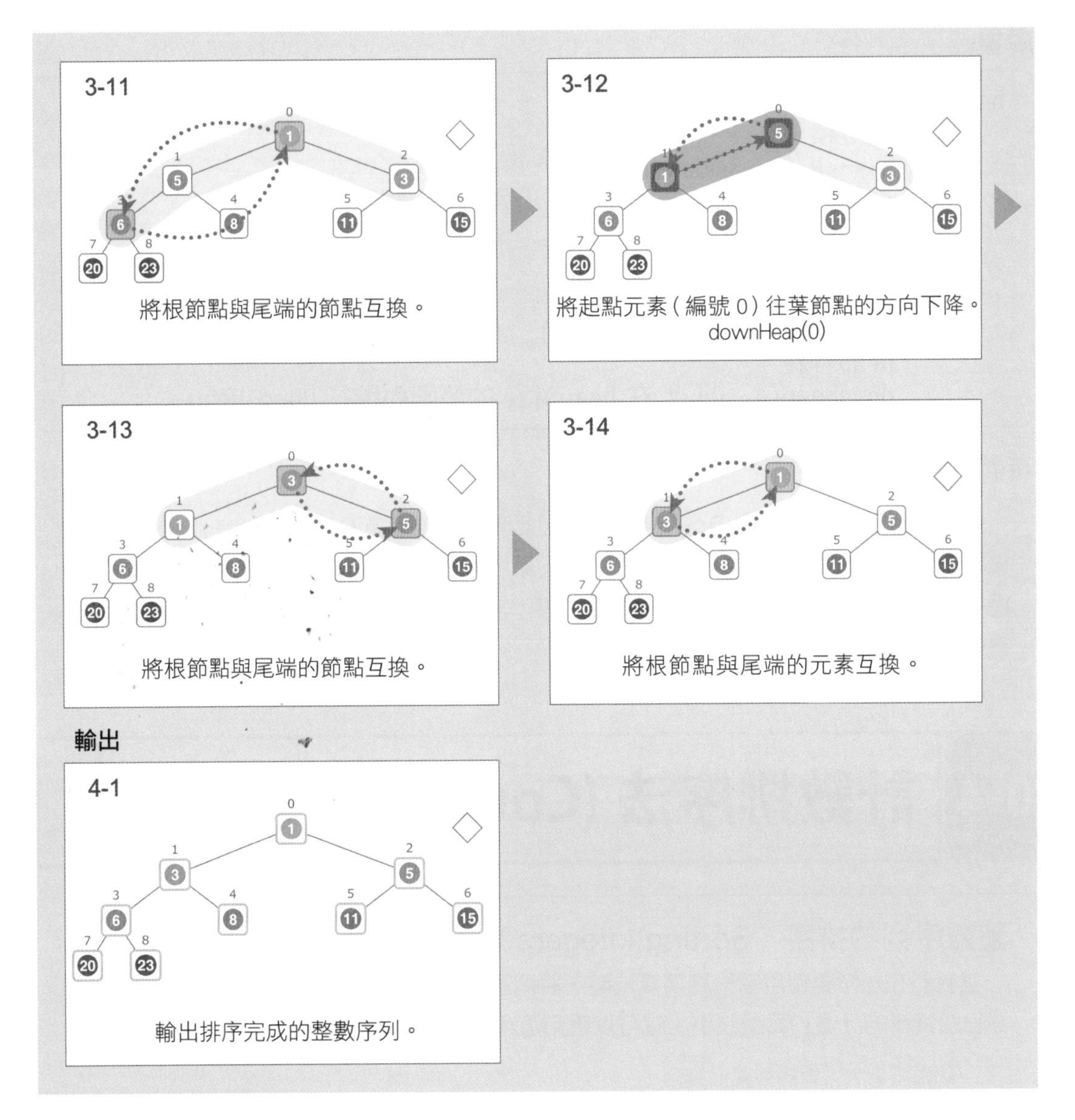

演算法的重點說明

堆積排序法的預處理是根據給定的資料建立最大堆積。由於堆積的根節點永遠會是最大值的元素，因此我們利用此特性，從根節點依序取出元素，再由堆積尾端開始，由大到小往前排序。堆積排序法是透過將根節點與尾端元素互換，並縮減堆積大小 heapSize 的方式，來區分堆積的區間與已排序的區間。heapSize 同時也代表了未排序部分的元素數，因此可用來控制 Down Heap 的執行範圍。

虛擬碼

```
heapSort(A, N):
    # 建立堆積
    for i ← N/2 - 1 downto 0:
        downHeap(A, i)              # 對子樹進行 Down Heap

    heapSize ← N
    while heapSize ≥ 2:
        swap(A[0], A[heapSize-1])   # 將根節點與堆積尾端的值互換
        heapSize--
        downHeap(A, 0) # 在 heapSize 的範圍內進行 Down Heap
```

時間複雜度

堆積排序法會進行 N 次 Down Heap，因此時間複雜度為 O(N log N)。堆積排序法的優點是只需要 1 個陣列就能完成排序，屬於原地 (in-place) 排序。但由於其特性為不連續存取元素並進行互換，所以為不穩定排序 (編註：具有相同值的元素在排序後其順序會被調換)。

20-4 計數排序法 (Counting Sort) ★★

整數序列的排序（Sorting Integers）

當我們在思考要使用哪一種演算法時，將問題本身的限制列入考慮是非常重要的。假設已知資料的「值」範圍較小，就可以善用這項特性。

請由小到大重新排列整數序列。

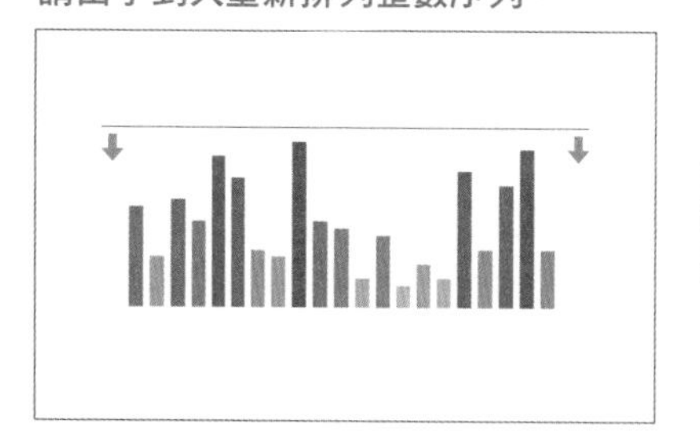

整數序列 $a_0,a_1,......,a_{N-1}$
$N \leq 100,000$
$0 \leq a_i \leq 100,000$

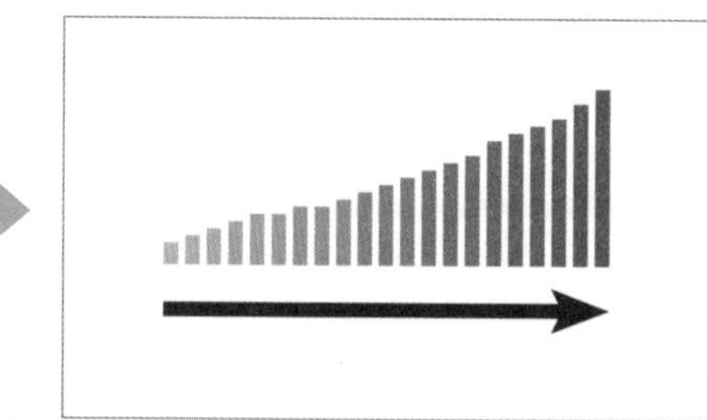

完成排序

計數排序法（Counting Sort）

計數排序法是一種不需要將元素兩兩做比較的排序法，其原理是先計算「輸入陣列」(待排序) 裡每個元素的出現次數，將計算結果放到「計數陣列」中，接著從「計數陣列」的最前端開始依序做累加，以求出各元素的位置資訊。

建立一個與「輸入陣列」相同大小的「輸出陣列」，從輸入陣列的最尾端開始往前走訪，依「計數陣列」中得到的位置資訊，逐一將輸入陣列中的值填入「輸出陣列」。

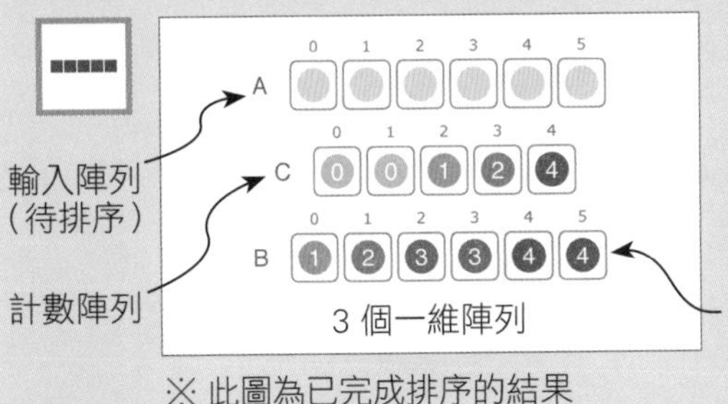

※ 此圖為已完成排序的結果

	輸入整數	A
	累加每個整數出現的次數	C
	排序完成的陣列	B

演算法動畫 →

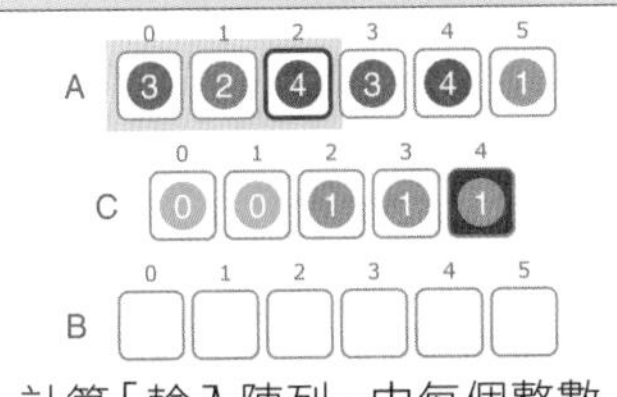

計算「輸入陣列」中每個整數出現的次數。

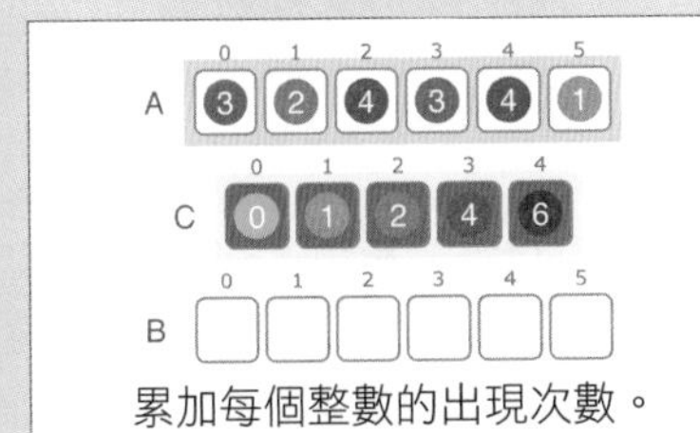

累加每個整數的出現次數。

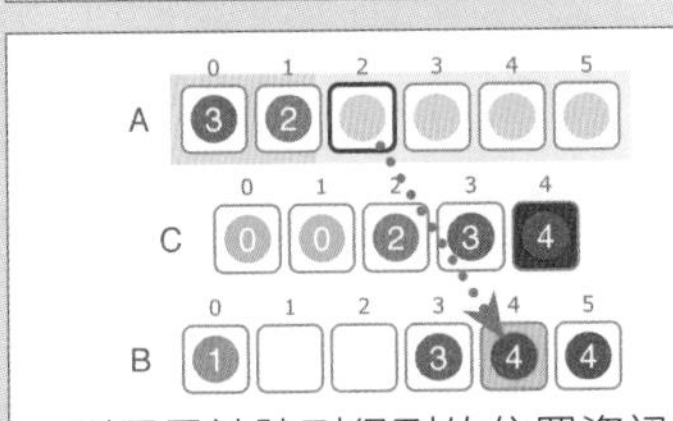

利用累計陣列得到的位置資訊，將輸入陣列的元素放到輸出陣列中。

輸入		
	輸入整數序列。	
計算整數的出現次數		
	將整數的出現次數加 1。	C[A[i]]++
累加每個整數的出現次數		
	計算累加的結果。	
	C[i] ← C[i] + C[i-1]	
將輸入陣列的資料填入輸出陣列		
	將使用到的整數出現次數減 1。	C[A[i]]--
	以出現次數做為輸出陣列的索引，將輸入陣列的元素複製到對應位置。	
	B[C[A[i]]] ← A[i]	
輸出		
	輸出排序完成的整數。	

演算法的執行過程

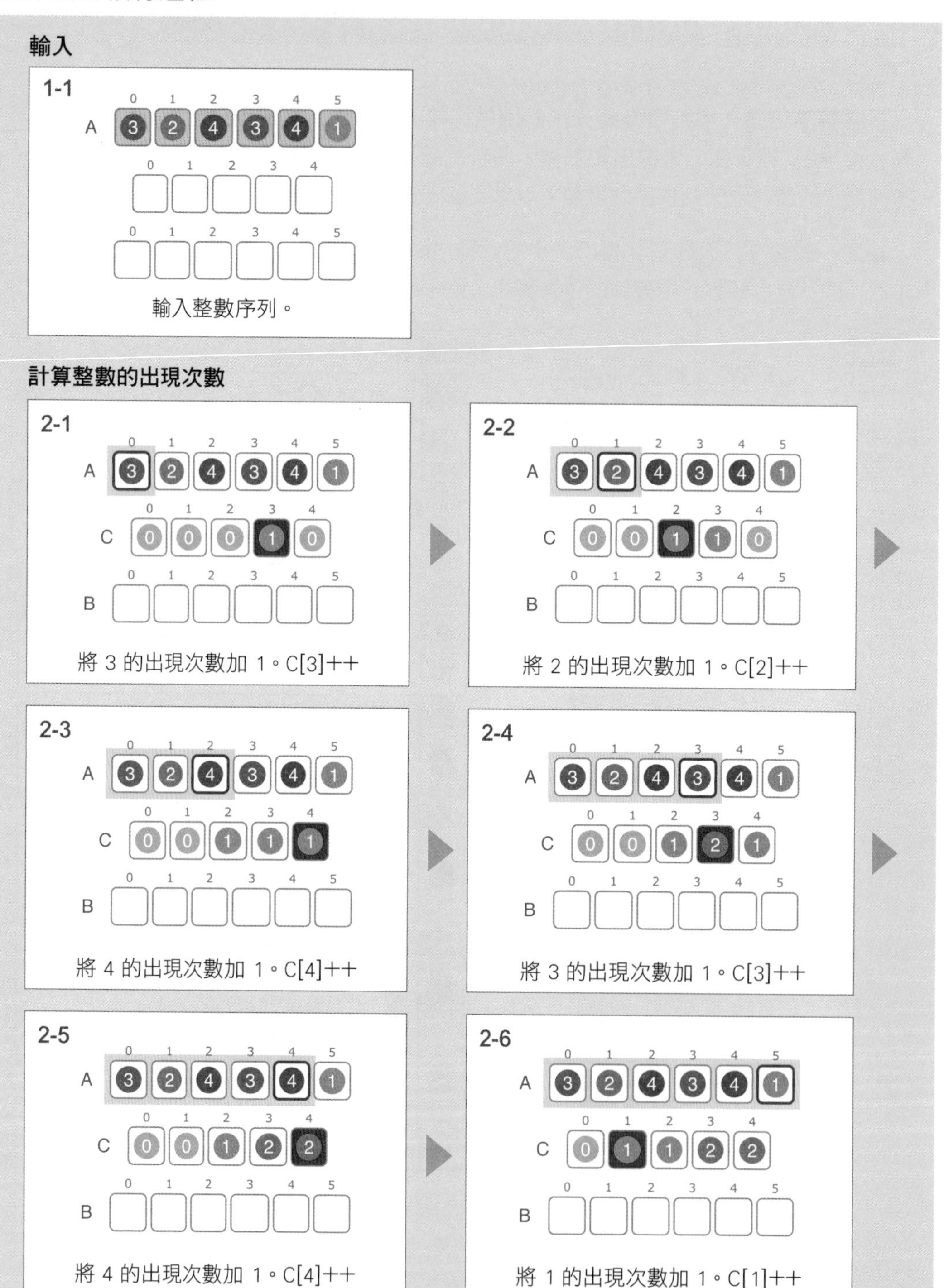
輸入
1-1
A
輸入整數序列。
計算整數的出現次數
2-1
A
C
B
將 3 的出現次數加 1。C[3]++
2-2
將 2 的出現次數加 1。C[2]++
2-3
將 4 的出現次數加 1。C[4]++
2-4
將 3 的出現次數加 1。C[3]++
2-5
將 4 的出現次數加 1。C[4]++
2-6
將 1 的出現次數加 1。C[1]++

累加每個整數的出現次數

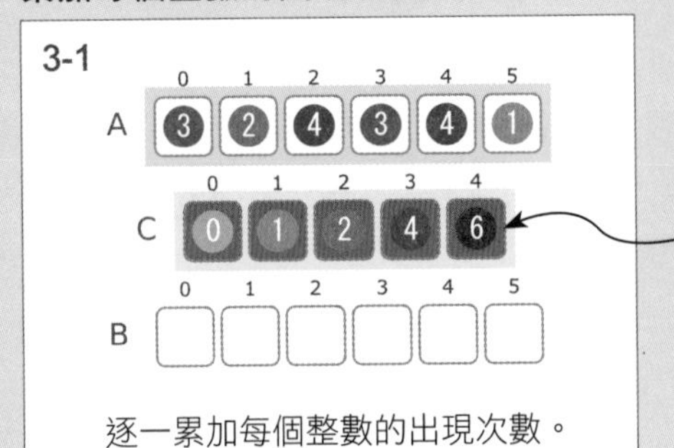

逐一累加每個整數的出現次數。

累加各個整數的出現次數 C[0]+C[1]、C[1]+C[2]、C[2]+C[3]、C[3]+C[4]、⋯，即可得到位置資訊

將輸入陣列的資料填入輸出陣列

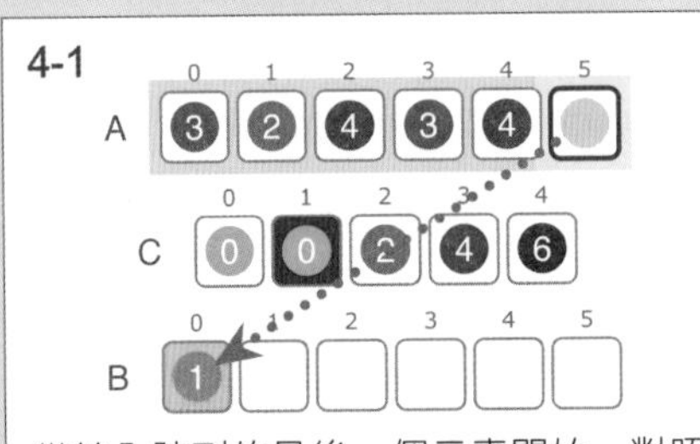

從輸入陣列的最後一個元素開始，對照計數陣列的位置資訊，將元素複製到輸出陣列。C[1]--, B[0] ← 1

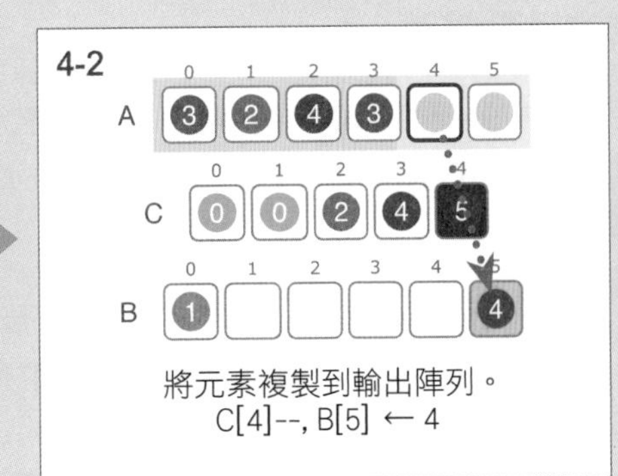

將元素複製到輸出陣列。
C[4]--, B[5] ← 4

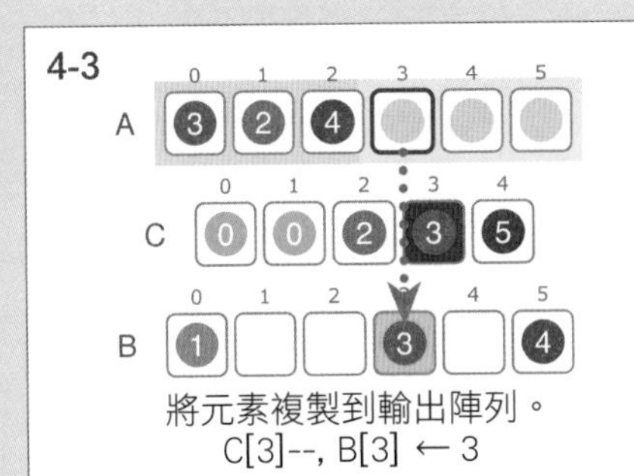

將元素複製到輸出陣列。
C[3]--, B[3] ← 3

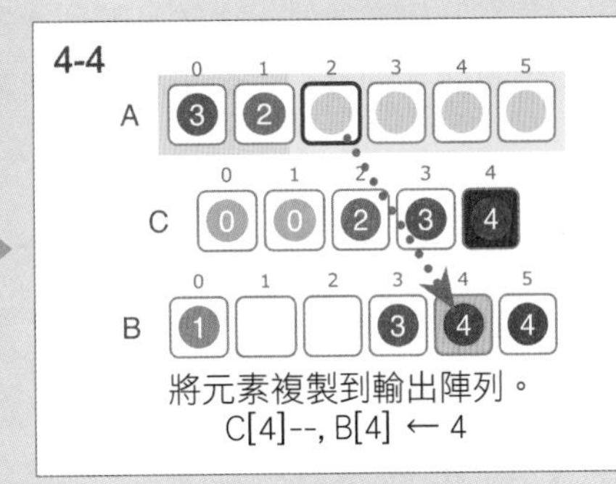

將元素複製到輸出陣列。
C[4]--, B[4] ← 4

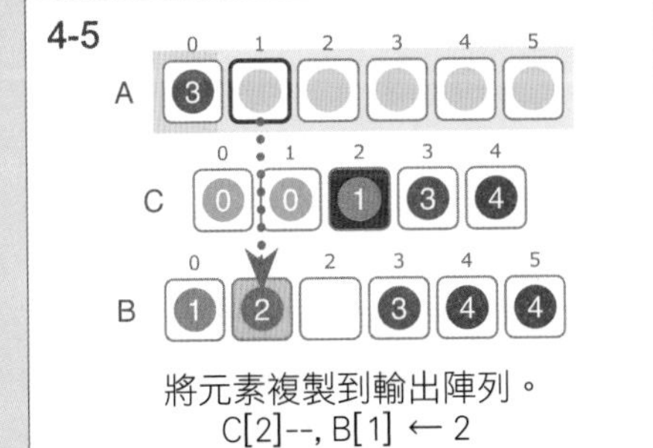

將元素複製到輸出陣列。
C[2]--, B[1] ← 2

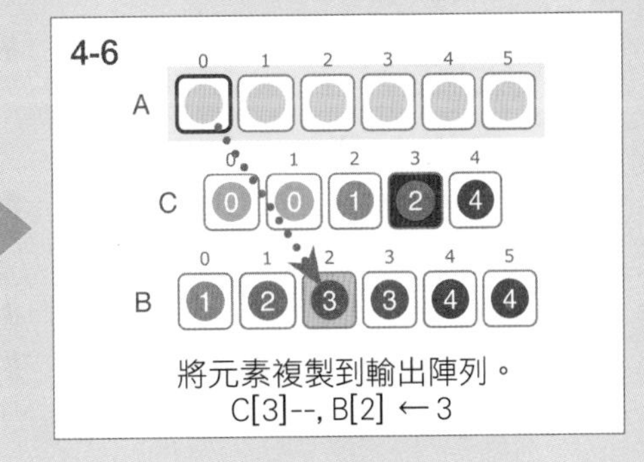

將元素複製到輸出陣列。
C[3]--, B[2] ← 3

輸出

5-1

	0	1	2	3	4	5
A						

	0	1	2	3	4
C	0	0	1	2	4

	0	1	2	3	4	5
B	1	2	3	3	4	4

輸出排序完成的整數。

演算法的重點說明

此演算法由 3 個階段構成。第 1 階段先走訪輸入陣列 A，將陣列中每個整數的累計出現次數記錄在計數用的陣列 C 中。此時，計數用陣列 C 的元素 i 儲存的是整數 i 的出現次數。

第 2 階段則從計數用陣列 C 的前端（意即整數 0）開始做累加。透過累加我們就能以 O(1) 的時間複雜度求出「現階段輸入陣列中有幾個 i 以下的整數」，也就是說，「待排序元素應該放在輸出陣列中的第幾個位置」。

第 3 階段就是利用累加值，從輸入陣列 A 的尾端開始，依序將元素複製到輸出陣列 B 中。複製到陣列 B 的元素，必須將陣列 C 對應的出現次數減 1。

虛擬碼

```
countingSort(A, B, N):
    C # 大小為 K+1 的陣列

    for i ← 0 to N-1:
        C[A[i]]++                    # 將整數的出現次數加 1

    for i ← 1 to K:
        C[i] ← C[i] + C[i-1]         # 累加每個整數的出現次數
    for i ← N-1 downto 0:
        C[A[i]]--                    # 將使用到的整數出現次數減 1
        B[C[A[i]]] ← A[i]            # 以出現次數做為輸出陣列的索引，
                                       將輸入元素複製到對應位置
```

時間複雜度

由於**計數排序法**需要額外的陣列空間，所以適合用來排序小範圍的整數（元素不能為負值）。計算元素的出現次數與複製元素到輸出陣列的時間複雜度皆為 O(N)。此外，若元素的最大值為 K，則計算累加和的時間複雜度為 O(K)。因此計數排序法整體的時間複雜度為 O(N+K)。計數排序法是一種既快速又穩定的排序法。計數排序法除了輸入陣列外，還需要準備 1 個大小為 N 的輸出陣列，以及 1 個大小為 K 的出現次數累加陣列。

應用　待排序的元素最大值較小時，適合使用計數排序法快速完成排序。

20-5 希爾排序法 (Shell Sort) ★★★

整數序列的排序（Sorting Integers）

請由小到大重新排列整數序列。

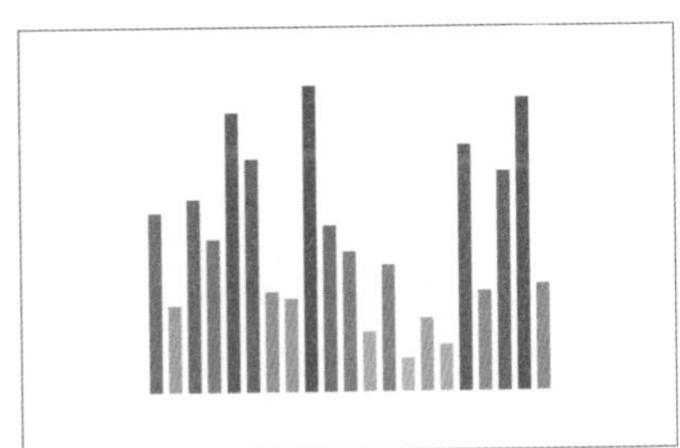

整數序列 $a_0,a_1,......,a_{N-1}$
$N \leq 100,000$
$a_i \leq 1,000,000,000$

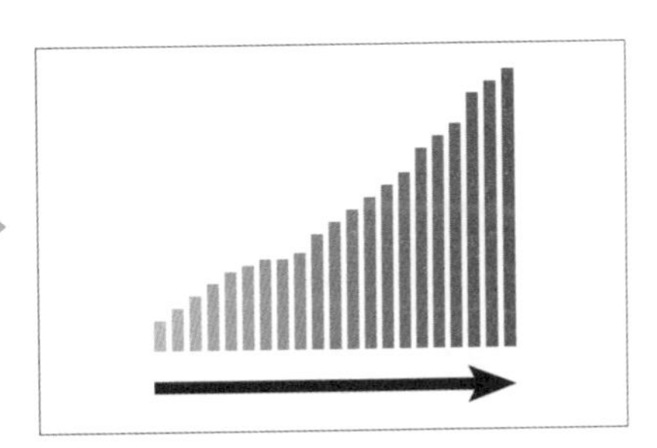

完成排序

希爾排序法（Shell Sort）

希爾排序法（Shell Sort）是改良自**插入排序法**（Insertion Sort），目的是為了減少插入排序法中元素的移動次數以加快排序速度。希爾排序法會反覆對指定間隔的元素執行插入排序法，以進行陣列元素的排序。例如一開始設定間隔為 5，並針對這個指定的間隔做排序，當此間隔排序完成，再繼續縮小間隔，反覆進行相同的操作，直到間隔為 1 就幾乎不需要再移動資料了！

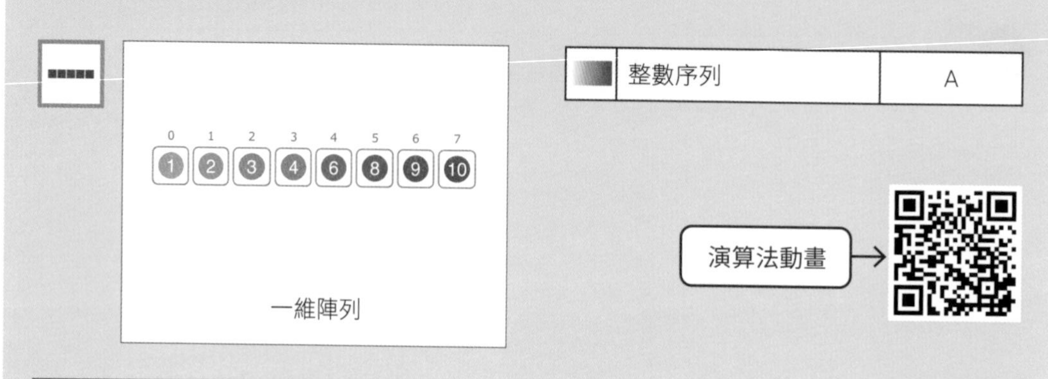

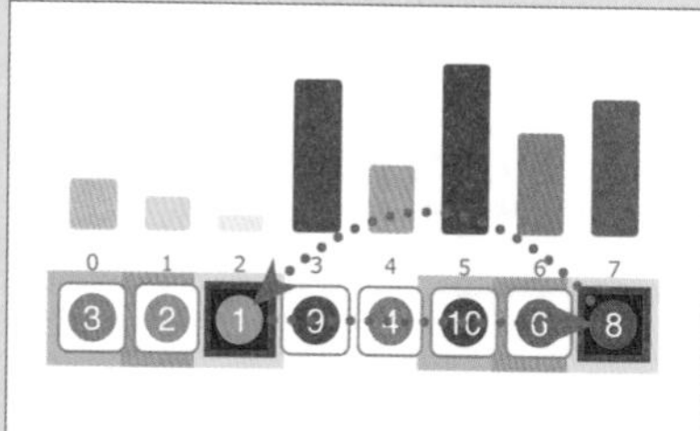

設定間隔為 g1（此例間隔為 5），執行插入排序法。

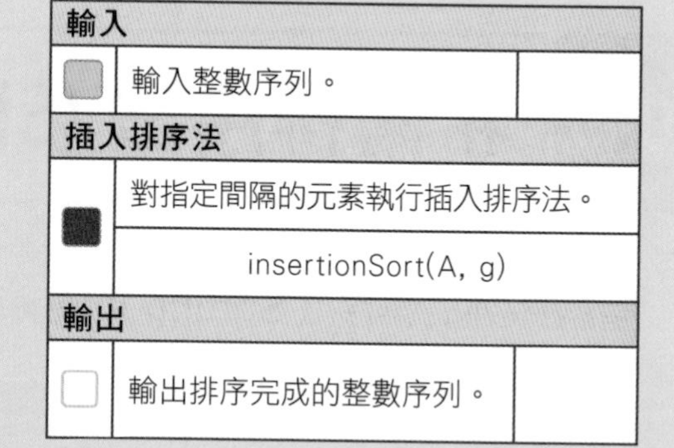

輸入		
	輸入整數序列。	
插入排序法		
	對指定間隔的元素執行插入排序法。	
	insertionSort(A, g)	
輸出		
	輸出排序完成的整數序列。	

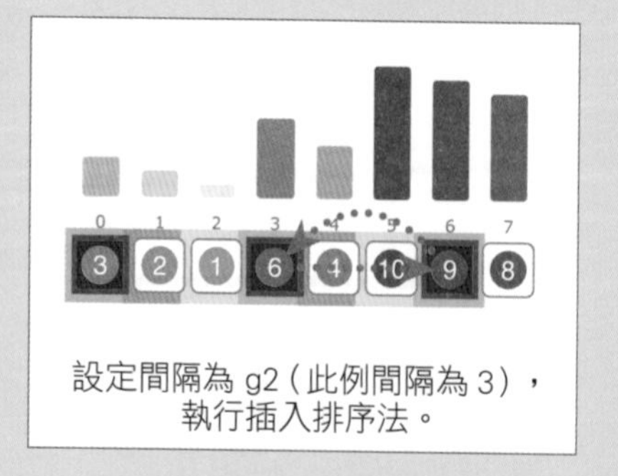

設定間隔為 g2（此例間隔為 3），執行插入排序法。

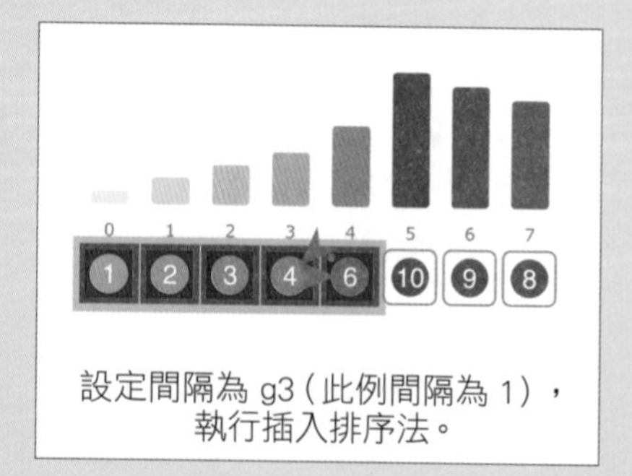

設定間隔為 g3（此例間隔為 1），執行插入排序法。

演算法的執行過程

輸入

1-1

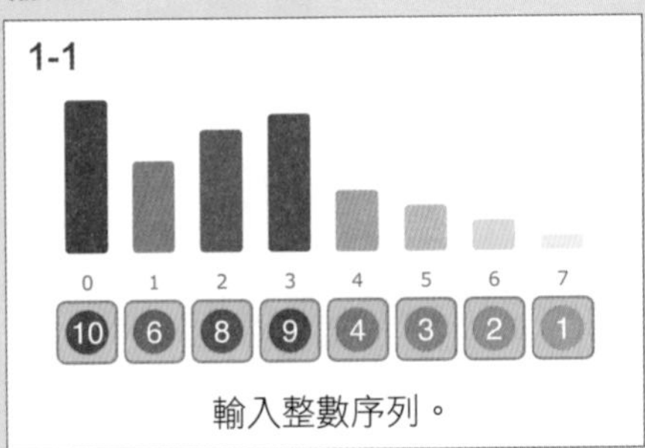

輸入整數序列。

插入排序法

2-1

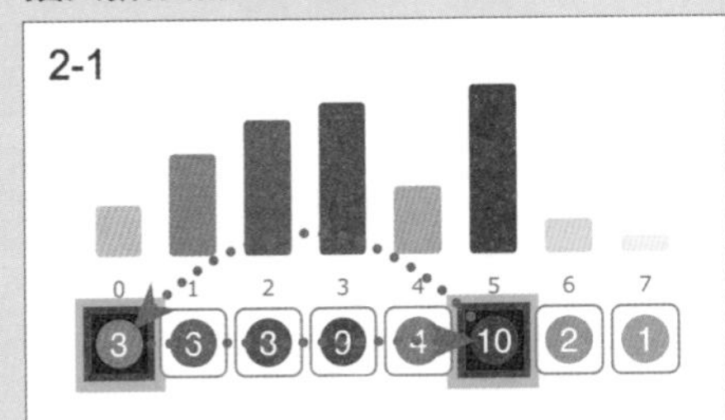

對**間隔為 5** 的元素執行插入排序法。
10 大於 3，互換。

2-2

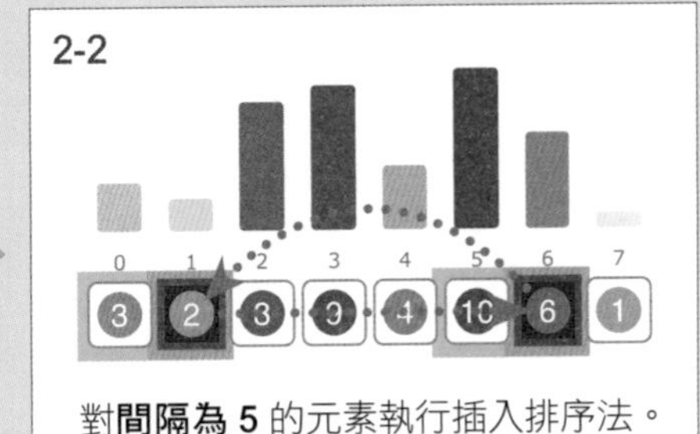

對**間隔為 5** 的元素執行插入排序法。
6 大於 2，互換。

2-3

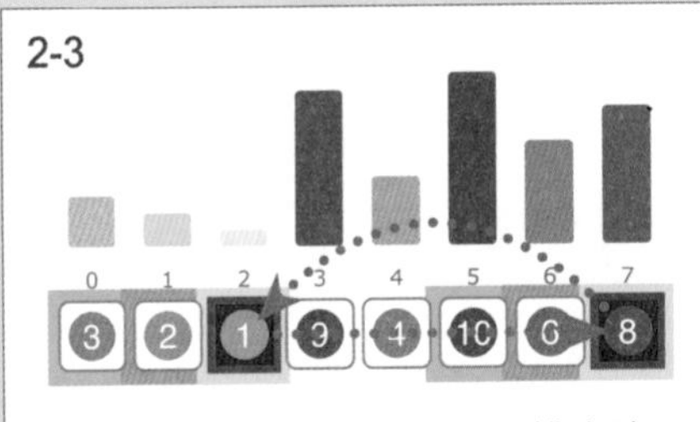

對**間隔為 5** 的元素執行插入排序法。
8 大於 1，互換。

2-4

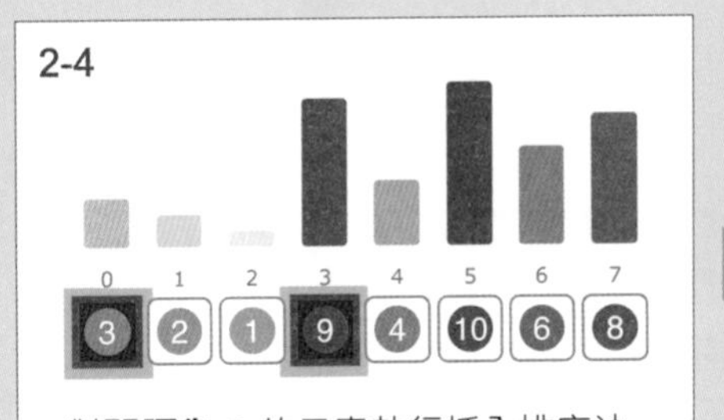

對**間隔為 3** 的元素執行插入排序法。
3 小於 9，不互換。

2-5

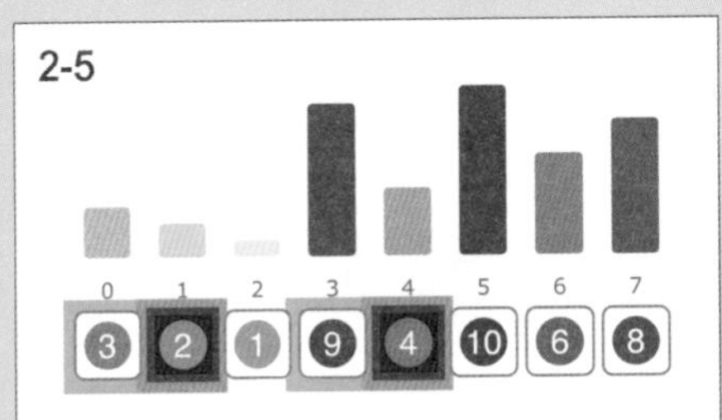

對**間隔為 3** 的元素執行插入排序法。
2 小於 4，不互換。

2-6

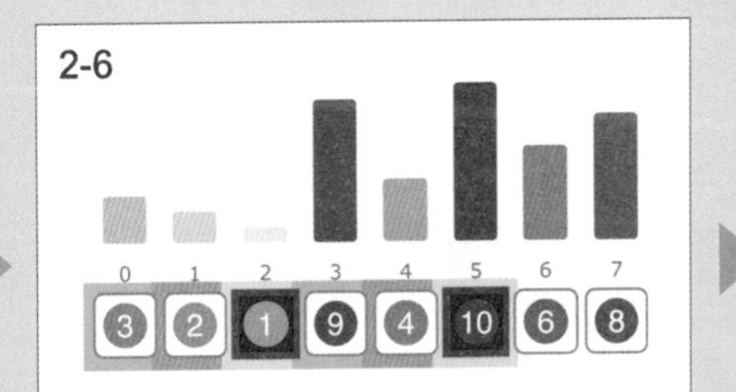

對**間隔為 3** 的元素執行插入排序法。
1 小於 10，不互換。

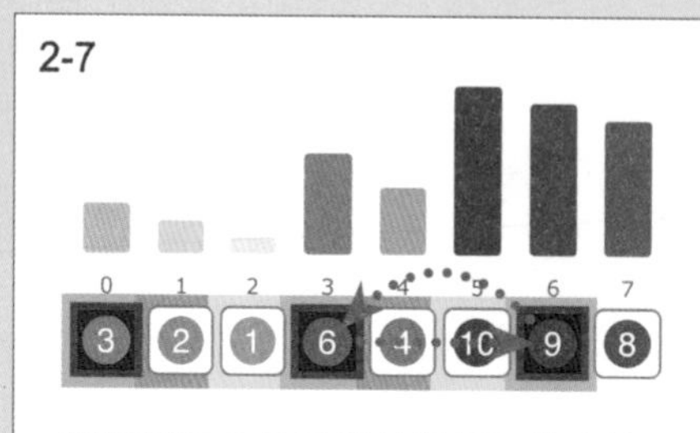

對**間隔為 3** 的元素執行插入排序法。
9 大於 6，互換。

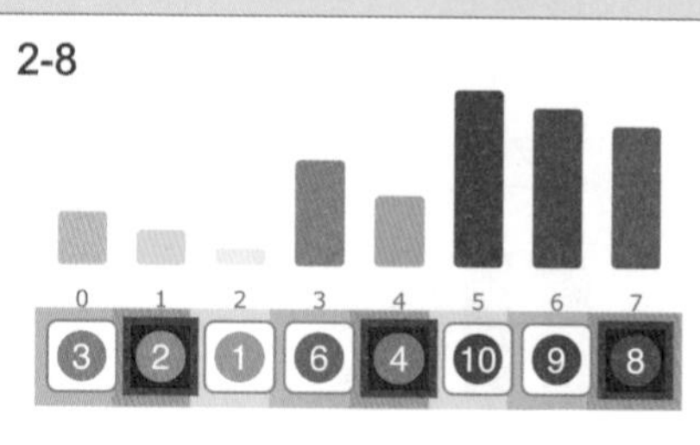

對**間隔為 3** 的元素執行插入排序法。
4 小於 8，不互換。

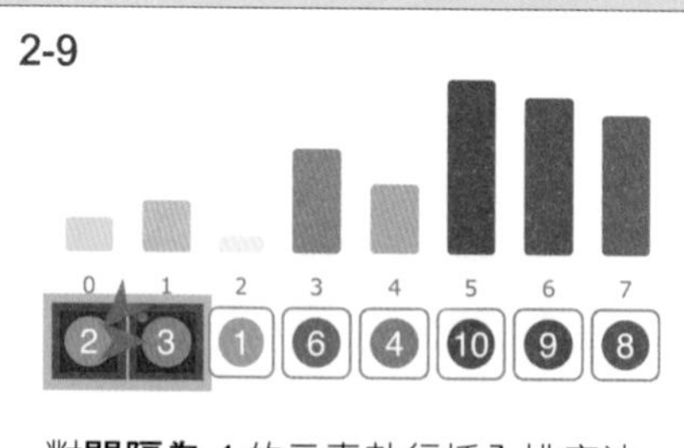

對**間隔為 1** 的元素執行插入排序法。
3 大於 2，互換。

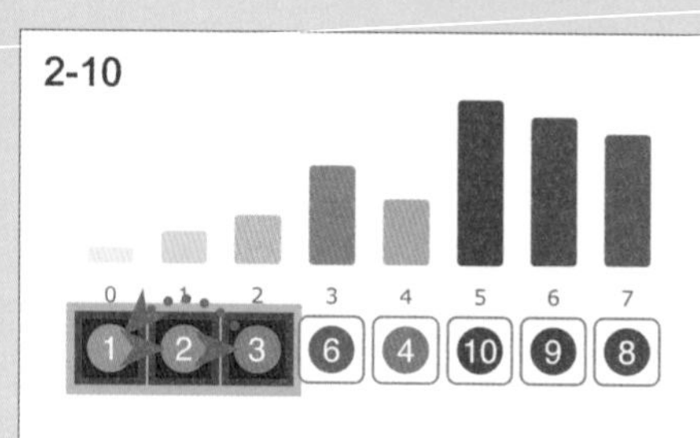

對**間隔為 1** 的元素執行插入排序法。
3 大於 1 互換，1 再與 2 互換。

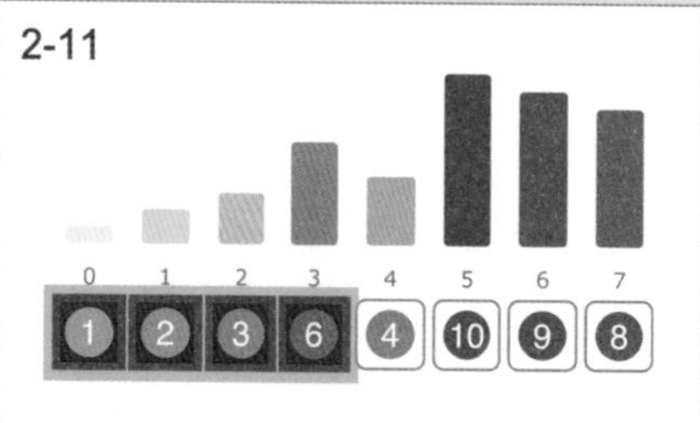

對**間隔為 1** 的元素執行插入排序法。
3 小於 6，不互換。

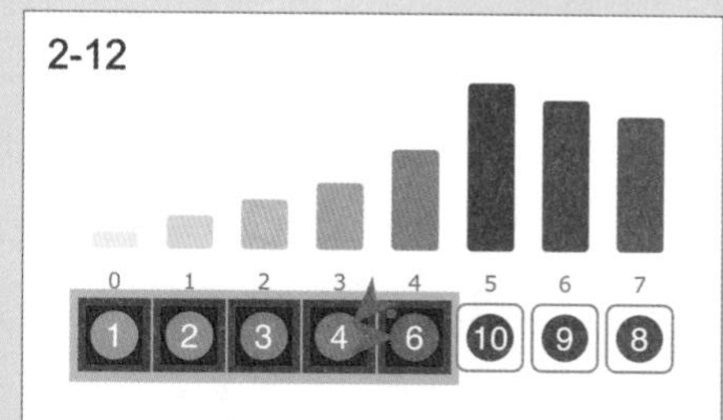

對**間隔為 1** 的元素執行插入排序法。
6 大於 4，互換。

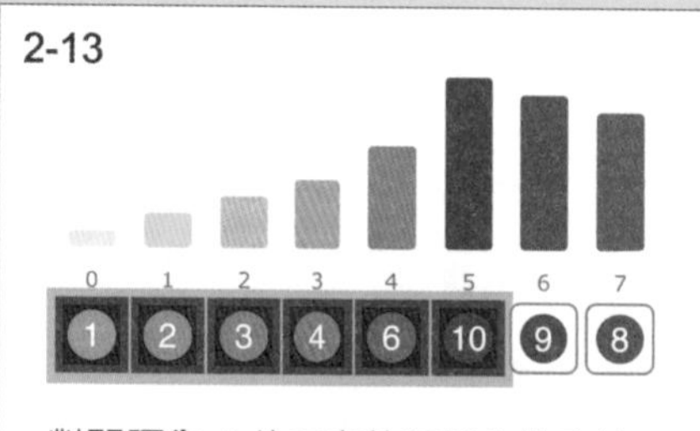

對**間隔為 1** 的元素執行插入排序法。
6 小於 10，不互換。

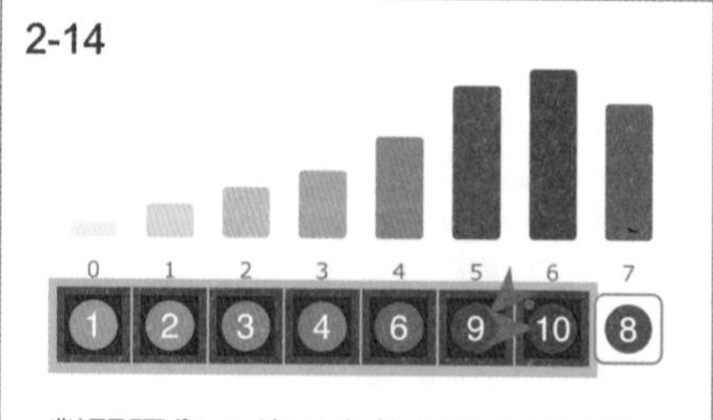

對**間隔為 1** 的元素執行插入排序法。
10 大於 9，互換。

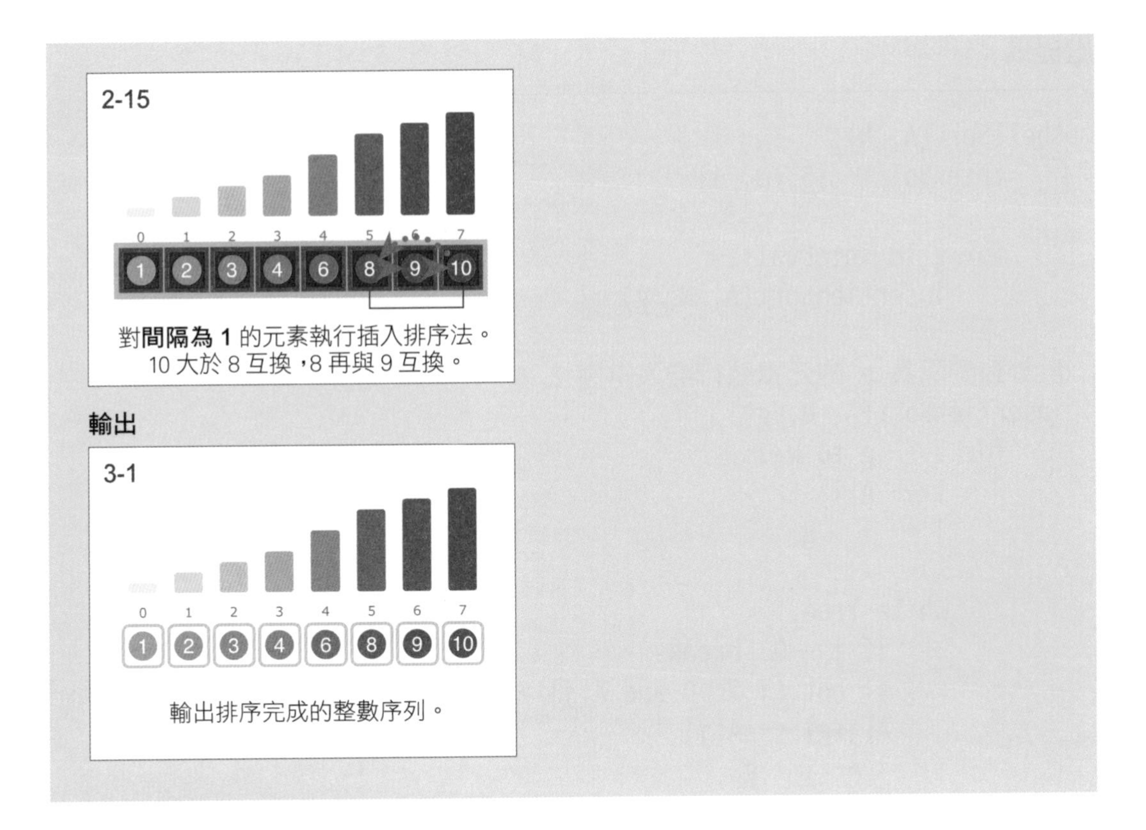

演算法的重點說明

希爾排序法是針對相距一定間隔 interval = $\{g_1, g_2, \ldots\}$ 的元素執行插入排序法 insertionSort(A, g_i)。間隔 g 一開始會先設定為較大值，之後再逐漸縮小間隔並反覆執行插入排序法。決定好 g 的值後，間距為 g 的元素就會被分成幾個子序列各自排序，而各子序列內的已排序範圍也會從前端開始逐次往後擴大。

為了確保資料為升冪排列，最後的間隔必須設定 g=1，也就是直接對整體序列執行插入排序法，不過由於此時資料已大致排序完成，因此幾乎不需要移動到資料。

虛擬碼

```
shellSort(A, N):
    interval ← {5, 3, 1}

    for g in interval:
        insertionSort(A, N, g)

# 針對間隔為 g 的元素執行插入排序法
insertionSort(A, N, g):
    for i ← g to N-1:
        t ← A[i]
        j ← i - g

        while True:
            if j < 0: break
            if not (j ≥ 0 and A[j] > t): break
            A[j+g] ← A[j]
            j ← j - g

        A[j+g] ← t
```

時間複雜度

希爾排序法是改良自**插入排序法**，插入排序法在幾乎排序好的情況下，時間複雜度為 O(N)，但每次只能移動一個元素，排序效率不佳；希爾排序法則是將整個陣列依照指定的間隔分成數個小陣列，並以插入排序法來排序這些小陣列，雖然最差情況的時間複雜度為 $O(N^2)$，但若間隔挑選得好，已知平均時間複雜度可以達到 $O(N^{1.25})$。

※ 編註：如何設定希爾排序法的間隔呢？比較簡單的方法是將陣列的大小反覆除以 2，假設陣列大小為 12，那麼除以 2 後，第一輪的間距設為 6，第二輪的間距再將 6 除以 2、…依此類推，直到最後以 1 為間隔進行排序。

排序演算法：比較表

演算法	時間複雜度		穩定性	原地排序	技巧	特色
氣泡排序法		×	○	○	互換	× 不實用
選擇排序法		×	×	○	互換 搜尋	× 不實用
插入排序法		×	○	○	插入	○ 當資料接近升冪排列時速度很快
合併排序法		○	○	×	合併 後序走訪	○ 穩定且快速 × 需要額外記憶體
快速排序法		○	×	○	分割 前序走訪	× 速度會受基準值的選擇影響 ○ 原地且快速
堆積排序法		○	×	○	堆積	× 執行速度有可能受系統影響
計數排序法		△	○	×	累積和	× 元素的值有上限（元素值不宜太大）
希爾排序法		△	×	○	插入排序法	× 速度會受間隔的選擇影響

MEMO

第 21 章

基本資料結構 2

（Elementary Data Structure 2）

目前為止所介紹的堆疊、佇列以及優先佇列等資料結構，都是著重在資料存取的先後順序。若要進行更完整的實務應用，新增、刪除及搜尋資料集合也是不可或缺的機制。

本章將介紹可以在動態資料集合中新增、搜尋與刪除元素的資料結構。

- 雙向鏈結串列（Doubly Linked List）
- 雜湊表（Hash Table）

21-1 雙向鏈結串列 (Doubly Linked List)

動態資料集合的管理（Management of Dynamic Set）

動態資料結構可以根據需求進行記憶體的配置或釋放（編註：避免事先宣告一大塊記憶體空間而造成浪費），以配合資料的動態插入或刪除。因此要有效地利用電腦記憶體，就必須使用動態資料結構。

實作一個可以插入、搜尋及刪除元素的資料結構。

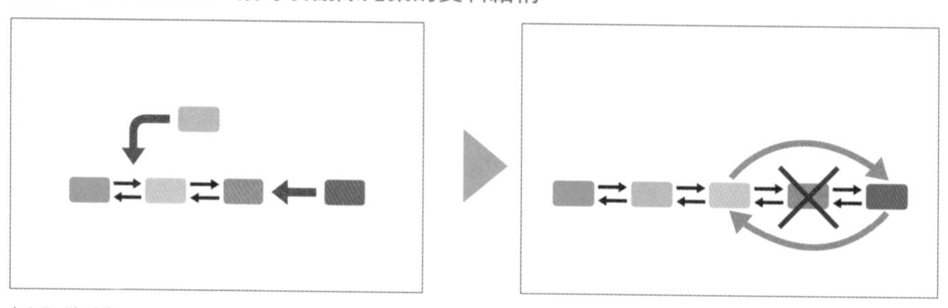

插入資料
操作的次數 Q ≤ 100,000

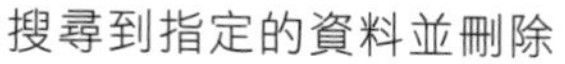

搜尋到指定的資料並刪除

雙向鏈結串列（Doubly Linked List）

鏈結串列 (Linked List) 是管理動態資料集合最基本的資料結構（編註：若是忘了鏈結串列的結構，可複習 9-1 節的內容），本節將以**雙向鏈結串列** (Doubly Linked List) 實作插入、搜尋與刪除等操作，雙向鏈結串列的重點在於每個節點都有 prev 和 next 兩個指標。

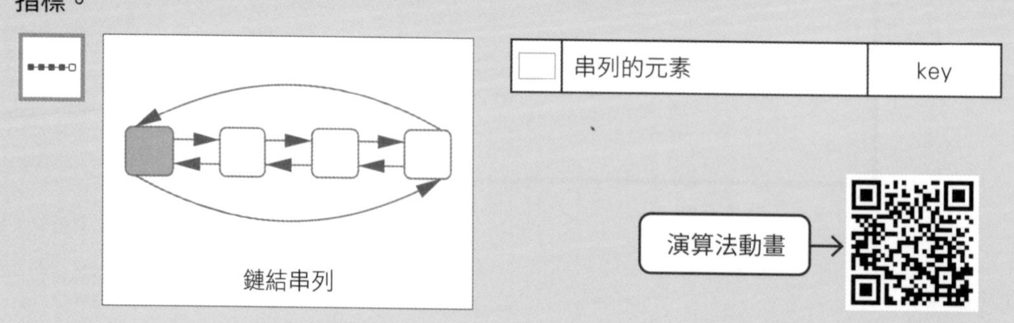

鏈結串列

插入新節點

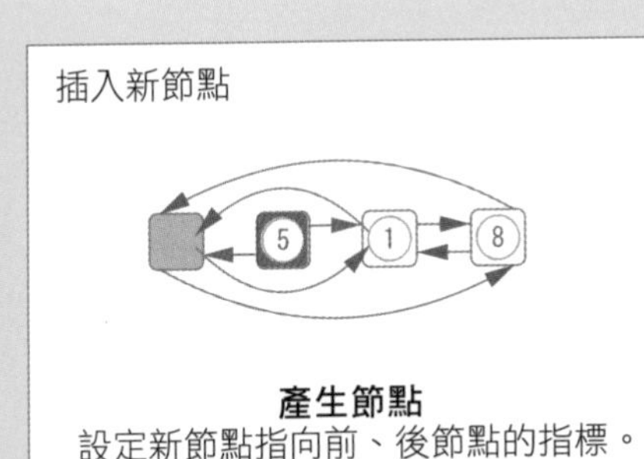

產生節點
設定新節點指向前、後節點的指標。

調整新節點的前、後節點指標

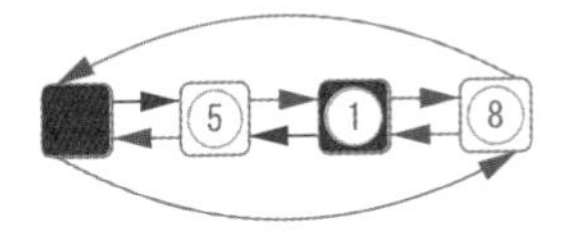

插入節點後，改變其
前、後節點的指標指向。

刪除節點

刪除值為 1 的節點後，
改變其前、後節點的指標指向。

插入與刪除資料	
	產生節點並設定其資料與指標。
	insert(data): 的前半段 （可照對 21-6 頁的虛擬碼）
	改變指標的指向，將節點連接起來。
	insert(data): 的後半段 （可照對 21-6 頁的虛擬碼）
	改變指標的指向，將節點刪除。
	deleteNode(Node *t):

演算法的執行過程

插入與刪除資料

1-1 哨兵（sentinel）不是實際資料，只是用來代表（指向）串列的起點

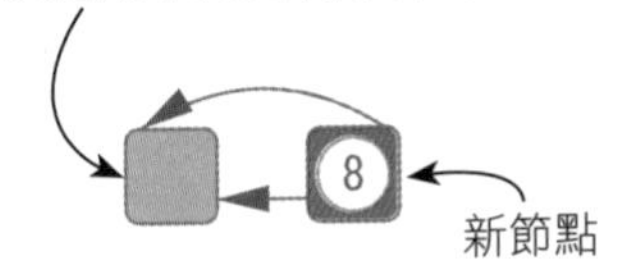

建立一個新節點（值為 8）
新節點的 prev、next 指標都會指向哨兵

1-2

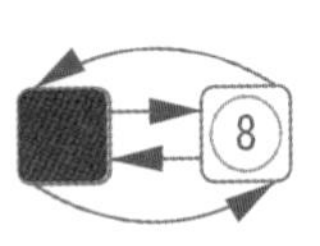

讓哨兵的 next、prev 指標
也指向新節點，完成新節點的插入

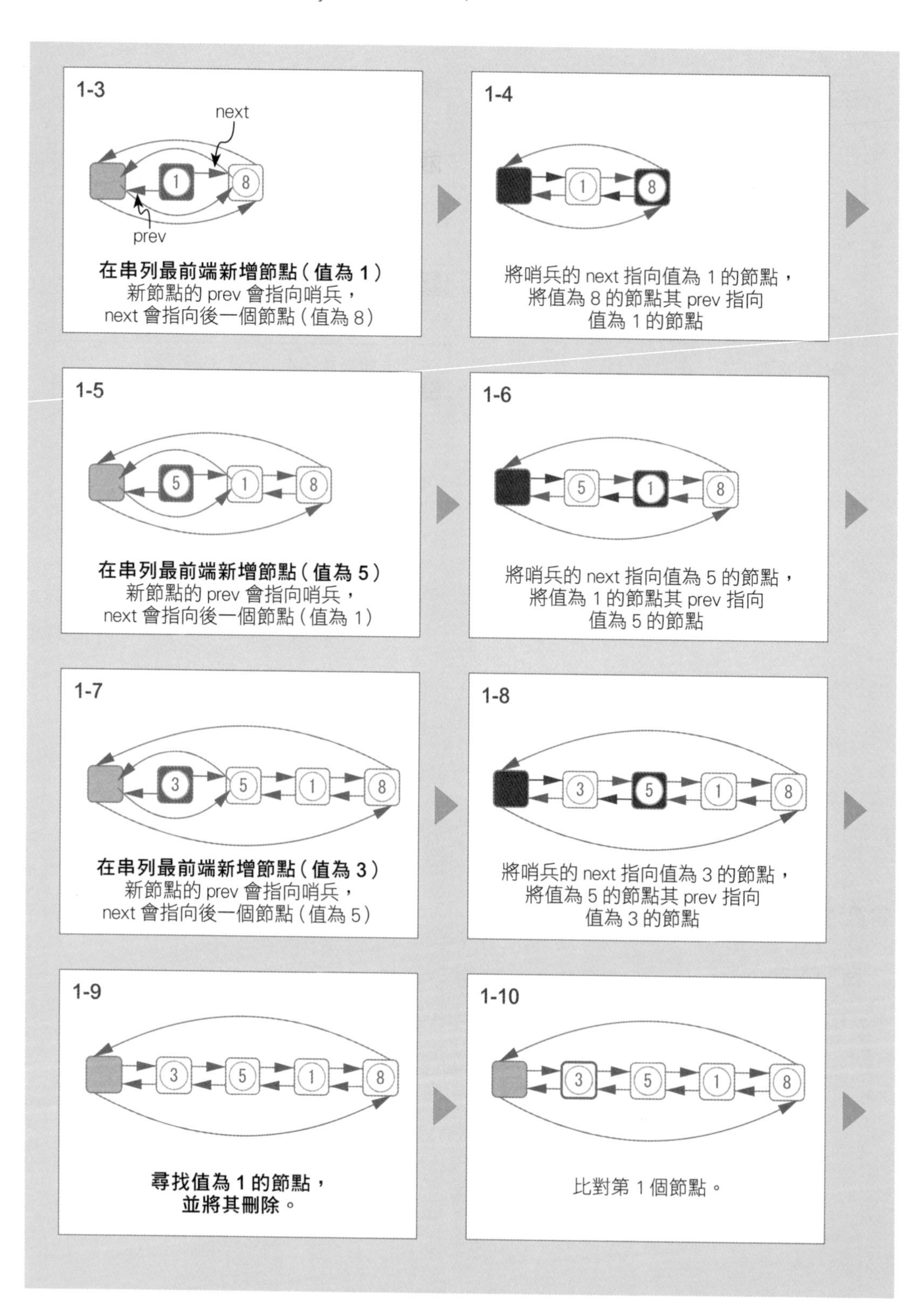
1-3
next
1
8
prev
在串列最前端新增節點（值為 1）
新節點的 prev 會指向哨兵，
next 會指向後一個節點（值為 8）
1-4
1
8
將哨兵的 next 指向值為 1 的節點，
將值為 8 的節點其 prev 指向
值為 1 的節點
1-5
5
1
8
在串列最前端新增節點（值為 5）
新節點的 prev 會指向哨兵，
next 會指向後一個節點（值為 1）
1-6
5
1
8
將哨兵的 next 指向值為 5 的節點，
將值為 1 的節點其 prev 指向
值為 5 的節點
1-7
3
5
1
8
在串列最前端新增節點（值為 3）
新節點的 prev 會指向哨兵，
next 會指向後一個節點（值為 5）
1-8
3
5
1
8
將哨兵的 next 指向值為 3 的節點，
將值為 5 的節點其 prev 指向
值為 3 的節點
1-9
3
5
1
8
尋找值為 1 的節點，
並將其刪除。
1-10
3
5
1
8
比對第 1 個節點。

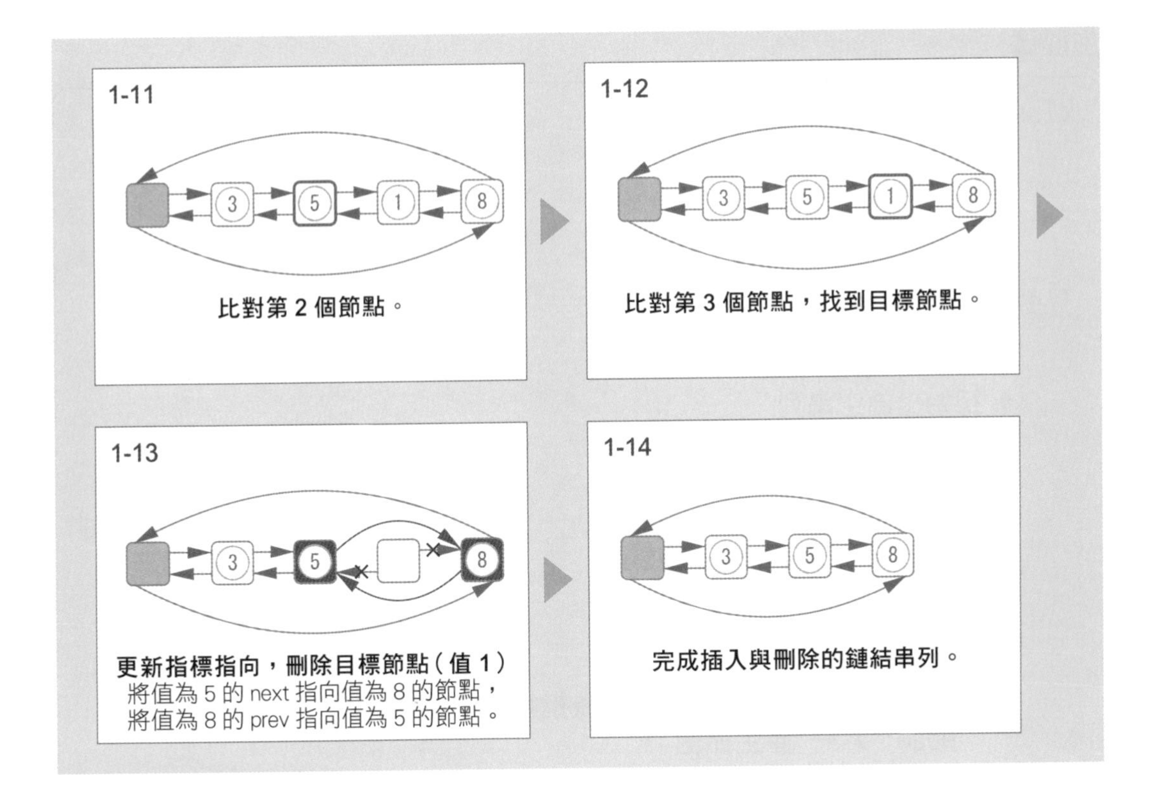

演算法的重點說明

雙向鏈結串列中有 1 個稱為**哨兵** (sentinel) 的特殊節點。我們在虛擬碼中使用 sentinel 來代表哨兵。哨兵不是實際的資料，但節點會以它為起點進行連接。每個節點 (包括哨兵) 含有 2 個指標，分別為指向前一個節點的 prev 和指向後一個節點的 next。本節在實作中以變數 key 表示節點中的資料。當串列為空串列時，哨兵的 next 和 prev 指標都會指向自己 (初始狀態)。

插入資料：節點會新增在串列的最前端，也就是哨兵之後。若串列在進行插入處理前的最前端為節點 y，則新增的節點將位於哨兵及 y 的中間。插入資料的第一步是建立新節點 (假設為 x) 並給定值。第二步是設定 x 的指標：將 prev 指向哨兵，next 則指向節點 y。第三步是重新設定哨兵及 y 的指標，由於 x 位在哨兵與 y 的中間，所以將哨兵的 next 及 y 的 prev 指向 x。指標的指向順序非常重要，請務必留意。

刪除資料：第一步是利用搜尋找出目標節點 (假設為 t)。第二步是更新 t 之前 (假設為 s) 與之後 (假設為 u) 節點的指標。將 s 節點的 next 指向 u，將 u 的 prev 指向 s。第三步則是將 t 從串列中刪除。

虛擬碼

```
class Node:                  prev         next
    Node *prev  ┐
    Node *next  ├  [ • | key | • ]
    key         ┘

class LinkedList:
    Node *sentinel  # 哨兵

    # 初始化為空串列
    init():
        sentinel ← 產生哨兵
        sentinel.next ← sentinel  ┐ # 由於目前為空串列，所以哨兵的
        sentinel.prev ← sentinel  ┘   prev、next 指標都指向自己

    # 插入資料
    insert(data):
        # 產生節點並指定資料內容及指標
        Node *x ← 產生節點
        x.key ← data                 # 設定 x 節點的內容
        x.next ← sentinel.next       # 將哨兵的 next 指向 x 節點
        x.prev ← sentinel            # 將 x 節點的 prev 指向哨兵

        # 設定哨兵及原本位於最前端節點的指標
        sentinel.next.prev ← x      # 原本最前端節點(sentinel.next)
                                      的 prev 指向新節點
        sentinel.next ← x           # 將哨兵的 next 指向新節點

    # 尋找資料內容為 k 的節點
    listSearch(k):
        Node *cur ← sentinel.next # 從哨兵後方的元素開始追蹤
        while cur ≠ sentinel and cur.key ≠ k: # 若不是哨兵(全部
                                                找完會回到哨兵)
                                                或 key 值
            cur ← cur.next          # 繼續找下一個元素
        return cur                  # 傳回找到的節點
```

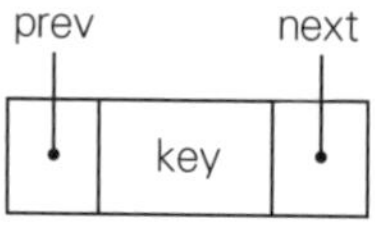

```
deleteNode(Node *t):
    if t = sentinel: return      # 若 t 為哨兵則不進行處理
    t.prev.next ← t.next        } # 讓目標節點的前後節點直接互指
    t.next.prev ← t.prev        }
    delete t                     # 釋放 t 的記憶體

# 將資料內容為 k 的節點刪除
deleteKey(k):
    deleteNode(listSearch(k))   # 將找到的目標節點刪除
```

時間複雜度

在雙向鏈結串列最前端插入元素的操作，時間複雜度為 O(1)。搜尋指定元素的操作因為必須從最前端開始走訪節點，因此時間複雜度為 O(N)。

單純刪除元素的時間複雜度為 O(1)，但因為刪除之前必須先搜尋元素，因此刪除元素的整體時間複雜度為 O(N)。

本節雖然只有講解將資料新增到串列最前端的方法，但是實作上也可以使用不同的做法，例如將資料插入串列的最尾端或是插入到指定的位置等。

鏈結串列 (Linked List) 是管理動態資料集合最基本的資料結構。適合用在不需隨機存取的資料或是經常需要頻繁插入與刪除的資料上。例如圖形中各節點的相鄰節點就可以使用串列儲存。此外，在新增資料時必須維持原有資料順序的結構，也會使用鏈結串列做為實作的基礎。

21-2 雜湊表 (Hash Table)

★★★

字典（Dictionary）

在說明**雜湊表** (Hash Table) 之前，我們先介紹**字典**的概念。**字典**是一種可藉由指定**鍵值對** (key-value pair) 來新增、搜尋或刪除資料的機制，也稱為**關聯陣列** (Associative Array)。**鍵** (key) 是搜尋或排序的基準，在字典中相當於用來識別其對應**值** (value) 的識別碼。

實作一個可以搜尋、新增及刪除資料，並提供字典功能的資料結構。

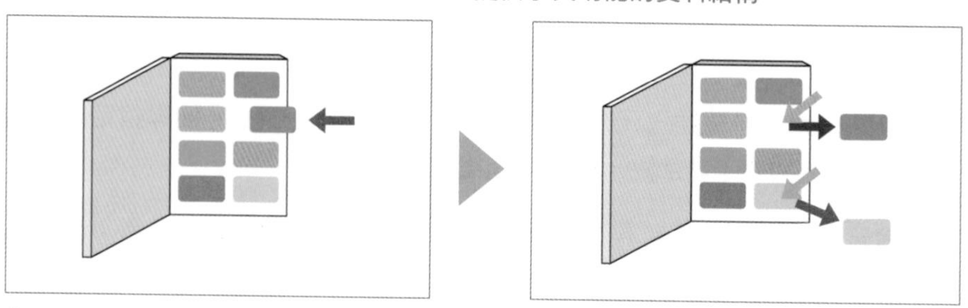

對字典進行搜尋、新增與刪除的操作
操作次數 Q ≤ 100,000
0 ≤ 鍵 ≤ 1,000,000,000

回應搜尋、新增與刪除的要求

雜湊表（Hash Table）

雜湊表是透過**雜湊函數** (Hash Function) 求出輸入資料 (鍵) 對應儲存位置的一種資料結構。雜湊表可使用一維陣列結構實作。本節會實作新增鍵 (key) 的功能。

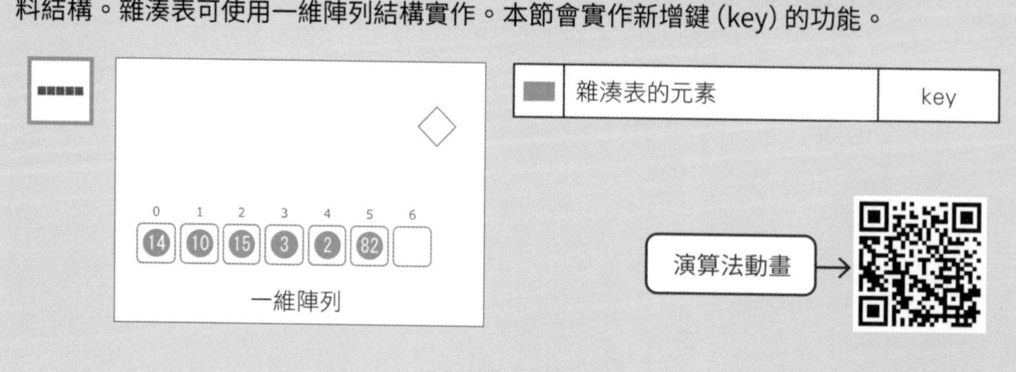

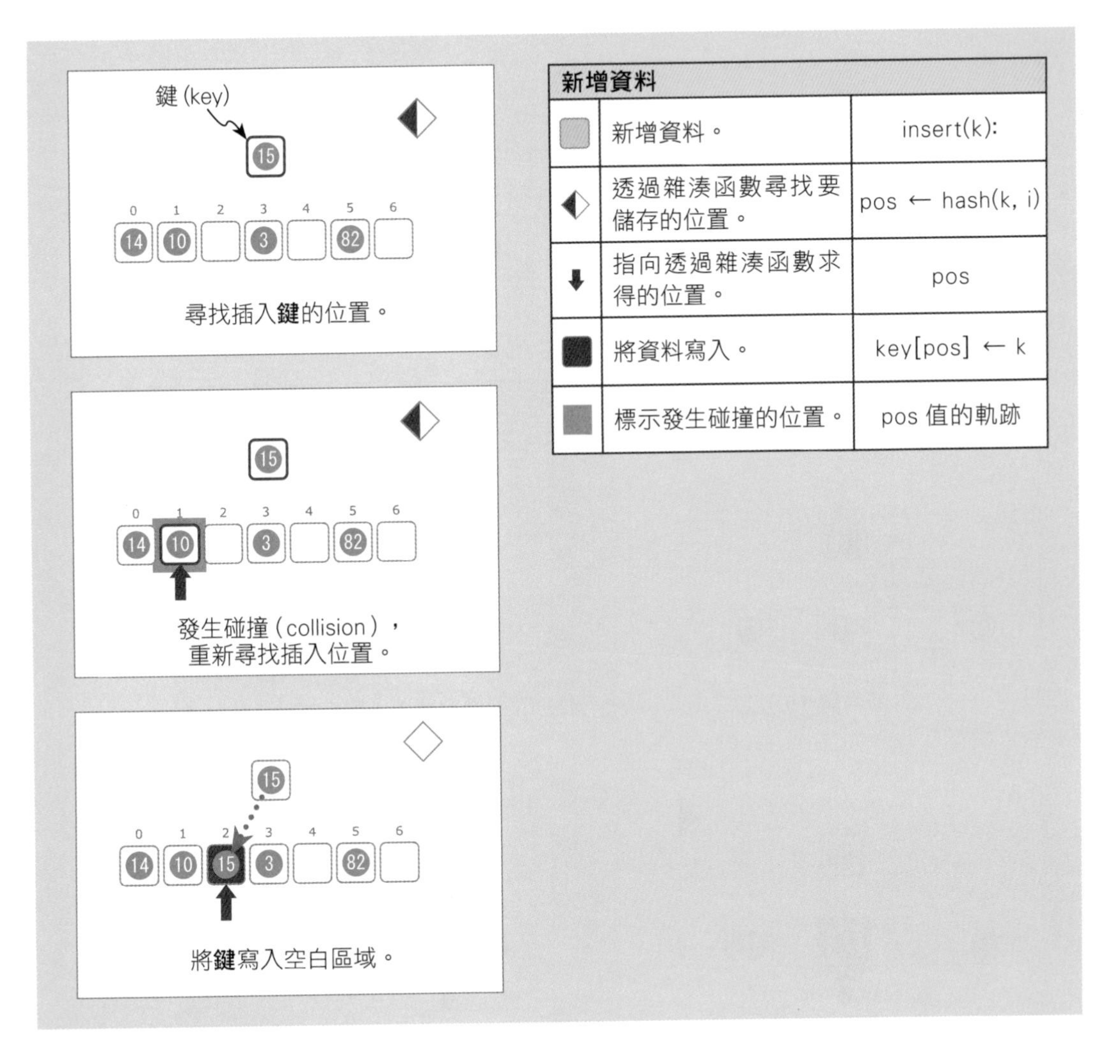

新增資料	
新增資料。	insert(k):
透過雜湊函數尋找要儲存的位置。	pos ← hash(k, i)
指向透過雜湊函數求得的位置。	pos
將資料寫入。	key[pos] ← k
標示發生碰撞的位置。	pos 值的軌跡

演算法的執行過程

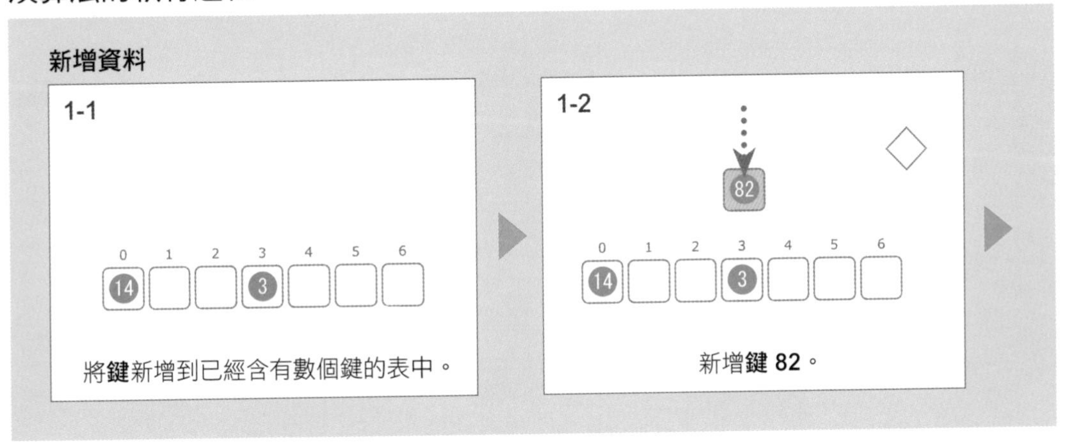

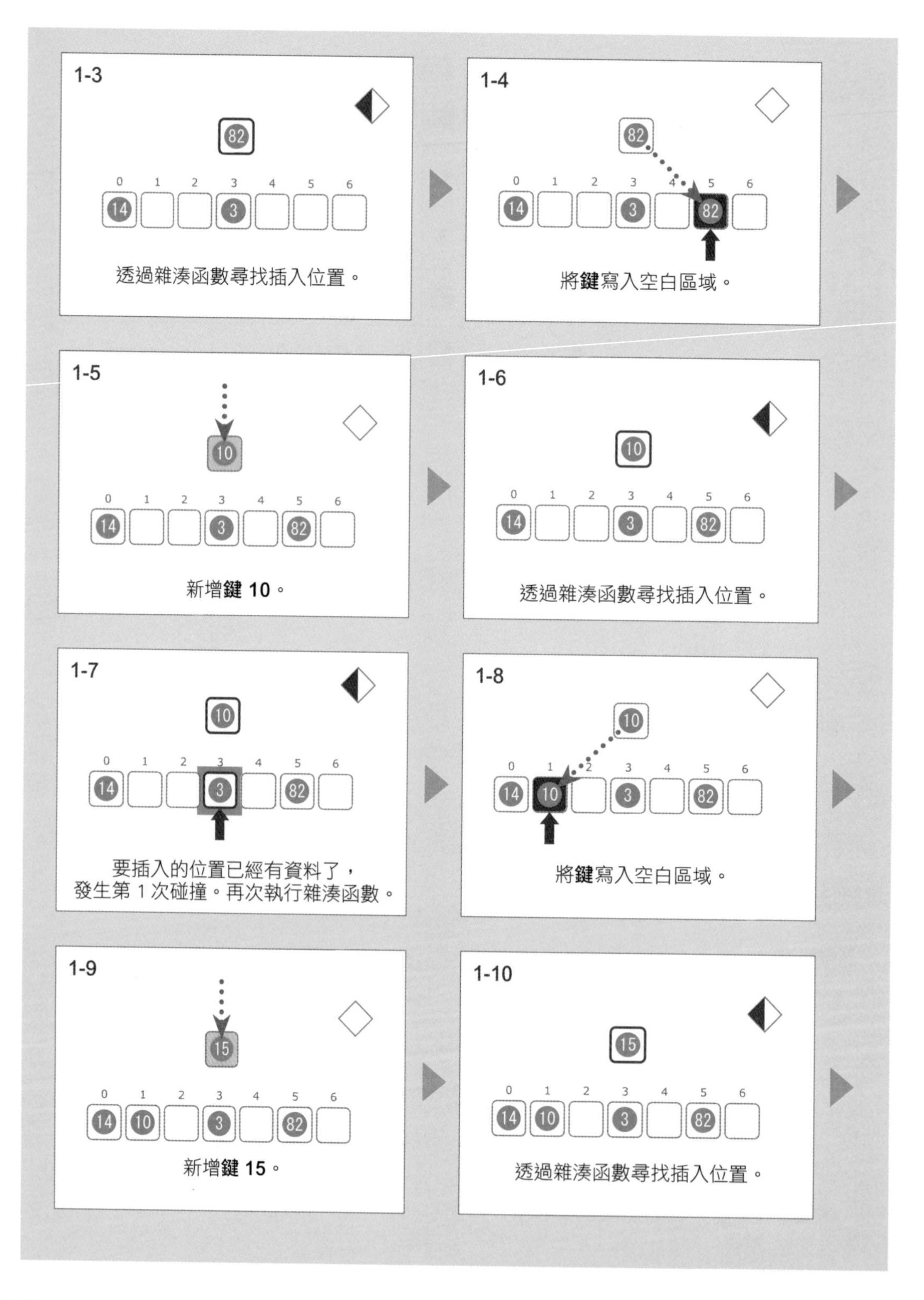
1-3
82
0 1 2 3 4 5 6
14 3
透過雜湊函數尋找插入位置。
1-4
82
0 1 2 3 4 5 6
14 3 82
將鍵寫入空白區域。
1-5
10
0 1 2 3 4 5 6
14 3 82
新增鍵 10。
1-6
10
0 1 2 3 4 5 6
14 3 82
透過雜湊函數尋找插入位置。
1-7
10
0 1 2 3 4 5 6
14 3 82
要插入的位置已經有資料了，
發生第 1 次碰撞。再次執行雜湊函數。
1-8
10
0 1 2 3 4 5 6
14 10 3 82
將鍵寫入空白區域。
1-9
15
0 1 2 3 4 5 6
14 10 3 82
新增鍵 15。
1-10
15
0 1 2 3 4 5 6
14 10 3 82
透過雜湊函數尋找插入位置。

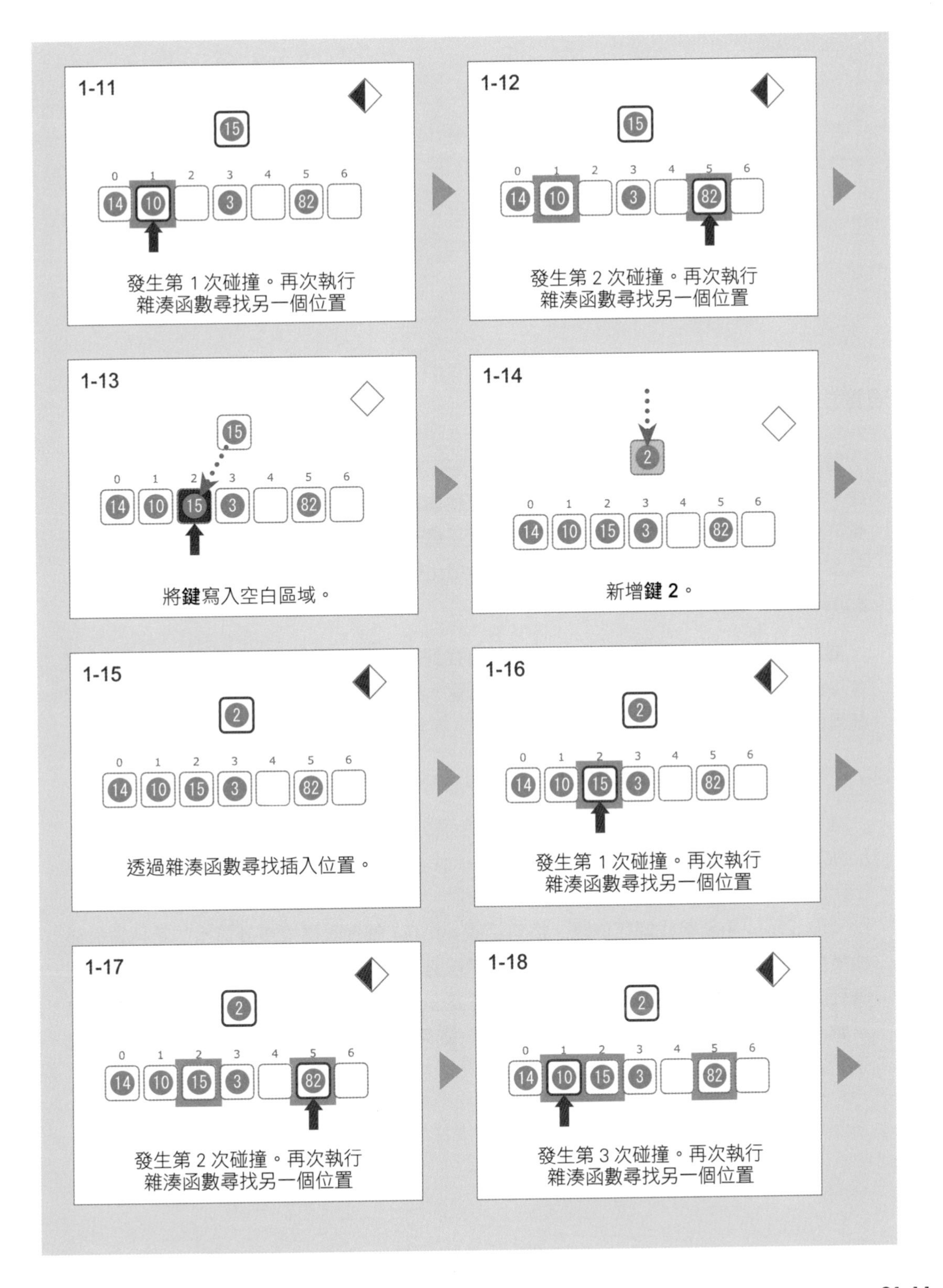
1-11
15
0 1 2 3 4 5 6
14 10 3 82
發生第 1 次碰撞。再次執行
雜湊函數尋找另一個位置
1-12
15
0 1 2 3 4 5 6
14 10 3 82
發生第 2 次碰撞。再次執行
雜湊函數尋找另一個位置
1-13
15
0 1 2 3 4 5 6
14 10 15 3 82
將**鍵**寫入空白區域。
1-14
2
0 1 2 3 4 5 6
14 10 15 3 82
新增**鍵 2**。
1-15
2
0 1 2 3 4 5 6
14 10 15 3 82
透過雜湊函數尋找插入位置。
1-16
2
0 1 2 3 4 5 6
14 10 15 3 82
發生第 1 次碰撞。再次執行
雜湊函數尋找另一個位置
1-17
2
0 1 2 3 4 5 6
14 10 15 3 82
發生第 2 次碰撞。再次執行
雜湊函數尋找另一個位置
1-18
2
0 1 2 3 4 5 6
14 10 15 3 82
發生第 3 次碰撞。再次執行
雜湊函數尋找另一個位置

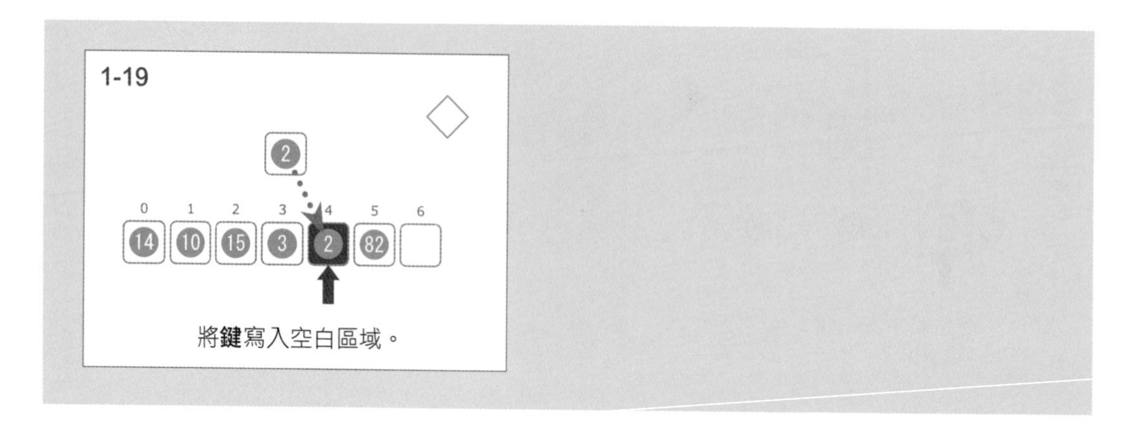

演算法的重點說明

雜湊表的資料結構是由大小為 N 的雜湊表與決定元素（鍵）儲存位置的雜湊函數所組成。一般來說，鍵在輸入雜湊函數後，即可藉由運算式計算出儲存位置，但不同的鍵也有可能求出相同的位置。若預定寫入的位置已經有資料，則稱為**發生碰撞**。要解決碰撞有多種方法，本節以**開放定址法**（Open Addressing）為基礎，利用 2 個子函數（Sub Function）來實作。

開放定址法是一種即使發生碰撞，仍然可找到另一個位置來插入鍵的做法。雜湊函數會以鍵和碰撞次數為輸入資料來決定儲存位置。也就是說每次發生碰撞後，都會重新以雜湊函數尋找位置。雜湊函數可使用的運算式有許多種，本節使用如下的運算式：

$$\text{hash}(k, i) = (h_1(k) + i \times h_2(k)) \bmod N$$

運算式最後取「除以 N 的餘數」，是為了將計算結果限制在雜湊表的大小內。$h_1(k)$ 與 $h_2(k)$ 皆為雜湊函數的子函數。i 代表碰撞次數，因此第一次計算時會以 hash(k,0) 也就是 $h_1(k)$ 來決定儲存位置，之後若發生碰撞，再以 hash(k,1), hash(k,2), ... 重新尋找儲存位置。換句話說，$h_2(k)$ 就代表碰撞後計算出的新位置與碰撞發生位置的距離。由於計算結果會取「除以 N 的餘數」，因此搜尋地點絕對不會超過陣列大小，可以一直循環下去。不過有一點要注意，$h_2(k)$ 與雜湊表的大小 N 必須互為質數，以確保搜尋時不會有無法抵達的位置（避免搜尋到相同位置）。本節使用的解決方法是設定 N 為質數，$h_2(k)$ 為比 N 小的數。

虛擬碼

```
class HashTable:
    N     # 雜湊表的大小
    key   # 要放到雜湊表裡的鍵

    h1(k):
        return k mod N              # 將傳入的 Key 除以 N 取餘數

    h2(k):
        return 1 + (k mod (N-1))   # 將傳入的 Key 除以 N-1 取餘數，
                                     確保結果會小於 N

    # 雜湊函數
    hash(k, i):
        return (h1(k) + i*h2(k)) mod N

    # 插入鍵值 k
    insert(k):
        i ← 0 # i 為碰撞次數
        while True:
            pos ← hash(k, i)
            if key[pos] 為空白區域：
                key[pos] ← k
                return pos          # 傳回位置並結束
            else:
                i++    # 若 key[pos] 已經有資料，則將碰撞次數 +1
```

時間複雜度

雜湊表若不用處理碰撞問題，則新增、搜尋或刪除資料的時間複雜度為 O(1)，但實際上的時間複雜度會受到雜湊函數使用的運算式及參數所影響。本節使用的只是最基本的運算式而已，只要再多花點心思設計雜湊函數，便能實作出更有效率的資料結構或搜尋演算法。

本節雖然只有說明資料的新增方式，但資料的搜尋與刪除皆可使用同一個雜湊函數，只要稍做調整即可完成實作。

應用

由於字典 (Dictionary) 能以直覺又有效率的方式管理元素，因此對程式設計來說是不可或缺的一種資料結構。而雜湊則是用來實作字典的一種強大的資料結構或演算法。但是以雜湊建立的字典有 2 個缺點，第一是無法維持字典中鍵的順序，因此可使用的操作類型有限。第二則是即使資料排列較鬆散也必須建立出一個大表，因此在記憶體管理上必須要多下苦心。

第 22 章

廣度優先搜尋 (Breadth First Search)

系統性走訪圖形中的節點，可以得知許多關於圖形的性質與特色。

本章將介紹橫向走訪圖形節點的**廣度優先搜尋**（BFS，Breadth First Search），與兩種由其衍生的演算法。

- 廣度優先搜尋（Breadth First Search）
- 利用廣度優先搜尋計算距離
- 卡恩演算法（Kahn's Algorithm）

22-1 廣度優先搜尋(Breadth First Search) ★★

圖形的連通性（Connectivity of Graph）

圖形最基本的操作就是從起點開始走訪所有可能的邊，以找出節點的**連通性**（connectivity，即確認節點之間是否存在任何路徑可以連通）。

由適當的起點出發，系統性地走訪圖形中的所有節點。

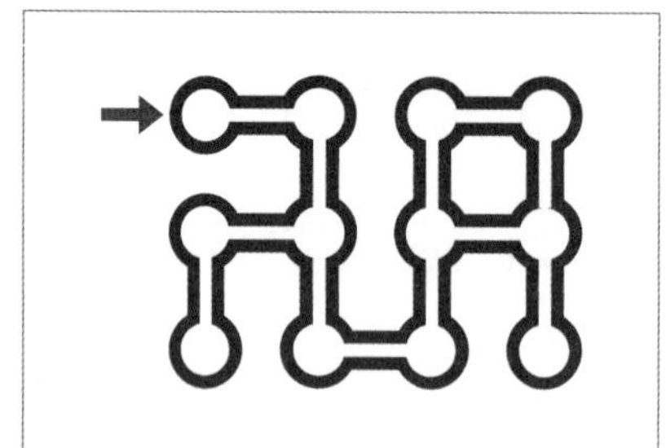

無向圖
節點數 N ≤ 1,000
邊數 M ≤ 1,000

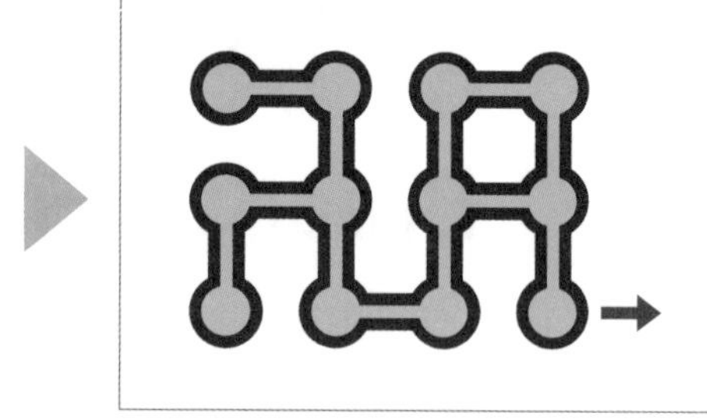

各節點的走訪狀態

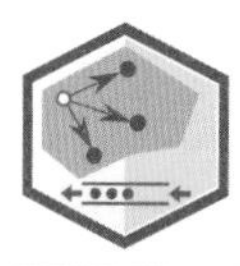

廣度優先搜尋（Breadth First Search）

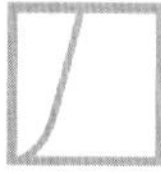

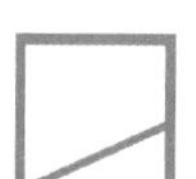

廣度優先搜尋（BFS）是一種系統性走訪圖形中各節點的演算法，過程中會以**佇列**（queue）管理節點。編註：BFS 是從圖形中的某個節點開始走訪，走訪過的節點會做記號，接著走訪此節點所有相鄰且還沒有走訪過的節點，持續進行先廣後深的搜尋。以樹狀結構來比喻，就是把同一個深度的節點走訪完，再繼續往下一個深度搜尋，直到找到想找的節點或是所有節點都找過為止。

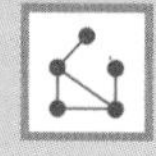

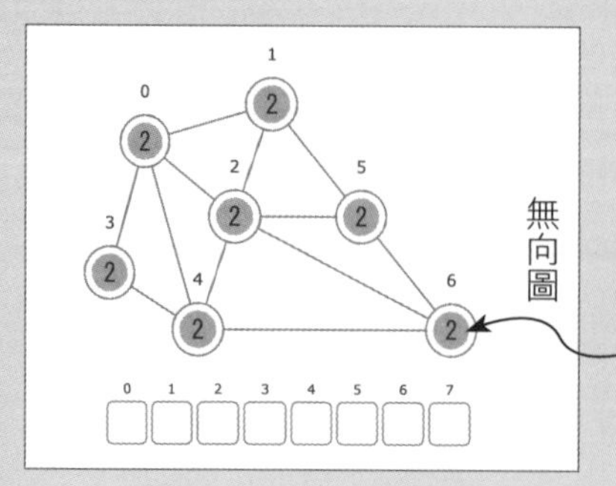

此圖中所有節點都標示為 2（黑色），且佇列已被清空，表示已走訪完所有節點。

各節點的走訪狀態	color

演算法動畫

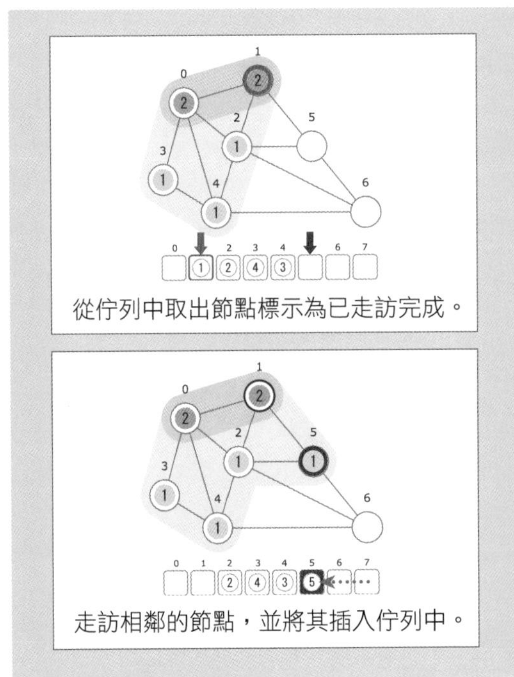

決定起點		
	將起點插入佇列中。	que.enqueue(s)
搜尋		
	走訪相鄰的節點。	color[v] ← GRAY
	將**目前走訪的節點**插入佇列中。	que.enqueue(v)
	從佇列中取出節點，標示為已走訪完成。	color[u] ← BLACK
	已走訪過的節點群組。	color 為 GRAY 的節點
	已走訪完成的節點。	color 為 BLACK 的節點

演算法的執行過程

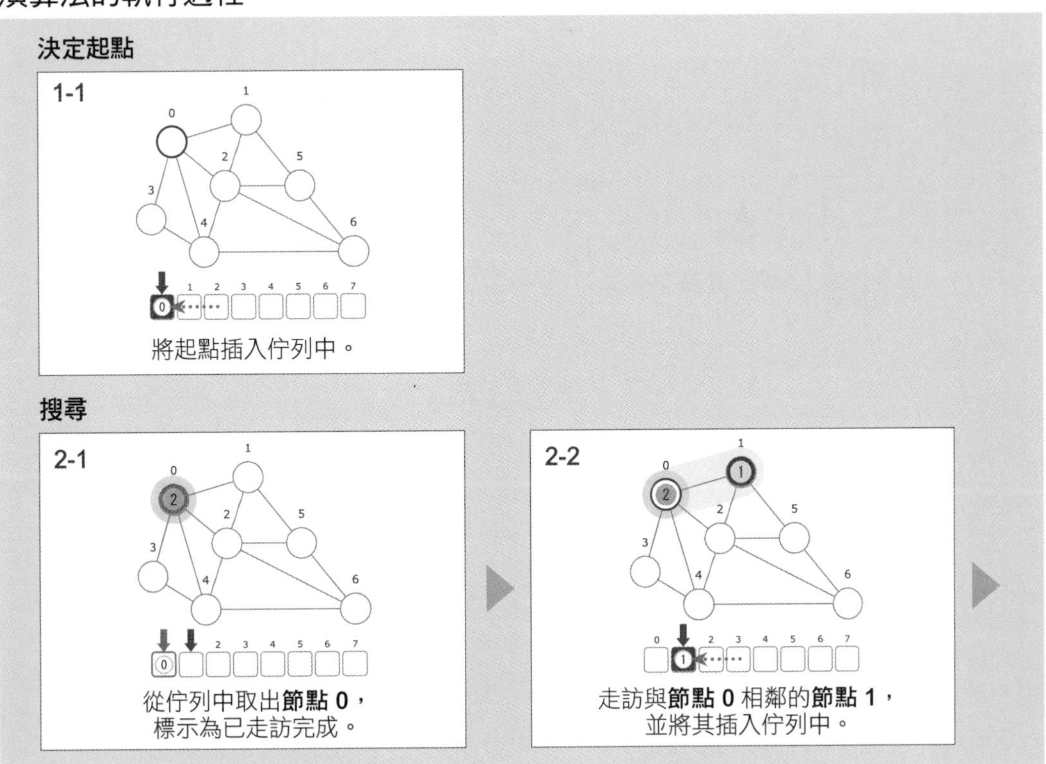

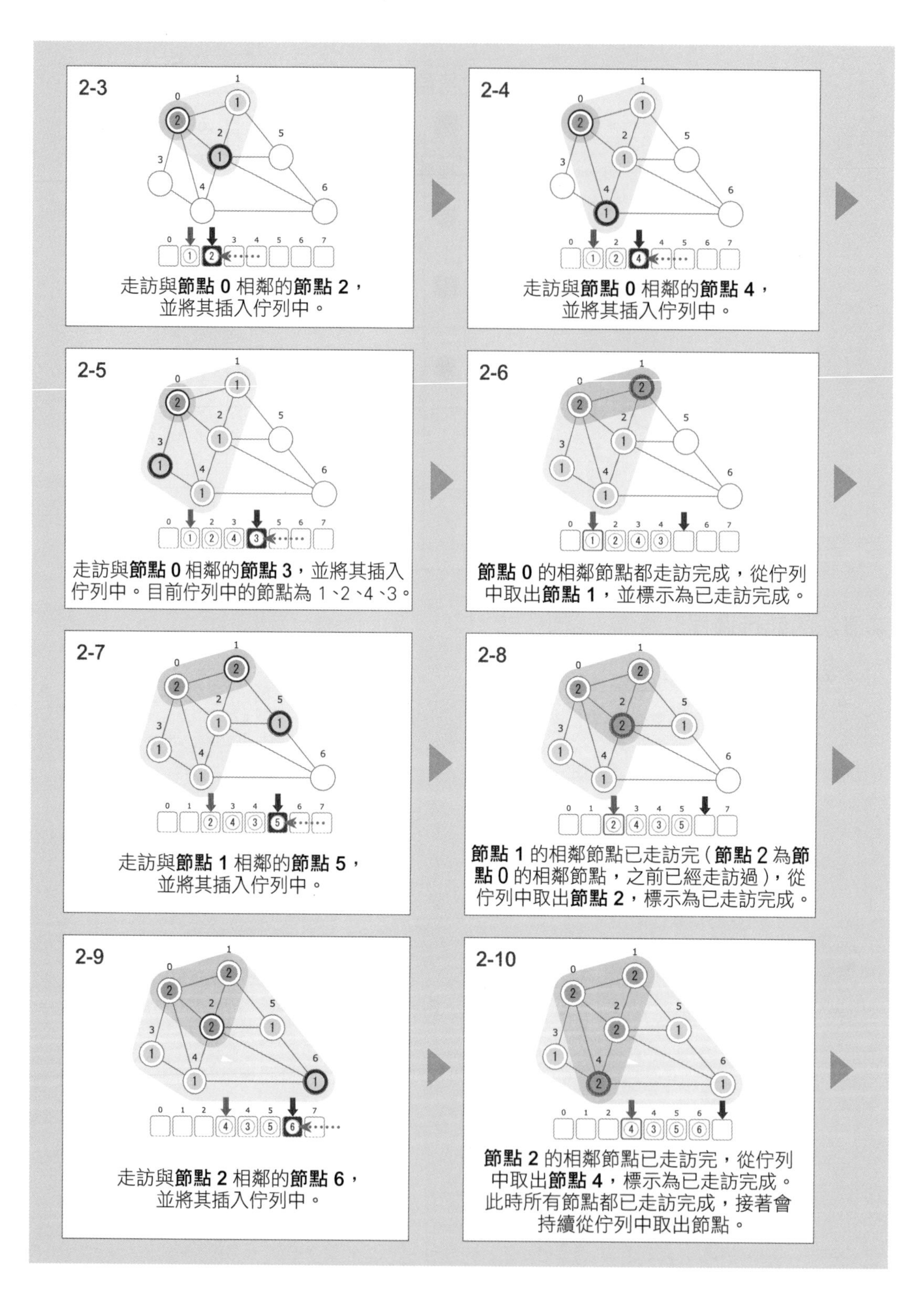
2-3
走訪與節點 0 相鄰的節點 2，
並將其插入佇列中。
2-4
走訪與節點 0 相鄰的節點 4，
並將其插入佇列中。
2-5
走訪與節點 0 相鄰的節點 3，並將其插入佇列中。目前佇列中的節點為 1、2、4、3。
2-6
節點 0 的相鄰節點都走訪完成，從佇列中取出節點 1，並標示為已走訪完成。
2-7
走訪與節點 1 相鄰的節點 5，
並將其插入佇列中。
2-8
節點 1 的相鄰節點已走訪完（節點 2 為節點 0 的相鄰節點，之前已經走訪過），從佇列中取出節點 2，標示為已走訪完成。
2-9
走訪與節點 2 相鄰的節點 6，
並將其插入佇列中。
2-10
節點 2 的相鄰節點已走訪完，從佇列中取出節點 4，標示為已走訪完成。此時所有節點都已走訪完成，接著會持續從佇列中取出節點。

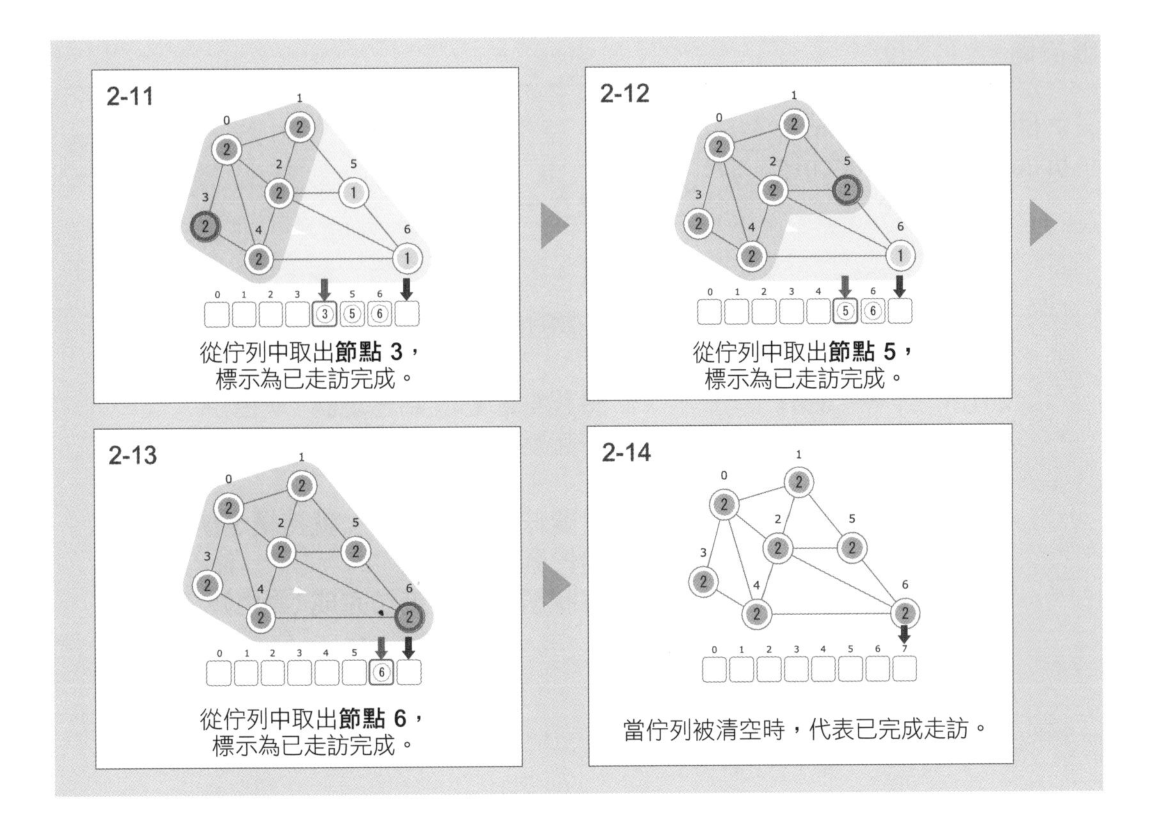

演算法的重點說明

廣度優先搜尋會利用佇列，從起點開始由近而遠依序走訪節點。節點的走訪狀態會以顏色 (color) 表示。白色 (WHITE：0) 表示尚未走訪，灰色 (GRAY：1) 表示已走訪過，黑色 (BLACK：2) 表示已走訪完成。

開始走訪時，需先將起點節點插入佇列中，接著從佇列中取出節點，並標示為已走訪完成。若該節點有尚未走訪的相鄰節點，則前往走訪並將其插入佇列中。之後繼續重複以上步驟，直到佇列被清空為止。

虛擬碼

```
# 圖形 g 及起點節點 s
breadthFirstSearch(g, s):
    Queue que                   # 建立一個佇列

    for i ← 0 to g.N-1:
        color[i] ← WHITE        # 先將所有節點狀態設為未走訪 (白色)

    color[s] ← GRAY             # 將起點節點設為已走訪 (灰色)
    que.enqueue(s)              # 將起點節點插入佇列中

    while not que.empty():      # 只要佇列不是空的，就持續走訪
        u ← que.dequeue()       # 從佇列取出節點
        color[u] ← BLACK        # 將狀態設為已走訪完成 (黑色)
        for v in g.adjLists[u]:
            if color[v] = WHITE:
                color[v] ← GRAY
                que.enqueue(v)
```

時間複雜度

將資料插入佇列中的 enqueue 操作以及將資料取出的 dequeue 操作，時間複雜度皆為 O(1)。利用佇列執行廣度優先搜尋，在從各節點出發前往相鄰節點的過程中，會走訪所有的邊。所有的節點都會先被走訪並插入佇列，再被取出並標示為走訪完成。若廣度優先搜尋的對象是以相鄰串列建立而成的圖形，則走訪所有節點的相鄰節點的時間複雜度為 O(N+M)。若圖形是以相鄰矩陣建立而成，則由於走訪各節點的相鄰節點的時間複雜度為 O(N)，因此整體的時間複雜度為 $O(N^2)$。

廣度優先搜尋走訪節點的過程，就像把各節點按照與起點的距離分成不同的層，再由起點開始一層層依序走訪節點，並一層層標示為走訪完成。由於節點的走訪順序是由起點開始由近而遠，因此可應用在與距離相關的問題上。

22-2 利用廣度優先搜尋計算距離

★★★

最短距離(Shortest Distance)

圖形中最令人關注的就是各節點之間的距離。在無權重的圖形中,從一個節點抵達另一個節點所需的最少邊數,是該圖形的一個重要特色。

找出從起點到各個節點的最短距離。此處的距離指的是走過的邊數。

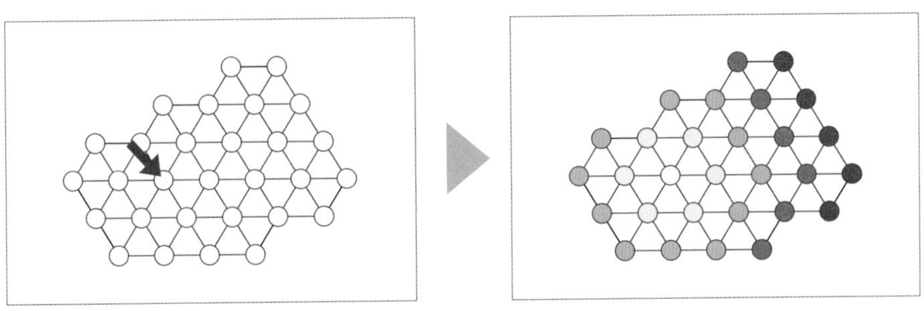

圖形與起點
節點數 N ≦ 100,000
邊數 M ≦ 100,000

起點到各節點的最短距離

利用廣度優先搜尋計算距離(Breadth First Search:Distance)

由於廣度優先搜尋會由近而遠依序確認從起點到各個節點的距離,因此我們可利用已經確定距離的節點資訊,使其餘節點的距離計算更有效率。

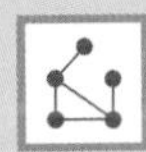

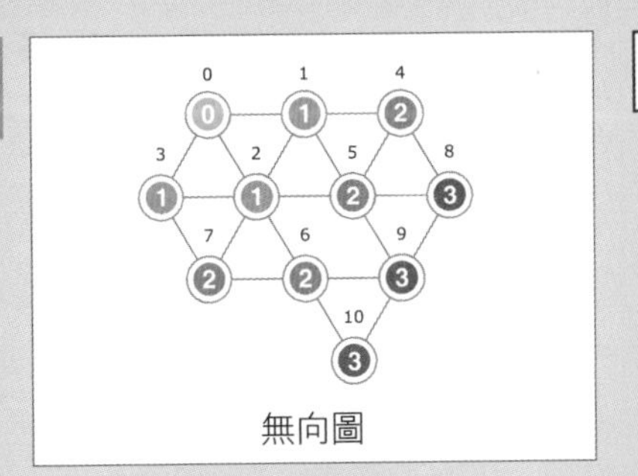

無向圖

	從起點出發的最短距離	dist

演算法動畫

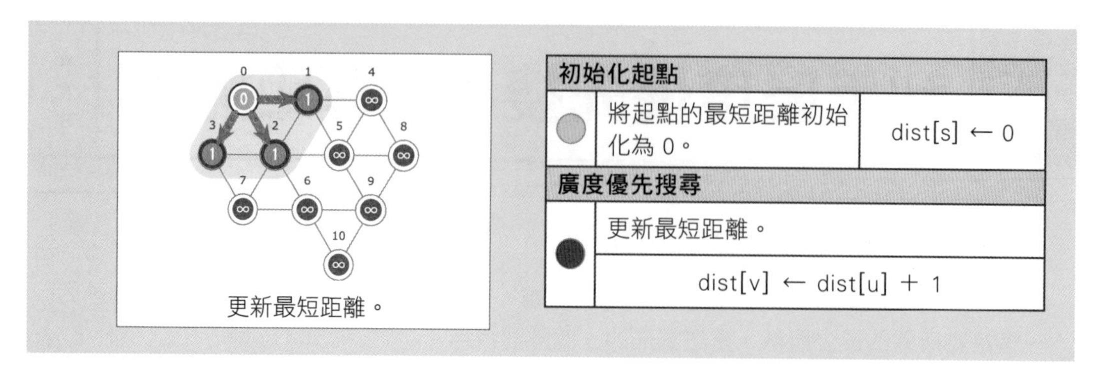

更新最短距離。
初始化起點
將起點的最短距離初始化為 0。
dist[s] ← 0
廣度優先搜尋
更新最短距離。
dist[v] ← dist[u] + 1

演算法的執行過程

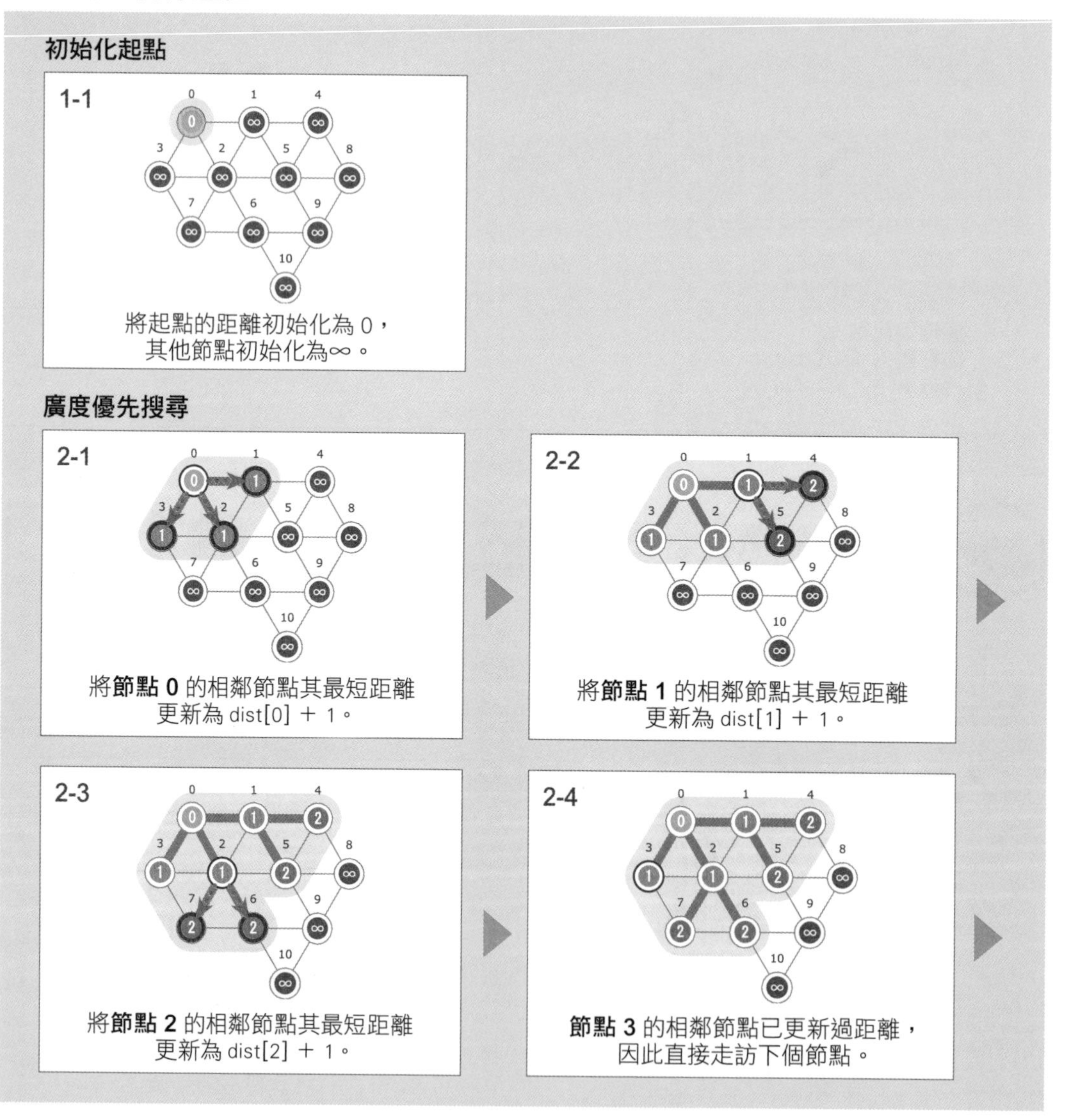

初始化起點
1-1
將起點的距離初始化為 0，
其他節點初始化為∞。
廣度優先搜尋
2-1
將節點 0 的相鄰節點其最短距離
更新為 dist[0] + 1。
2-2
將節點 1 的相鄰節點其最短距離
更新為 dist[1] + 1。
2-3
將節點 2 的相鄰節點其最短距離
更新為 dist[2] + 1。
2-4
節點 3 的相鄰節點已更新過距離，
因此直接走訪下個節點。

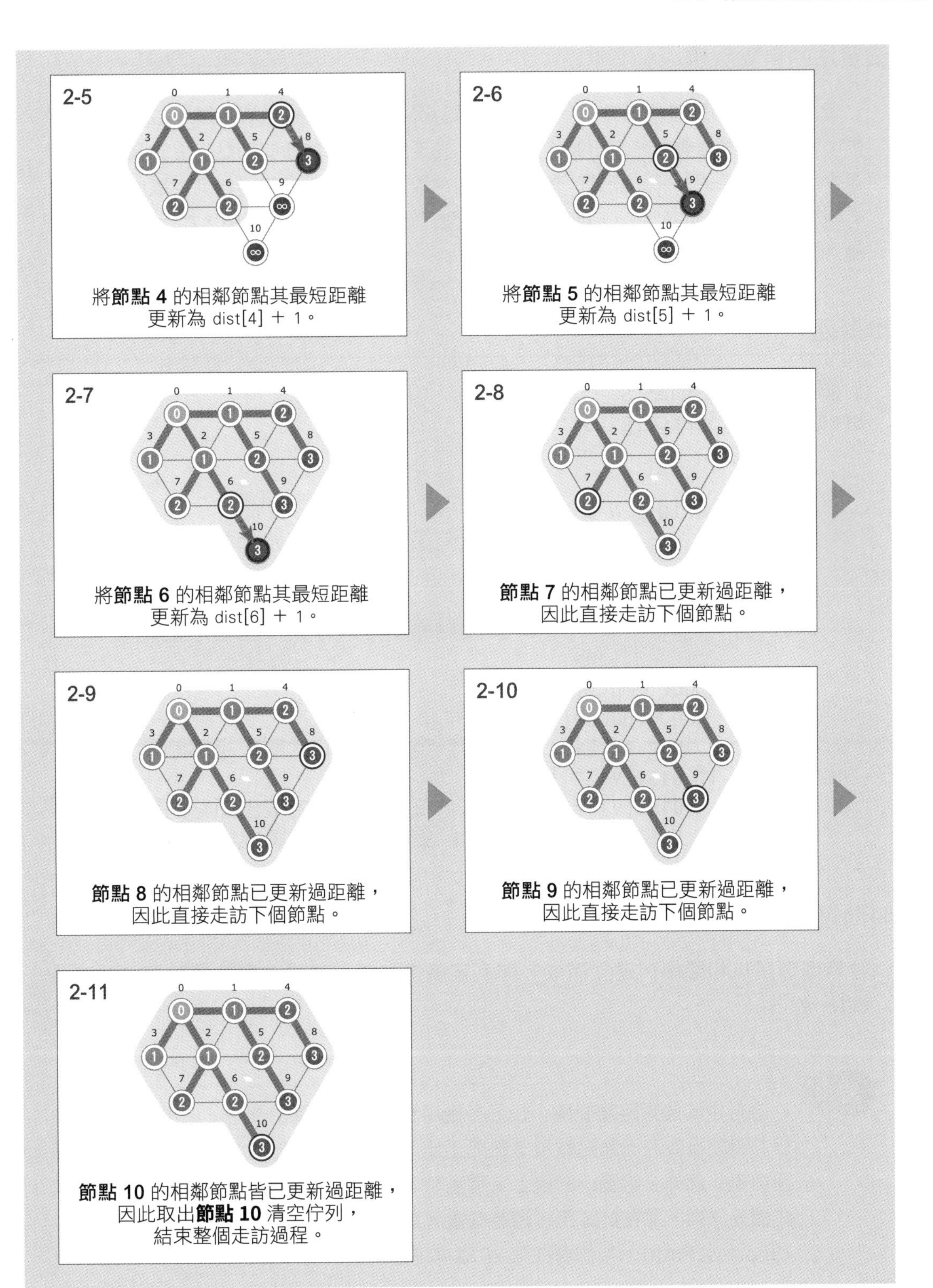
2-5
0
1
4
3
2
5
8
7
6
9
10
將**節點 4** 的相鄰節點其最短距離
更新為 dist[4] + 1。
2-6
將**節點 5** 的相鄰節點其最短距離
更新為 dist[5] + 1。
2-7
將**節點 6** 的相鄰節點其最短距離
更新為 dist[6] + 1。
2-8
節點 7 的相鄰節點已更新過距離，
因此直接走訪下個節點。
2-9
節點 8 的相鄰節點已更新過距離，
因此直接走訪下個節點。
2-10
節點 9 的相鄰節點已更新過距離，
因此直接走訪下個節點。
2-11
節點 10 的相鄰節點皆已更新過距離，
因此取出**節點 10** 清空佇列，
結束整個走訪過程。

演算法的重點說明

假設將起點節點當作第 0 層、所有與起點節點相鄰的節點為第 1 層、……，依此類推，則廣度優先搜尋會在走訪 k+1 層之前，先走訪完 k 層的所有節點。由於廣度優先搜尋會從與起點最近的節點開始，依序從佇列中取出節點，因此若從佇列中取出的節點 u 有相鄰且未走訪過的節點 v，則節點 v 的距離可以由起點到 u 的距離，加上 u 到 v 的距離（連接兩者的邊數）1 來求出。

虛擬碼

```
# 圖形 g 與起點節點 s
breadthFirstSearch(g, s):
    Queue que

    for i ← 0 to g.N-1:
        dist[i] ← INF       # 將所有節點的距離初始化為無限大

    que.enqueue(s)
    dist[s] ← 0             # 將起點節點插入佇列，並初始化為 0

    while not que.empty():
        u ← que.dequeue()
        for v in g.adjLists[u]:  # 走訪節點 u 的所有相鄰節點
            if dist[v] = INF:
               dist[v] ← dist[u] + 1  # 更新為取出節點的距離 + 1
               que.enqueue(v)     # 更新完距離就將此節點插入佇列中
```

時間複雜度

若圖形是以相鄰串列建立而成，則利用廣度優先搜尋求取距離的時間複雜度為 O(N+M)。

圖形中的最短距離問題，是很多應用程式常會碰到的問題。由於廣度優先搜尋的時間複雜度與節點數及邊數成正比，是執行效率佳的演算法，因此應用範圍很廣。此外，當圖形的邊上有權重時，只要將此演算法稍做修改，將佇列換成優先佇列，並在計算距離時將權重考慮在內，即可求出帶有權重的最短路徑（Shortest Path）。我們會在第 26 章詳細解說這個演算法。

22-3 卡恩演算法（拓撲排序）

★★★

拓撲排序（Topological Sort）

在處理具有依賴關係的多個任務時，必須先找出任務之間的處理順序，才能確保執行任務時，所有必須在該任務執行前先完成的任務皆已完成。

從表示任務及其依賴關係的有向圖中，找出處理任務的順序。處理任務時，必須先完成該任務所依賴的所有任務。有向圖的邊 (u, v) 表示 v 依賴於 u。

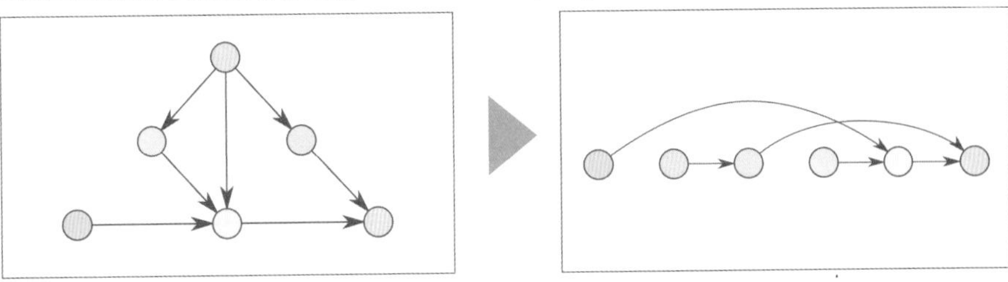

有向圖
節點數 N ≤ 100,000
邊數 M ≤ 100,000

各節點的執行順序

※ 編註：**拓撲排序**以白話的方式來說就是，在進行某件工作前，一定要先完成另一件工作，並找出工作的執行順序。

卡恩演算法（Kahn's Algorithm）

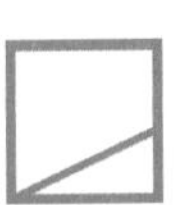

拓撲排序是一種排列有向圖節點的方式，它會使任一節點的位置皆排在其邊所指向的節點之前。卡恩演算法是一種以廣度優先搜尋為基礎，利用佇列管理入分支度（可參考 4-7 頁的說明）為 0 的節點，來對有向圖進行拓撲排序的演算法。

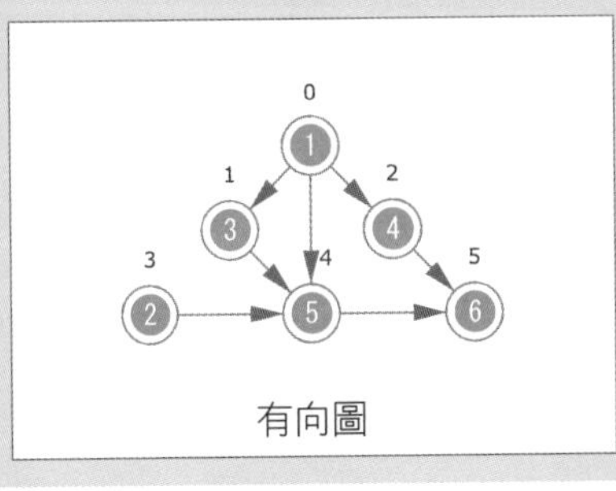

有向圖

	節點的入分支度	deg
	排序完成的順序	order

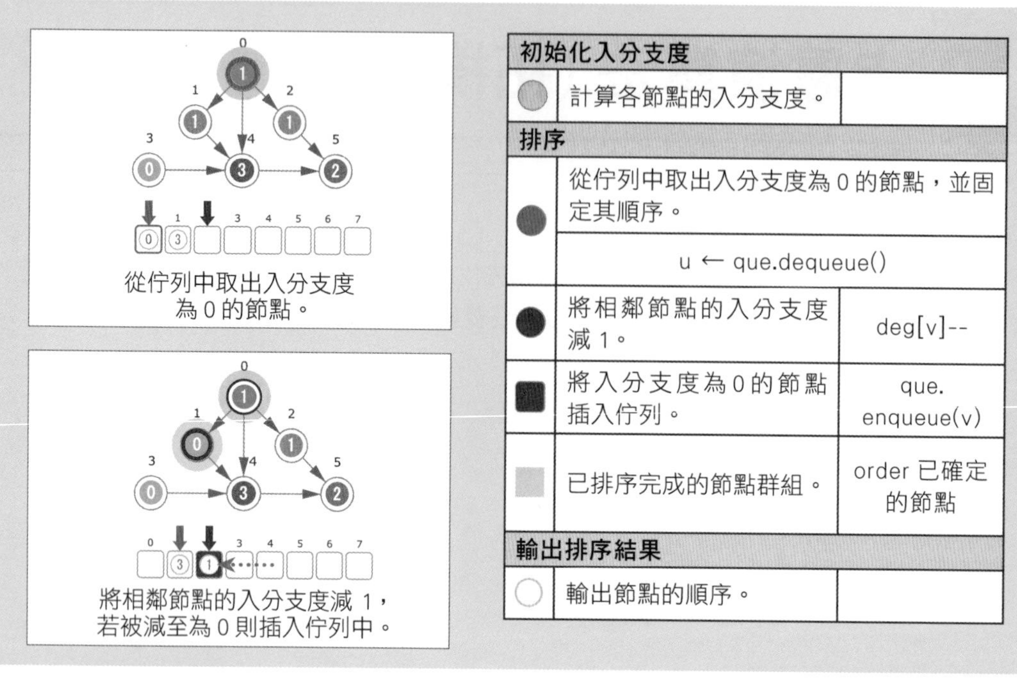

初始化入分支度		
●	計算各節點的入分支度。	
排序		
●	從佇列中取出入分支度為 0 的節點，並固定其順序。	
	u ← que.dequeue()	
●	將相鄰節點的入分支度減 1。	deg[v]--
■	將入分支度為 0 的節點插入佇列。	que.enqueue(v)
■	已排序完成的節點群組。	order 已確定的節點
輸出排序結果		
○	輸出節點的順序。	

演算法的執行過程

初始化入分支度

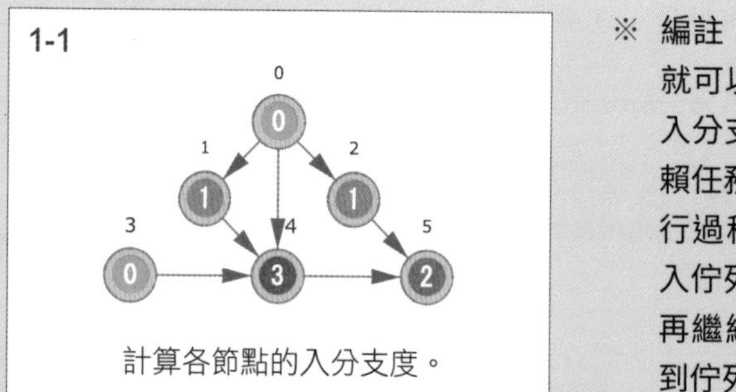

計算各節點的入分支度。

※ 編註：只要在各節點加上入分支度的資訊，就可以安排各節點（任務）的處理順序，當入分支度為 0，表示已經沒有要先進行的依賴任務，即可執行該任務。以下演算法的執行過程會將圖形中入分支度為 0 的節點插入佇列，然後將相鄰節點的入分支度減 1，再繼續取出其他入分支度為 0 的節點，直到佇列中的節點都取出為止。

排序

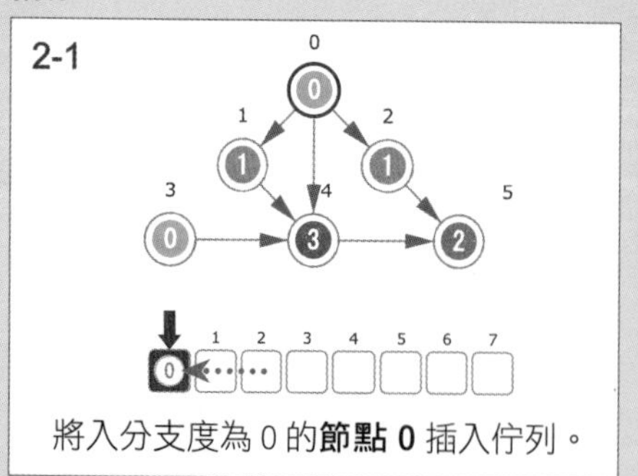

將入分支度為 0 的**節點 0** 插入佇列。

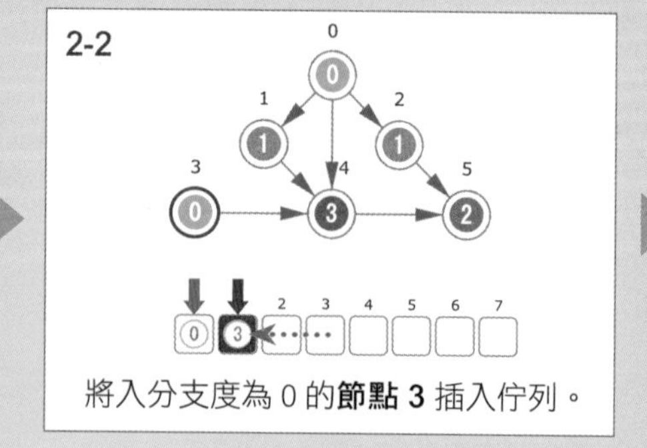

將入分支度為 0 的**節點 3** 插入佇列。

2-3
走訪從佇列中取出的節點 0。
2-4
將與節點 0 相鄰的節點 1 的入分支度減 1。由於入分支度被減至為 0，因此將其插入佇列。
2-5
將與節點 0 相鄰的節點 4 的入分支度減 1。
2-6
將與節點 0 相鄰的節點 2 的入分支度減 1。由於入分支度被減至為 0，因此將其插入佇列。
2-7
入分支度 0 的節點都插入佇列後，從佇列中取出節點 3。
2-8
將與節點 3 相鄰的節點 4 的入分支度減 1。
2-9
走訪從佇列中取出的節點 1。
2-10
將與節點 1 相鄰的節點 4 的入分支度減 1。由於入分支度被減至為 0，因此將其插入佇列。

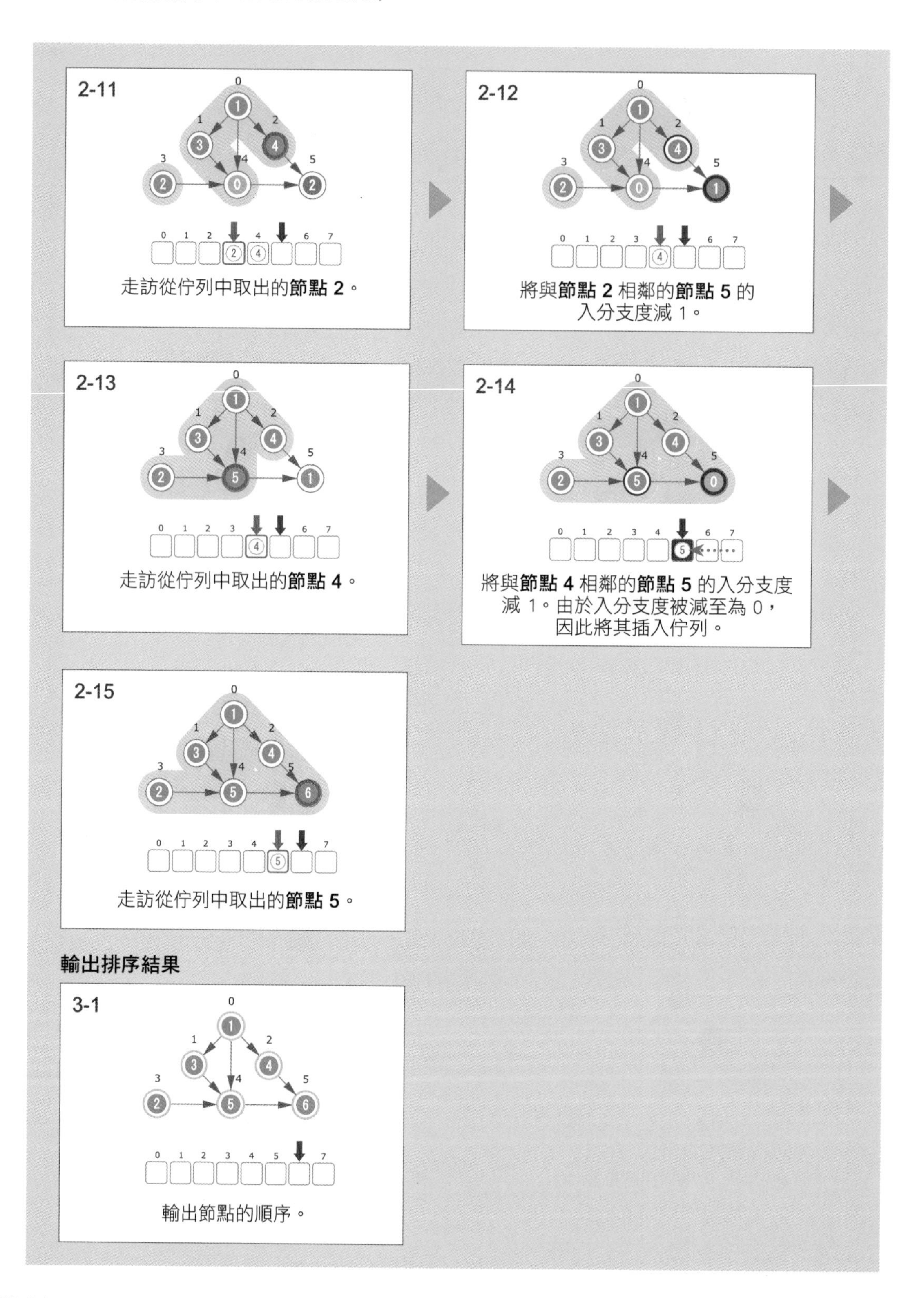
2-11
走訪從佇列中取出的**節點 2**。
2-12
將與**節點 2** 相鄰的**節點 5** 的入分支度減 1。
2-13
走訪從佇列中取出的**節點 4**。
2-14
將與**節點 4** 相鄰的**節點 5** 的入分支度減 1。由於入分支度被減至為 0，因此將其插入佇列。
2-15
走訪從佇列中取出的**節點 5**。
輸出排序結果
3-1
輸出節點的順序。

演算法的重點說明

本節將儲存各節點的入分支度，利用廣度優先搜尋模擬任務的執行。首先將入分支度為 0 的節點，新增到佇列中。接著從佇列中取出已可執行的任務，並在執行後將直接依賴於該任務的節點的入分支度減 1。模擬過程中，每當有節點的入分支度被減至為 0，便將其新增到佇列中，並重複上述步驟，直到佇列被清空為止。

虛擬碼

```
# 對圖形 g 進行拓撲排序
topologicalSort(g):
    Queue que

    # 計算各節點的入分支度
    for u ← 0 to g.N - 1:
        for v in g.adjLists[u]:
            deg[v]++

    for v ← 0 to g.N - 1:
        if deg[v] = 0:           # 尋找入分支度為 0 的節點
            que.enqueue(v)       # 將入分支度為 0 的節點插入到佇列中

    t ← 1
    while not que.empty():       # 只要佇列不是空的，就取出一個節點
        u ← que.dequeue()
        order[u] ← t++
        for v in g.adjLists[u]:     # 走訪取出節點的相鄰節點
            deg[v]--                # 將入分支度減 1
            if deg[v] = 0:         ⎫ # 當入分支度被減至為 0，
                que.enqueue(v)     ⎭   則插入到佇列
```

時間複雜度

若使用相鄰串列進行廣度優先搜尋，則拓撲排序的時間複雜度為 O(N+M)。

拓撲排序可以將有依賴關係的處理排列成適當的順序，因此被廣泛應用於工作排程等領域中。例如程式中引用的套件彼此具有相依性時，可利用此演算法決定程式編譯的順序。

第 23 章

深度優先搜尋（Depth First Search）

廣度優先搜尋可以利用**佇列**進行橫向搜尋，獲得圖形中與距離有關的資訊。若改用**堆疊**並採取遞迴式的執行，則可了解更多圖形的屬性。

本章將介紹縱向走訪圖形節點的**深度優先搜尋**（DFS：Depth First Search），與 3 種由其衍生的演算法。

- 深度優先搜尋（Depth First Search）
- 利用深度優先搜尋區分連通元件
- 利用深度優先搜尋檢測迴路
- Tarjan 演算法

23-1 深度優先搜尋 (Depth First Search) ★★

圖形的連通性（Connectivity of Graph）

圖形中最基本的操作就是從給定起點開始追蹤所有可能的邊，以調查節點的連通性。

由適當的起點出發，系統性地走訪圖形中的所有節點。

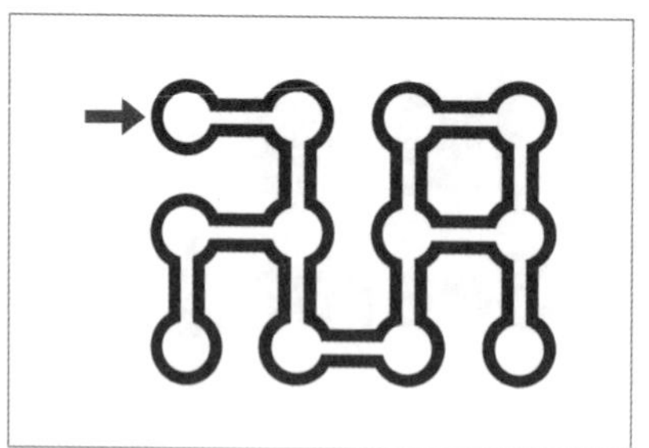

無向圖
節點數 N ≤ 1,000
邊數 M ≤ 1,000

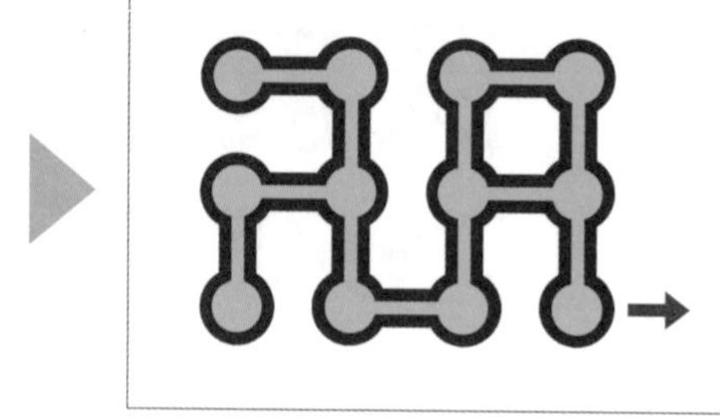

各節點的走訪狀態

深度優先搜尋（Depth First Search）

深度優先搜尋是一種系統性走訪圖形中各節點的演算法，過程中會以**堆疊**管理未走訪完成的節點。

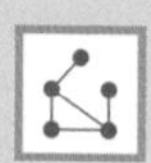

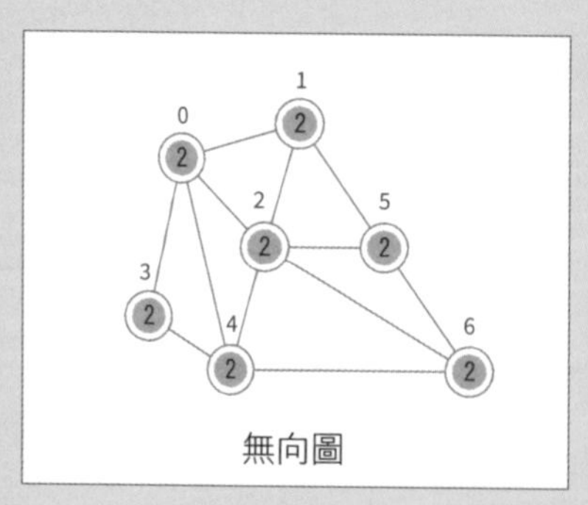

無向圖

各節點的走訪狀態	color

演算法動畫 →

※　編註：此圖中所有節點都標示為 2(黑色)，表示已走訪完所有節點。

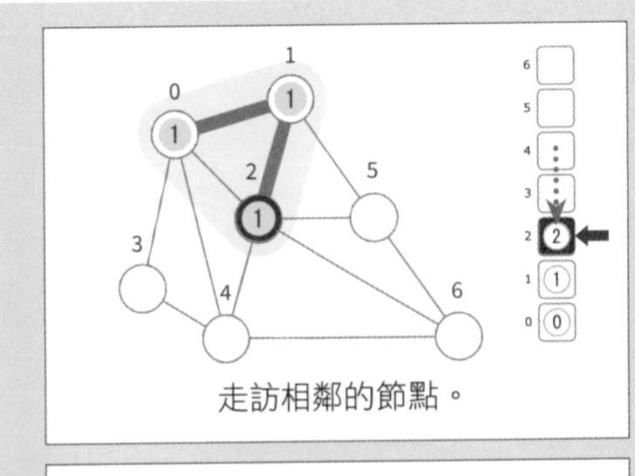

走訪相鄰的節點。

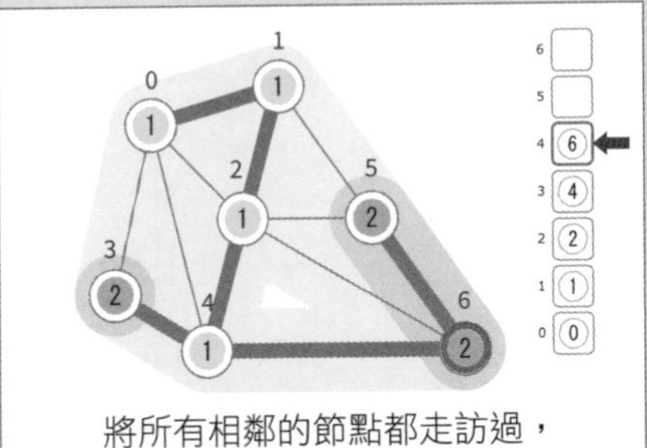

將所有相鄰的節點都走訪過，就標示為已走訪完成。

決定起點		
■	將起點放入堆疊中。	st.push(s)
搜尋		
●	走訪節點。	color[v] ← GRAY
■	將節點放入堆疊中。	st.push(v)
●	將所有相鄰的節點都走訪過，就標示為已走訪完成。	color[u] ← BLACK
	已走訪過的節點群組。	color 為 GRAY 的節點
	已走訪完成的節點群組。	color 為 BLACK 的節點

演算法的執行過程

決定起點

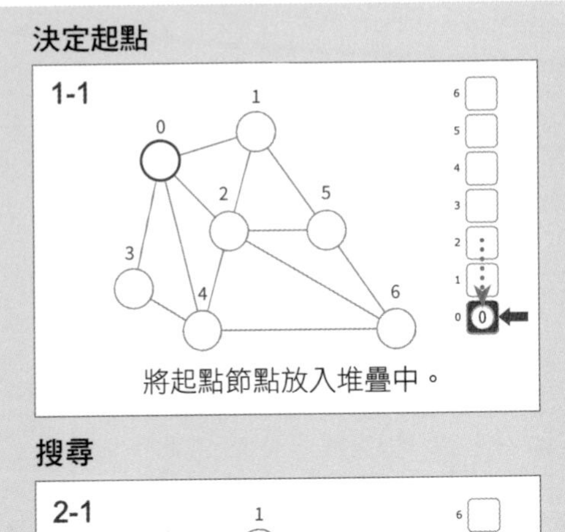

將起點節點放入堆疊中。

搜尋

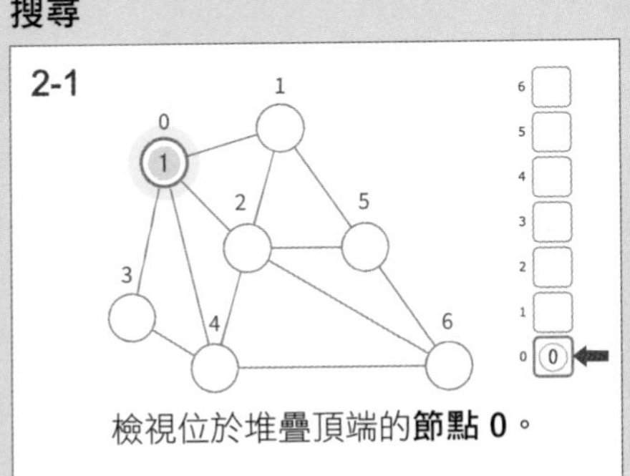

檢視位於堆疊頂端的**節點 0**。

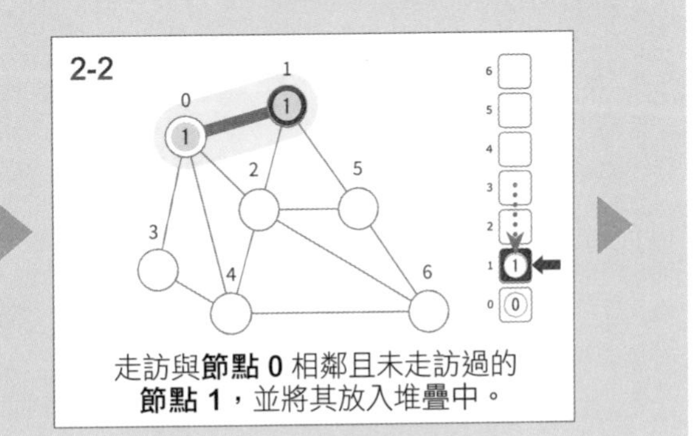

走訪與**節點 0** 相鄰且未走訪過的**節點 1**，並將其放入堆疊中。

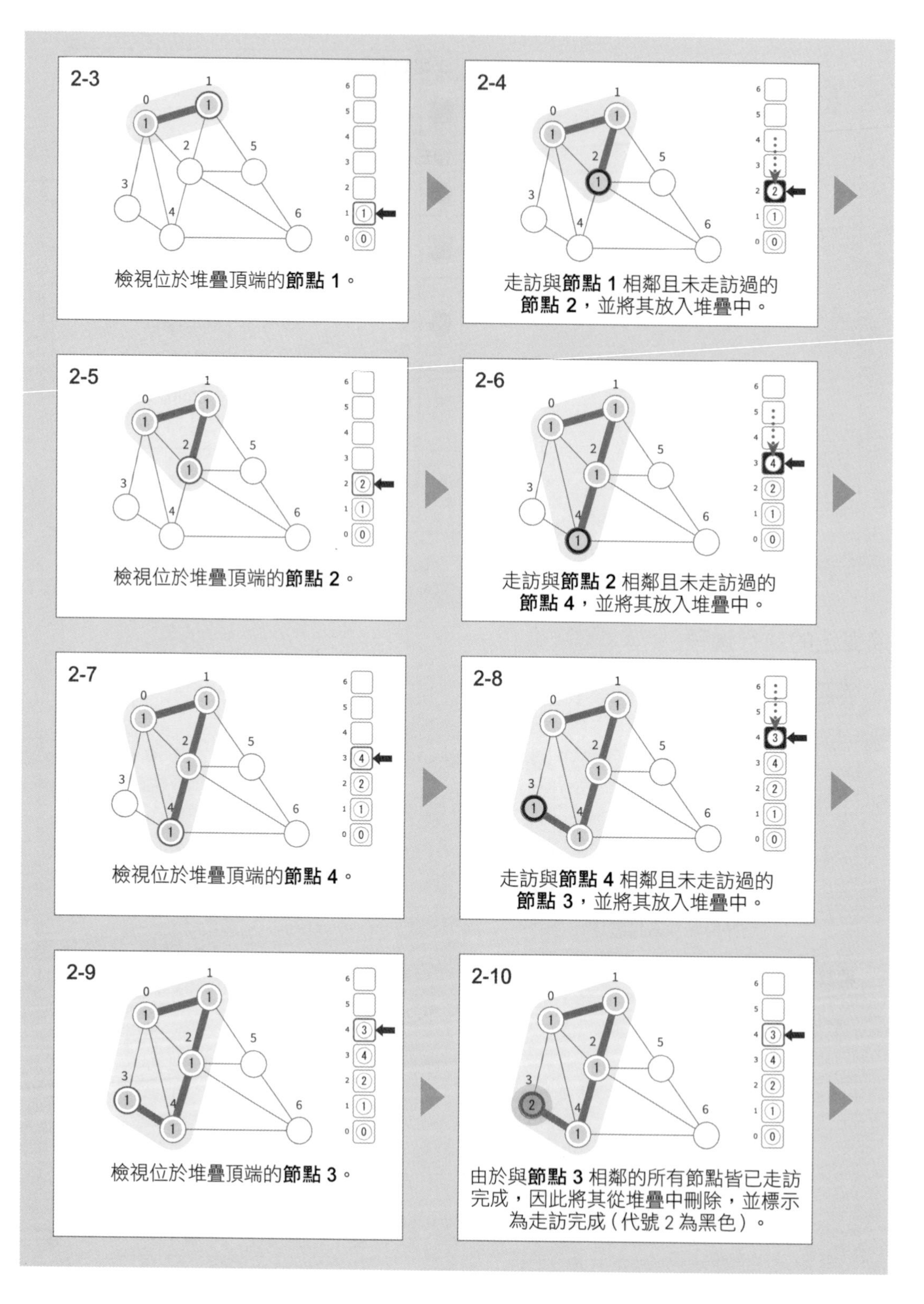
2-3
檢視位於堆疊頂端的**節點 1**。
2-4
走訪與**節點 1** 相鄰且未走訪過的**節點 2**，並將其放入堆疊中。
2-5
檢視位於堆疊頂端的**節點 2**。
2-6
走訪與**節點 2** 相鄰且未走訪過的**節點 4**，並將其放入堆疊中。
2-7
檢視位於堆疊頂端的**節點 4**。
2-8
走訪與**節點 4** 相鄰且未走訪過的**節點 3**，並將其放入堆疊中。
2-9
檢視位於堆疊頂端的**節點 3**。
2-10
由於與**節點 3** 相鄰的所有節點皆已走訪完成，因此將其從堆疊中刪除，並標示為走訪完成（代號 2 為黑色）。

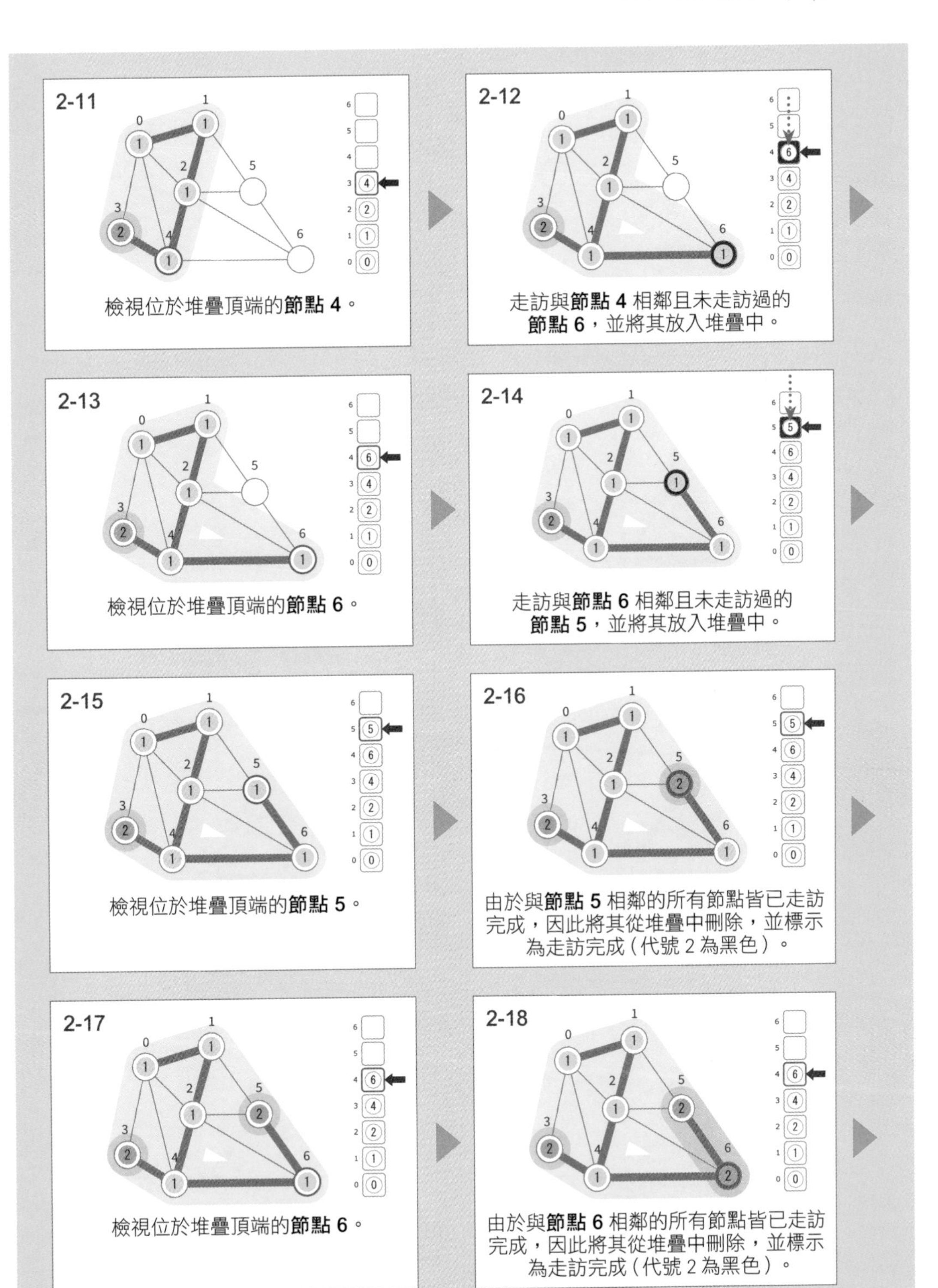
2-11
檢視位於堆疊頂端的**節點 4**。
2-12
走訪與**節點 4** 相鄰且未走訪過的**節點 6**，並將其放入堆疊中。
2-13
檢視位於堆疊頂端的**節點 6**。
2-14
走訪與**節點 6** 相鄰且未走訪過的**節點 5**，並將其放入堆疊中。
2-15
檢視位於堆疊頂端的**節點 5**。
2-16
由於與**節點 5** 相鄰的所有節點皆已走訪完成，因此將其從堆疊中刪除，並標示為走訪完成（代號 2 為黑色）。
2-17
檢視位於堆疊頂端的**節點 6**。
2-18
由於與**節點 6** 相鄰的所有節點皆已走訪完成，因此將其從堆疊中刪除，並標示為走訪完成（代號 2 為黑色）。

2-19

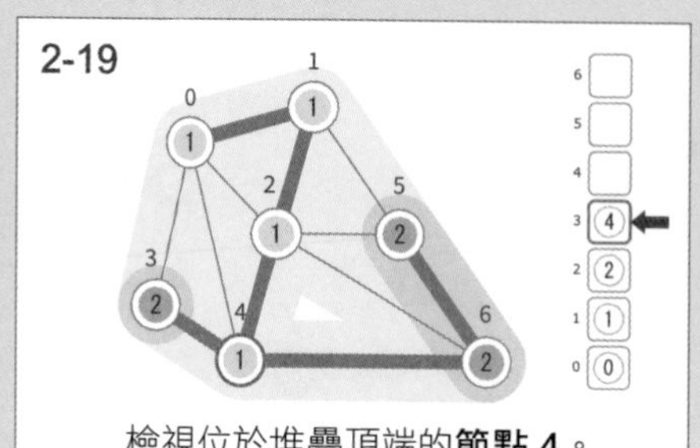

檢視位於堆疊頂端的**節點 4**。

2-20

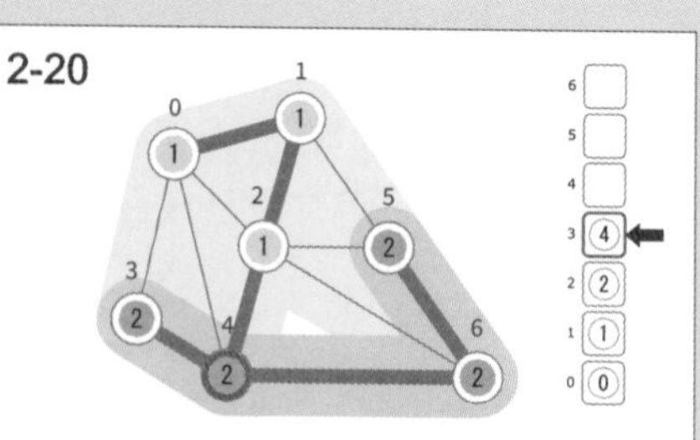

由於與**節點 4** 相鄰的所有節點皆已走訪完成，因此將其從堆疊中刪除，並標示為走訪完成（代號 2 為黑色）。

2-21

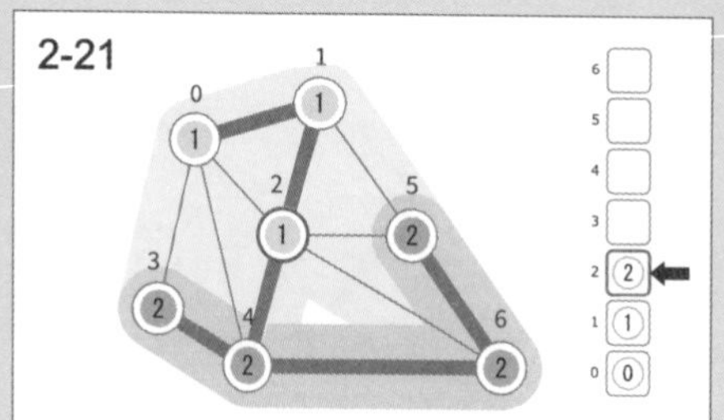

檢視位於堆疊頂端的**節點 2**。

2-22

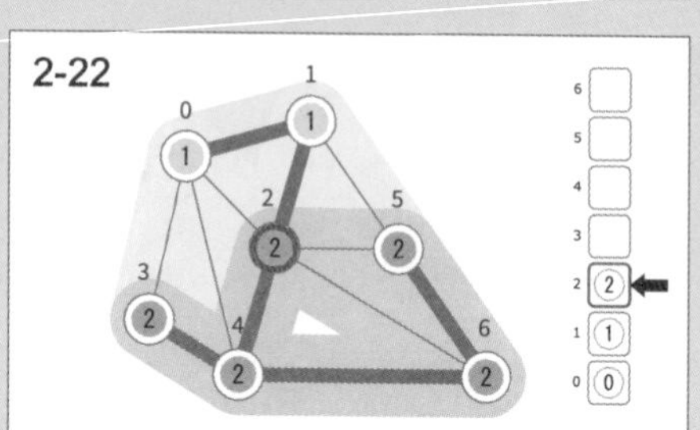

由於與**節點 2** 相鄰的所有節點皆已走訪完成，因此將其從堆疊中刪除，並標示為走訪完成（代號 2 為黑色）。

2-23

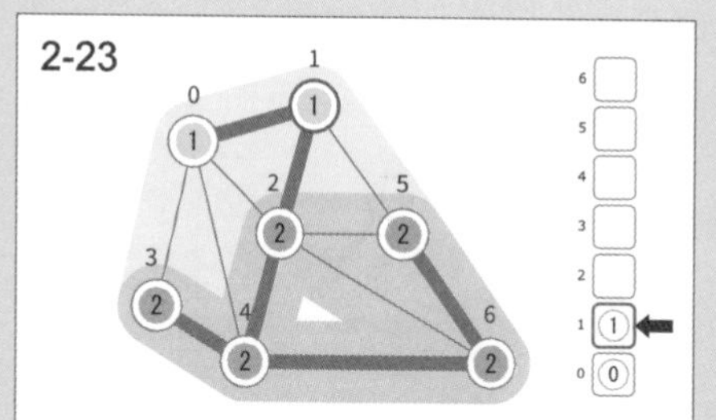

檢視位於堆疊頂端的**節點 1**。

2-24

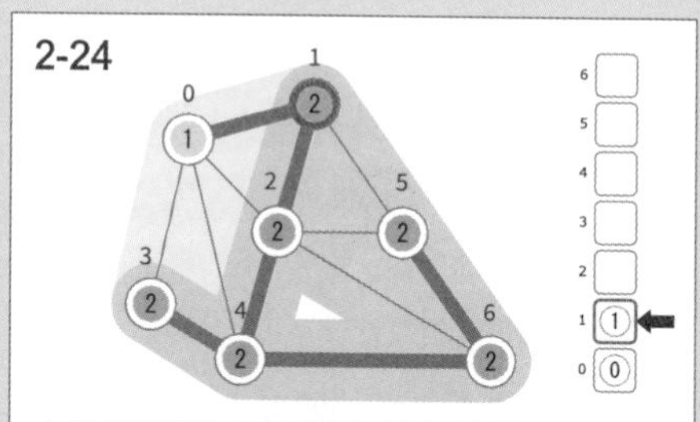

由於與**節點 1** 相鄰的所有節點皆已走訪完成，因此將其從堆疊中刪除，並標示為走訪完成（代號 2 為黑色）。

2-25

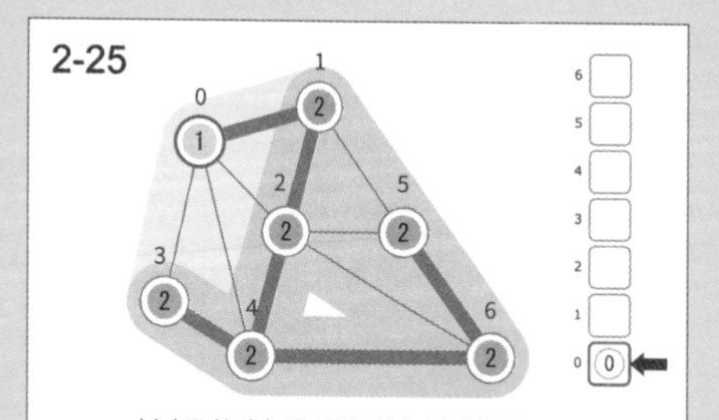

檢視位於堆疊頂端的**節點 0**。

2-26

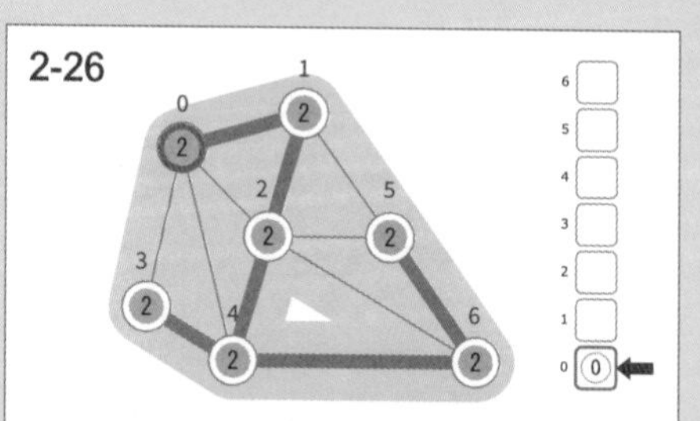

由於與**節點 0** 相鄰的所有節點皆已走訪完成，因此將其從堆疊中刪除，並標示為走訪完成（代號 2 為黑色）。

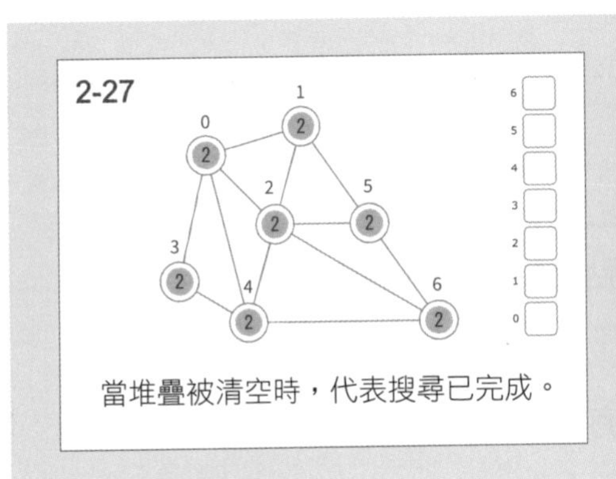

演算法的重點說明

深度優先搜尋會從起點節點開始進行走訪，若起點有邊連結到尚未走訪過的節點，則前往走訪，並以該節點為新的起點，重複以上搜尋步驟。如此持續下去，直到所有邊上的節點都已走訪，就退回前一個節點，重新以該節點為起點，走訪其相鄰的節點，這樣的做法就稱為**回溯法** (backtracking)。

為了因應此做法，我們必須記住目前已走訪過，但也許還有邊沒有走訪完的節點清單，這項處理可以透過**堆疊**來儲存，也就是在走訪相鄰節點之前，先將節點編號儲存於堆疊中，若相鄰節點都已經走訪過，就從堆疊中取出最近的一個節點重新開始搜尋 。

虛擬碼

```
# 圖形 g 與起點節點 s
depthFristSearch(g, s):
    Stack st                    # 建立一個堆疊 st
    st.push(s)                  # 將起點節點放入堆疊中

    for i ← 0 to g.N-1:
        color[i] ← WHITE        # 將所有節點狀態先設為未走訪 (白色)

    color[s] ← GRAY

    while not st.empty():       # 只要堆疊不是空的，就持續以下搜尋步驟
        u ← st.peak()           # 查看堆疊頂端
        v ← g.next(u)           # 依序取出與節點 u 相鄰的節點 v
        if v ≠ NIL:             # 有相鄰的節點
            if color[v] = WHITE:    # 只要此相鄰節點尚未走訪，
                color[v] ← GRAY     # 就走訪該節點並設為已走訪 (灰色)
                st.push(v)          # 將此節點放入堆疊中
        else:                       # 走訪完所有相鄰的節點
            color[u] ← BLACK        # 將節點標示為走訪完成 (黑色)
            st.pop()                # 從堆疊中刪除該節點
```

時間複雜度

將資料插入堆疊中的 push 操作以及將資料取出的 pop 操作，時間複雜度皆為 O(1)。利用堆疊執行的深度優先搜尋，在從各節點出發前往相鄰節點的過程中，會走訪所有的邊。所有的節點會先被走訪並插入堆疊，再取出並標示為已走訪完成。若圖形是以相鄰串列建立而成，則時間複雜度為 O(N+M)。若圖形是以相鄰矩陣建立而成，則走訪各節點的相鄰節點的時間複雜度為 O(N)，整體的時間複雜度為 $O(N^2)$。

深度優先搜尋中走訪節點的處理，可以透過遞迴函式來實作。事實上，此做法與將走訪到的節點放入堆疊中的做法是同樣的意思，我們會在下一節中以遞迴的方法實作。

應用

深度優先搜尋可以從圖形中節點的連通性檢測出圖形的各種性質。比如說連通元件與迴路，都能以深度優先搜尋快速地檢測出來。

23-2 利用深度優先搜尋區分連通元件

★★★

區分連通元件（Connected Components）

在無向圖中顯示任意 2 個節點之間是否存在路徑的「連通性」，是圖形應用中最重要的特性之一(若是忘了連通元件是什麼，可參考 4-8 頁)。

將圖形中的連通元件區分出來，並將同一連通元件內的節點塗上相同的顏色。不同連通元件的節點需塗上不同顏色，以利區別。

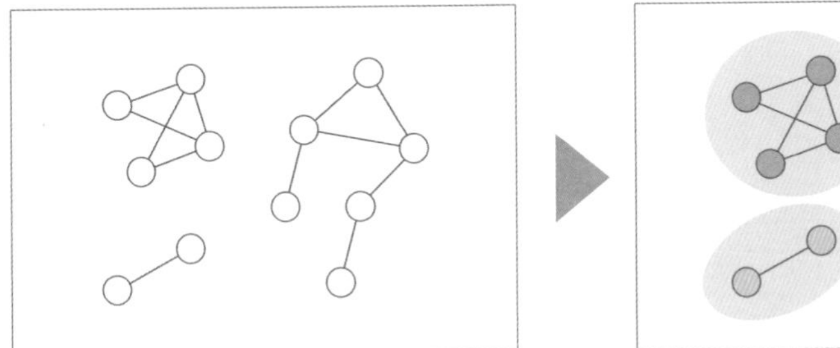

不一定是連通圖的圖形
節點數 N ≤ 100,000
邊數 M ≤ 100,000

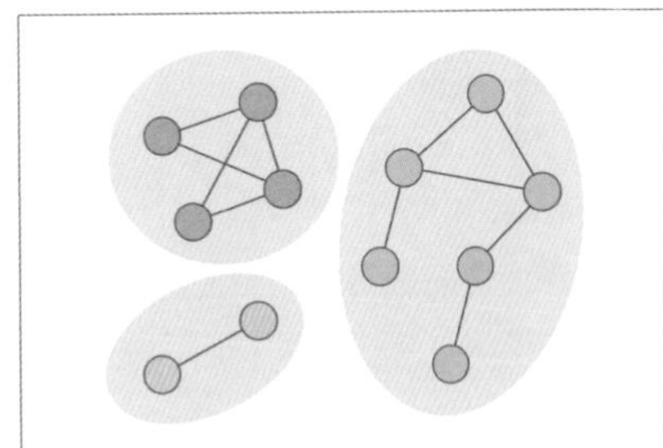

節點皆已上色完成的連通元件

利用深度優先搜尋區分連通元件（Depth First Search：Repeat）

以下將對每個連通元件執行深度優先搜尋。首先將所有節點初始化為白色，再從調色盤中選擇某一顏色，依序對所有節點執行深度優先搜尋，每次搜尋相鄰的節點會標示為同一顏色，而上過色的節點則會略過不再執行搜尋。

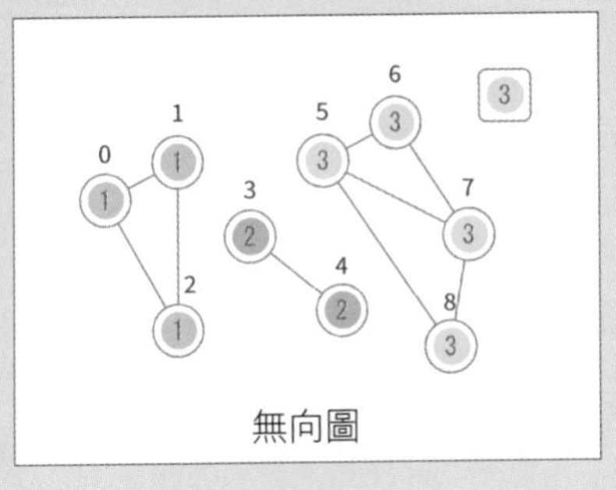

無向圖

	連通元件的顏色	color
	調色盤	palette

演算法動畫 →

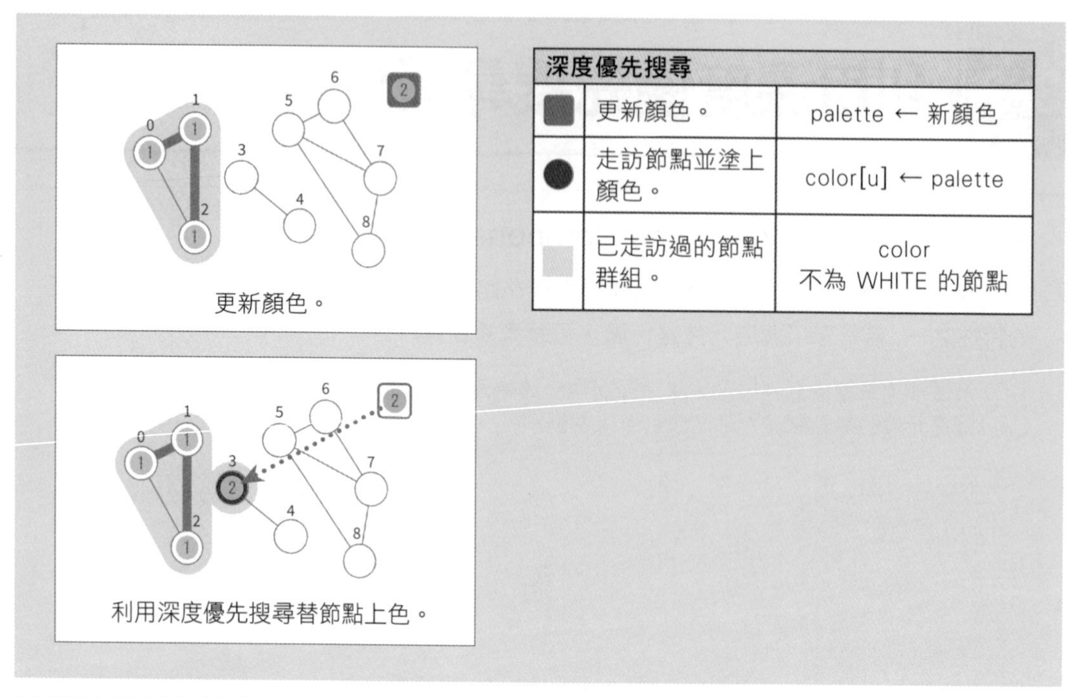

0
1
2
3
4
5
6
7
8
更新顏色。
利用深度優先搜尋替節點上色。
深度優先搜尋
更新顏色。
palette ← 新顏色
走訪節點並塗上顏色。
color[u] ← palette
已走訪過的節點群組。
color 不為 WHITE 的節點

演算法的執行過程

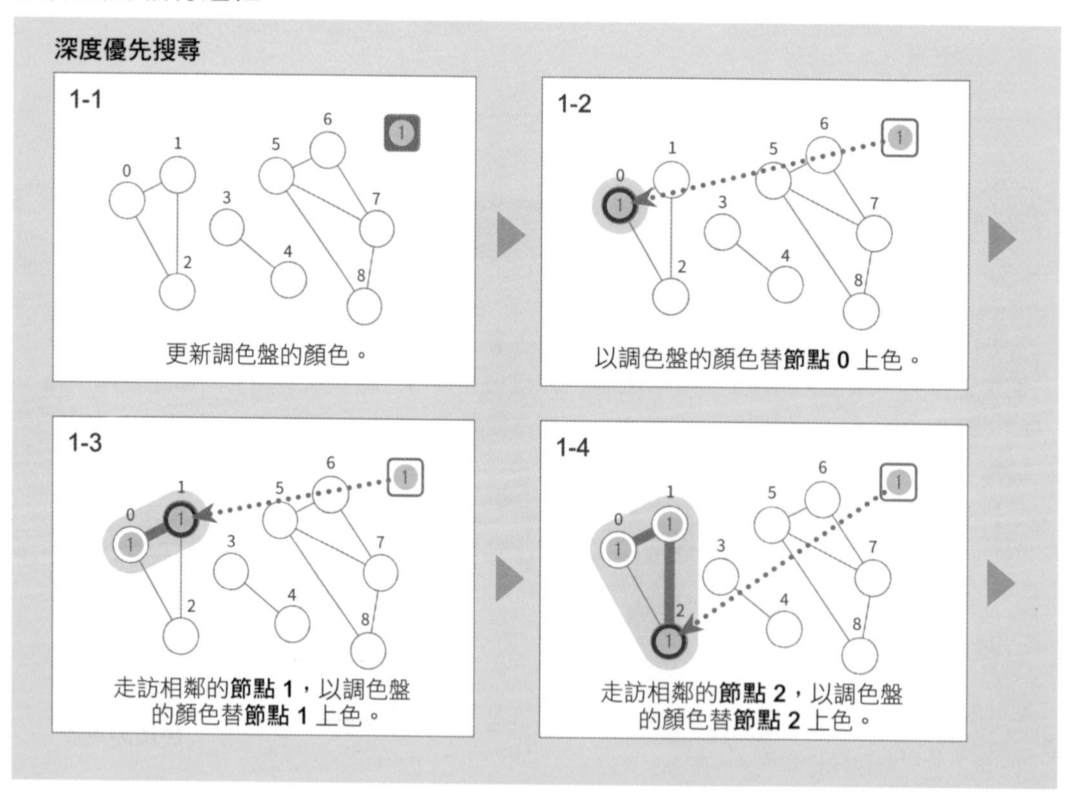

深度優先搜尋
1-1
更新調色盤的顏色。
1-2
以調色盤的顏色替節點 0 上色。
1-3
走訪相鄰的節點 1，以調色盤的顏色替節點 1 上色。
1-4
走訪相鄰的節點 2，以調色盤的顏色替節點 2 上色。

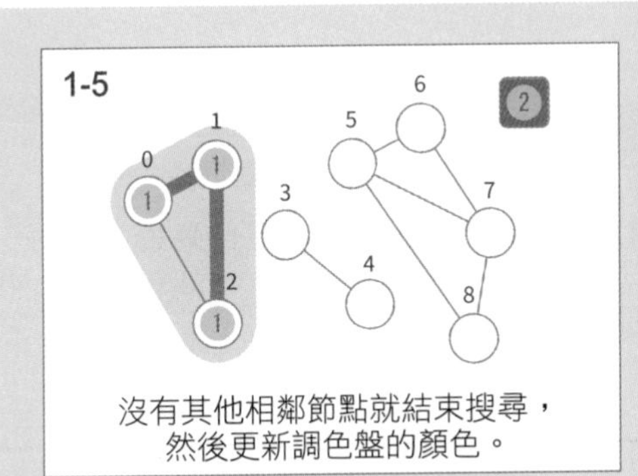

沒有其他相鄰節點就結束搜尋，
然後更新調色盤的顏色。

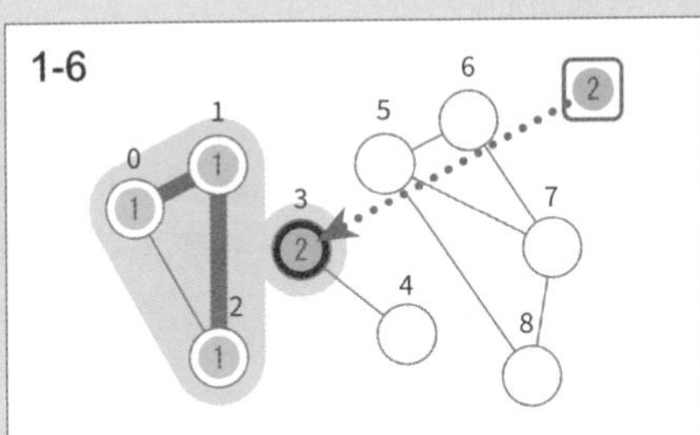

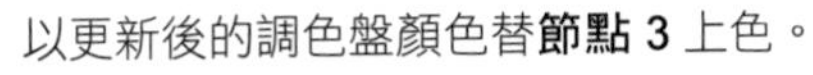
以更新後的調色盤顏色替**節點 3** 上色。

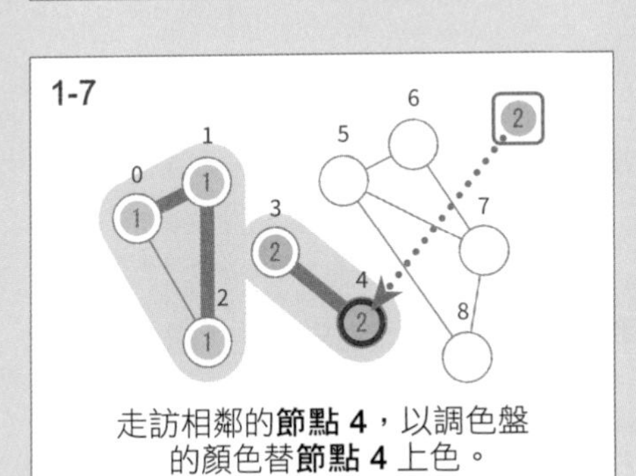

走訪相鄰的**節點 4**，以調色盤
的顏色替**節點 4** 上色。

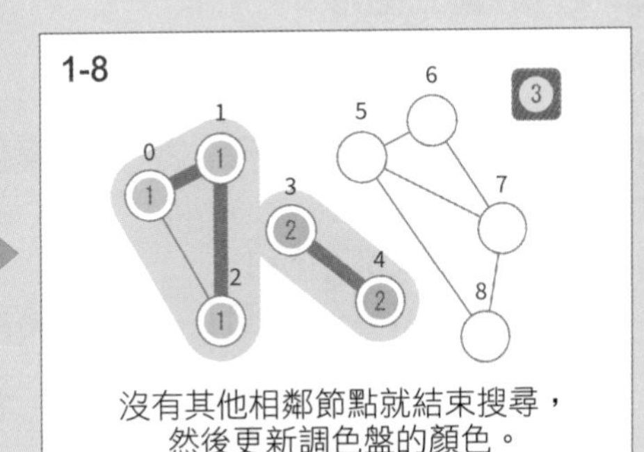

沒有其他相鄰節點就結束搜尋，
然後更新調色盤的顏色。

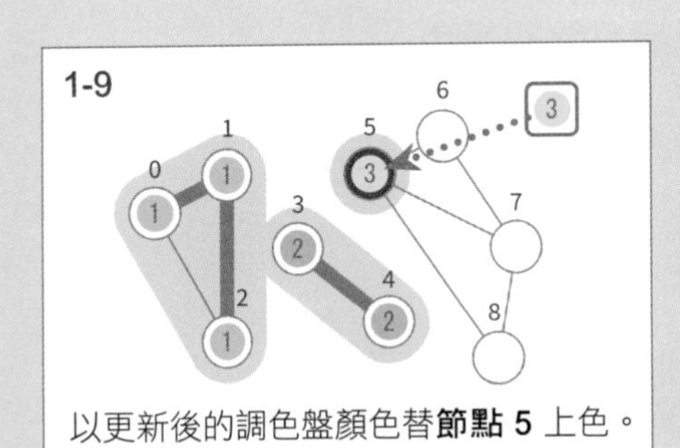

以更新後的調色盤顏色替**節點 5** 上色。

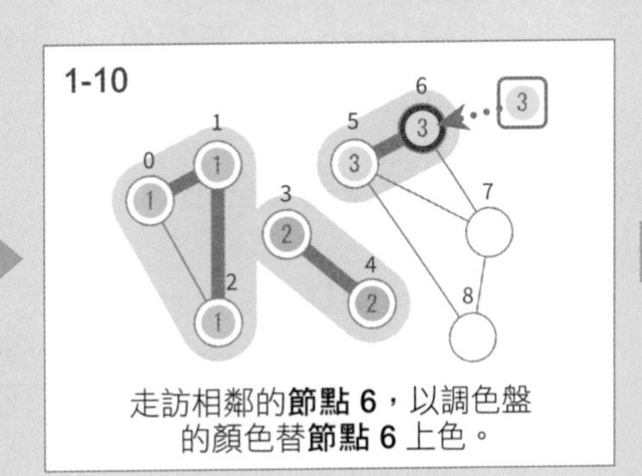

走訪相鄰的**節點 6**，以調色盤
的顏色替**節點 6** 上色。

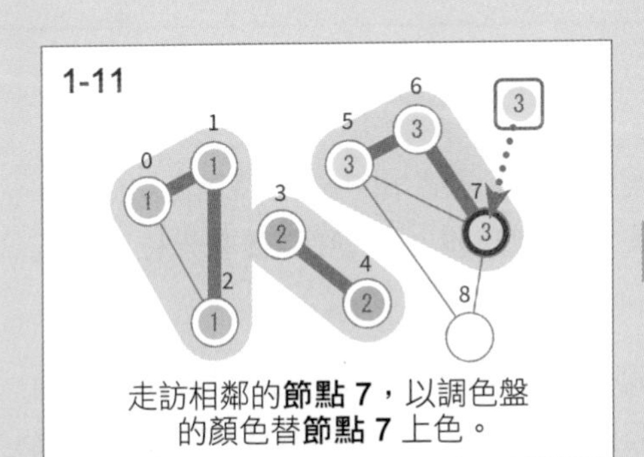

走訪相鄰的**節點 7**，以調色盤
的顏色替**節點 7** 上色。

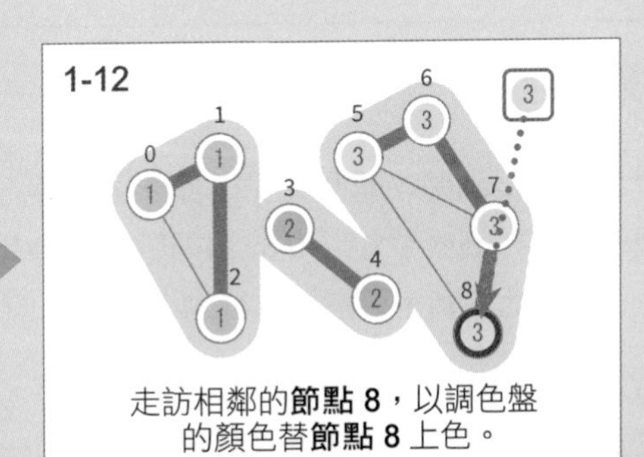

走訪相鄰的**節點 8**，以調色盤
的顏色替**節點 8** 上色。

演算法的重點說明

此演算法將深度優先搜尋放到檢查各節點顏色的迴圈中。迴圈內會先檢查各節點是否已上色（是否已走訪過），若未上色，則以該節點為起點進行深度優先搜尋。換句話說，就是在找到新的連通元件時，先更新調色盤的顏色，並以調色盤的顏色替該連通元件內的節點上色（前往走訪）。

虛擬碼

```
Graph g ← 建立圖形
palette ← WHITE

# 對不一定是連通圖的圖形 g 進行深度優先搜尋
depthFirstSearch():
    for v ← 0 to g.N-1:
        color[v] ← WHITE      # 將所有節點初始化為未上色（白色）

    for v ← 0 to g.N-1:
        if color[v] = WHITE:
            palette ← 新顏色 # 更新調色盤的顏色
            dfs(v)

# 以遞迴函式進行深度優先搜尋
dfs(u):
    color[u] ← palette
    for v in g.adjLists[u]:   # 以遞迴方式走訪相鄰節點，
        if color[v] = WHITE:    只要節點未上色就繼續走訪
            dfs(v)
```

時間複雜度

本節的虛擬碼是以遞迴函式來實作深度優先搜尋。遞迴函式 dfs(u) 雖然是走訪節點 u 的操作，但在函式中會以 u 的相鄰節點 v 為起點，再次呼叫 dfs。呼叫後會先檢查 v 的顏色，再以此判斷是否需要執行遞迴函式。

當遞迴執行深度優先搜尋的演算法結束時，同一個連通元件內的節點顏色會相同，因此只要看顏色就可知道 2 個節點是否位於同一個連通元件內，判斷所需的時間複雜度為 O(1)。

區分連通元件的演算法與廣度優先搜尋相同，執行效率都很高。由於本節使用的圖形相當大，因此必須使用相鄰串列來實作。使用相鄰串列時，深度優先搜尋（或廣度優先搜尋）的時間複雜度為 O(N+M)。

應用

生活中有許多應用需要連結任意兩個節點，例如將圖形視為人際關係，則連通性就代表兩個人之間是否有聯絡管道；若將圖形視為網路，則連通性就代表兩台電腦之間是否可以通訊。此外，藉由幫節點上色的操作，也可以做為走訪二維陣列結構（例如走迷宮）或幫某區域像素著色的演算法。

本節處理的圖形因為形狀在建立之後就不會改變，因此只需要執行 1 次深度優先搜尋，便能回答連通性的問題，但若連通性會動態變化，就需要使用其他資料結構了（可使用第 24 章的 Union-Find Tree）。

23-3 利用深度優先搜尋檢測迴路 ★★★

檢測迴路（Cycle Ditection）

當我們順著有向圖的邊去走訪節點時，有時會出現重回曾經走訪過節點的「迴路」。迴路是否存在，是有向圖的重點之一。

檢查有向圖中是否有迴路。

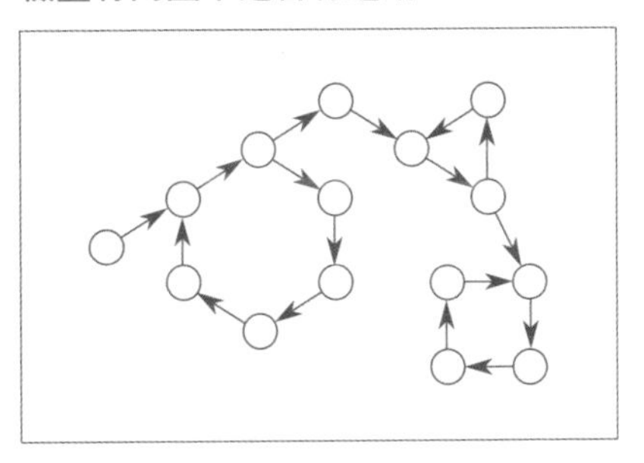

有向圖
節點數 N ≤ 100,000
邊數 M ≤ 100,000

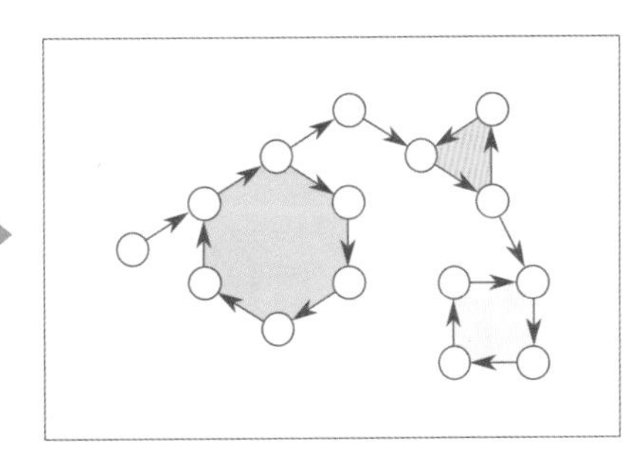

是否有迴路

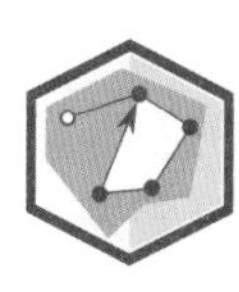

利用深度優先搜尋檢測迴路（DFS for Cycle Detection）

觀察深度優先搜尋（DFS）走訪節點的過程，即可檢測出圖形中是否存在會構成迴路的 Back Edge（後向邊），也就是連到已走訪節點的邊。

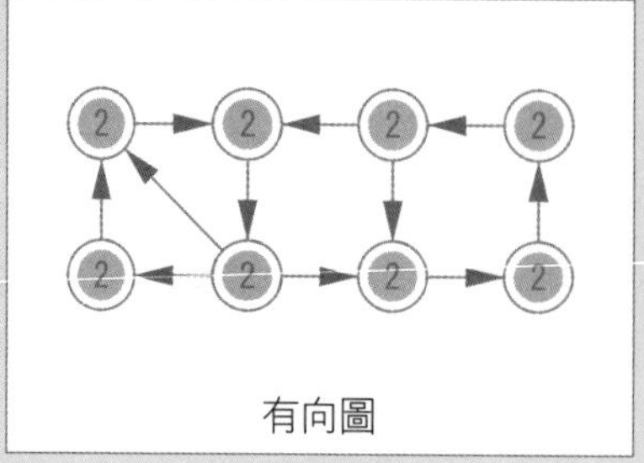

有向圖

	各節點的走訪狀態	color

演算法動畫 →

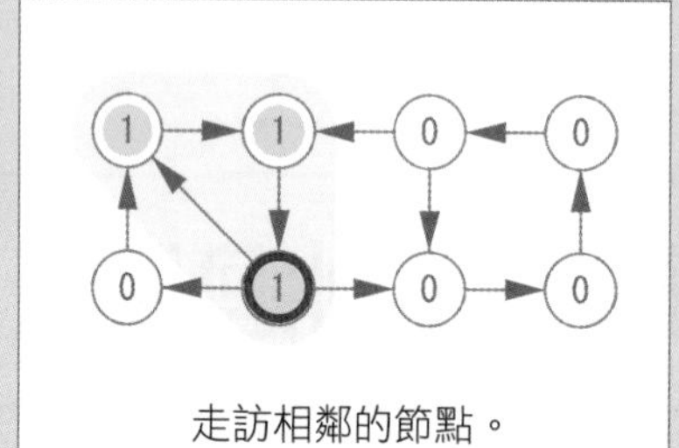

走訪相鄰的節點。

深度優先搜尋		
	走訪節點。	color[u] ← GRAY
	將節點標示為已走訪完成。	color[u] ← BLACK
	檢測 Back Edge。	
	標示出 Back Edge。	
	已走訪過的節點群組。	color 為 GRAY 的節點
	已走訪完成的節點群組。	color 為 BLACK 的節點

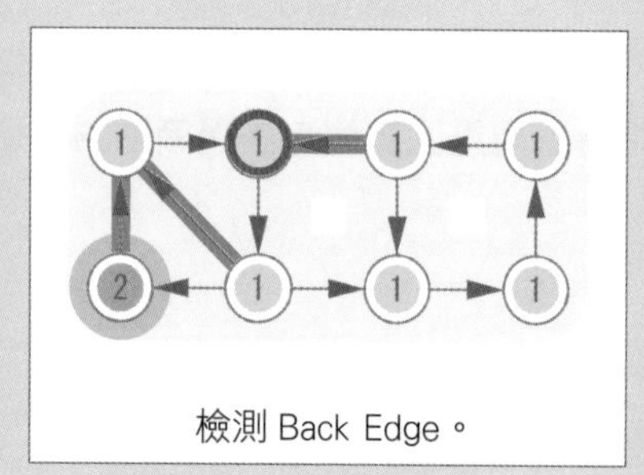

檢測 Back Edge。

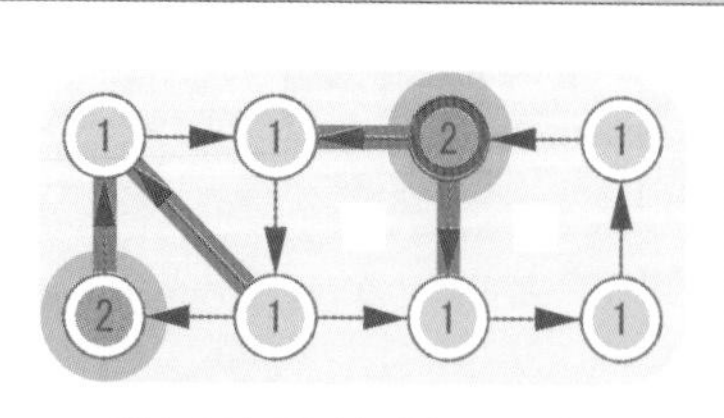

所有相鄰的節點都已走訪，
就標示為已走訪完成。

深度優先搜尋

1-1

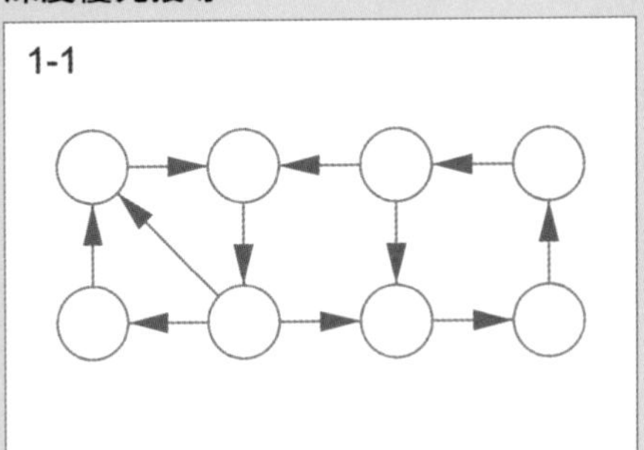

1-2

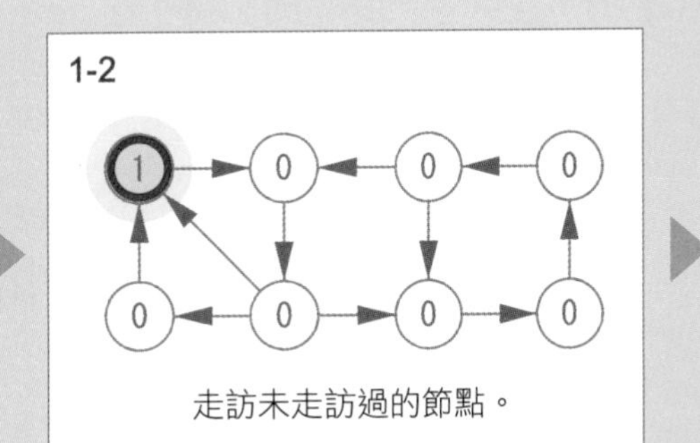

走訪未走訪過的節點。

1-3

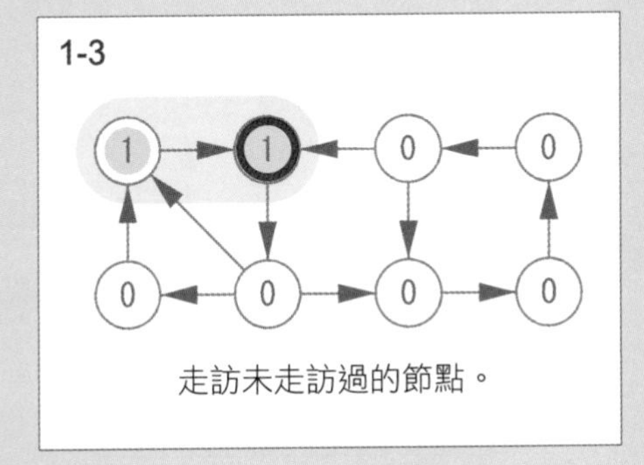

走訪未走訪過的節點。

1-4

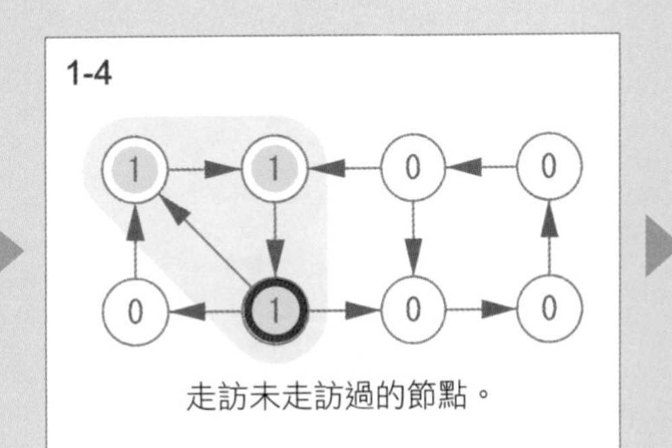

走訪未走訪過的節點。

1-5

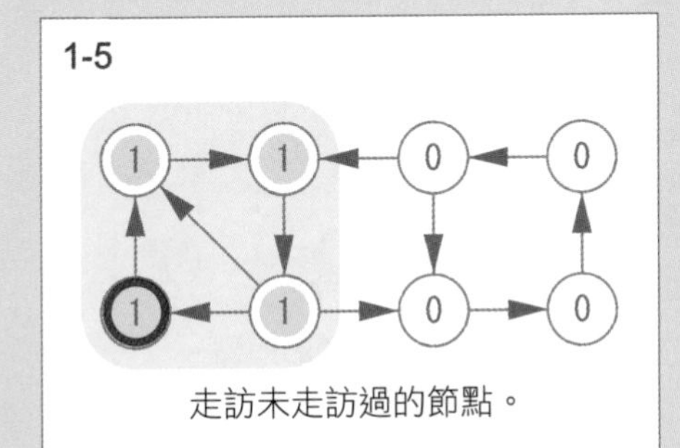

走訪未走訪過的節點。

1-6

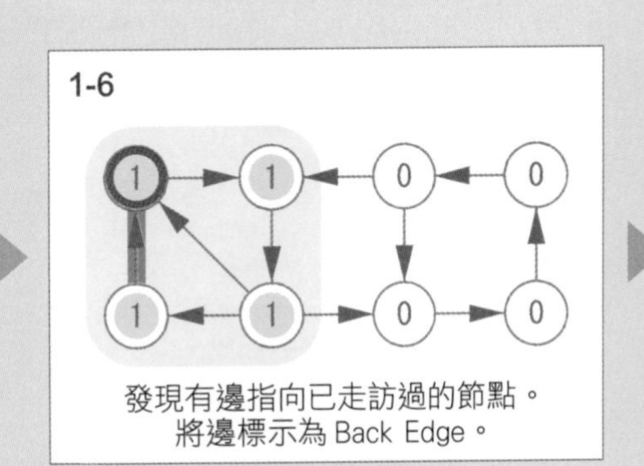

發現有邊指向已走訪過的節點。
將邊標示為 Back Edge。

1-7

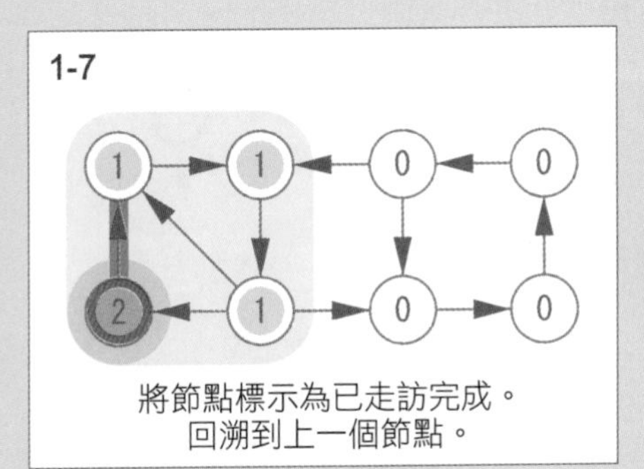

將節點標示為已走訪完成。
回溯到上一個節點。

1-8

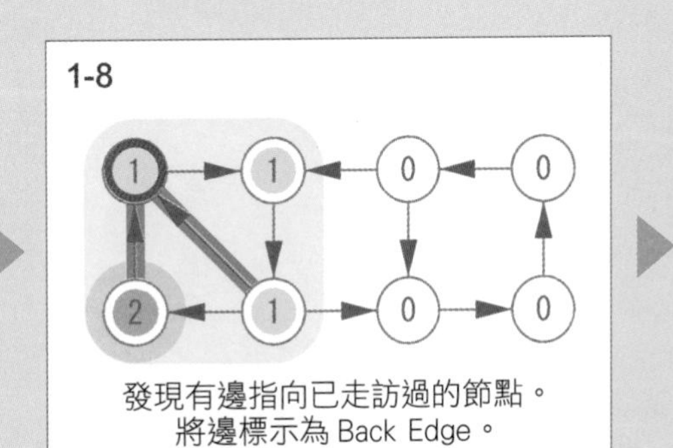

發現有邊指向已走訪過的節點。
將邊標示為 Back Edge。

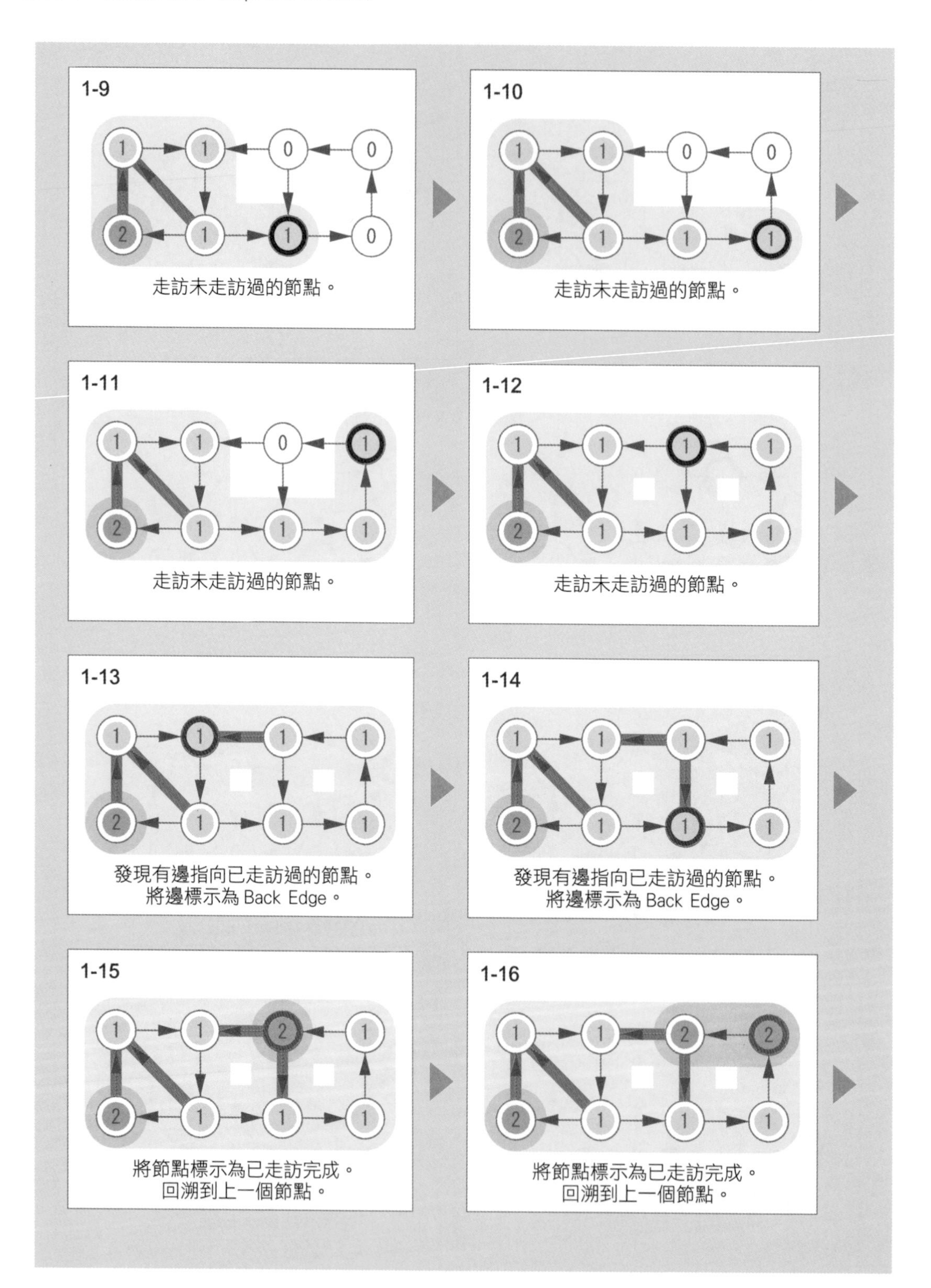
1-9
1
1
0
0
2
1
1
0
走訪未走訪過的節點。
1-10
1
1
0
0
2
1
1
1
走訪未走訪過的節點。
1-11
1
1
0
1
2
1
1
1
走訪未走訪過的節點。
1-12
1
1
1
1
2
1
1
1
走訪未走訪過的節點。
1-13
1
1
1
1
2
1
1
1
發現有邊指向已走訪過的節點。
將邊標示為 Back Edge。
1-14
1
1
1
1
2
1
1
1
發現有邊指向已走訪過的節點。
將邊標示為 Back Edge。
1-15
1
1
2
1
2
1
1
1
將節點標示為已走訪完成。
回溯到上一個節點。
1-16
1
1
2
2
2
1
1
1
將節點標示為已走訪完成。
回溯到上一個節點。

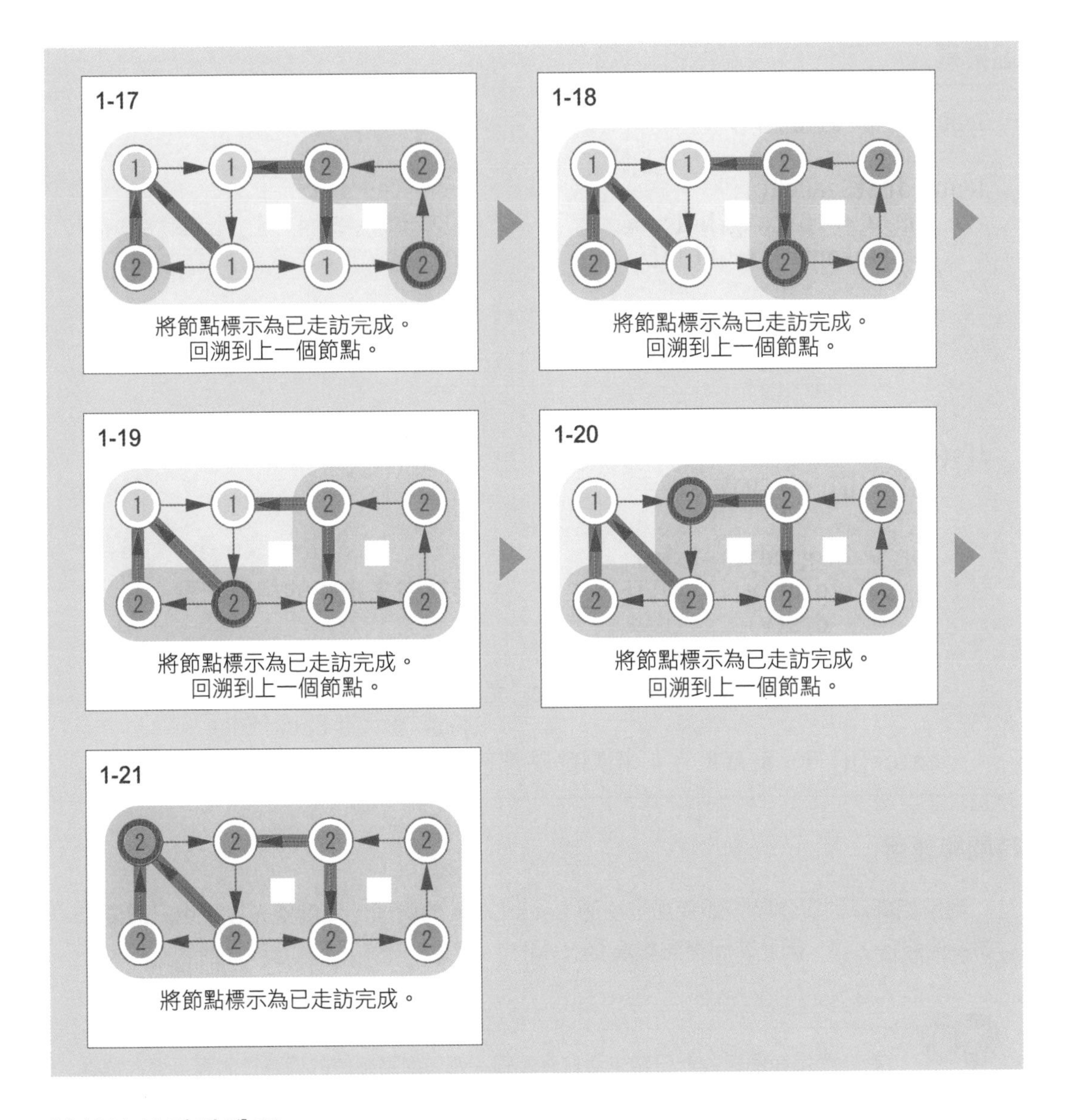

演算法的重點說明

進行深度優先搜尋時，節點的走訪狀態有三種：未走訪、已走訪和已走訪完成。搜尋過程中，只要發現有邊指向已走訪過的節點，就將邊標示為 Back Edge，此為構成迴路的要件，可藉此判斷圖形中是否存在迴路。

虛擬碼

```
Graph g ← 建立圖形

depthFirstSearch():
    for v ← 0 to g.N-1:
        color[v] ← WHITE

    for v ← 0 to g.N-1:
        if color[v] = WHITE:
            dfs(v)

dfs(u):
    color[u] ← GRAY

    for v in g.adjLists[u]:
        if color[v] = WHITE:        # 走訪還未走訪的相鄰節點
            dfs(v)
        else if color[v]=GRAY:
            邊 (u, v) 為 Back Edge  # 若有邊指向已走訪的節點
                                      將邊標示為 Back Edge
    color[u] ← BLACK   # 相鄰節點都已走訪，標示為已走訪完成
```

時間複雜度

利用相鄰串列實作時，即使加上檢測 Back Edge 的處理，深度優先搜尋也只需要走訪每條邊各 1 次，因此時間複雜度為 O(N+M)。

應用

有些應用範例與我們日常生活息息相關，例如網路系統的迴路檢測等。邊在搜尋過程中的狀態是很重要的資訊（如 Back Edge），可用來找出圖形中某些重要的特性。在需要掌握邊的狀態的演算法中，深度優先搜尋的應用很廣，可以用來找出圖形中的橋（bridge）※ 以及區分強連通元件（Strongly Connected Component。指在有向圖中，任意 2 點之間都有路徑可以來回的連通元件）等。

※ 編註：圖形中的橋（bridge）是指一旦斷開了這條邊，那麼圖形就會被分成兩個圖，要注意的是，將圖形斷開後可能其中一張圖只會有一個節點。例如右側的圖形，其中 (1,3)、(2,4)、(5,6) 都是橋。

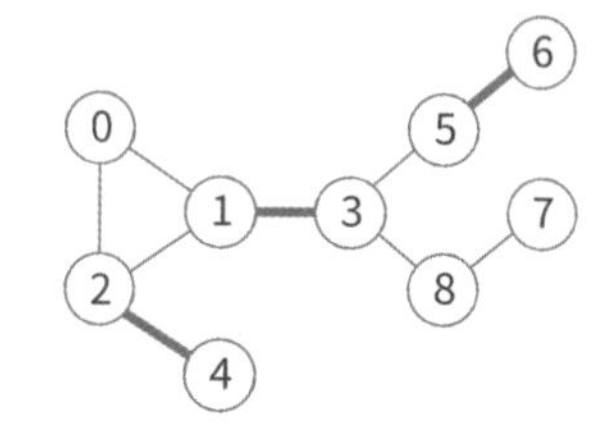

23-4 Tarjan 演算法 (Tarjan's Algorithm) ★★★

拓撲排序（Topological Sort）

在處理具有依賴關係的多個任務時，必須先找出任務之間的處理順序，才能確保執行任務時，所有必須在該任務執行前先完成的任務皆已完成。

從表示任務及其依賴關係的有向圖中，找出處理任務的順序。處理任務時，必須先完成該任務所依賴的所有任務。有向圖的邊 (u, v) 表示 v 依賴於 u。

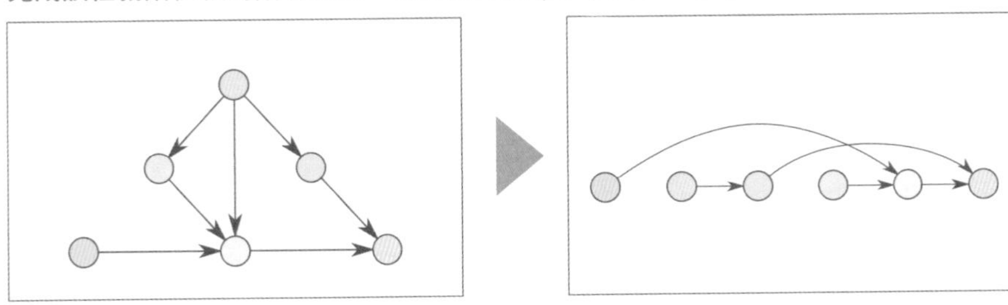

有向圖
節點數 N ≤ 100,000
邊數 M ≤ 100,000

各節點的執行順序

※ 編註：**拓撲排序**以白話的方式來說就是，在進行某件工作前，一定要先完成另一件工作，並找出工作的執行順序。

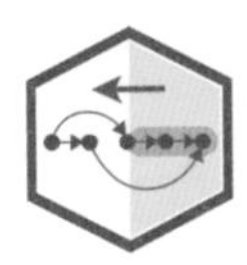

Tarjan 演算法 (Tarjan's Algorithm)

依照深度優先搜尋中走訪完成的順序進行拓撲排序，並將排序完成的節點新增到鏈結串列中的演算法，稱為 Tarjan 演算法。

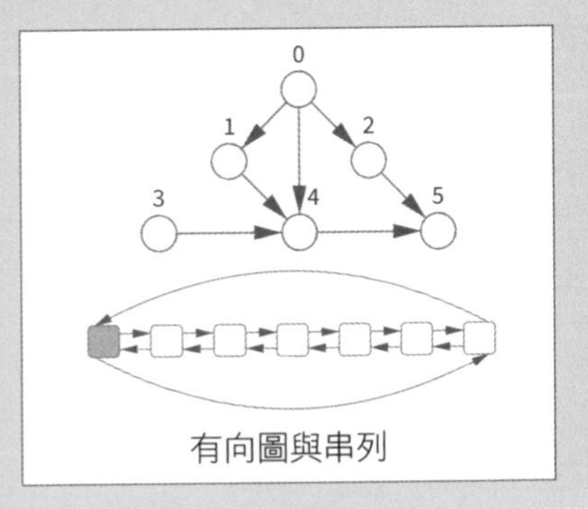

有向圖與串列

	節點編號	nodeId

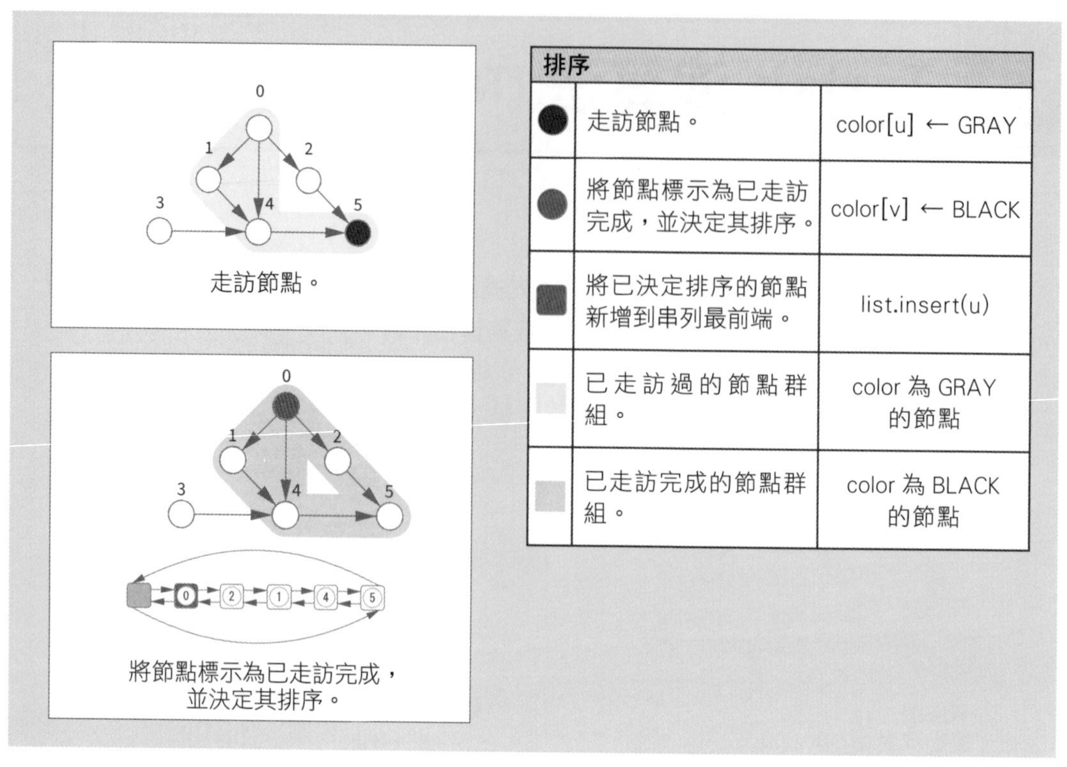

排序		
●	走訪節點。	color[u] ← GRAY
●	將節點標示為已走訪完成，並決定其排序。	color[v] ← BLACK
■	將已決定排序的節點新增到串列最前端。	list.insert(u)
	已走訪過的節點群組。	color 為 GRAY 的節點
	已走訪完成的節點群組。	color 為 BLACK 的節點

演算法的執行過程

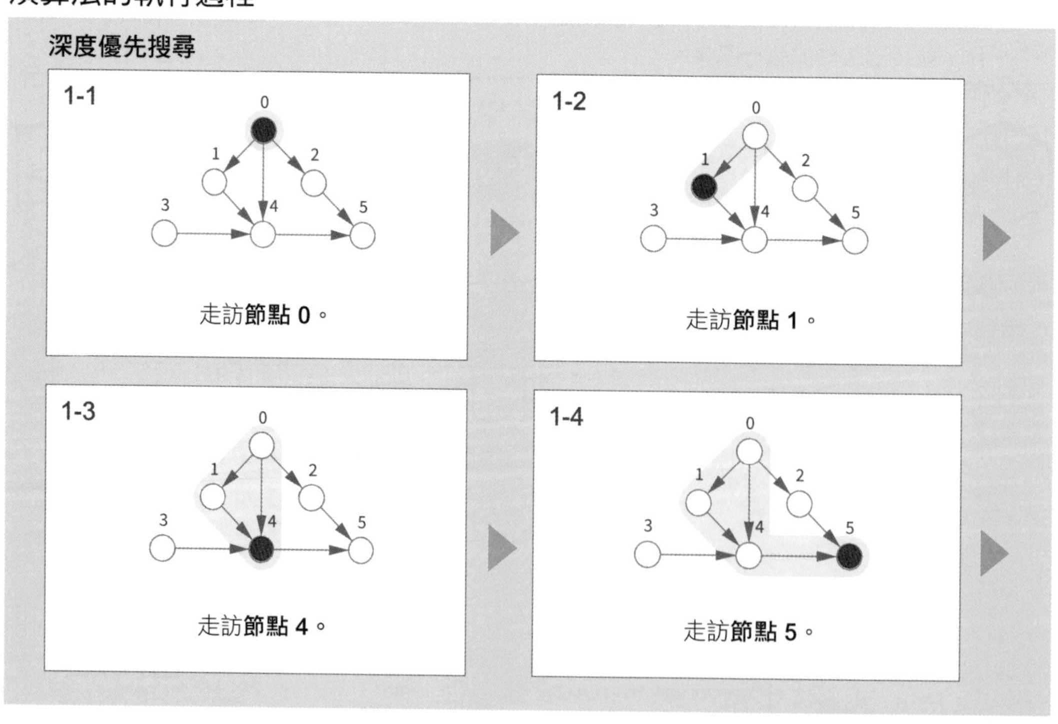

1-5
沒有需要走訪的相鄰節點。將**節點 5**
標示為已走訪完成，新增到串列最前端。
1-6
將**節點 4** 標示為已走訪完成，
並新增到串列最前端。
1-7
將**節點 1** 標示為已走訪完成，
並新增到串列最前端。
1-8
走訪與**節點 0** 相鄰的**節點 2**。
1-9
將**節點 2** 標示為已走訪完成，
並新增到串列最前端。
1-10
將**節點 0** 標示為已走訪完成，
並新增到串列最前端。
1-11
走訪未走訪的**節點 3**。
1-12
將**節點 3** 標示為已走訪完成，
並新增到串列最前端。

演算法的重點說明

各節點將依照在深度優先搜尋中走訪完成的順序，新增到串列中。若在新增時將節點置於串列最前端，之後就能以拓撲排序的順序追蹤節點。由深度優先搜尋的特性可知，當走訪完成的節點 u 要新增到串列中時，所有依賴於 u 的節點一定都已存在串列中。

虛擬碼

```
Graph g ← 建立圖形
LinkedList list ← 空串列

# 對圖形 g 進行拓撲排序
# 利用串列 list 記錄節點順序
topologicalSort():
    for v ← 0 to g.N-1:
        color[v] ← WHITE

    for v ← 0 to g.N-1:
        if color[v] = WHITE:
            dfs(v)

dfs(u):
    color[u] ← GRAY
    for v in g.adjLists[u]:
        if color[v] = WHITE:
            dfs(v)

    color[u] ← BLACK
    list.insert(u) # 將 u 新增到串列最前端
```

時間複雜度

深度優先搜尋的時間複雜度為 O(N+M)。

如前所述，拓撲排序的應用領域很多。實作上，雖然深度優先搜尋 (DFS) 的做法較簡潔，但它在遇到大型圖形時會有遞迴過深的問題，因此在某些情況，廣度優先搜尋 (BFS) 會是較適合的選擇。

第 24 章

Union-Find Tree

資料結構的作用是有效率地處理動態資料集。到目前為止我們所介紹的資料結構都是以陣列或樹狀結構為基礎建立而成，這些資料結構主要處理的都是一個集合，並不適合用來管理多個集合（集合可視為某些元素的群組）。

本章要介紹利用森林結構管理**不相交集合**（Disjoint Sets，亦稱**併查集**，合併及查詢之意）的資料結構。

- Union By Rank
- 路徑壓縮（Path Compression）
- Union-Find Tree

24-1 Union By Rank ★

合併樹狀結構（Union of Trees）

森林中的樹可以視為集合，只要將樹合併在一起就能合併集合。由於合併時新產生的樹高度會影響時間複雜度，因此必須要有適當的調整方式。

下圖為一座森林及森林內所有樹的根節點，請利用這些根節點將樹合併成新的森林。

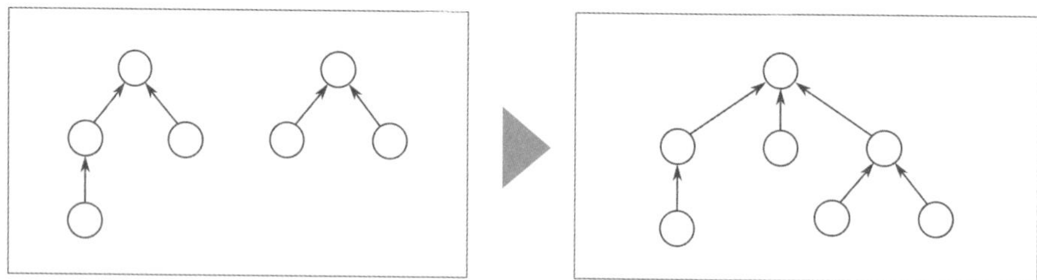

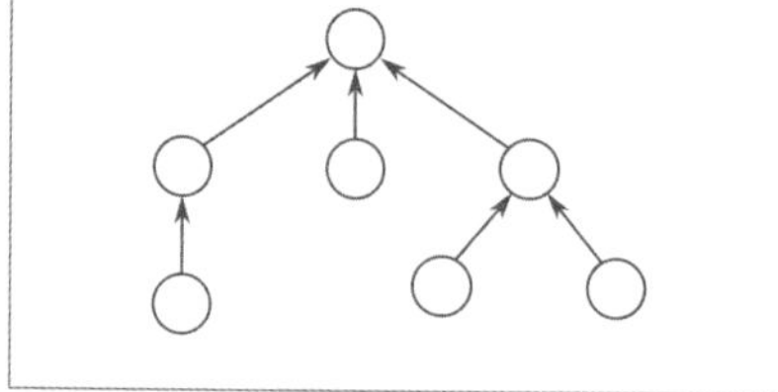

森林與樹的根節點
森林內的節點數 N ≤ 100,000

以指定根節點將樹合併後的森林

Union By Rank

合併樹的做法有兩種：一種是依樹的高度 (rank)※ 合併，另一種是依樹的大小合併。以下說明皆為依樹的高度合併。

※ 編註：樹狀結構中的 Rank，是指從最深的葉節點到某節點所經過的邊數，中文沒有統一的翻譯，一般稱為**高度**或**深度**，也有人採用數學裡的專有名詞，稱為**秩**。

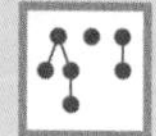

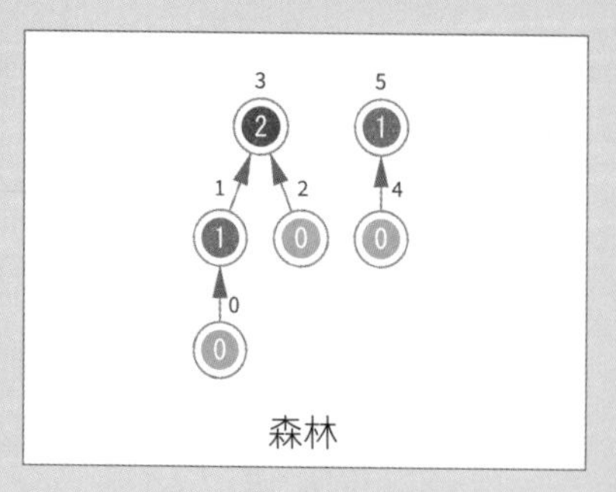

森林

節點中的數字表示高度	rank

演算法動畫 →

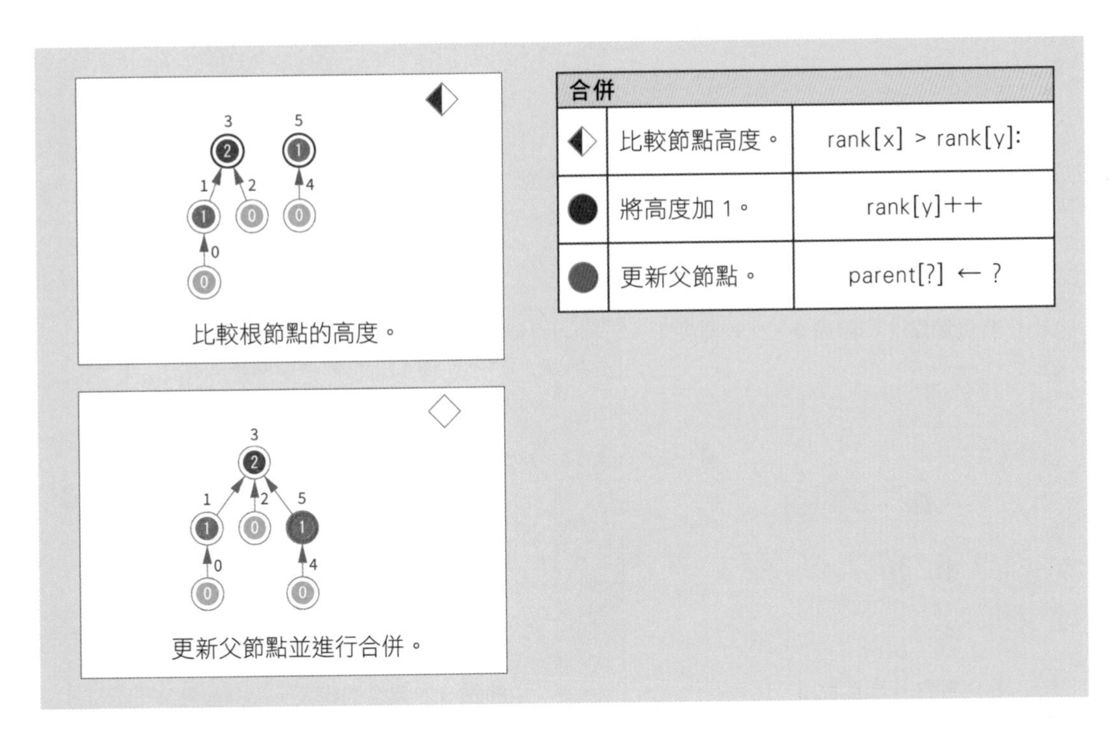

合併		
	比較節點高度。	rank[x] > rank[y]:
	將高度加 1。	rank[y]++
	更新父節點。	parent[?] ← ?

演算法的執行過程

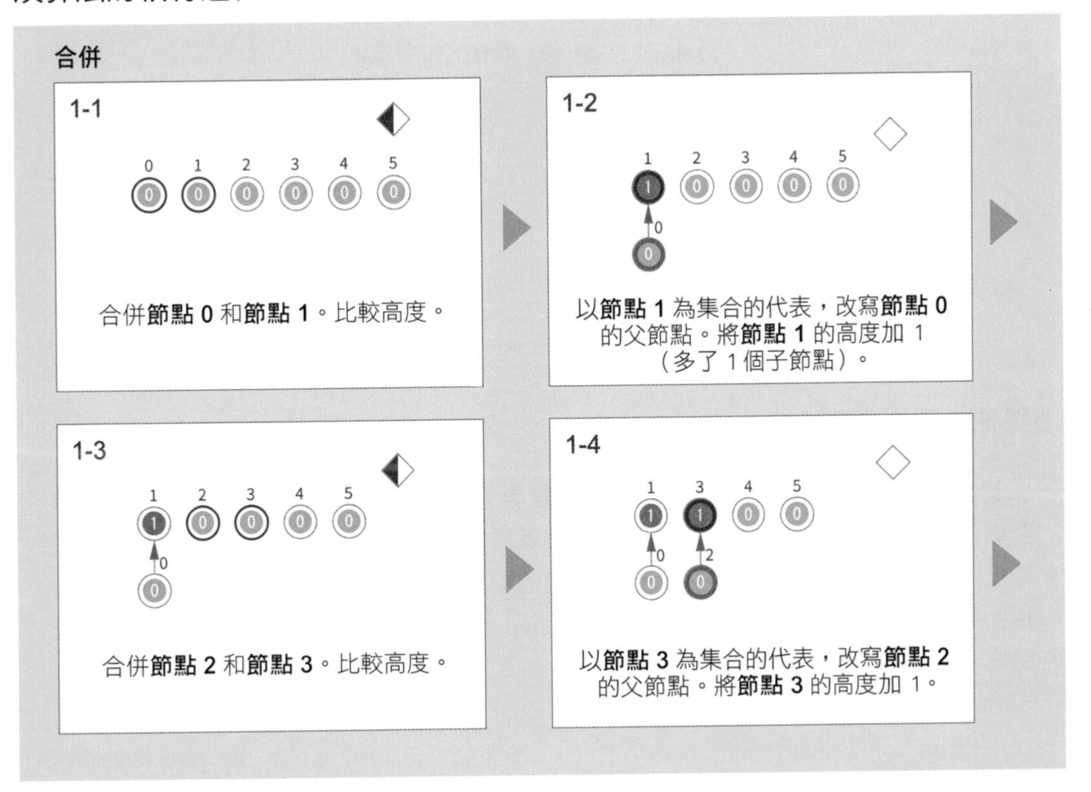

合併**節點 1** 和**節點 3**。比較高度。

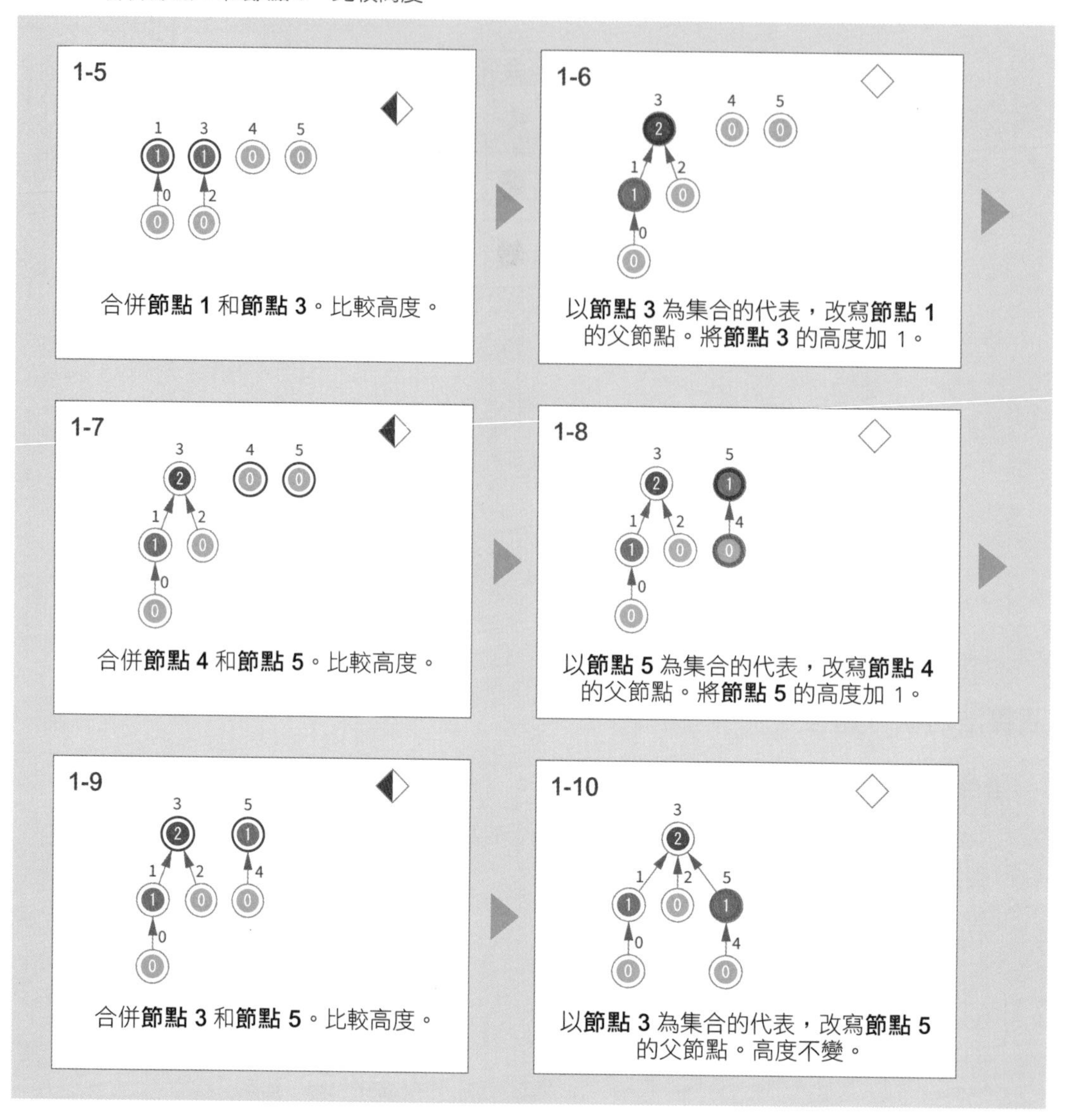

演算法的重點說明

從根節點合併 2 棵樹時，會有 2 種情況需要考慮。當 2 棵樹的高度不同時，需將高度較低的樹合併到高度較高的樹中，並將前者樹根的父節點改寫成後者的樹根。由於是較低的樹被合併到較高的樹中，因此合併後的樹高不會改變 (如圖 1-9、1-10)。當 2 棵樹的高度相同時，一樣透過改寫樹根的父節點，將其中 1 棵樹合併到另 1 棵樹中。此時，合併後的樹高將會加 1(如圖 1-5、1-6)。

虛擬碼

```
unite(x, y):                    # 合併 2 個根節點
    if rank[x] > rank[y]:       # 比較節點高度
        parent[y] ← x
    else:
        parent[x] ← y
        if rank[x] = rank[y]:
            rank[y]++           # 樹的高度相同時，合併後的樹高要加 1

# 模擬演算法動畫中的合併操作
unite(0, 1)
unite(2, 3)
unite(1, 3)
unite(4, 5)
unite(3, 5)
```

時間複雜度

合併處理只會對樹的根節點進行讀取與寫入，因此時間複雜度為 O(1)。

可應用在互不相交 ※ 集合 (Disjoint Sets) 的基本操作中。

※ 編註：在數學裡，如果兩個集合沒有共同的元素，就稱為**互不相交**，如下圖所示：

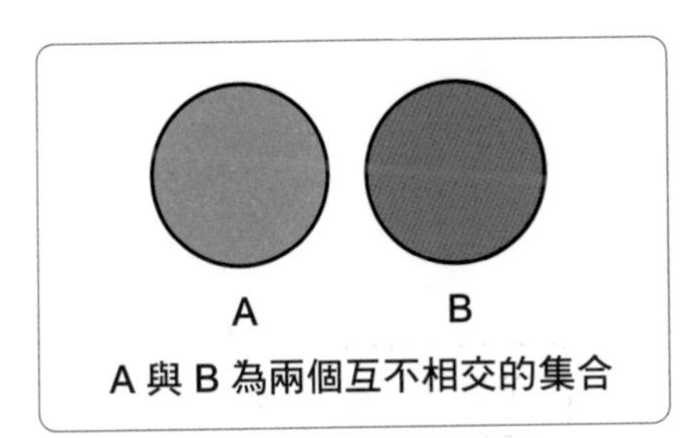

A 與 B 為兩個互不相交的集合

24-2 路徑壓縮(Path Compression) ★★★

降低樹的高度（Decreasing Height of Tree）

將森林中的樹視為集合處理時，樹的高度會影響時間複雜度，因此應盡量壓低。

請改變樹的形狀，以降低其高度。

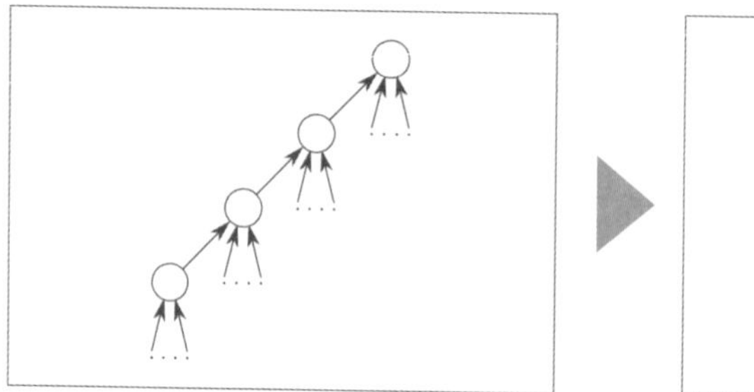

森林中的某棵樹
節點數 N ≤ 100,000

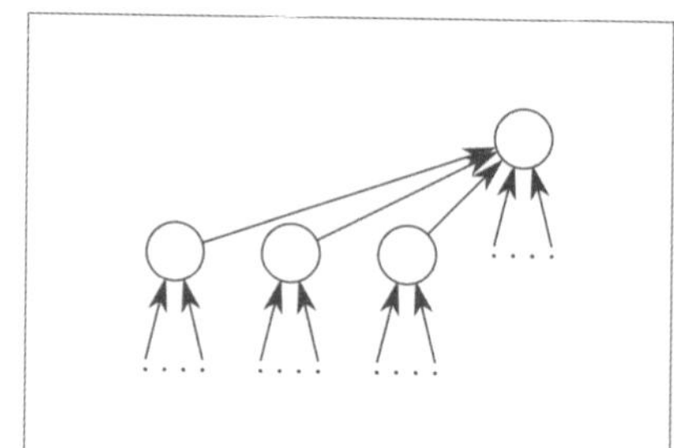

降低高度後的樹

路徑壓縮（Path Compression）

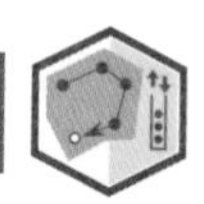

利用**深度優先搜尋**的回溯 (backtracking) 原理，將起點節點到根節點路徑上，所有節點的父節點都改為根節點。

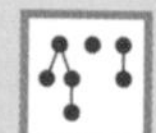

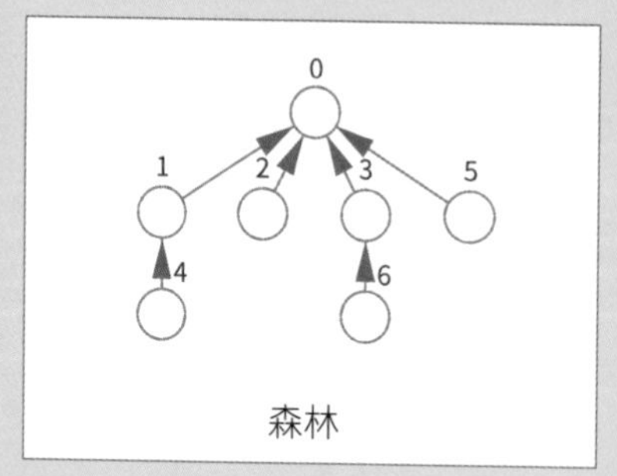

森林

演算法動畫 →

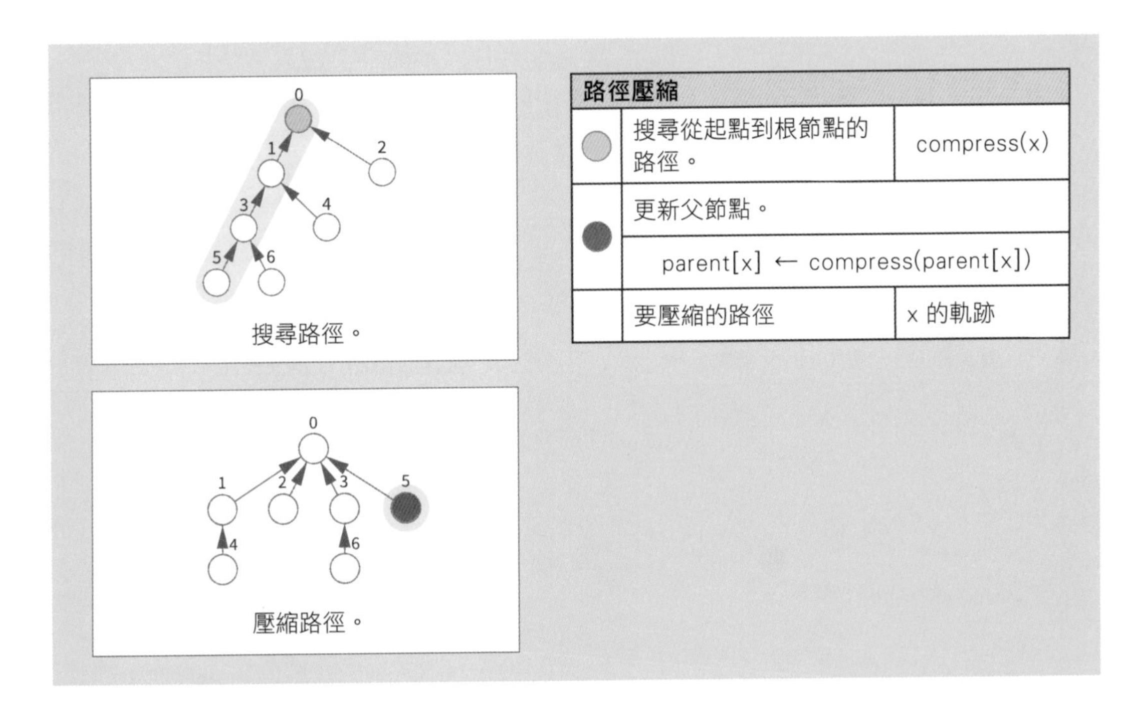
搜尋路徑。
壓縮路徑。
路徑壓縮
搜尋從起點到根節點的路徑。
compress(x)
更新父節點。
parent[x] ← compress(parent[x])
要壓縮的路徑
x 的軌跡

演算法的執行過程

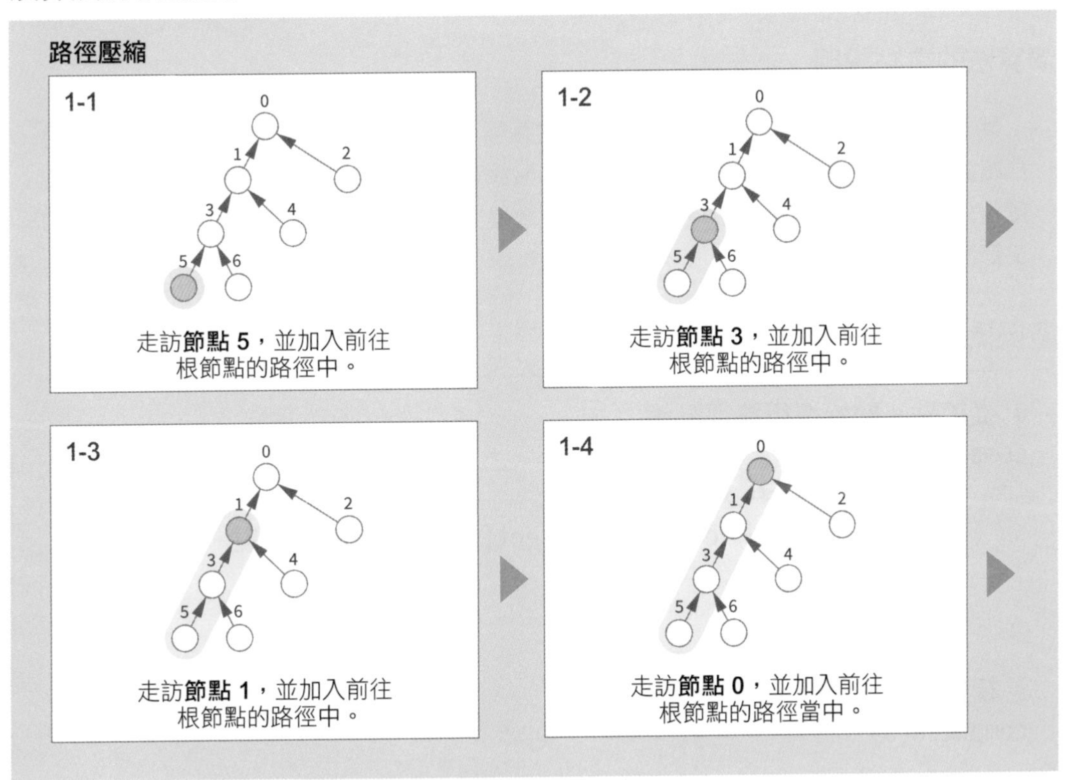
路徑壓縮
1-1
走訪節點 5，並加入前往根節點的路徑中。
1-2
走訪節點 3，並加入前往根節點的路徑中。
1-3
走訪節點 1，並加入前往根節點的路徑中。
1-4
走訪節點 0，並加入前往根節點的路徑當中。

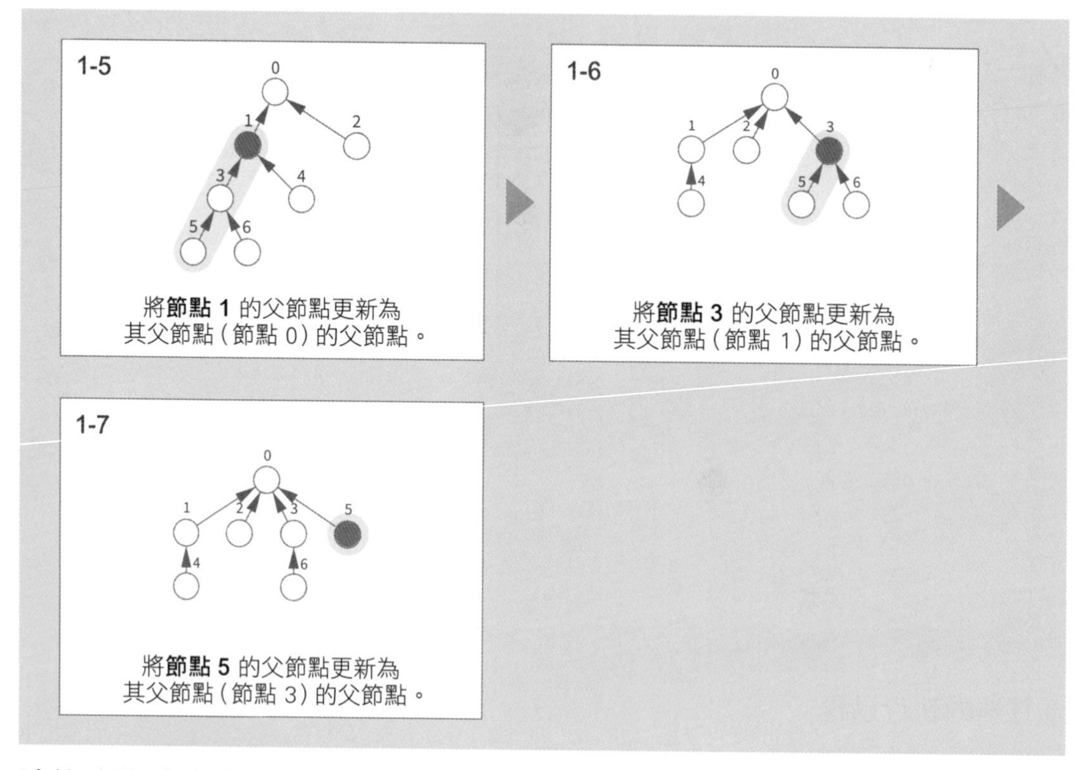

演算法的重點說明

路徑壓縮的做法是找出從起點到根節點的路徑，並將路徑上所有節點的父節點都變更成根節點。過程中在沿著路徑更新各節點的父節點時，使用的是深度優先搜尋。由於深度優先搜尋在走訪節點 x 時，函式的傳回值會是 x 的父節點，因此可藉此特性追蹤 x 的父節點。

虛擬碼

```
# 從節點 x 開始進行路徑壓縮
compress(x):
    if parent[x] ≠ x:                        # x 不是根節點
        parent[x] ← compress(parent[x])  # 更新父節點

    return parent[x]

# 模擬演算法動畫中的路徑壓縮操作
compress(5)
```

時間複雜度

雖然路徑壓縮的時間複雜度為 O(N)，但是經過這番調整後，我們可以獲得高度較低的樹狀結構，之後在對這棵新樹進行各項操作時，時間複雜度就能降到非常低。

路徑壓縮的方法，可應用在互不相交集合的基本操作中。

24-3 Union-Find Tree

★★★

管理互不相交集合（Disjoint Set）

若多個集合之間沒有共同的元素，則稱這些集合為**互不相交集合**。有些演算法需要使用能夠合併互不相交集合，或在互不相交集合中找出包含指定元素的集合。

請實作一個可以管理互不相交集合的資料結構。

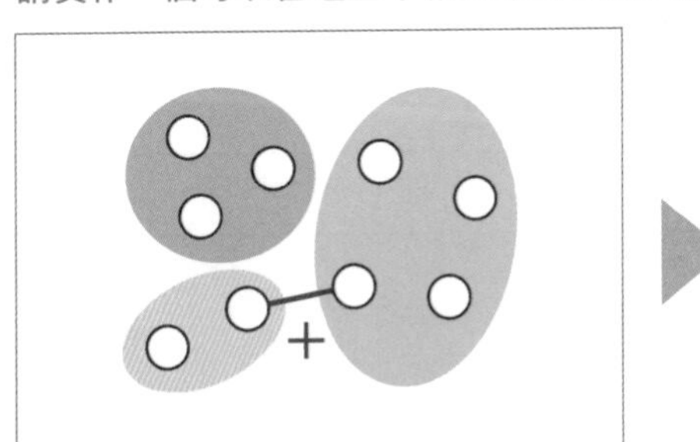

合併互不相交集合
節點數 N ≤ 100,000

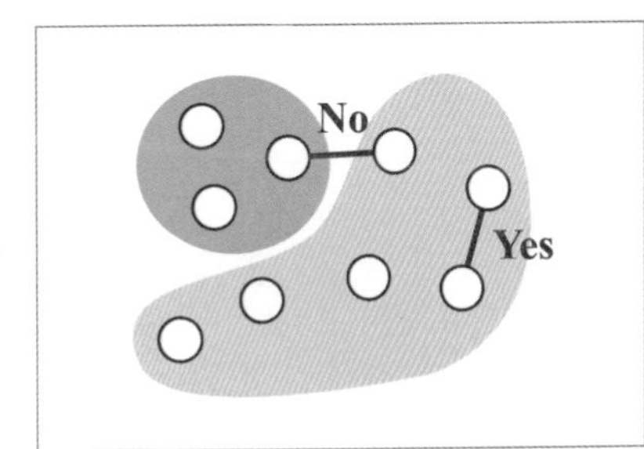

找出指定元素在哪個集合當中

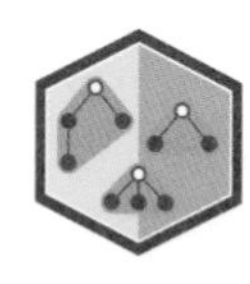

Union-Find Tree

互不相交集合可以透過儲存各節點的父節點編號的森林來表現。Union-Find Tree 是一種資料結構，它藉由依高度合併與路徑壓縮來處理互不相交集的合併與查詢問題。本節主要講解的是集合的合併處理。

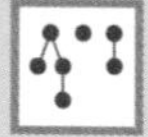

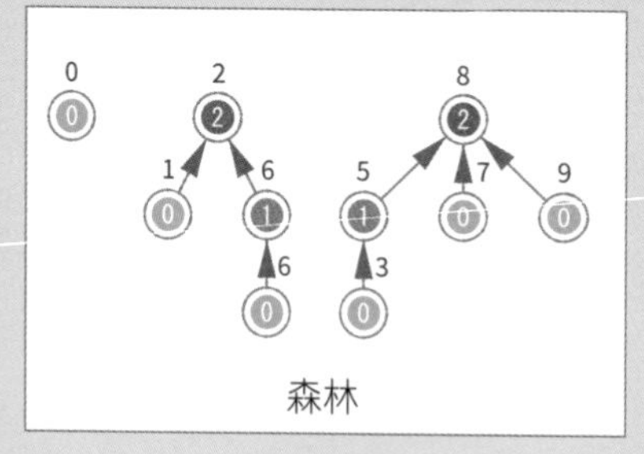

森林

	節點的高度	rank

演算法動畫 →

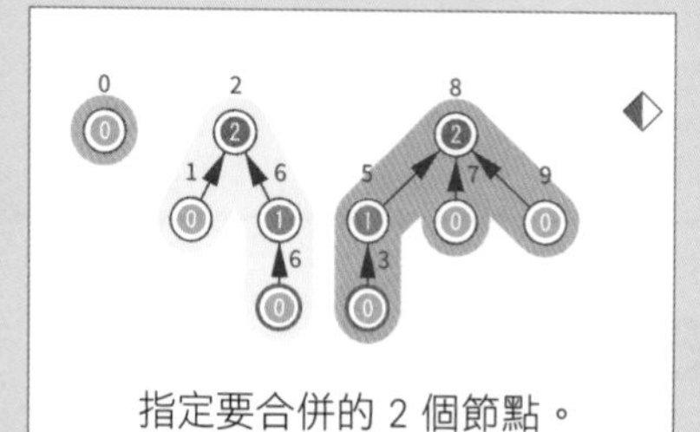

指定要合併的 2 個節點。

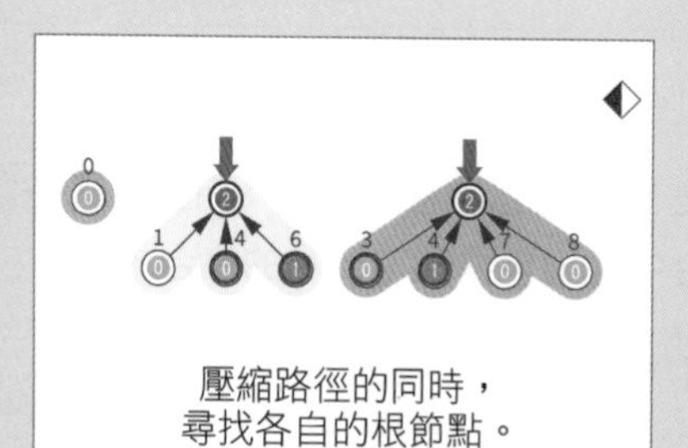

壓縮路徑的同時，
尋找各自的根節點。

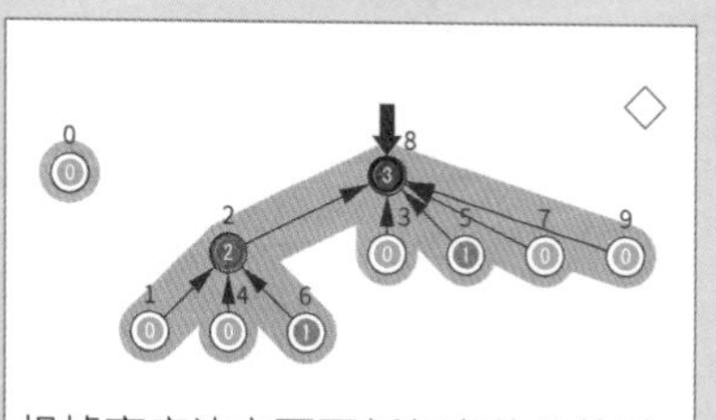

根據高度決定要更新何者的父節點，
並以兩者的根節點進行合併。

合併集合

	尋找被指定的 2 個節點的根節點。	
	root1 ← findSet(x) root2 ← findSet(y)	
	指向要合併的根節點。	root1, root2
	比較根節點的高度。	
	if rank[x] > rank[y]:	
	指向被選中的新的根節點。	x 或 y
	將高度加 1。	rank[y]++
	改寫父節點。	parent[?] ← ?
	壓縮路徑。	
	parent[x] ← findSet(parent[x]):	

演算法的執行過程

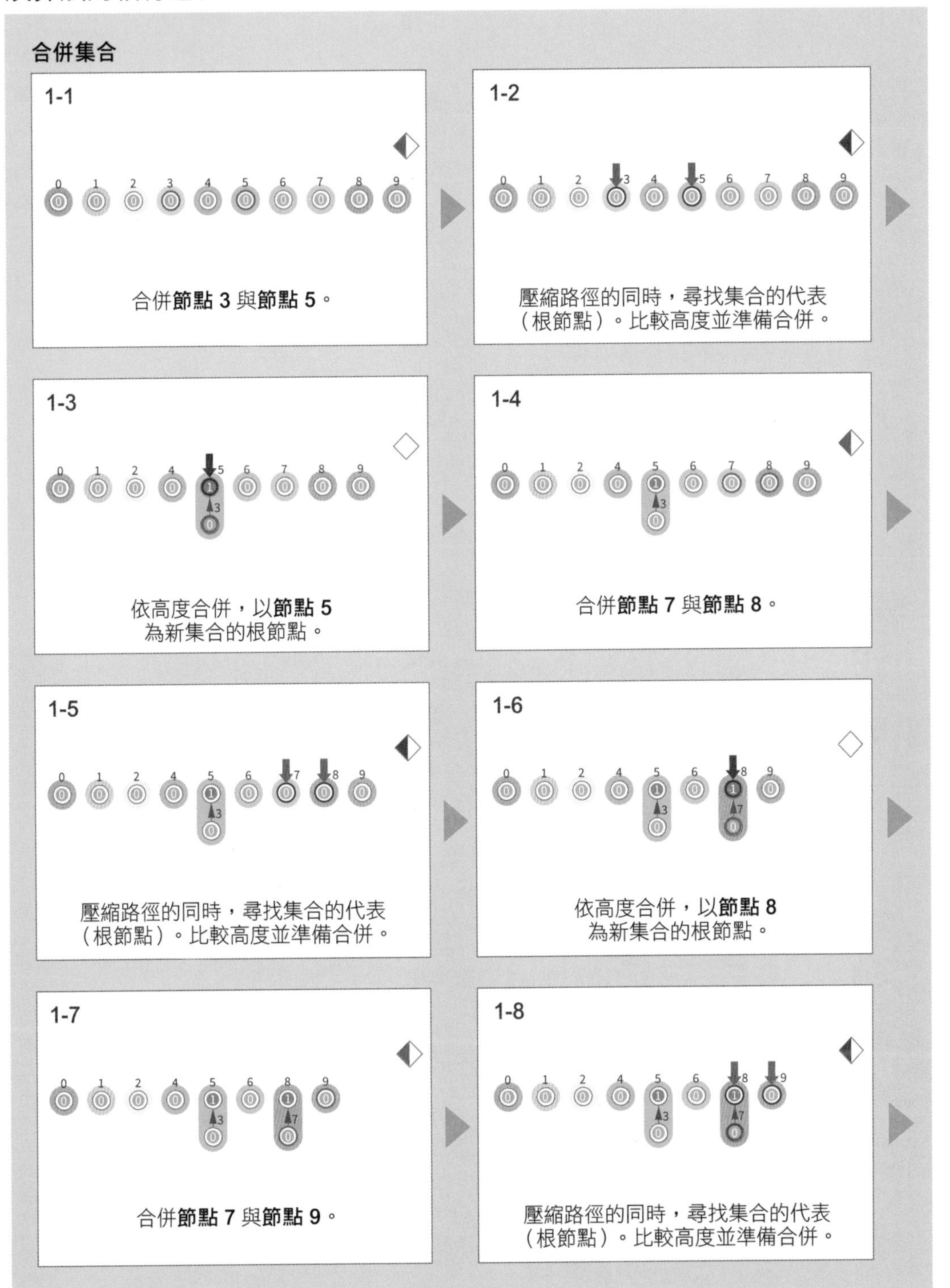
合併集合
1-1
0 1 2 3 4 5 6 7 8 9
合併**節點 3** 與**節點 5**。
1-2
壓縮路徑的同時，尋找集合的代表（根節點）。比較高度並準備合併。
1-3
依高度合併，以**節點 5**為新集合的根節點。
1-4
合併**節點 7** 與**節點 8**。
1-5
壓縮路徑的同時，尋找集合的代表（根節點）。比較高度並準備合併。
1-6
依高度合併，以**節點 8**為新集合的根節點。
1-7
合併**節點 7** 與**節點 9**。
1-8
壓縮路徑的同時，尋找集合的代表（根節點）。比較高度並準備合併。

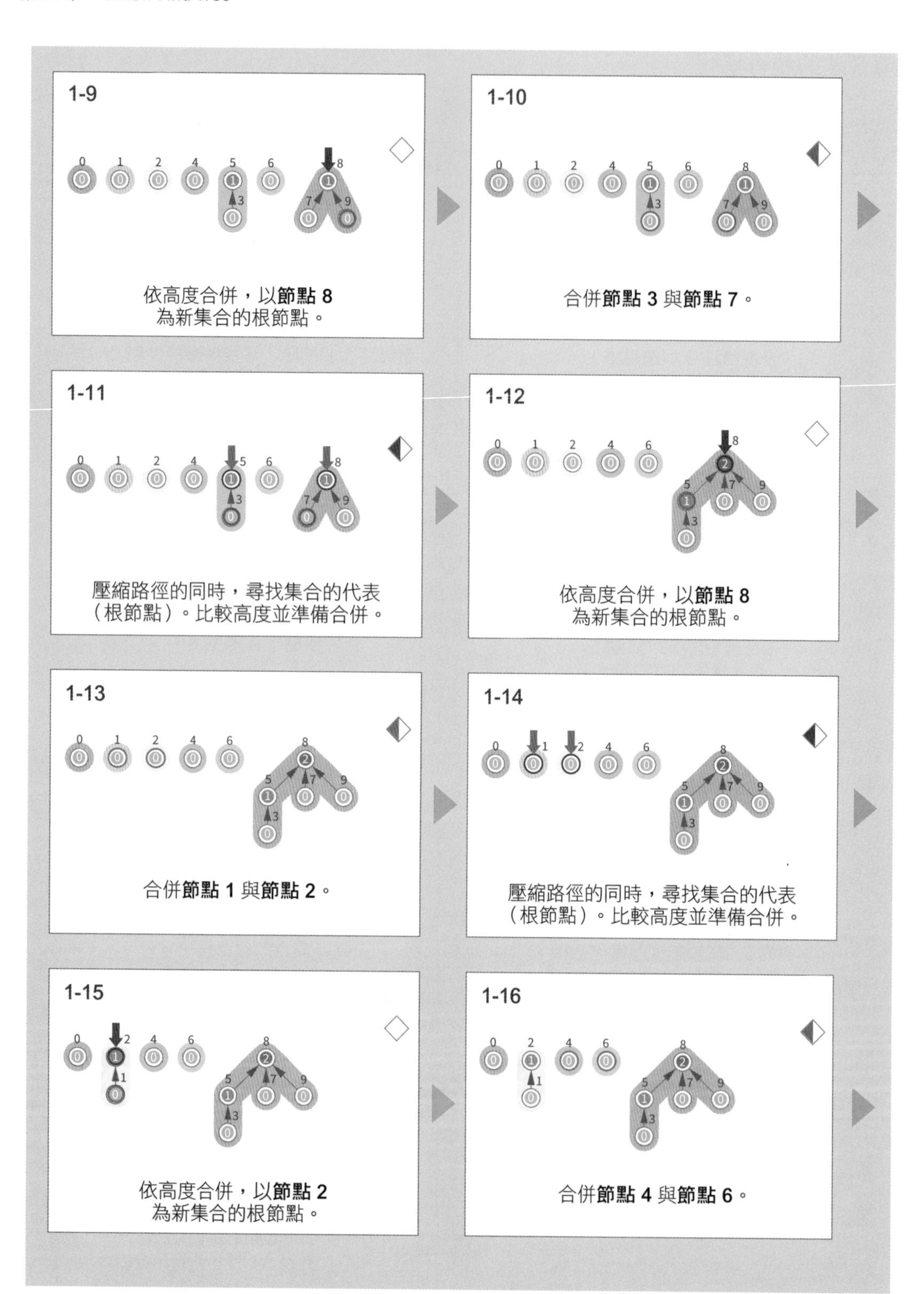
1-9
依高度合併，以**節點 8**
為新集合的根節點。
1-10
合併**節點 3** 與**節點 7**。
1-11
壓縮路徑的同時，尋找集合的代表
（根節點）。比較高度並準備合併。
1-12
依高度合併，以**節點 8**
為新集合的根節點。
1-13
合併**節點 1** 與**節點 2**。
1-14
壓縮路徑的同時，尋找集合的代表
（根節點）。比較高度並準備合併。
1-15
依高度合併，以**節點 2**
為新集合的根節點。
1-16
合併**節點 4** 與**節點 6**。

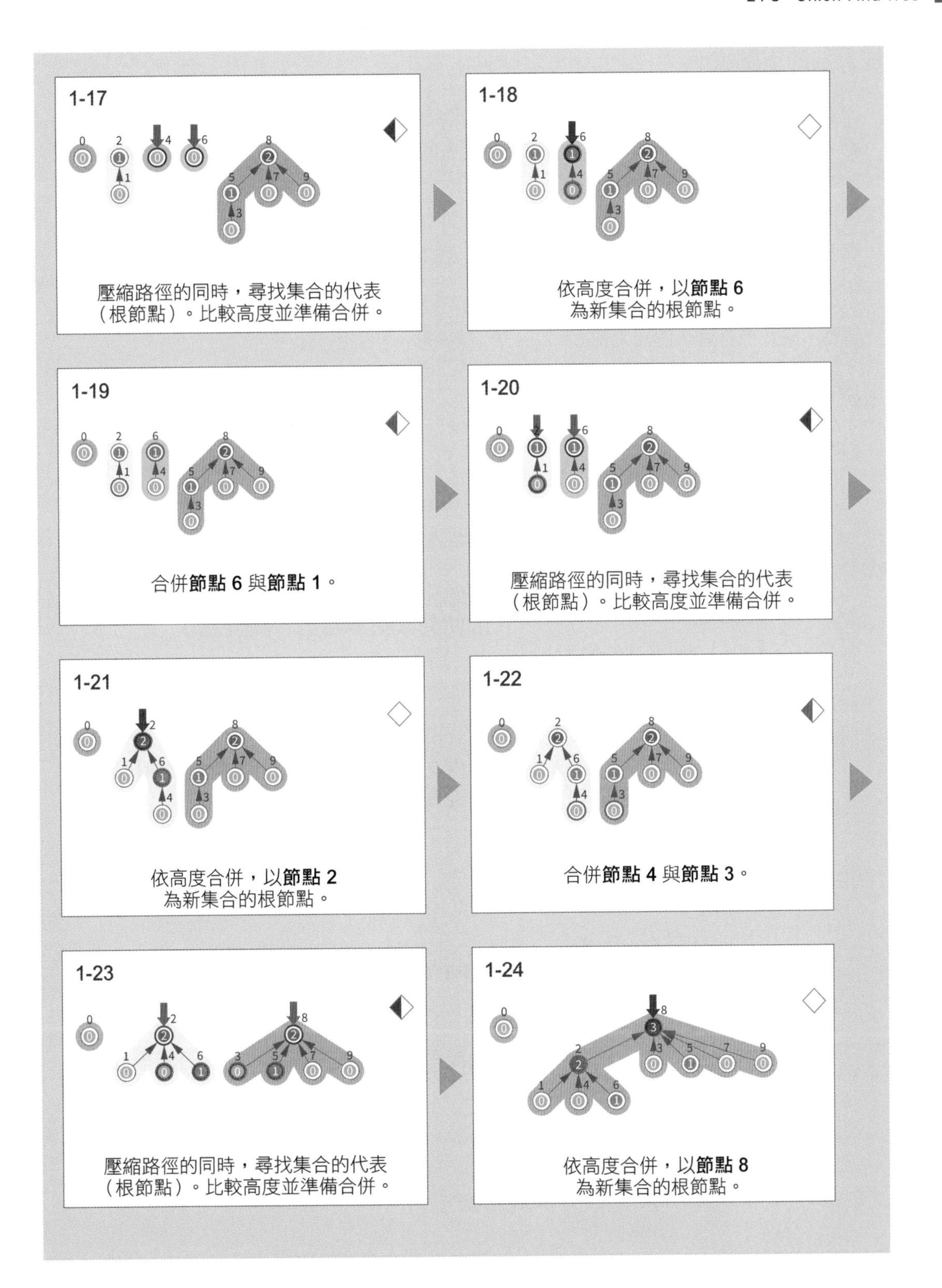
1-17
壓縮路徑的同時，尋找集合的代表（根節點）。比較高度並準備合併。
1-18
依高度合併，以節點 6 為新集合的根節點。
1-19
合併節點 6 與節點 1。
1-20
壓縮路徑的同時，尋找集合的代表（根節點）。比較高度並準備合併。
1-21
依高度合併，以節點 2 為新集合的根節點。
1-22
合併節點 4 與節點 3。
1-23
壓縮路徑的同時，尋找集合的代表（根節點）。比較高度並準備合併。
1-24
依高度合併，以節點 8 為新集合的根節點。

演算法的重點說明

在 Union-Find Tree 的森林中，每 1 棵樹代表 1 個集合。集合的代表為該樹的根節點。各節點所屬的集合編號，則為該集合代表的編號。findSet(x) 雖然是用於尋找節點 x 的代表操作，但同時也會壓縮從 x 到所屬樹根節點的路徑。若要合併 2 個節點 x 與 y 各自所屬的集合 (樹)，可以先以 findSet(x) 與 findSet(y) 找出各自的代表，再依代表的高度進行合併。合併方式為改寫其中一個代表的父節點。

本節雖然以講解合併的方式為主，不過若要找出指定的 2 個元素 x 與 y 是否同屬一個集合，只要檢查這 2 個元素的 findSet 值 (根節點) 是否相等即可。

虛擬碼

```
class DisjointSet:
    N
    parent                      # 用於儲存森林中各節點的父節點陣列
    rank                        # 管理儲存各節點高度的陣列

    init(s):                    # 初始化，讓每個元素自成一個集合，
        N ← s                     因此父節點為自己、高度為 0
        for i ← 0 to N-1:
            parent[i] ← i
            rank[i] ← 0

    unite(x, y):                # 合併 2 個集合，先找出各集合的根節點，
        root1 ← findSet(x)        路徑壓縮後進行合併
        root2 ← findSet(y)
        link(root1, root2)

    findSet(x):
        if paret[x] ≠ x:
            parent[x] ← findSet(parent[x])
        return parent[x];

    link(x, y):                 # 此段為 24-1 節按 Rank 合併的演算法
        if rank[x] > rank[y]:
            parent[y] ← x
        else:
            parent[x] ← y
            if rank[x] = rank[y]:
                rank[y]++
```

時間複雜度

Union-Find Tree 在進行合併與尋找處理時都會進行路徑壓縮，因此兩種操作的對象都是高度極低的樹。由於其時間複雜度的分析較為困難，因此本書將省略說明，目前已知為 O(log N)，處理速度相當快。

應用

針對互不相交集合所進行的合併與尋找處理，雖然可藉由圖形的搜尋演算法來解決，但使用圖形時，搜尋是在邊的連通性被改變後才進行，因此不適用於資料量較大的情況。本節所實作的 Union-Find Tree，節點數是固定的，後續無法再增加，但可以解決的問題很多，是一種相當強大的資料結構。比如說尋找圖形中最小生成樹的**克魯斯克爾**（Kruskal）演算法（參見下一章的說明），就使用了 Union-Find Tree。

MEMO

第 25 章

尋找最小生成樹的演算法（Algorithms for MST）

如果我們讓圖形的邊上有值（即加權圖形），並按照應用程式的需求賦予各種意義，便能進一步拓展圖形的應用領域。

本章將介紹加權圖形演算法中，應用非常廣的**尋找最小生成樹**的演算法。

- 普林演算法（Prim's Algorithm）
- 克魯斯克爾演算法（Kruskal's Algorithm）

25-1 普林演算法(Prim's Algorithm) ★★★

最小生成樹（MST，Minimum Spanning Tree）

藉由挑選（刪除）連通圖的邊所獲得的連通樹，稱為**生成樹**（Spanning Tree）。生成樹可以利用**深度優先搜尋**或**廣度優先搜尋**等基本的走訪演算法來獲得，但邊的選擇方式不同，得到的性質也會不同，本章要找的是權重總和最小的最小生成樹。

請在加權無向圖中找出最小生成樹。最小生成樹是在所有可由圖形獲得的生成樹中，每條邊的權重總和最小者。

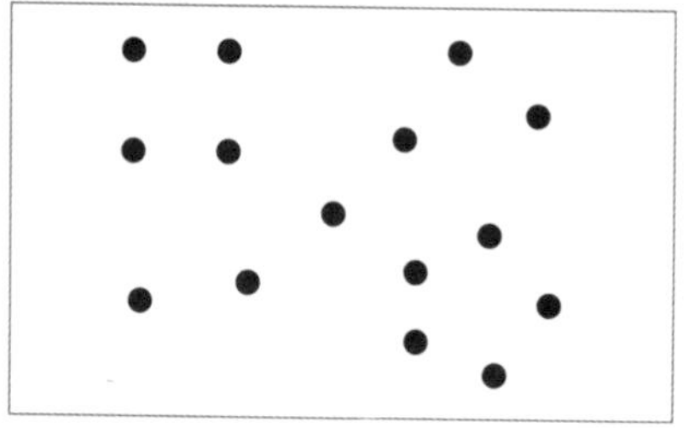

加權無向圖
節點數 N ≤ 1,000
邊數　 M ≤ 10,000

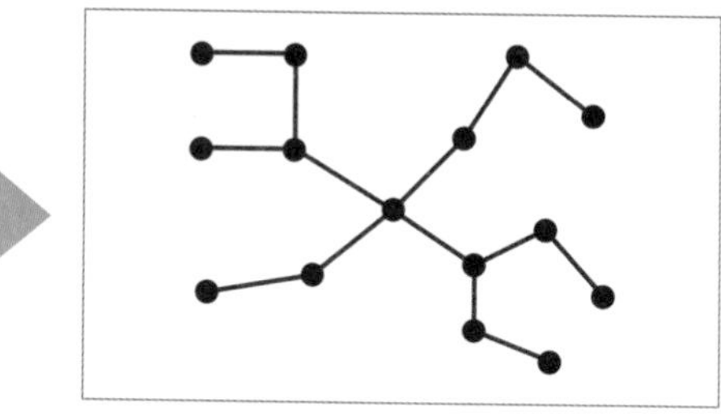

最小生成樹（MST）

※ 編註：這裡的示意圖主要是呈現最小生成樹，所以省略標示加權圖形中的邊線與權重。

普林演算法（Prim's Algorithm）

普林演算法（Prim's Algorithm）會從任意一個節點為起點，每次選擇一個與目前節點最近的節點，並將連接兩節點的邊加到樹 T 中，以逐步建立出最小生成樹。

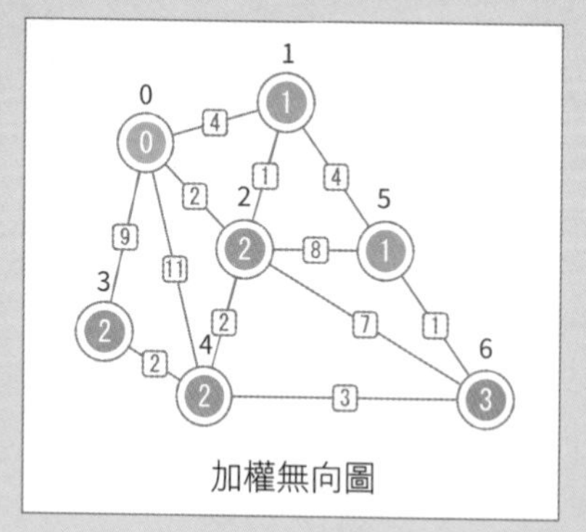

加權無向圖

■	連到 T 內節點的最小邊上的權重	dist
■	最小生成樹中的父節點	parent
□	節點間的距離	weight

演算法動畫 →

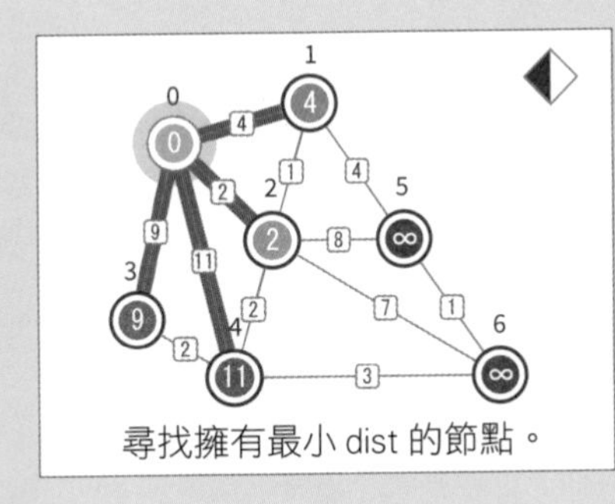

尋找擁有最小 dist 的節點。

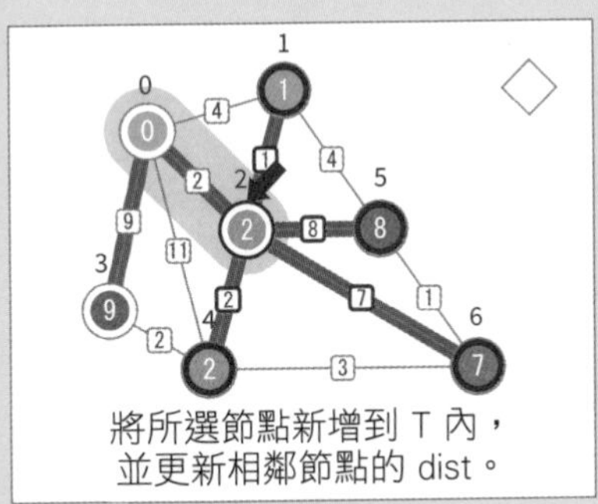

將所選節點新增到 T 內，
並更新相鄰節點的 dist。

	決定起點與初始化	
	選擇適當的起點並將其 dist 初始化為 0。	
	將其餘節點的 dist 初始化為 ∞。	
	建立最小生成樹	
	尋找 dist 最小的節點。	# find minimum
	指向擁有最小權重的節點。	u
	更新節點的 dist 與 parent。	
	dist[v] ← weight[u][v] parent[v] ← u	
	標示最小生成樹暫定要使用的邊。	(v, parent[v])
	擴大最小生成樹。	將 u 新增至 T 內
	輸出最小生成樹	
	利用父節點的資訊建立最小生成樹。	

演算法的執行過程

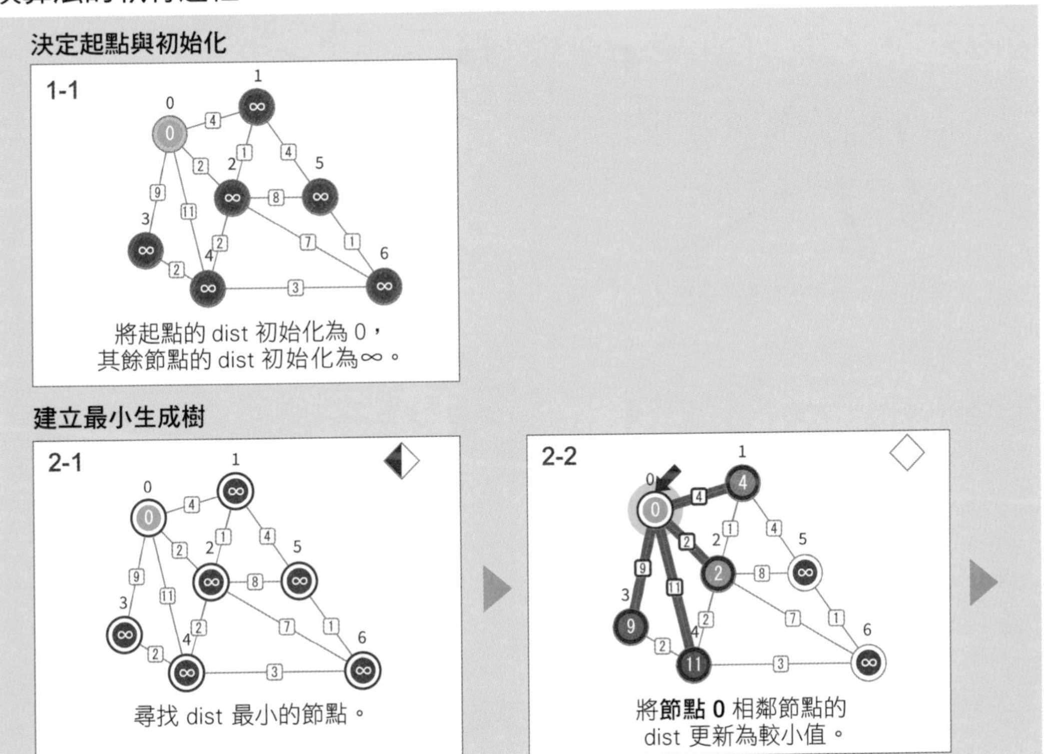

將起點的 dist 初始化為 0，
其餘節點的 dist 初始化為∞。

尋找 dist 最小的節點。

將**節點 0** 相鄰節點的
dist 更新為較小值。

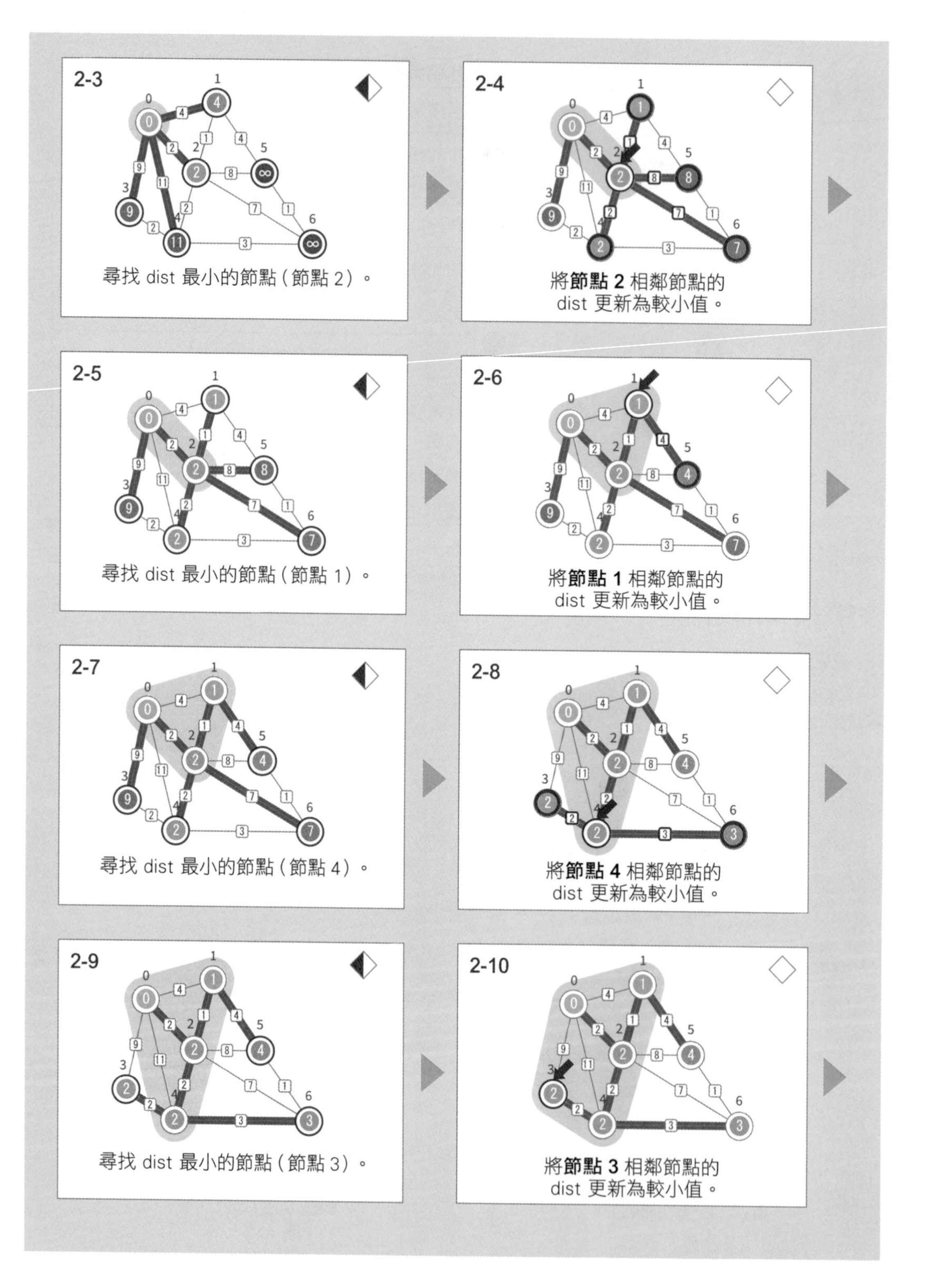
2-3
尋找 dist 最小的節點（節點 2）。
2-4
將**節點 2** 相鄰節點的
dist 更新為較小值。
2-5
尋找 dist 最小的節點（節點 1）。
2-6
將**節點 1** 相鄰節點的
dist 更新為較小值。
2-7
尋找 dist 最小的節點（節點 4）。
2-8
將**節點 4** 相鄰節點的
dist 更新為較小值。
2-9
尋找 dist 最小的節點（節點 3）。
2-10
將**節點 3** 相鄰節點的
dist 更新為較小值。

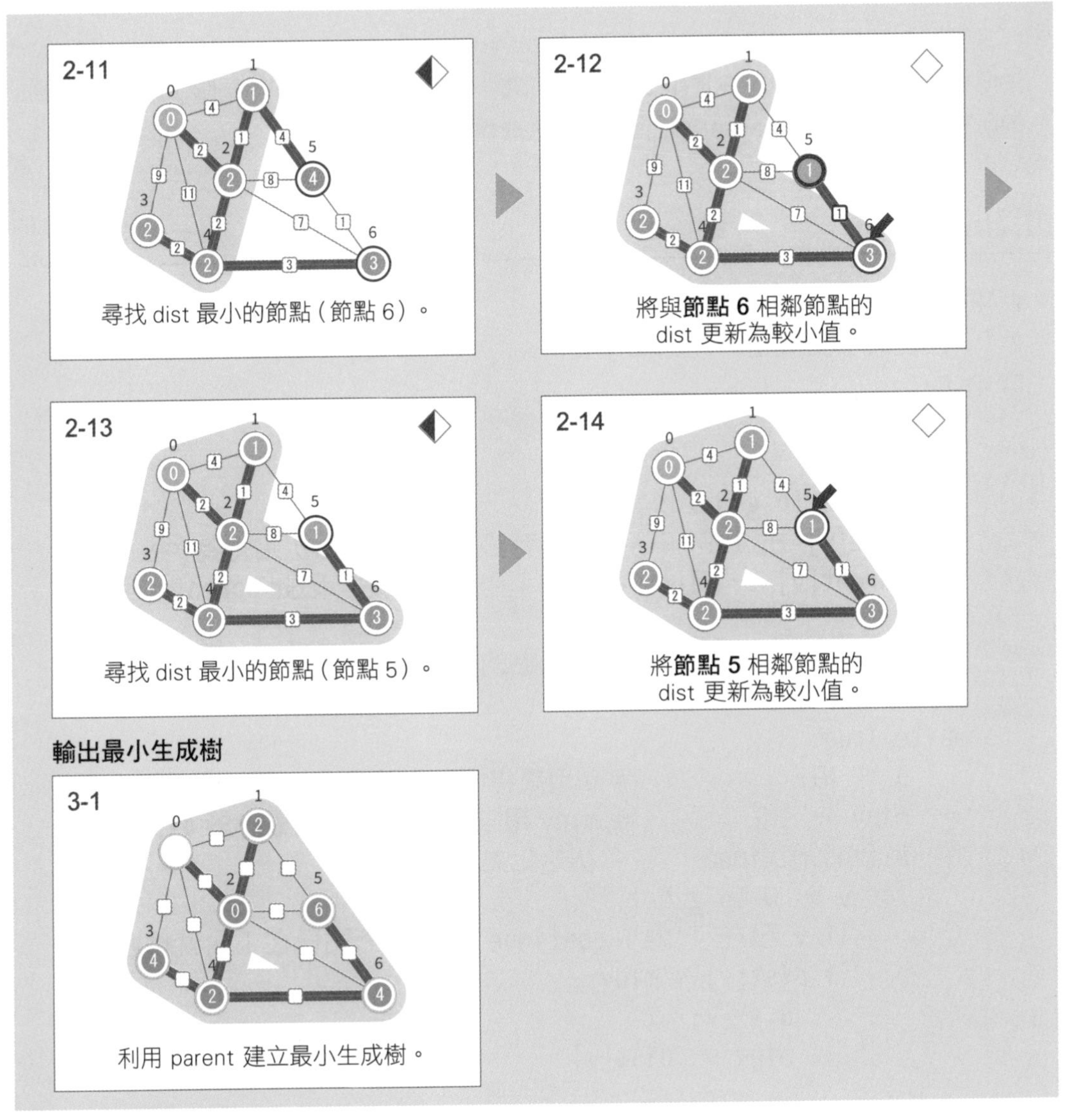

演算法的重點說明

在普林演算法 (Prim's Algorithm) 中，生成樹 T 是由適當的節點開始逐步擴展而成。擴展的每一個步驟，都會從連接 T 內節點與 T 外節點的邊，選擇一條權重最小的邊，並將此邊在 T 外的節點新增到 T 內。為了提升此處理的執行效率，本節使用變數 dist。dist[i] 會記錄連接節點 i 與 T 內節點的最小邊權重。換句話說，各個步驟其實就是在尋找 dist 最小的節點，並將找到的節點 u 新增至 T 內。而在尋找最小 dist 之前，若發現與 u 相鄰的節點 v 當下的 dist[v] 大於 weight[u][v]，則需先將 dist[v] 更新為較小值。普林演算法會在所有節點都包含在樹 T 內時結束。

只要將各節點 v 在樹 T 的父節點記錄在 parent[v] 中，即可利用 parent 建立出最小生成樹。父節點的資訊可在更新 dist[v] 的同時，記錄在 parent[v] 中。除了根節點之外的所有節點 v 的邊 (v, parent[v]) 皆為最小生成樹的邊。

虛擬碼

```
# 求圖形 g 的最小生成樹
# T：已在最小生成樹內的節點集合
prim(g):
    s ← 0                    # 決定適當的起點

    for v ← 0 to g.N-1:
        dist[v] ← INF        # 將所有節點的 dist 都初始化為 ∞
        parent[v] ← NIL      # 目前 T 內沒有節點，因此 parent 都是空的

    dist[s] ← 0              # 將起點的 dist 初始化為 0

    while True:
        u ← NIL              # u 用來指向 T 內節點，一開始是空的
        minv ← INF           # minv 用來表示 T 外節點最小的 dist 值，
        # find minimum         初始化為 ∞
        for v ← 0 to g.N-1:
            if v 已在 T 內 : continue    # 若節點已在 T 內就略過
            if dist[v] < minv:
                u ← v;
                minv ← dist[v]

        if u = NIL: break        # 所有節點走訪完一遍，若 u 是空的，
                                   表示 T 外已無節點，結束整個迴圈將
                                   u 新增至 T 內
         for v ← 0 to g.N-1:
            if g.weight[u][v] = INF: continue
            if v 已在 T 內 : continue
            if dist[v] > weight[u][v]:  # 只要邊的權重較小，就更新
                dist[v] ← weight[u][v]    節點的 dist 和 parent
                parent[v] ← u
```

時間複雜度

普林演算法 (Prim's Algorithm) 的最小生成樹 T 是以 1 個步驟新增 1 個節點的方式逐步擴展而成。若尋找權重最小節點的處理是以線性搜尋法執行，則時間複雜度將會是 $O(N^2)$。這一點無論圖形是以相鄰矩陣或相鄰串列實作，皆不會改變。

不過若是以堆積 (優先佇列) 管理最小權重，並從堆積中選擇最佳節點，且圖形是以相鄰串列實作，則普林演算法的時間複雜度將為 O((N+M)log N)。利用堆積 (或優先佇列) 進行的實作方式會在後續介紹求取最短路徑的**戴克斯特拉**演算法 (Dijkstra's Algorithm) 時講解。

應用　許多領域中都有最小生成樹問題，如電腦的網路設計及電路配線等。而除了尋找最小生成樹外，最小生成樹本身也是解決各種圖形問題的一種有效特徵。這類問題存在各個不同的領域中，例如影像處理及生物科技 (biotechnology) 等。

25-2 克魯斯克爾演算法 (Kruskal's Algorithm) ★★★

最小生成樹（Minimum Spanning Tree）

從一個較大的圖形，求出最小生成樹。

請從加權無向圖中找出最小生成樹。

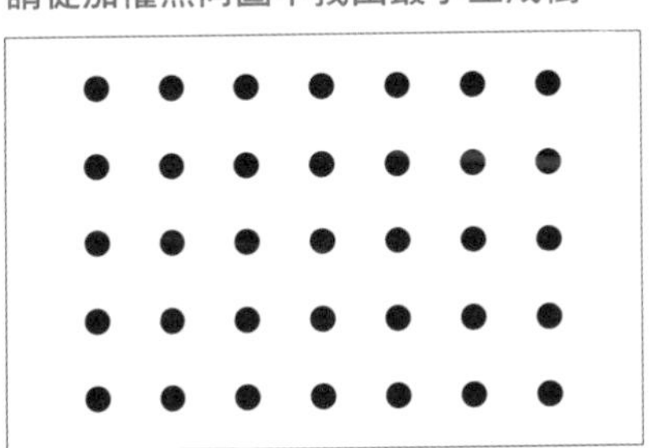

加權無向圖
節點數 N ≦ 100,000
邊數　M ≦ 100,000

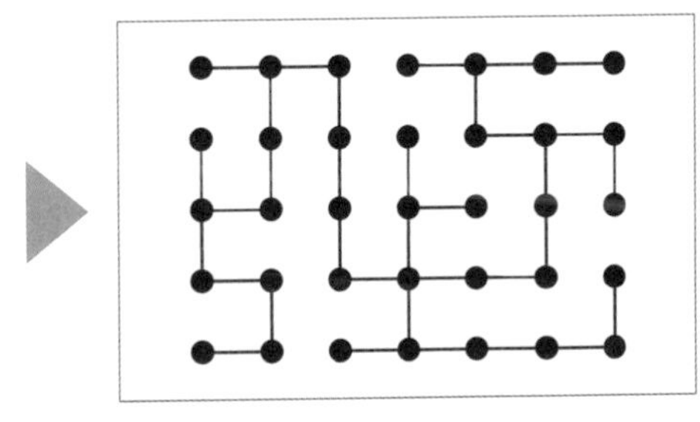

最小生成樹

※ 編註：這裡的示意圖主要是呈現最小生成樹，所以省略標示加權圖形中的邊線與權重。

克魯斯克爾演算法（Kruskal's Algorithm）

克魯斯克爾演算法 (Kruskal's Algorithm) 是藉由管理互不相交集合 (Disjoint Sets) 的概念，一次挑選一條邊新增到生成樹當中。

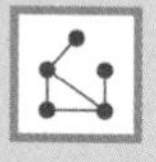

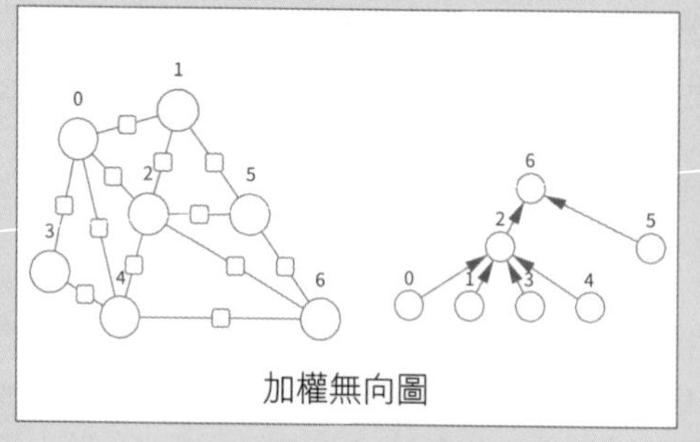

加權無向圖

	節點間的距離	weight

演算法動畫

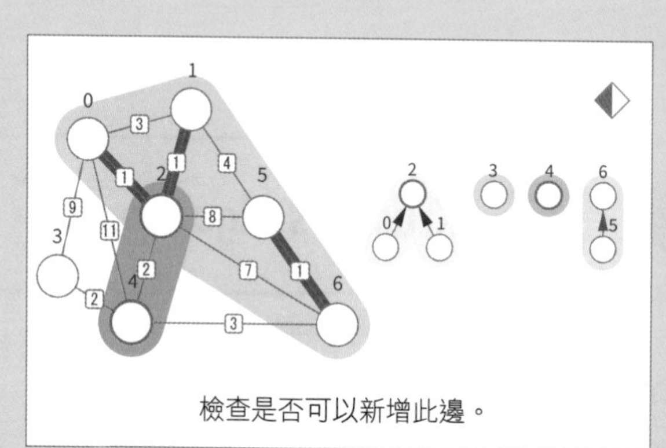

檢查是否可以新增此邊。

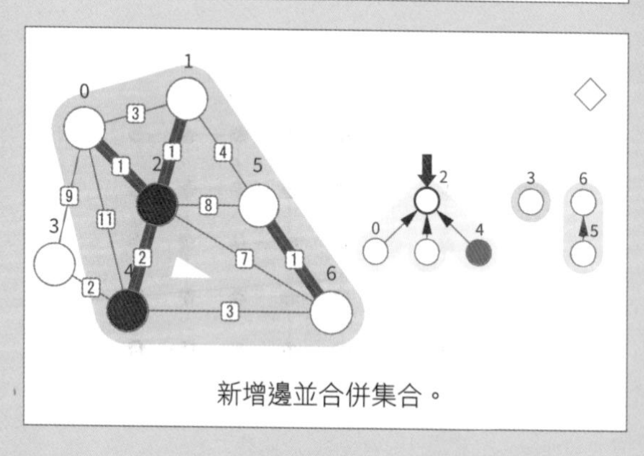

新增邊並合併集合。

排序		
■	將各邊按權重大小以升冪方式排序。	
新增邊		
●	將邊新增到最小生成樹內。	將 e 新增至 MST 內
■	標示出考慮要新增的邊。	u, v
▬	標示最小生成樹內的邊。	已在 MST 內的邊
■	擴大已在最小生成樹內的節點範圍。	已在 MST 內的節點

演算法的執行過程

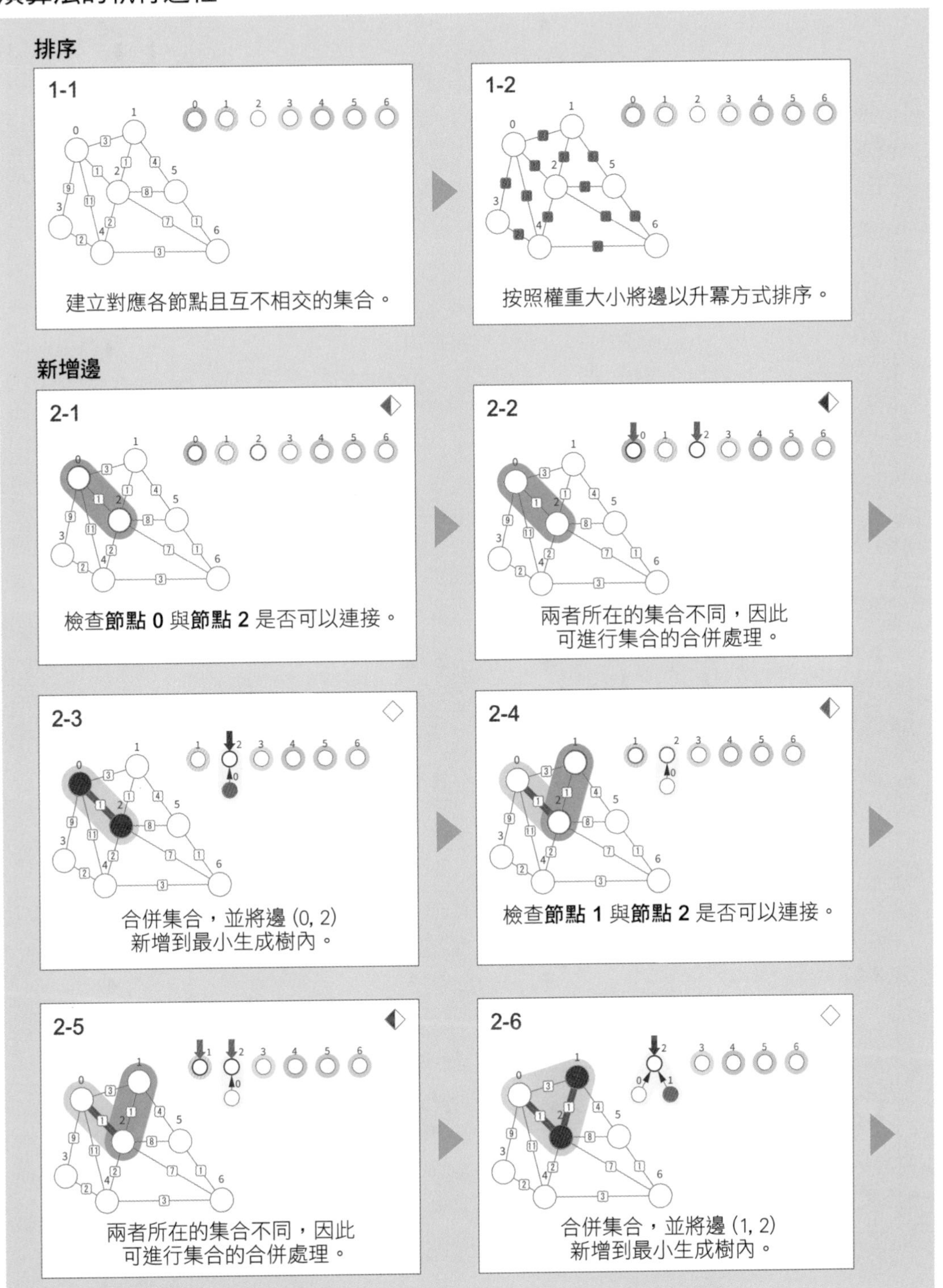
排序
1-1
建立對應各節點且互不相交的集合。
1-2
按照權重大小將邊以升冪方式排序。
新增邊
2-1
檢查節點 0 與節點 2 是否可以連接。
2-2
兩者所在的集合不同，因此
可進行集合的合併處理。
2-3
合併集合，並將邊 (0, 2)
新增到最小生成樹內。
2-4
檢查節點 1 與節點 2 是否可以連接。
2-5
兩者所在的集合不同，因此
可進行集合的合併處理。
2-6
合併集合，並將邊 (1, 2)
新增到最小生成樹內。

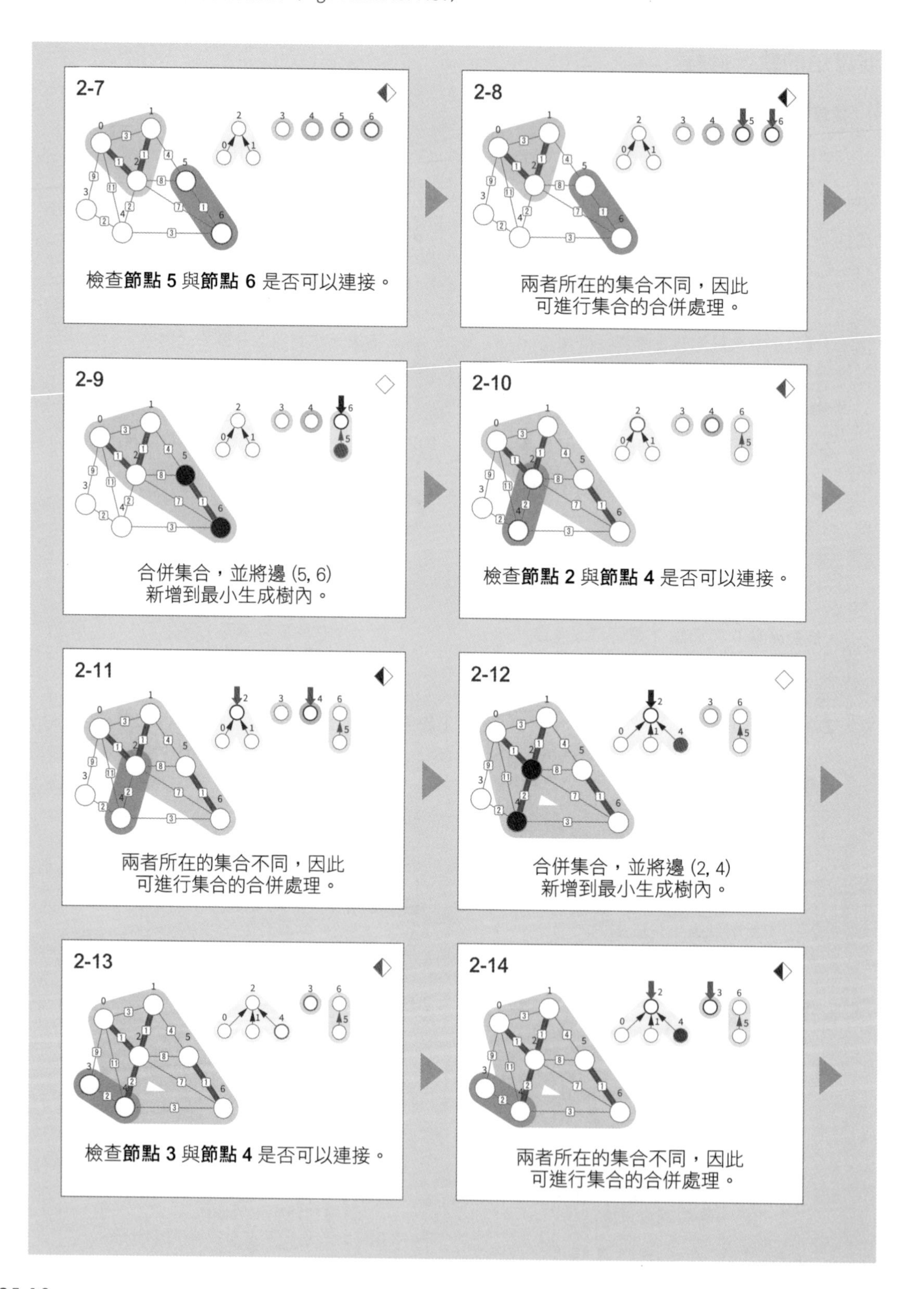
2-7
檢查**節點 5** 與**節點 6** 是否可以連接。
2-8
兩者所在的集合不同，因此
可進行集合的合併處理。
2-9
合併集合，並將邊 (5, 6)
新增到最小生成樹內。
2-10
檢查**節點 2** 與**節點 4** 是否可以連接。
2-11
兩者所在的集合不同，因此
可進行集合的合併處理。
2-12
合併集合，並將邊 (2, 4)
新增到最小生成樹內。
2-13
檢查**節點 3** 與**節點 4** 是否可以連接。
2-14
兩者所在的集合不同，因此
可進行集合的合併處理。

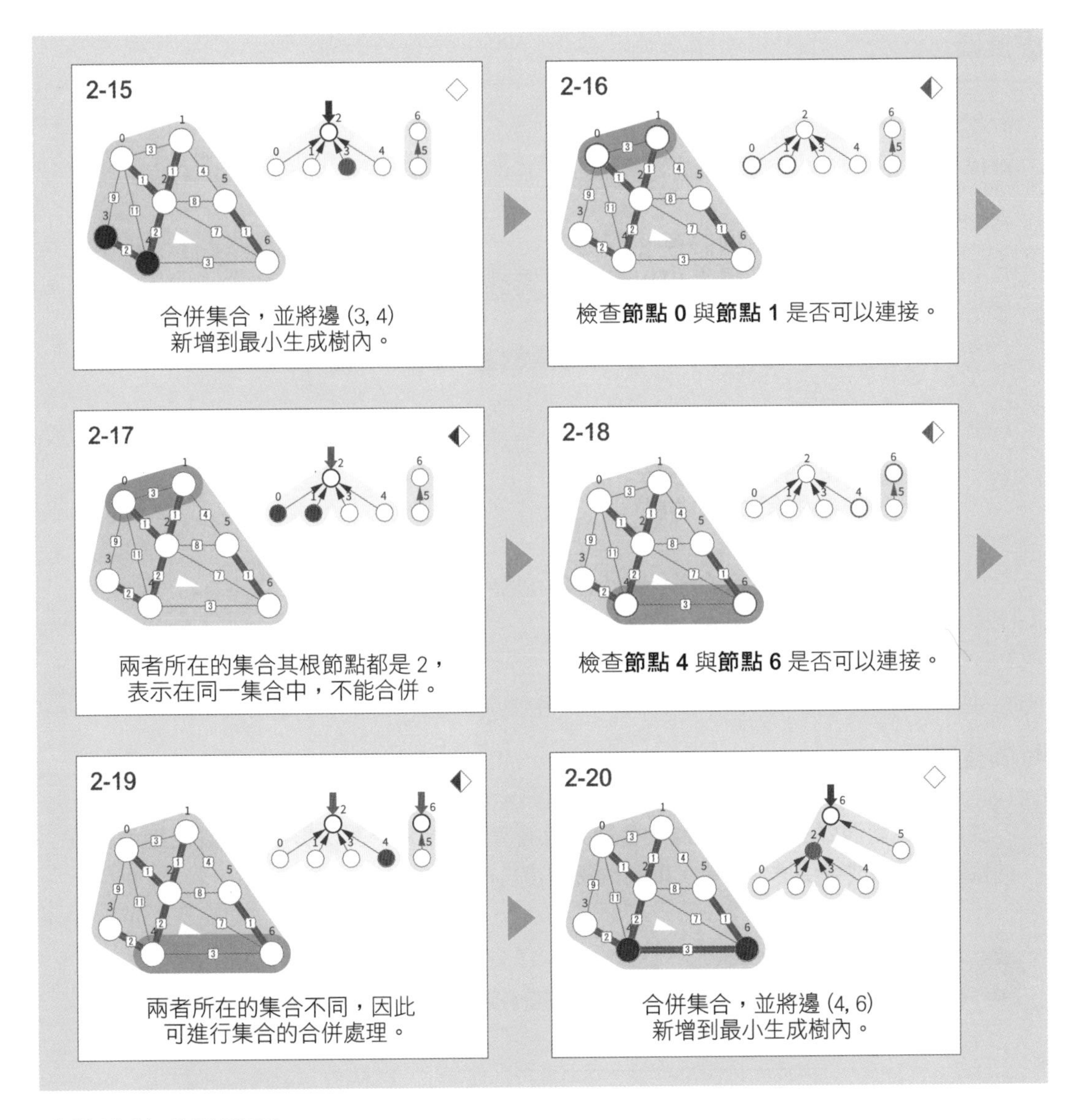

演算法的重點說明

克魯斯克爾演算法 (Kruskal's Algorithm) 的第一步是將圖形中所有邊按照權重大小以升冪方式排序。接著再根據權重大小，由小而大依序選擇邊 (u, v)。若 u 與 v 分屬不同集合，則將兩者所屬集合合併，並新增 (u, v) 到最小生成樹內。若 u 與 v 同屬一個集合，則表示新增此邊會造成圖形中出現迴路，因此必須捨棄此邊，並按照排序結果選擇下一條邊。克魯斯克爾演算法會在新增邊數達到 N-1 時結束。

虛擬碼

```
# 從圖形 g 中建立最小生成樹 MST
kruskal(g):
    MST ← 空串列
    edges ← 利用串列儲存 g 的邊
    將 edges 按照權重大小以升冪方式排序

    DisjointSet ds(g.N) # 生成元素數為 N 且互不相交的集合

    for e in edges:
        u ← e 的第 1 個端點
        v ← e 的第 2 個端點

        if ds.findSet(u) ≠ ds.findSet(v):
            ds.unite(u, v)
            將 e 新增到 MST 內
```

時間複雜度

克魯斯克爾演算法的時間複雜度會受到對邊使用的排序演算法影響。若使用速度較快的快速排序法或合併排序法等，則時間複雜度為 O(M log M)。

不同於實作時間複雜度為 $O(N^2)$ 的普林演算法，克魯斯克爾演算法適用於從大型圖形中尋找最小生成樹的問題上。

Prim 和 Kruskal 演算法的比較

右表為這兩個演算法的特性：

	Prim	Kruskal
過程中採用資料結構	樹	互不相交集合
起點選擇	從指定的起點開始	從最小權重邊開始
比較對象	節點	邊
每個節點走訪次數	多次	1 次
時間複雜度	$O(N^2)$	O(M log M)

第 26 章

最短路徑演算法
(Algorithms for Shortest Path)

圖形中的最短路徑是指 2 點之間邊上權重總和最小的路徑。最短路徑為**圖論** (Graph Theory)※ 中最重要的問題之一，因此已有許多演算法陸續被提出。

本章將介紹 4 種適合不同圖形大小與權重特徵的最短路徑演算法。

- 戴克斯特拉演算法 (Dijkstra's Algorithm)
- 戴克斯特拉演算法 (優先佇列)
- 貝爾曼 - 福特演算法 (Bellman–Ford Algorithm)
- 弗洛伊德演算法 (Floyd-Warshall Algorithm)

※ 編註：圖論是數學的分支，以圖為主要研究對象，圖論中的圖是由幾個給定的點及連接兩點的邊所構成的圖形，通常用來描述某些事物之間的特定關係。

26-1 戴克斯特拉演算法 (Dijkstra's Algorithm) ★★★

最短路徑（Shortest Path）

在日常生活中，尋找指定 2 點間的最短距離或路徑，是大家很感興趣的問題之一。因此已經有許多與最短路徑相關的演算法被提出。

從加權圖形中的起點及終點找出最短路徑。

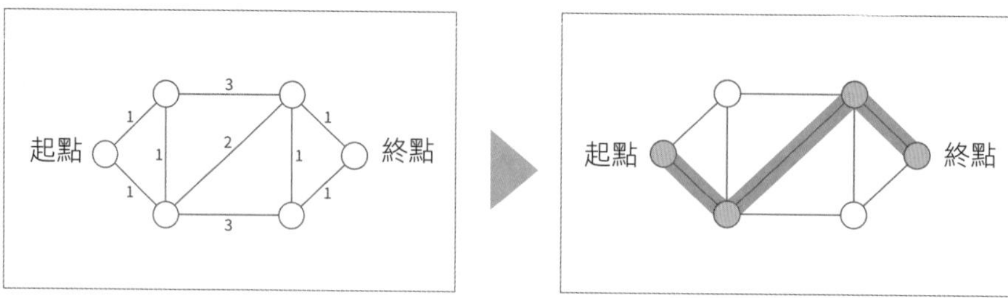

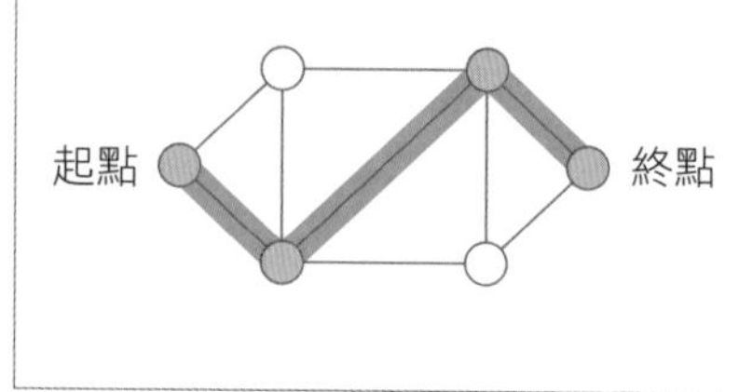

加權圖形
節點數 $N \leq 1{,}000$
邊數　$M \leq 10{,}000$
$0 \leq$ 邊上權重 $\leq 10{,}000$

從起點到終點的最短路徑

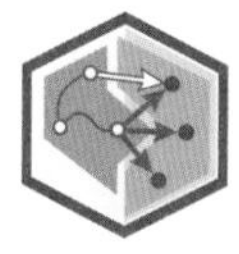

戴克斯特拉演算法（Dijkstra's Algorithm）

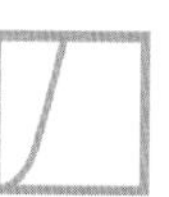

戴克斯特拉演算法會產生一個以起點為根節點的生成樹，稱為**最短路徑樹** (shortest-path tree)。我們可以透過最短路徑樹，求出從起點到其他節點的最短路徑與最短距離。戴克斯特拉演算法會先建立一個空的最短路徑樹 T，再將節點逐一新增到該樹中。

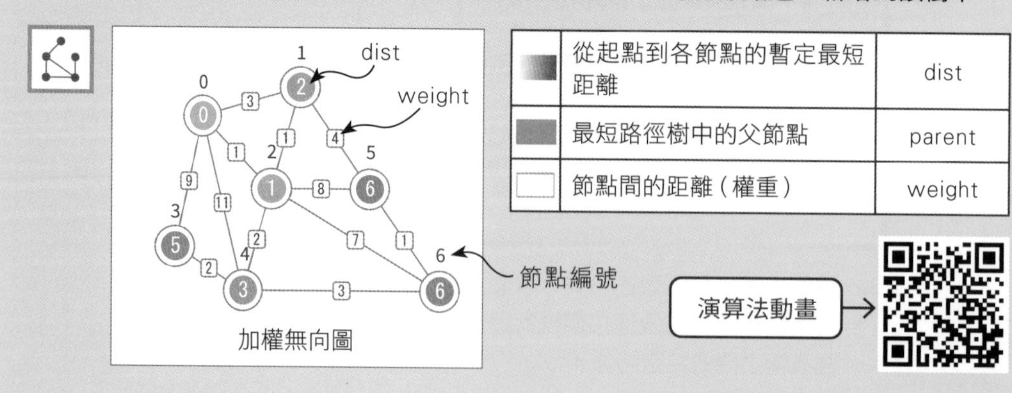

	從起點到各節點的暫定最短距離	dist
	最短路徑樹中的父節點	parent
	節點間的距離（權重）	weight

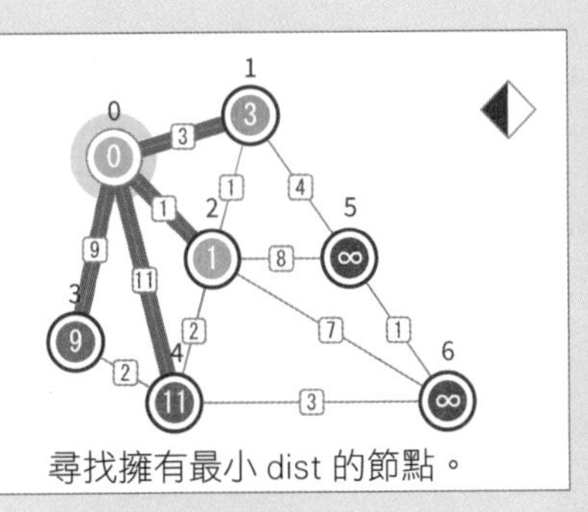
尋找擁有最小 dist 的節點。

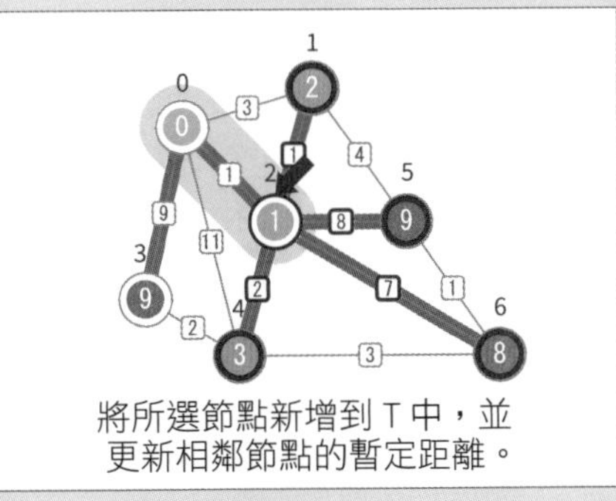
將所選節點新增到 T 中，並
更新相鄰節點的暫定距離。

決定起點與初始化		
	將起點的距離初始化為 0。	dist[s] ← 0
	將其餘節點的暫定距離初始化為 ∞。	dist[v] ← INF
建立最短路徑樹		
	尋找暫定距離最小的節點。	# find minimum
	指向擁有最小暫定距離的節點。	u
	更新節點的暫定距離與父節點。	
	if dist[v] > dist[u] + weight[u][v]: dist[v] ← dist[u] + weight[u][v] parent[v] ← u	
	標示最短路徑樹暫定要使用的邊。	(v, parent[v])
	擴大最短路徑樹。	將 u 新增至 T 內
輸出最短路徑樹		
	利用父節點的資訊建立最短路徑樹。	

演算法的執行過程

決定起點與初始化

1-1

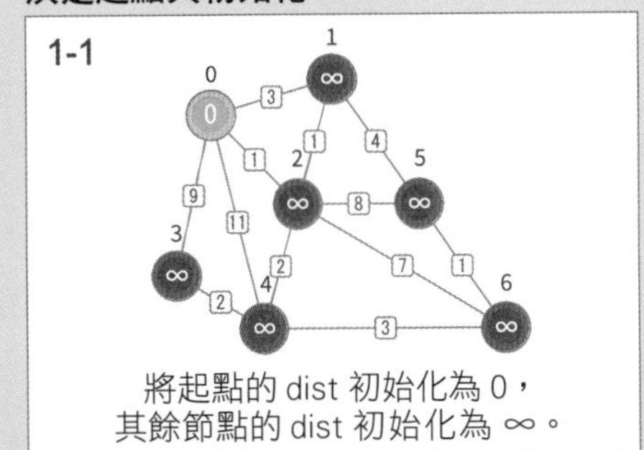
將起點的 dist 初始化為 0，
其餘節點的 dist 初始化為 ∞。

建立最短路徑樹

2-1

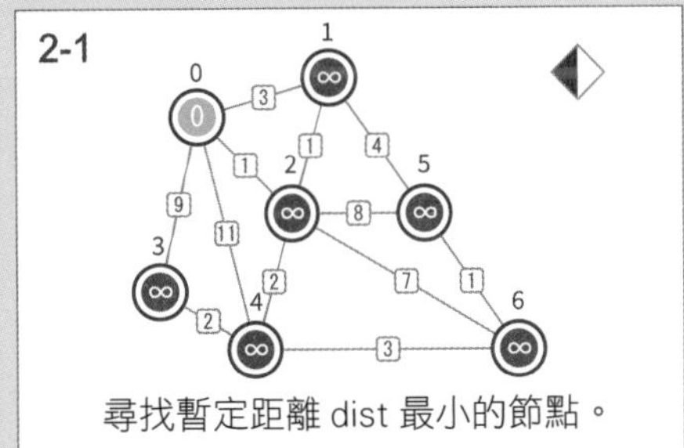
尋找暫定距離 dist 最小的節點。

2-2

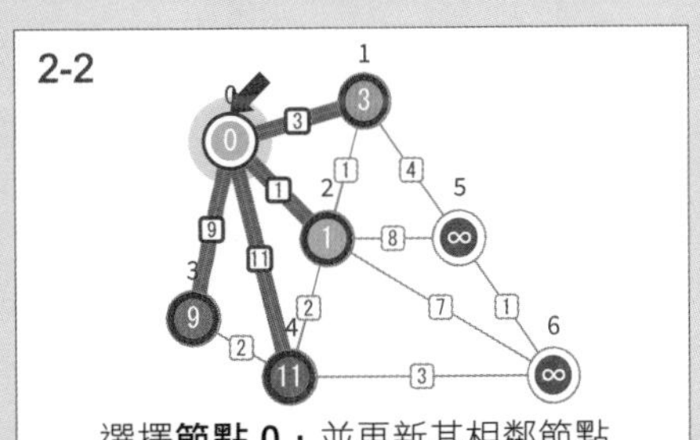
選擇**節點 0**，並更新其相鄰節點（節點 1、2、4、3）的暫定距離。

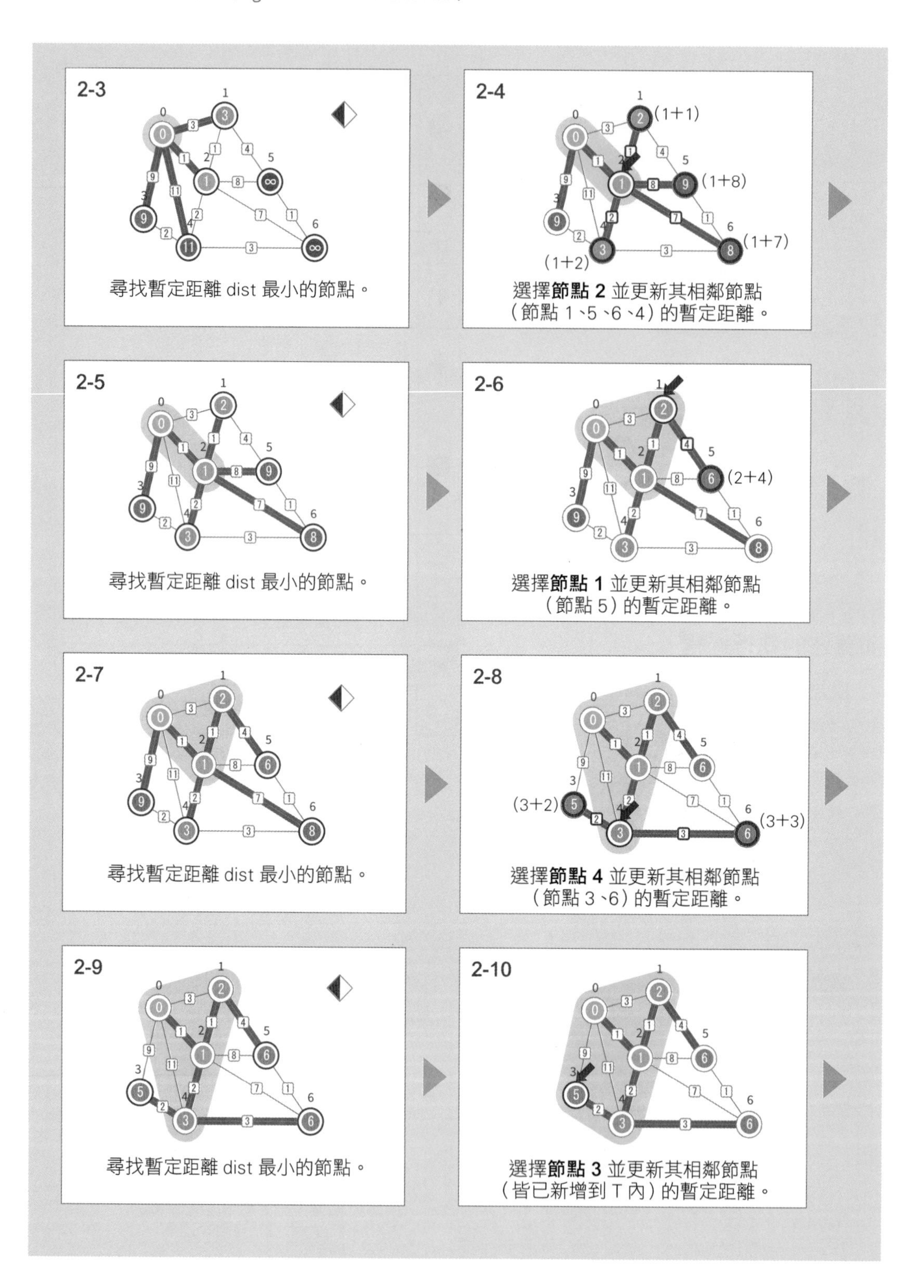
2-3
尋找暫定距離 dist 最小的節點。
2-4
(1+1)
(1+8)
(1+7)
(1+2)
選擇**節點 2** 並更新其相鄰節點
（節點 1、5、6、4）的暫定距離。
2-5
尋找暫定距離 dist 最小的節點。
2-6
(2+4)
選擇**節點 1** 並更新其相鄰節點
（節點 5）的暫定距離。
2-7
尋找暫定距離 dist 最小的節點。
2-8
(3+2)
(3+3)
選擇**節點 4** 並更新其相鄰節點
（節點 3、6）的暫定距離。
2-9
尋找暫定距離 dist 最小的節點。
2-10
選擇**節點 3** 並更新其相鄰節點
（皆已新增到 T 內）的暫定距離。

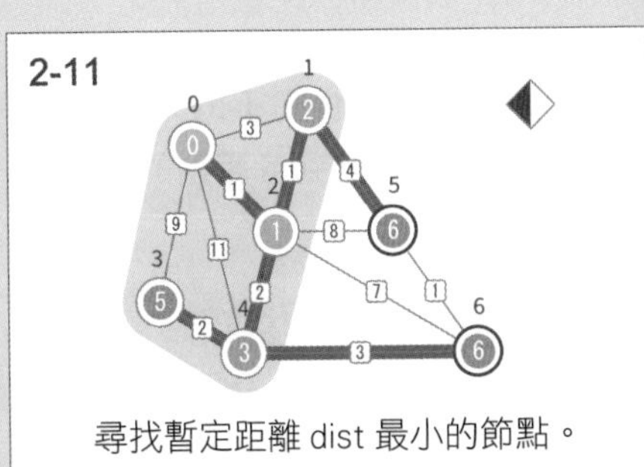

尋找暫定距離 dist 最小的節點。

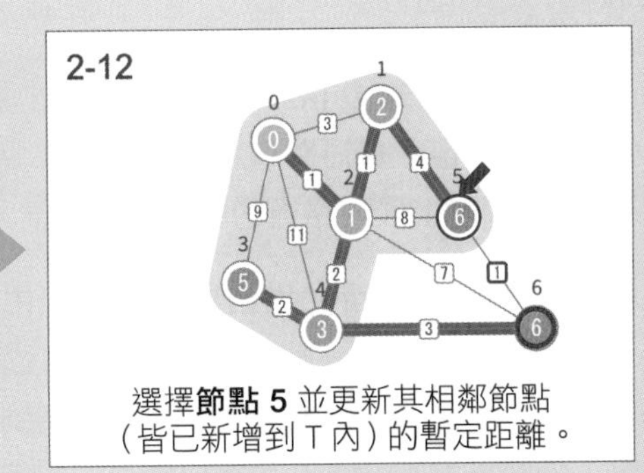

選擇**節點 5** 並更新其相鄰節點（皆已新增到 T 內）的暫定距離。

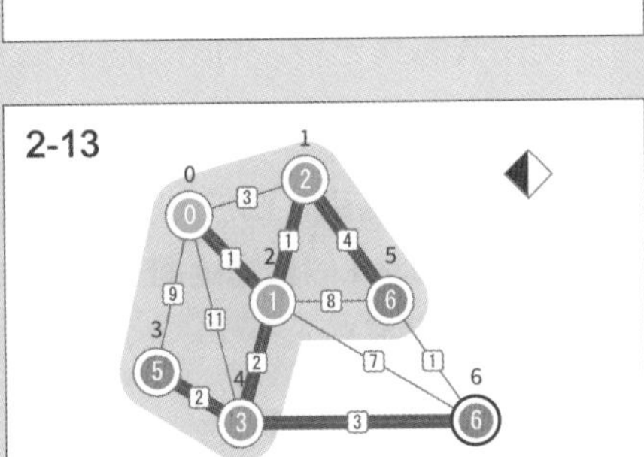

尋找暫定距離 dist 最小的節點。

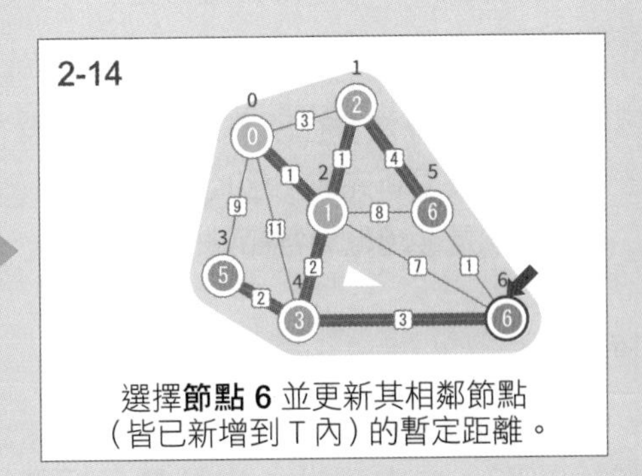

選擇**節點 6** 並更新其相鄰節點（皆已新增到 T 內）的暫定距離。

輸出最短路徑樹

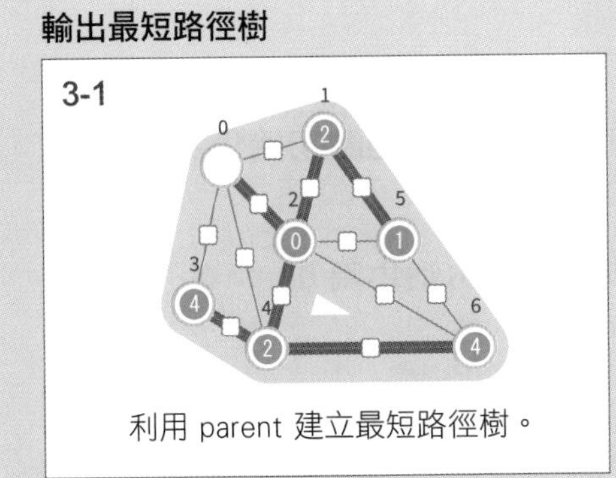

利用 parent 建立最短路徑樹。

演算法的重點說明

戴克斯特拉演算法（Dijkstra's Algorithm）是以逐步擴展最短路徑樹 T 的方式來求取圖形中的最短路徑。最短路徑樹是指以根節點為起點時，從根節點到各節點的（唯一一條）路徑即為圖形上最短路徑的一種樹狀結構。

各個計算步驟會更新從起點出發，只經由 T 的節點抵達各節點的最短路徑。過程中，dist[i] 會記錄從起點到 T 外各節點 i 的暫定最短距離。演算法在各步驟中會選出暫定距離 dist 最小的 T 外節點 u，並將其新增到 T 內。不過選擇節點前，若發現與節點 u 相鄰的 T 外節點 v，可經由 u 獲得更小的暫定距離，則需先將其更新。同時，將節點 v 在最短路徑樹內的父節點 parent[v] 更新為 u。

戴克斯特拉演算法會在所有節點都被包含在最短路徑樹內時結束。由於 dist 在演算法結束時已全數更新完成，因此可利用 dist[i] 求出從起點到節點 i 的最短距離。而最短路徑樹，也就是從起點到各節點的最短路徑，可利用 parent 來建立。

虛擬碼

```
# T：最短路徑樹
# 尋找圖形 g 中由起點 s 出發的最短路徑
dijkstra(g, s):
    for v ← 0 to g.N-1:
        dist[v] ← INF          # 將其餘節點的暫定距離初始化為∞
        parent[v] ← NIL        # 無父節點的狀態

    dist[s] ← 0                # 將起點的距離初始化為 0

    while True:
        u ← NIL
        minv ← INF
        # 尋找暫定距離最小的節點
        for v ← 0 to g.N-1:
            if v 已在 T 內 : continue
            if dist[v] < minv:
                u ← v
                minv ← dist[v]

        if u = NIL: break
        將 u 新增到 T 內

        for v ← 0 to g.N-1:
            if weight[u][v] = INF: continue
```

```
        if v 已在 T 內 : continue
        if dist[v] > dist[u] + weight[u][v]:
            dist[v] ← dist[u] + weight[u][v]
            parent[v] ← u            # 將父節點更新為節點 u
```

時間複雜度

戴克斯特拉演算法的最短路徑樹 T 是以一次新增 1 個節點的方式逐步擴展而成。若尋找暫定距離最小節點的處理是以線性搜尋法執行，則時間複雜度將會是 $O(N^2)$。這一點無論圖形是以相鄰矩陣或相鄰串列實作，都不會改變。但若是以堆積（優先佇列）來執行，則可實作出相當快速的演算法。

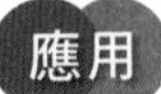

時間複雜度 $O(N^2)$ 在實作上的效率相當差，對大型圖形而言並不實用。下一節我們將講解如何用堆積來實作，這是比較實用的戴克斯特拉演算法。

26-2 戴克斯特拉演算法（優先佇列） ★★★★

最短路徑（Shortest Path）

本節改用**堆積**（heap）結構來找出較大圖形中的最短路徑，這個方法的執行效率很快。

從加權圖形中的起點及終點找出最短路徑。

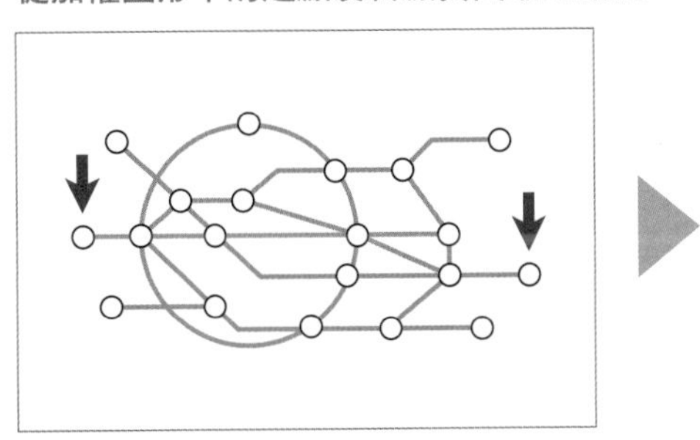

加權圖形
節點數 N ≤ 100,000
邊數　M ≤ 100,000
0 ≤ 邊上權重 ≤ 10,000

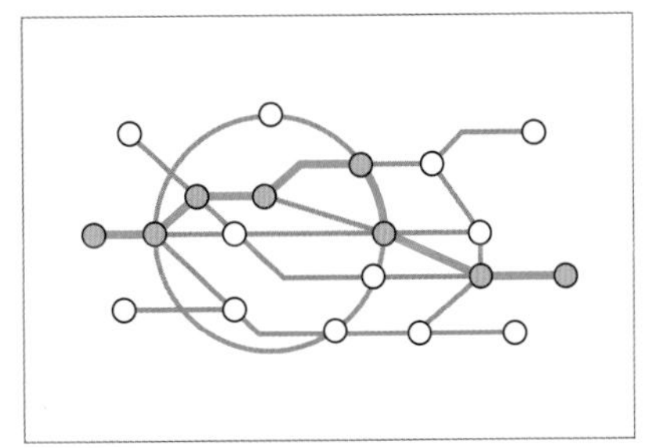

從起點到終點的最短路徑

※ 編註：這裡的示意圖主要是呈現最短路徑，所以省略標示加權圖形中的權重。

戴克斯特拉演算法（優先佇列）
Dijkstra's Algorithm (with Priority Queue)

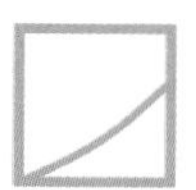

戴克斯特拉演算法可使用最小堆積 (min heap) 來建立優先佇列，以提升建立最短路徑樹的速度。

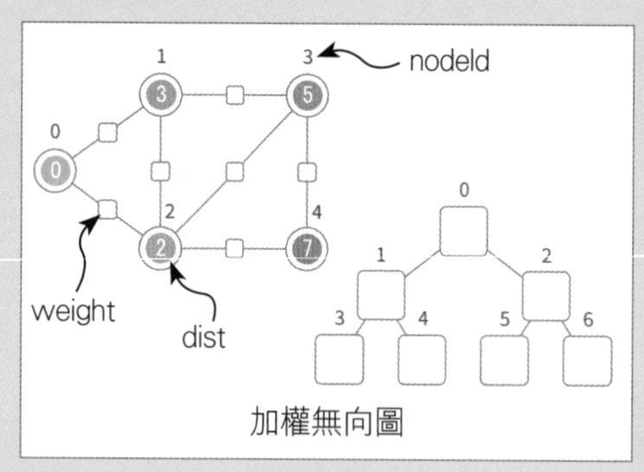

加權無向圖

	從起點到各節點的暫定最短距離	dist
	節點編號	nodeId
	最短路徑樹中的父節點	parent
	節點間的距離	weight

演算法動畫 →

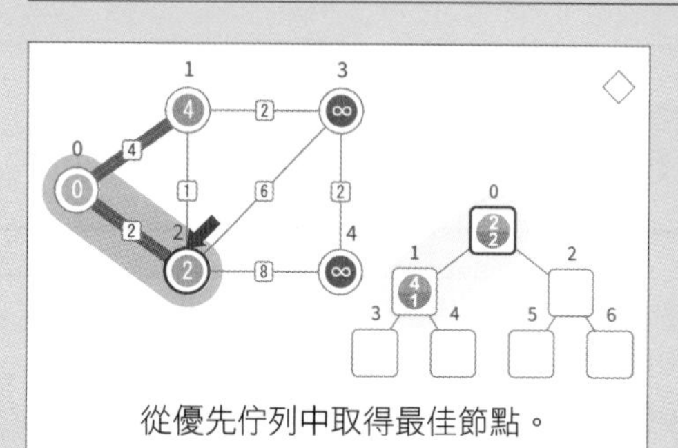
從優先佇列中取得最佳節點。

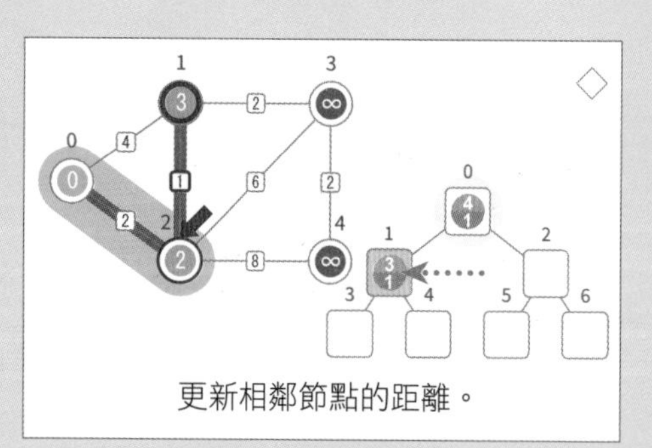
更新相鄰節點的距離。

決定起點		
	將起點的距離初始化為 0。	dist[s] ← 0
	將其餘節點的距離初始化為 ∞。	dist[v] ← INF
建立最短路徑樹		
	指向從堆積中取出的最佳節點。	u
	走訪相鄰節點並更新距離。	
	if dist[e.v] > dist[u] + e.weight dist[e.v] ← dist[u] + e.weight 在 que 中插入 (dist[e.v], e.v) parent[e.v] ← u	
	標示最短路徑樹暫定要使用的邊。	(v, parent[v])
	擴大最短路徑樹。	已在 T 內的節點
輸出最短路徑樹		
	利用父節點的資訊建立最短路徑樹。	

演算法的執行過程

決定起點

1-1

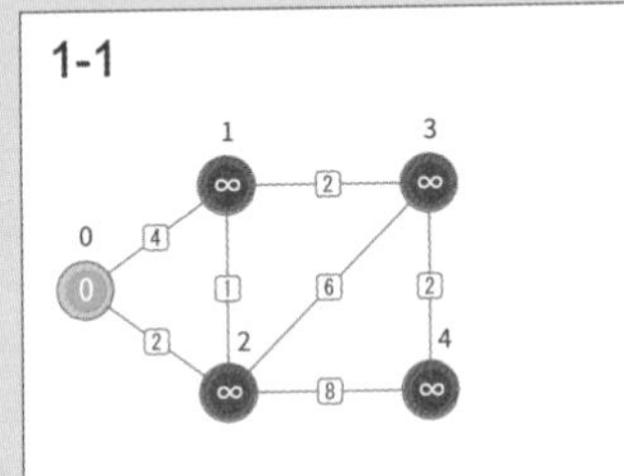

將起點的距離初始化為 0。

1-2

灰底的數字
為節點編號

將起點插入優先佇列中。

建立最短路徑樹

2-1

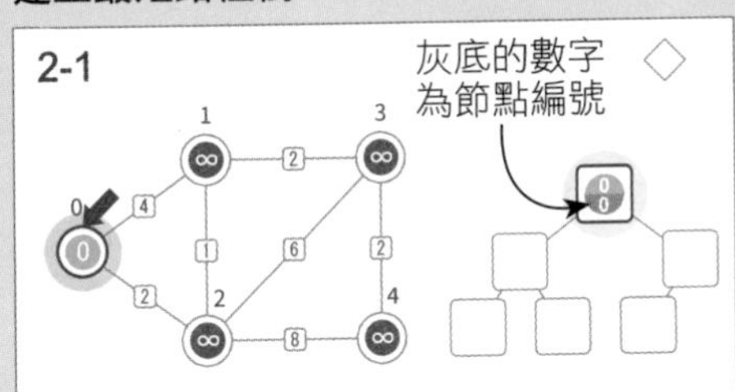

從優先佇列中取出距離最小的**節點 0**。

2-2

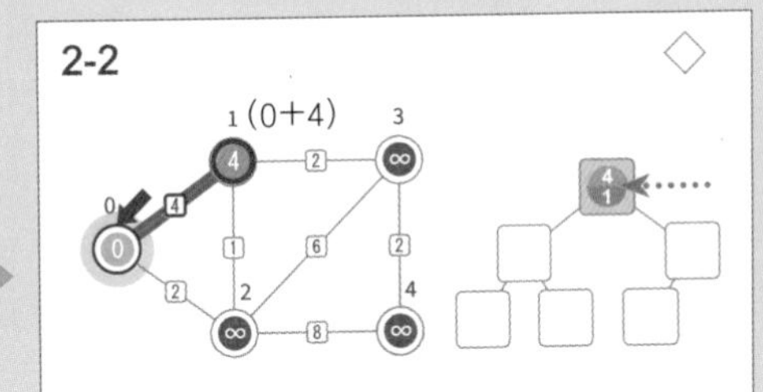

更新與**節點 0** 相鄰的**節點 1** 的暫定距離，並將其插入優先佇列。

2-3

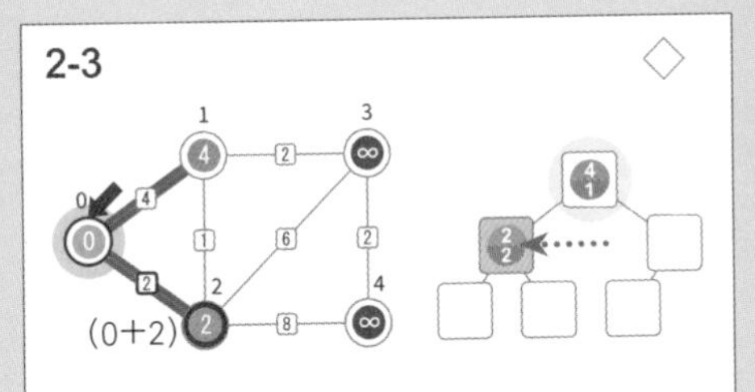

更新與**節點 0** 相鄰的**節點 2** 的暫定距離，並將其插入優先佇列。

2-4

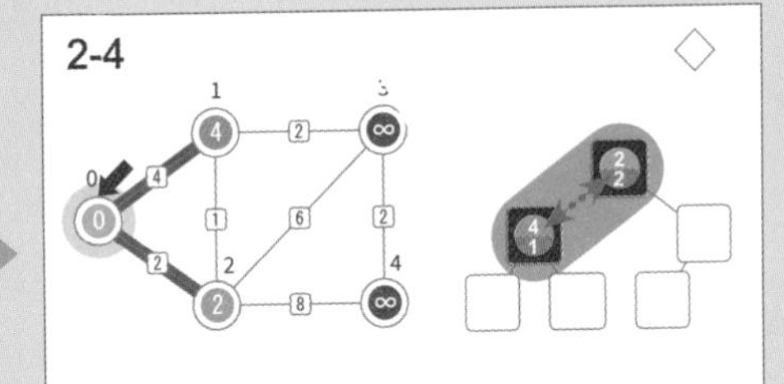

將新增元素往根節點的方向移動，以滿足堆積性質。

2-5

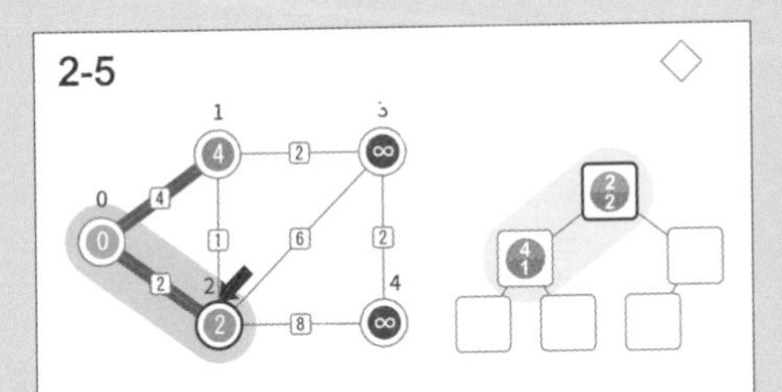

從優先佇列中取出距離最小的**節點 2**。

2-6

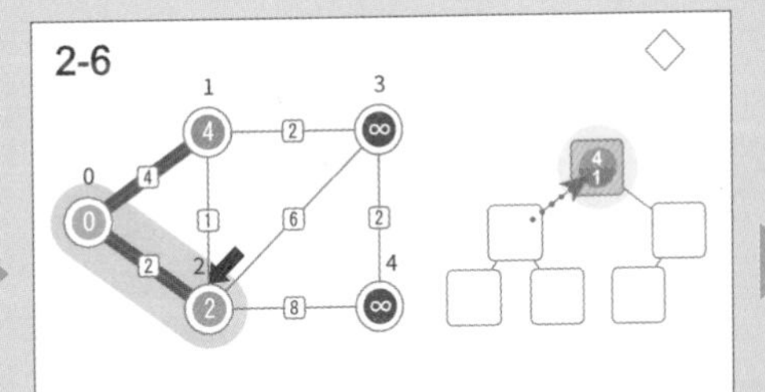

將堆積尾端的元素複製到根節點，並將堆積的大小減 1。

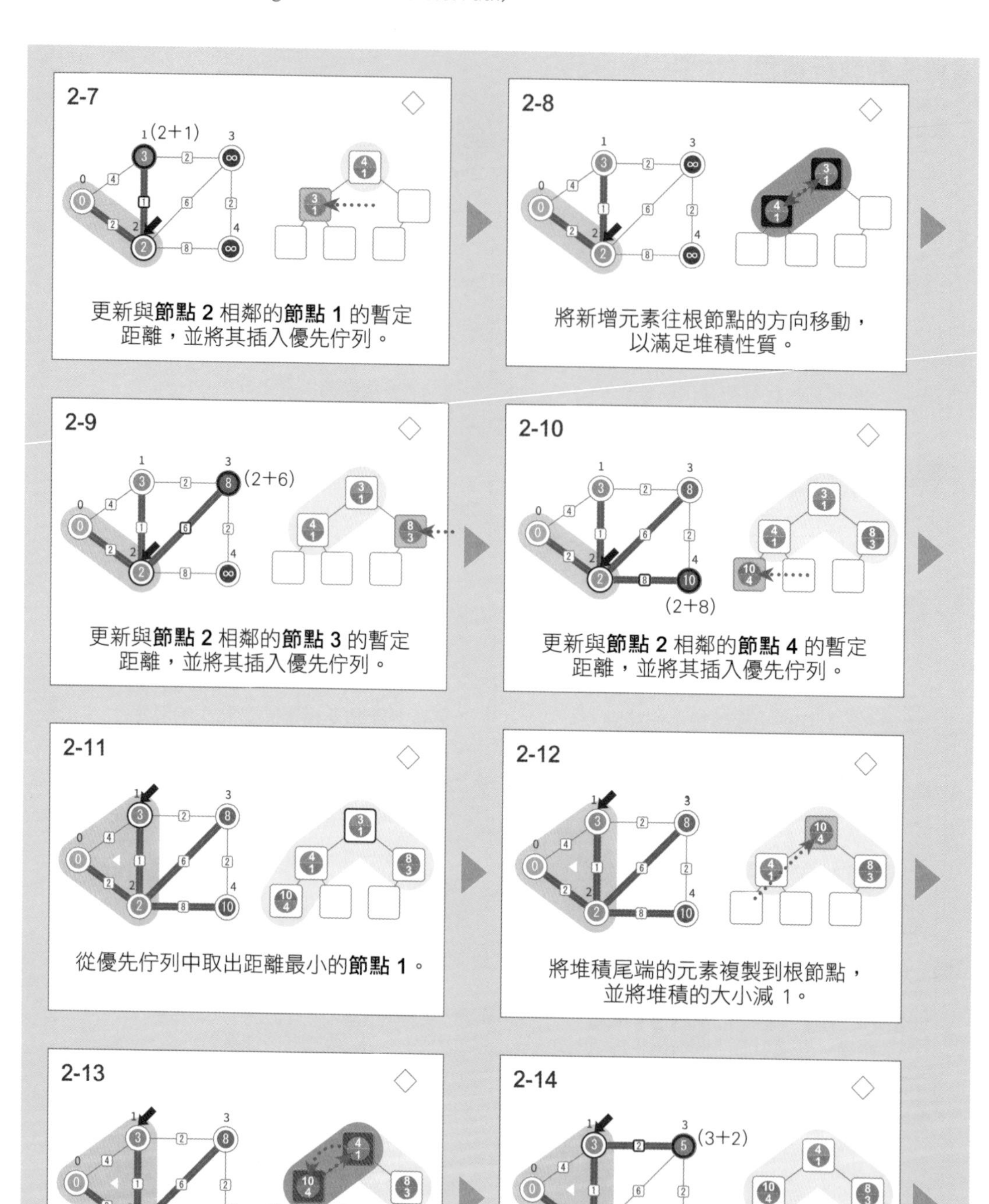
2-7
1(2+1)
更新與**節點 2** 相鄰的**節點 1** 的暫定距離，並將其插入優先佇列。
2-8
將新增元素往根節點的方向移動，以滿足堆積性質。
2-9
(2+6)
更新與**節點 2** 相鄰的**節點 3** 的暫定距離，並將其插入優先佇列。
2-10
(2+8)
更新與**節點 2** 相鄰的**節點 4** 的暫定距離，並將其插入優先佇列。
2-11
從優先佇列中取出距離最小的**節點 1**。
2-12
將堆積尾端的元素複製到根節點，並將堆積的大小減 1。
2-13
利用插入（insertion）讓起點元素往葉節點的方向下降。downHeap(0)
2-14
(3+2)
更新與**節點 1** 相鄰的**節點 3** 的暫定距離，並將其插入優先佇列。

2-15

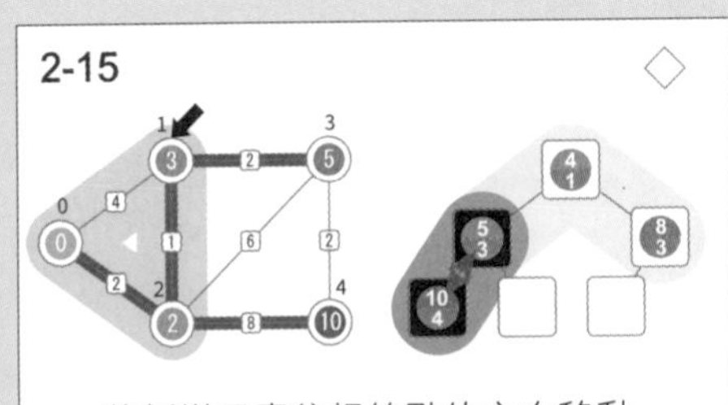

將新增元素往根節點的方向移動，以滿足堆積性質。

2-16

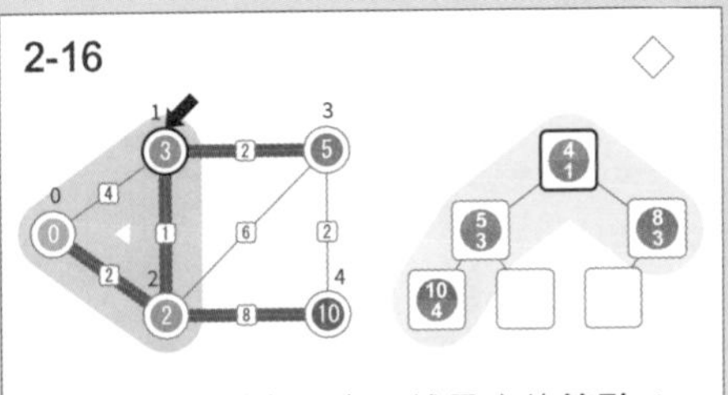

從優先佇列中取出距離最小的**節點 1**（**節點 1** 已放到樹 T 內，dist 沒有比較小，因此不更新 dist 及 parent）。

2-17

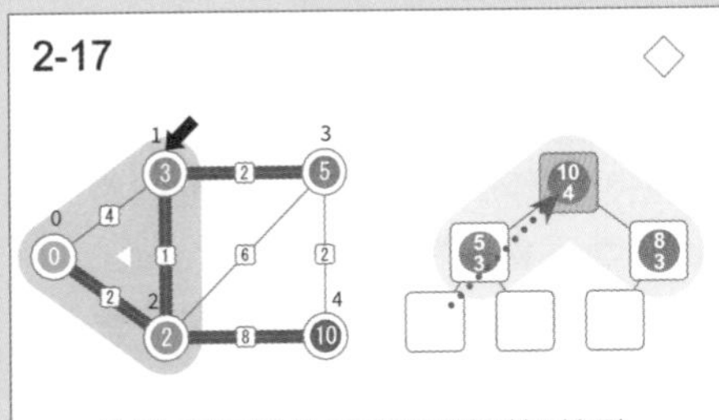

將堆積尾端的元素複製到根節點，並將堆積的大小減 1。

2-18

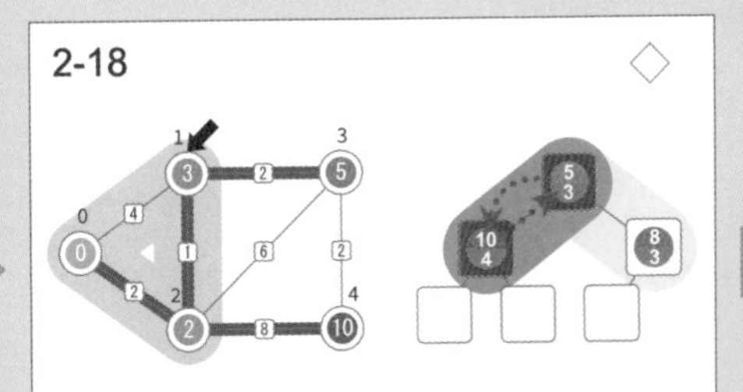

利用插入（insertion）讓起點元素往葉節點的方向下降。downHeap(0)

2-19

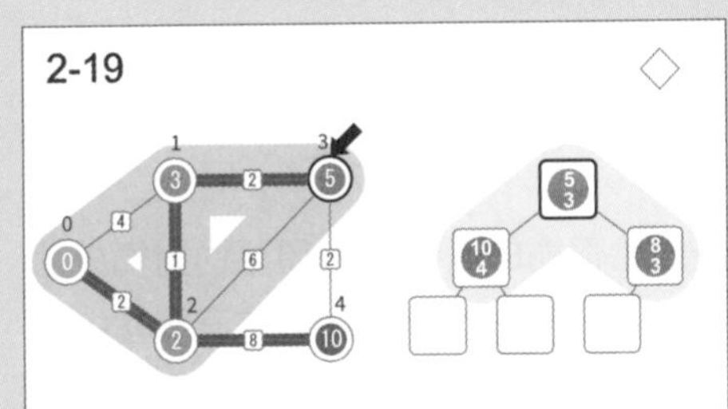

從優先佇列中取出距離最小的**節點 3**。

2-20

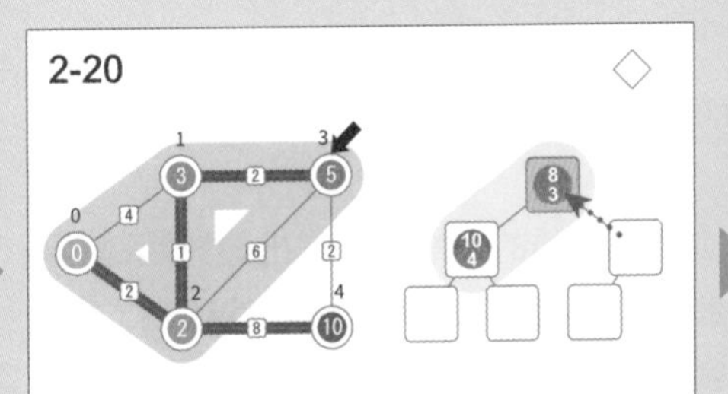

將堆積尾端的元素複製到根節點，並將堆積的大小減 1。

2-21

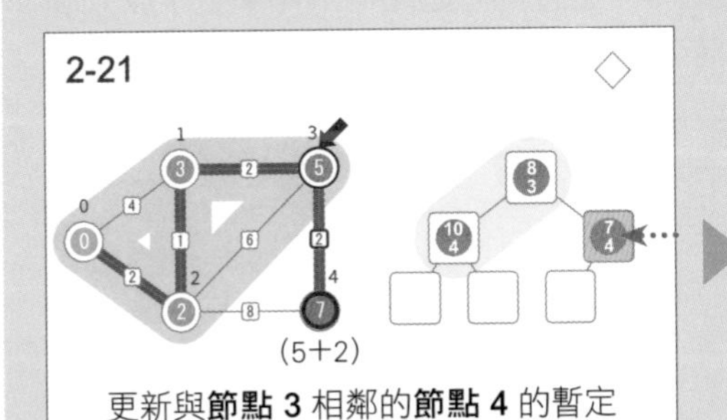

更新與**節點 3** 相鄰的**節點 4** 的暫定距離，並將其插入優先佇列。

2-22

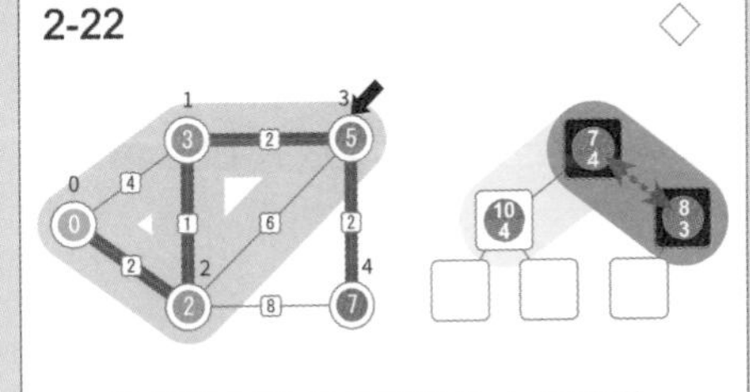

將新增元素往根節點的方向移動，以滿足堆積性質。

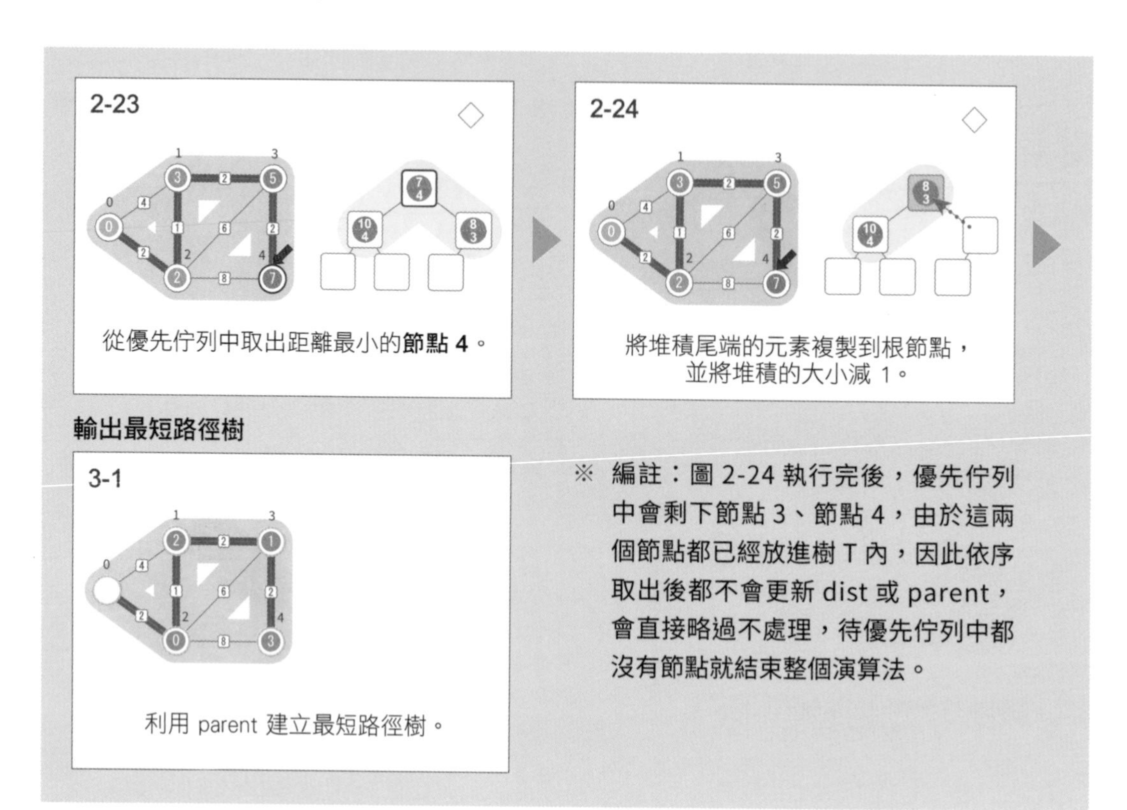

演算法的重點說明

從暫定距離的節點中挑選出最短距離並新增到最短路徑樹的處理，必須藉由對樹外節點進行搜尋，以找出距離最短的節點。而此處理若以優先佇列執行，將可使演算法的效率獲得提升。優先佇列可以 (暫定距離 , 節點編號) 的組合為元素，並以最小堆積進行管理，使暫定距離最小的元素可以優先被挑選出來。

此做法的第一步是將起點的暫定距離初始化為 0，並將 (0, 起點的節點編號) 放入優先佇列 que 中。接下來則是在 que 被清空之前，重複以下處理：從 que 中取出 (暫定距離 cost, 節點編號 u)，將 u 加入最短路徑樹，並更新 u 的相鄰節點 v 的暫定距離。同時，將 (v 的暫定距離 , v) 放入 que 中。

虛擬碼

```
# T: 最短路徑樹
# 圖形 g 與起點 s
dijkstra(g, s):
    PriorityQueue que   # 以(暫定距離 , 節點編號)為元素的優先佇列

    for v ← 0 to g.N-1:
        dist[v] ← INF  # 將其餘節點的暫定距離初始化為∞

    dist[s] ← 0        # 將起點的距離初始化為 0
    在 que 中插入(0, s)

    while not que.empty():
        cost, u ← que.extractMin() # 從佇列中取出元素並將 2 個值
                                     分別指定給 cost 及 u

        if dist[u] < cost: continue

        將 u 新增到 T 內

        for e in g.adjLists[u]:
            if e.v 包含在 T 中 : continue  # 如果邊的節點已經
                                            在樹 T 內就略過
            if dist[e.v] > dist[u] + e.weight   # 如果節點的暫定距
                                                  離(節點 u 的暫定
                                                  距離 + 邊的權重)
                                                  比原來的還小
                dist[e.v] ← dist[u] + e.weight # 更新暫定距離
                在 que 中插入 (dist[e.v], e.v)  # 將此節點插入到優
                parent[e.v] ← u    # 更新父節點   先佇列中
```

時間複雜度

以堆積（優先佇列）實作戴克斯特拉演算法時，其時間複雜度在從堆積中取出最佳元素時為 O(N log N)，更新暫定距離並將元素新增到堆積中時為 O(M log N)，因此整體的時間複雜度為 O((N+M) log N)。

戴克斯特拉演算法雖然效率很高，但是無法在邊上有負權重的圖形中正常運作，使用時還請務必多加留意。

以堆積（heap）來實作戴克斯特拉演算法的效率很高，在大型圖形中也相當實用。使用戴克斯特拉演算法的應用程式很多，較具代表性的有地圖資訊系統中的路徑搜尋等。此外，解決最短路徑問題的演算法除了網際網路等領域外，在排程、社群網路服務、路線規劃、匯兌及遊戲等應用程式中也有相當廣泛的應用。

26-3 貝爾曼-福特演算法 (Bellman-Ford Algorithm) ★★★

最短路徑（負邊）（Shortest Path on Graph with Negative Weight）

用圖形來找出最短路徑時，邊的權重會用來表示時間、距離、成本或費用等，通常權重為正值，但在某些情況下權重為負值，這時就不能使用上一節所介紹的戴克斯特拉（Dijkstra）演算法，要改用貝爾曼 - 福特（Bellman-Ford）演算法才能正確運作！

從加權圖形中的起點及終點找出最短距離。

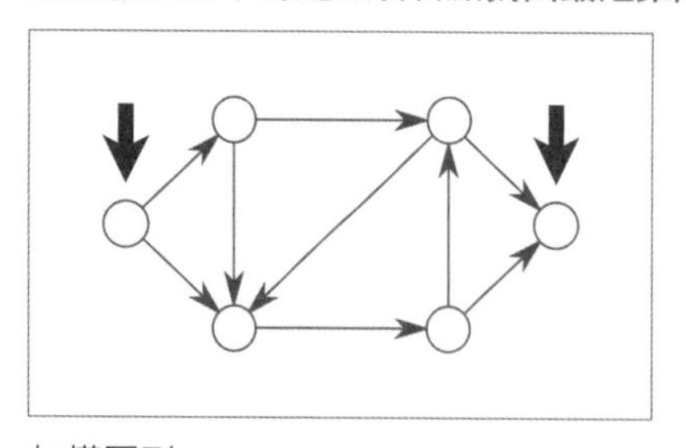

加權圖形
節點數 N ≤ 1,000
邊數　M ≤ 2,000
-10,000 < 邊上權重 ≤ 10,000

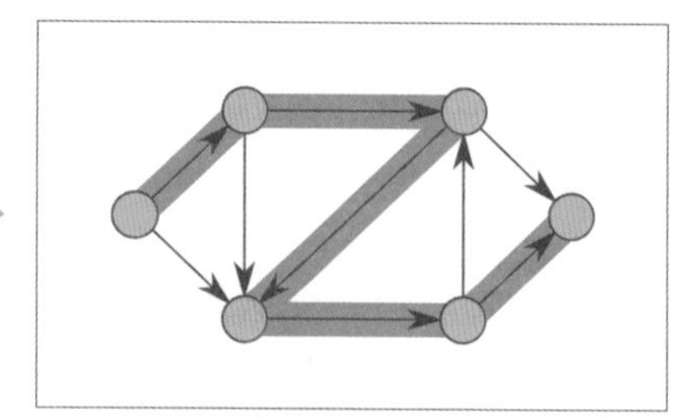

從起點到終點的最短距離

※ 編註：這裡的示意圖主要是呈現最短距離，所以省略標示加權圖形中的權重。

貝爾曼 - 福特演算法（Bellman-Ford Algorithm）

貝爾曼 - 福特演算法 (Bellman-Ford Algorithm) 會對圖形中的邊進行一定次數的反覆走訪，來更新暫定最短距離，以找出最短路徑樹。

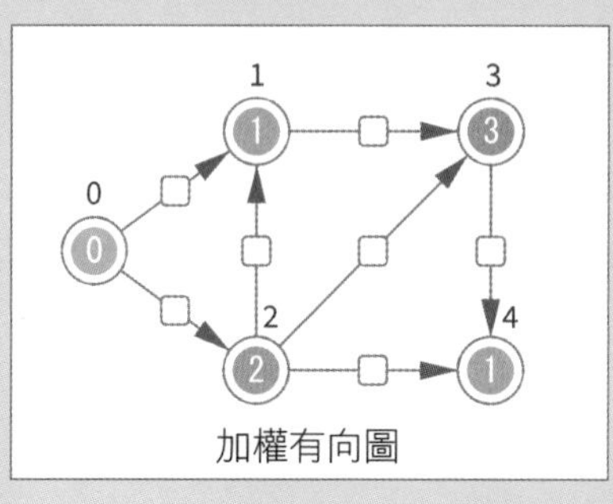

加權有向圖

	起點到各節點的最短距離	dist
	節點間的距離	weight

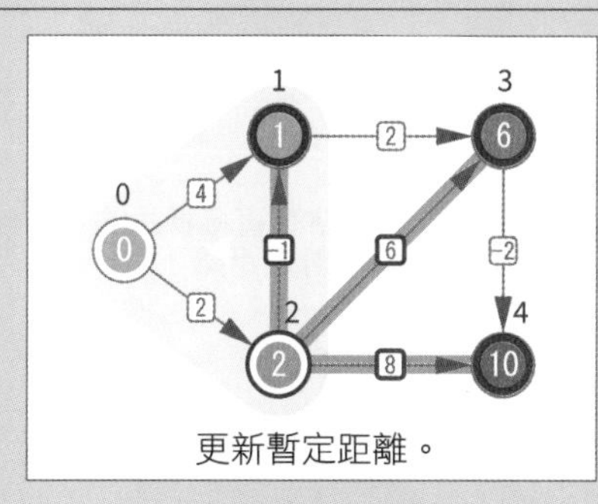

更新暫定距離。

初始化起點		
	將起點的暫定距離初始化為 0。	dist[s] ← 0
	將其餘節點的暫定距離初始化為 ∞。	dist[v] ← INF
更新距離		
	更新暫定距離。 if dist[e.v] > dist[u] + e.weight dist[e.v] ← dist[u] + e.weight	
輸出最短距離		
	輸出由起點開始的最短距離。	

演算法的執行過程

初始化起點

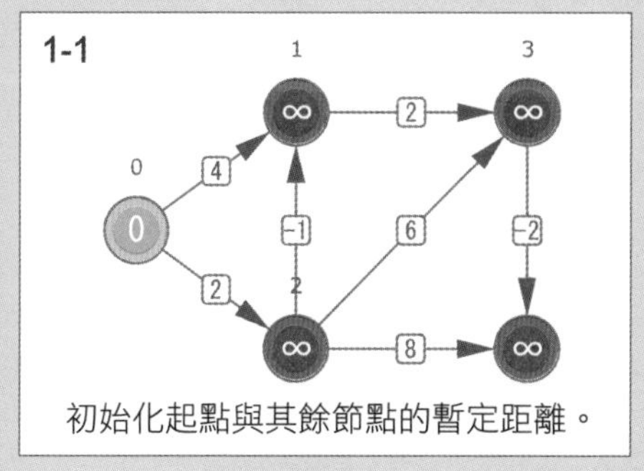

初始化起點與其餘節點的暫定距離。

更新距離

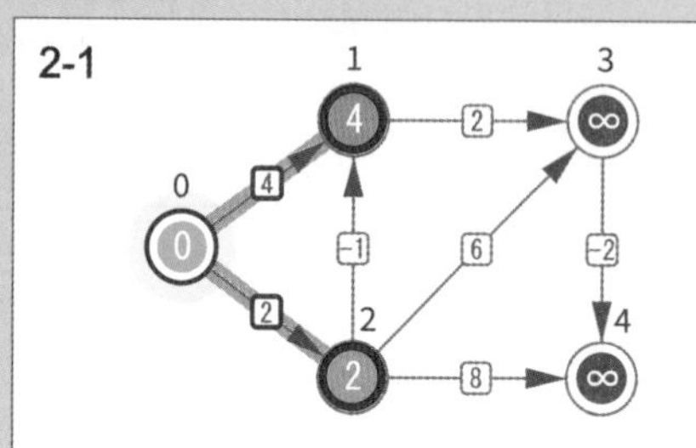

更新可由**節點 0** 直接抵達的節點的暫定距離。

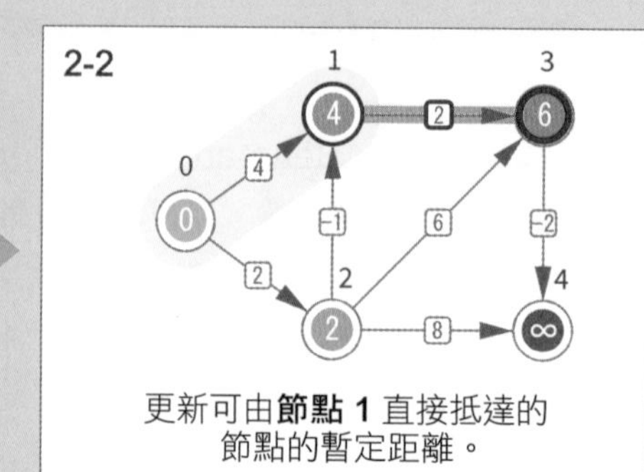

更新可由**節點 1** 直接抵達的節點的暫定距離。

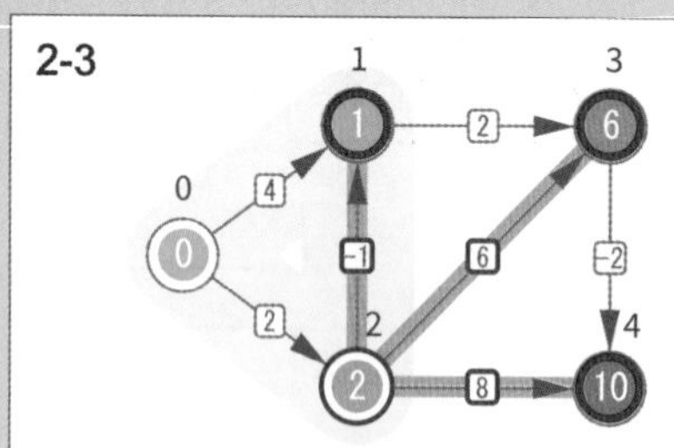

更新可由**節點 2** 直接抵達的節點的暫定距離。

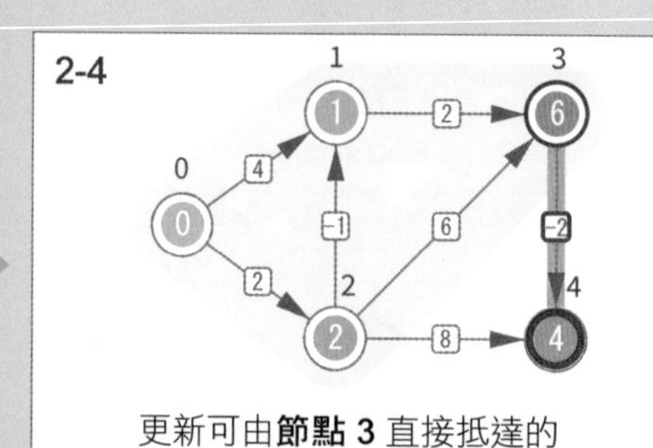

更新可由**節點 3** 直接抵達的節點的暫定距離。

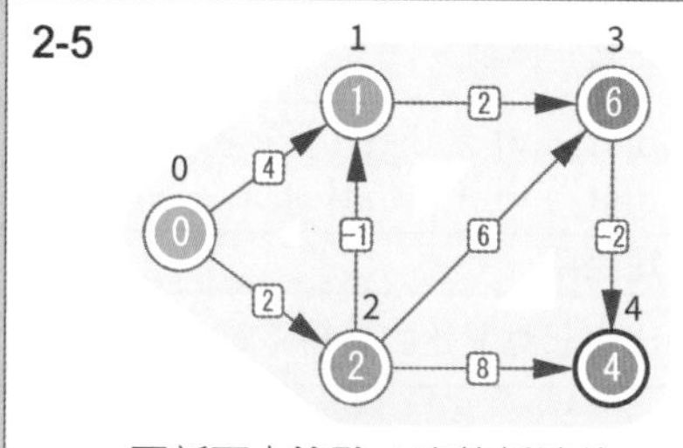

更新可由**節點 4** 直接抵達的節點的暫定距離。

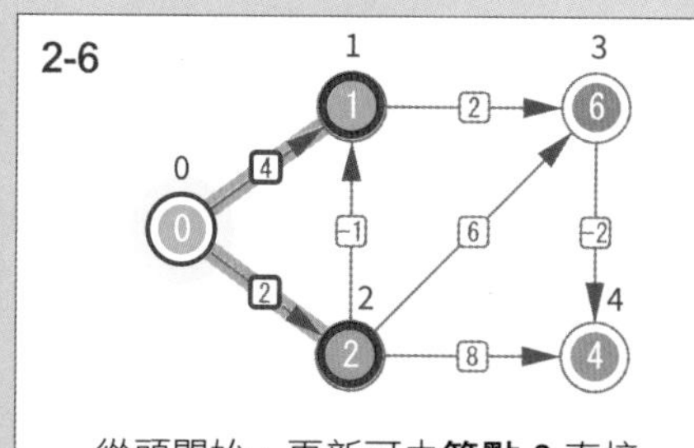

從頭開始，更新可由**節點 0** 直接抵達的節點的暫定距離。

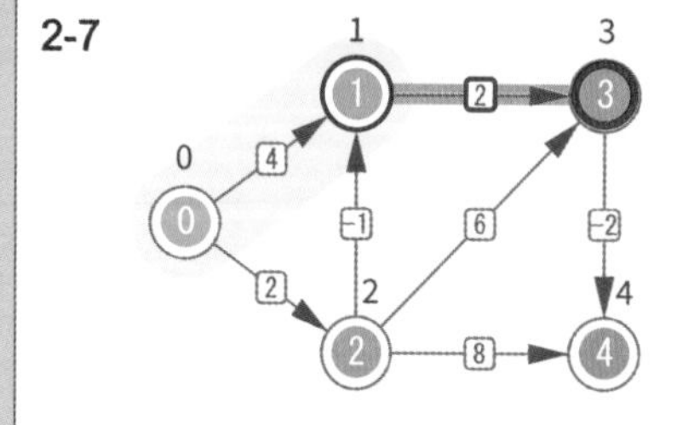

更新可由**節點 1** 直接抵達的節點的暫定距離。

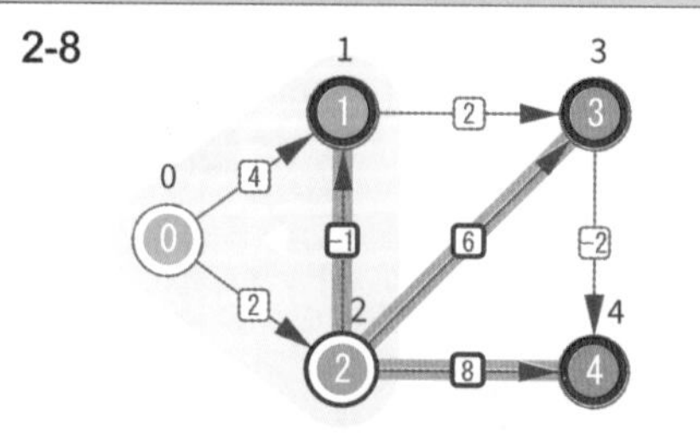

更新可由**節點 2** 直接抵達的節點的暫定距離。

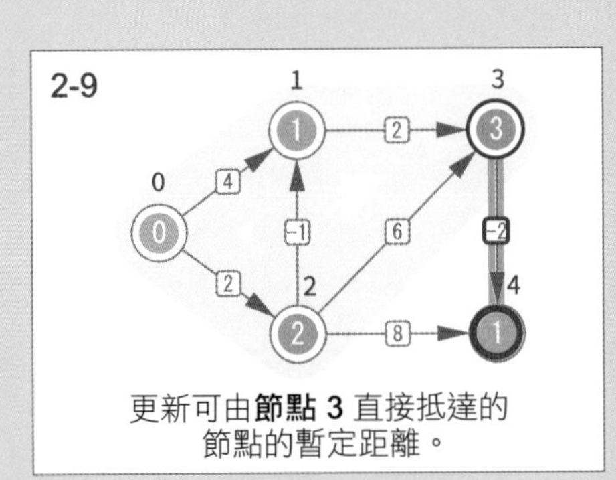

更新可由**節點 3** 直接抵達的節點的暫定距離。

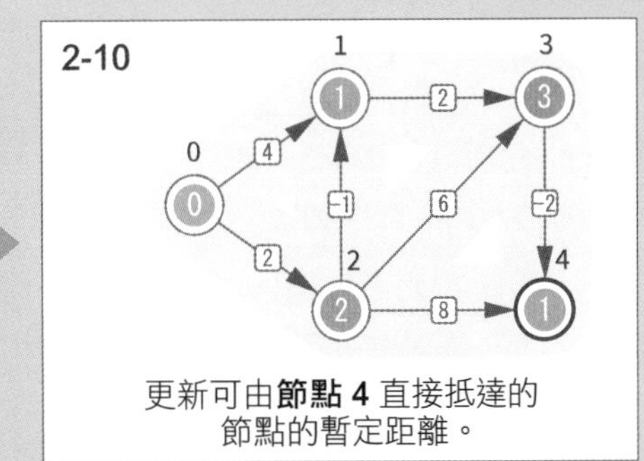

更新可由**節點 4** 直接抵達的節點的暫定距離。

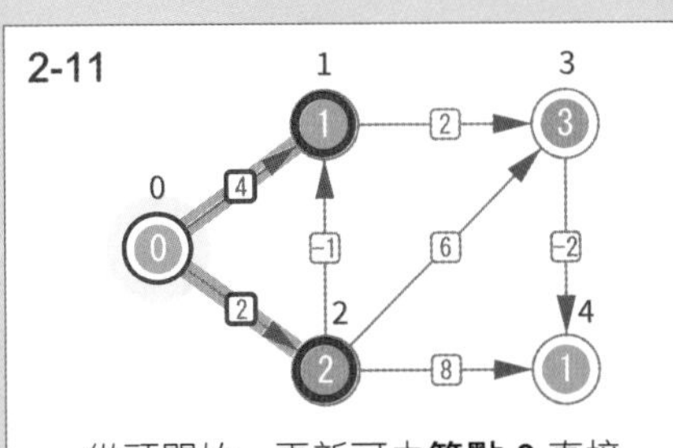

從頭開始，更新可由**節點 0** 直接抵達的節點的暫定距離。

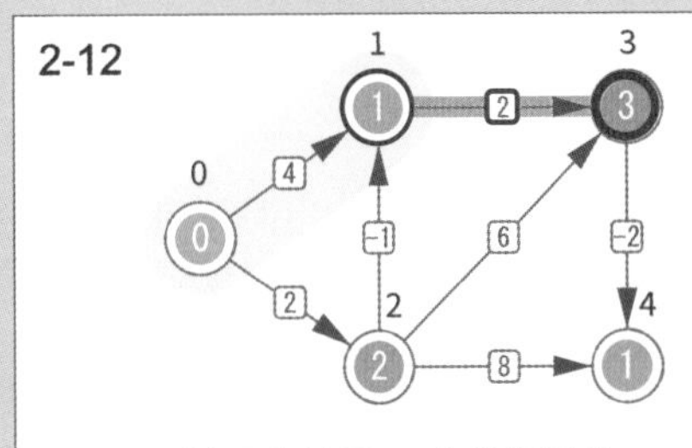

更新可由**節點 1** 直接抵達的節點的暫定距離。

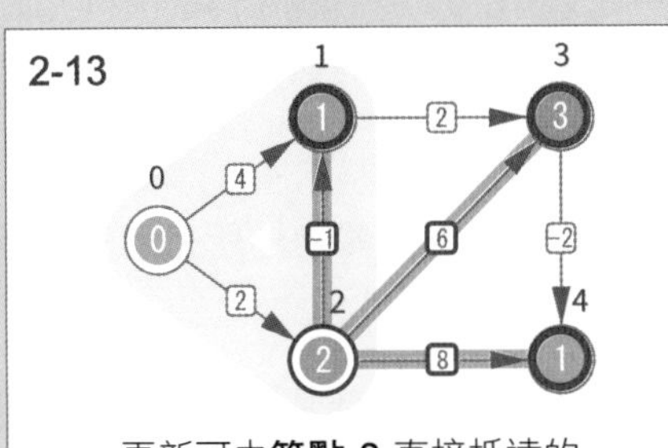

更新可由**節點 2** 直接抵達的節點的暫定距離。

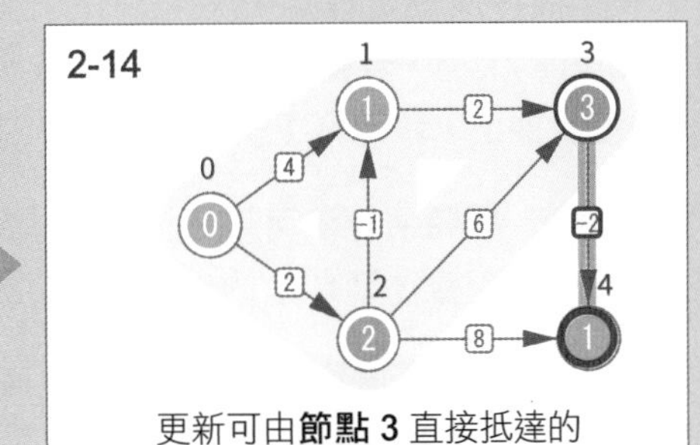

更新可由**節點 3** 直接抵達的節點的暫定距離。

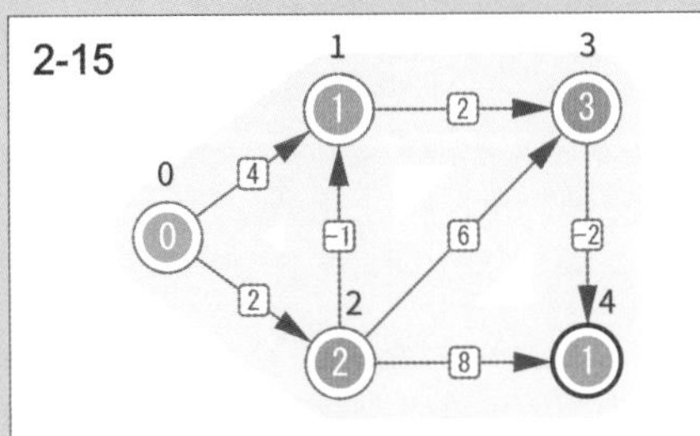

更新可由**節點 4** 直接抵達的節點的暫定距離。

※ 編註：步驟 2-11 到 2-15 這一輪都沒有更新，即可結束演算法。

輸出最短距離

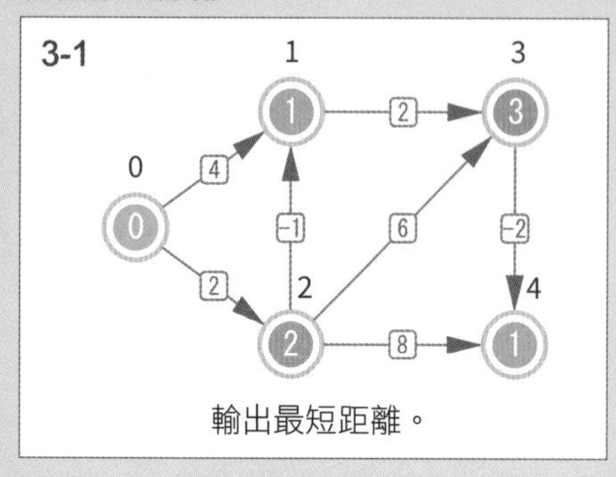

輸出最短距離。

演算法的重點說明

貝爾曼 - 福特演算法 (Bellman-Ford Algorithm) 與戴克斯特拉演算法 (Dijkstra's Algorithm) 的相同之處在於：兩者都會持續更新從起點到各節點 i 的暫定最短距離 dist[i]，並藉此在演算法結束時獲得所求的最短距離。不過戴克斯特拉演算法是選擇最佳節點並更新其相鄰節點的暫定距離，貝爾曼 - 福特演算法則是利用反覆走訪每一條邊的方式來進行更新。

貝爾曼 - 福特演算法在走訪過程中會比較每一條邊 (u,v) 的 dist[v] 與 dist[u]+ weight[u][v] 的大小，若有較小值就更新 dist[v]。此處理執行到所有節點的 dist[i] 都固定不變時便會停止，執行 N-1 次可以保證得到最佳解。

透過貝爾曼 - 福特演算法可以檢測出負迴路，檢測方式是在反覆走訪所有邊的過程中，觀察 dist 是否會在第 N 次的走訪中被更新。

此外，貝爾曼 - 福特演算法與戴克斯特拉演算法，皆可透過在更新暫定距離時，以記錄父節點的方式建立出最短路徑樹。

虛擬碼

```
# 圖形 g 與起點 s
# 若有負迴路存在即傳回 True
bellmanFord(g, s):
    for v ← 0 to g.N-1:
        dist[v] ← INF          # 將其餘節點的暫定距離初始化為 ∞

    dist[s] ← 0                # 將起點的暫定距離初始化為 0

    for t ← 0 to N-1:
        updated ← False
        for u ← 0 to g.N-1:
            if dist[u] = INF: continue
            for e in g.adjLists[u]:
                # 更新暫定距離
                if dist[e.v] > dist[u] + e.weight
                    dist[e.v] ← dist[u] + e.weight
                    updated ← True
                    if t = N-1:
                        return True  # dist 值若還有變化，
                                       表示有負迴路存在
    if not updated: break              # 若未再更新即結束
    return false                       # 不存在負迴路
```

時間複雜度

貝爾曼 - 福特演算法 (Bellman-Ford Algorithm) 必須對圖形中的 M 條邊各進行 N 次操作，因此時間複雜度為 O(NM)。由於在暫定距離不再被更新時便會停止，因此依圖形的形狀與邊上權重的不同，也有可能會執行得非常快。

貝爾曼 - 福特演算法 (Bellman-Ford Algorithm) 的計算效率雖然比戴克斯特拉演算法差，但是可以應用在需要處理邊上有負權重的圖形。

26-4 弗洛伊德演算法 (Floyd-Warshall Algorithm) ★★★

各節點間的最短路徑（All Pairs Shortest Path）

前面找出最短路徑的演算法都是假設起點是固定的（節點 0），如果要改為不同起點就要再執行一次演算法。弗洛伊德演算法採用更簡單的方法，可以求出圖形中任何兩個節點的最短路徑。

利用加權有向圖的相鄰矩陣，建立一個可表示所有節點之間最短距離的矩陣。

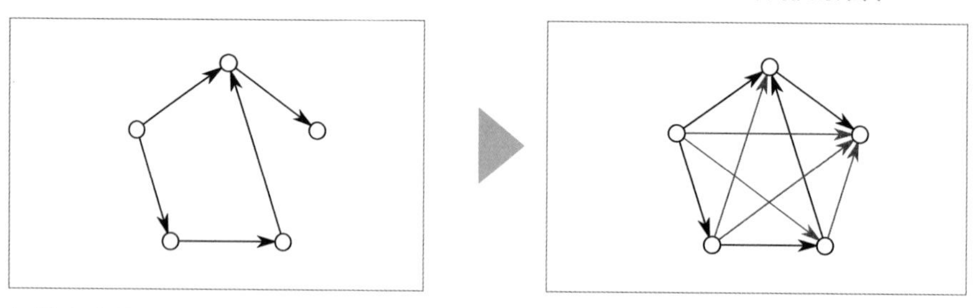

加權有向圖
節點數 N ≤ 100

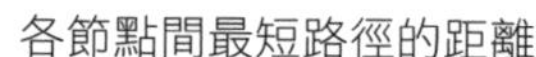

各節點間最短路徑的距離

※ 編註：這裡的示意圖主要是呈現最短距離，所以省略標示加權圖形中的權重。

弗洛伊德演算法（Floyd-Warshall Algorithm）

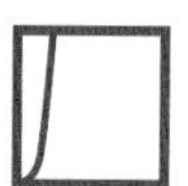

弗洛伊德演算法會將圖形的相鄰矩陣轉換成記錄任意 2 個節點 (i, j) 之間最短距離的矩陣。各節點會輪流當中繼節點，找出圖形中各種可能的路徑，只要發現距離更短的路徑，就更新矩陣中的值，所有節點都當過中繼節點後，即可求出最短路徑矩陣。

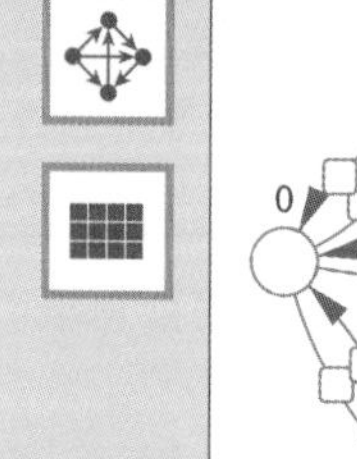

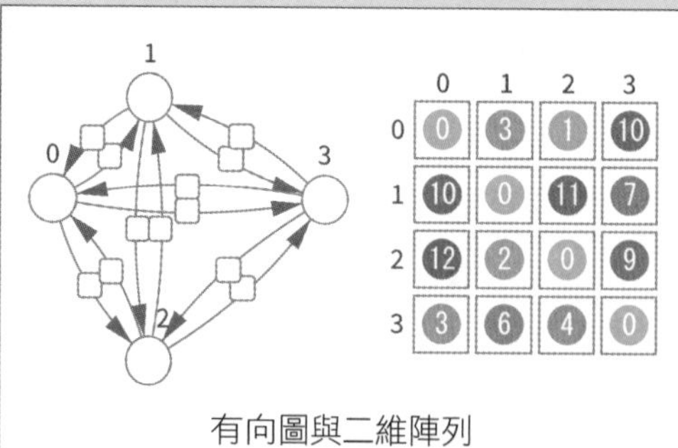

有向圖與二維陣列

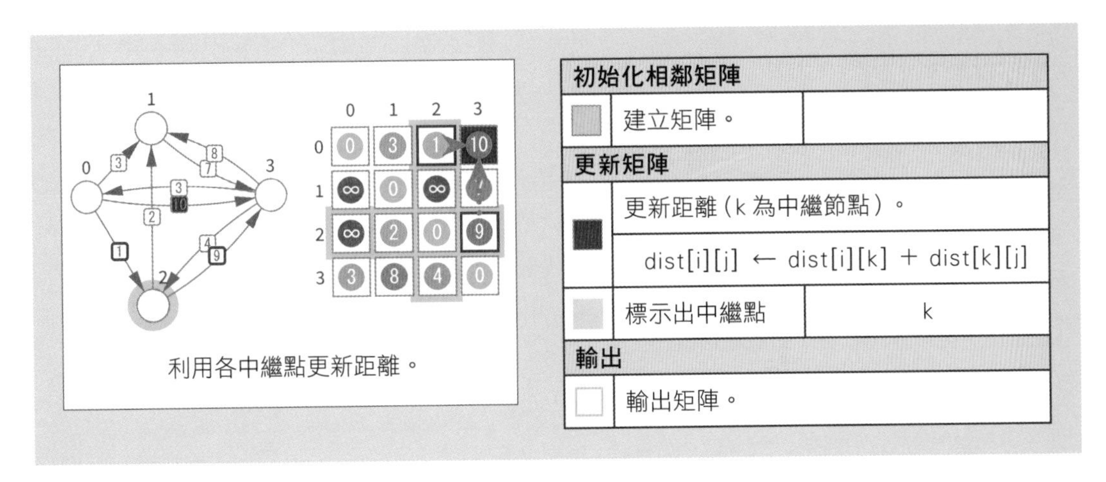
利用各中繼點更新距離。
初始化相鄰矩陣
建立矩陣。
更新矩陣
更新距離（k 為中繼節點）。
dist[i][j] ← dist[i][k] + dist[k][j]
標示出中繼點
k
輸出
輸出矩陣。

演算法的執行過程

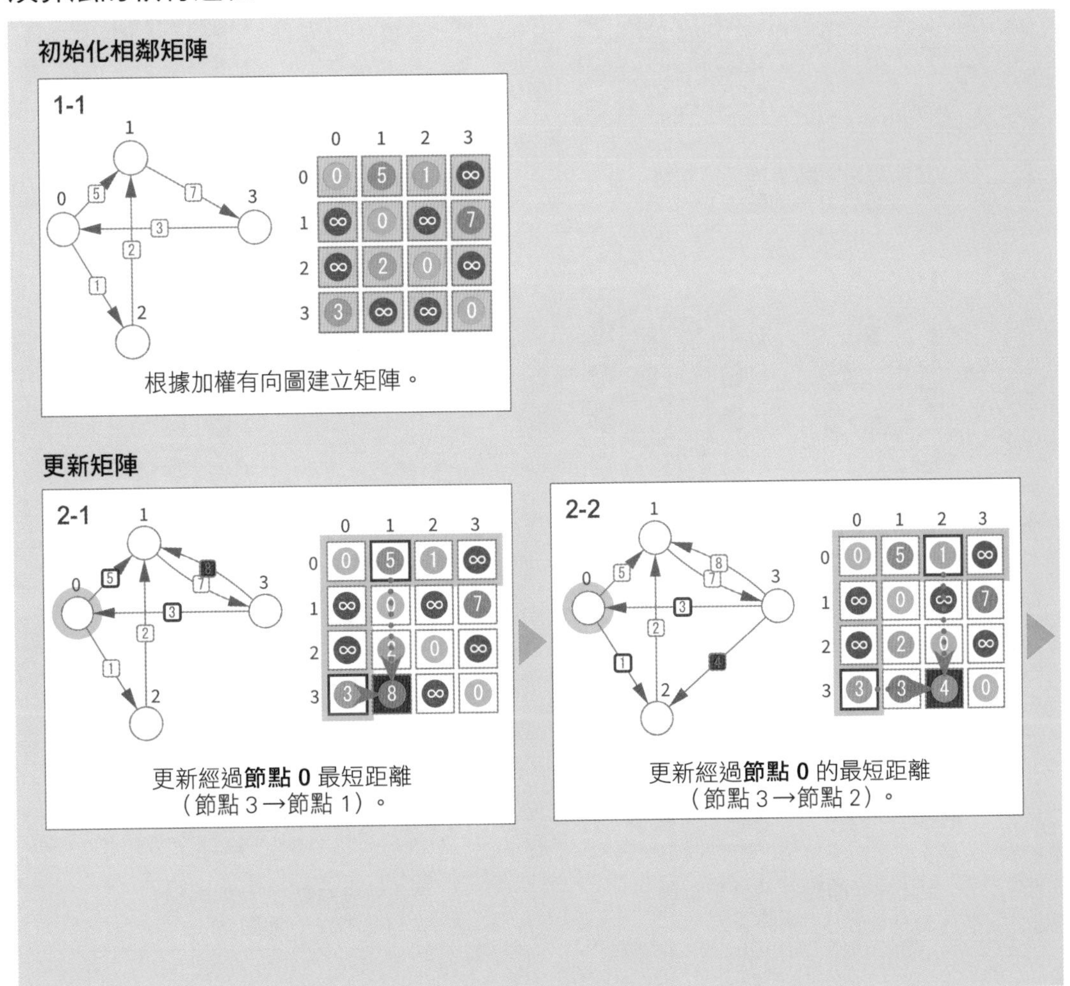
初始化相鄰矩陣
1-1
根據加權有向圖建立矩陣。
更新矩陣
2-1
更新經過**節點 0** 最短距離
（節點 3→節點 1）。
2-2
更新經過**節點 0** 的最短距離
（節點 3→節點 2）。

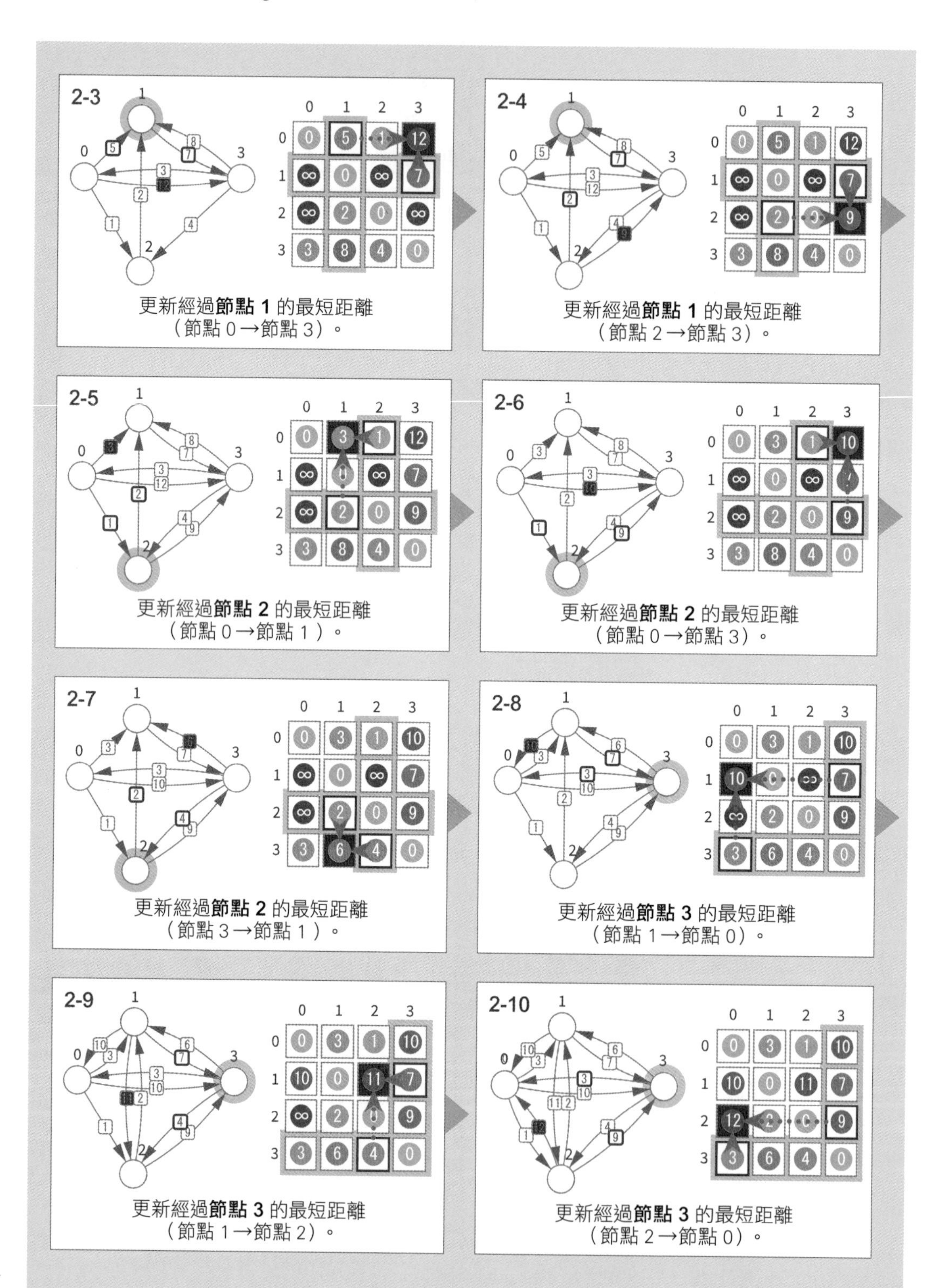
2-3
更新經過**節點 1** 的最短距離
（節點 0→節點 3）。
2-4
更新經過**節點 1** 的最短距離
（節點 2→節點 3）。
2-5
更新經過**節點 2** 的最短距離
（節點 0→節點 1）。
2-6
更新經過**節點 2** 的最短距離
（節點 0→節點 3）。
2-7
更新經過**節點 2** 的最短距離
（節點 3→節點 1）。
2-8
更新經過**節點 3** 的最短距離
（節點 1→節點 0）。
2-9
更新經過**節點 3** 的最短距離
（節點 1→節點 2）。
2-10
更新經過**節點 3** 的最短距離
（節點 2→節點 0）。

輸出

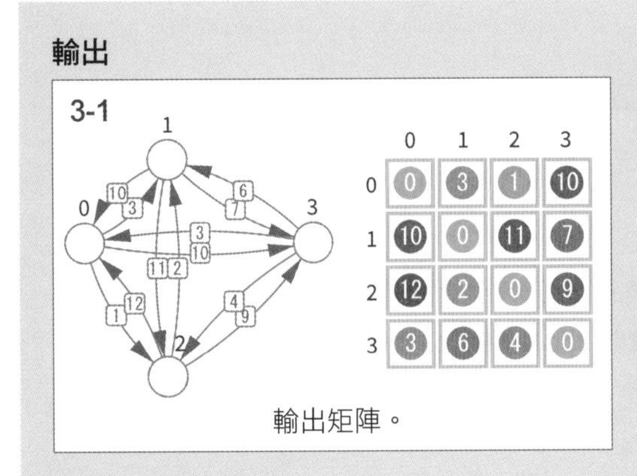

輸出矩陣。

演算法的重點說明

弗洛伊德演算法會建立一個 N×N 的矩陣，使二維陣列 dist 可利用元素 dist[i][j] 表示由節點 i 到節點 j 的最短距離。dist 一開始會與給定圖形的相鄰矩陣相同。

弗洛伊德演算法是利用中繼點 k (k=0, 1, ..., N-1) 來更新節點 i 到節點 j 的最短距離。更新時會依照節點的編號順序，假設目前是以節點 k 來更新最短距離，則表示以節點 0、1、2、...、k-1 為中繼點的距離皆已計算完畢。對每一組起點與終點 (i, j) 來說，若 i 到 j 的最短路徑不包含 k，則 dist[i][j] 的值在更新時會保持不變。反過來說，若 i 到 j 的最短路徑包含 k，則 dist[i][k] + dist[k][j] 會小於 dist[i][j]，必須將 dist[i][j] 更新為 dist[i][k] + dist[k][j]。

弗洛伊德演算法與貝爾曼 - 福特演算法同樣能應用在有負權重的圖形，而且也能檢測出負迴路。若演算法結束時，有任何一個節點通往自身的最短距離為負值（任何一個節點連到自己的距離應為 0，也就是圖 3-1 矩陣對角線的位置），即可判定該圖形內有負迴路的存在。

虛擬碼

```
warshallFloyd(g):
    dist ← g 的相鄰矩陣

    for k ← 0 to g.N-1:
        for i ← 0 to g.N-1:
            for j ← 0 to g.N-1:
            if dist[i][j] > dist[i][k] + dist[k][j]:
                dist[i][j] ← dist[i][k] + dist[k][j]
```

時間複雜度

由於所有的節點組合（N × N）都有可能需要透過 N 個中繼點來進行距離的更新，因此弗洛伊德演算法的時間複雜度為 $O(N^3)$。

應用

弗洛伊德演算法的實作雖然簡單，卻是一種很強大的演算法。其應用範圍包含尋找各點間最短路徑的問題、含有負權重的圖形問題等，缺點是對圖形的大小有限制。

最短路徑演算法：比較表

演算法	時間複雜度	距離	技巧
廣度優先搜尋 （BFS，Breadth-First Search）		• 從單一起點到所有節點的最短路徑（邊數）	佇列
戴克斯特拉演算法（線性搜尋法） （Dijkstra's Algorithm）		• 從單一起點到所有節點的最短路徑 ※ 不得有負權重	
戴克斯特拉演算法 （Dijkstra's Algorithm）		• 從單一起點到所有節點的最短路徑 ※ 不得有負權重	優先佇列
貝爾曼－福特演算法 （Bellman-Ford Algorithm）		• 從單一起點到所有節點的最短路徑 • 可以有負權重 • 可檢測出負迴路	
弗洛伊德演算法 （Floyd-Warshall Algorithm）		• 各節點間的最短路徑 • 可以有負權重 • 可檢測出負迴路	

第 27 章

計算幾何
(Computational Geometry)

計算幾何是研究解決幾何問題演算法的學科，應用領域包括電腦圖學 (Computer Graphics)、地理資訊系統 (Geographic Information System)、遊戲以及機器人等。

本章將介紹 3 種與計算幾何基本結構「二維點群」有關的演算法。

- 包裹法 (Gift Wrapping)
- 葛立恆掃描法 (Graham's scan)
- 安德魯演算法 (Andrew's Algorithm)

27-1 包裹法 (Gift Wrapping)

點的凸包（Convex Hull）

點的**凸包** (Convex Hull) 是指從一堆點，找出一個可以圍住這些點且面積最小的凸多邊形 (凸多邊形是不往內凹陷的多邊形)，這個凸多邊形就稱為凸包。

從一個點集合，求出凸包。

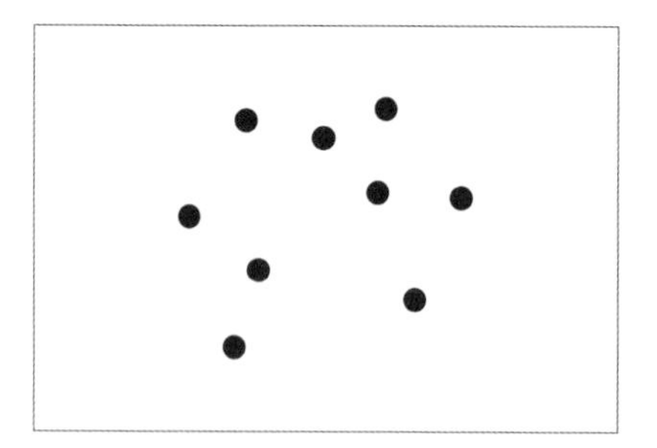

平面上的點群
點的數量 N ≤ 1,000

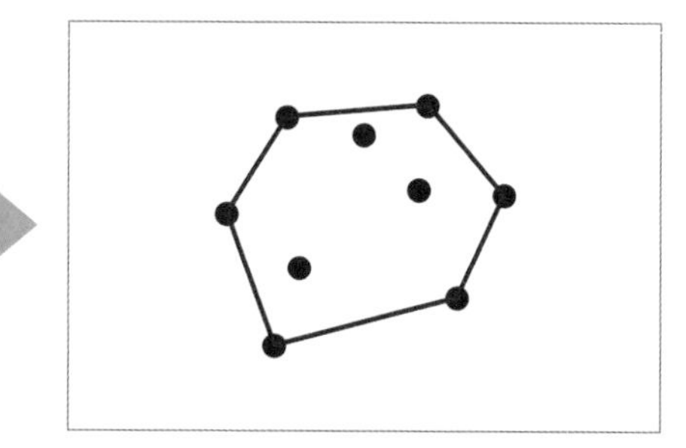

包含所有點且面積最小的凸多邊形

包裹法（Gift Wrapping）

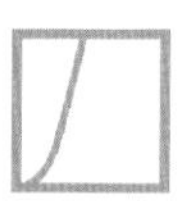

包裹法是很簡單的演算法，就像包裝禮物的緞帶一樣，一次增加一條邊，將連起來的凸包標示出來。

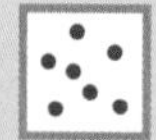

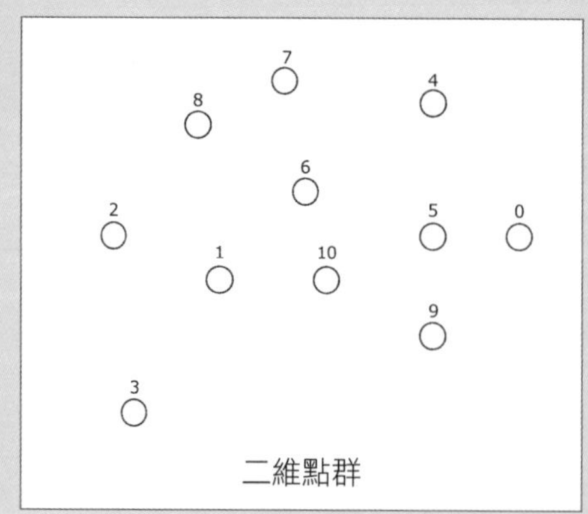

二維點群

※ 此演算法不會使用到代表節點的變數。主要處理對象為二維點群結構中的點座標 (x, y)。

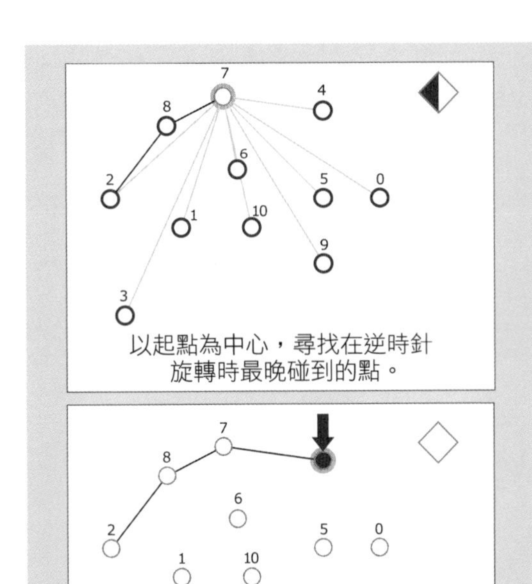

建立凸包		
	找到最左邊的點。	
	以起點為中心，選擇在逆時針旋轉時最晚碰到的點。	
	指向所選的點。	t
	將點新增至凸包中。	
	逐步決定凸包的邊。	

演算法的執行過程

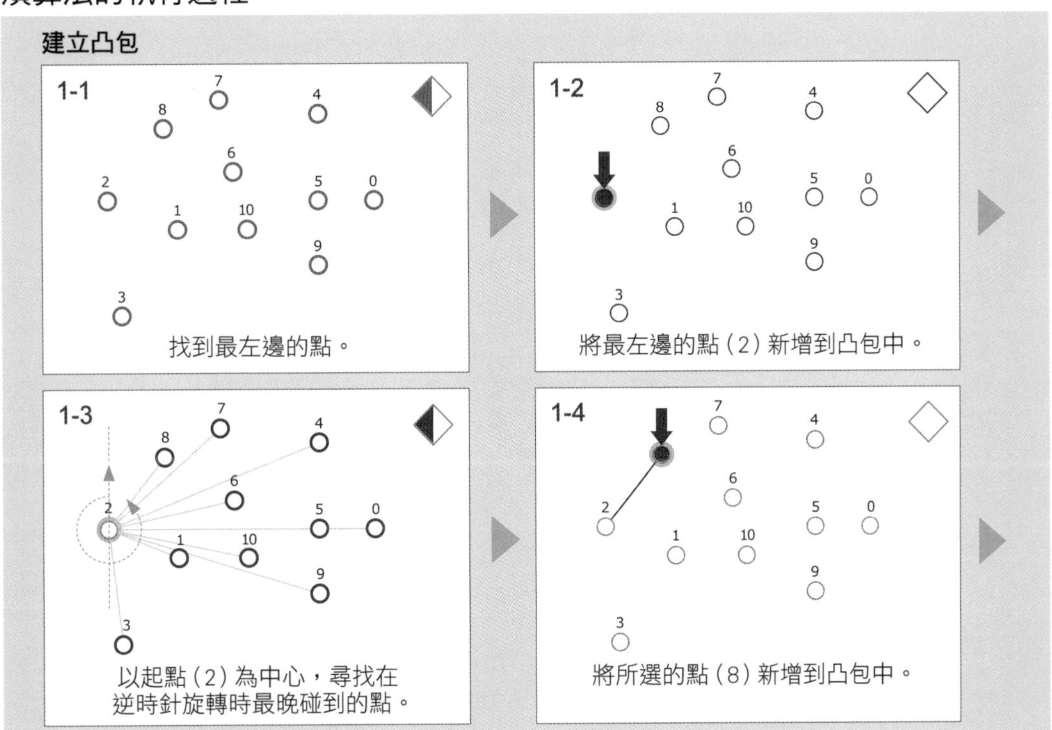

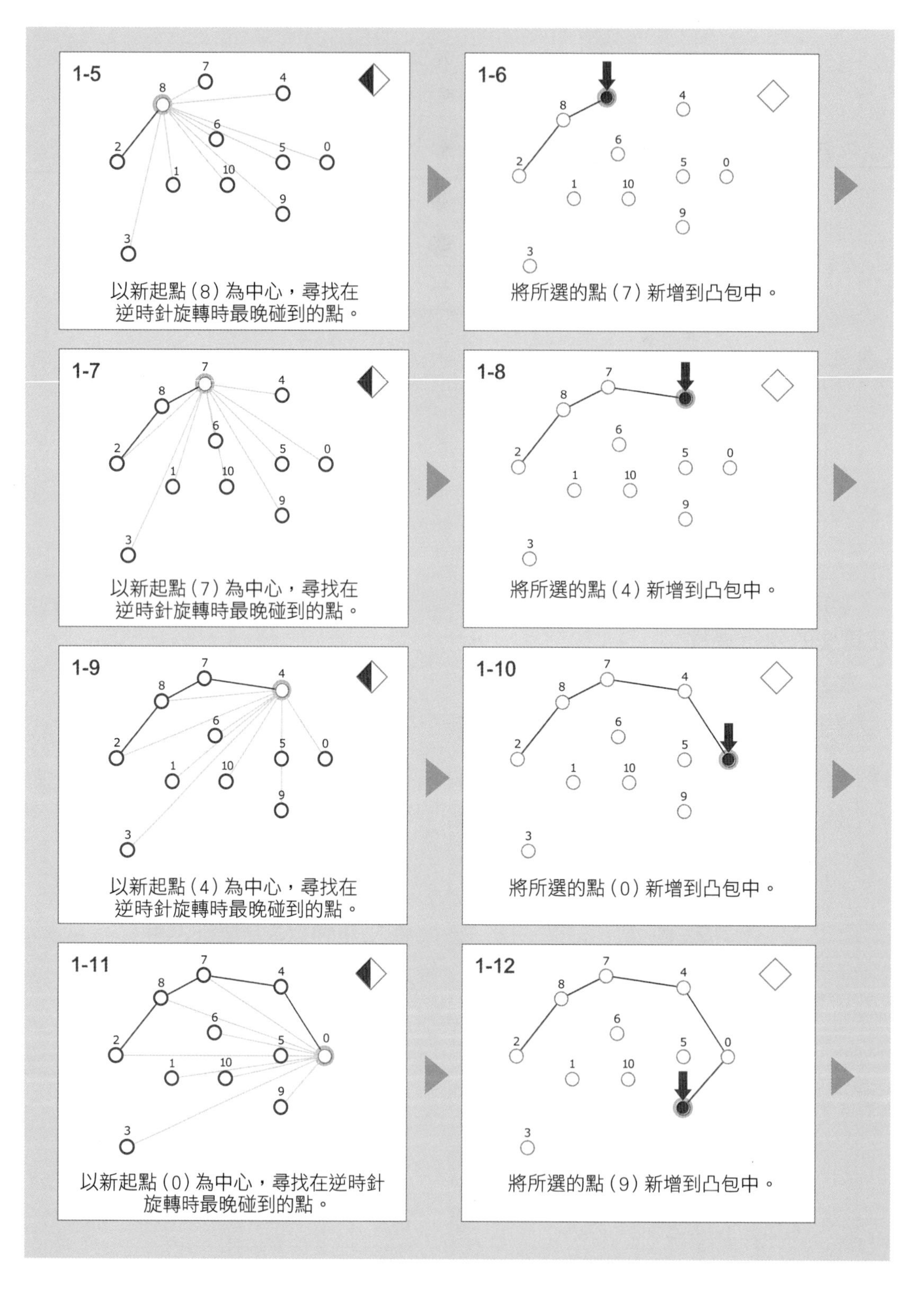
1-5
以新起點 (8) 為中心，尋找在逆時針旋轉時最晚碰到的點。
1-6
將所選的點 (7) 新增到凸包中。
1-7
以新起點 (7) 為中心，尋找在逆時針旋轉時最晚碰到的點。
1-8
將所選的點 (4) 新增到凸包中。
1-9
以新起點 (4) 為中心，尋找在逆時針旋轉時最晚碰到的點。
1-10
將所選的點 (0) 新增到凸包中。
1-11
以新起點 (0) 為中心，尋找在逆時針旋轉時最晚碰到的點。
1-12
將所選的點 (9) 新增到凸包中。

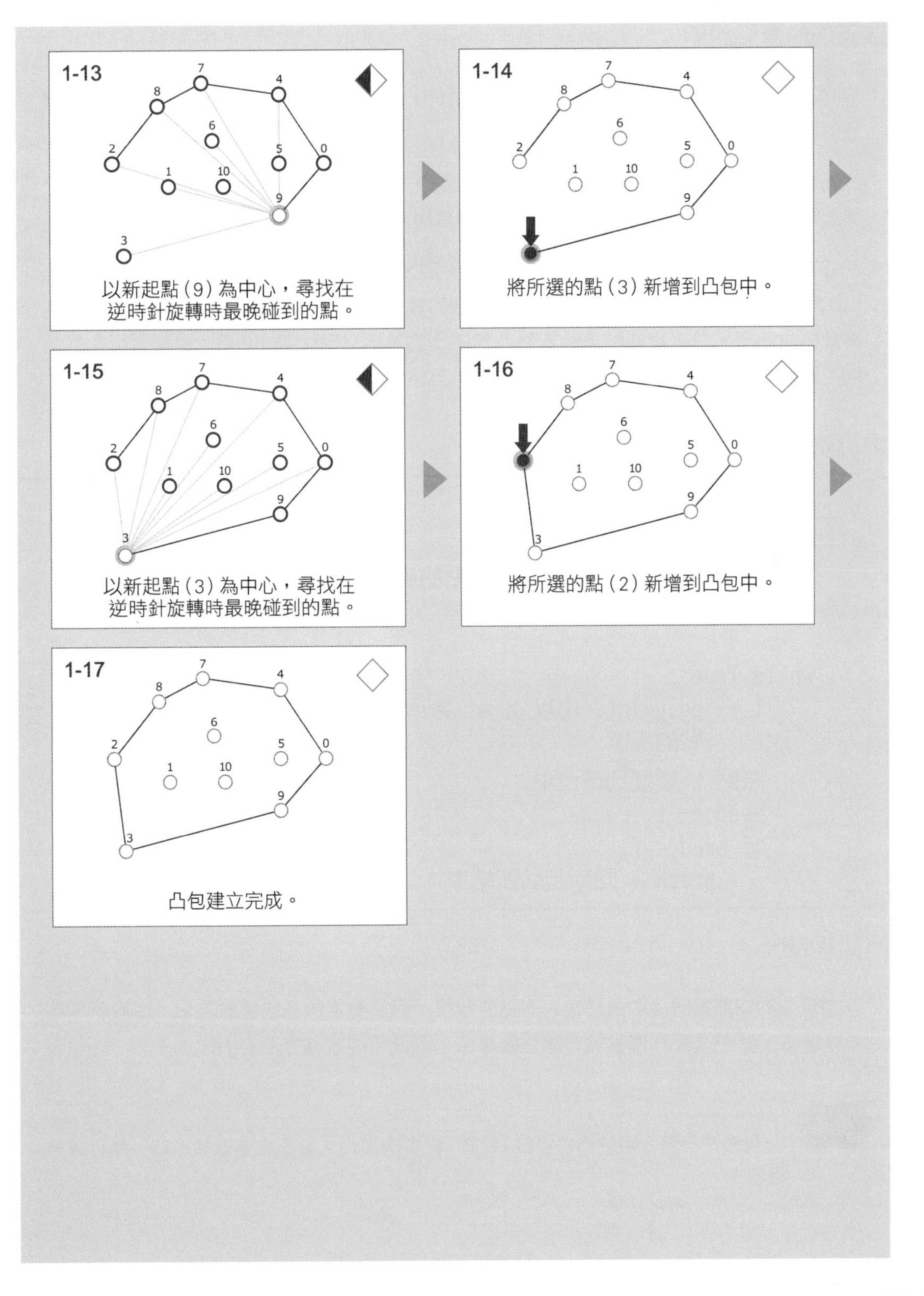
1-13
以新起點（9）為中心，尋找在逆時針旋轉時最晚碰到的點。
1-14
將所選的點（3）新增到凸包中。
1-15
以新起點（3）為中心，尋找在逆時針旋轉時最晚碰到的點。
1-16
將所選的點（2）新增到凸包中。
1-17
凸包建立完成。

演算法的重點說明

包裹法也稱為 Jarvis 步進法（Jarvis march），是一種透過線性搜尋法逐步找出凸包邊的演算法。

首先，選擇 1 個一定會在凸包中的點為起點。本節是以 x 座標最小的點（最左邊的點）為起點，若有多點同時符合此條件，則選擇其中 y 座標最小的點。

接著，從起點開始逐步接起凸包的邊。我們假設最後新增到凸包的邊之端點為 head，且第一個 head 為起點。各步驟要做的就是以 head 為中心，尋找可構成最大逆時針夾角的邊，並將其端點 t 新增到凸包中。之後再以點 t 為 head，重複進行上述處理，直到 head 回到起點，凸包就完成了。

虛擬碼

```
# 二維點群 PointGroup pg
giftWrapping(pg):
    head ← pg.points 中最左邊的點的編號
    f ← head # 記錄終點

    while True:
        t ← pg.points 中以 head 為起點逆時針旋轉時最晚碰到的
             點的編號
        將點 t 新增到凸包中
        head ← t;
        if head = f:
            break # 回到起點即結束
```

時間複雜度

包裹法的時間複雜度取決於輸入的點的狀態。假設給定的凸包邊數為 H，由於新增每一條邊時，都必須對 N 個點執行線性搜尋法，因此時間複雜度為 O(HN)。

包裹法不適合用於凸包邊數（點數）較多的場合，當凸包邊數較小時，執行效率相當高。

27-2 葛立恆掃描法 (Graham Scan) ★★★

點的凸包（Convex Hull）

從一個規模較大的點集合，求出其凸包。

從一個點集合，求出凸包。

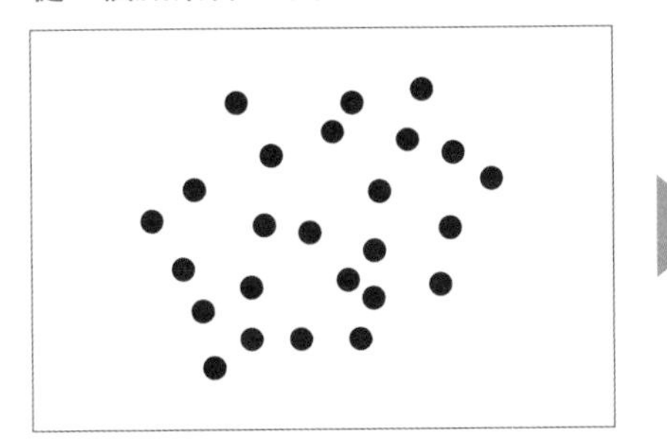

平面上的點群
點的數量 N ≤ 100,000

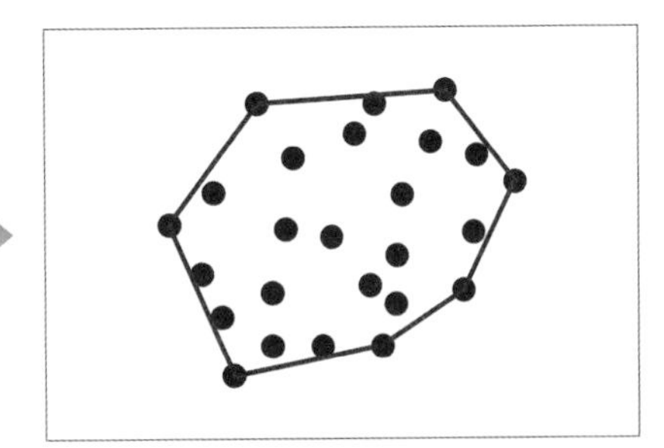

包含所有點且面積最小的凸多邊形

葛立恆掃描法（Graham Scan）

葛立恆掃描法會先找到最左下角的點當作起點，並將其他點依照逆時針角度由小到大排列，依序連接每個點，依照邊的走向為逆時針或順時針方向，將點插入堆疊或從堆疊取出，即可找出決定凸包的頂點。

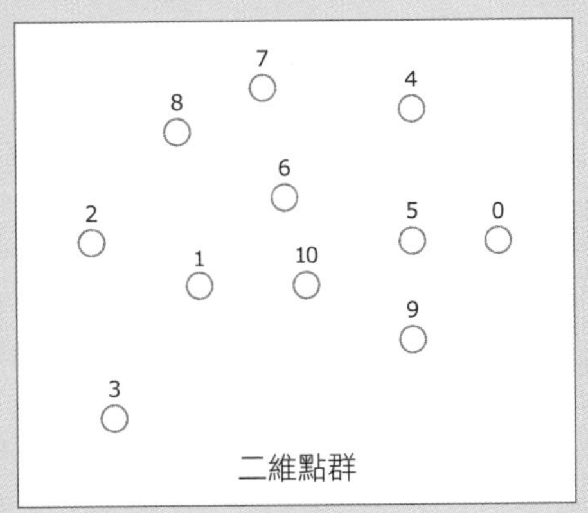

二維點群

※ 此演算法不會使用到代表節點的變數。主要處理對象為二維點群結構中的點座標 (x, y)。

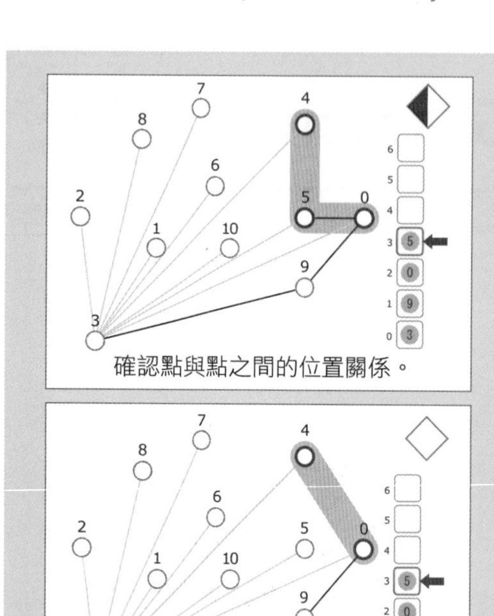

確認點與點之間的位置關係。

將點從凸包的候選點中排除。

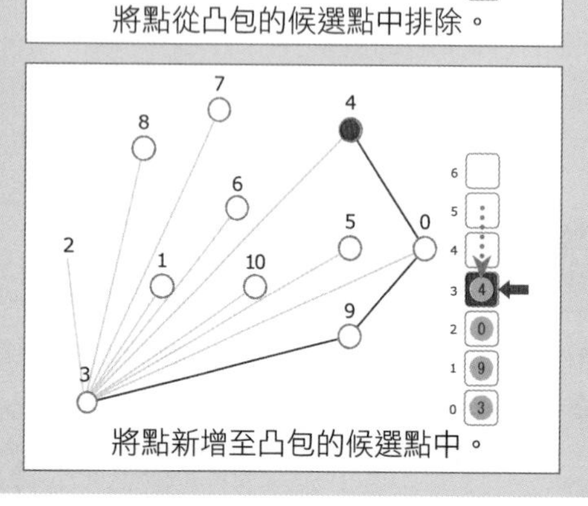

將點新增至凸包的候選點中。

將各點排序並決定起點		
◆	找到最左下角的點。	
⬇	指向最左下角的點。	
●	以最左下角的點為參考點（基準），將其餘的點按「極角」（polar angle）大小排序。	
建立凸包		
◆	檢查 3 個點的走向是否為逆時針。	
●	將點的編號新增到堆疊中。	st.push(head)
—	逐步決定凸包的邊。	

演算法的執行過程

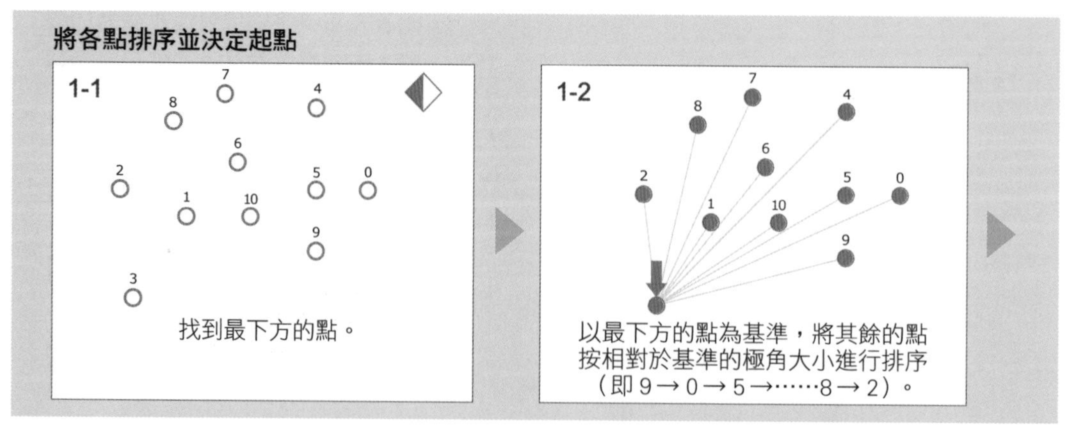

找到最下方的點。

以最下方的點為基準，將其餘的點按相對於基準的極角大小進行排序（即 9 → 0 → 5 →……8 → 2）。

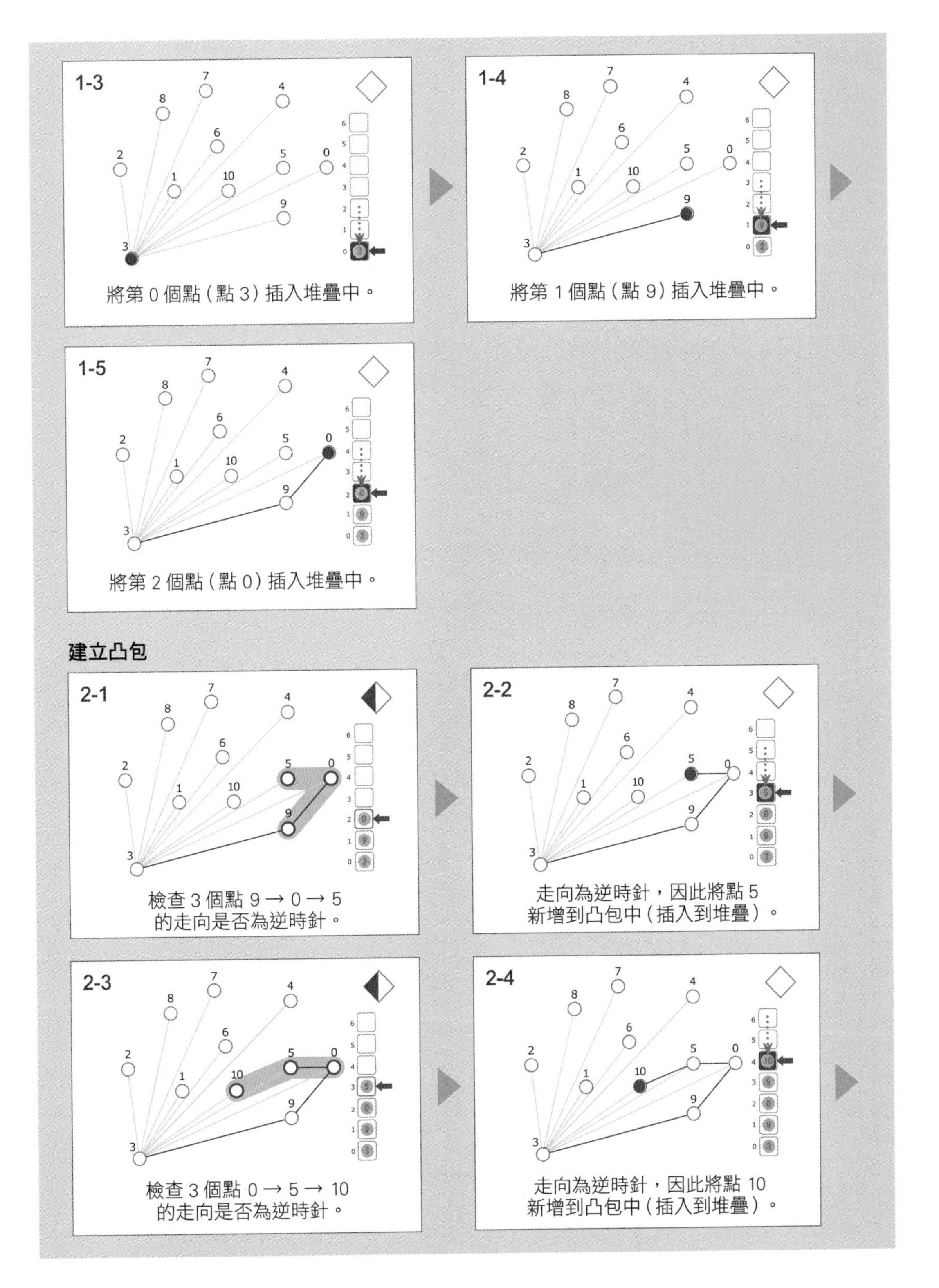
1-3
將第 0 個點（點 3）插入堆疊中。
1-4
將第 1 個點（點 9）插入堆疊中。
1-5
將第 2 個點（點 0）插入堆疊中。
建立凸包
2-1
檢查 3 個點 9 → 0 → 5
的走向是否為逆時針。
2-2
走向為逆時針，因此將點 5
新增到凸包中（插入到堆疊）。
2-3
檢查 3 個點 0 → 5 → 10
的走向是否為逆時針。
2-4
走向為逆時針，因此將點 10
新增到凸包中（插入到堆疊）。

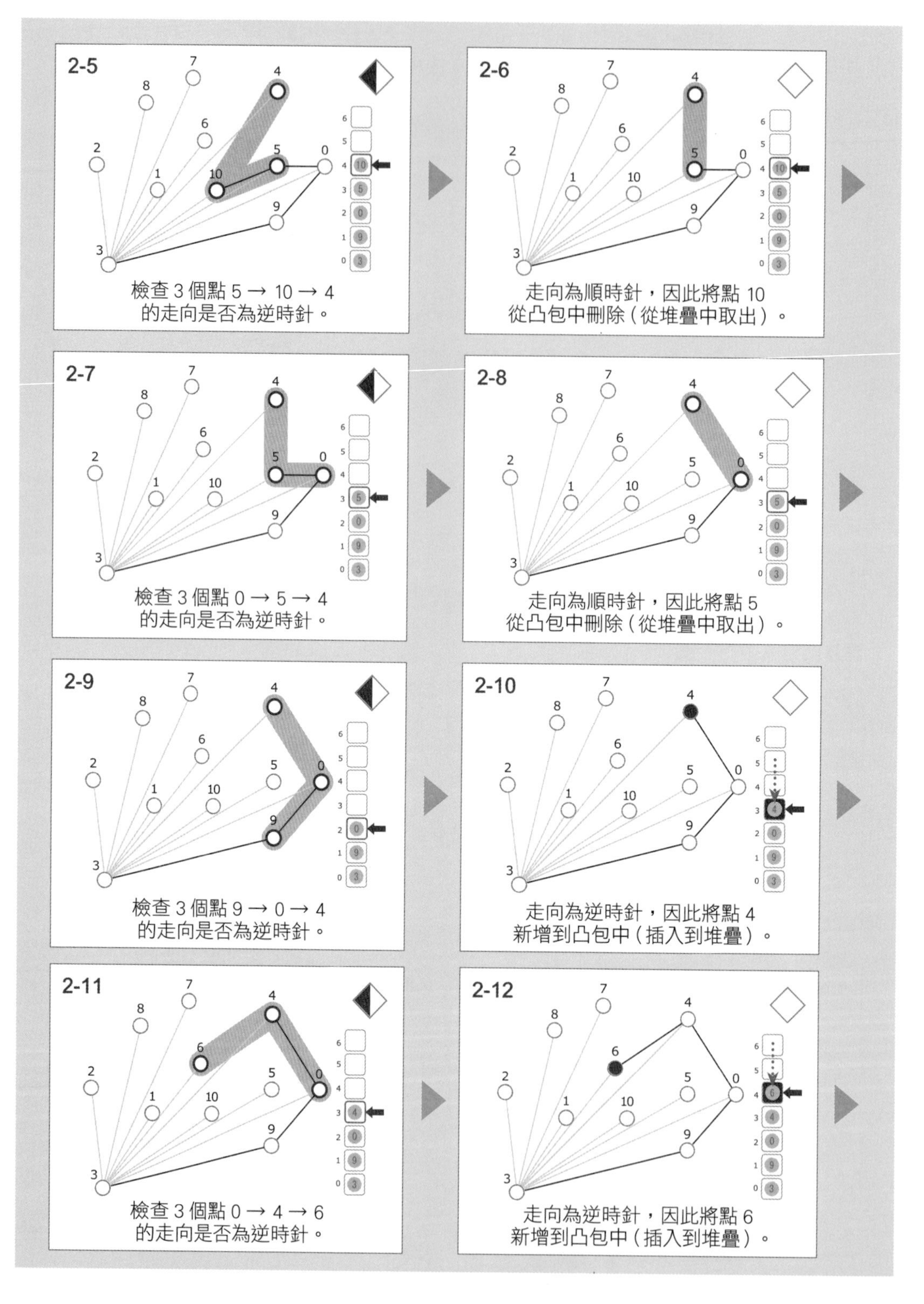
2-5
檢查 3 個點 5 → 10 → 4
的走向是否為逆時針。
2-6
走向為順時針，因此將點 10
從凸包中刪除（從堆疊中取出）。
2-7
檢查 3 個點 0 → 5 → 4
的走向是否為逆時針。
2-8
走向為順時針，因此將點 5
從凸包中刪除（從堆疊中取出）。
2-9
檢查 3 個點 9 → 0 → 4
的走向是否為逆時針。
2-10
走向為逆時針，因此將點 4
新增到凸包中（插入到堆疊）。
2-11
檢查 3 個點 0 → 4 → 6
的走向是否為逆時針。
2-12
走向為逆時針，因此將點 6
新增到凸包中（插入到堆疊）。

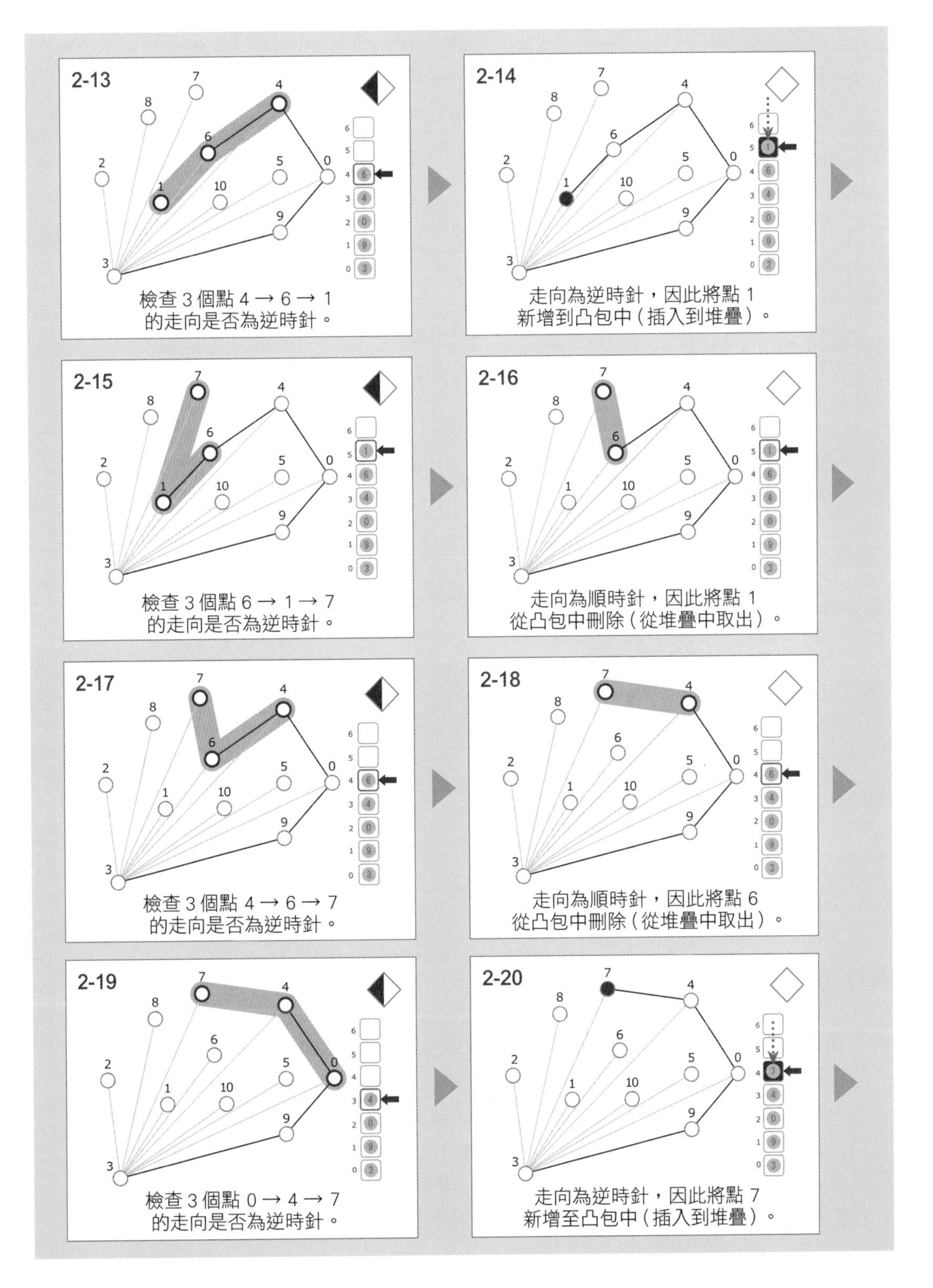
2-13
檢查 3 個點 4 → 6 → 1
的走向是否為逆時針。
2-14
走向為逆時針，因此將點 1
新增到凸包中（插入到堆疊）。
2-15
檢查 3 個點 6 → 1 → 7
的走向是否為逆時針。
2-16
走向為順時針，因此將點 1
從凸包中刪除（從堆疊中取出）。
2-17
檢查 3 個點 4 → 6 → 7
的走向是否為逆時針。
2-18
走向為順時針，因此將點 6
從凸包中刪除（從堆疊中取出）。
2-19
檢查 3 個點 0 → 4 → 7
的走向是否為逆時針。
2-20
走向為逆時針，因此將點 7
新增至凸包中（插入到堆疊）。

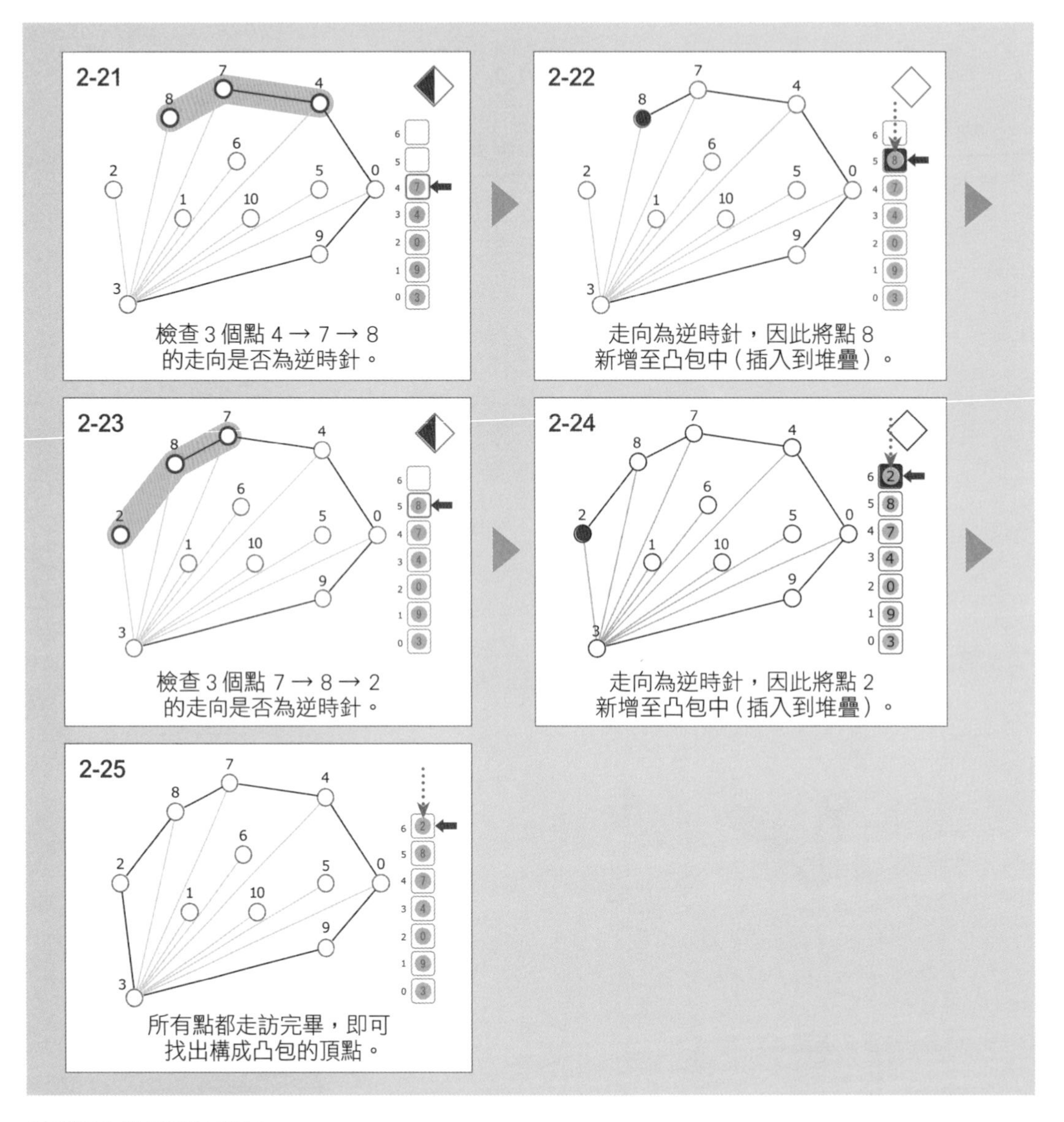

演算法的重點說明

葛立恆掃描法可分為**預處理**及**掃描操作** 2 個階段。預處理階段會決定之後掃描所使用的起點，並以起點為基準對其餘的點進行排序。本節的做法是以 y 座標最小的點（最下方的點）為起點，若同時有多點符合此條件，則選擇其中 x 座標最小的點。之後按照各點與起點間的極角（polar angle）大小進行排序（註：從起點畫一條水平線，比較逆時針方向的夾角，角度小的優先）。若極角相同，則以距離起點較近者為優先。接著將包含起點在內的最初 3 點新增到凸包中，並依序將此 3 點放入堆疊。

掃描操作階段會將各點視為加入凸包的候選點並逐一放入堆疊中，最後篩選完仍留在堆疊中的點，即為構成凸包的點。凸包的候選點會以預處理階段的極角排序結果依序進行篩選。假設目前檢視的點為 head。在決定是否要將 head 新增到凸包之前，必須先調查 head 與堆疊頂端數來的第 2 個點 top2 及第 1 個點 top 之間的位置關係。若 head 的位置在 top2 → top 的順時針方向，則將 top 從堆疊中刪除。反之，若 head 位於逆時針方向，也就是可以形成凸包，則將 head 放入堆疊並新增至凸包當中。

虛擬碼

```
# 二維點群 PointGroup pg
grahamScan(pg):
    Stack st
    leftmost ← pg.points 中最左下角的點
    orderedIndex ← 以 leftmost 為基準對 pg.points 進行極角排序後
                   的索引序列

    st.push(orderedIndex[0]) # 將起點和其他兩個點插入堆疊中
    st.push(orderedIndex[1])
    st.push(orderedIndex[2])

    for i ← 3 to pg.N-1:     # 前幾個點已經處理，因此從索引 3 開始掃描
        head ← orderedIndex[i]

        while st.size() ≥ 2:
            top2 ← st 頂端數來第 2 個值
            top ← st 頂端數來第 1 個值
            if 對於 pg.points[top2] 與 pg.points[top] 形成的直線而言
                pg.points[head] 位於右側(順時針方向):
                st.pop()   # 邊的走向為順時針方向，就從堆疊中取出
            else:
                break
        st.push(head)      # 邊的走向為逆時針方向，就插入堆疊
```

時間複雜度

由於葛立恆掃描法在選擇凸包的點時，每個點頂多只會被插入堆疊 1 次，因此這部分的時間複雜度為 O(N)。但影響最多的是利用極角排序的部分，因此葛立恆掃描法整體的時間複雜度取決於排序演算法，為 O(N log N)。

計算幾何、影像處理、電腦視覺 (computer vision)、圖學 (graphics) 以及遊戲等領域，都會利用葛立恆掃描法來建立點的凸包。它可做為物體辨識、物體碰撞偵測 (collision detection) 處理，以及地圖路線規劃等的預處理。

27-3 安德魯演算法 (Andrew's Algorithm) ★★★

點的凸包（Convex Hull）

從一個規模較大的點集合，求出其凸包。

從一個點集合，求出凸包。

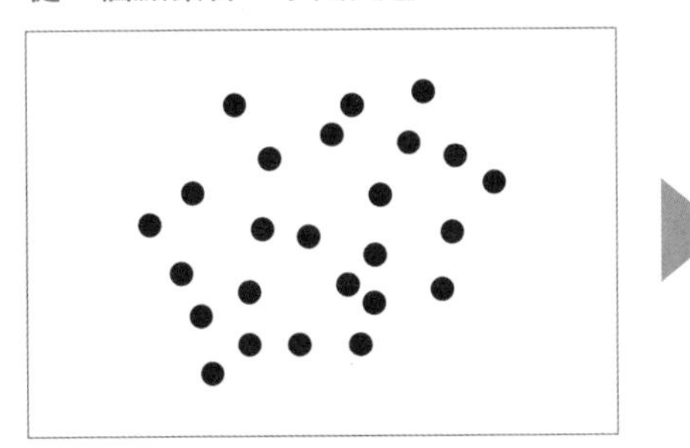

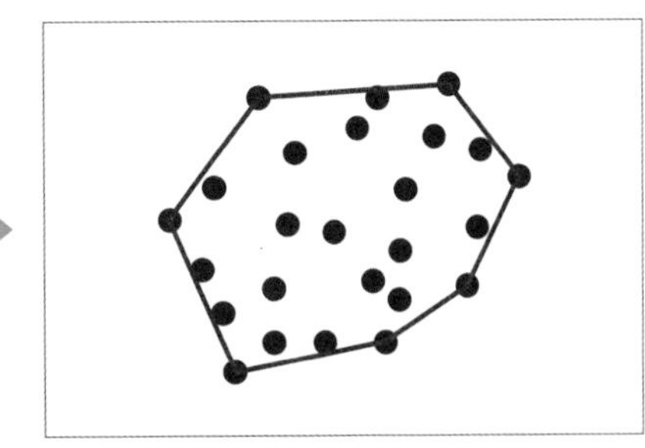

平面上的點群
點的數量 N ≤ 100,000

包含所有點且面積最小的凸多邊形

安德魯演算法（Andrew's Algorithm）

安德魯演算法會分別建立凸包的上半部與下半部，以完成整個凸包。其運作方式是以座標值來排序每一個點，由左而右依序連接各點，若邊為順時針走向就將點插入堆疊，逆時針走向則將點從堆疊取出，掃描完一遍會得到凸包上半部的點。用相反的順序再重新掃描一次，可以得到凸包下半部的點，最後將兩者合併即可（以下執行過程只示範求出凸包的上半部）。

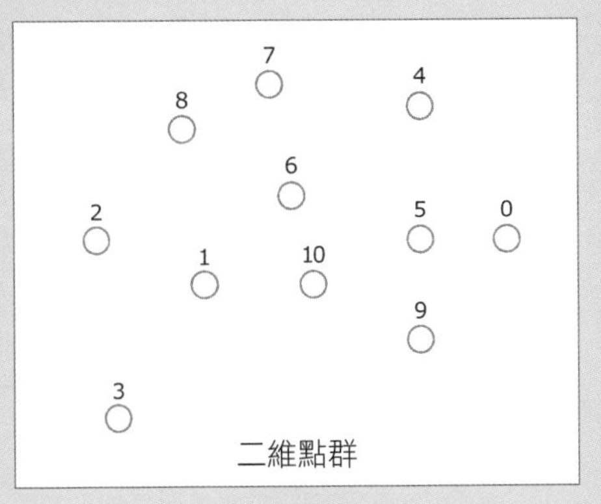

二維點群

※ 此演算法不會使用到代表節點的變數。主要處理對象為二維點群結構中的點座標 (x, y)。

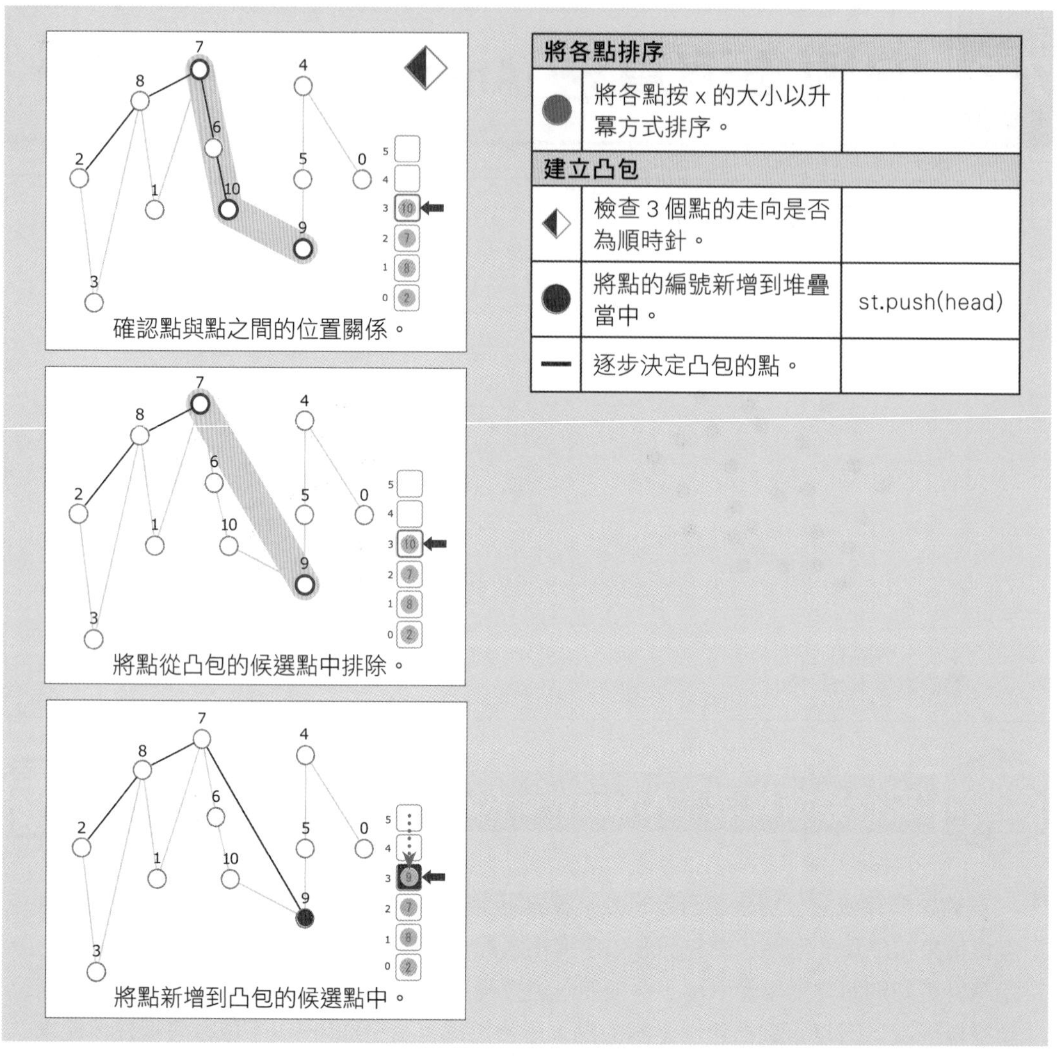

將各點排序		
●	將各點按 x 的大小以升冪方式排序。	
建立凸包		
◆	檢查 3 個點的走向是否為順時針。	
●	將點的編號新增到堆疊當中。	st.push(head)
—	逐步決定凸包的點。	

演算法的執行過程

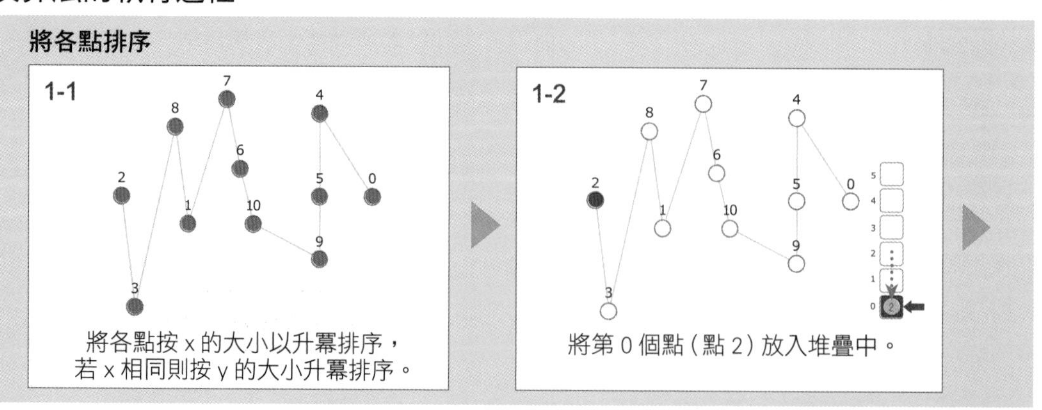

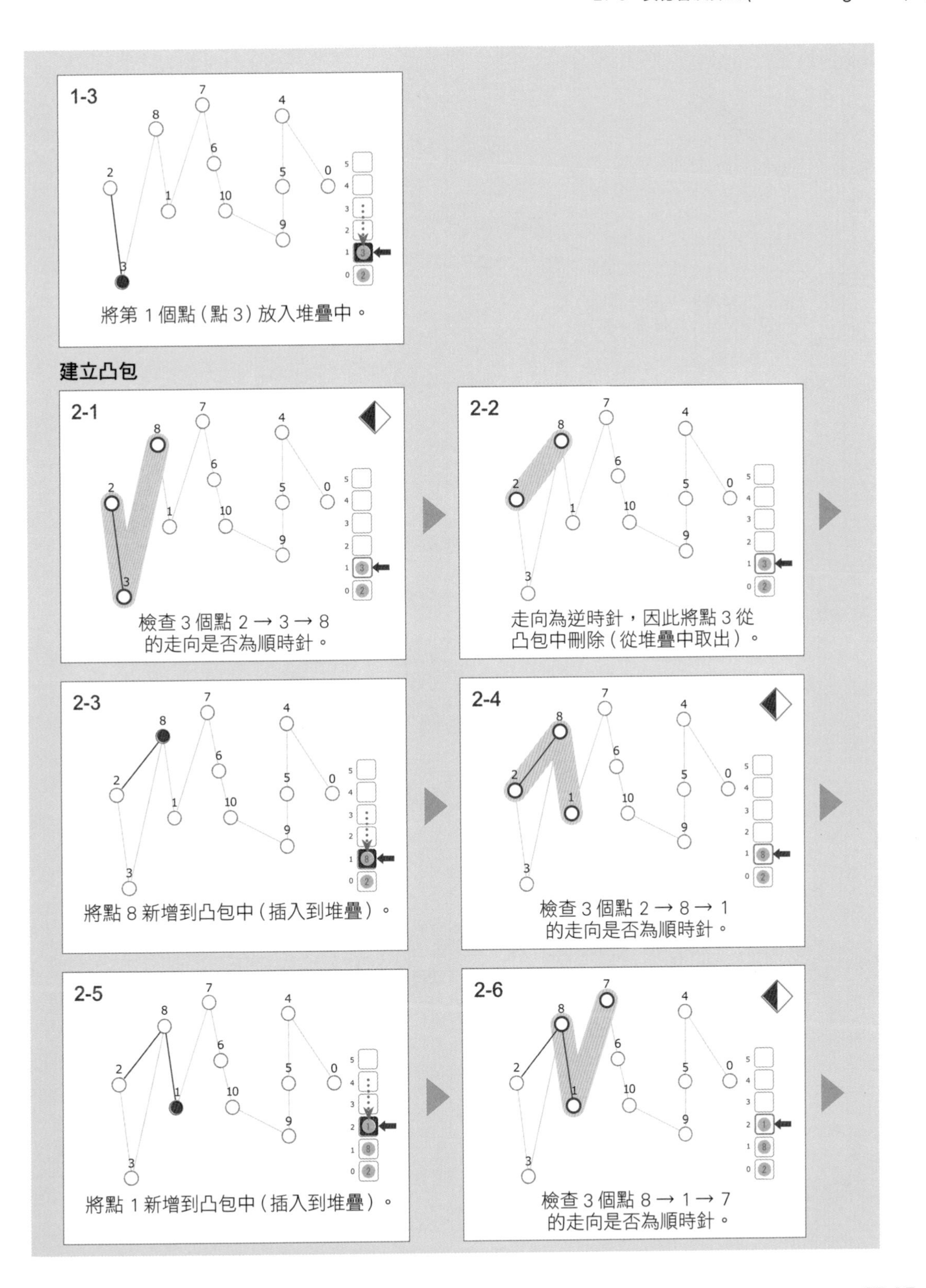
1-3
將第 1 個點 (點 3) 放入堆疊中。
建立凸包
2-1
檢查 3 個點 2 → 3 → 8
的走向是否為順時針。
2-2
走向為逆時針，因此將點 3 從
凸包中刪除 (從堆疊中取出)。
2-3
將點 8 新增到凸包中 (插入到堆疊)。
2-4
檢查 3 個點 2 → 8 → 1
的走向是否為順時針。
2-5
將點 1 新增到凸包中 (插入到堆疊)。
2-6
檢查 3 個點 8 → 1 → 7
的走向是否為順時針。

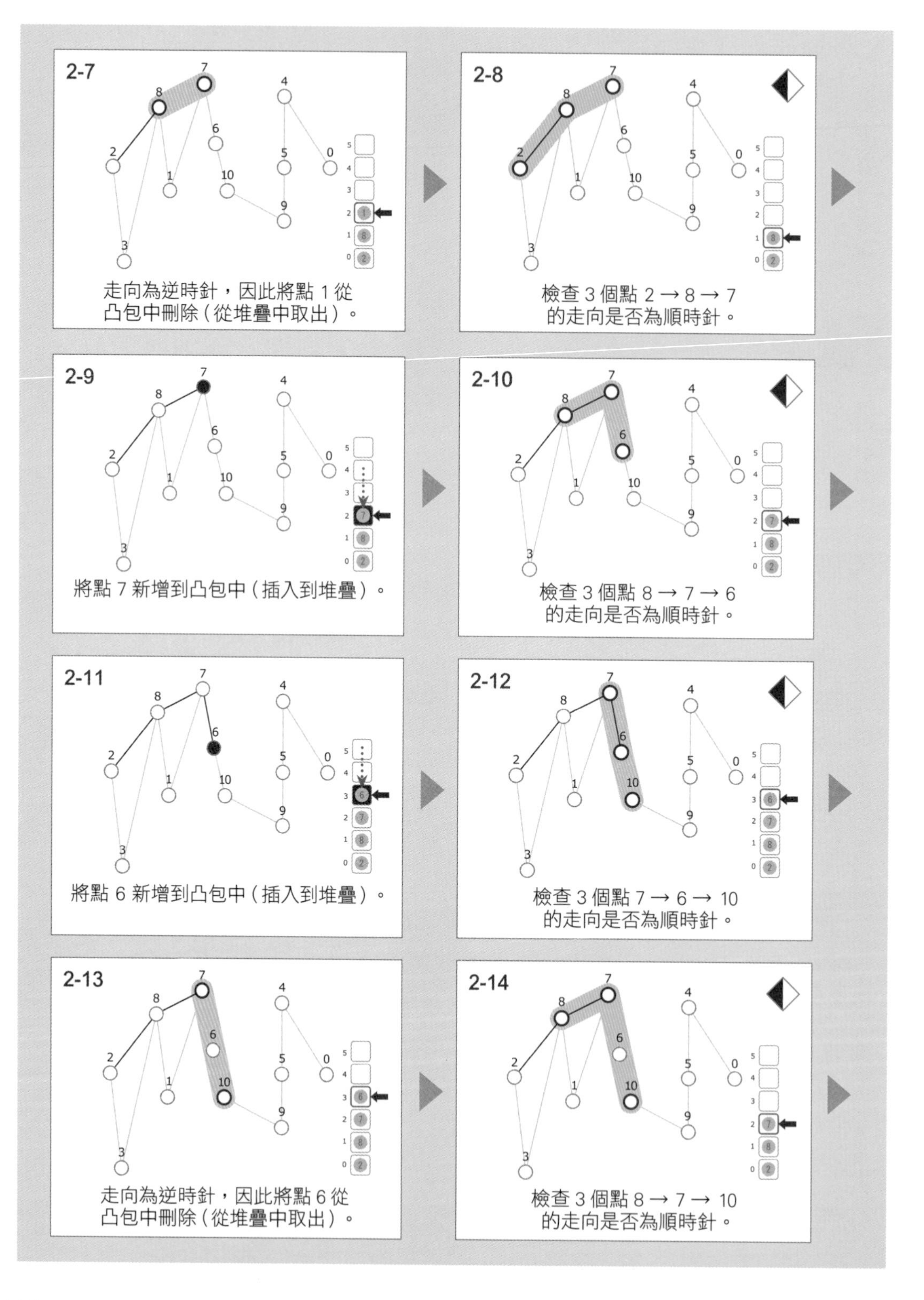
2-7
走向為逆時針，因此將點 1 從
凸包中刪除（從堆疊中取出）。
2-8
檢查 3 個點 2 → 8 → 7
的走向是否為順時針。
2-9
將點 7 新增到凸包中（插入到堆疊）。
2-10
檢查 3 個點 8 → 7 → 6
的走向是否為順時針。
2-11
將點 6 新增到凸包中（插入到堆疊）。
2-12
檢查 3 個點 7 → 6 → 10
的走向是否為順時針。
2-13
走向為逆時針，因此將點 6 從
凸包中刪除（從堆疊中取出）。
2-14
檢查 3 個點 8 → 7 → 10
的走向是否為順時針。

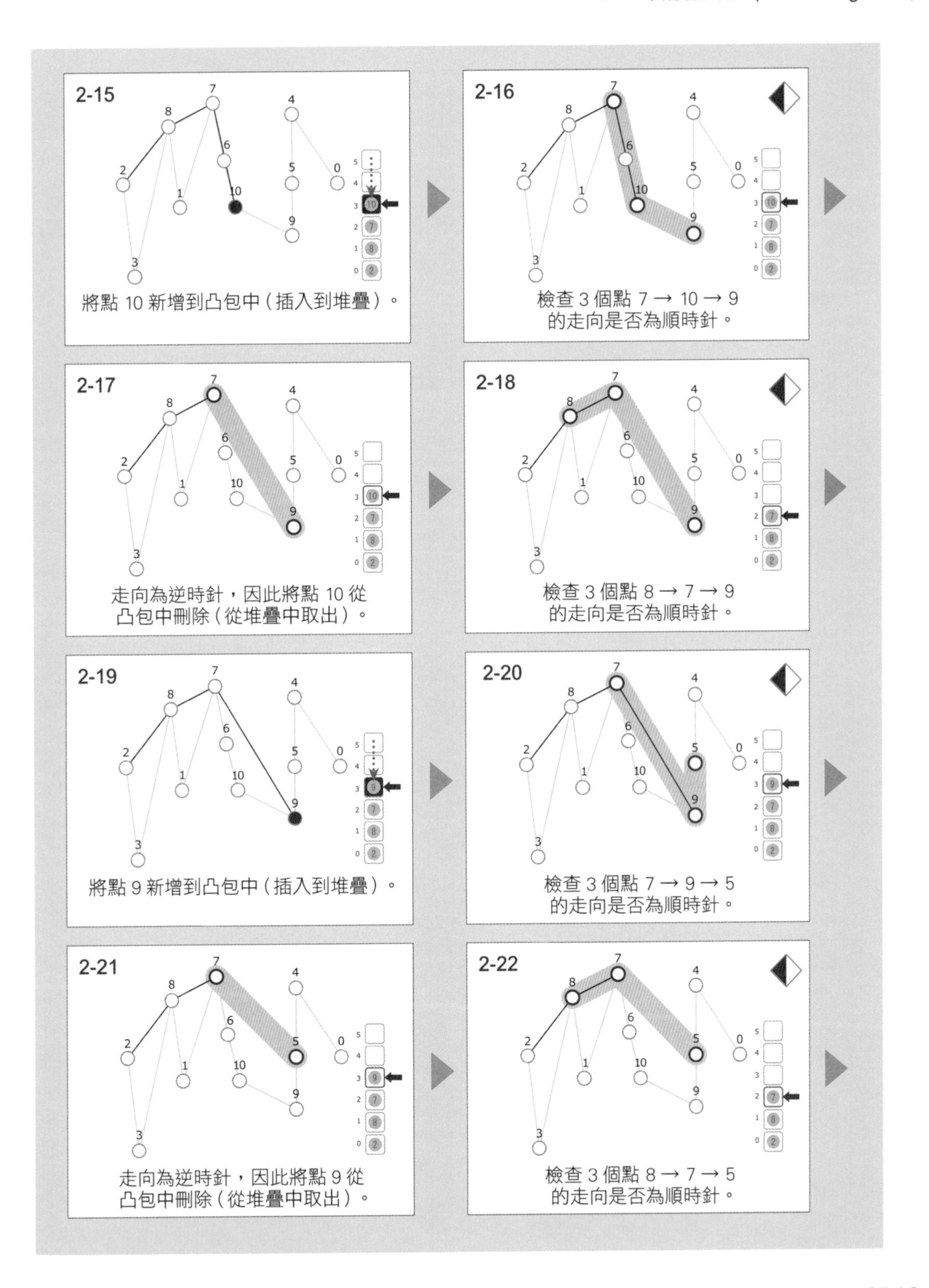
2-15
將點 10 新增到凸包中（插入到堆疊）。
2-16
檢查 3 個點 7 → 10 → 9
的走向是否為順時針。
2-17
走向為逆時針，因此將點 10 從
凸包中刪除（從堆疊中取出）。
2-18
檢查 3 個點 8 → 7 → 9
的走向是否為順時針。
2-19
將點 9 新增到凸包中（插入到堆疊）。
2-20
檢查 3 個點 7 → 9 → 5
的走向是否為順時針。
2-21
走向為逆時針，因此將點 9 從
凸包中刪除（從堆疊中取出）。
2-22
檢查 3 個點 8 → 7 → 5
的走向是否為順時針。

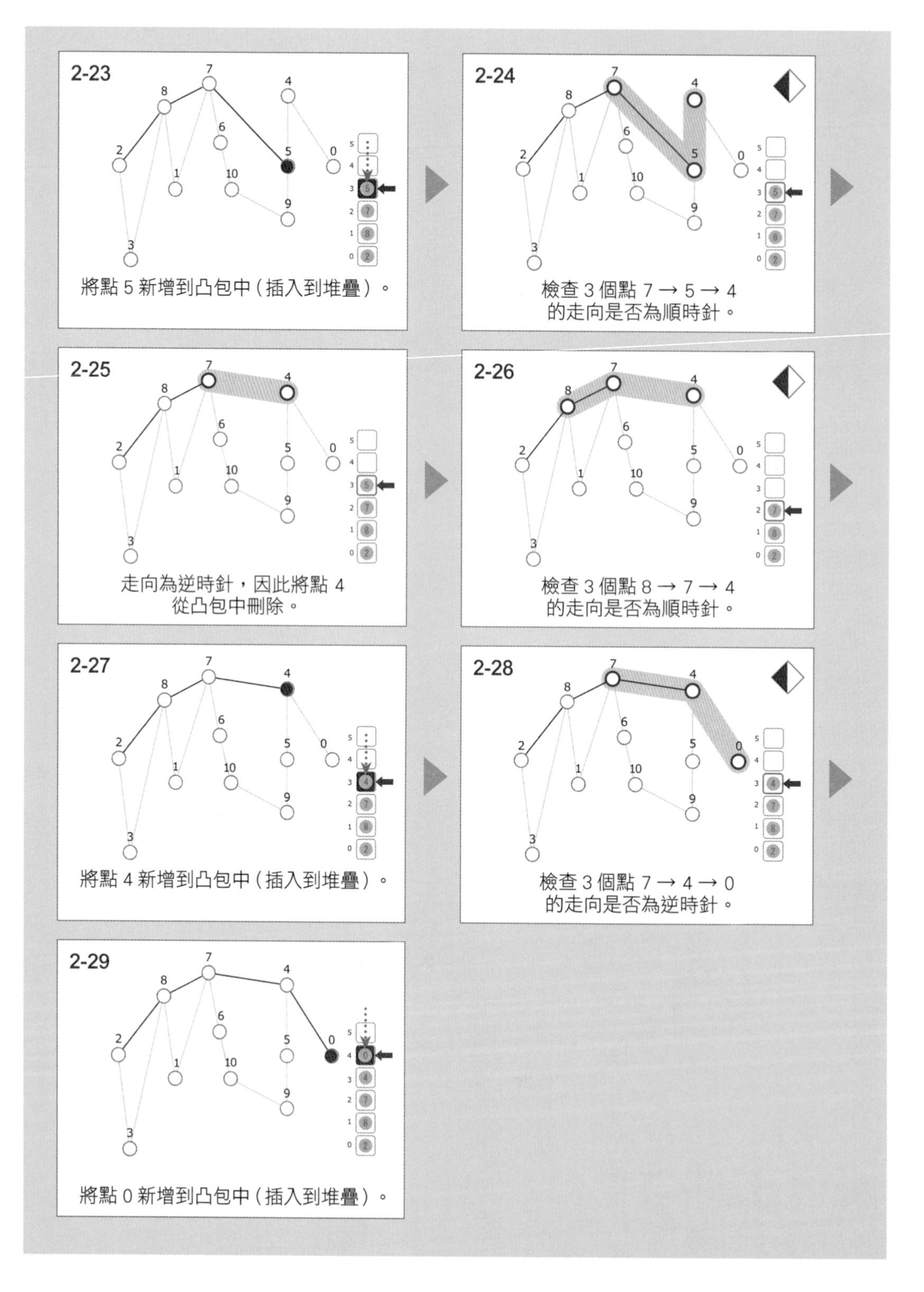
2-23
將點 5 新增到凸包中（插入到堆疊）。
2-24
檢查 3 個點 7 → 5 → 4
的走向是否為順時針。
2-25
走向為逆時針，因此將點 4
從凸包中刪除。
2-26
檢查 3 個點 8 → 7 → 4
的走向是否為順時針。
2-27
將點 4 新增到凸包中（插入到堆疊）。
2-28
檢查 3 個點 7 → 4 → 0
的走向是否為逆時針。
2-29
將點 0 新增到凸包中（插入到堆疊）。

演算法的重點說明

本節講解的是求凸包上半部的演算法。首先將所有的點按 x 座標的大小以升冪排序，若同時有多點的 x 座標值相同，再比較 y 座標，同樣由小到大排序。接著將排序後的最初 2 點新增到凸包中，並依序將此 2 點放入堆疊裡。

安德魯演算法建立凸包的方式，是將各點視為加入凸包的候選點並逐一放入堆疊中，出現凹進去的角就刪除堆疊中的點，最後篩選完仍留在堆疊中的點，即為構成凸包的點。凸包的候選點會以一開始的排序結果依序進行篩選。假設目前檢視的點為 head。在決定是否要將 head 新增到凸包前，必須先調查 head 與堆疊頂端數來的第 2 個點 top2 及第 1 個點 top 之間的位置關係。若 head 的位置在 top2 → top 的逆時針方向，則將 top 從堆疊中刪除。反之，若 head 位於順時針方向，也就是可以形成凸包，則將 head 放入堆疊並新增到凸包中。

凸包的下半部可使用同樣的步驟建立。不過在建立下半部時，各點需先按照 x 座標的大小以降冪排序，再使用與上半部同樣的演算法，從最右邊的點開始掃描，利用線條走向是否為順時針來判斷能否形成凸包。

虛擬碼

```
# 二維點群 PointGroup pg
andrewScan(pg):
    Stack st
    orderedIndex ← 以 x 為基準對 pg.points 進行排序 (若多點相同再
                   以 y 為基準) 後的索引序列

    st.push(orderedIndex[0])
    st.push(orderedIndex[1])

    for i ← 2 to pg.N-1:
        head ← orderedIndex[i]

        while st.size() ≥ 2:
            top2 ← st 頂端數來第 2 個值
            top  ← st 頂端數來第 1 個值
            if 對於 pg.points[top2] 與 pg.points[top] 形成的直線而言
                   pg.points[head] 不是順時針
                st.pop()
            else:
                break
        st.push(head)  # 若為順時針，則將點插入到堆疊中
```

時間複雜度

由於安德魯演算法在選擇加入凸包的點時，每個點頂多只會被插入堆疊 2 次，因此這部分的時間複雜度為 O(N)。但其實瓶頸是在於一開始對所有點進行排序的部分，因此整體的時間複雜度取決於排序演算法，為 O(N log N)。

第 28 章

線段樹
（Segment Tree）

許多處理區間（segment）的演算法都是使用一維陣列結構，但如果要對大小差異很大的區間進行大量操作，為了快速處理問題，就必需調整其結構設計。而樹狀結構就很適合處理看起來是一維的區間操作。

本章將帶你使用**線段樹**資料結構，透過樹狀結構來儲存序列，並用不同階層的節點來存放不同區段的結果，可以有效管理這類問題。

- 線段樹：RMQ
- 線段樹：RSQ

28-1 線段樹：RMQ

★★★★

查詢區間最小值（Range Minimum Query）

要在整數序列中的不同區間有效率地進行各種操作或查詢，不同的應用會有不同的處理方式。本節將說明如何查詢區間的最小值。

在整數序列 $\{a_0, a_1, ..., a_{N-1}\}$ 中，將 a_i 更新為 x，並找出區間 [a, b) 的最小值

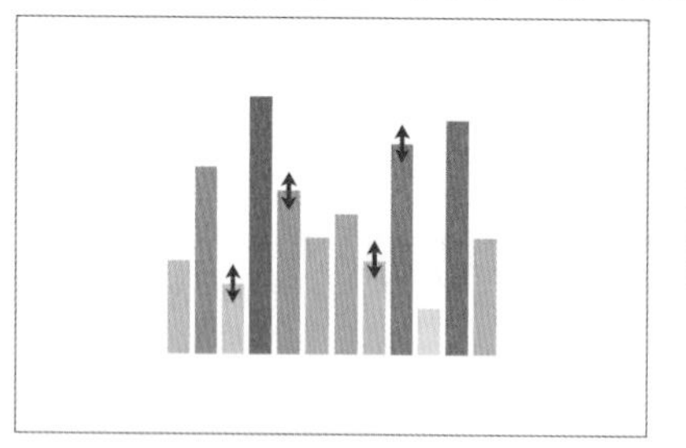

更新序列中的單一元素
整數的數量 N ≤ 100,000
查詢的次數 Q ≤ 100,000
0 ≤ x, a_i ≤ 1,000

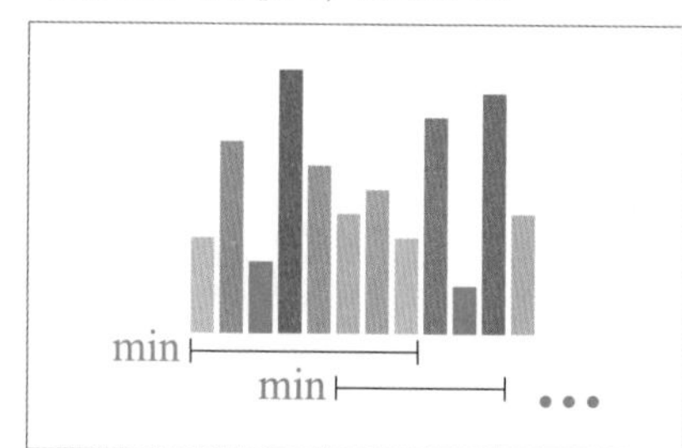

查詢區間的最小值

線段樹：RMQ（Segment Tree：RMQ）

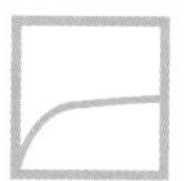

線段樹是利用完整二元樹（Complete Binary Tree）的結構，將序列在不同區間的執行結果儲存到不同階層的節點，當要處理使用者的查詢結果時就可以快速回應，若序列有刪減或更新，線段樹也要同步調整，以確保各節點儲存的結果是正確的。本節會以線段樹的元素代表儲存區間最小值的變數。

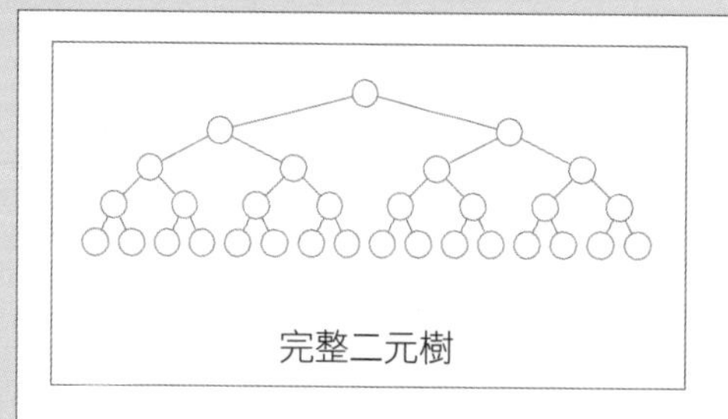

完整二元樹

	區間最小值	minv
	代表指定區間最小值的傳回值（※ 僅供顯示用，不需設為陣列）	res

演算法動畫 →

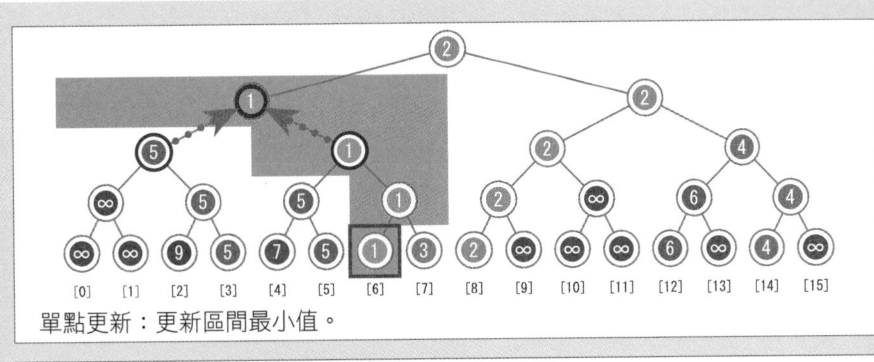

單點更新：更新區間最小值。

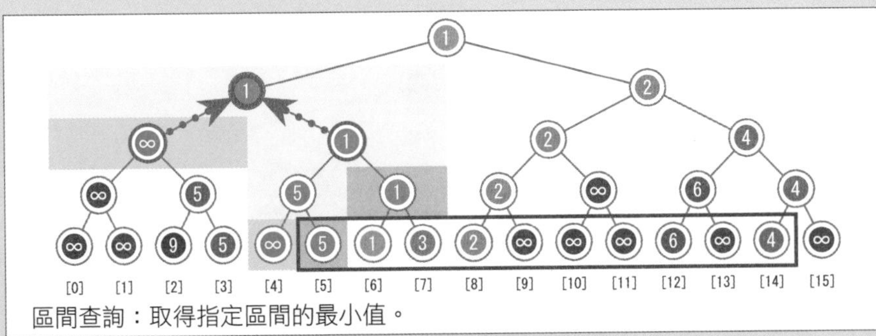

區間查詢：取得指定區間的最小值。

更新區間最小值及取得指定區間的最小值		
●	更新區間最小值。	minv[k] ← ?
●	決定指定區間的最小值。	res ← ?
■	已經因應查詢完成更新的區間。	k 的軌跡
■	搜尋區間與查詢區間不相交的區間。	if r ≤ a or b ≤ ℓ:
■	搜尋區間完全包含在查詢區間內的區間。	else if a ≤ ℓ and r ≤ b:
■	搜尋區間包含查詢區間和查詢區間以外的區間。	else:

演算法的執行過程

更新區間最小值及取得指定區間的最小值

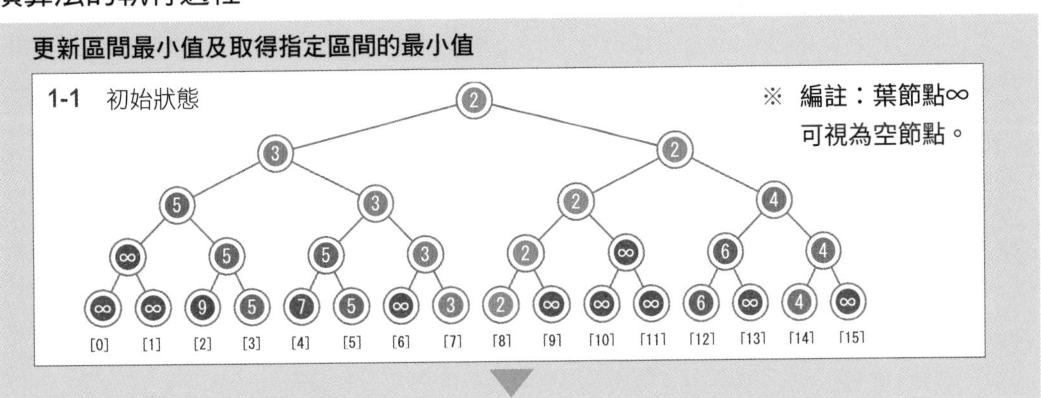

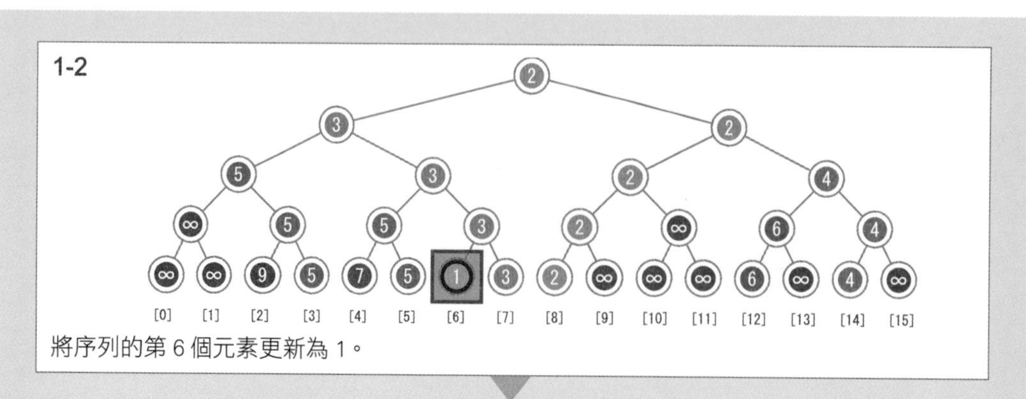

將序列的第 6 個元素更新為 1。

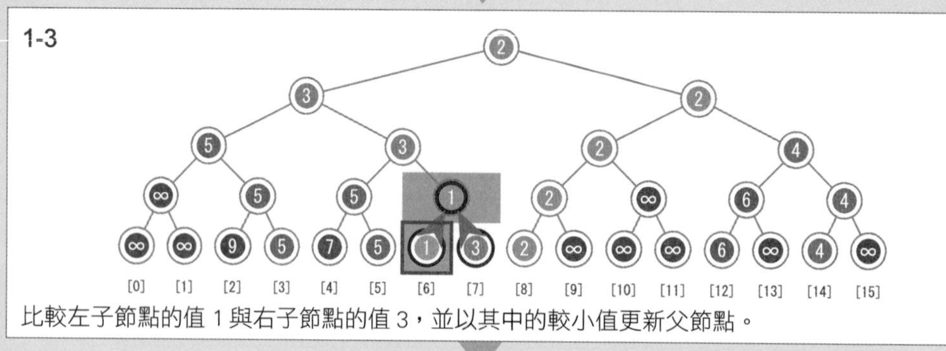

比較左子節點的值 1 與右子節點的值 3，並以其中的較小值更新父節點。

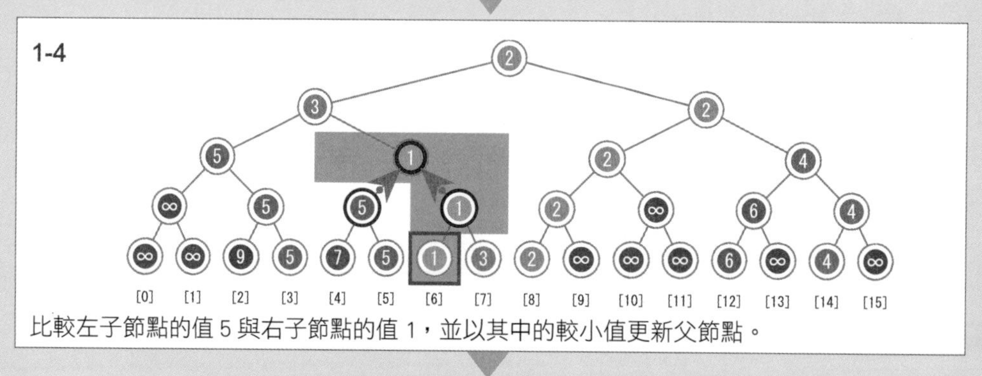

比較左子節點的值 5 與右子節點的值 1，並以其中的較小值更新父節點。

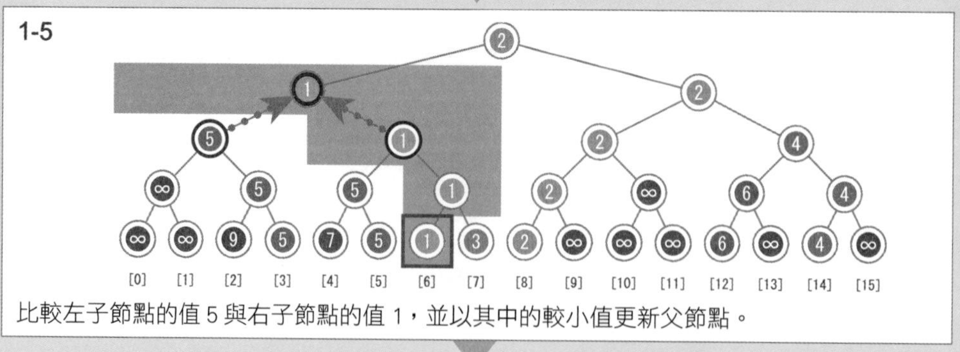

比較左子節點的值 5 與右子節點的值 1，並以其中的較小值更新父節點。

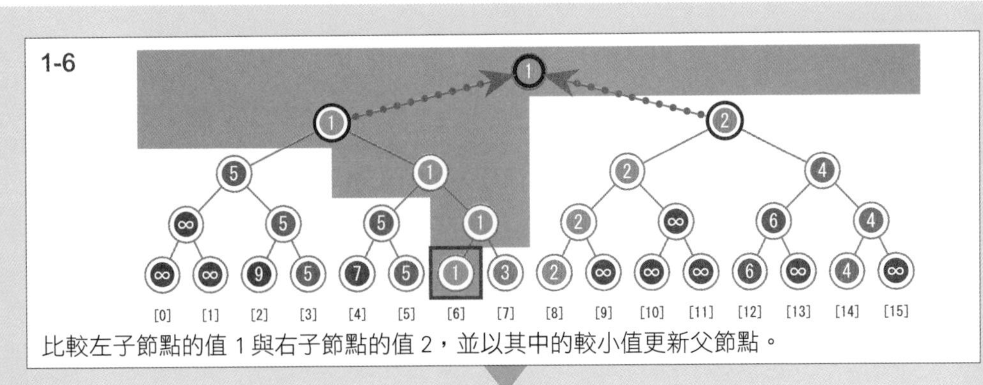

比較左子節點的值 1 與右子節點的值 2，並以其中的較小值更新父節點。

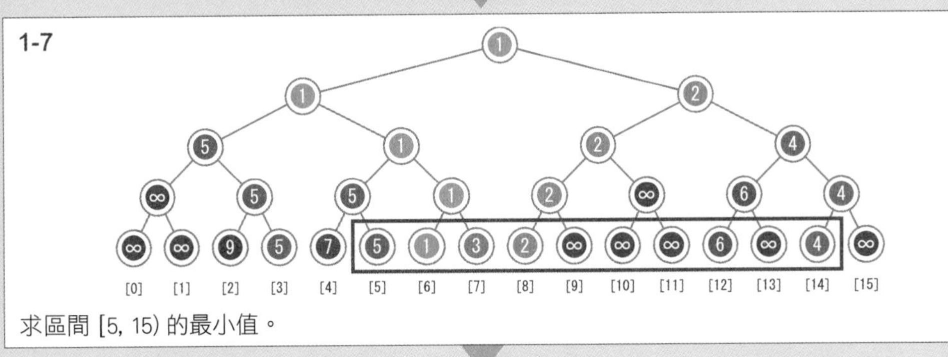

求區間 [5, 15) 的最小值。

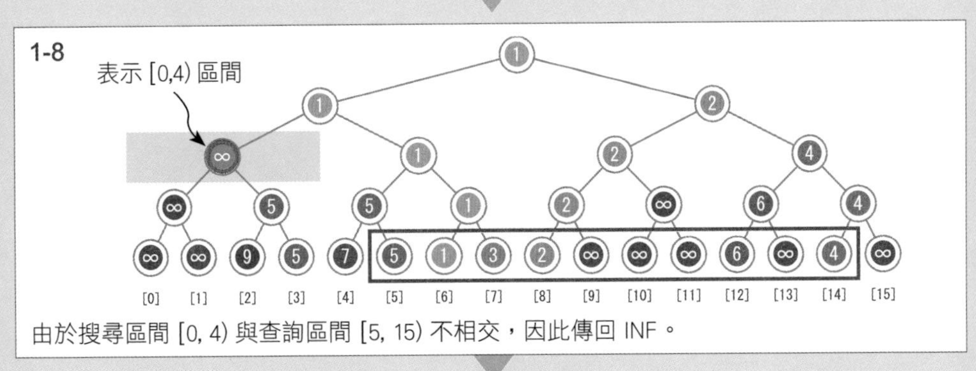

由於搜尋區間 [0, 4) 與查詢區間 [5, 15) 不相交，因此傳回 INF。

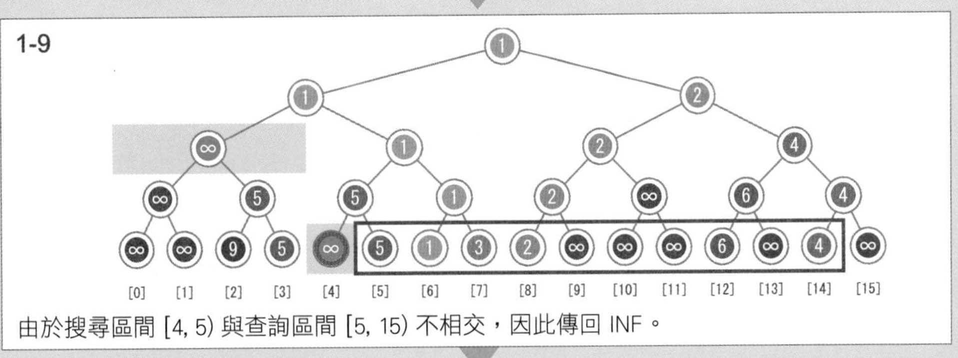

由於搜尋區間 [4, 5) 與查詢區間 [5, 15) 不相交，因此傳回 INF。

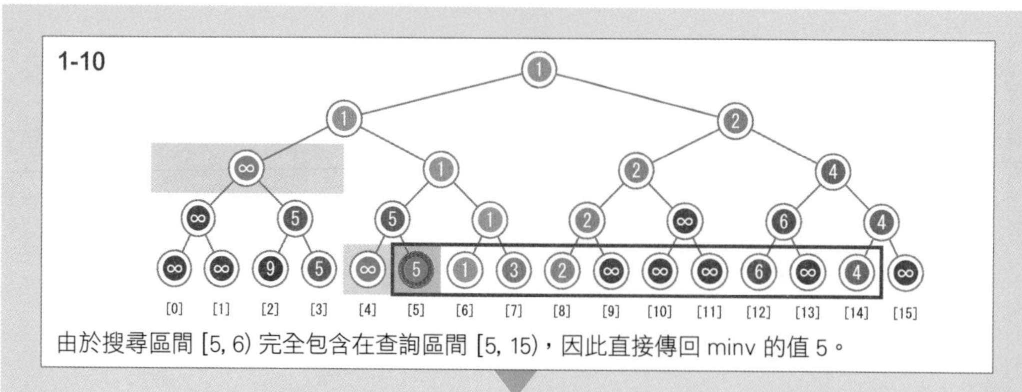

由於搜尋區間 [5, 6) 完全包含在查詢區間 [5, 15)，因此直接傳回 minv 的值 5。

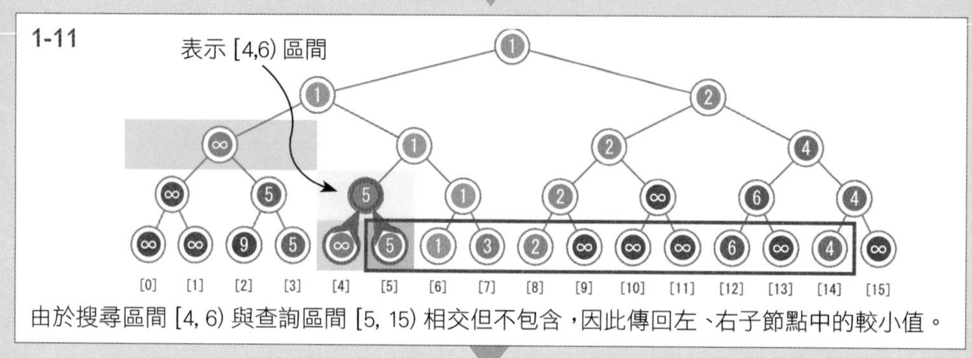

由於搜尋區間 [4, 6) 與查詢區間 [5, 15) 相交但不包含，因此傳回左、右子節點中的較小值。

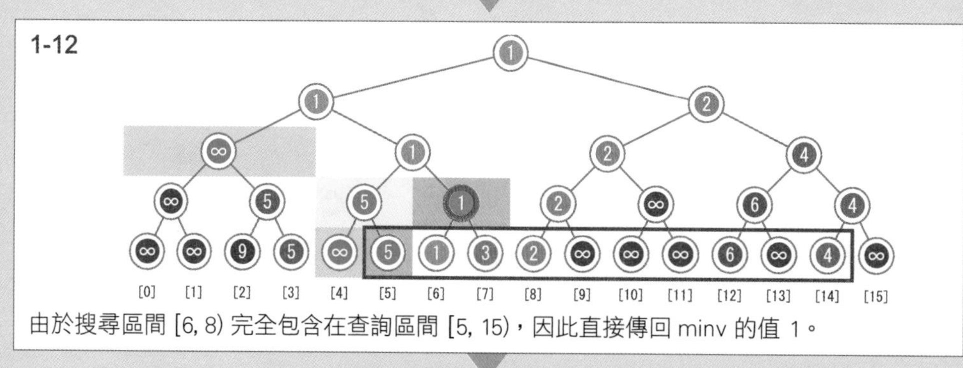

由於搜尋區間 [6, 8) 完全包含在查詢區間 [5, 15)，因此直接傳回 minv 的值 1。

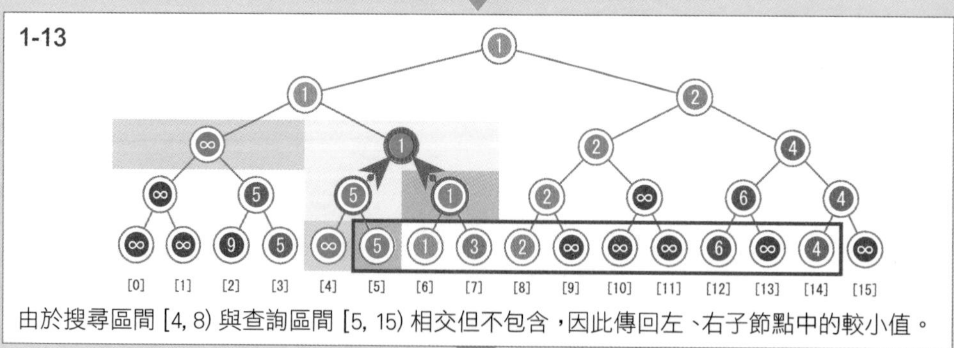

由於搜尋區間 [4, 8) 與查詢區間 [5, 15) 相交但不包含，因此傳回左、右子節點中的較小值。

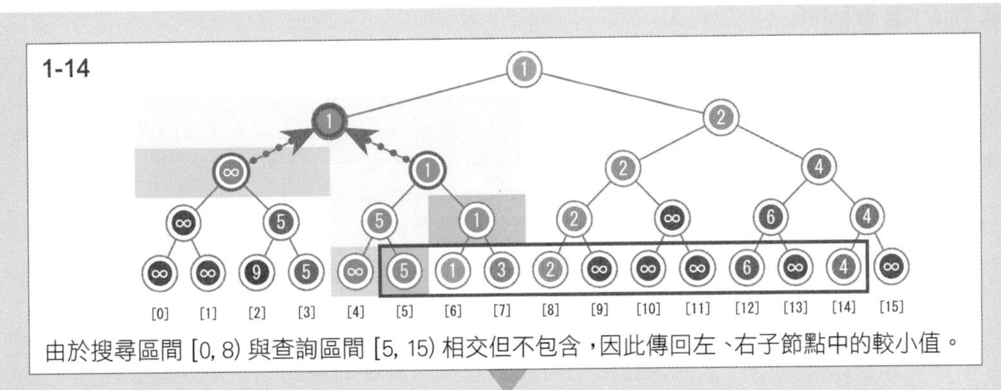

由於搜尋區間 [0, 8) 與查詢區間 [5, 15) 相交但不包含，因此傳回左、右子節點中的較小值。

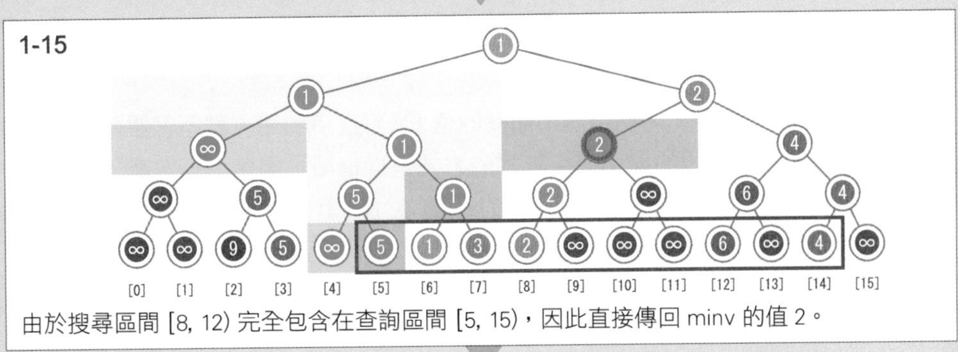

由於搜尋區間 [8, 12) 完全包含在查詢區間 [5, 15)，因此直接傳回 minv 的值 2。

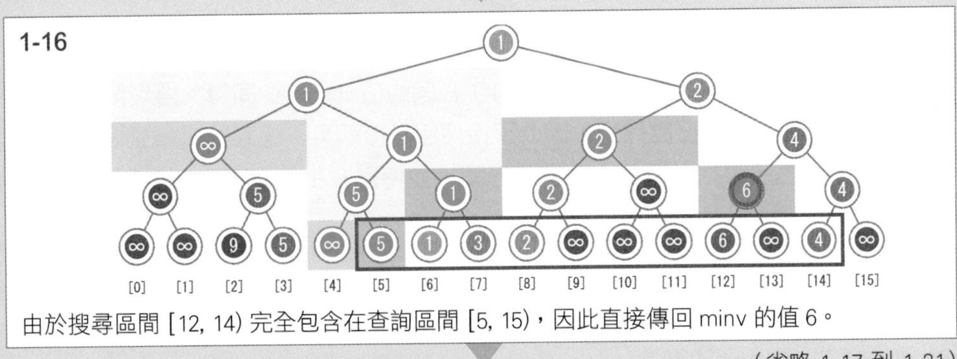

由於搜尋區間 [12, 14) 完全包含在查詢區間 [5, 15)，因此直接傳回 minv 的值 6。

（省略 1-17 到 1-21）

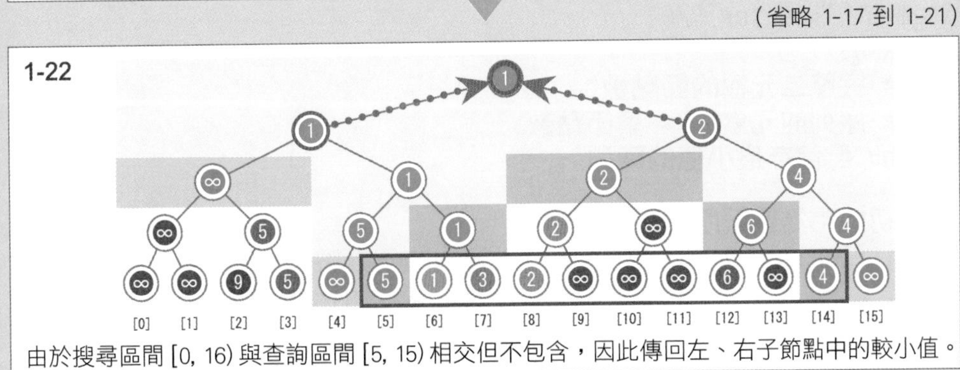

由於搜尋區間 [0, 16) 與查詢區間 [5, 15) 相交但不包含，因此傳回左、右子節點中的較小值。

演算法的重點說明

線段樹為完整二元樹（Complete Binary Tree）。完整二元樹的葉節點可依序對應到序列中的各元素。樹中的內部節點則對應到包含其子孫節點的區間。例如，根節點代表的是序列整體的區間，而其左、右子節點則分別代表序列前、後半段的區間。

線段樹會依照可查詢的種類，在各節點內儲存對應的值。為了回應單點更新與區間最小值的查詢（RMQ, Range Minimum Query），各節點內會儲存對應區間內的最小值 minv，並會在單點更新之後重新計算。

單點更新查詢的回應方式，是找出指定序列元素所對應的葉節點，再以其為起點，往根節點方向逐一進行 minv 的更新。假設目前要更新的是節點 k，則其 minv 應以其左、右子節點之間的較小值進行更新。

查詢區間內的最小值時，可利用內部節點的值（若可直接利用，就不需要確認其子孫節點）快速查找出指定區間的最小值。查找的方式是從根節點開始進行搜尋，以二元樹的後序走訪順序走訪節點。假設要查詢的區間為 [a, b)，目前正在搜尋的區間為 [ℓ, r)，則搜尋答案的過程中可能會遇到以下 3 種情形：

表示不包含 B

1. [ℓ, r) 與 [a, b) 不相交
2. [ℓ, r) 完全包含於 [a, b)
3. 其他（相交但不包含）

遇到第 1 種情況時，傳回一個不影響 RMQ 答案的值 INF(∞) 即可。遇到第 2 種情況時，由於該區間的最小值已經確定，因此直接傳回其值即可。遇到第 3 種情況時，則需分別針對其左、右子節點以遞迴方式查找答案，並傳回較小值（若兩者的值相同，則傳回該值）。

虛擬碼

```
# Segment Tree for RMQ
class RMQ:
    N # 完整二元樹的節點數
    n # 序列的元素數 = 葉節點數
    minv # 儲存最小值的陣列

    # 初始化為最低所需的元素數
    init(len):    # 此序列最多可以容納的元素數量
        n ← 8     # 本範例一開始先設定有 8 個元素數
        while n < len:
            n ← n*2 # 將葉節點數 n 調整為初始元素的兩倍
```

```
    N ← 2*n - 1 # 調整完整二元樹的節點數
    for i ← 0 to N-1:
        minv[i] ← INF          從根節點開始搜尋

findMin(a, b):                                序列元素的範圍
    return query(a, b, 0, 0, n)

query(a, b, k, l, r):
    if r ≤ a or b ≤ l:  } # 搜尋區間 l、r 與查詢區間 a、b 不相
        res ← INF       }   交，直接傳回無限大（即第 1 種情形）
    else if a ≤ l and r ≤ b: } # 搜尋區間 l、r 完全包含在查詢
        res ← minv[k]        }   區間 a、b 內，直接傳回目前節
                                 點的最小值（即第 2 種情形）
    else:
        vl ← query(a, b, left(k), l, (l+r)/2)
        vr ← query(a, b, right(k), (l+r)/2, r)
        res ← min(vl, vr)

    return res                          若是第 3 種情形，則分別針對其
                                        左、右子節點以遞迴方式查找，
# 將第 k 個元素改寫為 x                  並傳回較小值（或相等的值）
update(k, x):
    k ← k + n - 1
    minv[k] ← x

    while  k > 0:          # 更新父節點的最小值，直到根節點為止
        k ← parent(k)
        minv[k] ← min(minv[left(k)], minv[right(k)])

left(k):
    return 2*k + 1

right(k):
    return 2*k + 2

parent(k):
    return (k - 1)/2
```

時間複雜度

線段樹在進行更新時，是從葉節點往根節點的方向走訪節點，因此時間複雜度為 O(log N)。而查找區間最小值所需的計算次數也同樣取決於樹的高度，因此時間複雜度也是 O(log N)。

28-2 線段樹：RSQ

★★★★

區間和（Range Sum Query）

本節將說明如何在整數序列中的不同區間，求得指定區間的區間和。

請針對整數序列 $\{a_0, a_1, \ldots, a_{N-1}\}$ 進行以下兩項操作：
- 將 a_i 加上 x
- 查詢區間 [a, b) 的總和

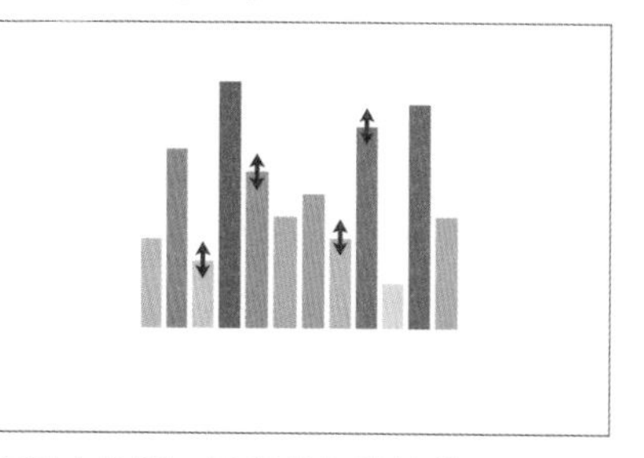

序列中的單一元素的加法計算
整數的數量 N ≦ 100,000
操作的次數 Q ≦ 100,000
-1,000 ≦ x, a_i ≦ 1,000

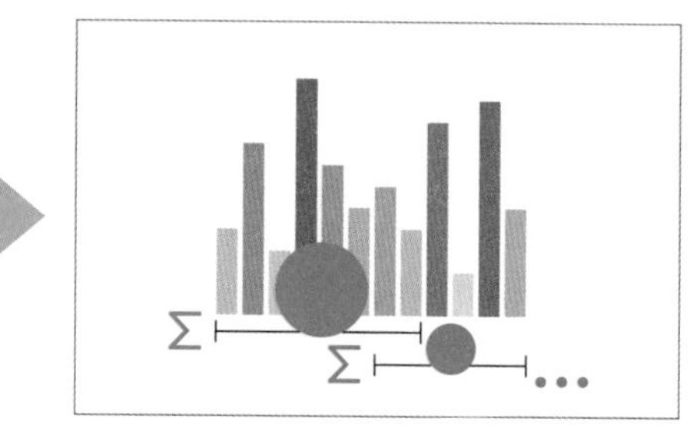

查詢區間和

線段樹：RSQ（Segment Tree：RSQ）

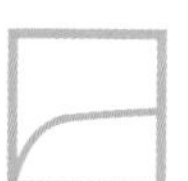

本節會以線段樹的元素代表儲存區間和的變數。

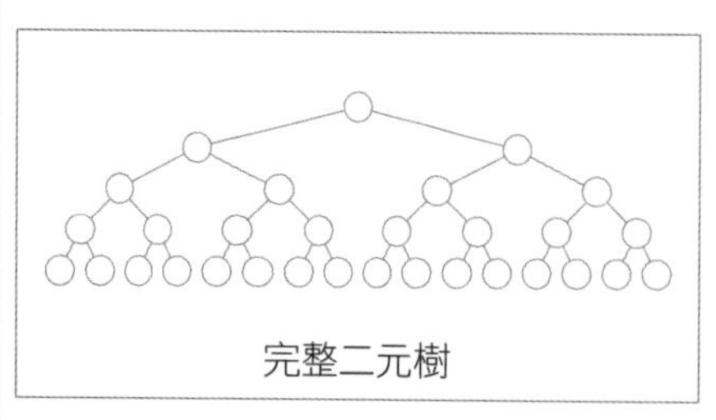

完整二元樹

	區間和	sum
	代表指定區間和的傳回值（※ 僅供顯示用，不需設為陣列）	res

演算法動畫 →

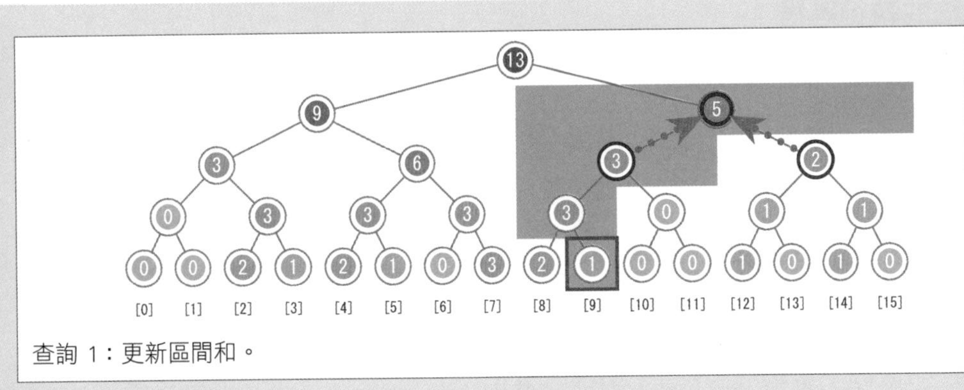

查詢 1：更新區間和。

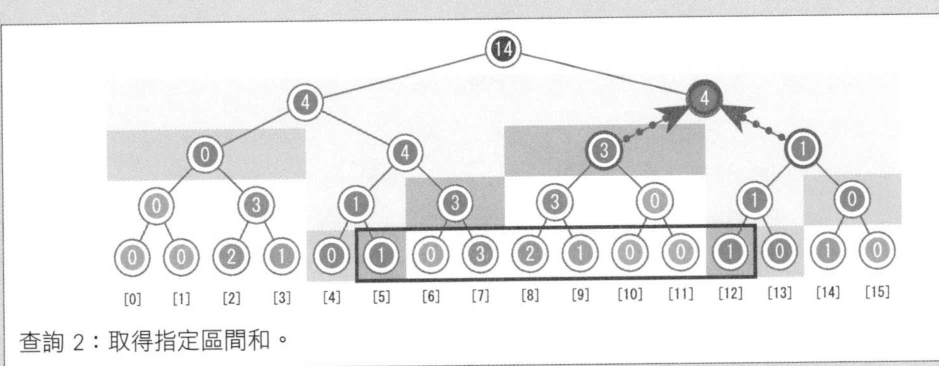

查詢 2：取得指定區間和。

更新區間和以及取得指定的區間和		
●	更新區間和。	sum[k] ← ?
●	決定指定區間的總和。	res ← ?
■	已經因應查詢完成更新的區間。	k 的軌跡
■	搜尋區間與查詢區間不相交的區間	if r ≤ a or b ≤ l:
■	搜尋區間被查詢區間完全包含的區間。	else if a ≤ l and r ≤ b:
■	搜尋區間與查詢區間相交但不包含的區間。	else:

演算法的執行過程

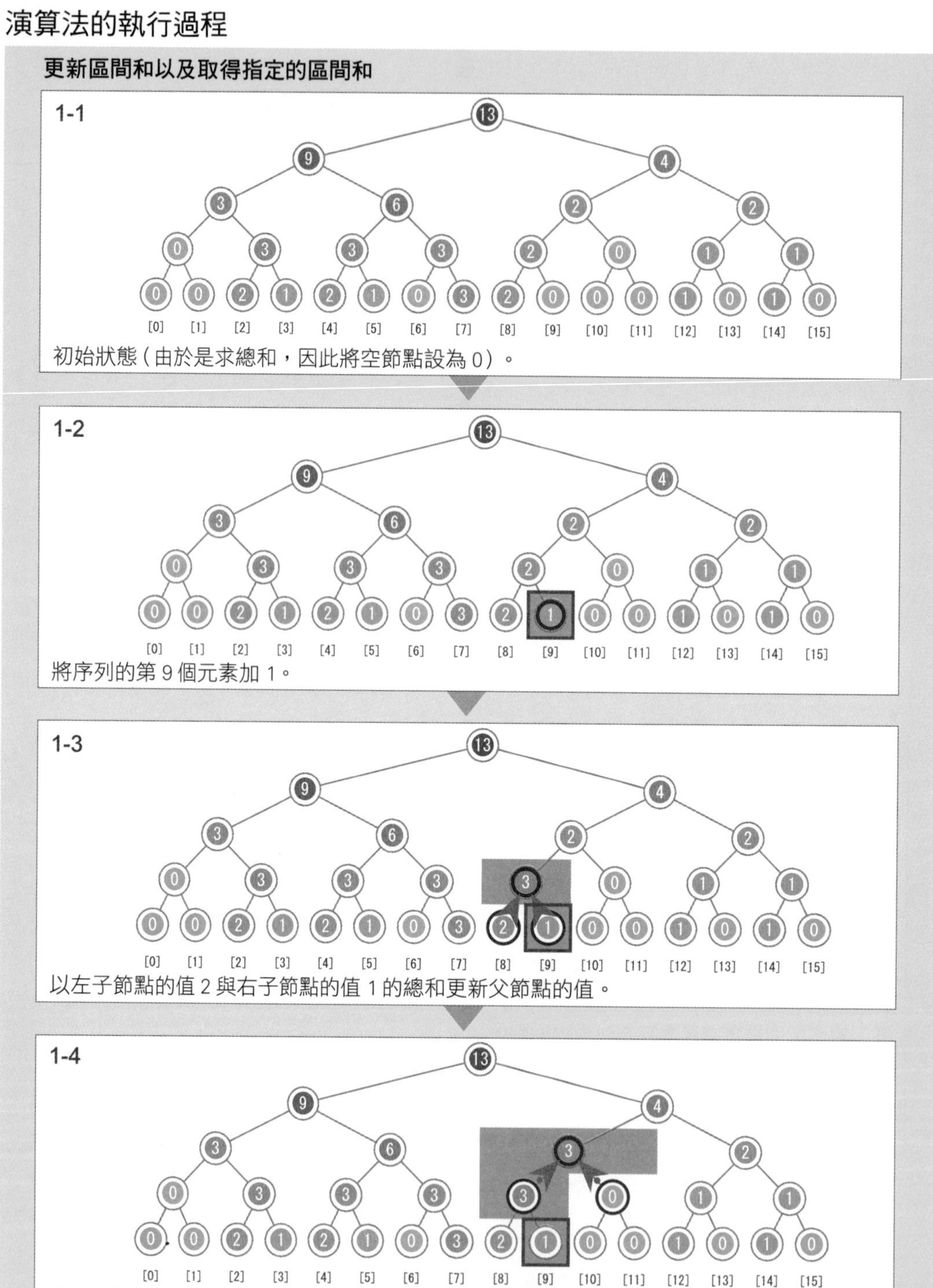
更新區間和以及取得指定的區間和
1-1
[0] [1] [2] [3] [4] [5] [6] [7] [8] [9] [10] [11] [12] [13] [14] [15]
初始狀態（由於是求總和，因此將空節點設為 0）。
1-2
[0] [1] [2] [3] [4] [5] [6] [7] [8] [9] [10] [11] [12] [13] [14] [15]
將序列的第 9 個元素加 1。
1-3
[0] [1] [2] [3] [4] [5] [6] [7] [8] [9] [10] [11] [12] [13] [14] [15]
以左子節點的值 2 與右子節點的值 1 的總和更新父節點的值。
1-4
[0] [1] [2] [3] [4] [5] [6] [7] [8] [9] [10] [11] [12] [13] [14] [15]
以左子節點的值 3 與右子節點的值 0 的總和更新父節點的值。

1-5

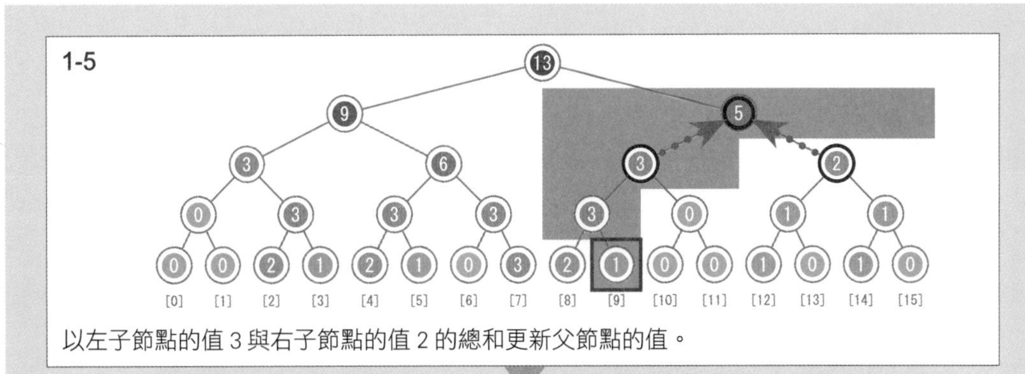

以左子節點的值 3 與右子節點的值 2 的總和更新父節點的值。

1-6

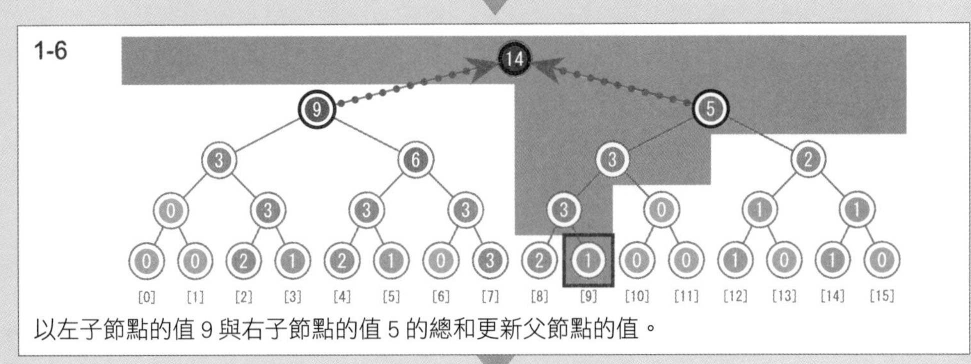

以左子節點的值 9 與右子節點的值 5 的總和更新父節點的值。

1-7

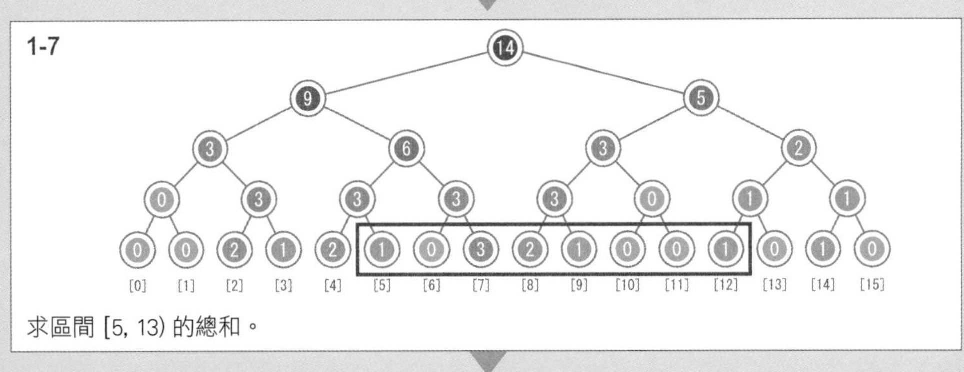

求區間 [5, 13) 的總和。

1-8

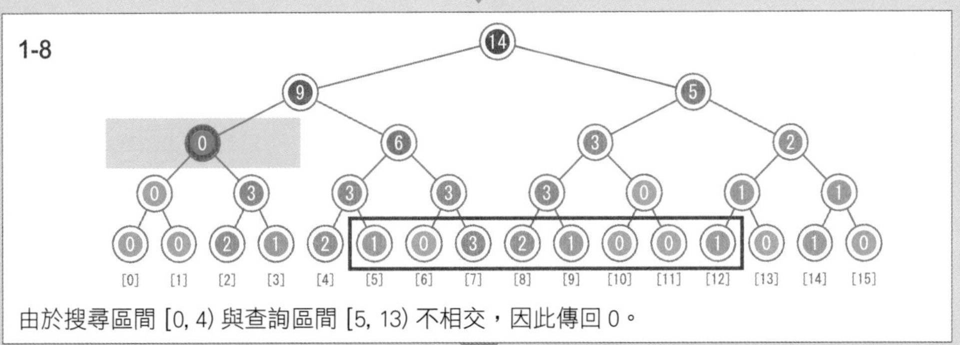

由於搜尋區間 [0, 4) 與查詢區間 [5, 13) 不相交，因此傳回 0。

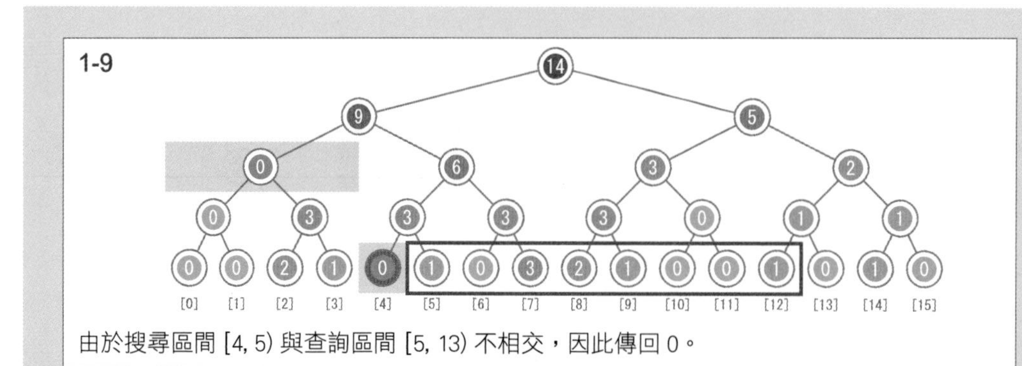

由於搜尋區間 [4, 5) 與查詢區間 [5, 13) 不相交，因此傳回 0。

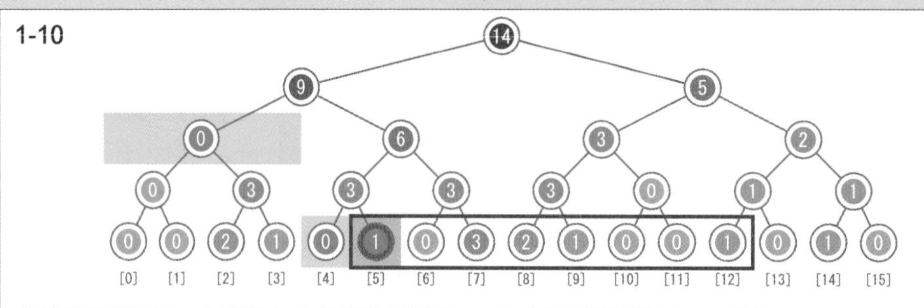

由於搜尋區間 [5, 6) 完全包含於查詢區間 [5, 13)，因此直接傳回 sum 的值 1。

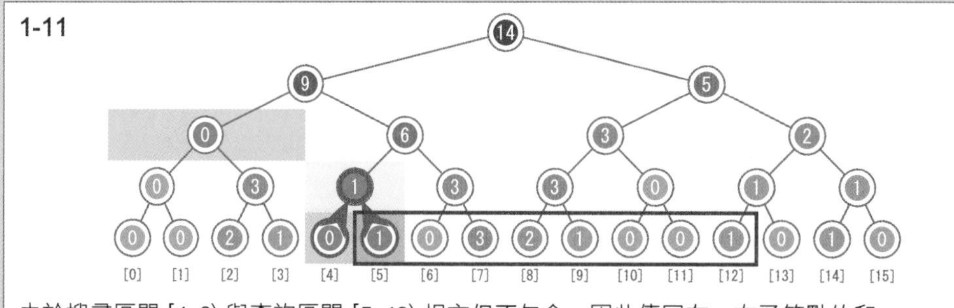

由於搜尋區間 [4, 6) 與查詢區間 [5, 13) 相交但不包含，因此傳回左、右子節點的和。

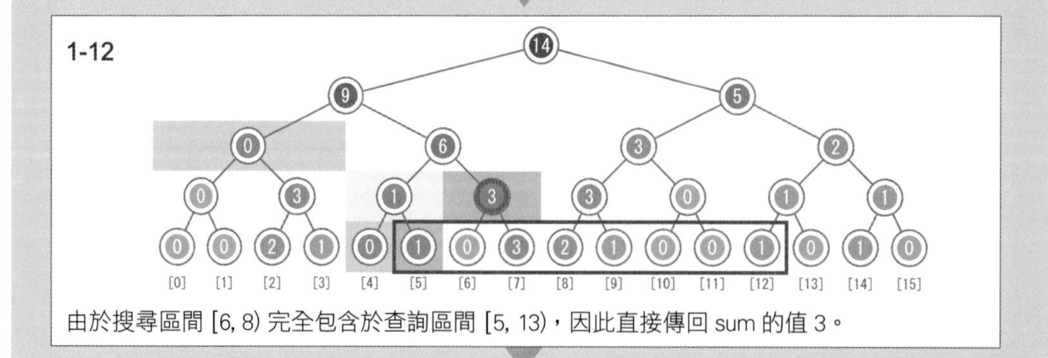

由於搜尋區間 [6, 8) 完全包含於查詢區間 [5, 13)，因此直接傳回 sum 的值 3。

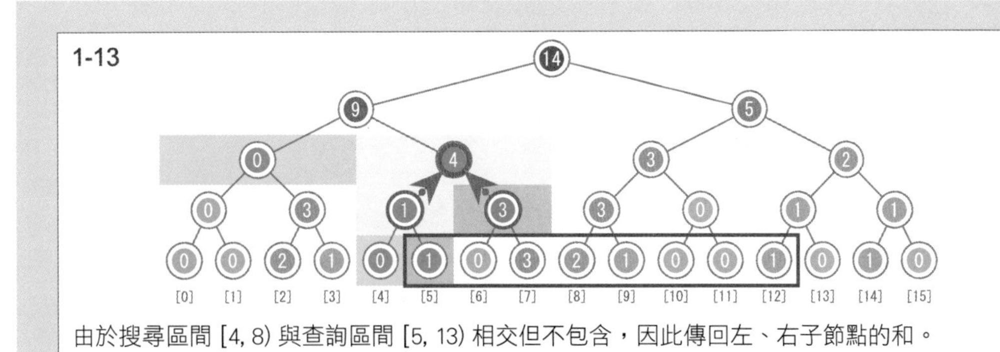

由於搜尋區間 [4, 8) 與查詢區間 [5, 13) 相交但不包含，因此傳回左、右子節點的和。

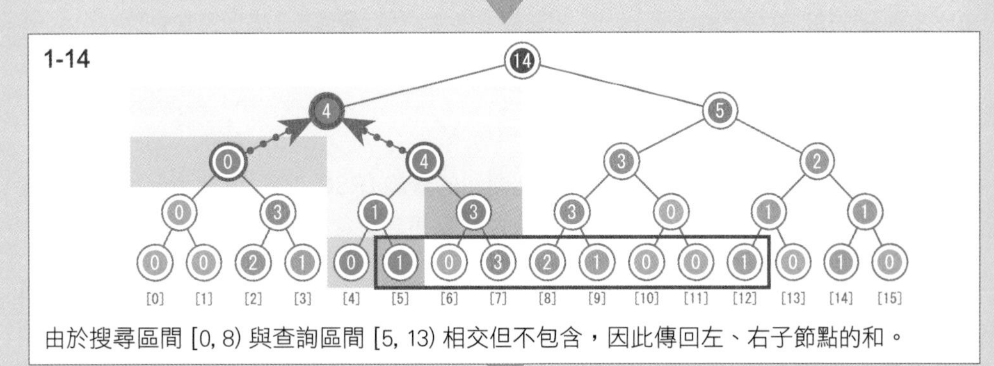

由於搜尋區間 [0, 8) 與查詢區間 [5, 13) 相交但不包含，因此傳回左、右子節點的和。

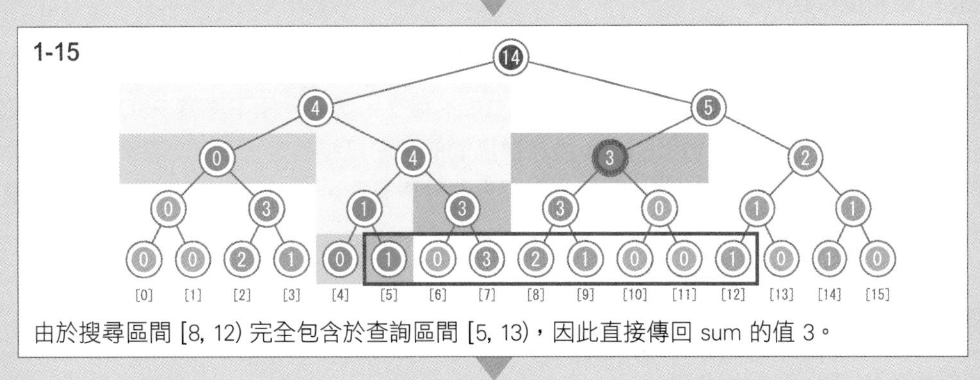

由於搜尋區間 [8, 12) 完全包含於查詢區間 [5, 13)，因此直接傳回 sum 的值 3。

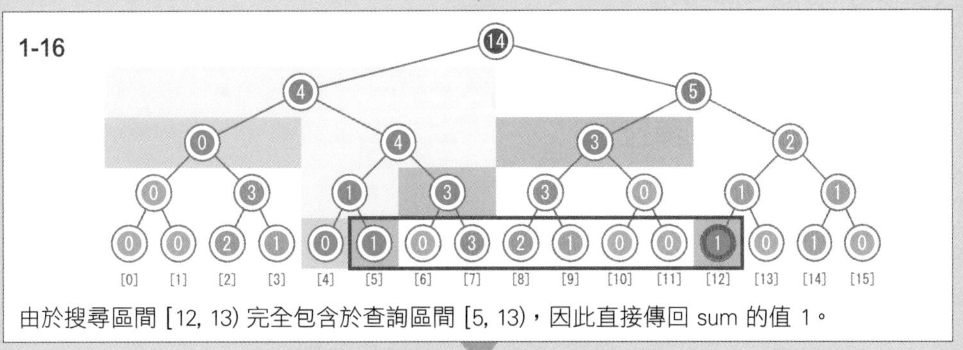

由於搜尋區間 [12, 13) 完全包含於查詢區間 [5, 13)，因此直接傳回 sum 的值 1。

(省略 1-17 到 1-21)

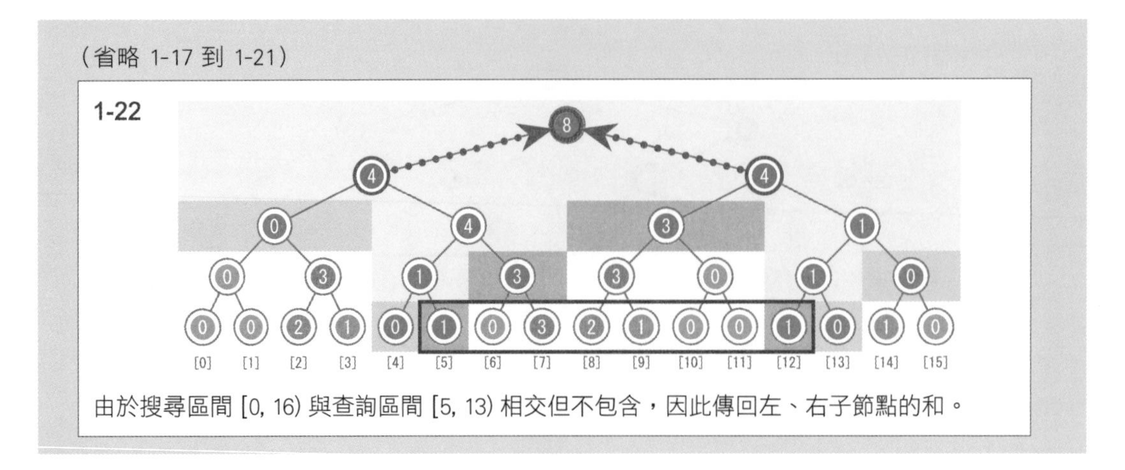

由於搜尋區間 [0, 16) 與查詢區間 [5, 13) 相交但不包含，因此傳回左、右子節點的和。

演算法的重點說明

為了回應單一元素的加法、減法計算與區間和的查詢（RSQ, Range Sum Query），各節點內會儲存對應區間內的總和 sum，並會在單點更新之後重新計算。

單點更新查詢的方式，是找出指定序列元素所對應的葉節點，再以其為起點，往根節點方向逐一進行 sum 的更新。假設目前要更新的是節點 k，則其 sum 應以左、右子節點值的總和進行更新。

查詢區間和時，可利用內部節點的值（若可直接利用，就不需要確認其子孫節點）快速查找出指定區間的最小值。若 [ℓ, r) 與 [a, b) 不相交，傳回一個不影響 RSQ 答案的值 0 即可。若 [ℓ, r) 完全包含於 [a, b)，由於該區間的總和已經確定，因此直接傳回其值即可。除此之外的情況（相交但不包含），則需分別針對其左、右子節點以遞迴方式查找答案，並傳回兩者總和。

虛擬碼

```
# Segment Tree for RSQ
class RSQ:
    N   # 完整二元樹的節點數
    n   # 序列的元素數 = 葉節點數
    sum # 儲存總和的陣列

    # 初始化為最低所需之元素數
    init(len):
        n ← 8    # 本範例一開始先設定有 8 個元素數
        while n < len:
            n ← n*2  # 將葉節點數 n 調整為初始元素的兩倍
        N ← 2*n - 1  # 調整完整二元樹的節點數
```

```
    for i ← 0 to N-1:
        sum[i] ← 0

findSum(a, b):
    return query(a, b, 0, 0, n)

query(a, b, k, l, r):
    if r ≤ a or b ≤ l:          # 搜尋區間 l、r 與查詢區間
                                  a、b 不相交，直接傳回 0
        res ← 0
    else if a ≤ l and r ≤ b:    # 搜尋區間 l、r 完全包含
                                  在查詢區間 a、b 內，直
                                  接傳回目前節點的加總值
        res ← sum[k]
    else:
        vl ← query(a, b, left(k), l, (l+r)/2)
        vr ← query(a, b, right(k), (l+r)/2, r)
        res ← vl + vr
        # 若是相交但不包含的情形，則分別針對其左、右子節點以遞迴方式查找，並傳回兩者的總和

    return res

# 將第 k 個元素加上 x
update(k, x):
    k ← k + n - 1
    sum[k] ← sum[k] + x

    while  k > 0:
        k ← parent(k)
        sum[k] ← sum[left(k)] + sum[right(k)]

left(k):
    return 2*k + 1

right(k):
    return 2*k + 2

parent(k):
    return (k - 1)/2
```

時間複雜度

與前一節求 RMQ 的線段樹相同，單點更新與區間和查詢的時間複雜度皆為 O(log N)。

MEMO

第 29 章

搜尋樹
（Search Tree）

搜尋樹是用來尋找**鍵**（key）的一種樹狀結構，適用於提供集合或字典功能的資料結構。提供字典功能的資料結構有很多，除了搜尋樹之外，還有串列（list）以及雜湊（hash）等，但每一種都各有優缺點。若要有效使用記憶體、提高搜尋效率並保持元素的順序，就必須要多花點心思設計。

本章所介紹的搜尋樹，是提供高效率**已排序字典**（Sorted Dictionary）功能的進階資料結構。

- 二元搜尋樹（Binary Search Tree）
- 旋轉（Rotate）
- 樹堆（Treap）

29-1 二元搜尋樹 (Binary Search Tree)

已排序字典（Sorted Dictionary）

字典內容若能經常保持已排序且管理良好的狀態，便能靈活地進行各種查詢。

請實作一個可以搜尋、新增及刪除資料，並能管理與提供已排序元素的「字典」資料結構。本節不會討論鍵（key）與值（value）關係，且處理資料時只以鍵為代表。

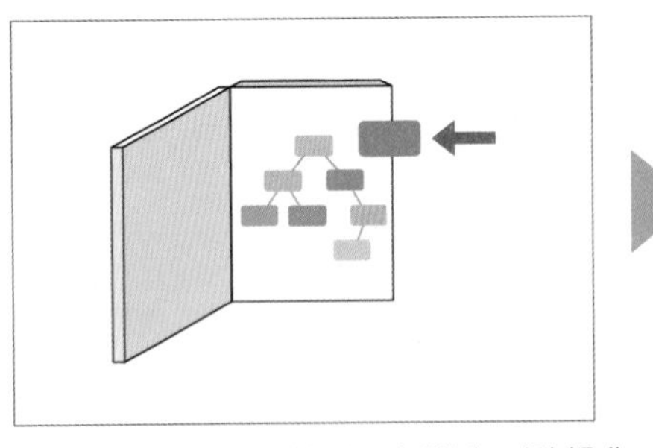

對已排序字典進行搜尋、新增與刪除操作
操作次數 Q ≤ 100,000
0 ≤ 鍵 ≤ 1,000,000,000

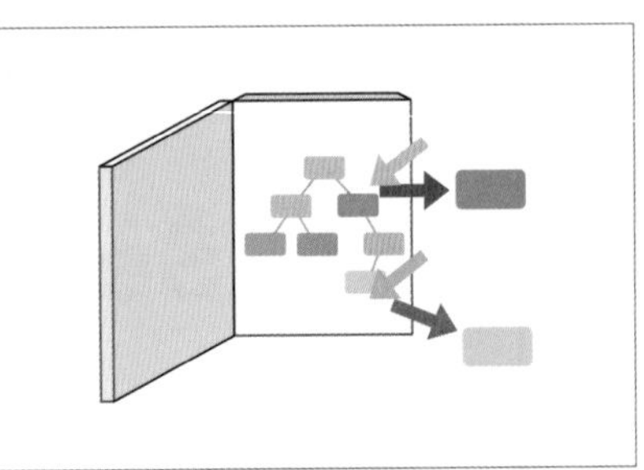

查詢並輸出排序後的元素

二元搜尋樹（Binary Search Tree）

二元搜尋樹會以各節點儲存**鍵**（key），並滿足以下二元搜尋樹條件的搜尋樹：

- 若 x 為二元搜尋樹中的節點，而 y 為 x 左子樹中的節點、z 為 x 右子樹中的節點，則 y 的鍵 ≤ x 的鍵 ≤ z 的鍵。

本節主要講解的是將鍵新增到二元搜尋樹的演算法。

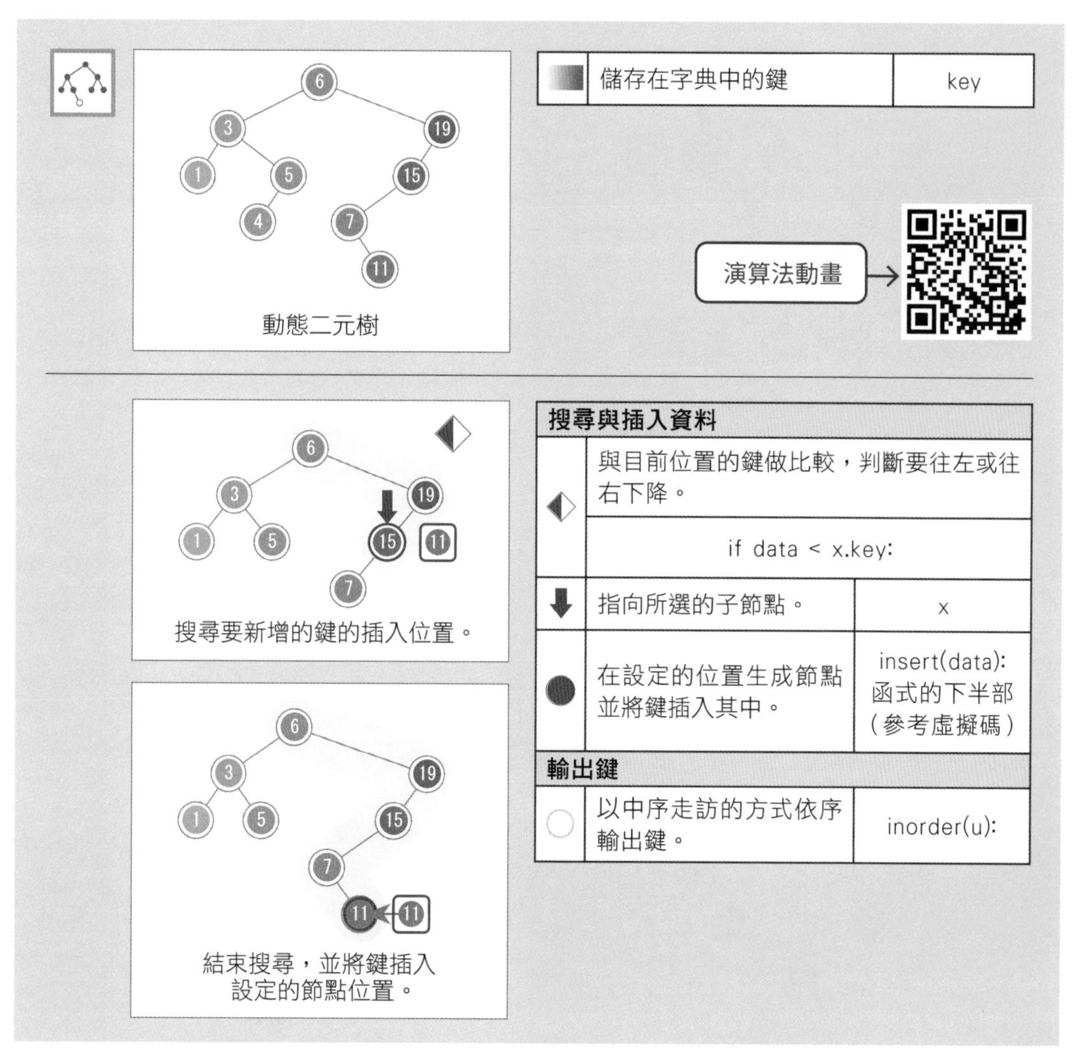

動態二元樹
儲存在字典中的鍵
key
演算法動畫
搜尋要新增的鍵的插入位置。
結束搜尋，並將鍵插入設定的節點位置。
搜尋與插入資料
與目前位置的鍵做比較，判斷要往左或往右下降。
if data < x.key:
指向所選的子節點。
x
在設定的位置生成節點並將鍵插入其中。
insert(data): 函式的下半部（參考虛擬碼）
輸出鍵
以中序走訪的方式依序輸出鍵。
inorder(u):

演算法的執行過程

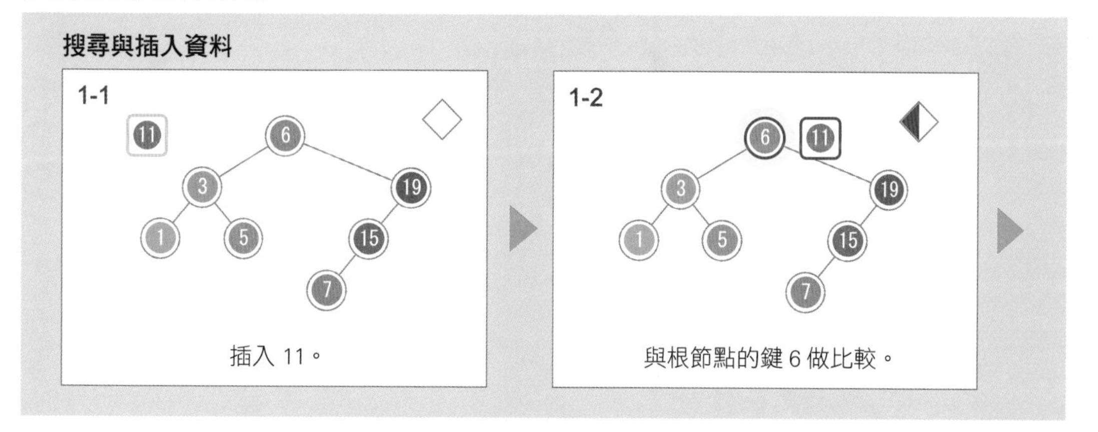

搜尋與插入資料
1-1
插入 11。
1-2
與根節點的鍵 6 做比較。

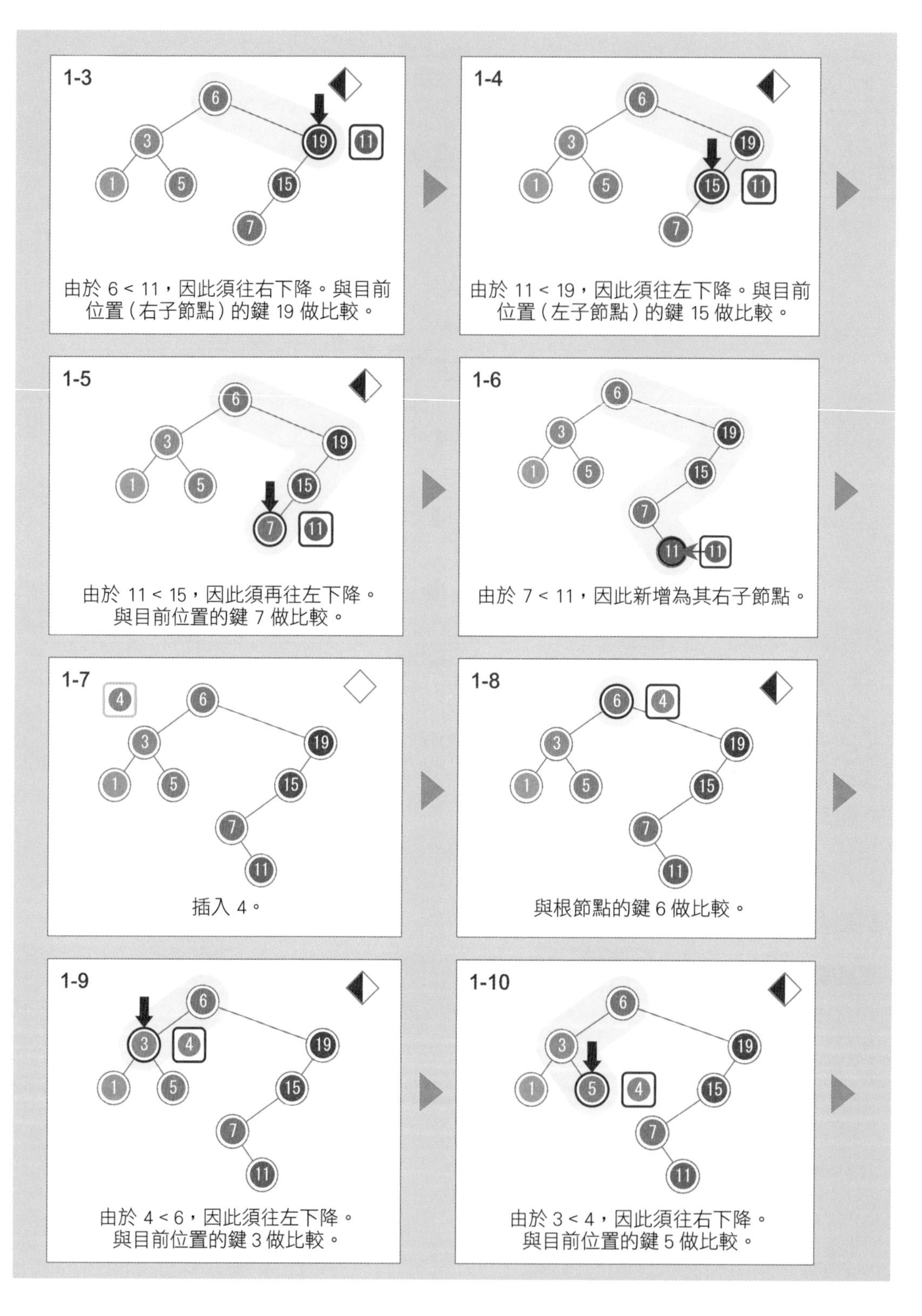
1-3
6
3
19
11
1
5
15
7
由於 6 < 11，因此須往右下降。與目前位置（右子節點）的鍵 19 做比較。
1-4
6
3
19
1
5
15
11
7
由於 11 < 19，因此須往左下降。與目前位置（左子節點）的鍵 15 做比較。
1-5
6
3
19
1
5
15
7
11
由於 11 < 15，因此須再往左下降。與目前位置的鍵 7 做比較。
1-6
6
3
19
1
5
15
7
11
11
由於 7 < 11，因此新增為其右子節點。
1-7
4
6
3
19
1
5
15
7
11
插入 4。
1-8
6
4
3
19
1
5
15
7
11
與根節點的鍵 6 做比較。
1-9
6
3
4
19
1
5
15
7
11
由於 4 < 6，因此須往左下降。與目前位置的鍵 3 做比較。
1-10
6
3
19
1
5
4
15
7
11
由於 3 < 4，因此須往右下降。與目前位置的鍵 5 做比較。

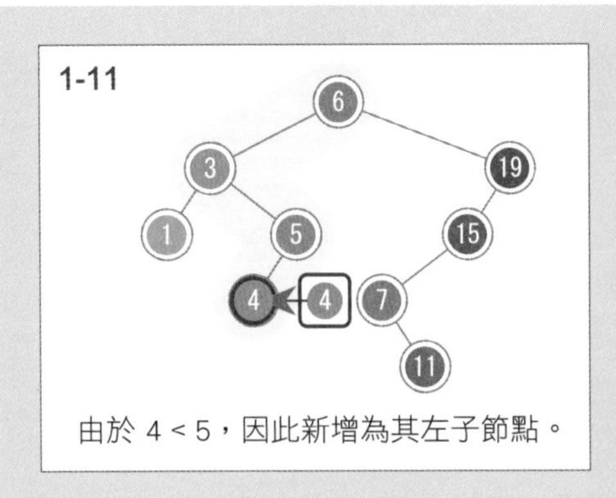

由於 4 < 5，因此新增為其左子節點。

輸出鍵

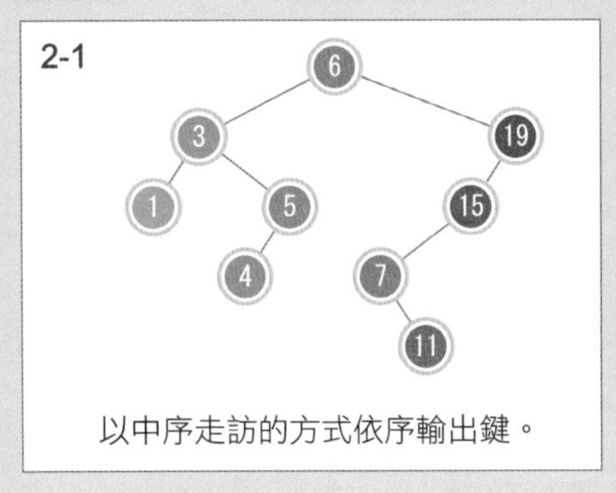

以中序走訪的方式依序輸出鍵。

演算法的重點說明

將鍵 (key) 新增到二元搜尋樹的操作，必須要先生成節點，再將節點插入正確位置，以滿足二元搜尋樹的條件。含有給定鍵的新節點，會成為現有二元搜尋樹中其中一個葉節點的子節點。新增節點的位置應從根節點開始進行搜尋，做法則是比較目前節點的鍵與給定鍵的大小，若給定鍵較小就下降到左子樹，反之則下降到右子樹。待下降到葉節點 (已經沒有子節點) 時，再根據鍵的大小關係，判斷應成為其左子節點還是右子節點，之後設定鍵，並新增節點。

這套插入演算法也可以用來搜尋給定鍵。

由於節點內所儲存的鍵皆已排序，因此二元搜尋樹的優點之一就是可以利用中序走訪，按照鍵的升冪取得鍵的序列。此外，由於指定元素的位置可以明確地定位出來，因此可執行的操作範圍也比較廣，要尋找最小值與最大值也非常容易。

虛擬碼

```
# 動態二元樹的節點
class Node:
    Node *parent
    Node *left
    Node *right
    key

# 動態二元樹
class BinaryTree:
    Node *root

    insert(data):
        Node *x ← root # 從根節點開始進行搜尋
        Node *y ← NULL # x 的父節點

        # 決定新節點的父節點
        while x ≠ NULL:
            y ← x # 設定父節點
            if data < x.key:
                x ← x.left  # 往左子節點移動
            else:
                x ← x.right # 往右子節點移動

        # 生成節點並設定指標
        Node *z ← 生成節點
        z.key ← data
        z.left ← NULL
        z.right ← NULL
        z.parent ← y

        if y = NULL: # 若樹是空的，就直接插入到根節點
            root ← z
        else if z.key < y.key:
            y.left ← z  # 使 z 成為 y 的左子節點
        else:
            y.right ← z # 使 z 成為 y 的右子節點
```

```
inorder(Node *u):
    if u = NULL: return
    inorder(u.left)
    輸出 u.key
    inorder(u.right)
```

時間複雜度

將鍵 (節點) 新增到二元搜尋樹的演算法，時間複雜度取決於樹的高度 h，為 O(h)。假設二元搜尋樹的節點數為 N，若新增操作不會造成樹 (鍵的序列) 往一邊傾斜，則新增鍵的時間複雜度為 O(log N)。但實際上，新增的鍵與新增的順序經常會導致二元搜尋樹失去平衡，使樹的高度逐漸增加。最差的情況就是變得像串列結構一般，使單次新增與搜尋的時間複雜度變成 O(N)。

應用

二元搜尋樹可用來實作鍵已排序的字典，但一定要將樹的平衡也考慮在內才有實用性。此外，二元搜尋樹的特性也很適合當成優先佇列來使用，但同樣必須在維持樹的平衡上多花點心思設計。

29-2 旋轉(Rotate)

子樹的變換（Transformation of Sub-tree）

若能在滿足二元搜尋樹條件的同時，有效地改變樹的形狀，就能使二元搜尋樹保持在良好的平衡狀態。

變換子樹。請確保變換前、後，透過中序走訪節點的順序不會改變。

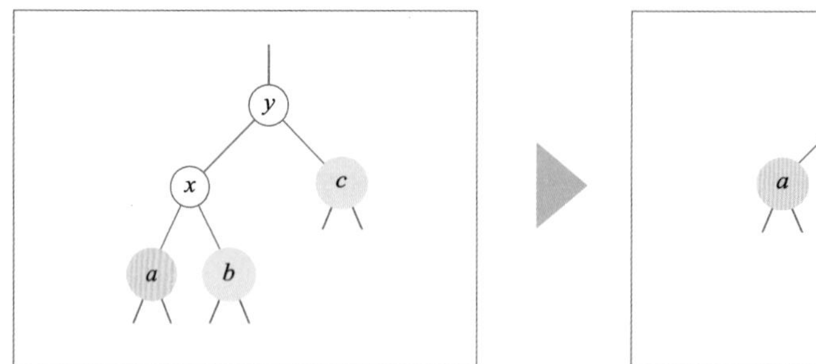

根節點已固定的子樹

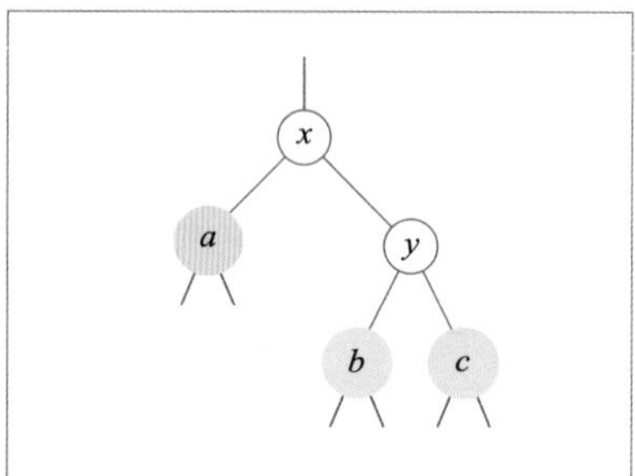

在滿足二元搜尋樹的條件下，變換完成的子樹

旋轉（Rotate）

如上圖所示，旋轉子樹是在滿足二元搜尋樹的條件下，改變節點父子關係的操作。

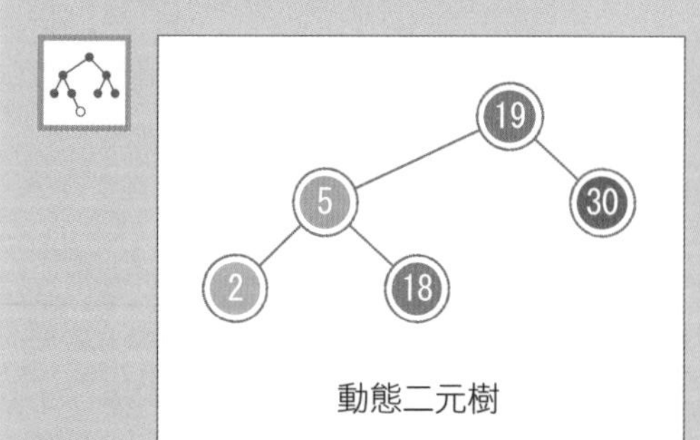

動態二元樹

	二元搜尋樹的鍵	key

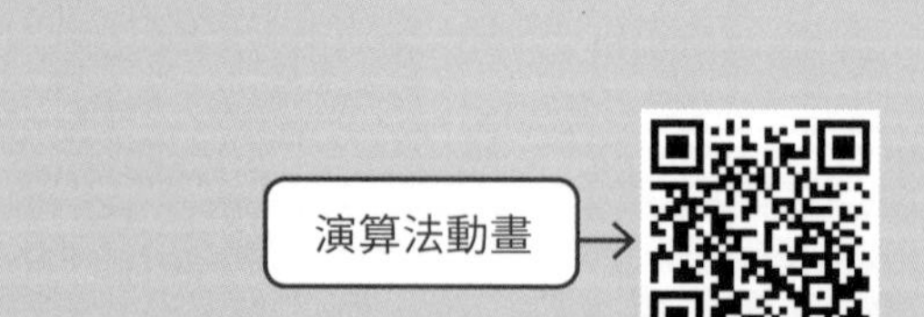

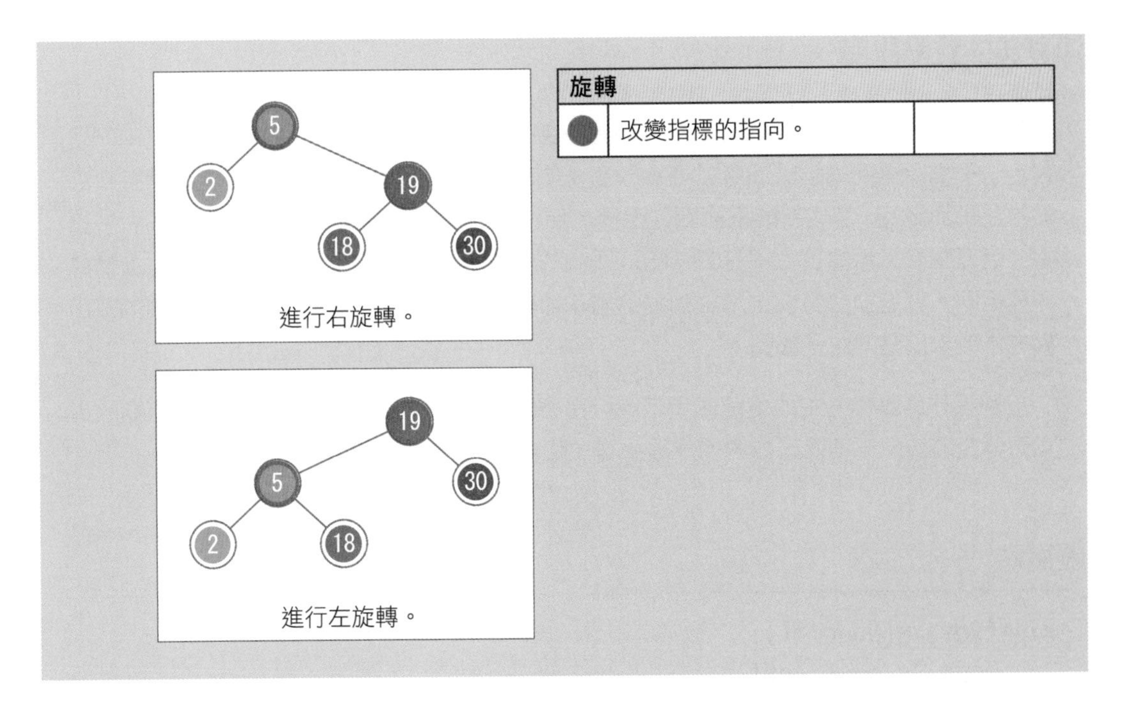
5
2
19
18
30
進行右旋轉。
19
5
30
2
18
進行左旋轉。
旋轉
改變指標的指向。

演算法的執行過程

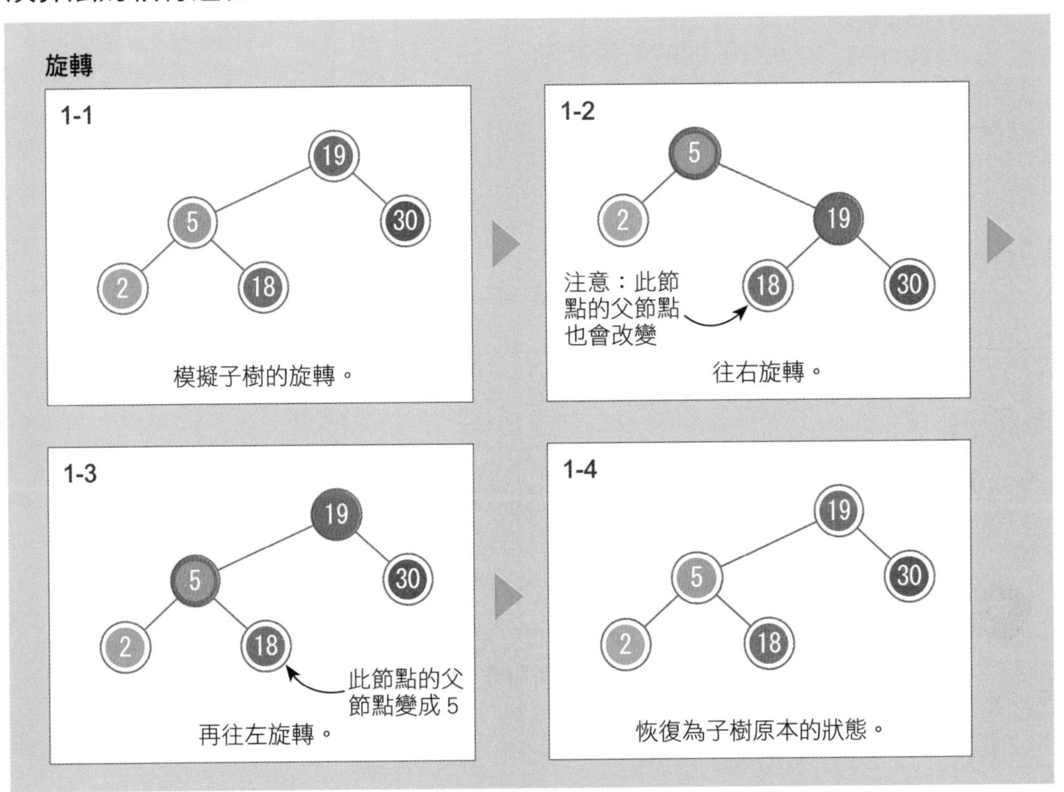
旋轉
1-1
19
5
30
2
18
模擬子樹的旋轉。
1-2
5
2
19
注意：此節點的父節點也會改變
18
30
往右旋轉。
1-3
19
5
30
2
18
此節點的父節點變成 5
再往左旋轉。
1-4
19
5
30
2
18
恢復為子樹原本的狀態。

演算法的重點說明

旋轉操作雖然會改變樹的形狀，但仍會符合二元搜尋樹的條件。也就是說，以中序追蹤走訪子樹所得到的鍵的順序並不會改變。旋轉分為右旋轉與左旋轉。右旋轉是將根節點的左子節點 (5) 當成新的根節點往上提，使原本的根節點 (19) 成為新根節點的右子節點。而新根節點原本的右子節點 (18)，則成為原本根節點 (19) 的左子節點。左旋轉的原理相同，只是換個方向，將根節點的右子節點當成新的根節點往上提，使原本的根節點成為新根節點的左子節點。

旋轉操作的實作方式如虛擬碼所示，將指標的指向改變即可。雖然只有 2 個節點的指標需要改變指向，不過改變的順序很重要，還請留意。

虛擬碼

```
rightRotate(Node *t):
    Node *s ← t.left
    t.left ← s.right
    s.right ← t
    return s # 傳回子樹的新根節點

leftRotate(Node *t):
    Node *s ← t.right
    t.right ← s.left
    s.left ← t
    return s # 傳回子樹的新根節點
```

時間複雜度

旋轉操作中，需要改變指向的指標數量是固定的，因此時間複雜度為 O(1)。

一些進階資料結構在實作可維持良好平衡的搜尋樹時，會以旋轉操作為基本操作。像是**紅黑樹** (red-black tree) 與**樹堆** (treap) 等平衡良好的二元搜尋樹中，都有使用旋轉操作。

29-3 樹堆(Treap)

★★★★★

已排序字典（Sorted Dictionary）

字典內容若能經常保持已排序且管理良好的狀態，便能靈活地進行各種查詢。

請實作一個可以搜尋、新增及刪除資料，並能管理與提供已排序元素的「字典」資料結構。本節不會討論鍵（key）與值（value）關係，且處理資料時只以鍵為代表。

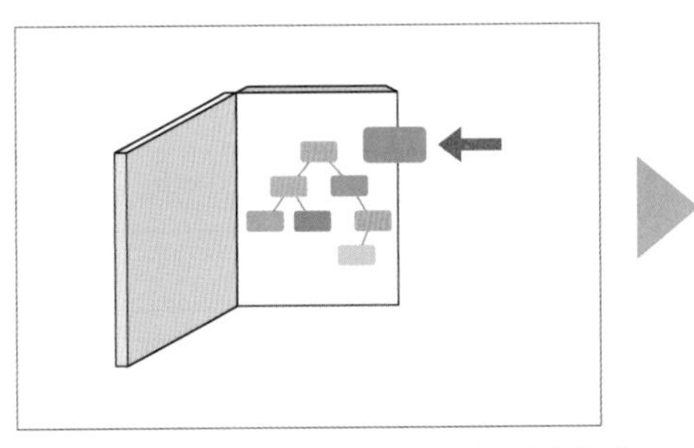

對已排序字典進行搜尋、新增與刪除操作
操作次數 Q ≤ 100,000
0 ≤ 鍵 ≤ 1,000,000,000

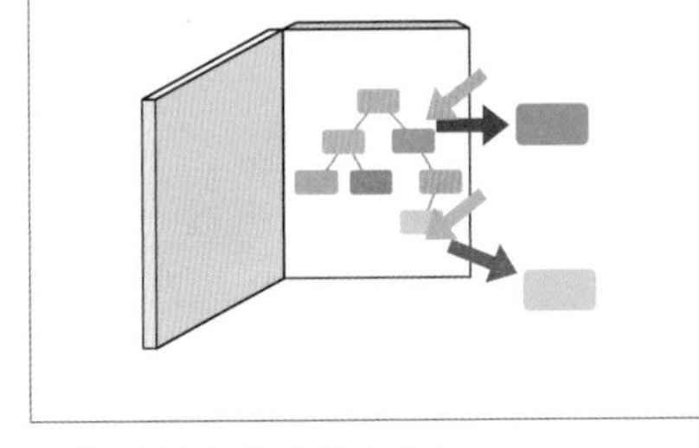

查詢並輸出排序後的元素

樹堆（Treap）

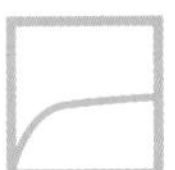

樹堆 (Treap，由 Tree 和 Heap 兩字組合而成) 是同時符合以下二元搜尋樹與堆疊條件的搜尋樹。

- 若 x 為搜尋樹中的節點，而 y 為 x 左子樹中的節點、z 為 x 右子樹中的節點，則 y 的鍵 ≤ x 的鍵 ≤ z 的鍵。
- 若 x 為搜尋樹中的節點，且 c 為 x 的子節點，則 c 的優先權 < x 的優先權。

樹堆會在考慮優先權的情況下進行旋轉操作，以保持樹的平衡。本節主要講解的是插入與刪除資料的演算法。

※ 編註：樹堆除了比較鍵的大小外，還要注意子節點的優先權不能大於父節點。插入元素時，會比較鍵的大小找出適當位置，再依優先權進行旋轉，確保樹的平衡。刪除元素時，要將此元素移到葉節點，過程中不斷比較左右子節點的優先權，讓優先權較高的節點當作父節點（往上提），直到要刪除的元素移到葉節點後再刪除。

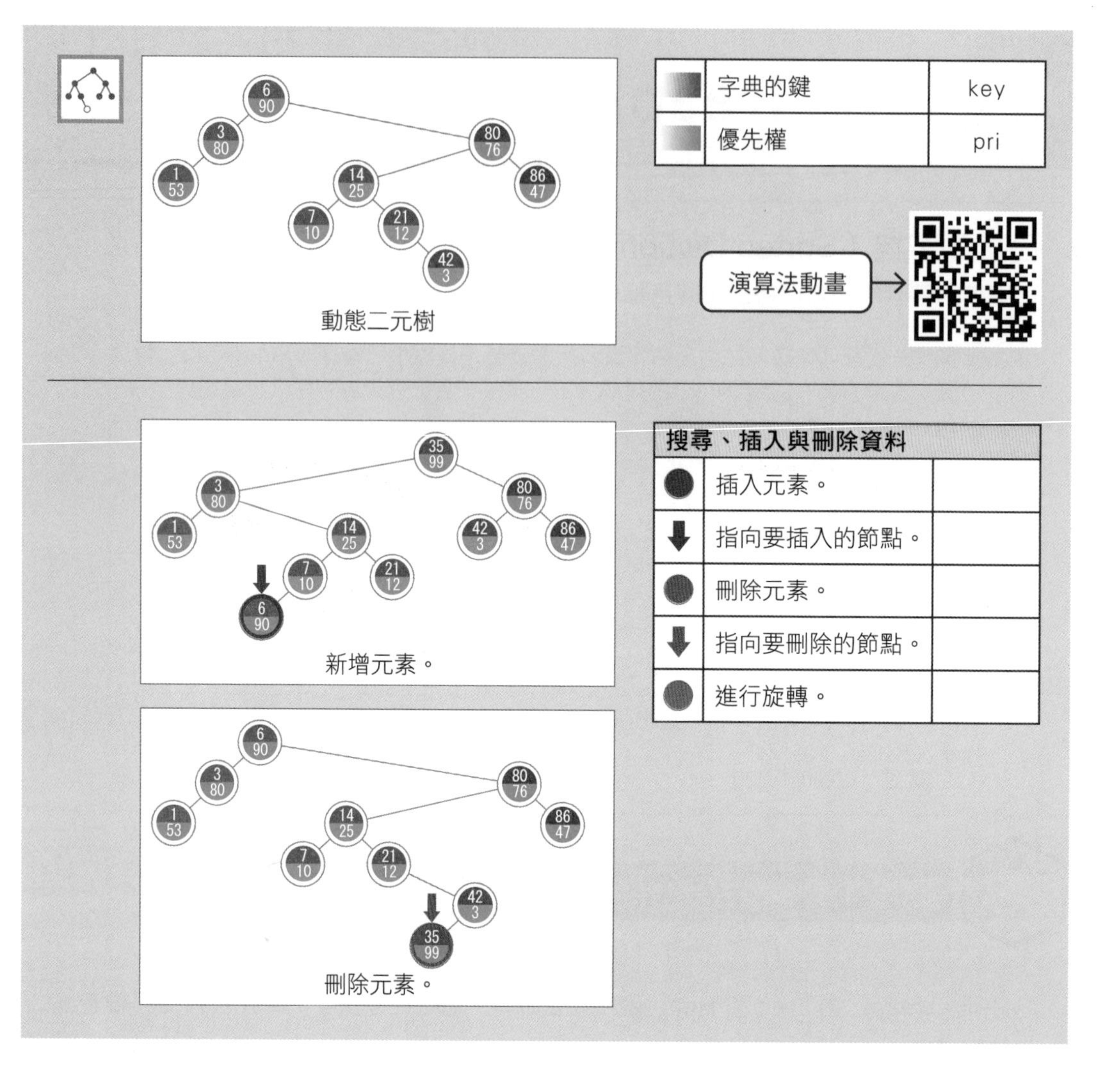
字典的鍵 key
優先權 pri
動態二元樹
演算法動畫
搜尋、插入與刪除資料
插入元素。
指向要插入的節點。
刪除元素。
指向要刪除的節點。
進行旋轉。
新增元素。
刪除元素。

演算法的執行過程

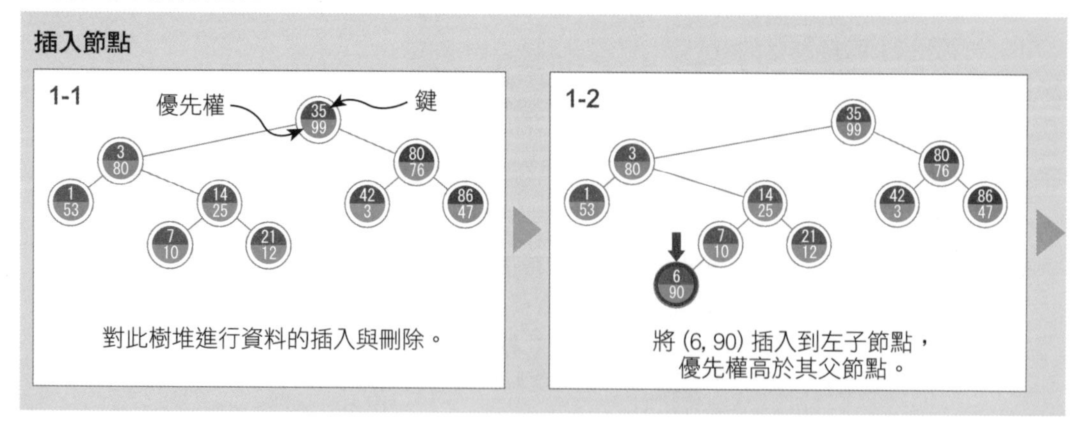
插入節點
1-1
優先權
鍵
對此樹堆進行資料的插入與刪除。
1-2
將 (6, 90) 插入到左子節點，
優先權高於其父節點。

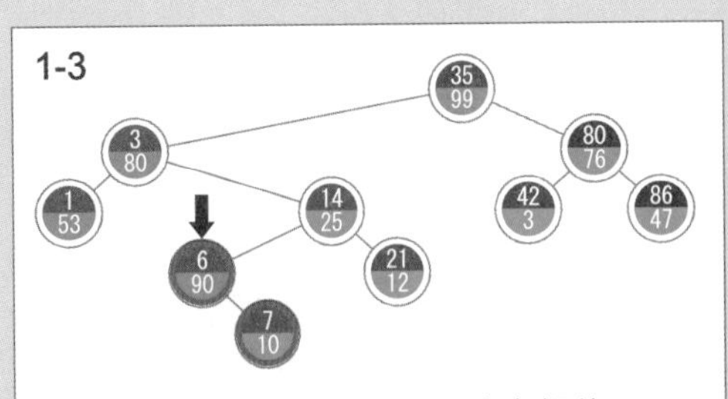

進行右旋轉，將 (6, 90) 往上提後，
優先權仍高於其父節點。

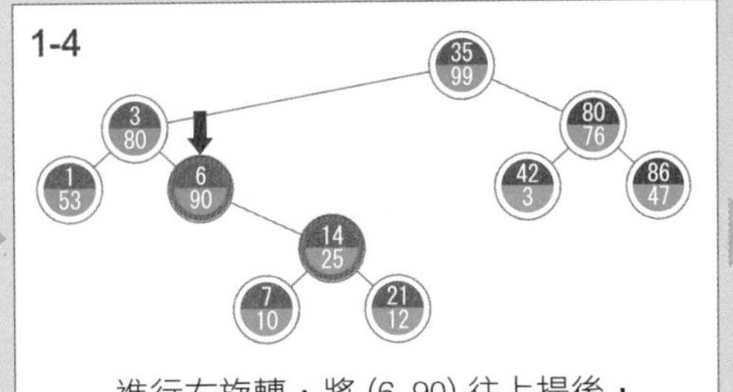

進行右旋轉，將 (6, 90) 往上提後，
優先權仍高於其父節點。

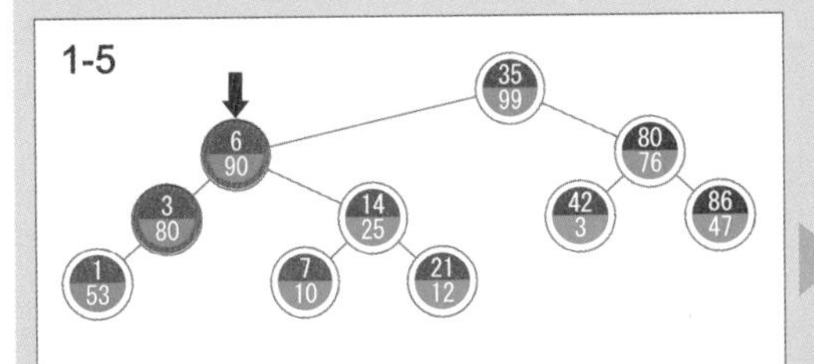

進行左旋轉，將 (6, 90) 往上提。

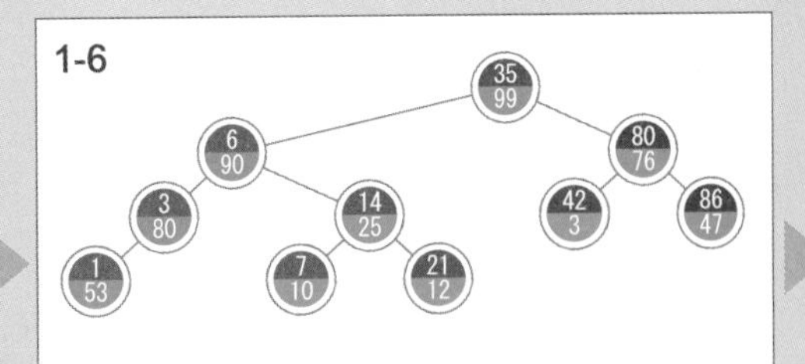

已調整為滿足堆積性質的狀態。

刪除節點

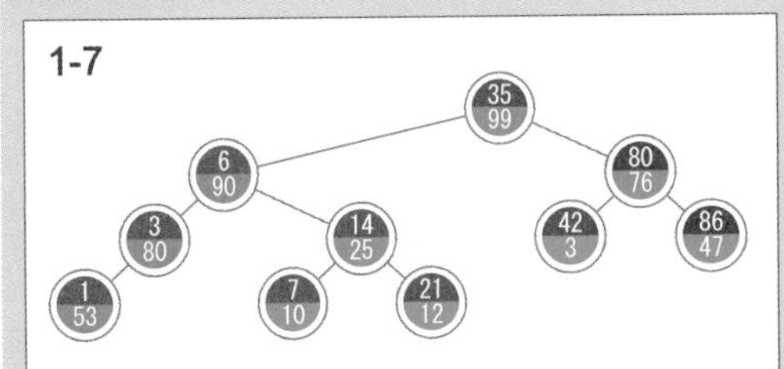

接著，要將鍵為 35 的節點刪除。由於其
左子節點的優先權較高，因此要右旋轉。

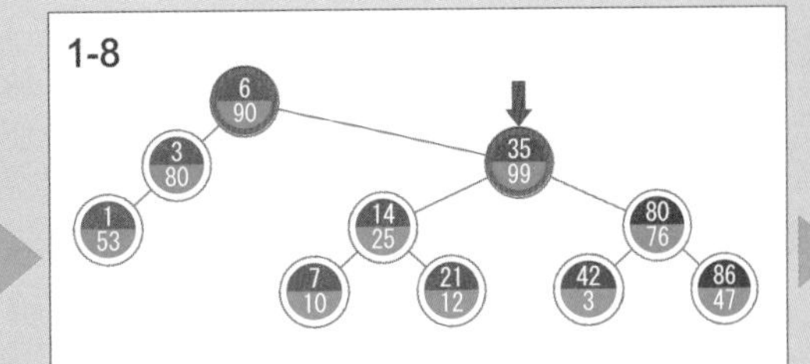

進行右旋轉，將 (6, 90) 往上提。

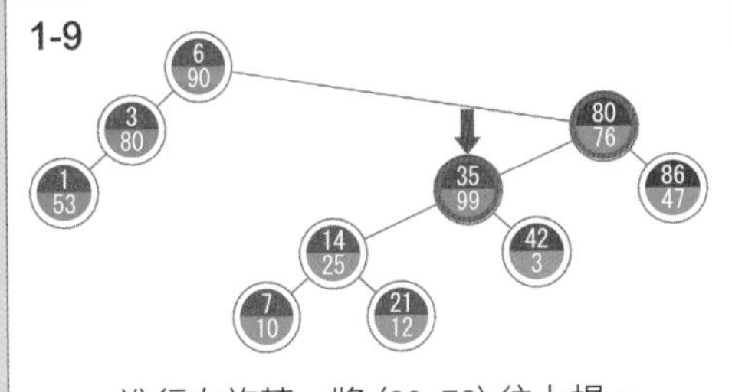

進行左旋轉，將 (80, 76) 往上提。

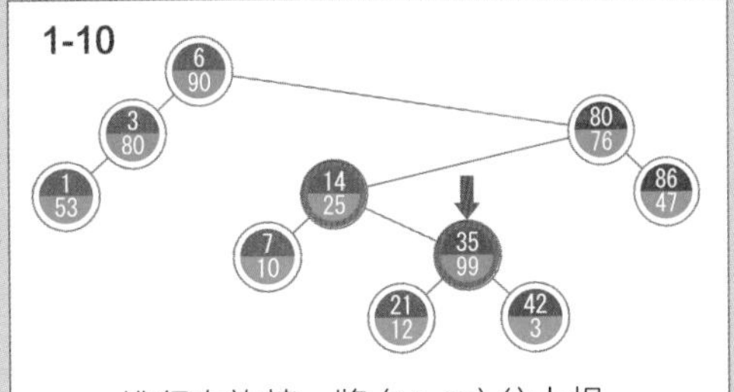

進行右旋轉，將 (14, 25) 往上提。

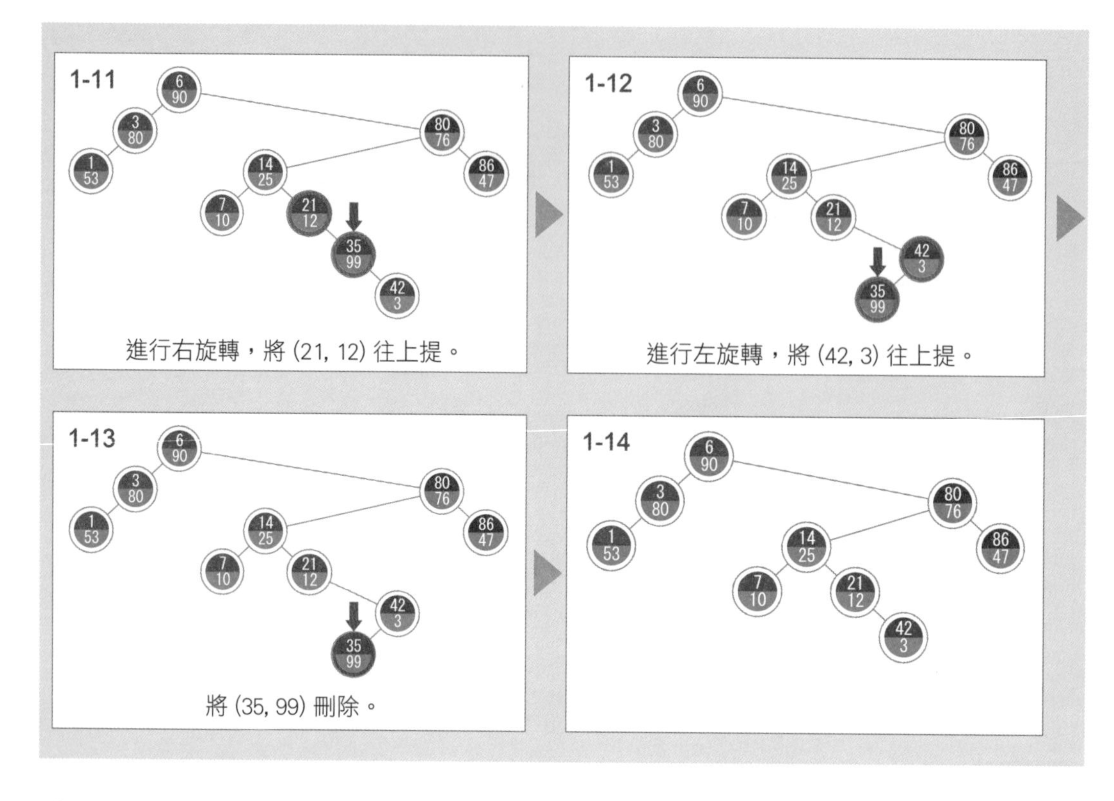

演算法的重點說明

樹堆中的各元素雖然是由 (鍵 , 優先權) 的組合所構成，但實際上只有鍵才是資料主體，而這些鍵必須永遠滿足二元搜尋樹的條件。優先權則是必須滿足 (最大) 堆積性質。為了維持樹的良好平衡，請將優先權隨機分布在樹當中。

在新增元素到樹堆中時，可以使用與一般二元搜尋樹插入操作相同的做法，將給定鍵及隨機產生的優先權所構成的元素插入樹堆中。不過插入後，雖然可確定新節點已符合二元搜尋樹的條件，但其優先權卻不一定也剛好滿足堆積性質。因此為了確保新節點滿足堆積性質，必須透過旋轉將插入的元素往根節點的方向移動。

要從樹堆中刪除指定鍵的元素時，需先以一般二元搜尋樹的方式進行搜尋，若找到節點，就透過旋轉將其往葉節點的方向移動。由於旋轉時必須將優先權高的節點往上移動，因此子節點的選擇必須符合此原則。當要刪除的目標移動到葉節點時，就可以進行刪除的操作了。

虛擬碼

```
class Node:
    Node *left
    Node *right
    key
    pri

class Treap:
    Node *root

    # 以遞迴方式搜尋插入位置
    insert(Node *t, key, pri):
        # 抵達沒有子節點的位置 (即葉節點) 時，產生並傳回新節點
        if t = NULL:
            return Node(key, pri) # 傳回指標

        # 忽略重複的鍵
        if key = t.key:
            return t

        if key < t.key: # 往左子節點移動
            # 將傳回的節點新增為左子節點
            t.left ← insert(t.left, key, pri)
            # 若子節點的優先權較高，則以右旋轉將其往上提
            if t.pri < t.left.pri:
                t ← rightRotate(t)
        else: # 往右子節點移動
            # 將傳回的節點新增為右子節點
            t.right ← insert(t.right, key, pri)
            # 若子節點的優先權較高，則以左旋轉將其往上提
            if t.pri < t.right.pri:
                t ← leftRotate(t)

        return t

    # 以遞迴方式搜尋目標
    erase(Node *t, key):
```

```
    if t = NULL:
        return NULL

    if key = t.key # t 為欲刪除的目標
        if t.left = NULL and t.right = NULL:  # t 為葉節點 :
            return NULL
        else if t.left = NULL:            # t 只有 1 個右子節點
            t ← leftRotate(t)
        else if t.right = NULL:           # t 只有 1 個左子節點
            t ← rightRotate(t)
        else:                             # t 有 2 個子節點
            # 將優先權高的子節點往上提
            if t.left.pri > t.right.pri
                t ← rightRotate(t)
            else:
                t ← leftRotate(t)
        return erase(t, key)

    # 以遞迴方式搜尋目標
    if key < t.key:
        t.left ← erase(t.left, key)
    else:
        t.right ← erase(t.right, key)

    return t
```

時間複雜度

在樹堆中進行資料的搜尋、插入與刪除時，時間複雜度取決於樹的高度。樹的高度則取決於鍵以及產生的優先權，由於我們可透過隨機產生優先權的方式來保持樹的平衡，因此針對樹堆所進行的操作，時間複雜度可望達到 O(log N)。

應用

目前雖然已經有好幾款相當不錯的演算法可以提供已排序字典，但樹堆在這當中算是相對容易實作又強大的一種資料結構。從字典在多數程式語言中的普及程度就可看出它是資訊處理中不可或缺的一種概念。此外，雜湊表 (hash table) 無法提供已排序字典。樹堆是非常好用的二元搜尋樹，它可以維持鍵的順序，因此能進行的操作很多，例如列出元素的清單，或是列舉指定範圍內的元素等。

字典資料結構：比較表

資料結構	時間複雜度	記憶體效率	有無順序	應用
鏈結串列	×	○	○有順序	串列、字典
雜湊表	○	×	×	字典
二元搜尋樹	△	○	○已排序	字典、集合、優先佇列、最大值、最小值
樹堆	○	○	○已排序	字典、集合、優先佇列、最大值、最小值

作者簡介

渡部有隆（Watanobe Yutaka）

1979 年出生。資訊工程學系博士。會津大學資訊工程學院 資訊系統部 資深副教授。專業領域為程式語言視覺化。AIZU ONLINE JUDGE 開發者。

http://web-ext.u-aizu.ac.jp/~yutaka/

Mirenkov Nikolay

畢業於新西伯利亞國立技術大學。專業領域為方法的視覺化與分散式運算。會津大學教授（1993-2013）、會津大學副校長（2007-2009）。會津大學特別榮譽教授（2009-2013）。

• 參考資料 •

1. プログラミングコンテスト攻略のためのアルゴリズムとデータ構造

   （暫譯：挑戰程式設計競賽：演算法與資料結構）

2. プログラミングコンテストチャレンジブック

   （暫譯：挑戰程式設計競賽）

3. オンラインジャッジで始める C/C++ プログラミング入門

   （暫譯：從線上解題系統 (Online Judge) 開始：C / C++ 入門）

4. アルゴリズムイントロダクション

   （暫譯：演算法導論）

5. Yutaka Watanobe and Nikolay Mirenkov, Hybrid intelligence aspects of programming in *AIDA, Future Generation Computer Systems, 37, 417-428, 2014, Elsevier Publisher.

   （暫譯：渡部有隆、Nikolay Mirenkov，*AIDA 程式設計中的混合智慧觀點，未來電腦系統，37, 417-428, 2014，Elsevier 出版社）

6. Yutaka Watanobe, Nikolay Mirenkov, and Rentaro Yoshioka, Algorithm Library based on Algorithmic CyberFilms, Journal on Knowledge-Based Systems, 22, 195-208, 2009, Elsevier Publisher.

   （暫譯：渡部有隆、Nikolay Mirenkov、吉岡廉太郎，利用 Algorithmic CyberFilms 建立演算法程式館，知識系統期刊，22, 195-208, 2009，Elsevier 出版社）

7. Yutaka Watanobe, Nikolay Mirenkov, Rentaro Yoshioka, Oleg Monakhov, Filmification of methods: A visual language for graph algorithms, Journal of Visual Languages and Computing, 19(1), 123-150, 2008, Elsevier Publisher.

   （暫譯：渡部有隆、Nikolay Mirenkov、吉岡廉太郎、Oleg Monakhov，方法電影化：圖形演算法的視覺語言，視覺語言與計算期刊，19(1), 123-150, 2008，Elsevier 出版社）

感謝您購買旗標書，
記得到旗標網站
www.flag.com.tw
更多的加值內容等著您…

<請下載 QR Code App 來掃描>

● FB 官方粉絲專頁：旗標知識講堂

● 旗標「線上購買」專區：您不用出門就可選購旗標書！

● 如您對本書內容有不明瞭或建議改進之處，請連上旗標網站，點選首頁的 聯絡我們 專區。

若需線上即時詢問問題，可點選旗標官方粉絲專頁留言詢問，小編客服隨時待命，盡速回覆。

若是寄信聯絡旗標客服 email，我們收到您的訊息後，將由專業客服人員為您解答。

我們所提供的售後服務範圍僅限於書籍本身或內容表達不清楚的地方，至於軟硬體的問題，請直接連絡廠商。

學生團體　訂購專線：(02)2396-3257 轉 362
　　　　　傳真專線：(02)2321-2545

經銷商　　服務專線：(02)2396-3257 轉 331
　　　　　將派專人拜訪
　　　　　傳真專線：(02)2321-2545

國家圖書館出版品預行編目資料

會動的演算法：61 個演算法動畫 + 全圖解逐步拆解，人工智慧、資料分析必備 / 渡部有隆, Mirenkov Nikolay 作；王心薇 譯. -- 臺北市：旗標科技股份有限公司, 2022.09　面；　公分

ISBN 978-986-312-707-9 (平裝)

1.CST: 演算法　2.CST: 資料結構

318.1　　111001036

作　　者／渡部有隆、Mirenkov Nikolay

翻譯著作人／旗標科技股份有限公司

發 行 所／旗標科技股份有限公司

台北市杭州南路一段15-1號19樓

電　　話／(02)2396-3257(代表號)

傳　　真／(02)2321-2545

劃撥帳號／1332727-9

帳　　戶／旗標科技股份有限公司

監　　督／陳彥發

執行企劃／陳彥發

執行編輯／林佳怡

美術編輯／林美麗

封面設計／林美麗

校　　對／林佳怡・陳彥發

新台幣售價：620 元

西元 2024 年 7 月 初版 3 刷

行政院新聞局核准登記-局版台業字第 4512 號

ISBN 978-986-312-707-9

ALGORITHM VISUAL DAI JITEN

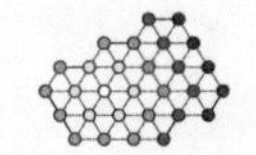  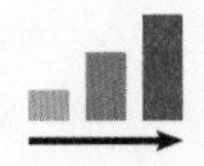 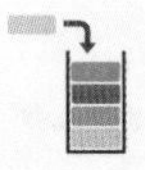  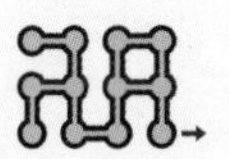

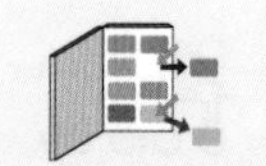
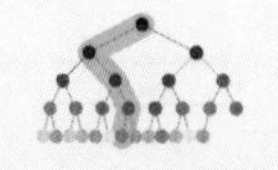
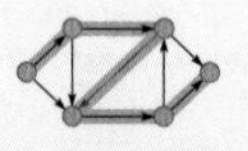
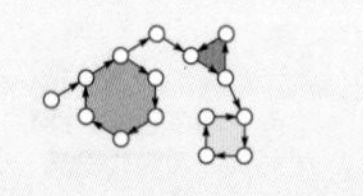
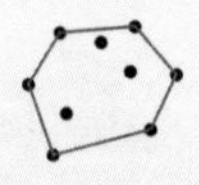
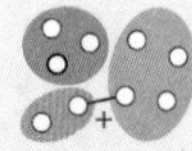